HISTOIRE NATURELLE

DES

ANIMAUX SANS VERTÈBRES.

TOME QUATRIÈME.

IMPRIMERIE D'HIPPOLYTE TILLIARD, RUE SAINT-HYACINTHE, 30.

HISTOIRE NATURELLE

DES

ANIMAUX SANS VERTÈBRES,

PRÉSENTANT

LES CARACTÈRES GÉNÉRAUX ET PARTICULIERS DE CES ANIMAUX, LEUR DISTRIBUTION, LEURS CLASSES, LEURS FAMILLES, LEURS GENRES, ET LA CITATION DES PRINCIPALES ESPÈCES QUI S'Y RAPPORTENT;

PRÉCÉDÉE

D'UNE INTRODUCTION

Offrant la Détermination des caractères essentiels de l'Animal, sa Distinction du végétal et des autres corps naturels; enfin, l'Exposition des Principes fondamentaux de la Zoologie.

PAR J. B. P. A. DE LAMARCK,

MEMBRE DE L'INSTITUT DE FRANCE, PROFESSEUR AU MUSÉUM D'HISTOIRE NATURELLE.

Nihil extrà naturam observatione notum.

DEUXIÈME ÉDITION,

REVUE ET AUGMENTÉE DE NOTES PRÉSENTANT LES FAITS NOUVEAUX DONT LA SCIENCE S'EST ENRICHIE JUSQU'A CE JOUR;

Par MM.

G. P. DESHAYES ET H. MILNE EDWARDS.

TOME QUATRIÈME.

HISTOIRE DES INSECTES.

PARIS.

J. B. BAILLIÈRE, LIBRAIRE,

RUE DE L'ÉCOLE DE MÉDECINE, 13 BIS.

A LONDRES, MÊME MAISON, 219, REGENT STREET.

1835.

HISTOIRE NATURELLE

DES

ANIMAUX SANS VERTÈBRES.

HISTOIRE DES INSECTES.

ORDRE PREMIER.

LES APTÈRES.

Gaîne bivalve, à pièces articulées, renfermant un suçoir. Corps écailleux, à corselet non distinct. Point d'ailes ni de balanciers dans les deux sexes.

Le premier ordre des insectes doit comprendre les animaux les plus imparfaits de la classe; et, en effet, ceux que j'y rapporte me paraissent tout-à-fait dans ce cas. Leur larve est du nombre de celles qui sont les plus simples; et, dans les deux sexes, les insectes parfaits n'ont jamais d'ailes, non parce qu'elles sont avortées, mais parce que la nature n'a pas encore eu les moyens de les en pourvoir.

Ces animaux sont des insectes, puisqu'ils subissent des métamorphoses, et je leur ai donné le nom d'*aptères*, parce qu'ils le sont essentiellement.

Une gaîne bivalve, dont les pièces sont articulées, constitue le caractère très particulier des animaux de cet ordre. En effet, aucun autre insecte n'offre un caractère semblable.

Ainsi, les *aptères* ne sont point caractérisés par leur défaut d'ailes; car dans presque tous les autres ordres, l'on connaît des insectes qui, par avortement, n'ont point d'ailes, et sont alors aptères; mais ils le sont parce que, parmi les suceurs, ce sont les seuls qui aient une gaîne bivalve articulée, renfermant le suçoir. Comme ils forment une sorte de transition à la première famille des diptères, qui comprend des insectes dont le bec est pareillement une gaîne bivalve, mais inarticulée, leur rang est convenablement déterminé à l'entrée de la classe.

Voici le seul genre connu que je rapporte à cet ordre.

PUCE. (Pulex.)

Deux antennes courtes, filiformes, à quatre articles. Bec en forme de trompe, recourbé vers la poitrine, composé de deux valves triarticulées, formant une gaîne qui enveloppe un suçoir de deux soies. Deux écailles ovales à la base du bec.

Corps ovale, un peu comprimé, écailleux : les pattes postérieures plus longues, propres à sauter.

Larve vermiforme, apode, hispide, munie de deux petites épines à la queue.

Antennæ duæ, breves, quadriarticulatæ. Rostrum proboscidiforme, sub pectore inflexum, bivalve : valvis triarticulatis. Haustellum bisetosum. Squamulæ duæ ad originem rostri.

Larva vermiformis, apoda, hispida : spinulis duabus ad caudam.

OBSERVATIONS. On voit par cet exposé que la *puce* offre des caractères tellement particuliers, que quand même cet insecte acquerrait des ailes, on ne pourrait le rapporter convenablement à aucun des ordres reconnus dans la classe.

Effectivement, tous les entomologistes conviennent que ce genre doit constituer un ordre séparé. Ce fut le sentiment de *Degeer;* c'est aussi celui de *Latreille.*

La puce tient beaucoup aux *diptères* par la métamorphose; car sa larve est apode, et sa nymphe inactive est renfermée dans une coque; mais son bec en forme de trompe, est éminemment articulé, et rien de semblable ne se montre dans les diptères.

La considération des articulations du bec de la *puce* a paru à plusieurs entomologistes, la rapprocher des hémiptères. Mais un bec bivalve ne se rencontre dans aucun hémiptère, et la métamorphose d'ailleurs est très différente.

ESPÈCES.

1. Puce ordinaire. *Pulex irritans.*

P. ater, rostro corpore breviore.
Pulex irritans. Lin.
Geoffr. Ins. 2. p. 616. n° 1. tab. 20. f. 4.
Fabric. Ins. 4. p. 209. n° 1.
Habite en Europe. Parasite de l'homme et de plusieurs mammifères. Le mâle est plus petit que la femelle. La force de la puce est très remarquable.

2. Puce à bande. *Pulex fasciatus.*

P. ater, setis in annulum digestis fasciatus; rostro corpore breviore.
P. fasciatus. Bosc. Bullet. des Sc. n° 44. p. 156.
Habite en Europe, sur la taupe, le rat, le lérot (*myoxus nitela,* L.). Sa bande, de soies très serrées et très noires, est à la partie supérieure du second anneau, sur le *vertex.*

3. Puce pénétrante. *Pulex penetrans.*

P. minimus, vix saltatorius; rostro corporis longitudine.
Pulex penetrans. Lin. Fabr. ibid. n° 2.
La chique.
Catesb. Carol. 3. t. 10. f. 3.
Habite l'Amérique méridionale. Elle s'insinue sous la peau et dans la chair des pieds de l'homme, et cause des douleurs insupportables. Elle attaque aussi les singes, les chiens, etc.

ORDRE DEUXIÈME.

LES DIPTÈRES.

Deux valves labiales ou une seule sans articulation, imitant, soit un bec à pièces rapprochées ou écartées, soit une trompe inarticulée, et servant de gaîne à un suçoir; deux palpes à la base de la gaîne dans un grand nombre.

Deux ailes découvertes, nues, membraneuses, veinées, quelquefois plissées en rayons. Deux balanciers dans la plupart. Larve apode. Nymphe, le plus souvent inactive et dans une coque [chrysalide].

Observations. En suivant la progression dans le perfectionnement de l'organisation des *insectes*, on voit que les *diptères* doivent constituer le second ordre de la classe, parce que ce sont les premiers insectes qui offrent un corselet distinct de la tête et de l'abdomen, caractère qui distingue la grande généralité des insectes, et que ceux du premier ordre ne nous ont pas encore présenté.

Ce sont aussi ceux qui, après les aptères, offrent le moins de parties pour la locomotion, puisqu'ils n'ont que deux ailes, et qu'après eux tous les autres insectes en ont ou en doivent avoir quatre, soit toutes les quatre servant au vol, soit seulement les deux inférieures.

Les avortements n'apportent aucune exception à cette règle générale: on a des preuves que ceux que l'on observe dans presque tous les ordres de cette classe, ainsi que je l'ai dit, ne sont que des parties qui manquent, comme les sexes dans les neutres, et comme les ailes ou une partie des ailes dans ceux qui doivent en avoir, et qui ne manquent que parce qu'elles n'ont pu se développer. Il suffit que l'on soit fondé à reconnaître que ce n'est point par avortement que les *aptères* manquent d'ailes, et que les *diptères* n'en ont que deux.

Il est si vrai qu'après les aptères, les *diptères* sont les insectes les moins avancés ou perfectionnés, qu'ils sont des suceurs dans leur premier comme dans leur dernier état, et que leur larve est entièrement dépourvue de pattes. Elle ressemble à un ver; et lorsqu'on ne la connaît point, il faut attendre sa métamorphose pour reconnaître qu'elle n'est réellement point un ver. Enfin, comme la dernière famille des *diptères* doit être un peu plus avancée en développement d'organes, on trouve dans les larves des insectes de cette famille [les tipulaires], des éléments fort imparfaits de pattes ébauchées, en quelque sorte de fausses pattes.

Les *diptères* étant des premiers insectes, font nécessairement partie de ceux dont la bouche n'est propre qu'à pomper quelque liquide, et manque d'instruments pour broyer ou ronger des aliments concrets. Leur bouche doit donc présenter un suçoir, et, dans les insectes suceurs, ce suçoir ne saurait être d'une seule pièce, quoiqu'il paraisse quelquefois n'en avoir qu'une.

Il importe de considérer que les premiers insectes étant les moins parfaits, les moins avancés en développement de parties, leur bouche ne fait que commencer le plan de la bouche compliquée du plus grand nombre des insectes, et qu'elle n'offre encore que quelques pièces préparées pour former par la suite la bouche des insectes broyeurs. Dans les *aptères*, les deux valves de la trompe sont des pièces qui ailleurs formeront la lèvre inférieure, comme les deux soies du suçoir formeront des mâchoires dans d'autres insectes. Aucune pièce n'y existe donc encore pour former des mandibules.

Dans les *diptères*, la première et la deuxième famille sont encore dans le cas des aptères; deux valves sont aussi des pièces préparées pour une lèvre inférieure, et ensuite elles se réuniront pour former une gaîne univalve. En effet, la trompe univalve des autres *diptères* n'est que la réunion des deux valves des premiers insectes. Quant au suçoir des *diptères*, il est, dans les coriaces et les muscides, de deux pièces seulement, soit réunies, soit distinctes. Ce n'est que dans les syrphies qu'il commence à offrir quatre pièces; et alors deux de ces pièces sont préparées pour devenir des mâchoires, et les deux autres pourront ailleurs former des mandibules.

Ainsi, l'on voit une gradation évidente dans le nombre et le développement des parties qui doivent former la bouche des insectes en général.

En conséquence, après les coriaces et les rhipidoptères, la bouche des *diptères* offre un suçoir, d'abord de deux pièces, réunies ou distinctes, ensuite de quatre pièces, plus loin de cinq ou six; et ce suçoir se renferme toujours dans la rainure d'une gaîne non articulée qui constitue leur trompe. Cette gaîne, qui forme la trompe des diptères, et qui, dans les hémiptères, formera leur bec, est une pièce préparée pour devenir une lèvre inférieure dans les insectes broyeurs.

On peut regarder l'ordre des *diptères* comme un de ceux qui sont les plus naturels et les mieux caractérisés parmi les insectes; car cet ordre est fortement distingué de tous les autres tant par la bouche que par les ailes des insectes qui le composent.

Ainsi que dans les aptères, la métamorphose des *diptères* est de la première sorte, c'est-à-dire de celle que je nomme *générale*. Leurs larves, en effet, ne présentent aucune des parties que doit avoir l'insecte parfait, et leur première transformation les réduit en chrysalides. Mais, dans cet ordre même, les caractères de la métamorphose commencent déjà à offrir des modifications, puisque dans un grand nombre d'entre eux la chrysalide est raide, un peu dure même, opaque, tout-à-fait inactive; tandis que dans d'autres, quoique pareillement inactive, elle montre quelques parties de l'insecte parfait; et que, dans d'autres encore, elle est véritablement active. La chrysalide des *diptères* est donc tantôt raide, tantôt molle, selon les races, et néanmoins ne cesse point d'appartenir à la métamorphose générale la plus grande de toutes.

Les *diptères* diffèrent de tous les autres insectes, en ce qu'ils n'ont que deux ailes, sans que ce soient les suites d'aucun avortement, et ces ailes sont nues, membraneuses, veinées, étendues, jamais cachées sous des élytres.

Outre ces deux ailes, on remarque encore, dans la plupart, deux petites pièces mobiles, consistant chacune en un petit filet terminé par un bouton arrondi. Ces pièces sont placées un peu au-dessous de l'origine des ailes, et semblent tenir lieu des deux autres ailes qui manquent. On a donné à ces pièces le nom de balanciers [*halteres*], comme si elles servaient aux mêmes usages que les balanciers des danseurs de corde.

Indépendamment des ailes et des balanciers, beaucoup de *diptères* sont encore pourvus de deux autres petites pièces minces, membraneuses, élargies, en forme de cuiller. Ces pièces, non mobiles, sont placées au-dessus des balanciers qu'elles cachent entièrement ou en partie. On leur a donné le nom de *cuillerons* [*squamulæ*], à cause de leur forme. La plupart des cuillerons ressemblent chacun au commencement d'une aile qui aurait été tronquée près du corselet.

La bouche des *diptères* est, en général, une trompe univalve, jamais articulée, et dont la figure varie dans les différents genres. Cette trompe, dont les bords sont relevés en dessus, est comme creusée en gouttière à sa partie supérieure, et sert de gaîne à un suçoir composé de deux à six filets très déliés, que l'insecte plonge dans la peau des animaux, dans les fleurs, ou dans le tissu des plantes, pour en sucer les liquides qui peuvent le nourrir. Elle est tantôt droite, tantôt coudée, tantôt plus ou moins rétractile, et a souvent son extrémité élargie, bifide, comme bilabiée.

La tête des *diptères* est munie de deux antennes, ordinairement fort courtes et composées de quelques articles peu distincts. Les deux yeux à réseau de ces insectes sont très grands et occupent la majeure partie de la tête. Outre ces grands yeux, on voit encore, dans la plupart des diptères, deux ou trois petits yeux lisses, placés au sommet de la tête.

Le corselet est grand, plus ou moins arrondi, et souvent terminé par une espèce d'écusson qui y adhère. Antérieurement, il est séparé de la tête par un petit étranglement, et à sa partie postérieure les deux ailes sont attachées un peu latéralement.

L'abdomen est ordinairement conique, plus ou moins alongé, composé de plusieurs anneaux distincts.

Enfin, la larve des *diptères* est une espèce de ver mou, sans pattes, et dont la tête n'est point écailleuse.

Comme les *diptères* sont très diversifiés et offrent des races extrêmement nombreuses, j'ai dû, pour distribuer et diviser convenablement ces insectes, non-seulement consulter les ouvrages de M. *Latreille*, mais lui emprunter même la plupart des caractères qu'il assigne à ses différentes coupes parmi ces animaux. Néanmoins, pour conserver la simplicité de la méthode, je me suis efforcé de réduire le nombre des coupes, et sur-tout celui des genres, partout où j'ai cru pouvoir le faire.

En conséquence, je partage les *diptères* en neuf familles de la manière suivante.

DIVISION DES DIPTÈRES

Ire SECTION. *Deux valves distinctes, inarticulées, soit rapprochées en forme de bec et servant de gaîne à un suçoir, soit écartées et sans suçoir apparent.*

Les coriaces.
Les rhipidoptères.

IIe SECTION. *Une seule valve inarticulée, conformée en trompe, et renfermant un suçoir dans une gouttière de sa partie supérieure.*

* Trompe entièrement retirée dans l'inaction, quelquefois jamais apparente.

Les muscides.
Les syrphies.
Les stratiomides.

** Trompe toujours saillante, soit entièrement, soit en partie.

§ *Trois articles aux antennes, dont le dernier est quelquefois annelé.*

(1) Trompe coudée ; suçoir de deux soies.

Les conopsaires.

(2) Trompe non coudée ; suçoir de quatre à six soies.

+ Point de grandes lèvres à la trompe, et le troisième article des antennes jamais annelé.

Les bombiliers.

++ Deux grandes lèvres à la trompe, ou le troisième article des antennes annelé.

Les tabaniens.

§§ *Six articles ou davantage aux antennes.*

Les tipulaires.

PREMIÈRE SECTION.

Deux valves distinctes, inarticulées, soit rapprochées en forme de bec et renfermant un suçoir, soit écartées et sans suçoir apparent.

Cette section embrasse deux familles très distinctes, presque isolées, peu nombreuses en races connues, et auxquelles se rapportent des insectes suceurs, tous parasites, soit hœmatophages, soit carnassiers : ces familles sont les deux suivantes : les *coriaces* et les *rhipidoptères*.

LES CORIACES.

Deux valves inarticulées, rapprochées en forme de bec, et servant de gaîne à un suçoir.

Insectes hœmatophages, les uns aptères, les autres munis de deux ailes. Point de balanciers dans la plupart. Larves apodes.

Observations. Les *coriaces*, ainsi nommés par M. *Latreille*, parce que la peau de leur corps paraît seulement coriace, tiennent de très près aux aptères par l'imperfection ou le peu de développement de la plupart de leurs organes, et par la gaîne bivalve qui contient leur suçoir. Ces insectes, la plupart encore aptères, ont des yeux souvent peu distincts, des antennes presque obsolètes, constituées chacune par un petit tubercule inarticulé, velu ou sétifère, et en général manquent de balanciers. Leur corselet se distingue à peine de leur tête.

La famille des *coriaces* est encore peu nombreuse en races connues. Elle a été formée aux dépens du genre *hippobosca* de Linné, et d'une espèce de son genre *pediculus*. Les insectes de cette famille sont parasites des mammifères et des oiseaux. Je les divise en trois genres, qui sont les suivants.

NYCTERIBIE. (Nycteribia.)

Antennes très petites, constituées chacune par un tubercule subovale et sétigère, et insérées antérieurement près du bord interne des yeux.

Bec bivale, renfermant un suçoir. Tête confondue avec le corselet. Point d'ailes; point de balanciers.

Métamorphose inconnue, cachée.

Antennœ minimœ, è tuberculo subovato immerso et setigero constantes, anticè ad oculorum marginem internum insertœ.

Rostrum bivalve, inarticulatum, haustellum includens. Caput cum trunco coalitum. Alæ et halteres nullæ.

Metamorphosis ignota, abscondita.

Observations. Les *nyctéribies*, rapportées au genre *pediculus* par Linné, et à celui de l'hippobosque par Voigt, constituent un genre très distinct, établi par M. *Latreille*. Or, ce genre paraît devoir être compris parmi les diptères, quoique les insectes qui s'y rapportent n'aient jamais d'ailes, parce que leur bouche offre les caractères des autres coriaces.

Il y aurait lieu de croire qu'ils ne subissent aucune métamorphose, si des observations de Réaumur ne nous apprenaient, d'après l'hippobosque du cheval, que la métamorphose peut s'exécuter dans l'œuf même.

On doit regarder les *nyctéribies* comme des insectes très imparfaits. Elles n'ont ni ailes, ni balanciers, ni cuillerons, et n'ont que des yeux peu distincts. Leur corps est brun, velu, et a l'aspect d'une araignée, à cause des pattes longues et arquées dont il est muni. Ces pattes sont au nombre de six.

ESPÈCE.

1. Nyctéribie d'Europe. *Nycteribia vespertilionis*. Latr.

Pediculus vespertilionis. Lin.
Acarus verspertilionis. Gmel.
Nyct. vespertilionis. Act. Soc. Lin. vol. II. p. II. t. 3. f. 5—6.
Habite sur les chauves-souris de nos climats.

M. *Latreille* en possède une autre espèce de l'Inde. M. *Olivier*, sous le nom de *Nictéribie biarticulée*, en cite une autre qui se trouve sur la chauve-souris fer à cheval. Encycl. p. 400.

MÉLOPHAGE. (Melophagus.)

Antennes constituées chacune par un tubercule inarticulé, sétifère. Valves du bec plus longues que la tête. Les yeux peu distincts. Point d'ailes.

Antennæ perparvæ, tuberculo setifero constantes. Rostrum valvi capite longioribus. Oculi vix distincti. Alæ nullæ.

Observations. Les *mélophages* ont tant de rapports avec les hippobosques que Linné ne les en a point séparés. Nous suivrons cependant M. Latreille en adoptant ce genre, parce que ces insectes semblent faire la transition des nyctéribies aux hippobosques. Ils sont encore fort imparfaits, puisque leurs yeux sont peu distincts, et qu'ils n'ont point d'ailes.

Voici la seule espèce connue de ce genre.

ESPÈCE.

1. Mélophage des moutons. *Melophagus ovinus.* Latr.

M. capite thorace pedibusque ferrugineis.

Hippobosca ovina. Lin.

Cet insecte se tient caché dans la laine des moutons. Il est de couleur rougeâtre, et habite en Europe.

HIPPOBOSQUE. (Hippobosca.)

Antennes courtes, tuberculiformes, reçues dans des fossettes; à tubercule, soit velu, soit muni d'une soie dorsale.

Bec avancé, bivalve; à suçoir de deux soies réunies. Les yeux très distincts.

Deux ailes horizontales.

Antennæ breves tuberculiformes, in fossulis insertæ; tuberculo hirsuto, vel setigero.

Rostrum bivalve, productum; haustello setis duabus coalitis composito. Oculi distinctissimi.

Alæ duæ horisontales.

Observations. Les *hippobosques* ont, comme les insectes des genres précédents, le corps aplati, couvert d'une peau coriace. Leur tête petite, leur corselet court, leur abdomen plat, arrondi ou ovale, et leurs pattes étalées leur donnent une apparence d'araignée ; ce qui les a fait nommer vulgairement *mouches-araignées*. Elles ont deux ailes horizontales, un peu croisées, plus longues que l'abdomen. Les hippobosques de M. *Latreille* manquent de petits yeux lisses ; ses ornithomyies en sont presque toutes pourvues : celles-ci se trouvent sur les oiseaux.

Notre genre hippobosque n'est qu'un démembrement du genre *hippobosca* de Linné, et n'en comprend que les espèces qui ont des ailes. Nous n'en connaissons encore qu'un petit nombre.

ESPÈCES.

1. Hippobosque du cheval. *Hippobosca equina.*

H. antennarum tuberculo setâ dorsali instructo ; ocellis nullis.
Hippobosca equina. Lin. Fab. Latr.
Degeer. Mém. 6. pl. 16. f. 1—20.
Panz. Faun. ins. fasc. 7. tab. 23.
Habite en Europe, et attaque les chevaux avec obstination. Elle est brune, à corselet varié de jaune et de blanc. Selon Réaumur, la femelle pond une véritable nymphe au lieu d'un œuf.

2. Hippobosque de l'hirondelle. *Hippobosca hirundinis.*

H. antennarum tuberculo hirsuto ; ocellis distinctis ; corpore flavescente ; alis apice acutis.
Hippobosca hirundinis. Lin.
Ornithomyia hirundinis. Latr.
(B) *var. ocellis subnullis.* Panz. Faun. ins. fasc. 7. t. 24.
Habite en Europe, dans les nids des hirondelles.

3. Hippobosque verte. *Hippobosca viridis.*

H. corpore virescente ; thorace suprà nigro ; alis subovalibus.
Hippobosca avicularia. Fab.
Ornithomyia viridis. Latr. Hist. nat. des crust. et des ins. vol. 14. p. 402. tab. 110. f. 9.
Habite en Europe, sur différents oiseaux.

4. Hippobosque australe. *Hippobosca australasiæ.*

H. fusca ; alis magnis subovatis ; proboscide brevissimâ ; ocellis distinctis.

Hippobosca australasiæ. Fab. Syst. antl. p. 337.
Ornithomyia australasiæ. Latr.
Habite les îles de l'Océan Austral, l'Ile-de-France. Elle est grande, et a un peu plus de six lignes de longueur depuis la tête jusqu'au bout des ailes.

LES RHIPIDOPTÈRES.

Deux valves labiales, maxilliformes, linéaires, très étroites, croisées, ayant chacune une palpe à leur base. Suçoir nul, avorté. Antennes ayant deux ou trois articulations à leur base, et bifides dans leur partie supérieure.

Deux ailes découvertes, nues, membraneuses, plissées en rayons longitudinalement. Deux écailles linéaires, cochléariformes, insérées près de l'origine des pattes antérieures. Point de balanciers. Un écusson. Larve apode. Chrysalide [coque immobile].

Observations. M. *Kirby*, savant zoologiste anglais, a nouvellement établi, avec le petit nombre d'insectes connus dont il est ici question, un nouvel ordre auquel il a donné le nom de *strepsiptères* [élytres tors]. Il a pris pour des élytres, les deux écailles coriaces et fort petites qui s'insèrent près de la hanche des deux pattes antérieures. Mais j'en ai jugé autrement, ainsi que l'avait déjà fait M. *Latreille*; car jamais les élytres n'ont des points d'attache semblables à ceux des deux écailles dont il s'agit. Les leurs sont toujours immédiatement au-dessus de ceux des ailes, et elles recouvrent ces ailes en tout ou en partie.

Ainsi, non-seulement j'ai cru qu'il était plus convenable de donner à ces insectes le nom commun de *rhipidoptères* [ailes en éventails], mais j'ai pensé qu'ils ne devaient pas constituer un ordre particulier, puisqu'ils offrent les caractères principaux qui distinguent les *diptères*.

Il est certain que la bouche de ces insectes, quant à ses parties distinctes, paraît ne ressembler ni à celle des diptères, ni à celle des insectes des autres ordres; ce qui a dû tromper M. *Kirby*; car elle n'offre ni mandibules véritables, ni suçoir utile. En effet, la bouche des *rhipidoptères* présente seulement deux pièces étroites, linéaires, croisées, ayant chacune un palpe à leur base. M. *Kirby* a pris ces pièces pour des mandibules : elles seraient plutôt des mâchoires, puisqu'elles ont chacune un palpe. Mais, en étudiant les rapports de ces insectes avec ceux des diptères qui les avoisinent le plus, je reconnais que ces pièces ne sont que les parties d'une lèvre inférieure qui a aussi ses palpes.

En effet, si l'on considère que la bouche des diptères se compose d'une gaîne renfermant un suçoir; que cette gaîne est d'abord bivalve, comme dans les aptères et les diptères coriaces; et qu'ensuite elle devient univalve par la réunion de ses deux pièces, comme dans le plus grand nombre des diptères, on sera convaincu que cette gaîne est le véritable produit d'une lèvre inférieure ou d'une partie qui la représente. Alors on sentira que, dans les *rhipidoptères* dont il s'agit, la bouche n'offre qu'une gaîne sans suçoir, et que cette gaîne n'est qu'une lèvre inférieure partagée en deux pièces ayant chacune leur propre palpe.

Les *rhipidoptères* parvenus à l'état parfait, n'ont probablement aucun autre acte à exécuter que celui qui concerne leur reproduction; et alors ils ne prennent aucune nourriture. Dans ce cas, leur bouche, qui devait offrir les instruments propres à composer un suçoir, est restée sans développement, et le suçoir est avorté. Sa gaîne seule s'offre encore; mais elle est en quelque sorte altérée par un défaut d'emploi, et présente deux pièces distinctes, étroites, linéaires, qui ne sont assurément pas des mandibules, et que l'on doit plutôt considérer comme les parties d'une lèvre inférieure munie de ses palpes, que comme des mâchoires. Ce sont donc des insectes suceurs, car ils le sont dans leur état de larve; et parvenus à l'état parfait, leur bouche sans emploi n'offre plus que des parties modifiées.

Si, comme je le pense, les *rhipidoptères* sont des diptères véritables, je conviens qu'ils offrent des singularités assez remarquables ; car ils n'ont point de balanciers, et la plication de leurs ailes paraît leur être particulière. Mais les balanciers ne sont point essentiels aux diptères, comme le prouvent les diptères coriaces, et si la plication des ailes était un caractère assez important pour exiger la fondation d'un ordre, il en faudrait ailleurs établir encore de nouveaux.

Diverses considérations nous montrent que les *rhipidoptères* appartiennent réellement aux diptères par leurs rapports. Ils n'ont que deux ailes sans élytres, leur larve est apode, et leur chrysalide est une coque immobile qui paraît se former de la peau même de l'animal. Leurs yeux, portés sur des pédicules courts et épais, trouvent des exemples analogues dans certains diptères. Les deux ou trois articulations de la base de leurs antennes sont dans le même cas, et la bifurcation de ces antennes me paraît le produit d'une pièce correspondante à la soie latérale des antennes de la plupart des muscides. Enfin, les larves de certains diptères vivent dans le corps d'autres insectes, comme celles des *rhipidoptères* vivent dans le corps des polystes [famille de guêpes], ou dans celui des andrennes.

On ne connaît encore que deux genres qui se rapportent à cette famille : ce sont les suivants.

XENOS. (Xenos.)

Antennes triarticulées à leur base, et partagées en deux branches alongées, grêles, semi-cylindriques, égales, l'une et l'autre sans articulations.

Antennœ basi triarticulatœ, bipartitœ; ramis elongatis, semiteretibus, utrisque exarticulatis symetricis.

Observations. Les *xénos* sont de petits insectes parasites des polystes d'Europe et d'Amérique. Leurs ailes déployées sont larges, arrondies, à plis rayonnants. Les deux branches de leurs antennes sont égales et sans articulations.

On connaît deux espèces de ce genre.

ESPÈCES.

1. Xénos de Rossi. *Xenos Rossii.*

X. ater, antennis ramis compressis, tarsis fuscis. Kirby. Act. Soc. Linn. vol. 11. p. 116.
Habite *in vespâ gallicâ.*

2. Xénos de Peck. *Xenos Peckii.*

X. nigro-fuscus, antennis ramis semiteretibus dilutioribus, albo punctatis, ano pallido, pedibus luridis; tarsis fuscis. Kirby. Act. Soc. Linn. vol. 11. p. 116. tab. 8 et tab. 9.
Habite *in polyste fuscatâ.* Fabr. Amérique sept.

STYLOPS. (Stylops.)

Antennes biarticulées à leur base, partagées en deux branches alongées, comprimées, inégales, et dont la supérieure est articulée.

Antennæ basi biarticulatæ, bipartitæ : ramis compressis, inæqualibus ; superiori articulato.

Observations. Les *stylops* ont des antennes fourchues comme les xénos, mais leurs branches sont inégales, et la plus grande ou la supérieure est articulée.

On n'en connaît qu'une espèce.

ESPÈCE.

1. Stylops de la mélitte. *Stylops melittæ.*

Kirby. Act. Soc. Linn. vol. 11. p. 112.
Hab. *larva in corpore melittarum* (des andrennes).

DEUXIÈME SECTION.

Trompe univalve renfermant le suçoir dans une gouttière de sa partie supérieure.

Après les coriaces et les rhipidoptères, tous les autres diptères appartiennent à cette deuxième section; car, sauf l'*oëstre* dont la trompe n'est jamais apparente, tous les insectes de cette division, au lieu d'un bec bivalve, ont une trompe univalve, inarticulée, en général terminée par deux lèvres, et qui renferme le suçoir dans une gouttière de sa partie supérieure. Il faut partager cette section de la manière suivante :

* *Trompe entièrement retirée dans l'inaction, quelquefois jamais apparente.*

(1) Dernier article des antennes sans anneaux apparents.

(a) Suçoir de deux soies.

LES MUSCIDES.

Elles ont des antennes très courtes, de 2 ou 3 articles, dont le dernier est le plus grand. Port de la mouche commune.

La famille des *muscides*, instituée par M. *Latreille*, a été ainsi nommée, parce qu'elle comprend le genre *musca* de Linné, que l'on a partagé en plusieurs genres distincts mais que les rapports forcent de réunir dans la même famille.

Le caractère de cette famille est d'avoir une trompe entièrement retirée dans l'inaction, quelquefois jamais apparente; le suçoir composé seulement de 2 ou 3 soies, mais point de 4 comme dans les syrphies; et des antennes courtes, à 2 ou 3 articles, dont le dernier est sans anneaux, ce qui les distingue des stratiomides.

Les *muscides* sont extrêmement nombreuses, au moins quant à l'énorme quantité d'espèces qu'elles présentent. Leurs nymphes, comme dans les coriaces, sont inactives, à coque opaque, et ne montrent aucune partie de l'insecte parfait.

Considérant l'intérêt qu'on a de ménager la simplicité de la méthode, je ne diviserai cette famille qu'en huit genres, les analysant de la manière suivante.

DIVISION DES MUSCIDES.

(a) Trompe jamais apparente.

OEstre.

(aa) Trompe apparente, sur-tout dans l'action.
(b) Les yeux sessiles.
(c) Antennes sétigères.
(d) Ailes écartées.

(1) Cuillerons grands, couvrant entièrement ou en grande partie les balanciers.

Mouche.

(2) Cuillerons petits, laissant à découvert la majeure partie des balanciers.

Téphrite.

(dd) Ailes couchées.

(1) Antennes plus courtes que la tête.

Nyode.

(2) Antennes aussi longues ou plus longues que la tête.

Macrocère.

(cc) Antennes non sétigères.

Scénopine.

(bb) Les yeux pédiculés.

Diopsis.
Achias.

OESTRE. (OEstrus.)

Antennes courtes, composées chacune d'un globule subtriarticulé, muni d'une soie latérale.

Point de trompe apparente; trois tubercules à la place de la bouche.

Forme et aspect des grosses mouches.

Antennæ breves, globulo, subtriarticulato compositæ; setâ laterali.

Proboscis nulla perspicua; ore tuberculis tribus obtecto.

Habitus muscarum domesticarum.

Observations. Les antennes très courtes, qui ressemblent chacune à un boutons étifère, et la trompe, en apparence tout-à-fait nulle, distinguent suffisamment l'*oëstre* des autres muscides, et même de tous les autres genres de diptères. On a présumé que, quoique non apparente, la trompe de l'oëstre existait néanmoins, mais qu'elle rentre tellement dès que l'insecte n'en fait pas usage, qu'il n'en reste plus l'apparence. Selon M. *Latreille*, deux des tubercules de la bouche sont des rudiments de palpes, et le troisième en est un de la trompe.

Les *oëstres* ressemblent à de grosses mouches. Ils ont la tête arrondie, transverse, vésiculeuse en devant, munie de deux yeux à réseau et de trois petits yeux lisses. Leur corps est un peu velu, porte deux ailes couchées et deux balanciers assez saillants. On voit deux pelottes aux tarses de leurs pattes. Leurs larves ressemblent à des vers courts, cylindriques, cannelés, souvent garnis de cercles de soies courtes, couchées et dirigées en arrière.

C'est dans le corps des grands mammifères vivants qu'on peut trouver les larves des oëstres. Les unes vivent dans le fondement, les intestins, et même dans l'estomac des chevaux; d'autres dans les cavités du nez des bœufs et des moutons; d'autres enfin sous la peau des bœufs, etc. Ces larves sont sans pattes et ont à leur partie postérieure deux grands stigmates dont chacun présente souvent plusieurs ouvertures.

La larve ayant pris toute sa croissance dans l'animal où elle vit, en sort pour se métamorphoser, se laisse tomber à terre, s'enfonce sous quelque pierre, et s'y change en nymphe.

L'*oëstre* devenu insecte parfait, vit peu sous cette dernière forme; peut-être ne prend-il plus de nourriture, ce qui peut influer sur l'état de sa bouche; aussi ne tarde-t-il pas à s'accoupler et à déposer ses œufs dans les lieux convenables pour la nourriture de ses petits.

ESPÈCES.

1. OEstre du cheval. *OEstrus equi.* Fab.

OE. alis albidis, fascia punctisque duobus nigris, abdomine toto ferrugineo. Fab.

OEstrus equi. Oliv. Dict. n° 6.

OEstrus bovis. Lin. *OEstrus vituli.* Fab.

OEstrus hœmorrhoidalis. Gmel. p. 2810.

Habite en France, en Angleterre, en Italie, etc. La femelle dépose ses œufs sur les épaules et les jambes du cheval qui, en se léchant, fait éclore ces œufs et transporte les larves dans son estomac, où elles se nourrissent.

2. OEstre du bœuf. *OEstrus bovis.* Fab.

OE. alis immaculatis fuscis, thorace flavo: fascia nigra; abdomine basi albo, apice fulvo.

OEstrus bovis. Oliv. Dict. n° 3.

Réaumur. Ins. 4. p. 503. pl. 38. f. 7. 3.

Habite en Europe et principalement en France. Sa larve vit sous la peau des bœufs.

3. OEstre hémorrhoïdal. *OEstrus hœmorrhoidalis.* Lin.

OE. alis immaculatis, thorace nigro, scutello pallido, abdomine nigro, basi albido, apice fulvo. Fab.

OEstrus hœmorrhoidalis. Oliv. Dict. nº 7.

OEstrus bovis. Gmel. p. 2809.

Habite en Europe. La femelle dépose ses œufs sur les lèvres des chevaux, et les larves vivent dans son estomac.

4. OEstre vétérinaire. *OEstrus veterinus*.

OE. ferrugineus, alis immaculatis ; lateribus thoracis abdominisque basi pilis albis. Clark. Trans. of the Linn. Soc. 3. p. 328. t. 23. f. 18—19.

OEstrus veterinus. Fab. *OEstrus nasalis*. Linn.

OEstrus veterinus. Oliv. Dict. nº 8.

Habite en Europe. Sa larve vit dans l'estomac et les intestins des chevaux. On croit que c'est à cette espèce qu'il faut rapporter l'habitude de déposer ses œufs sur le bord de l'anus des chevaux.

5. OEstre du mouton. *OEstrus ovis*.

OE. alis pellucidis, basi punctatis; abdomine albo nigroque versicolore.

OEstrus ovis. Lin. Oliv. Dict. nº 11.

Clark. Act. Soc. Linn. 3. p. 329. t. 32. f. 16.—17.

Geoff. 2. p. 456. nº 2. t. 17. f. 1.

Habite en Europe, etc. La femelle dépose ses œufs sur le bord des narines des moutons. La larve vit dans les sinus frontaux et maxillaires de ces animaux.

Etc.

MOUCHE. (Musca.)

Antennes à palette sétigère. Trompe charnue, à orifice bilabié. Suçoir de deux soies réunies.

Deux palpes insérés sur la trompe. Ailes écartées. Cuillerons cachant les balanciers.

Antennœ articulo ultimo subspatulato setigero. Proboscis carnosa, apice bilabiata ; haustello subbiseto.

Palpi duo ad basim proboscidis. Alœ divaricatœ. Halteres squamis obtecti.

Observations. Je rapporte à ce genre toutes les muscides dont les antennes, à palette sétigère, sont composées de deux ou trois articles; dont la trompe, rétractile en entier, contient un suçoir de deux soies; et qui ont les yeux sessiles, les ailes écartées, et les cuillerons cachant les balanciers.

Malgré les réductions qu'entraînent ces caractères, le genre *mouche* est encore nombreux en espèces, et il serait peut-être utile de le réduire davantage si des caractères faciles à saisir en offraient la possibilité.

Les mouches sont des insectes des plus communs, que l'on rencontre partout, dans les maisons, dans les champs et les bois. Elles volent avec légèreté et rapidité, et la plupart font entendre en volant un bourdonnement monotone.

Celles que l'on voit dans les maisons, et qui y sont surtout très abondantes pendant l'été, sont souvent très incommodes, et même importunes. Elles se posent partout, sur les viandes, sur les matières sucrées, sur les fruits, sur les aliments de tout genre, et les sucent avec leur trompe. Elles salissent les boiseries, les glaces, les dorures sur lesquelles elles déposent leurs excréments.

Les *mouches* ont des antennes courtes, composées de deux ou trois articles, dont le premier ou les deux premiers sont fort petits, et dont le dernier est alongé en palette, avec une soie latérale, tantôt simple, tantôt plumeuse.

La trompe de ces insectes est rétractile en entier, comme charnue, bilabiée à son extrémité; elle cache dans un repli de sa partie supérieure un suçoir qui n'a que deux soies, et qui les a probablement toutes deux, quoiqu'il paraisse n'en avoir qu'une. C'est avec cette trompe molle, et par le moyen du suçoir qui est reçu dans sa cannelure, que l'animal pompe les sucs dont il se nourrit.

Les larves des *mouches* ressemblent à des vers mous, blanchâtres, sans pattes, et dont la tête est pareillement molle. Leur bouche est un suçoir accompagné de deux crochets qui servent à déchirer ou diviser les matières que la larve doit sucer. Elles vivent, les unes sur les plantes, dans l'intérieur des fruits, dans le parenchyme des feuilles qu'elles minent, etc.; les autres dans les chairs des animaux morts et dans d'autres matières en partie pourries ; les autres encore dans les excréments de l'homme et des animaux.

On sait combien l'on a de peine, pendant l'été, à préserver la viande des mouches bleues qu'on nomme *musca vomitoria*; elles y déposent leurs œufs, et c'est de ces œufs qu'éclosent ces vers blancs qu'on voit sur la viande qui commence à se corrompre. D'autres larves semblables, mais plus petites, vivent dans le fromage qui commence à se gâter (*musca putris*, Fab.): ces larves ont la faculté de sauter. Les larves des *M. cæsar, M. cadaverina, M. mortuorum*, vivent dans les cadavres. La larve de la mouche commune (*M. domestica*) vit dans la fiente du cheval. Enfin il y en a qui vivent dans le corps des chenilles dont elles dévorent les parties internes (*Echinomye,* Latr.).

L'une des mouches les plus incommodes, est la mouche météorique (*Oliv.*, Dict. n° 79) qui paraît vers le milieu de l'été; elle vole en troupes nombreuses autour de la tête des chevaux et des bêtes à cornes, et tâche d'entrer dans leurs yeux, dans leurs oreilles, pour se nourrir de l'humeur qui s'y trouve. Elle se jette aussi dans les yeux de l'homme.

Le nombre des espèces de mouches connues s'élevant déjà à plusieurs centaines, il faut tâcher de diviser le genre qui les comprend par un caractère facile à reconnaître, comme celui d'avoir :

La soie des antennes, simple.

La soie des antennes, velue ou plumeuse.

Mais ici je ne citerai que quelques espèces qui appartiennent aux genres *musca*, *echinomya*, *ocyptera*, *phasia*, etc., de M. Latreille.

ESPÈCES.

1. Mouche ventre bleu. *Musca vomitoria.* L.

M. thorace nigro, abdomine cœruleo-nitente, fronte fulvâ. Linn.
M. chrysocephala. Degeer. Ins. 6. p. 60, n° 5.
Réaum. Ins. 4. tab. 24. f. 13—15.

La mouche bleue de la viande. Geoff. 2. p. 524. nº 59.
Habite en Europe. Elle est grosse et très commune.

2. Mouche vert doré. *Musca cæsar.* Lin.

M. antennis plumatis, pilosa viridi-nitens, pedibus nigris.
Réaum. Ins. 4. t. 8. f. 1. et t. 19. f. 8.
La mouche dorée commune. Geoff. 2. p. 522. nº 53.
Habite en Europe. Sa larve vit sur les cadavres.

3. Mouche carnassière. *Musca carnaria.* Lin.

M. antennis plumatis; pilosa, nigra; thorace lineis pallidioribus; abdomine nitido tessellato.
Roes. Ins. 2. musc. t. 9. f. 10.
La grande mouche, etc. Geoff. Ins. 2. p. 527. nº 65.
Habite en Europe. Grosse mouche, fort commune.

4. Mouche domestique. *Musca domestica.* Lin.

M. antennis plumatis, thorace lineato, abdomine tessellato subtùs pallido. Fab. 4. p. 315.
Degeer. Ins. 6. p. 72. nº 10. tab. 4. f. 5—6.
La mouche commune. Geoff. 2. p. 528. nº 66.
Habite en Europe. Elle est très commune dans les maisons. Sa larve vit dans le fumier du cheval. J'en ai vu qui vécurent dans le corps de la chenille du psi (*noct. psi*), qui s'y changèrent en chrysalide, d'où sortit la mouche domestique; du moins je ne la reconnus pas pour la *musca larvarum.* La chenille, que je nourrissais, périt avant sa transformation.

5. Mouche latérale. *Musca lateralis.* Fab.

M. nigra, antennis setariis, abdominis lateribus basi sanguineis. Fab. 4. p. 328.
Degeer. Ins. 6. p. 28. nº 7. tab. 1. f. 9.
Panz. Faun. fasc. 7. tab. 22.
Ocyptera lateralis. Latr. Gen. Crust. et Ins. 4. p. 344.
Habite en Allemagne.

9. Mouche brassicaire. *Musca brassicaria.* Fab.

M. nigra, antennis setariis, abdomine cylindrico: segmento secundo tertioque rufis. Fab. 4. p. 327.
Degeer. Ins. 6. p. 1. f. 12—14.

Panz. Faun. fasc. 20. t. 20.
Ocyptera brassicaria. Latr.
Habite en Europe. Sa larve vit dans les racines du chou.

7. Mouche arrondie. *Musca rotundata.* Lin.

M. antennis setariis, thorace lineato, abdomine subrotundo ferrugineo, lineâ longitudinali punctorum nigrorum. Fab. 4. p. 325.
Tachina. Fab.
Degeer. Ins. 6. p. 28. pl. 1. f. 11.
Panz. Faun. fasc. 20. t. 19.
Ocyptera. Latr.
Habite en Europe.

8. Mouche géante. *Musca grossa.* Lin.

M. nigra, pilosa; antennis setariis; alis basi ferrugineis. Linn.
Degeer. Ins. 6. p. 21. pl. 1. f. 1.
Echinomyia grossa. Latr.
Geoff. 2. p. 495. n° 5.
Habite en Europe. Sa larve vit dans le fumier des bœufs.

9. Mouche sauvage. *Musca fera.*

M. antennis setariis; thorace nigro; abdominis lateribus testaceo-diaphanis.
Musca fera. Lin. Fab. 4. p. 324.
Harris. Ins. angl. tab. 9. f. 2.
Geoff. 2. p. 509. n° 33.
Echinomyia fera. Latr.
Habite en Europe, dans les bois et les prés.

10. Mouche subcoléoptrée. *Musca subcoleoptrata.*

M. thorace nigro, alis cinereis: vittis duabus fuscis repandis.
Conops subcoleoptratus. Linn.
Thereva subcoleoptrata. Fab. Suppl. p. 360.
Panz. Faun. fasc. 74. tab. 13—14.
Phasia subcoleoptrata. Latr.
Habite en Europe.

11. Mouche ailes épaisses. *Musca crassipennis.*

M. thorace flavescente; alis disco albido: puncto distincto nigro.
Thereva crassipennis. Fab. Suppl. p. 560.

Panz. Faun. fasc. 74. tab. 15.
Phasia. Latr.
Habite en Europe.

12. Mouche flancs fauves. *Musca affinis*.

M. thoracis lateribus fulvis; abdomine atro: lateribus testaceis.
Thereva affinis. Fab. Suppl. p. 561.
Panz. Faun. fasc. 74. tab. 16.
Phasia. Latr.
Habite en France, etc.

13. Mouche nébuleuse. *Musca nebulosa*.

M. atra, nitida, pilosa; thorace basi striato; alis fusco-nebulosis; antennis setariis.
Thereva obesa. Fab. Suppl. p. 561.
Panz. Faun. fasc. 59. tab. 20.
Phasia. Latr.
Habite en Allemagne, en Italie.
Etc.

Voyez, pour les ocyptères de M. *Latreille* que je réunis ici, l'Encyclopédie, p. 4.

TÉPHRITE. (Tephritis.)

Antennes courtes, distantes, sétigères. Trompe plus ou moins saillante, à suçoir de deux soies.

Ailes écartées, vibrantes. Cuillerons petits.

Antennœ breves, remotœ, setigerœ. Proboscis plus minusve exserta.

Alœ divaricatœ, vibratiles. Squamœ halterum parvulœ.

Observations. Sous le nom de *téphrite*, je réunis les téphrites, les platystomes et les micropèzes de M. *Latreille*, ces muscides ayant les ailes écartées comme les mouches, mais les cuillerons petits, laissant à nu la majeure partie des balanciers. Dans ces insectes, l'abdomen des femelles est terminé par une pointe.

ESPÈCES.

1. Téphrite solsticiale. *Tephritis solstitialis.*

T. antennis setariis; alis albis : fasciis quatuor connexis nigris; scutello flavo.
Musca solstitialis. Linn. Fab. 4. p. 359.
Geoff. 2. p. 499. n° 14.
Habite en Europe, sur les fleurs des chardons.

2. Téphrite du chardon. *Tephritis cardui.*

T. nigra; antennis setariis; alis albis; fascia flexuosa fusca.
Musca cardui. Linn. Fab. 4. p. 359.
Geoff. 2. p. 496. n° 8.
Habite les chardons et y produit des gales.

3. Téphrite vibrante. *Tephritis vibrans.*

T. antennis setariis; alis hyalinis apice nigris, capite rubro.
Musca vibrans. Linn. Fab. p. 351.
Geoff. 2. p. 494. n° 4.
Habite en Europe, sur les arbustes. Elle élève et abaisse conti nuellement ses ailes.

4. Téphrite cynipsée. *Tephritis cynipsea.*

T. antennis setariis; alis apice puncto laterali nigro; abdomine cylindrico.
Musca cynipsea. Fab. 4. p. 351. Linn.
Micropeza. Latr.
Habite en Europe, sur les fleurs. Espèce fort petit.
Etc.

MYODE. (Myoda.)

Antennes sétigères, plus courtes que la tête. Trompe à orifice bilabié, à suçoir de deux soies. Les yeux sessiles.

Port des mouches. Ailes couchées, se recouvrant l'une l'autre plus ou moins complétement.

Antennæ setigeræ, capite breviores. Proboscis orificio bilabiato et haustello bisetoso. Oculi sessiles.

Habitus muscarum. Alœ incumbentes, non divaricatæ.

Observations. Je rapporte, sous ce nom particulier, toutes les muscides à antennes sétigères plus courtes que la tête, à yeux sessiles, à trompe dont l'orifice est comme bilabié, et dont les ailes ne sont point divergentes. Ainsi, les *myodes* diffèrent des mouches et des téphrites en ce que leurs ailes sont couchées, l'une recouvrant l'autre plus ou moins complétement. On les distingue des macrocères par leurs antennes plus courtes que la tête; de la scénopine par leurs antennes sétigères; enfin des diopsis, etc., parce que leurs yeux sont sessiles. Rien n'empêchera, pour l'étude des détails, qu'on ne sous-divise ce genre, et qu'on ne retrouve dans son cadre, les lipses, les anthomies, les scatophages, et les oscines de M. *Latreille*. J'en vais citer quelques espèces qui appartiennent à ces sous-divisions.

ESPÈCES.

1. Myode tentaculaire. *Myoda tentaculata.*

M. nigro-cinerea; fronte flavescente; abdomine albo-maculato.
Lispe tentaculata. Latr. Gen. Crust. et Ins. 4. p. 347. et vol. 1. tab. 15. f. 9.
Habite aux environs de Paris, sur le bord des mares.

2. Myode pluviale. *Myoda pluvialis.*

M. antennis setariis, cinerea; thorace maculis quinque nigris; abdomine maculis obsoletis.
Musca pluvialis. Linn. Fab. 4. p. 329.
Geoff. 2. p. 529. n° 68.
Anthomyia. Latr. Gen. Crust. et Ins. 4. p. 346.
Habite en Europe.

3. Myode stercoraire. *Myoda stercoraria.*

M. grisea, hirta; antennis setariis; alis puncto obscuro.
Musca stercoraria. Linn. Fab. 4. p. 345.
Geoff. 2. p. 530. n° 69.

Scatophaga. Latr. Gen. Crust. et Ins. 4. p. 558.

Habite en Europe. Elle est jaunâtre ou roussâtre; commune sur les ordures.

4. Myode scybalaire. *Myoda scybalaria.*

M. hirta rufo-ferruginea; antennis setariis; alis flavescentibus; puncto obscuriore.

Musca scybalaria. Linn. Fab. ibid.

Scatophaga. Latr.

Habite en Europe, sur les ordures. Elle ressemble à la précédente; mais elle est une fois plus grosse.

5. Myode élégante. *Myoda elegans.*

M. cinerea, antennis setariis, vertice sanguineo, abdomine fasciis quinque nigris, alis maculatis.

Musca formosa. Panz. Faun. fasc. 59. t. 21.

Oscinis. Latr. Gen. Crust. et Ins. 4. p. 351.

Habite en France, en Autriche, etc., sur les arbres.

6. Myode transparente. *Myoda hyalina.*

M. nigra, antennis setariis, alis hyalinis nigro-maculatis.

Musca hyalina. Panz. Faun. fasc. 60. tab. 24.

Oscinis. Latr.

Habite en Autriche.

7. Myode rayée. *Myoda lineata.*

M. subtùs flava, suprà nigra, lineis thoracis scutelloque flavis.

Musca lineata. Fab. 4. p. 356.

Oscinis lineata. Latr.

Habite en Europe sur les fleurs.

8. Myode de l'olivier. *Myoda oleæ.*

M. antennis setariis, thorace cinerascente, abdomine conico ferrugineo: lateribus atro-maculatis.

Musca oleæ. Fab. 4. p. 349.

Oscinis. Latr.

Habite l'Europe australe. Sa larve vit dans les fruits de l'olivier.

Etc.

MACROCÈRE. (Macrocera.)

Antennes triarticulées, sétigères, aussi longues ou plus longues que la tête.

Ailes couchées. Cuillerons petits.

Antennæ triarticulatæ, setigeræ, longitudine capitis vel capite elongiores.

Alæ incumbentes. Squamæ halterum parvulæ.

Observations. Les *macrocères* ont les ailes couchées comme les myodes, et sont en cela distinguées des mouches et des téphrites dont les ailes sont écartées ou divergentes. Mais les macrocères diffèrent des myodes par leurs antennes aussi longues ou plus longues que la tête. Sous cette coupe générique, je réunis les loxocères, les sépédons, les tétanocères de M. *Latreille*. Des sous-divisions du genre peuvent suffire pour les indiquer.

ESPÈCES.

1. Macrocère ichneumonée. *Macrocera ichneumonea.*

M. elongata, atra; antennis setariis; thorace postico rufo lineolis duabus nigris; pedibus flavis.
Musca aristata. Panz. Faun. fasc. 73. tab. 24.
Loxocera ichneumonea. Latr. p. 356.
Habite aux environs de Paris.

2. Macrocère des marais. *Mocrocera palustris.*

M. nigra; antennis elongatis setariis; pedibus rufis: posticis elongatis.
Syrphus sphegeus. Fab. 4. p. 298.
Musca rufipes. Panz. Faun. fasc. 60. t. 23.
Sepedon palustris. Latr. 4. p. 350.
Habite en France, etc., dans les marais.

3. Macrocère réticulée. *Macrocera reticulata.*

M. cinereo-rufescens; antennis subplumatis; alis lineolis fuscis subdecussatis.

Tetanocera reticulata. Latr. Gen. Crust. et Ins. 4. p. 350.
Habite en Europe, dans les lieux marécageux.
Etc.

SCENOPINE. (Scenopinus.)

Antennes de trois articles, dont le dernier alongé, cylindrique comprimé, sans soie latérale.

Ailes couchées; balanciers nus; pattes courtes.

Antennæ triarticulatæ; articulo ultimo elongato, tereti-compresso, absque setâ.

Alæ incumbentes; halteres nudi; pedes breves.

Observations. Il est si général, dans les muscides, de voir les antennes munies d'une soie latérale, que les insectes dont il s'agit ici méritent d'être distingués comme genre, puisque leurs antennes ne sont point sétigères, et que cependant ce sont de véritables muscides.

Ainsi, nous avons dû adopter le gere scénopine de M. Latreille, parce que son caractère distinctif peut être facilement saisi.

ESPÈCE.

1. Scénopine des fenêtres. *Scenopinus fenestralis.* Latr.

Nemotelus fenestralis. Degeer.
Schell. t. 13. *Musca fenestralis.* L.
Habite en Europe. On la rencontre fréquemment sur les vitres des fenêtres. Sa marche est lente. On la prend avec facilité.

DIOPSIS. (Diopsis.)

Antennes très petites, triarticulées, insérées sous les yeux au sommet des pédoncules qui les soutiennent; à troisième article sétigère à la base. Tête trigone, ayant supérieurement et antérieurement deux prolongements cylindriques, très longs, divergents, qui portent les yeux et les antennes à leur sommet.

Trompe des mouches. Corps alongé. Ailes écartées?

Antennæ minimæ, triarticulatæ, sub oculis, illorum pedunculorum apici insertæ; articulo tertio ad basim setigero. Caput trigonum, lateribus superis et anticis processibus duobus longissimis, cylindricis, divaricatis, apice oculiferis et antenniferis.

Proboscis muscarum. Corpus elongatum. Alæ divaricatæ?

Observations. Les *diopsis* sont les insectes les plus singuliers de la famille des muscides. Leurs yeux portés à l'extrémité de longs pédoncules qui naissent des côtés supérieurs de la tête, semblent terminer des cornes latérales, et sont pour les insectes, ce que sont ceux des *podophthalmes* pour les crustacés.

Le corps des *diopsis* est alongé; leur corselet est épineux postérieurement; les ailes paraissent écartées ou relevées, et les balanciers sont nus.

Les diopsis vivent dans les Indes orientales, l'Afrique. Linné n'en a connu qu'une espèce.

ESPÈCE.

1. Diopsis ichneumonée. *Diopsis ichneumonea.* Lin.

Fuesl. Archiv. tab. 6.
Latr. Hist. des Crust. et Ins. vol. 14. pl. 112. f. 6 et 7.
Habite l'Afrique, les côtes de la Guinée. Quatre épines derrière le corselet.

ACHIAS. (Achias.)

Antennes insérées sur le front, couchées, triarticulées; à troisième article alongé, cylindrique. Les yeux portés sur les pédoncules plus longs que la tête.

Deux palpes filiformes insérés à la base de la trompe. Corselet plane. Ailes plus longues que l'abdomen.

Antennæ fronti insertæ, incumbentes, triarticulatæ; articulo tertio elongato, cylindrico. Oculi porrecti, utrinque pedunculo capite longiori insidentes. Palpi duo filiformes ad basim proboscidis inserti.

Thorax planus. Alæ abdomine longiores.

Observations. Le genre *achias*, établi par Fabricius, est encore très peu connu. Il paraît se distinguer principalement des diopsis, parce que les antennes s'insèrent sur le front de l'insecte, et non sur les pédoncules qui portent les yeux.

ESPÈCE.

1. Achias oculé. *Achias oculatus*. Fabr. Syst. antl. p. 247.

Habite l'île de Java.

Suçoir de quatre soies.

LES SYRPHIES.

Les *syrphies* ont la trompe entièrement retirée dans l'inaction, comme les muscides, mais leur suçoir est de quatre soies. Dans les unes, comme dans les autres, le dernier article des antennes n'est point annelé, ce qui les distingue principalement des stratiomides.

On remarque qu'en général les *syrphies* sont peu velues, volent rapidement, et qu'alors elles font entendre un bourdonnement plus ou moins considérable. On les trouve pendant la belle saison sur les plantes et sur les fleurs.

Leurs larves vivent les unes dans la boue ou dans les latrines, les autres dans les étangs, les mares, etc.

Quelques-unes des premières sont munies postérieurement d'une longue queue par laquelle elles respirent lorsqu'elles sont enfoncées dans la boue.

Voulant toujours suivre mon plan de simplification, je n'ai divisé la famille des *syrphies* qu'en sept genres, au lieu de quatorze que l'on trouve dans les ouvrages de M. *Latreille*; mais ces genres sont déterminés de manière que les coupes de M. *Latreille* peuvent facilement se retrouver. Voici le tableau de ces divisions.

DIVISION DES SYRPHIES.

[1] *Le devant de la tête avancé en bec, ou offrant une proéminence au-dessus de la cavité orale.*

[A] Trompe aussi longue que la tête et le corselet.

Rhingie.

[B] Trompe beaucoup plus courte que la tête et le corselet.

+ Antennes beaucoup plus courtes que la tête.

Syrphe.

++ Antennes aussi longues ou plus longues que la tête.

Δ Antennes ayant une soie latérale.

Psare.
Chrysotoxe.

ΔΔ Antennes sans soie latérale, mais terminées par une pointe ou une soie.

Cérie.

[2] *Le devant de la tête non avancé en bec et n'offrant aucune proéminence au-dessus de la cavité orale.*

Aphrite.
Milésie.

(1) *Le devant de la tête avancé en bec, ou offrant une proéminence au-dessus de la cavité orale.*

RHINGIE. (Rhingia.)

Antennes très courtes, de trois articles, ayant une soie simple et latérale. Le devant de la tête avancé en bec conique. Trompe aussi longue que la tête et le corselet, reçue sous le prolongement antérieur de la tête.

Ailes couchées; port de la mouche commune.

Antennæ brevissimæ, triarticulatæ; setâ laterali simplici. Pars antica capitis in rostrum conicum porrecta. Proboscis sublinearis, capitis thoracisque longitudine, sub processu rostriformi capitis recepta.

Alæ incumbentes. Habitus muscæ domesticæ.

Observation. La *rhingie* est si remarquable par le prolongement de la partie antérieure de sa tête, qu'on a dû la distinguer comme un genre particulier. On lui a donné le nom de mouche à bec; sa larve vit dans les bouses de vaches. On n'en connaît encore qu'une espèce.

ESPÈCE.

1. Rhingie à bec. *Rhingia rostrata.* Scop.

Conops rostrata. Linn.
Rhingia rostrata. Fabr. Latr. Panz. Faun. Ins. fasc. 87. t. 22.
Schell. Dipt. tab. 18. *Volucella.* Geoff.
Habite en Europe; rare aux environs de Paris.

SYRPHE. (Syrphus.)

Antennes plus courtes que la tête, à trois articles et à soie latérale. Une saillie en bec court et obtus au-devant de la tête. Trompe seulement un peu plus longue que la tête.

Ailes écartées.

Antennæ capite breviores, triarticulatæ; setâ laterali. Processus brevis, obtusus, ad capitis partem anticam. Proboscis capite tantùm paulò longior.

Alæ divaricatæ.

Observations. Les *syrphes* ont le port et l'aspect des mouches; mais, outre qu'ils en diffèrent par leur suçoir de quatre soies, ils ont le devant de la tête avancé en bec court et obtus. Leur trompe, quoique beaucoup plus courte que dans la rhingie, est seulement un peu plus longue que la tête. Enfin, leurs antennes triarticulées ont une soie latérale, soit simple, soit plumeuse, qui s'insère en général plutôt sous le troisième article, dans son articulation même, que sur le dos de cet article.

Sous cette coupe, je réunis les syrphes, les élophiles, les érisitales, les volucelles et les séricomyes de M. *Latreille.*

ESPÈCES.

1. Syrphe de la Laponie. *Syrphus lapponum.*

S. tomentosus niger; scutello ferrugineo; abdomine cingulis tribus albidis interruptis; antennis plumatis.

Musca lapponum. Linn. *Syrphus lapponum.* Fab.

Degeer. Ins. 7. p. 141. pl. 8. f. 14.

Sericomya. Latr.

Habite les bois de la Laponie, et près de Paris.

2. Syrphe à bandes. *Syrphus inanis.*

S. antennis plumatis, thorace testaceo, abdomine pellucido; cingulis duobus nigris.

Musca inanis. Linn. *Syrphus inanis.* Fab.

Panz. Faun. fasc. 2. tab. 6.

Némotèle. Geoff. 2. p. 543. n° 1. t. 18. f. 4.

Volucella. Latr.

Habite en Europe, sur les fleurs.

3. Syrphe transparent. *Syrphus pellucens.*

S. niger, antennis plumatis, abdominis segmento primo albo pellucido

Musca pellucens. Lin. *Syrphus pellucens*. Fab.
Volucella. n° 1. Geoff. 2. p. 540. t. 18. f. 3.
Panz. Faun. fasc. 1. t. 17.
Habite en Europe, dans les lieux ombragés.

4. Syrphe cul roux. *Syrphus bombylans.*

S. tomentosus, niger; abdomine postice rufo; antennis plumatis.
Musca bombylans. Lin. *S. bombylans*. Fab.
Panz. Faun. fasc. 8. t. 21.
Habite en Europe, dans les bois.

5. Syrphe noir. *Syrphus œstraceus.*

S. niger, scutello albido, abdominis apice lutescente; antennis setariis.
Musca œstracea. Linn. *S. œstraceus*. Fab.
Panz. Faun. fasc. 59. t. 13. *S. rupestris*.
Eristalis. Latr.
Habite en Europe.

6. Syrphe apiforme. *Syrphus tenax.*

S. tomentosus, antennis setariis, thorace griseo, abdomine fusco, tibiis posticis compresso-gibbis.
Musca tenax. Linn. *S. tenax*. Fab.
Mouche apiforme. Geoff. 2. p. 520, n° 52.
Elophilus. Latr.
Habite en Europe. Sa larve vit dans les latrines; elle a une queue pour respirer.

7. Syrphe des bois. *Syrphus nemorum.*

S. tomentosus, antennis setariis, abdomine atro : cingulis tribus albis; pedibus nigris : geniculis albis.
Musca nemorum. Linn. *S. nemorum*. Fab.
Musca... Geoff. 2. p. 511. n° 36.
Habite en Europe.

8. Syrphe guêpe. *Syrphus festivus*. Fab.

S. nudus, antennis setariis, thorace lineis lateralibus, abdomine cingulis quatuor flavis interruptis.
Musca festiva. Linn.

Geoff. 2. p. 505. nº 27. pl. 18. f. 1.
Syrphus. Latr.
Habite en Europe.
Etc.

PSARE. (Psarus.)

Antennes de la longueur de la tête, portées sur un pédoncule commun; à troisième article muni d'une soie biarticulée. Un prolongement en bec court à la partie antérieure de la tête.

Ailes couchées.

Antennæ capitis longitudine, pedunculo communi insidentes; articulo tertio setâ biarticulatâ instructo. Processus in rostrum brevem ad capitis partem anticam.

Alæ incumbentes.

Observations. Ce genre est le même que celui qu'a établi M. *Latreille* sous le nom de *psare*; il est remarquable en ce que les antennes sont portées sur un pédoncule commun, et en ce que leur troisième article est muni d'une soie latérale, un peu épaisse, styliforme, biarticulée à sa base. On n'en connaît encore que l'espèce suivante.

ESPÈCE.

1. Psare abdominal. *Psarus abdominalis*. Fab.

Latr. Hist. nat. des Crust. et des Ins. vol. 14. p. 357.
Coqueb. Illust. Icon. Ins. dec. 3. tab. 23. f. 9.
Mouche à antennes réunies. Geoff. 2. p. 519. nº 50.
Habite aux environs de Paris.

CHRYSOTOXE. (Chrysotoxum.)

Antennes plus longues que la tête, séparées à leur base, triarticulées, à troisième article muni d'une soie latérale. Une proéminence courte à la partie antérieure de la tête.

Ailes écartées.

Antennæ capite longiores, basi separatæ, triarticulatæ; articulo tertio setâ laterali instructo. Prominentia brevis ad capitis partem anticam.

Alæ divaricatæ.

Observations. Les *chrysotoxes* diffèrent médiocrement des syrphes; il n'y a guère que la longueur des antennes qui puisse les distinguer. Leur soie latérale s'insère à la base du troisième article. Leur corps, par ses couleurs, rappelle celui de la guêpe.

ESPÈCES.

1. Chrysotoxe à deux bandes. *Chrysotoxum bicinctum.*

Ch. nigrum; thoracis lateribus punctis abdomineque cingulis duobus flavis.
Mulio bicinctus. Fab. Suppl. p. 557.
Schellenb. Dipt. tab. 22. f. 2.
Habite en Europe, sur les fleurs.

2. Chrysotoxe arqué. *Chrysotoxum arcuatum.*

Ch. nigrum; thorace maculis lateralibus, abdomine cingulis quatuor arcuatis flavis.
Mulio arcuatus. Fab Suppl. p. 558.
Mouche imitant la guêpe, etc. Geoff. 2. p. 506.
Habite en Europe, sur les fleurs.

CÉRIE. (Ceria.)

Antennes plus longues que la tête, triarticulées, sans soie latérale; à troisième article mucroné ou terminé par une soie. Un prolongement frontal et en bec plus ou moins saillant.

Les ailes le plus souvent écartées.

Antennæ capite longiores, triarticulatæ, setâ laterali destitutæ; articulo tertio apice mucronato vel setifero. Processus frontalis rostratus, plus minusve prominulus.

Alæ sæpiùs divaricatæ.

Observations. Les antennes des *céries* n'ayant point de soie latérale, présentent un caractère qui distingue suffisamment ce genre des autres syrphies. Ce même genre comprend les céries et les callicères de M. Latreille. Dans les premières, le troisième article des antennes est terminé par un stylet; il est terminé par une soie dans les secondes.

ESPÈCES.

1. Cérie conopsoïde. *Ceria conopsoides.* Latr.

C. abdomine atro: segmentis tribus margine flavis.
Ceria clavicornis. Fab. Suppl. p. 557.
Musca conopsoides. Linn.
Syrphus conopseus. Panz. Fasc. 44. tab. 20.
Habite en Europe, dans les bois.

2. Cérie dorée. *Ceria ænea.*

C. nigra tomentosa, abdomine æneo.
Callicera ænea. Meigen. Latr.
Panz. Faun. fasc. 104. tab. 17.
Habite l'Allemagne, la France méridionale.

---

[2] *Le devant de la tête non avancé en bec, et n'ayant aucune proéminence au-dessus de la cavité orale.*

APHRITE. (Aphritis.)

Antennes beaucoup plus longues que la tête, triarticulées; à troisième article en palette conique, sétigère à sa base. Aucun prolongement devant la tête.

Ailes couchées.

Antennæ capite multò longiores, triarticulatæ; articulo tertio in spatulam conicam figurato, ad basim setigero. Caput anticè non productum.

Alæ incumbentes.

Observations. Ce genre est le même que celui que M. Latreille a institué sous le même nom. Il a cela de particulier avec les milésies qui suivent, qu'il comprend des syrphies qui n'offrent aucune éminence au-dessus de la cavité orale.

ESPÈCE.

1. Aphrite duvet doré. *Aphritis auro pubescens.* Latr.

A. tomentosa, nigro-ænea; pedibus flavis.
Musca mutabilis. Linn.
Mulio mutabilis. Fab. Suppl. p. 558.
Stratiomys conica. Panz. Fasc. 12. t. 21.
Habite en Europe.

MILÉSIE. (Milesia.)

Antennes beaucoup plus courtes que la tête, triarticulées; à troisième article en palette subovale ou subtrigone, et sétigère vers sa base. Aucune proéminence devant la tête.

Ailes couchées.

Antennæ capite multò breviores, triarticulatæ; articulo tertio in spatulam subovatam aut subtrigonam figurato, versùs basim setigero. Caput anticè non productum.

Alæ incumbentes.

Observations. Sous le nom de *milésie*, je comprends les milésies et les mérodons de M. Latreille. Ces syrphies ont les ailes couchées, et n'offrent aucune proéminence frontale, ainsi que les aphrites; mais elles s'en distinguent principalement parce que leurs antennes sont beaucoup plus courtes que la tête.

ESPÈCES.

1. Milésie lunulifère. *Milesia lunata.*

M. tomentosa; thorace cinereo; abdomine arcubus albis, basi rufo apice atro; femoribus posticis incrassatis.

Syrphus lunatus. Fab. 4. p. 296.
Habite en Barbarie.

2. Milésie spinipède. *Milesia spinipes.*

M. tomentosa, abdomine atro : lineolis albis, segmento primo rufo; femoribus posticis dentatis.
Syrphus spinipes. Fab. 4. p. 296.
Habite en France.

3. Milésie annelée. *Milesia annulata.*

M. tomentosa; abdomine atro, segmentorum marginibus albis; femoribus posticis clavatis dentatis.
Syrphus annulatus. Fab. Panz. fasc. 60. t. 11.
Habite en Autriche.

4. Milésie mixte. *Milesia mixta.*

M. nudiuscula, nigra; abdominis segmentis secundo tertioque sanguineis, his quartoque lunulis albis.
Syrphus mixtus. Panz. Faun. fasc. 60. t. 8.
Habite en Autriche.
Etc.

Dernier article des antennes annelé.

LES STRATIOMIDES.

Ainsi que les muscides et les syrphies, les *stratiomides* ressemblent aux mouches par leur port; leur trompe de même est retirée dans l'inaction, à l'exception des lèvres qui la terminent, et leurs antennes n'ont aussi que trois articles; mais, dans les *stratiomides*, le dernier article des antennes est annelé, ce qui n'a point lieu dans les antennes des muscides et des syrphies. D'ailleurs, ce troisième article des antennes ne porte jamais de soie latérale dans les stratiomides.

Ces insectes ont tous les ailes couchées, et beaucoup d'entre eux ont leur écusson, ou la partie postérieure de leur corselet, armé d'épines ou de pointes couchées, dirigées en arrière; ce qui leur a fait donner le nom de *mouches armées*.

On les trouve le plus ordinairement dans les lieux aquatiques, au bord des eaux, des mares, des étangs; et, en effet, les larves de la plupart vivent dans l'eau. Ces larves sont alongées, quelquefois un peu aplaties, vont en grossissant antérieurement, et respirent par les stigmates de leur extrémité postérieure.

Je partage les stratiomides en quatre genres, de la manière suivante.

DIVISION DES STRATIOMIDES.

[1] *Le devant de la tête arrondi et point avancé en bec.*

[a] Antennes aussi longues ou plus longues que la tête, sans soie ni stylet au bout.

[+] Dernier article des antennes à huit anneaux.

— Xylophage.

[++] Dernier article des antennes à six anneaux ou moins.

— Stratiome.

[aa] Antennes plus courtes que la tête; le dernier article ayant une soie ou un stylet terminal.

— Oxycère.

[2] *Le devant de la tête avancé en bec.*

— Némotèle.

XYLOPHAGE. (Xylophagus.)

Antennes aussi longues ou plus longues que la tête, sans soie ni stylet au bout; le dernier article à huit anneaux. Le devant de la tête arrondi, et point en bec.

Ailes couchées.

Antennæ capitis longitudine vel capite longiores, apice nec mucronatæ nec setiferæ; articulo ultimo octo annulato. Caput anticè rotundatum, non rostratum.

Alæ incumbentes.

Observations. Je rapporte à cette coupe les genres xylophage, hermétie et béris de M. *Latreille.* Ces stratiomides ayant le devant de la tête simplement arrondi, leur trompe n'est point retirée sous un museau pointu et avancé en bec. Le troisième article des antennes de nos *xylophages* est à huit anneaux.

Dans les xylophages et les béris de M. Latreille, le troisième article des antennes va en pointe; il est en palette alongée, très comprimée et étranglée au milieu dans ses hermétíes. Citons une espèce de chacune de ces trois coupes.

ESPÈCES.

1. Xylophage tacheté. *Xylophagus maculatus.* Meig.

X. niger, maculis variis flavis ornatus.

Xylophagus ater. Latr. Gen. Crust. et Ins. 1. p. 8. tab. 16. f. 9—10.

Habite aux environs de Paris, sur l'orme.

2. Xylophage luisant. *Xylophagus illucens.*

X. niger; abdominis segmentis pellucidis; tarsis albidis.

Hermetia illucens. Latr. Gen. Crust. et Ins. 4. p. 271.

Habite l'Amérique méridionale.

3. Xylophage tarses noirs. *Xylophagus nigri-tarsis.*

X. niger; scutello sexdentato; abdomine ferrugineo; tarsis nigris.

Beris nigri-tarsis. Latr. Gen. Crust. et Ins. 4. p. 273.

Stratiomys. Geoff. 2. p. 483. n° 8.

Stratiomys clavipes. Panz. Fasc. 9. t. 19.

Habite aux environs de Paris, dans les bois.

STRATIOME. (Stratiomys.)

Antennes en général plus longues que la tête, sans stylet particulier au bout; le dernier article à cinq ou six anneaux. Point d'avancement en bec devant la tête.

Ailes couchées.

Antennæ ut plurimùm capite longiores, apice stylo peculiari nullo; ultimo articulo sub sex annulato. Caput anticè non rostratum.

Alæ incumbentes.

Observations. Le genre dont il s'agit ici comprend les stratiomes, les odontomies et les éphippies de M. *Latreille*. Ces stratiomides ont, comme les xylophages, les antennes aussi longues ou plus longues que la tête, sans soie ou stylet particulier au bout, quoique dans plusieurs elles se terminent insensiblement en soie alongée; mais, dans nos *stratiomes*, le dernier article des antennes n'a que cinq ou six anneaux, et non huit comme dans les xylophages.

ESPÈCES.

1. Stratiome rayé. *Stratiomys strigata*. Fab.

S. scutello bidentato; abdomine atro : subtùs strigis albis.
Latr. Gen. Crust. et Ins. 4. p. 274.
Panz. Faun. fasc. 12. tab. 20.
Habite en Europe.

2. Stratiome caméléon. *Stratiomys chamæleon.*

S. scutello bidentato luteo; abdomine nigro; fasciis lateralibus luteis.
Stratiomys chamæleon. Fabr. Panz. fasc. 8. t. 24.
Stratiomys. Geoff. 2. p. 479. pl. 17. f. 4.
Habite en Europe. Sa larve vit dans l'eau.

3. Stratiome fourchu. *Stratiomys furcata*. Fab.

S. scutello bidentato nigro; margine flavo; abdomine atro : lateribus flavo-maculatis.

Odontomya furcata. Meig. Latr. 4. p. 275.
Habite en Allemagne.

4. Stratiome éphippie. *Stratiomys ephippium*. Fab.

S. scutello bidentato; thorace rufo utrinque spinoso.
Ephippium thoracium. Latr. 4. p. 276.
Panz. Faun. fasc. 8. tab. 23.
Habite en Europe, dans les bois.

5. Stratiome hydroléon. *Strtiomys hydroleon.*

S. nigra; scutello bidentato; abdomine viridi nigro angulato.
Musca hydroleon. Linn.
Stratiomys hydroleon. Fab.
Geoff. Ins. 2. p. 481. n° 4.
Odontomya. Latr.
Habite en Europe, dans les eaux.
Etc.

OXYCÈRE. (Oxycera.)

Antennes plus courtes que la tête; à troisième article terminé par un stylet sétiforme ou par une soie particulière. Point d'avancement en bec devant la tête.

Ailes couchées.

Antennæ capite breviores, articulo tertio stylo setiformi vel setâ peculiari terminato. Caput anticè non rostratum.

Alæ incumbentes.

Observations. Les antennes plus courtes que la tête, ayant leur troisième article terminé par un stylet ou par une soie particulière, c'est-à-dire, qui ne résulte point d'une atténuation insensible de ce troisième article, distinguent nos *oxycères* des autres stratiomides. A ce genre je rapporte les oxycères, les sargus et les vappons de M. *Latreille*.

L'écusson, ou la partie postérieure du corselet, est épineux dans les oxycères de M. Latreille; il est mutique dans ses sargus et ses vappons.

ESPÈCES.

1. Oxycère hypoléon. *Oxycera hypoleon.* Meig.

O. scutello bidentato flavo; corpore nigro flavo variegato.
Stratiomys hypoleon. Fab. 4. p. 267.
Stratiomys. n° 6. Geoff. 2. p. 481.
Panz. Faun. fasc. 1. tab. 14.
Habite en Europe.

2. Oxycère cuivreuse. *Oxycera cupraria.*

O. glauco-œnea; thorace viridi; abdomine oblongo cupreo.
Sargus cuprarius. Fab. Supp. p. 566.
Musca. n° 61. Geoff. 2. p. 525.
Habite en Europe, sur les fleurs.

3. Oxycère noire. *Oxycera atra.*

O. nigra; pedibus pallidis; alis dimidiato-albis.
Vappo ater. Latr. Gen. Crust. et Ins. 4. p. 279.
Nemotelus ater. Panz. Faun. fasc. 54. tab. 5.
Habite en Europe, dans les bois.

NÉMOTÈLE. (Nemotelus.)

Antennes plus courtes que la tête, insérées sur le bec de sa partie antérieure. Trompe alongée, renfermée sous ce bec. Le devant de la tête formant un prolongement pointu et en forme de bec.

Ailes couchées. Écusson mutique.

Antennœ capite breviores, lateri supero rostri capitis insertœ. Proboscis elongata, sub capitis rostro vaginata. Caput anticè processu acuto et rostriformi porrectum.

Alœ incumbentes. Scutellum muticum.

Observation. Le genre *némotèle*, établi par Geoffroi, est adopté par les entomologistes, parce qu'il offre des caractères remarquables. En effet, le prolongement en forme de bec et autennifère de la partie antérieure de la tête de ces insectes, et la trompe alongée, renfermée sous ce bec, distinguent éminemment ce genre des autres stratiomides.

Les némotèles volent peu, paraissent lourdes, et se trouvent ordinairement sur les plantes aquatiques. Il paraît que leurs larves sont encore inconnues.

ESPÈCES.

1. Némotèle uligineuse. *Nemotelus uliginosus*. Fab.

N. niger; abdomine niveo, apice atro.
Panz. Faun. Ins. fasc. 46. tab. 21.
Némotèle à bande. Geoff. Ins. 2. pl. 18. f. 4.
Habite aux environs de Paris, sur les fleurs dans les lieux aquatiques.

2. Némotèle ponctuée. *Nemotelus punctatus*. Latr.

N. niger; abdomine lineis tribus punctorum flavescentium.
N. punctatus. Fab. 4. p. 271.
Coqueb. Illust. Icon. Ins. 3. tab. 23. f. 6.
Habite en Barbarie.

** *Trompe univalve, toujours saillante, soit entièrement, soit en partie.*

Sous cette division, l'on rapporte quatre familles distinctes, qui embrassent le reste des diptères. Ces familles sont, les *conopsaires*, les *bombyliers*, les *tabaniens* et les *tipulaires*.

Les trois premières de ces familles présentent des rapports assez remarquables avec les muscides, les syrphies et les stratiomides, puisque les unes et les autres n'ont que trois articles à leurs antennes. Néanmoins leur trompe, toujours saillante, les en distingue suffisamment. Parmi les rapports cités, on remarque que la famille des conopsaires a dû être placée la première, car les insectes qui la composent se rapprochent des muscides et autres familles précédentes, par la métamorphose. En effet, ces insectes offrent tous des nymphes inactives, à coque opaque, et qui ne montrent aucune partie de l'insecte parfait.

Il n'en est pas tout-à-fait de même des bombyliers, des tabaniens et des tipulaires; car il paraît que, parmi ces diptères, on en a déjà observé qui ont, soit les nymphes actives, soit les nymphes qui montrent des parties de l'insecte parfait. Examinons d'abord les trois premières de ces quatre familles.

---

§ *Trois articles aux antennes, dont le dernier est quelquefois grenu.*

LES CONOPSAIRES.

Trompe coudée. Suçoir de deux soies.

Les *conopsaires* sont des diptères éminemment distingués de ceux qui précèdent, non-seulement parce que leur trompe est toujours saillante, mais parce qu'elle est *coudée* diversement selon les genres, et qu'elle est comme brisée une ou deux fois, et différemment dirigée. Cette trompe, grêle et saillante, n'offre point de dilatation notable à son extrémité, et indique par là un rapport avec les bombyliers; mais dans ceux-ci la trompe n'est point coudée.

En général, les *conopsaires* ont la tête grosse, comme vésiculeuse antérieurement, et la plupart ont l'abdomen alongé, mince à son origine, et renflé ou en massue à son extrémité. Leur nymphe est inactive et à coque opaque. La plupart de ces insectes vivent sur les fleurs.

DIVISION DES CONOPSAIRES.

[1] *Trompe coudée deux fois, et repliée en arrière.*

[a] Corps alongé, étroit ; abdomen en massue.

Myope.

[b] Corps court ; abdomen non en massue.

Bucente.

[2] *Trompe coudée seulement à sa base, et ensuite dirigée en avant.*

[a] Corps court ; abdomen non en massue.

Stomoxe.

[b] Corps alongé, étroit ; abdomen en massue.

+ Antennes plus courtes que la tête.

Zodion.

++ Antennes beaucoup plus longues que la tête.

Conops.

MYOPE. (Myopa.)

Antennes courtes, triarticulées, à troisième article en palette, ayant une soie courte et latérale à sa base. Trompe longue, deux fois coudée, et repliée en arrière. Tête large, subvésiculeuse ; corps alongé, étroit.

Antennæ breves, triarticulatæ ; articulo tertio subspatulato, basi setâ laterali brevique instructo. Proboscis longa, basi medioque geniculata, tunc subtùs inflexa.

Caput latum, subvesiculosum; corpus elongatum, angustum.

Observations. Parmi les conopsaires qui ont la trompe coudée deux fois, les *myopes* sont remarquables par leur tête large, comme vésiculeuse, revêtue d'une peau blanche qui fait paraître leur front et leur bouche comme masqués. Leurs yeux sont grands, latéraux; leur trompe est longue, filiforme, coudée à sa base et vers son milieu; ce qui fait que son extrémité est dirigée en dessous ou en arrière; enfin, leur corps est alongé, étroit, et l'abdomen se termine en massue. Ces insectes vivent sur les fleurs.

ESPÈCES.

1. Myope dorsale. *Myopa dorsalis*. Fab.

M. ferruginea; thoracis dorso fusco; abdomine cylindrico hamoso; segmentorum marginibus albis.
Schœff. Icon. Ins. t. 49. f. 2—3.
Panz. Faun. fasc. 22. tab. 24.
Habite en Europe.

2. Myope ferrugineuse. *Myopa ferruginea*. Fab.

M. ferruginea; abdomine cylindrico incurvo; fronte lutescente.
Conops ferruginea. Linn.
Asile. n° 14. Geoff. 2. p. 473.
Habite en Europe, dans les bois.

3. Myope noire. *Myopa atra*. Fab.

M. abdomine cylindrico incurvo; corpore atro; ore albo.
Panz. Faun. fasc. 12. tab. 23.
Habite en Europe.
Etc.

BUCENTE. (Bucentes.)

Antennes avancées, triarticulées, latéralement sétigères; à troisième article en palette. Trompe coudée deux fois, et ensuite dirigée en dessous.

Corps court; abdomen non en massue.

Antennæ porrectæ, triarticulatæ, setâ laterali instructæ; articulo tertio subspatulato. Proboscis bigeniculata, tunc subtùs inflexa.

Corpus breve; abdomine non clavato.

OBSERVATIONS. Le genre *bucente*, établi par M. Latreille, embrasse des conopsaires qui ont la trompe des myopes, c'est-à-dire, coudée deux fois, d'abord à sa base et ensuite vers son milieu, et qui, après son dernier coude, se replie en dessous ou en arrière. Mais les bucentes ont le corps court, l'abdomen non en massue, et semblent, par leur port, se rapprocher des stomoxes. On ne connaît encore que l'espèce suivante.

ESPÈCE.

1. Bucente cendré. *Bucentes cinereus.*

Latr. Gen. Crust. et Ins. 4. p. 339.
Musca geniculata. Degeer. 6. p. 38. pl. 2. f. 19—21.
Habite aux environs de Paris, dans les prés humides.

STOMOX. (Stomoxis.)

Antennes courtes, terminées en palette, et munies d'une soie latérale plumeuse. Trompe coudée seulement à sa base, et ensuite dirigée en avant.

Corps court. Forme et aspect de la mouche domestique.

Antennæ breves, spatula terminatæ; setâ laterali plumosâ. Proboscis tenuis, basi tantùm geniculata, tunc anticè porrecta.

Corpus breve. Habitus muscæ domesticæ.

OBSERVATIONS. Les *stomoxes* ont exactement la forme et l'aspect de nos mouches communes, et leur ressemblent même par leurs antennes; mais leur trompe, toujours saillante, est coudée à sa base, ensuite dirigée en avant, et indique que ces insectes font partie de la famille des conopsaires.

Leurs antennes sont courtes, rapprochées et insérées au milieu du front. Leurs ailes sont couchées ou horizontales, un peu plus longues que l'abdomen.

Ces insectes sont carnassiers, et vivent en suçant le sang des animaux. Il paraît qu'on en connaît plusieurs espèces; néanmoins je citerai seulement les deux suivantes.

ESPÈCES.

1. Stomoxe piquant. *Stomoxis calcitrans.* Fab.

St. grisea; antennis subplumatis; pedibus atris.
Geoff. Ins. 2. p. 539. pl. 18. f. 2.
Conops calcitrans. Linn.
Habite l'Europe et est commune en automne aux environs de Paris. C'est cette mouche qui pique si douloureusement les jambes, sur-tout lorsqu'il doit pleuvoir.

2. Stomoxe irritant. *Stomoxis irritans.*

St. subpillosa, cinerea; abdomine nigro maculato.
Panz. Faun. Ins. fasc. 5. pl. 24.
Conops irritans. Linn.
Habite l'Europe. Il se porte sur le dos des bestiaux pour les piquer.

ZODION. (Zodion.)

Antennes plus courtes que la tête, terminées en massue ovoïde. Trompe coudée à sa base, et ensuite dirigée en avant.

Corps alongé. Ailes couchées.

Antennæ capite breviores, in clavam subovatam terminatæ. Proboscis tenuis, basi tantùm geniculata, dein anticè porrecta.

Corpus elongatum. Alæ incumbentes.

Observations. Le *zodion* semble faire le passage des stomoxes aux conops. Il a le corps plus alongé que les stomoxes, et le troisième article de ses antennes ne porte qu'un stylet court sur son dos, au lieu d'une soie plumeuse.

Par son corps alongé, le zodion se rapproche des conops; mais il a trois petits yeux lisses, de très petits palpes, et des antennes courtes, non terminées en pointe.

ESPÈCE.

1. Zodion conopsoïde. *Zodion conopsoides.* Latr.

Gen. Crust. et Ins. vol. 4. p. 337. et vol. 1. pl. 15. f. 8.
Myopa cinerea. Fab.
Habite l'Europe, et se trouve aux environs de Paris.

CONOPS. (Conops.)

Antennes plus longues que la tête, avancées, triarticulées, terminées en massue fusiforme. Trompe alongée, coudée seulement à sa base, et ensuite dirigée en avant.

Tête large; corselet bombé; abdomen alongé, terminé en massue; point de petits yeux lisses.

Antennœ capite longiores, porrectœ, triarticulatœ, in clavam fusiformem terminatœ. Proboscis elongata, basi tantùm geniculata, tunc anticè porrecta.

Caput latum; thorax gibbus; abdomen elongatum, posticè clavatum. Ocelli nulli.

Observations. Les *conops* paraissent avoir des rapports avec les asiles; ce qui a engagé Geoffroi à les réunir. On doit néanmoins les en distinguer, comme l'ont fait Linné, Fabricius et les autres entomologistes, parce que leur trompe est coudée à sa base, et que leur corps est glabre.

La tête des conops est assez grosse, large, dépourvue de petits yeux lisses. Elle porte des antennes avancées, terminées en fuseau pointu, et qui n'ont pas de soie latérale. La forme et les couleurs de ces insectes peuvent les faire prendre pour des guêpes.

On trouve ces insectes sur les fleurs, dans les champs, les jardins et les prairies; ils volent facilement. On ne leur connaît point de palpes.

ESPÈCES.

1. Conops à aiguillon. *Conops aculeata*. Fab.

C. atra; abdominis incisuris thoracisque punctis duobus anticis flavis.

Conops aculeata. Linn. Gmel. 2893.

C. quadrifasciata. Degeer. Ins. 6. p. 261. pl. 15. f. 1.

Habite en Europe.

2. Conops flavipède. *Conops flavipes*.

C. nigra, glabra; abdomine cylindrico: segmentis tribus margine flavis.

C. flavipes. Linn. Fab. 4. p. 393.

Panz. Faun. fasc. 73. tab. 21—22.

Habite en Europe.

3. Conops rufipède. *Conops rufipes*. Fab.

C. atra, abdomine basi ferrugineo, segmentorumque marginibus albis; pedibus ferrugineis.

Latr. Hist. nat. des Crust. et des Ins. vol. 14. p. 347.

Asilus. n° 14. Geoff. 2. p. 473.

Habite en Europe.

Etc.

Trompe non coudée : le suçoir de quatre à six soies.

(a) Point de grandes lèvres à la trompe, et le troisième article des antennes non annelé.

LES BOMBYLIERS.

Je réunis, sous ce nom commun et comme famille particulière, des diptères qui paraissent avoisiner les conopsaires par leurs rapports, mais dont la trompe n'est point coudée, et sert de gaîne à un suçoir de plus de deux soies : il y en a ici ordinairement quatre.

La trompe des *bombyliers* est grêle, toujours saillante, quelquefois nulle, diversement dirigée selon les genres, et n'offre point de grandes lèvres à son extrémité, comme dans les muscides et les tabaniens. Le troisième article des antennes n'est jamais ici distinctement annelé.

Cette famille comprend les empides, les asiliques, les anthraciens, les bombyliers et les vésiculeux de M. *Latreille*. Ainsi, de ces 5 familles établies par ce savant, je n'en forme qu'une seule pour la facilité et la simplicité de la méthode.

Les *bombyliers* embrassent onze genres que j'analyse de la manière suivante.

DIVISION DES BOMBYLIERS.

[1] *Ailes couchées; corps alongé, étroit* (empides et asiliques, *Latr.*).

(a) Trompe abaissée et perpendiculaire à l'axe du corps.

Empis.

(b) Trompe avancée dans la direction du corps.

✠ Antennes plus courtes ou à peine plus longues que la tête; ne partant pas d'un pédoncule commun.

Asile.

✠✠ Antennes plus longues que la tête, partant d'un pédoncule commun.

Dioctrie.

[2] *Ailes écartées; corps gros, raccourci* (bombyliers, anthraciens et vésiculeux, *Latr.*).

(a) Trompe toujours apparente.

+ **Trompe dirigée en avant.**

— Antennes rapprochées à leur base. Tête plus basse que le corselet.

Bombyle.
Ploas.

—— Antennes écartées à leur base. Sommet de la tête au niveau du dos.

Anthrax.

++ Trompe, soit abaissée et perpendiculaire, soit dirigée vers la poitrine.

— Trompe perpendiculaire.

Némestrine.

—— Trompe dirigée vers la poitrine.

Panops.
Cyrte.

(b) Trompe nulle ou non apparente.

✠ Antennes très petites ; le dernier article sétigère.

Acrocère.

✠✠ Antennes plus longues que la tête ; le dernier article sans soie.

Astomelle.

EMPIS. (Empis.)

Antennes courtes, à deux ou trois articles ; le dernier terminé par une soie ou un stylet. Trompe longue, grêle, perpendiculaire. Deux palpes relevés.

Corps alongé ; ailes couchées.

Antennæ breves, subtriarticulatæ ; ultimo setâ vel

stylo setiformi terminato. Proboscis longa, tenuis, perpendicularis. Palpi erecti, proboscidi non incumbentes.
Corpus elongatum; alæ incumbentes.

Observations. Les *empis* ont la tête globuleuse, le corps alongé, menu, et les ailes couchées comme les asiles; ils sont pareillement carnassiers et se nourrissent de petits insectes qu'ils saisissent avec leurs pattes antérieures, et qu'ils sucent avec leur trompe. Mais ils ont la trompe perpendiculaire ou dirigée en bas, au lieu que celle des asiles est avancée antérieurement.

Les pattes des empis sont assez longues; leurs ailes sont ovales, croisées; l'abdomen du mâle est terminé par une pince écailleuse.

Ces insectes sont petits en général, et se trouvent communément sur les arbustes, le long des haies.

ESPÈCES.

[*Antennes triarticulées.*]

1. Empis pennipède. *Empis pennipes.* Fab.

E. nigra; pedibus posticis, elongatis, pennatis.
Sulz. Ins. tab. 21. f. 137.
Panz. Faun. fasc. 74. tab. 18.
Habite en Europe.

2. Empis livide. *Empis livida.* Fab.

E. livida; thorace lineato; alis basi pedibusque ferrugineis.
Asilus. n° 18. Geoff. 2. p. 474.
Empis livida. Linn. Gmel. p. 2889.
Habite en Europe.

3. Empis parqueté. *Empis tessellata.* Fab.

E. pilosa, cinerea; thorace lineato; abdomine tessellato.
Habite en Barbarie. *Desfontaines.*

[*Antennes biarticulées.*]

4. Empis mantispe. *Empis mantispa.*

E. flavescens; abdomine elongato suprà fusco; femoribus anticis elevatis hispidis.
Sicus raptor. Latr. Panz. Faun. fasc. 103. tab. 16.
Habite en Europe.

5. Empis cimicoïde. *Empis cimicoides.*

E. minimus, niger; alis incumbentibus albis; fasciis duabus nigris.
Sicus cimicoides. Latr.
Musca arrogans. Linn.
Habite en Europe.
Etc.

ASILE. (Asilus.)

Antennes courtes, à deux ou trois articles, dont le dernier est fusiforme-subulé. Trompe dirigée en avant, conique, de la longeur de la tête. Suçoir de quatre soies. Corps alongé, souvent velu antérieurement. Ailes couchées.

Antennæ breves, subtriarticulatæ; articulo ultimo fusiformi-subulato. Proboscis anticè porrecta, conica, capitis longitudine. Haustellum quadrisetosum.
Corpus elongatum, anticè sæpiùs villosum. Alæ incumbentes.

Observations. Les *asiles* ont la trompe dirigée en avant comme les bombyles; mais celle des premiers est courte, n'excède pas la longueur de la tête, tandis que celle des seconds est en général longue, grêle, presque sétacée. D'ailleurs, les asiles sont des insectes carnassiers, qui n'emploient leur trompe que pour piquer différents animaux et en sucer le sang; au lieu que les bombyles ne se servent de leur trompe que pour sucer le miel des fleurs.

Presque tous ces insectes ont le corps alongé, d'assez grandes pattes; les tarses terminés par deux crochets et deux pelottes, et les ailes couchées. Il faut les prendre avec précaution, parce qu'ils piquent assez bien avec leur trompe.

Les *asiles* incommodent beaucoup les troupeaux dans les prés où ils sont fréquents. Ils font aussi la guerre aux insectes, et les attrapent en volant. Leurs larves vivent dans la terre.

Je réunis à ce genre les *gonypes* de M. *Latreille*, dont les tarses sont terminés par trois crochets sans pelottes, et son *hybos*, dont les antennes n'ont que deux articles.

ESPÈCES.

1. Asile crabroniforme. *Asilus crabroniformis*. L.

A. abdomine tomentoso ; antice segmentis tribus nigris, postice flavo inflexo.

Geoff. Ins. 2. p. 468. 3. tab. 17. f. 3.

Habite en Europe.

2. Asile roux. *Asilus barbarus.*

A. fronte, thorace pedibusque ferrugineis; alis flavis: apice margineque tenuiori nigris. Linn.

Asilus barbarus. Fab. 4. 377. Coqueb. Illustr. Ic. ins. dec. 3. t. 25. f. 7.

Habite en Afrique.

5. Asile gibbeux. *Asilus gibbosus.* Linn.

A. hirsutus niger, abdomine postice albo.

Laphria gibbosa. Fab.

Habite en Europe.

4. Asile ponctué. *Asilus punctatus.* Linn.

A. hirtus, subniger; abdomine punctis albis marginalibus.

Dasypogon punctatus. Fab. (*femina.*) Panz. Faun. fasc. 45. t. 24.

Dasypogon diadema. Fab. (*mas.*) Panz. ibid. fasc. id. tab. 23.

Habite en Allemagne.

5. Asile cylindrique. *Asilus cylindricus.*

A. abdomine longissimo; pedibus tarsis triunguiculatis.
Asilus cylindricus. Degeer. 6. p. 249. pl. 14. f. 13.
Gonypes tipuloides. Latr.
Habite en Europe. Ses ailes sont plus courtes que l'abdomen.

6. Asile hybos. *Asilus hybos.*

A. thorace gibboso fusco; antennis biarticulatis setâ terminatis.
Stomoxis asiliformis. Fab. 4. p. 395.
Hybos asiliformis. Latr.
Habite en Italie.

DIOCTRIE. (Dioctria.)

Antennes triarticulées, beaucoup plus longues que la tête, portées sur un pédoncule commun ; à troisième article cylindracé, terminé par un stylet conique. Trompe des asiles.

Corps alongé ; abdomen cylindrique ; ailes couchées.

Antennœ triarticulatæ, capite duplò longiores, pedunculo communi insidentes ; articulo tertio cylindraceo, stylo conico apicali. Proboscis asilorum.

Corpus elongatum ; abdomen cylindricum ; alæ incumbentes.

Observations. Les *dioctries* avoisinent les asiles par leurs rapports, et ont pareillement leur trompe dirigée en avant, et les tarses terminés par deux pelottes. Mais leurs antennes sont presque une fois plus longues que la tête, et sont portées sur un tubercule ou pédoncule commun, ce qui les en distingue suffisamment. Ces insectes sont noirs et luisants.

ESPÈCES.

1. Dioctrie noire. *Dioctria œlandica.* Fab.

D. atra nuda; pedibus halteribusque ferrugineis; alis nigris.
D. œlandica. Latr. Schœff. Icon. ins. tab. 8. f. 14 ?
Habite en Europe, dans les jardins.

2. Dioctrie frontale. *Dioctria frontalis.* Fab.

D. glabra atra; fronte argentea; pedibus rufis.
Meig. Class. und. Besch. t. 1. p. 257. tab. 13. f. 14.
Asilus rufipes. Degeer. Mém. t. 6. p. 243. pl. 14. f. 2.
Habite à Kehl.

3. Dioctrie ailes transparentes. *Dioctria hyalipennis.* F.

D. glabra atra; pedibus flavis; alis hyalinis.
Meig. Dipt. 2. p. 555. 2.
Habite en Danemarck.

4. Dioctrie à bandes. *Dioctria cincta.*

D. abdomine nigro; incisuris albis.
Dasypogon cinctus. Meig. Class. und. Besch. tom. 1. p. 252. t. 13. f. 4.
Asilus cinctus. Gmel. p. 2899.
Habite l'Italie, l'Allemagne. Elle est noire, velue; à ailes à peine plus longues que l'abdomen.

---

[2] *Ailes écartées, corps gros, raccourci.*

(a) Trompe avancée antérieurement.

BOMBYLE. (Bombylus.)

Antennes courtes, subfiliformes, rapprochées à leur base, triarticulées; à troisième article plus grand, pointu. Trompe fort longue, cylindrique, dirigée en avant. Suçoir de quatre soies.

Corps court, large, velu. Ailes très ouvertes, horizontales.

Antennæ breves, subfiliformes, basi approximatæ, triarticulatæ; articulo tertio majore acuto. Proboscis prælonga, cylindrica, anticè porrecta. Haustellum setis quatuor.

Corpus breve, latum, sæpiùs hirsutum aut tomentosum. Alæ divaricatæ.

5*

OBSERVATIONS. Les *bombyles* ont la trompe dirigée en avant comme les asiles, mais elle est plus longue que la tête. Leur corps est gros, large, presque toujours velu ou tomenteux. Leurs ailes sont horizontales, très ouvertes, et non couchées comme dans les asiles.

Ces insectes ne sont point carnassiers, mais se nourrissent du miel des fleurs; et on les voit souvent planer au-dessus d'elles sans s'y poser, et y enfoncer leur trompe.

Les *bombyles* dont il s'agit ici, embrassent les bombyles, les phthiries et les usies de M. *Latreille*. La trompe, dans tous ces insectes, est plus longue que la tête et dirigée en avant.

ESPÈCES.

1. Bombyle bichon. *Bombylus major.*

B. alis dimidiato-nigris sinuatis. Linn.
Bombylus major. Linn. Fab. Latr.
Geoff. 2. p. 466. n° 1. *Asilus.*
Schellenb. Dipt. tab. 34. f. 2.
Habite en Europe.

2. Bombyle ponctué. *Bombylus medius.* Linn.

B. alis fusco-punctatis ; corpore flavescente, postice albo. Linn.
Bombylus medius. Linn. Fab. Latr.
Degeer. Ins. 6. p. 269. pl. 15. f. 12.
Schellenb. tab. 34. f. 1.
Habite en Europe.

3. Bombyle immaculé. *Bombylusminor.*

B. alis immaculatis; corpore flavescente hirto ; pedibus testaceis. Linn.
Bombylus minor. Linn. Fab. Latr.
Schœf. Ic. ins. tab. 112. f. 6.
Habite en Europe.

4. Bombyle pygmée. *Bombylus pygmœus.*

B. alis dimidiato punctisque nigris; thorace fusco basi apiceque albo. Fab.

Bombylus pygmœus. Fab. *Volucella pygmœa? Ejusd.* Antl. *Phthiria?* Latr.
Habite l'Amérique septentrionale.
Etc.

PLOAS. (Ploas.)

Antennes rapprochées à leur base, triarticulées; à troisième article subconique. Trompe dirigée en avant, jamais plus longue que la tête.

Corps court, velu; ailes écartées.

Antennœ basi approximatœ, triarticulatœ; tertio articulo subconico. Proboscis anticè porrecta, capite nunquam longior.

Corpus breve, villosulum; alœ divaricatœ.

Observations. Sous le nom de *ploas*, je réunis les *ploas* et les *cyllénies* de M. *Latreille.* Ces insectes ne se distinguent des bombyles que parce que leur trompe est courte, et n'excède point la longueur de la tête. Par cette trompe courte, les *ploas* tiennent aux anthraces; mais leurs antennes rapprochées à leur base les en font aisément distinguer.

ESPÈCES.

1. Ploas cornes velues. *Ploas hirticornis.* Latr.

Pl. virescens, alis albis immaculatis; corpore hirto; rostro abbreviato.
Latr. Hist. des Crust. et des Ins. t. 14. p. 300. et Gen. Crust. et Ins. vol. 1. tab. 15. f. 7.
Ploas virescens. Fabr. Antl. p. 136.
Habite en France, dans les provinces méridionales, en Espagne.

2. Ploas noir. *Ploas ater.* Latr.

Pl. niger, fusco-hirsutus; antennis pilosis; rostro brevissimo.
Bombylius maurus. Oliv. Encycl. n° 15.
Habite les provinces méridionales de la France.

3. Ploas cyllénie. *Ploas cyllenia.*

Pl. cinereo-pubescens; pilis nigris sparsis; alis nigro-maculatis.
Cyllenia maculata. Latr. Hist. des Crust. et des Ins. tom. 14. p. 301. et Gen. Crust. et Ins. vol. 1. tab. 15. f. 3.
Habite aux environs de Bordeaux, sur les fleurs.

ANTHRACE. (Anthrax.)

Antennes écartées à leur base, de trois articles, le troisième se terminant en alène avec un sylet au bout. Trompe dirigée en avant, non plus longue que la tête, souvent même plus courte. Palpes retirés dans la cavité de la bouche.

Corps court; ailes écartées.

Antennœ basi distantes, triarticulatœ; articulo tertio subulato, apice stylifero, Proboscis anticè porrecta, capite non longior, sæpè etiam brevior. Palpi in oris cavitate recepti.

Corpus breve; alœ divaricatœ.

Observations. Les *anthraces* ont la trompe dirigée en avant comme les bombyles; mais cette trompe n'est jamais plus longue que la tête, et souvent elle est plus courte, peu saillante. Ce qui les distingue principalement des bombyles, et sur-tout de nos ploas, c'est l'écartement de la base ou des points d'insertion des antennes.

Ces insectes ont la tête assez grosse, presque ronde, le corps velu, l'abdomen aplati, le sommet de la tête au niveau du dos, et les ailes écartées. La plupart ressemblent à des mouches; mais leurs antennes n'ont point de soie latérale, et leur trompe, quoique peu saillante, est toujours dirigée en avant. Son suçoir est de quatre soies.

Je réunis dans ce genre les *anthrax* et le *mullio* de M. *Latreille* : en voici quelques espèces.

1. Anthrace morio. *Anthrax morio.*

A. atra, hirta; alis nigris, apice hyalinis.

Musca morio. Linn. Geoff. 2. p. 439. n° 2.
Anthrax morio. Fab. 4. p. 257.
Panz. Fasc. 32. tab. 18.
Habite en Europe, dans les bois, les jardins. Ailes en partie noires, et en partie transparentes.

2. Anthrace maure. *Anthrax maura.*

A. atra, hirta, albo-fasciata; alis nigris; margine tenuiore sinuato hyalino.
Anthrax maura. Fab. 4. p. 258.
Panz. Fasc. 32. tab. 19.
Schœf. Ic. ins. rar. t. 76. f. 8.
Habite en Europe, dans les lieux ombragés, les jardins.

3. Anthrace hottentote. *Anthrax hottentota.*

A. flavescens, hirta; alis hyalinis: costâ fuscâ.
Musca hottentota. Linn.
Habite en Europe, sur les fleurs.
Etc.

---

[b] *Trompe, soit perpendiculaire, soit abaissée contre la poitrine.*

NÉMESTRINE. (Nemestrina.)

Antennes fort écartées à leur base, triarticulées; à dernier article terminé par un filet sétiforme. Trompe perpendiculaire, beaucoup plus longue que la tête. Palpes extérieurs.

Corps court, velu. Ailes grandes, écartées.

Antennæ inter se valdè dissitæ, triarticulatæ; articulo ultimo conico, stylo setiformi terminato. Proboscis capite multò longior, perpendicularis. Palpi exserti.

Corpus breve, hirsutum. Alæ magnæ, divaricatæ.

Observations. Les *némestrines* sont très distinguées des anthraces par leur trompe perpendiculaire, c'est-à-dire, dirigée en bas, presque perpendiculairement à l'axe du corps, comme dans les empis. Cette trompe est même assez longue, et les palpes sont saillants au dehors. Ces insectes ont, néanmoins, comme les bombyles, le corps gros, court, velu; les ailes grandes, plus longues que l'abdomen, fort écartées. Leurs tarses ont trois pelottes.

ESPÈCE.

1. Némestrine réticulée. *Nemestrina reticulata,* Latr.

Latr. Gen. Crust. et Ins. 4. p. 307. et vol. 1. t. 15. f. 5—6.
Habite la Syrie, l'Égypte.

PANOPS. (Panops.)

Antennes plus longues que la tête, triarticulées; à troisième article fort alongé, mutique au sommet. Trompe fort longue, abaissée contre la poitrine.

Corps court; corselet convexe; ailes écartées; trois pelottes aux tarses.

Antennœ capite longiores; subcylindricœ, triarticulatœ, articulo tertio longo, apice mutico. Proboscis longissima, sub pectore inflexa.

Corpus breve; thorax convexus; alœ divaricatœ; tarsi pulvillis tribus.

Observations. Le *panops* a le port des bombyles; mais il en est fortement distingué par la longueur et la position de sa trompe. Cette trompe, abaissée contre la poitrine, dépasse l'origine des pattes postérieures. Les palpes sont très petits, velus; les cuillerons sont grands. On ne connaît encore que deux espèces de ce genre.

ESPÈCES.

1. Panops de Baudin. *Panops Baudini.* Lam.

P. niger; antennis penitùs nigris; ocellis tuberculo non impositis.

Annales du Mus. d'hist. nat. vol. 3. p. 263. pl. 22. f. 3.
Lat. Gen. Crust. et Ins. 4. p. 316. Encycl. p. 710.
Habite la Nouvelle-Hollande. *Péron* et *Le Sueur*. Son corps est long de six lignes, noir, avec un duvet grisâtre.

2. Panops flavipède. *Panops flavipes*. Latr.

P. œneo-niger; antennis basi flavicantibus; ocellis tuberculo impositis.
Panops flavipes. Latr. Encycl. p. 710.
Habite la Nouvelle-Hollande. Il est de la grandeur du précédent.

CYRTE. (Cyrtus.)

Antennes très petites, biarticulées; le deuxième article terminé par une soie. Trompe longue, abaissée sur la poitrine.

Tête petite; corselet court; ailes un peu écartées.

Antennœ minimœ, biarticulatœ; articulo secundo setá longiusculá terminato. Proboscis longa, sub pectore inflexa.

Caput parvum; thorax brevis; alœ subdivaricatœ.

Observations. Les *cyrtes* paraissent se rapprocher du panops par la position de leur trompe dans l'inaction; mais ils s'en distinguent éminemment, ayant des antennes très petites, biarticulées, insérées sur le derrière de la tête et plus courtes qu'elle.

ESPÈCE.

1. Cyrte acéphale. *Cyrtus acephalus*. Latr.

C.
Latr. Hist. nat. des Crust. et des Ins. vol. 14. p. 314.
Et Gen. Crust. et Ins. 4. p. 317.
Empis acephala. Vill. Entom. Linn. 3. tab. 10. f. 21.
Habite en France, dans l'Angoumois.

Trompe nulle ou non apparente.

ACROCÈRE. (Acrocera.)

Antennes très petites, biarticulées ; à deuxième article terminé par une soie. Trompe non apparente.

Tête petite ; corps court et large ; abdomen subglobuleux ; ailes écartées.

Antennæ minimæ, biarticulatæ ; articulo secundo setâ terminato. Proboscis inconspicua.

Caput minimum ; corpus breve, latum ; abdomen subglobosum ; alæ divaricatæ.

Observations. Aux *acrocères* de M. *Latreille*, je réunis ses ogcodes, les unes et les autres n'ayant que deux articles aux antennes. Il est sans doute singulier de trouver dans ce genre, ainsi que dans le suivant, des diptères sans trompe apparente, et qui néanmoins ne tiennent nullement aux oëstres par leurs rapports. Probablement, ces insectes parvenus à l'état parfait, ne prennent plus de nourriture, et alors leur trompe très courte, reste cachée dans la cavité orale.

ESPÈCES.

1. Acrocère sanguine. *Acrocera sanguinea.* Latr.

A. abdomine sanguineo, punctis dorsalibus nigris. Meig.
Meig. Class. und. Besch. t. 1. p. 147. t. 8. f. 26.
Latr. Gen. Crust. et Ins. 4. p. 318.
Habite la France, l'Allemagne.

2. Acrocère globule. *Acrocera globulus.* Latr.

A. subnuda; thorace nigro ; abdomine globoso, flavo , fusco-fasciato, apice bipunctato.
Panz. Faun. Ins. fasc. 86. tab. 20.
Habite en Allemagne , sur les fleurs. Corselet noir, subglobuleux. Abdomen large, enflé, globuleux, jaunâtre.

3. Acrocère renflée. *Acrocera gibbosa*. Latr.

A. fusca tomentosa; abdomine subgloboso atro : cingulis quatuor albis.
Ogcodes gibbosus. Lat. Gen. Crust. et Ins. 4. p. 318.
Panz. Faun. Ins. fasc. 44. tab. 21. *Syrphus*.
Musca gibbosa. Linn.
Habite aux environs de Paris et en Allemagne.

ASTOMELLE. (Astomella.)

Antennes plus longues que la tête, triarticulées; le troisième article sans soie. Trompe non apparente.

Corps comme dans les acrocères.

Antennæ capite longiores, triarticulatæ, articulo tertio setâ destituto. Proboscis inconspicua.

Corpus acrocerarum.

Observations. Ce genre, seulement indiqué par M. *Latreille*, est encore inédit.

ESPÈCE.

1. Astomelle d'Espagne. *Astomella Hispaniæ.*

Habite en Espagne. *Dufour.* Il est d'un brun noirâtre, avec des bandes jaunes sur l'abdomen.

LES TABANIENS.

Deux grandes lèvres au bout de la trompe, ou le troisième article des antennes distinctement annelé.

Les *tabaniens* ressemblent, en général, à de grosses mouches, ayant de grands yeux à réseau et souvent colorés. Ces insectes avoisinent par leurs rapports les bombyliers, et ont, comme eux, une trompe toujours saillante, mais ici, la trompe présente deux grandes lèvres à son extrémité. Dans beaucoup de *tabaniens*, comme dans les stratiomides, le troisième article des antennes est distinctement annelé.

Ces diptères sont la plupart carnassiers : les uns tourmentent les chevaux et les bœufs, les autres vivent en suçant d'antres insectes. On les rencontre le plus ordinairement dans les prés bas et humides, dans le voisinage des bois.

Je rapporte à cette famille sept genres que je divise de la manière suivante.

DIVISION DES TABANIENS.

* *Dernier article des antennes ayant quatre anneaux ou davantage.*

(1) Ailes couchées. Écusson épineux.

Cénomie.

(2) Ailes écartées. Écusson mutique.

Pangonie.
Taon.

** *Dernier article des antennes ayant moins de quatre anneaux, et quelquefois n'en ayant point.*

(1) Ailes écartées.

Pachistome.
Rhagion.

(2) Ailes couchées.

Dolichope.
Midas.

CÉNOMIE. (Cœnomia.)

Antennes à peine plus longues que la tête, à trois articles, dont le dernier est alongé-conique, à 8 anneaux. Trompe courte, à lèvres grandes, avancées.

Corps alongé, ailes couchées, écusson épineux.

Antennæ capite vix longiores, triarticulatæ; articulo tertio elongato-conico, octo-annulato. Proboscis brevis, labiis magnis porrectis.

Corpus elongatum, alæ incumbentes scutellum sæpiùs spinosum.

Observations. Les *cénomies* tiennent aux tabaniens par les deux grandes lèvres de leur trompe et par le troisième article de leurs antennes distinctement annelé. Elles ont le corps alongé, la tête un peu plus étroite que le corselet, les ailes couchées, et dans la plupart l'écusson est muni postérieurement de deux épines réfléchies.

ESPÈCES.

1. Cénomie ferrugineuse. *Cœnomya ferruginea.* Latr.

C. scutello atro bidentato; abdomine atro: segmento secundo tertioque lateribus albis.

Sicus ferrugineus. Fab. et *Sicus errans ejusd.*

Panz. Faun. ins. fasc. 58. t. 17.

Habite en Normandie, en Allemagne.

2. Cénomie bicolore. *Cœnomya bicolor.*

C. scutello bidentato; copore ferrugineo; alis flavis.

Sicus bicolor. Fab. Suppl. p. 555.

Stratiomys macroleon. Panz. Fasc. 9. tab. 20.

Habite en Allemagne.

PANGONIE. (Pangonia.)

Antennes à peine aussi longues que la tête, triarticulées, le troisième article à huit anneaux. Trompe un peu longue, grêle, presque pointue, à lèvres obsolètes.

Corps court; ailes écartées.

Antennæ capitis vix longitudine, triarticulatæ; articulo tertio octo-annulato. Proboscis longiuscula, gracilis, subacuta; labiis obsoletis.

Corpus breve; alæ divaricatæ.

Observations. Les *pangonies* seraient des stratiomides, si leur trompe, au lieu d'être toujours saillante, était retirée dans l'inaction. Ces diptères sont plutôt moyens entre les tabaniens et les bombyliers. En effet, ils tiennent de très près aux bombyliers et particulièrement aux bombyles, par leur trompe grêle, un peu avancée, et qui n'a point de grandes lèvres à son extrémité; mais le dernier article de leurs antennes est distinctement annelé, comme dans la plupart des taons. Ainsi ce genre doit être placé vers l'entrée des tabaniens, à la suite des bombyliers. On en connaît plusieurs espèces.

ESPÈCES.

1. Pangonie tachée. *Pangonia maculata.* Fab.

P. proboscide longâ subporrectâ; abdominis segmento secundo maculâ nigrâ distincto.

Pangonia tabaniformis. Latr. Gen. Crust. et Insect. 1. tab. 15. f. 4.

Habite dans le Piémont, la Barbarie.

2. Pangonie tabaniforme. *Pangonia tabaniformis.* Latr.

P. fusca rufo-pubescens; abdominis dorso vitta obsoleta grisea.

Latr. Hist. nat. des Crust. et des Insect. t. 14. p. 318.

Pangonia marginata. Fab.

Bombylius haustellatus. Oliv. Encycl.

Habite en Provence.

Etc.

TAON. (Tabanus.)

Antennes plus longues que la tête, triarticulées; à troisième article annelé, terminé en alêne. Trompe à peine aussi longue que la tête, ayant deux grandes lèvres à son extrémité. Palpes presque aussi longs que la trompe.

Ailes écartées.

Antennæ capite longiores, triarticulatæ; articulo tertio annulato, subulato. Proboscis capitis vix longitudine, labiis magnis terminata. Palpi proboscidis ferè longitudine.

Alæ divaricatæ.

Observations. Je rapporte ici les genres *tabanus*, *hœmatopota*, *heptatoma*, et *chrysops* de M. *Latreille*. Les insectes qu'ils embrassent me semblent assez rapprochés par leurs rapports, pour pouvoir être réunis dans la même coupe. Ils se distinguent facilement des autres tabaniens par leurs antennes et leur trompe. Leur suçoir est en général composé de cinq ou six soies.

Les *taons* ressemblent à de grosses mouches, qui ont de grands yeux, souvent panachés. Ils sont carnassiers, et incommodent extrêmement les chevaux, les bœufs et autres quadrupèdes pendant l'été; ils les piquent de tous côtés, sucent leur sang, et les rendent comme furieux.

Dans les grandes espèces, les antennes ont leur troisième article un peu en croissant, et comme muni d'une dent latérale à sa base.

ESPÈCES.

1. Taon des bœufs. *Tabanus bovinus.*

T. oculis virescentibus; abdominis dorso maculis albis trigonis longitudinalibus.

Tabanus bovinus. Linn. Fab.

Latr. His. nat. des Crust. et des Insect. 14. p. 323. t. 111. f. 2.

Geoff. Ins. 2. p. 459. n° 1.

Habite en Europe, et tourmente les troupeaux pendant l'été. C'est un des plus grands. Le troisième article des antennes est un peu en croissant, ainsi que dans les deux espèces qui suivent.

2. Taon noir. *Tabanus morio.*

T. oculis fuscis; corpore atro; alis obscuris.
Tabanus morio. Linn. Fab. Latr.
Tabanus.... Geoff. Ins. 2. p. 461. n° 4.
Habite en Europe, en Barbarie.

3. Taon d'automne. *Tabanus autumnalis.*

T. alis hyalinis; abdomine fusco, ordini triplici albido maculoso.
Tabanus autumnalis. Linn. Fab. Latr.
Tabanus.... Geoff. Ins. 2. p. 460. 2.
Habite en Europe.

4. Taon aveuglant. *Tabanus cœcutiens.*

T. oculis viridibus nigro-punctatis; alis maculatis.
Tabanus cœcutiens. Linn. Fab. Panz. fasc. 13. t. 24.
Geoff. Ins. 2. p. 463. n° 8.
Chrysops cœcutiens. Latr.
Habite en Europe. Il a les yeux d'un vert doré, tacheté de noir.

5. Taon pluviale. *Tabanus pluvialis.*

T. oculis fasciis quaternis undatis; alis fusco-punctatis.
Tabanus pluvialis. Lin. Fab. Geoff. n° 5.
Panz. Fasc. 13. tab. 23.
Hœmatopota pluvialis. Latr.
Habite en Europe.
Etc.

PACHISTOME. (Pachystoma.)

Antennes cylindracées, triarticulées, mutiques, divergentes; le troisième article à trois anneaux. Trompe presque de la longueur de la tête, terminée par de grandes lèvres. Palpes de la longueur de la trompe.

Ailes écartées.

Antennæ cylindraceæ, triarticulatæ, muticæ, divaricatæ; articulo tertio triannulato. Proboscis capitis ferè longitudine, labiis magnis terminata. Palpi proboscidis longitudine.

Alæ divaricatæ.

Observations. Le *pachistome* se rapproche des rhagions par son suçoir qui n'a que quatre soies, et n'offre au dernier article de ses antennes que trois anneaux. Mais cet insecte est remarquable par ses palpes grands, comprimés, et par ses antennes mutiques, c'est-à-dire sans soie ni stylet au bout.

On n'en connaît qu'une espèce : sa larve vit sous l'écorce du pin.

ESPÈCE.

1. Pachistome syrphoïde. *Pachystoma syrphoides.* Latr.

Rhagio syrphoides. Panz. Faun. Ins. fasc. 77. t. 19.
Habite en Allemagne.

RHAGION. (Rhagio.)

Antennes courtes, submoniliformes, à troisième article non annelé, terminé par une soie. Trompe saillante, presque de la longueur de la tête, à lèvres grandes, alongées.

Corps alongé; ailes horizontales, écartées.

Antennæ breves, submoniliformes, triarticulatæ; articulo tertio non annulato, apice setigero. Proboscis capite ferè longitudine; labiis magnis, elongatis, anticè porrectis.

Corpus elongatum; alæ horisontales, divaricatæ.

Observations. Notre genre *rhagion* embrasse celui des rhagionides de M. *Latreille*, dont le troisième article des antennes se termine par une soie. Ces diptères ne tiennent aux tabaniens que par les deux grandes lèvres de leur trompe. Leur suçoir n'a que quatre soies; et le troisième article de leurs antennes n'est point distinctement annelé : dans certaines espèces, les palpes sont relevés, et dans d'autres, ils sont avancés.

ESPÈCES.

1. Rhagion ver-lion. *Rhagio vermileo.*

Rh. cinereus, abdomine trifariam nigro punctato; alis immaculatis; thorace maculato. Fab.

Musca vermileo. Linn.

Réaumur. Act. Paris. 1763. 402. tab. 17.

Habite en France. Sa larve vit dans le sable et y creuse un entonnoir, à peu près comme le *myrmeleon-formicaleo*, pour y attendre et saisir sa proie.

2. Rhagion bécasse. *Rhagio scolopaceus.*

Rh. cinereus, abdomine flavescente trifariam nigro punctato; alis nebulosis. Fab.

Musca scolopacea. Linn.

Réaumur. Ins. 4. pl. 10. f. 5—6. Panz. Fasc. 86. t. 19.

Habite en Europe.

3. Rhagion chevalier. *Rhagio tringarius.*

Rh. cinereus, abdomine flavescente trifariam nigro punctato; alis immaculatis; thorace unicolore. Fab.

Musca tringaria. Linn.

Habite en Europe, dans les bois.

Etc.

DOLICHOPE. (Dolichopus.)

Antennes ordinairement plus courtes que la tête, triarticulées, à troisième article non annelé, formant avec le second une espèce de palette, munie d'une soie apicale, quelquefois latérale. Trompe courte, à grandes lèvres.

Corps oblong ; ailes couchées.

Antennæ capite plerùmque breviores, triarticulatæ; articulo tertio non annulato, sæpiùs cum præcedenti patellam formante; setâ apicali vel laterali. Proboscis brevis ; labiis magnis.

Corpus oblongum ; alæ incumbentes.

Observations. Les *dolichopes* sont très voisins des rhagions par leurs rapports ; ils ont de même le troisième article des antennes non annelé, le suçoir de quatre soies, et deux grandes lèvres à la trompe; mais leurs antennes forment une espèce de palette avec les deux derniers articles, et leurs ailes sont couchées. Leurs palpes sont saillants.

Ces insectes ont le corps oblong, velu, souvent d'un vert ou d'un bleu très brillant. Linné ne les a point distingués des mouches.

Ce genre peut être partagé en deux divisions; savoir :

1° Ceux dont le troisième article des antennes est terminé par une soie ;

2° Ceux dont le troisième article des antennes porte une soie vers sa base.

ESPÈCES.

1. Dolichope fascié. *Dolichopus fasciatus.*

D. abdomine cinereo nigro fasciato ; pedibus fuscis. Meig. Class. und. Besch. 1. p. 310. t. 15. f. 9.

Panz. Fasc. 103. t. 20.

Habite en Allemagne, dans les prés.

2. Dolichope à crochets. *Dolichopus ungulatus.*

D. viridi-æneus, antennis latere setigeris; pedibus elongatis lividis.

Musca angulata. Linn.

Degeer. Ins. 6. p. 194. pl. 11. f. 19—20.

Habite en Europe, dans les lieux aquatiques, les bois.

3. Dolichope élégant. *Dolichopus elegans.*

D. ater; abdomine utrinque maculis duabus albis.
Calliomya elegans. Meig.
Panz. Fasc. 103. tab. 18.
Habite en Europe, sur la Berce.

4. Dolichope vert. *Dolichopus virens.*

D. aurato-virens; antennis setariis; thorace lineis nigris; pedibus longis. Ross.
Musca virens. Panz. Fasc. 54. tab. 16.
Dolichopus virens. Latr. Hist. nat. des Crust., etc. 14. p. 333.
Habite en Europe.

MIDAS. (Mydas.)

Antennes de la longeur de la tête ou plus longues, triarticulées, à troisième article portant un stylet au bout. Trompe conrte, terminée par un renflement formé par de grandes lèvres. Palpes non saillants, plus ou moins distincts.

Corps oblong ; ailes couchées.

Antennæ capitis longitudine, vel capite longiores; triarticulatæ, articulo tertio apice stylo subincluso vel exserto terminato. Proboscis brevis; labiis magnis capitulum formantibus. Palpi plus minusve distincti, non prominuli.

Corpus oblongum; alæ incumbentes.

Observations. Sous le nom de *midas*, je réunis les thérèves et les midas de M. *Latreille*, quoique ces insectes aient des différences qui puissent servir à les distinguer. Ils diffèrent principalement des dolichopes en ce que leurs palpes, tantôt non apparents, et tantôt distincts, ne sont point saillants, mais intérieurs ou retirés dans la cavité orale.

Ceux dont on connait les mœurs, comme les thérèves, sont des insectes carnassiers.

ESPÈCES.

1. Midas effilé. *Mydas filata.* Fab.

M. nigra, abdominis lateribus segmenti secundi pellucidis.
Nemotelus asiloides. Degeer. Mém. t. 6. p. 204. t. 25. f. 6.
Habite la Caroline. *Bosc.*

2. Midas plébéien. *Mydas plebeia.*

M. cinereo-hirta, abdominis segmentis margine albis.
Bibio plebeia. Fab.
Nemotelus hirtus. Degeer. n° 9.
Thereva plebeia. Latr.
Habite l'Europe, dans les prairies.

3. Midas rustique. *Mydas rustica.*

M. ater, hirtus; thorace cinereo lineato; abdominis segmentis maculis cinereis marginalibus.
Bibio rustica. Panz. Fasc. 90. t. 21. *Thereva.* Latr.
Habite en Allemagne.
Etc.

---

§§. *Six articles ou plus aux antennes.*

LES TIPULAIRES.

La famille des *tipulaires* comprend des diptères dont les antennes ont au moins six articles et souvent beaucoup plus. Leur trompe, toujours saillante, est tantôt en forme de museau court, tantôt en tuyau fort alongé. Leur corps est ordinairement alongé, étroit; leur corselet souvent est dur, bombé ou bossu; enfin leurs pattes sont en général fort longues. Ces insectes aiment et fréquentent les lieux humides, frais et ombragés. Les larves des uns vivent dans le sein des eaux, celles des autres vivent dans la terre.

Quoique ces insectes suceurs soient encore de véritables diptères, leur métamorphose, toujours générale néanmoins, présente des modifications même singulières. Il y en a parmi eux dont la larve n'est pas complétement apode, et semble munie de fausses pattes. Leur chrysalide est molle, et loin d'être inactive, elle s'agite et nage presque avec autant d'agilité que la larve : tel est le cas des cousins. Il y en a d'autres qui se transforment en momies inactives, lesquelles laissent voir, à travers leur peau molle, les parties de l'insecte parfait.

Comme cette famille est nombreuse et très variée, qu'on l'a divisée en un grand nombre de genres, j'ai cru pouvoir réduire à seize le nombre de ces genres, afin de conserver à ma méthode la simplicité et la facilité qu'elle a pour but; et je l'ai divisée de la manière suivante.

DIVISION DES TIPULAIRES.

[1] *Antennes submoniliformes ou perfoliées, un peu épaisses, à peine plus longues que la tête.* [*Corps épais, un peu court.*]

Bibion.
Scathopse.
Simulie.

[2] *Antennes filiformes ou sétacées, plus longues que la tête.* [*Corps en général alongé et menu.*]

[A] De petits yeux lisses.

Asindule.
Céroplate.
Mycétophyle.
Rhyphe.

[B] Point de petits yeux lisses.

(*) Trompe courte, à peine de la longueur de la tête.
— Ailes écartées.

Tipule.
Cténophore.

—— Ailes couchées horizontalement ou en toit.
= Antennes velues ou plumeuses.

Trichocère.
Psychode.
Moucheron.

== Antennes ni velues, ni plumeuses.

Limonie.
Hexatome.

(**) Trompe beaucoup plus longue que la tête.
— Trompe perpendiculaire. Ailes en toit.

Culicoïde.

—— Trompe dirigée en avant. Ailes couchées, croisées.

Cousin.

BIBION. (Bibio.)

Antennes épaisses, submoniliformes, perfoliées, à neuf articles lenticulaires. Trompe courte, avancée. Deux palpes courbés, aussi longs que les antennes. Trois petits yeux lisses.

Tête sessile; corps oblong, épais.

Antennæ crassæ, submoniliformes, perfoliatæ; articulis novem lenticularibus. Proboscis brevis, porrecta. Palpi duo arcuati, antennarum longitudine. Ocelli tres.

Caput sessile; corpus oblongum, crassum.

Observations. Les antennes très courtes, épaisses, submoniliformes et à neuf articles, rendent les *bibions* fort remarquables. Ce genre a été confondu avec celui des tipules par *Linné*, *Fabricius*, etc; mais *Geoffroi* l'en a séparé avec beaucoup de raison. Les insectes qui le composent en étant très distingués, sur-tout par leurs antennes, ils ne ressemblent aux tipules que par les parties de la bouche.

Ces insectes ont le vol lourd, se rencontrent sur les arbres, et une de leurs espèces paraît de bonne heure au printemps. Ils déposent leurs œufs dans la terre.

ESPÈCES.

1. Bibion précoce. *Bibio hortulanus.*

B. niger, alis albis; margine exteriori nigricante in masculo: feminæ thorace abdomineque rubro, subluteo.
Bibio hortulanus. Fourcr. Latr. Oliv.
Bibio. n° 3. Geoff. pl. 19. f. 3. vol. 2.
Tipula hortulana. Linn.
Habite en Europe, au printemps. Le mâle est noir, un peu velu; la femelle est plus grosse, a le corselet rouge et le ventre jaunâtre.

2. Bibion caniculaire. *Bibio Joannis.* Oliv.

B. niger, glaber; alis albis, puncto marginali nigro; pedibus rufis. Oliv.
Tipula Joannis. Linn. Degeer. Mém. 6. p. 425. pl. 27. f. 12—13.
Hirtea Joannis. Fab. Suppl. p. 552.
Habite en Europe.

3. Bibion noir. *Bibio febrilis.* Oliv.

B. ater, hirsutus; alis albis; margine exteriore nigro, in utroque sexu.
Tipula febrilis. Linn.
Hirtea febrilis. Fab. Suppl. p. 553.
Bibio. Geoff. Ins. 2. p. 570. n° 2.
Habite en Europe: commun aux environs de Paris, au printemps.
Etc.

SCATHOPSE. (Scathops.)

Antennes à peine plus longues que la tête, moniliformes, à onze articles. Palpes très courts. Les yeux en croissant. Trois petits yeux lisses.

Corps un peu court; ailes couchées.

Antennæ capite vix longiores, moniliformes, undecim articulatæ. Palpi brevissimi. Oculi reniformes. Ocelli tres.

Corpus breviusculum; alæ incumbentes.

Observations. Les *scathopses* ressemblent à de petites mouches à ailes couchées sur le dos, et tiennent aux bibions par leurs antennes; mais ces antennes sont à onze articles. Leurs palpes sont très courts, et semblent n'avoir qu'un article. Les larves de ces insectes sont sans pattes : elles vivent dans les latrines.

ESPÈCE.

1. Scathopse noir. *Scathops nigra.* Latr.

Scathops albipennis. Fab.
Scathops nigra. Geoff. vol. 2. p. 545. n° 1.
Habite en Europe, dans les latrines. Ses ailes sont blanches, plus longues que le corps, couchées l'une sur l'autre. Cet insecte est noir, glabre, fort petit.

SIMULIE. (Simulium.)

Antennes cylindrico-coniques, grenues, à peine plus longues que la tête, crochues à l'extrémité, à onze articles. Les yeux lunulés. Point de petits yeux lisses.

Corps court et gros. Ailes horizontales.

Antennæ cylindrico-conicæ, granosæ, capite vix longiores, apice uncinatæ; articulis undecim. Oculi reniformes. Ocelli nulli.

Corpus breve, crassum; alæ horisontales.

Observations. M. *Latreille*, qui a eu occasion d'observer les *simulies*, croit que ces insectes sont du même genre que les *moustiques* d'Amérique dont la piqûre est extrêmement douloureuse, et qu'il ne faut pas les confondre avec les *maringouins* qui sont de véritables cousins.

Les *simulies* ont le corps gros et court; la tête sessile, presque aussi large que le corselet; les ailes grandes et horizontales; les pattes fortes et sans épines.

ESPÈCE.

1. [illegible]imulie tête rouge. *Simulium reptans*. Latr.

Simulium. Latr. Gen. Crust. et Insect. vol. 4. p. 268.
Culex reptans. Linn.
Tipula erythrocephala. Degeer. Mém. tome 6. p. 431. pl. 28. f. 5—6. *Bibio erythrocephalus*. Oliv. Encycl.
Habite en Suède. Cet insecte n'est guère plus grand qu'une puce.

ASINDULE. (Asindulum.)

Antennes sétacées, plus longues que la tête, à articles cylindriques, peu distincts. Trompe alongée, en forme de siphon, fléchie sous la poitrine, bifide au sommet. Trois petits yeux lisses.

Ailes couchées.

Antennæ setaceæ, capite longiores; articulis cylindricis, vix distinctis. Proboscis elongata, syphunculiformis, sub pectore inflexa, apice bifida. Ocelli tres.

Alœ incumbentes.

Observations. L'*asindule* est une tipulaire fungicole, qui se rapproche des mycétophiles par ses rapports, mais qui en est bien distinguée par la longueur de sa trompe, laquelle est abaissée sur la poitrine et dépasse le corselet.

Cet insecte a la tête orbiculée, les antennes arquées en dehors, les ailes couchées. Sa larve vit dans les champignons.

ESPÈCES.

1. Asindule noire. *Asindulum nigrum.* Latr.

A. abdomine fusco-fasciato; alis fasciâ transversali fuscâ.
Asindulum nigrum. Latr. Gen. Crust. et Ins. vol. 1. tab. 14. f. 1. et vol. 4. p. 261.
Platyura fasciata. Meigen. 1. tab. 5. f. 22.
Habite aux environs de Paris.

2. Asindule ponctuée. *Asindulum punctatum.*

A. abdomine luteo : punctis dorsalibus fuscis ; alis immaculatis.
Platyura punctata. Meigen. 1. p. 101.
Tipula platyura. Fab. Antl. p. 33.
Habite en Allemagne.

CEROPLATE. (Ceroplatus.)

Antennes plus longues que la tête, subfusiformes, comprimées. Trompe très courte. Palpes paraissant inarticulés, fort courts. Trois petits yeux lisses.

Corselet court; abdomen alongé ; ailes couchées.

Antennæ capite longiores, subfusiformes, compressæ. Proboscis brevissima. Palpi subinarticulati, brevissimi. Ocelli tres.

Thorax brevis ; abdomen elongatum ; alæ incumbentes.

Observations. Les *céroplates* sont fort remarquables par la forme de leurs antennes : elles sont alongées, presque fusiformes, comprimées, multiarticulées, et en forme de râpe ou de lime. Ces insectes ont assez le port des tipules. Leur abdomen est alongé en fuseau ; leur larve vit dans les champignons.

ESPÈCES.

1. Céroplate tipuloïde. *Ceroplatus tipuloides.* Bosc.

C. flavescens ; antennis thorace abdomineque nigro-fasciatis.

Act. de la Soc. d'hist. nat. de Paris. 1. tab. 7. f. 3.
Latr. Gen. Crust. et Insect. vol, 4. p. 262.
Habite aux environs de Paris.

2. Céroplate noir. *Ceroplatus carbonarius*. Bosc.

C. ater, abdominis segmentis margine laterali albis.
Ceroplatus carbonarius. Fab. Antl. p. 16.
Habite dans la Caroline. *Bosc.*

MYCETOPHILE. (Mycetophila.)

Antennes subsétacées, plus longues que la tête. Palpes subfiliformes , courbés , distinctement articulés. Petits yeux lisses écartés, à peine visibles.

Ailes couchées.

Antennæ subsetaceæ , capite longiores. Palpi subfiliformes, distinctè articulati, incurvi. Ocelli remoti, vix perspicui.

Alœ incumbentes.

Observations. Les *mycétophiles* vivent dans les champignons lorsqu'ils sont dans l'état de larve. Ces tipulaires, devenues insectes parfaits, sont remarquables par l'écartement de leurs petits yeux lisses, dont les latéraux sont placés, un de chaque côté, derrière chaque œil. Ces yeux sont extrêmement petits. Ces insectes ont les antennes couchées sur le corselet, la trompe courte; leur larve est tout-à-fait apode.

ESPÈCES.

1. Mycétophile à lunules. *Mycetophila lunata*. Meig.

M. lutea; abdominis segmentis utrinque puncto nigro; alis puncto lunaque fuscis.
Mycetophila lunata. Latr. Gen. Crust. et Ins. p. 264.
Meig. Classif. und. Besch. tom. 1. p. 90. t. 5. f. 2—3.
Sciara lunata. Fab. Antl. p. 58.
Habite en Europe, dans les bolets.

2. Mycétophile ponctué. *Mycetophila punctata.*

M. lutea ; abdomine serie dorsali punctorum fuscorum ; alis immaculatis.
Meig. 1. p. 91. *Sciara striata.* Fab. Antl. p. 58.
Habite en Allemagne.

3. Mycétophile brun. *Mycetophila fusca.*

M. nigro-fusca ; halteribus pedibusque luteis ; alis immaculatis cinerascentibus. Meig. 1. p. 91.
Habite en Allemagne, dans le nord.

RHYPHE. (Rhyphus.)

Antennes sétacées, plus longues que la tête ; à articles cylindriques, peu distincts. Trompe avancée, un peu plus courte que la tête. Trois petits yeux lisses, insérés sur un tubercule.

Ailes couchées.

Antennæ setaceæ, capite longiores ; articulis cylindricis vix distinctis. Proboscis porrecta, capite paulò brevior. Ocelli tres tuberculo communi impositi.

Alæ incumbentes.

Observations. Le *rhyphe* n'est point fungicole, comme les insectes des genres précédents, et se trouve particulièrement caractérisé par l'insertion des petits yeux lisses sur un tubercule commun. On n'en connaît qu'une espèce.

ESPÈCE.

1. Rhyphe des fenêtres. *Rhyphus fenestrarum.* Latr.

Hist. nat. des Crust. et des Ins. 14. p. 291. et Gen. Crust. et Ins. 4 p. 262.
Tipula fenestrarum. Scop. Entom. carn.
Habite en Europe, dans les maisons.

TIPULE. (Tipula.)

Antennes filiformes ou subsétacées, simples dans les deux sexes. Trompe courte. Petits yeux lisses nuls.

Ailes écartées; pattes fort longues.

Antennæ filiformes vel subsetaceæ, in utroque sexu simplices. Proboscis brevis. Ocelli nulli.

Alæ divaricatæ. Pedes prælongi.

Observations. Je nomme *tipules* les insectes de la famille des tipulaires, qui ont les antennes simples dans les deux sexes, la trompe courte, les ailes écartées dans l'inaction, et qui manquent de petits yeux lisses. Ainsi, sous cette dénomination, je comprends les genres que M. *Latreille* nomme *tipule*, *perdicie*, *néphrotome*, *psycoptère*, genres qui me paraissent pouvoir se rapporter à la même coupe.

Les *tipules* sont terricoles, au moins quant à leurs larves. Ces larves, en effet, vivent la plupart sous la terre, au pied des arbres, où elles rongent les racines des plantes.

Dans l'état parfait, ces insectes ressemblent un peu à des cousins dont les antennes seraient simples et les ailes écartées dans le repos.

ESPÈCES.

1. Tipule commune. *Tipula oleracea.*

T. alis hyalinis; costâ marginali fuscâ. Linn.
Tipula oleracea. Linn. Fab.
Geoff. Ins. 2. p. 555. n° 3.
Degeer. Mém. 6. p. 339. pl. 18. f. 12—13.
Habite en Europe, dans les jardins, les prés.

2. Tipule des prés. *Tipula pratensis.*

T. thorace variegato, abdomine fusco: lateribus flavo-maculatis; fronte fulvâ. Linn.
Tipula pratensis. Linn. Fab.
Geoff. n° 2.
Habite en Europe, dans les prés.

3. Tipule des rives. *Tipula rivosa.*

T. alis hyalinis : rivulis fuscis maculâque niveâ. Linn.
Tipula rivosa. Linn. Fab.
Perdicia rivosa. Latr. Gen. Crust. et Ins. 4. p. 255.
Habite en Europe, dans les lieux aquatiques.

4. Tipule dorsale. *Tipula dorsalis.*

T. flavescens; dorso fusco, alis hyalinis ; maculâ marginali; nigrâ.
Tipula dorsalis. Fab. 4. p. 237.
Nephrotoma dorsalis. Meig. 1. tab. 4. f. 8. Latr.
Habite en Allemagne, en Italie.

5. Tipule souillée. *Tipula contaminata.*

T. atra; alis albis; fasciis duabus punctoque nigris. Linn.
Tipula contaminata. Linn. Fab.
Geoff. n° 6.
Psychoptera contaminata. Latr.
Habite en Europe, dans les lieux humides.
Etc.

CTENOPHORE. (Ctenophora.)

Antennes filiformes, pectinées dans les mâles, en scie dans les femelles. Trompe courte ; petits yeux lisses nuls.

Ailes écartées ; pattes fort longues.

Antennæ filiformes, in masculis pectinatæ, in feminis serratæ. Proboscis brevis. Ocelli nulli.

Alæ divaricatæ; pedes prælongi.

Observations. Ce genre est le même que celui de M. *Latreille* et de plusieurs autres entomologistes. Il comprend de grandes tipulaires à ailes écartées, et à pattes fort longues, qui ont beaucoup de rapport avec nos tipules, mais qui en sont très distinguées par leurs antennes. Leurs larves vivent sous terre, en rongeant les racines des plantes.

Les *cténophores*, comme les tipules, ont, en général, la tête petite, les antennes longues, le corselet court, renflé ou comme bossu, l'abdomen long et mince, les pattes fines et très longues, et les balanciers très apparents. La plupart de ces insectes sont panachés de couleurs diverses.

ESPÈCES.

1. Cténophore pectinicorne. *Ctenophora pectinicornis.*

Ct. antennis pectinatis, alis maculâ nigrâ; abdomine medio-flavo fasciato, apice nigro.
Tipula pectinicoris. Linn. Fab. 4. p. 233.
Schœff. Ic. tab. 106. f. 5—6.
Habite en Europe. Grand et bel insecte panaché de jaune et de noir.

2. Cténophore ichneumonide. *Ctenophora atrata.*

Ct. alis glaucis; puncto marginali corporeque atris; abdominis basi pedibusque rufis.
Tipula atrata. Linn. Fab. 4. p. 238.
Degeer. Ins. 6. pl. 19. f. 10.
Habite en Europe.

3. Cténophore flavéolé. *Ctenophora flaveolata.*

Ct. alis maculâ fuscâ; abdomine atro; fasciis sex flavis.
Tipula flaveolata. Fab. 4. p. 238.
Meig. 1. tab. 4. f. 18.
Habite en Allemagne.

4. Cténophore bimaculé. *Ctenophora bimaculata.*

Ct. alis hyalinis: maculis duabus fuscis; abdominis medio maculato ferrugineo; antennis plumosis.
Tipula bimaculata. Linn. Fab. 4. p. 240.
Habite en Europe, dans les prés.

TRICHOCÈRE. (Trichocera.)

Antennes filiformes, submoniliformes, velues ou plumeuses. Trompe courte.

Ailes couchées horizontalement. Toutes les pattes à distance à peu près égale ; les antérieures ne s'insérant point près du cou.

Antennœ filiformes, submoniliformes, villosœ vel plumosœ. Proboscis brevis.

Alœ incumbentes et horisontales. Pedes alii ab aliis subœquè distantes; antici sub capite non inserti.

Observations. Sous le nom de *trichocère*, je réunis les cératopogons et les cécidomies de M. *Latreille*. Ces tipulaires sont distingués des cténophores par leurs ailes couchées, des tanypes par leurs pattes à distance à peu près égale, et des psychodes par leurs ailes horizontales.

ESPÈCES.

1. Trichocère grosses-cuisses. *Trichocera femorata.*

T. atra, nitida; femoribus posterioribus clavatis.
Ceratopogon femoratus. Meig. 1. p. 28. t. 2. f. 4.
Chironomus femoratus. Fab. Antl. p. 45.
Habite en Allemagne.

2. Trichocère nior. *Trichocera communis.*

T. atra, halteribus niveis, pedibus fuscis.
Ceratopogon communis. Meig. 1. p. 27.
Chironomus communis. Fab. Antl. p. 44.
Habite en Allemagne, sur les fleurs.

3. Trichocère barbicorne. *Trichocera barbicornis.*

T. nigra ; alis albis; antennis plumosis, apice simplicibus.
Chironomus barbicornis. Fab. Antl. p. 42.
Habite en Europe.

4. Trichocère du pin. *Thrichocera pini.*

T. nigro-fusca ; antennis longis, nodosis, villosis ; alis ovatis hirsutis.
Cecidomia pini. Meig. 1. p. 40. Latr.
Habite en Europe, dans le nord. Les antennes de cette tipulaire étant noduleuses, on peut la distinguer comme genre.

PSYCHODE. (Psychoda.)

Antennes filiformes, ou moniliformes, velues, de 14 à 16 articles. Toutes les pattes insérées à égale distance, les antérieures n'étant point près du cou. Ailes en toit incliné.

Antennæ filiformes, submoniliformes, pilosæ, 14 ad 16 articulatæ. Proboscis brevis.

Pedes alii ab aliis æquè distantes, antici sub capite non inserti. Alæ deflexæ.

Observations. Ici se rapportent les psychodes de *Latreille*. Ces tipulaires sont distinguées des tanypes par la disposition de leurs pattes, et des trichocères par leurs ailes en toit.

ESPÈCES.

1. Psychode des murs. *Psychoda phalœnoides.*

Ps. alis deflexis, cinereis, ovato-lanceolatis, ciliatis.
Tipula phalœnoides. Linn. Fab.
Bibio. Geoff. Ins. 2. p. 572. n° 4.
Degeer. Ins. 6. pl. 27. f. 6—11.
Habite en Europe. Commune sur les murs, les fenêtres. Ailes sans taches.

2. Psychode hérissée. *Psychoda hirta.*

Ps. hirsuta; alis deflexis ovatis, ciliatis albo nigroque tessellatis.
Tipula hirta. Linn. Fab.
Geoff. 2. p. 572. n° 5.
Trichoptera ocellaris. Meig.
Habite en Europe.

MOUCHERON. (Tanypus.)

Antennes filiformes ou moniliformes, velues ou plumeuses, de 12 à 14 articles. Pattes antérieures insérées sous le cou, à une grande distance des autres.

Antennæ filiformes, submoniliformes, pilosæ vel

plumosæ, 12 ad 14 articulatæ. Proboscis brevis. Pedes antici ab aliis remoti, ferè sub capite inserti.

Observations. Les moucherons dont il s'agit ici, embrassent les tanypes, les corèthres et les chironomes de *Latreille*. La plupart sont des tipulaires petites, délicates, et qui font partie de celles que l'on a nommées *tipules culiciformes*.

Ces insectes ont la poitrine grande et enflée, l'abdomen alongé, les ailes couchées, les pattes antérieures avancées, fort longues, quelquefois plus longues que les postérieures.

Ces petites tipulaires sont si délicates que lorsqu'on les touche, on les écrase. Il y en a qui volent vers la fin du jour en formant de petits nuages qui nous suivent au-dessus de nos têtes.

Les larves de ces tanypes vivent dans l'eau ou dans des trous enfoncés sous l'eau.

ESPÈCES.

1. Moucheron culiciforme. *Tanypus culiciformis.*

T. fuscus, antennis filiformibus; maris plumosis; abdomine pedibusque griseis; costis alarum hirtis.
Corethra culiciformis. Meig. 1. p. 9.
Degeer. Ins. 6. p. 372. pl. 23. f. 11.
Habite dans l'Europe boréale.

2. Moucheron à bosse. *Tanypus gibbus.*

T. viridis; thorace gibbo, anticè producto; alis albis: fasciâ fuscâ.
Corethra gibba. Meig. 1. p. 9.
Chironomus gibbus. Fab. Antl. p. 41.
Habite à Hale, en Saxe.

3. Moucheron à bandes. *Tanypus cinctus.*

T. lividus; alis maculis tribus marginalibus nigris; abdomine nigro, albo, annulato.
Tipula cincta. Linn. Fab.
Chironomus cinctus. Fab. Antl.
Habite dans la Suède,

4. **Moucheron tacheté.** *Tanypus maculatus.*

T. cinereus, nigro-maculatus; antennis clavatis; maris plumosis; alis albidis; maculis pallidè nigris.
Tanypus maculatus. Meig. 1. p. 21.
Degeer. Ins. 6. pl. 24. f. 15—19.
Habite en Europe, dans le nord.

5. **Moucheron plumeux.** *Tanypus plumosus.*

T. thorace virescente; alis albis; puncto fusco; antennis plumosis.
Tipula plumosa. Linn. Fab.
Tipula. Geoff. 2. p. 560. n° 16.
Chironomus plumosus. Latr.
Habite en Europe, dans les lieux aquatiques.

6. **Moucheron motateur.** *Tanypus motatrix.*

T. pedibus anticis maximis, motatoriis: annulo albo.
Tipula motatrix. Linn. Fab.
Tipula. Geoff. 2. p. 562. n° 18.
Chironomus motatrix. Meig. Fab. Latr.
Habite en Europe, dans les prés humides, les bois.

7. **Moucheron latéral.** *Tanypus lateralis.*

T. thorace ferrugineo, lateribus albis.
Corethra lateralis. Meig. Dipt. 1. p. 8. tab. f. 12.
Habite l'Europe boréale. Voyez *Chironomus plumicornis.* Fab. Antl. p. 42.

LIMONIE. (Limonia.)

Antennes sétacées, submoniliformes, glabres, à 15 ou 16 articles. Trompe courte. Petits yeux lisses nuls. Ailes couchées.

Antennœ setaceœ, submoniliformes, glabrœ, 15 *vel* 16 *articulatœ. Proboscis brevis. Ocelli nulli. Alœ incumbentes.*

Observations. Les *limonies* ont les antennes glabres, ce qui les distingue des trois genres précédents; et comme ces antennes ont au moins 15 articles, ce qui les rend presque moniliformes, elles distinguent éminemment ces insectes de l'hexatome. Ces tipulaires sont terricoles, ont la tête globuleuse, les ailes couchées.

ESPÈCES.

1. Limonie hiémale. *Limonia hiemalis.*

L. nigro-fusca; antennis longis, setaceis; alis amplissimis; pedibus longissimis.

Trichocera hiemalis. Meig. Classif. und Besch. 1. t. 3. f. 1—5.

Habite dans l'Europe boréale.

2. Limonie peinte. *Limonia picta.* Meig.

L. alis cinereis : annulis maculisque nigris.

Tipula picta. Fab. Antl. p. 29.

Habite à Hale, en Saxe.

3. Limonie à six points. *Limonia sexpunctata.*

L. alis albis : punctis 3 marginalibus fuscis; thorace compresso fulvo : lineâ dorsali nigrâ.

Meig. Classif. und Besch. 1. tab. 3. f. 15.

Tipula sexpunctata. Fab. Antl. p. 30.

Habite l'Italie et aux environs de Paris.

4. Limonie jaunâtre. *Limonia flavescens.*

L. lutea, antennis fuscis; alis flavescentibus.

Limonia flavescens. Meig. 1. p. 56.

Tipula flavescens. Linn. Fab.

Habite en Europe, dans les prés.

HEXATOME. (Hexatoma.)

Antennes subsétacées, glabres, à 6 articles : les 4 derniers, cylindriques, fort longs. Point de petits yeux lisses.

Ailes couchées.

Antennæ subsetaceæ, glabræ, 6 articulatæ; articulis quatuor ultimis prœlongis, cylindraceis. Ocelli nulli.

Alæ incumbentes.

Observations. L'*hexatome* est, de toutes les tipulaires, l'insecte qui a le moins d'articles à ses antennes, ce qui le rend fort remarquable. On ne connaît de ce genre que l'espèce suivante.

ESPÈCE.

1. Hexatome noir. *Hexatoma nigra*. Latr.

Le front est bituberculé.

Habite aux environs de Paris.

COUSIN. (Culex.)

Antennes filiformes, velues ou pectinées dans les femelles, plumeuses dans les mâles, plus longues que la tête. Trompe longue, cylindrique ou sétacée, dirigée en avant. Suçoir de cinq pièces. Deux palpes courts dans les femelles, plus longs et velus dans les mâles. Petits yeux lisses nuls.

Tête petite; corselet gibbeux; ailes rabattues, croisées; pattes très longues; larve aquatique.

Antennæ setaceæ aut filiformes, in feminis pilosæ vel pectinatæ, in masculis subplumosæ, capite longiores. Proboscis siphunculiformis, longa, cylindrico-setacea, porrecta. Haustellum è setis quinque compositum. Palpi duo, in feminis breves, in masculis longiores et villosi. Ocelli nulli.

Alæ incumbentes; pedes longissimi; truncus gibbus. Larva aquatica.

Observations. Les *cousins* sont de petits insectes assez connus de tout le monde par le bourdonnement incommode qu'ils font entendre pendant la nuit, et plus encore par leur piqûre et leur opiniâtreté à poursuivre pour piquer. Au rapport des voyageurs, qui en ont été cruellement tourmentés, ceux de l'Asie, de l'Afrique et de l'Amérique sont bien plus redoutables encore que les nôtres. On les connaît dans ces pays sous le nom de *maringouins*. Leur piqûre met le corps en feu; leur trompe, au moins le suçoir de cinq soies qu'elle contient, pénètre à travers les étoffes les plus serrées. Dans les pays chauds, les habitants, pour s'en garantir, sont souvent obligés de faire des feux et de s'envelopper dans des nuages de fumée.

Les larves des *cousins* vivent dans les eaux dormantes et croupissantes. Elles sont très aisées à reconnaître, parce qu'on les voit presque toujours suspendues à la surface de l'eau, par leur partie postérieure, et ayant la tête en bas. C'est pour respirer qu'elles viennent ainsi fixer leur extrémité postérieure à la surface de l'eau. Dès qu'on agite l'eau ou même qu'on en approche, on les voit se précipiter au fond, avec une grande agilité, en faisant des zig-zags.

Le second état du *cousin* offre une modification très particulière. Ce n'est ni une chrysalide, ni une momie, ni même une nymphe; car alors l'animal nage avec presque autant d'agilité que la larve, et cependant il ne montre pas les parties de l'insecte parfait et ne prend point de nourriture; il vient seulement respirer à la surface de l'eau.

Quoique les *cousins* semblent rapprochés des tipules par la forme de leur corps, leur trompe longue, aciculée et dirigée en avant, les en distingue fortement. On en connaît plusieurs espèces.

ESPÈCES.

1. Cousin commun. *Culex pipiens*. L.

C. cinereus; abdomine annulis fuscis octo. Linn.
Culex. Geoff. 2. p. 579. pl. 19. f. 4.
Culex pipiens. Fab. Lat., etc.
Habite en Europe. Très commun en automne, dans le voisinage des eaux, les lieux frais.

2. Cousin annelé. *Culex annulatus.*

C. fuscus; abdomine pedibusque albo-annulatis; alis maculatis.
Culex annulatus. Fab. 4. p. 400.
Habite en Europe, dans le nord.

3. Cousin pulicaire. *Culex pulicaris.*

C. fuscus; alis albis : maculis tribus obscuris. Fab.
Culex pulicaris. Linn. Fab. 4. p. 402.
Culex. n° 2. Geoff.
Habite en Europe. Il se trouve dans les bois, dès le printemps. Il est plus petit que le cousin commun, et l'on dit qu'il pique très fort.
Etc.

ORDRE TROISIÈME.

LES HÉMIPTÈRES.

Une gaîne labiale, univalve, articulée, abaissée ou recourbée sous la poitrine, ressemblant à un bec aigu, et renfermant un suçoir de 4 soies. Point de palpes apparents.

Quatre ailes, dont les deux supérieures sont tantôt membraneuses comme les inférieures, et tantôt coriaces, plus ou moins crustacées, comme des élytres.

Larve hexapode, semblable à l'insecte parfait, mais sans ailes. La nymphe, en général, marche et mange.

Observations. Dans le premier ordre des insectes [les aptères], la nature ne faisant que commencer le plan d'organisation de ces nombreux animaux, ne put leur donner des ailes; dans l'ordre qui vient ensuite [celui des diptères], elle ne put leur donner que deux ailes; enfin, ce ne fut que dans le troisième ordre, celui des *hémiptères* dont il s'agit maintenant, qu'elle parvint à leur en donner quatre ; encore ne put-elle en faire avoir plus de deux aux gallinsectes, première famille de ces hémiptères. Désormais, sauf les avortements, tous les insectes auront quatre ailes, soit toutes quatre servant au vol, soit seulement les deux inférieures.

Cette marche, du plus simple au plus composé, est évidemment celle de la nature : on la trouve partout clairement exprimée, malgré la cause connue qui l'a modifiée dans ses détails.

Ce n'est pas seulement dans la considération des ailes qu'on remarque ici les progrès de cette marche de la nature; on les observe aussi dans la considération des parties de la bouche. En effet, quoique le plan de ces parties de la bouche soit le même pour tous les insectes, et doive se composer, en dernier lieu, de deux lèvres, de deux mandibules, de deux mâchoires, enfin, de quatre ou six palpes, la nature, dans les insectes des quatre premiers ordres, n'a fait qu'ébaucher ce plan, que préparer les pièces qui peuvent, en subissant des modifications, devenir propres à l'exécuter; mais, dans ces quatre premiers ordres, elle a approprié les parties de la bouche à la seule fonction de *sucer* ou de prendre des aliments liquides, accommodant ces parties aux besoins de chaque cas particulier.

Ainsi, depuis que nous examinons ces animaux, tous ceux que nous avons vus ont un suçoir de plusieurs pièces; et ce suçoir, dans l'inaction, est renfermé dans une gaîne que la nature a variée dans sa composition et sa forme, selon les besoins. Cette gaîne du suçoir représente la lèvre inférieure, ou du moins offre une partie qui, après sa transformation, pourra la constituer. Nous l'avons trouvée bivalve dans les *aptères ;* elle l'est encore dans les deux premières familles des *diptères* [les coriaces et les rhipidoptères]; mais dans tous les autres diptères, nous ne l'avons plus trouvée qu'univalve et inarticulée. Enfin, dans les *hémiptères* dont il est ici question, la gaîne du suçoir se retrouve encore, et se montre univalve, comme dans la plupart des diptères; mais elle est ici distinctement articulée, et ce ne sera plus que dans cet ordre que nous l'observerons. Effectivement, la nature se préparant à rendre la bouche des insectes propre à d'autres fonctions, abandonne cette gaîne du suçoir dans l'ordre suivant [les lépidoptères], et laisse ce suçoir à nu jusqu'à ce qu'elle l'ait fait entièrement disparaître.

Quant aux *hémiptères* dont il s'agit actuellement, la gaîne qui contient leur suçoir, se trouvant en général fort alongée et aiguë, a reçu le nom de bec (*rostrum*), pour la distinguer de celle des diptères, qui ressemble plus à une trompe.

Ce bec singulier, articulé, aigu, et abaissé ou recourbé sous la poitrine, est composé de deux à cinq articulations. Il sert de gaîne à un suçoir de quatre pièces, qui sont des soies fines, raides et aiguës. Deux de ces quatre soies sont souvent réunies, ce qui fait qu'elles ne paraissent alors qu'au nombre de trois. Ces pièces, en se réunissant, forment un tube grêle que l'insecte introduit dans les vaisseaux des animaux, ou dans le tissu des plantes, pour en extraire les fluides qui peuvent le nourrir.

Il y a apparence que les quatre soies fines qui composent le suçoir des hémiptères, sont les pièces destinées à produire les deux mandibules et les deux mâchoires des insectes broyeurs, et que la gaîne de ce suçoir, qui a ici la forme d'un bec, sert à former la lèvre inférieure de ces animaux. Pour cet objet, la nature n'aura qu'à raccourcir et modifier la forme de ces parties.

Dans les insectes à quatre ailes, on a donné le nom d'*élytres* aux deux ailes supérieures, lorsqu'elles sont coriaces ou crustacées, et qu'elles ne servent pas au vol. Mais, comme tout est nuancé dans les opérations de la nature, on rencontre nécessairement des cas où l'arbitraire décide à cet égard.

Les élytres des *hémiptères* diffèrent tellement les uns des autres, et offrent des nuances telles, dans leurs différences, qu'on voit clairement que ces élytres ne sont que des ailes supérieures, plus ou moins utiles au vol.

En effet, dans les punaises, une partie de ces élytres est

dure, coriace, opaque, et ressemble presque aux élytres des orthoptères ou même des coléoptères; tandis que l'autre partie est membraneuse et semblable à une partie d'aile véritable.

Dans les cigales, les pucerons, les psylles, etc., les élytres sont transparents, et ressemblent à de véritables ailes. Aussi prendrait-on ces hémiptères, au premier coup d'œil, pour des insectes à quatre ailes, également utiles au vol.

Il résulte de ces considérations, que le caractère le plus remarquable, le plus constant et même le plus important de cet ordre d'insectes, réside dans la forme très particulière de la bouche de ces animaux, et non dans les organes du mouvement, comme leurs ailes.

A la vérité, le caractère qu'on emprunterait de la métamorphose reporterait ailleurs ces insectes et les rapprocherait des orthoptères; mais j'ai fait voir que ce caractère est réellement moins important que celui de la bouche, puisque des ordres très naturels, tels que les *diptères*, les *névroptères*, etc., comprennent des insectes qui diffèrent entre eux par la métamorphose.

Enfin, le caractère qu'on obtiendrait de la considération des ailes supérieures plus ou moins transformées en élytres, serait encore moins important que la métamorphose, puisque la qualification d'élytres qu'on donne aux ailes supérieures des psylles, des pucerons ailés et de la plupart des cigales, est véritablement arbitraire. D'ailleurs, rien n'est plus variable que les ailes des insectes, à cause des avortements ou des modifications que ces parties sont exposées à subir, selon les habitudes des races.

Ce qu'il y a de bien remarquable, c'est que les *hémiptères*, qui diffèrent en général si fortement des *diptères* par la métamorphose, y tiennent cependant par la métamorphose même, dans certaines de leurs races.

En effet, dans les cochenilles, qui sont de véritables hémiptères, les mâles n'ont que deux ailes, et la larve de ces mâles se transforme en chrysalide dont la coque est formée par la peau même de l'animal. La larve de l'aleyrode est aussi dans le même cas; elle se transforme en chrysalide ayant une coque formée par sa propre peau. Les *hémiptères* tiennent donc aux diptères, dans certaines de leurs races, même par la métamorphose.

Ainsi, dès que j'eus connu l'importance du système de nutrition dans les insectes, et par suite celle des caractères de leur bouche; que j'eus considéré les habitudes de ces êtres et la manière dont ils se nourrissent; en un mot, que j'eus suivi en eux la marche de la nature, je fus fondé, dans la distribution naturelle des insectes, à ne point confondre les suceurs parmi les broyeurs. J'ai donc dû placer les *hémiptères* après les diptères, et les éloigner des orthoptères, quoique ceux-ci ne subissent aussi qu'une métamorphose partielle.

En effet, la larve des *hémiptères* est munie de parties diverses qu'elle conserve les mêmes en passant à l'état de nymphe, et ensuite à celui d'insecte parfait. Ainsi, elle ne subit que la métamorphose partielle, puisque, sans changer de forme, elle ne fait qu'acquérir de nouvelles sortes de parties. Cette larve est effectivement pourvue d'antennes, d'yeux à réseau, d'une bouche semblable à celle de l'insecte parfait, et de six pattes.

Quelques espèces, telles que la punaise de lit, la punaise aptère, etc., restent toujours dans l'état de nymphe, quelquefois même dans l'état de larve, n'ont jamais d'ailes, n'acquièrent point de partie nouvelle, ou n'obtiennent que des élytres imparfaits, et cependant peuvent se reproduire. Ces particularités, qui ne changent nullement la nature des rapports, sont dues à des avortements de parties que la continuité des circonstances, qui tiennent à la manière de vivre de ces animaux, a perpétués et rendus habituels. Par des causes semblables, les cochenilles femelles sont aptères et sans élytres.

Dans beaucoup d'insectes de cet ordre, on voit un écusson : il est quelquefois fort grand, particulièrement dans les cimicides.

Le caractère le plus général que l'on puisse employer pour diviser primairement cet ordre, est celui qu'offre l'insertion du bec de l'animal; car, dans les uns, ce bec naît de la partie antérieure et supérieure de la tête, tandis que, dans les autres, il naît de sa partie inférieure, et quelquefois même il semble sortir de la poitrine de l'insecte.

D'après cette considération, je partage les *hémiptères* en deux sections qui comprennent quatre familles très distinctes.

Ire SECTION. HÉMIPTÈRES MENTONALES.

Leur bec est mentonal, et quelquefois semble pectoral.

Les Gallinsectes.
Les Aphidiens.
Les Cicadaires.

II. SECTION. HÉMIPTÈRES FRONTALES.

Leur bec semble frontal, naissant de la partie antérieure et supérieure de la tête.

Les Cimicides.

PREMIÈRE SECTION.

HÉMIPTÈRES MENTONALES.

Le bec paraît naître, soit de la poitrine, entre la première et la deuxième paire de pattes, soit de la partie inférieure de la tête.

Cette section embrasse trois familles, savoir: les *gallinsectes*, les *aphidiens* et les *cicadaires*. Ainsi, dans toutes les races qui composent ces familles, le bec de ces insectes paraît naître, soit de la poitrine, soit de la partie inférieure de la tête.

Par plusieurs particularités remarquables, ces insectes montrent qu'ils forment une espèce de transition de ceux qui n'ont naturellement que deux ailes, à ceux qui en ont quatre.

En effet, dans les gallinsectes, il n'y a que les mâles qui soient ailés, et leurs ailes ne sont toujours qu'au nombre de deux et bien transparentes. Les ailes varient aussi quant à leur présence, selon les sexes, dans plusieurs *aphidiens;* et quoique ceux qui en sont munis en aient quatre, les deux supérieures ne ressemblent pas beaucoup à des élytres; elles sont transparentes comme les autres.

Ce qui est fort remarquable, c'est que dans la première de ces trois familles, on observe des métamorphoses telles que les mâles ne parviennent à l'état parfait qu'en sortant d'une véritable coque (*pupa folliculata*), qui est fixée et immobile; et dans la deuxième famille (les aphidiens), on voit des nymphes, quoique sans coque, devenir pareillement immobiles pour se métamorphoser; et alors leur peau se fend pour laisser sortir l'insecte parfait. Ces particularités, très différentes de ce qui a lieu dans les autres hémiptères, rappellent en quelque sorte le voisinage des insectes diptères et leurs métamorphoses.

Ces trois familles, assez bien liées les unes aux autres par leurs rapport, offent néanmoins de bons caractères pour les distinguer.

DIVISION DES HÉMIPTÈRES MENTONALES.

[1] *Un ou deux articles aux tarses.*

[a] Mâles n'ayant que deux ailes; femelles toujours aptères.

Les Gallinsectes.

——Cochenille.

——Dorthésie.

[b] Individus ailés ayant tous quatre ailes.

Les Aphidiens.

——Psille.

——Aleyrode.

——Puceron.

——Thrips.

[2] *Trois articles aux tarses.*

Les Cicadaires.

[a] Antennes de trois articles; deux petits yeux lisses.

[+] Antennes insérées entre les yeux ou au-dessous de l'espace qui les sépare.

——Tettigone.

——Cercops.

——Membrace.

——Ætalion.

[++] Antennes insérées sous les yeux.

[±] Antennes de la longueur de la tête au moins, et insérées dans une échancrure des yeux.

——Asiraque.

[±±] Antennes beaucoup plus courtes que la tête, et point insérées dans une échancrure des yeux.

——Fulgore.

[b] Antennes de six articles; trois petits yeux lisses.

——Cigale.

LES GALLINSECTES.

Mâles n'ayant que deux ailes. Femelles toujours aptères. Un article aux tarses.

Les *gallinsectes* n'ont qu'un seul article et un seul

crochet aux tarses, selon *Latreille;* leur bec paraît pectoral; et ceux qui ont des ailes n'en ont que deux, et les ont transparentes. Ceux-là même subissent des métamorphoses, dont la première est une coque immobile, de laquelle sort l'individu ailé (le petit mâle) en arrivant à l'état parfait. Ainsi, sous ces rapports, après les insectes essentiellement diptères, l'ordre des hémiptères nous paraît devoir commencer par les *gallinsectes.* Outre que ceux des gallinsectes qui sont ailés n'ont que deux ailes, ils tiennent tellement aux diptères par leurs rapports, qu'on en a observé parmi eux qui sont munis de balanciers.

Ce qu'il y a de bien singulier à l'égard de ces insectes, c'est que, dans le premier des deux genres qui composent cette famille, les femelles se fixent au moment de la ponte, prennent la plupart la forme d'une petite galle ou d'un petit bouclier, restent immobiles dans cet état, font passer leurs œufs sous leur corps à mesure qu'elles les pondent, et à la fin ce corps, vide et desséché, forme une couverture qui conserve ou protége ces gages de leur reproduction. Voici les deux genres qui constituent cette famille.

COCHENILLE. (Coccus.)

Antennes filiformes (de dix ou onze articles) plus courtes que le corps. Bec pectoral, apparent seulement dans les femelles.

Deux ailes débordant le corps dans les mâles. Femelles subtomenteuses, aptères, se fixant et prenant la forme d'une galle ou d'un bouclier. Les mâles seuls subissent une transformation dans une coque.

Antennæ filiformes, corpore breviores; articulis decem vel undecim. Rostrum pectorale, in feminis modo perspicuum.

Masculi alis duobus, magnis, incumbentibus. Feminœ apterœ, sublomensosœ, tempore gravitationis in perpetuum defixœ, gallœ clypeive formam induentes. Metamorphoses masculis tantùm propriœ, larva in pupam fixam transit.

Observations. Les *cochenilles* ont été partagées en deux genres par plusieurs entomologistes. Ils ont donné le nom de *kermès* à celles dont les femelles fixées perdent entièrement l'apparence d'insecte, et ils ont nommé cochenilles celles dont les femelles fixées conservent toujours néanmoins la forme d'insecte, quoique plus ou moins altérée. A ce caractère, ils en ont ajouté quelques autres, mais qui ne sont pas exacts, ou qui appartiennent à des insectes de genre différent. Linné, par exemple, attribue quatre ailes aux kermès mâles. Cette erreur ne vient que de ce qu'il ne distingue pas les psylles des kermès, quoique les femelles des psylles ne soient pas aptères et ne se fixent point.

Les jeunes *cochenilles* courent sur les feuilles et les tiges des plantes, et ressemblent presque à de petits cloportes blanchâtres qui n'auraient que six pattes; mais, au bout de quelque temps, la femelle seule se fixe à un endroit de la plante sur laquelle elle vit. Elle reste dans ce même endroit, et y devient parfaitement immobile. Enfin son corps se gonfle peu à peu; sa peau se tend, devient lisse, se sèche, et les anneaux s'effacent plus ou moins, selon l'espèce. En un mot, l'animal perd en général la forme et la figure d'un insecte, et ressemble en petit à un bouclier, à un écusson, ou aux galles qu'on trouve sur les arbres. C'est de là qu'on lui a donné le nom de *galle-insecte*. Il termine sa vie dans cette situation après avoir pondu ses œufs, et son corps desséché leur sert de couverture.

Il n'en est pas tout-à-fait de même de toutes les *cochenilles*. Dans certaines espèces, les femelles se fixent beaucoup plus tard sur les plantes, et lorsqu'elles sont fixées, elles ne changent point assez de forme pour qu'on ne puisse plus reconnaître la figure de l'insecte. Ses anneaux et ses différentes parties paraissent encore, lors même qu'il n'est plus vivant.

Les femelles fiexés, comme on vient de le dire, tirent leur nourriture du lieu de la plante où elles sont attachées, par le moyen du suçoir de leur bec, qu'elles introduisent dans sa substance. Elles croissent dans cet état d'immobilité et changent de peau sans faire aucun mouvement, leur peau se détachant et tombant par lambeaux. Elles acquièrent la grosseur d'un grain de poivre ou davantage. A mesure qu'elles pondent, elles font passer leurs œufs sous leur corps et semblent les couver.

Le mâle de cette singulière femelle ne lui ressemble guères que dans les commencements, c'est-à-dire que dans son état de larve. Bientôt après, il se fixe comme elle, devient immobile, ne prend plus de nourriture ni d'accroissement. Sa peau se durcit et se change en une espèce de coque, t l'insecte est transformé en chrysalide. Au bout d'un certain temps, l'animal en sort dans l'état d'insecte parfait, et alors il est très différent de la femelle. Il est fort petit, muni de deux ailes plus longues que son corps, et de six pattes. Son corps est rougeâtre, souvent couvert d'une poudre blanche, et l'on voit deux filets blancs à sa queue. A peine ce petit mâle est-il insecte parfait, qu'il se sert de ses ailes pour voler vers les femelles. Comme elles sont beaucoup plus grandes que lui, il se promène sur elles, et parvient à les féconder.

Telle est l'histoire très abrégée de ce singulier genre d'insectes, qui comprend un assez grand nombre d'espèces que l'on ne connaît guères que d'après les femelles, parce que les mâles sont difficiles à rencontrer et à observer.

ESPÈCES.

1. Cochenille du Mexique. *Coccus cacti.* L.

C. ovalis, subdepressus, transversè rugosus, albo-pulverulentus.
Coccus cacti coccinelliferi. Linn. Fab.
Traité de de la culture du nopal, etc. Thiéry de Menonv., p. 383.
Habite au Mexique, sur le cactier nopal. Cette cochenille est un des insectes les plus précieux par le grand usage qu'on en fait

dans la teinture, et par la belle couleur écarlate et le beau pourpre qu'il nous donne. L'insecte qui les fournit est un peu déprimé, ridé, et couvert par une poudre blanche qui ne le cache point.

2. Cochenille sylvestre. *Coccus tomentosus.*

C. parvulus, subglobosus, tomento denso candidoque obtectus.

Cochenille sylvestre. Thiéry, Traité du nopal et de la cochenille, p. 347.

Habite à l'Ile-de-France et dans les climats chauds de l'Amérique. Elle est une fois plus petite que la précédente, et couverte d'un duvet cotonneux très blanc, qui cache entièrement son corps. Elle donne une aussi belle couleur que la première espèce, mais en moindre quantité. Cet insecte, apporté de l'Ile-de-France, a vécu dans les serres du Muséum.

3. Cochenille de l'orme. *Coccus ulmi.* L.

C. sphœricus, fuscus, bacciformis.

Coccus ulmi campestris. Linn. Fab.

Geoff. Ins. 1. p. 507. n° 8.

Habite sur l'orme. Latreille, qui en a observé le mâle, dit que son corselet a deux espèces de balanciers, comme les diptères.

4. Cochenille du figuier. *Coccus ficus caricæ.*

C. ovatus, convexus, cinereus : dorso circulo radiato fusco.

Coccus ficus caricæ. Oliv. Encycl. n° 2.

Habite au midi de l'Europe, sur le figuier commun.

5. Cochenille du pêcher. *Coccus persicæ.*

C. oblongus, ferrugineus.

Coccus persicæ. Fab. 4. p. 222.

Geoff. 1. p. 506. n° 4. pl. 10. f. 4.

Habite en Europe, sur le pêcher.

6. Cochenille des orangers. *Coccus hesperidum.*

C. hybernaculorum, oblongo-ovatus, fuscus; corpore posticè emarginato. Oliv.

Coccus hesperidum. Linn. Fab. Oliv.

Geoff. n° 2.

Habite en Europe, sur les orangers, les citronniers.

7. Cochenille des serres. *Coccus adonidum.*

C. ovatus; corpore rufo, albo, pulverulento. Oliv.
Coccus adonidum. Linn. Fab. Oliv.
Geoff. 1. p. 511. n° 1.
Habite.... On la dit étrangère à l'Europe ; elle s'est naturalisée dans nos serres.
Etc.

DORTHÉSIE. (Dorthesia.)

Antennes subsétacées, à huit articles dans les femelles.

Mâles munis de deux ailes, et ayant l'abdomen terminé par de longs filets.

Femelles aptères, couvertes de faisceaux cotonneux, ne se fixant point, mais agissant avant et après la ponte.

Antennæ subsetaceæ, in feminis octo-articulatæ.

Masculi dipteri, abdomine valdè setoso.

Feminæ apteræ, fasciculis lamelloso-tomentosis obtectæ, antè et post partum vagantes.

Observations. La *dorthésie* était rangée parmi les cochenilles ; mais plusieurs particularités qui la concernent, et sur-tout celle de ne se point fixer, ayant été observées par M. *Dorthès*, on l'en a depuis séparée, et on l'a distinguée comme un genre particulier de la même famille.

ESPÈCE.

1. Dorthésie de l'euphorbe. *Dorthesia characias.* Bosc.

Journ. de phys. fév. 1784. p. 1—3. tab. 1. f. 2. 3. 4.
Panz. Faun. Ins. fas. 35. t. 21. *Coccus characias.* Oliv. Dict.
Habite dans les provinces méridionales de la France, sur différents euphorbes.

LES APHIDIENS.

Quatre ailes dans les individus ailés, tarses à deux articles et en général à deux crochets.

Les *aphidiens* sont de très petits insectes, qui vivent de sucs des végétaux. Ils tiennent de très près aux gallinsectes par leurs rapports; mais, parmi eux, tous ceux des individus qui sont ailés ont quatre ailes, et ces ailes, en général transparentes, se ressemblent tellement entre elles, que ce n'est qu'arbitrairement qu'on donne aux deux supérieures le nom d'élytres.

Dans le premier des quatre genres qui appartiennent à cette famille, le bec de l'insecte paraît encore pectoral, comme dans les gallinsectes; mais dans les autres, il est plutôt mentonal que pectoral.

On a donné le nom d'*aphidiens* aux insectes de cette famille, parce que, parmi eux, le genre le plus connu et le plus nombreux en espèces est celui du puceron, en latin *aphis*. Cette famille embrasse quatre genres, qui sont les suivants.

PSYLLE. (Psylla.)

Antennes subsétacées, à 10 ou 11 articles, dont le dernier terminé par deux poils. Bec court, subperpendiculaire, pectoral.

Les mâles et les femelles ailés; les ailes transparentes et en toit; deux articles aux tarses; pattes propres à sauter.

Antennœ subsetaceœ, articulis decem vel undecim: apicali bisetoso. Rostrum breve, subperpendiculare, pectorale.

Masculi et feminœ alati, alis quatuor pellucidis, deflexis; pedes saltatorii, tarsi articulis duobus.

Observations. Linné et Fabricius, considérant que le bec des *psylles* paraît naître de la poitrine, c'est-à-dire entre la première et la deuxième paire de pattes, les ont réunies aux *kermès*, qui font partie de nos cochenilles; mais les *psylles*, soit mâles, soit femelles, ont quatre ailes; au lieu que, dans les cochenilles, les mâles seuls en ont deux, et les femelles n'en ont point. D'ailleurs, les femelles des psylles ne se fixent jamais, ce qui est très différent dans les cochenilles.

Ces insectes ont reçu le nom de psylle (*psylla*), à cause de leur faculté de sauter comme les puces. Ils ont beaucoup de ressemblance avec les pucerons, et vivent comme eux du suc des plantes. Ils altèrent aussi la forme des feuilles et des autres parties des plantes qu'ils piquent; enfin, ils rendent par l'anus une matière sucrée.

La larve des psylles a six pattes, marche assez lentement, et ressemble à l'insecte parfait qui n'aurait point d'ailes; dans l'état de nymphe, ces insectes ont deux moignons aplatis qui renferment les ailes, et lorsque ces nymphes veulent se métamorphoser, elles restent immobiles sous quelques feuilles; alors leur peau se fend sur la tête et le corselet, et l'insecte en sort avec ses ailes.

ESPÈCES.

1. Psylle du figuier. *Psylla ficus.*

P. fusca; antennis, crassis pilosis, alarum nervis fuscis. G.
Kermes ficus. Linn. Fab.
Psylla. n° 1. Geoff. p. 484. t. 10. f. 2.
Habite en Europe, sur le figuier.

2. Psylle de l'aulne. *Psylla alni.* Latr.

P. viridi-flavescens; thoracis segmento antico, scutello, elytrorum nervis viridibus. Lat. Gen. Crust. et Ins. 3. p. 169.
Psylle de l'aulne. Geoff. 1. p. 486.
Habite en Europe, sur l'aulne, le bouleau.

3. Psylle des joncs. *Psylla juncorum.*

P. rubens; antennis infrà medium incrassatis.
Livia juncorum. Lat. Gen. Crust. et Ins. 3. p. 170.

Habite aux environs de Paris, sur le jonc articulé. Ses antennes sont plus grosses inférieurement que dans les autres psylles.

4. Psylle du buis. *Psylla buxi.*

P. viridis, antennis setaceis, alis fusco flavescentibus. G.
Psylla. Geoff. 1. p. 485. n° 2.
Chermes buxi. Linn. Fab.
Habite sur le buis, dans des feuilles concaves formant des espèces de boutons creux, aux extrémités des branches.

ALEYRODE. (Aleyrodes.)

Antennes filiformes, à peine plus longues que la tête, à six articles. Trompe courte. Les yeux partagés en deux.

Corps court, farineux. Quatre ailes ovales, presque égales, en toit écrasé. Nymphe inactive et dans une coque.

Antennæ filiformes, capite vix longiores, sex articulatæ. Rostrum breve. Oculi bipartiti.

Corpus breve, farinoso-tomentosum. Alœ quatuor, ovales, subœquales, latè deflexœ. Pupa quiescens, folliculata.

Observations. L'insecte qui constitue ce genre avait été pris pour un lépidoptère, à cause de la poussière farineuse dont il est chargé, principalement sur le corps. Mais M. *Latreille* considérant la nature de sa bouche, qui est un véritable bec à trois articulations, quoique peu distinctes, le reporta dans son véritable ordre, et en constitua le genre *aleyrode*, dont il s'agit ici.

Geoffroi avait déjà remarqué que ce qu'on prenait pour une trompe ou une langue dans cet insecte, ne se roulait point en spirale, que cette partie était plate et restait droite; mais il n'attachait pas à la bouche toute l'importance qui lui appartient.

Ainsi, l'*aleyrode* est un genre de la famille des aphidiens voisin des psylles et des pucerons, offrant quatre ailes dans les deux sexes, et dont les tarses ont deux articles. Si son corps est couvert d'une poussière farineuse, il tient par ce rapport aux gallinsectes et à plusieurs aphidiens; mais ses ailes ne sont presque point farineuses, et débordent son corps de moitié.

ESPÈCE.

1. Aleyrode de l'éclaire. *Aleyrodes chelidonii*. Latr.

Tinea proletella. Linn.
Phalène culiciforme de l'éclaire. Geoff. 2. p. 172.
Aleyrode. Lat. Hist. des Crust. et des Ins. 12. p. 347, et Gen. Crust. et Ins. 3. p. 174.
Habite en Europe, sur la chélidoine, quelquefois sur le chou. L'insecte n'a qu'un quart de ligne de longueur.

PUCERON. (Aphis.)

Antennes sétacées, plus longues que corselet, à sept articles. Bec alongé, subperpendiculaire ou penché. Quatre ailes inégales, plus longues que le corps, transparentes, disposées en toit. Individus mâles ou femelles, tantôt ailés, tantôt aptères, les femelles principalement. L'abdomen terminé par deux petites cornes.

Antennæ setaceæ, thorace longiores, septem articulatæ. Rostrum elongatum, subperpendiculare vel nutans.

Alæ quatuor, inæquales, corpore longiores, pellucidæ, deflexæ. Individua mascula aut feminea modò alata, modò aptera, feminæ præsertim. Abdomen corniculis duobus versùs apicem instructum.

Observations. Il y a peu d'insectes aussi communs et plus connus en général que les *pucerons*. On en trouve sur un grand nombre de plantes, presque toujours en société ou amassés par quantités considérables. Les deux tubercules ou espèces de petites cornes qu'ils ont presque à l'extrémité de l'abdomen, les font reconnaître au premier aspect. Leur corps est gros, court, massif et lourd : ils ne marchent qu'avec peine. Beaucoup de ces insectes restent très long-temps comme immmobiles sur les tiges et les feuilles des plantes, ou quelquefois cachés sous ces mêmes feuilles, qu'ils ont courbées ou figurées en calotte ou en vessie par leur piqûre. Les ailes de ceux qui en ont sont grandes, plus longues que le corps, transparentes, et disposées en toit aigu. Leur bec est long, plus ou moins abaissé, et paraît prendre son origine entre les pattes de la première paire, mais il part de la partie inférieure de la tête.

Le *puceron*, quoique très commun, est cependant un des insectes qui offrent, pour le naturaliste, les singularités les plus remarquables. Dans la même espèce, on trouve des individus à l'état parfait qui sont ailés, tels que les mâles, et des femelles au même état qui sont ailées, tandis que d'autres sont sans ailes. Dans une saison de l'année, les femelles produisent des petits vivants, et dans une autre, elles pondent des œufs : elles sont si fécondes qu'elles produisent quinze à vingt petits par jour. Enfin, ce qui est le plus étonnant, c'est que les pucerons fécondent leur femelle pour plusieurs générations successives, selon les observations de *Réaumur*, *Bonnet* et *Lyonnet*.

Plusieurs espèces de pucerons sont couvertes d'une poudre blanche, quelquefois même d'un duvet cotonneux et blanc, comme dans différents gallinsectes.

On connaît plus de cinquante espèces de ce genre ; on les désigne par les noms des végétaux sur lesquels elles vivent. Voici la citation de quelques-unes d'entre elles.

ESPÈCES.

1. Puceron de l'orme. *Aphis ulmi.*

A. ferrugineus, albo tomentosus, cylindricus; abdominis corniculis obsoletis.

Aphis ulmi. Linn. Fab. Geoff. 1. p. 494. n° 1.

Habite sur l'orme. Il vit dans une vessie attachée aux feuilles de cet arbre.

2. Puceron du sureau. *Aphis sambuci.*

A. atro-cœruleus, posticè obtusus ; corniculis longiusculis.
Aphis sambuci. Linn. Fab. Geoff. nº 3.
Habite sur les jeunes branches du sureau, souvent en quantité considérable.

3. Puceron du tremble. *Aphis tremulæ.*

A. abdomine virescente : corniculis nullis.
Aphis populi. Linn. Fab.
Habite sur le peuplier tremble, renfermé dans des feuilles pliées et formant une vessie.

4. Puceron du rosier. *Aphis rosæ.*

A. viridis; antennis apice corniculisque nigris.
Aphis rosæ. Linn. Fab.
Habite sur le rosier.

5. Puceron du tilleul. *Aphis tiliæ.*

A. elongatus, virescens; alis, antennis, pedibusque nigropunctatis.
Aphis tiliæ. Linn. Fab. Geoff. nº 6.
Habite sur le tilleul d'Europe.
Etc.

THRIPS. (Thrips.)

Antennes filiformes, de la longueur du corselet, à huit articles. Bec très petit, à peine apparent. Deux palpes.

Corps alongé, étroit; ailes linéaires, horizontales; deux articles aux tarses, dont le dernier est vésiculeux, sans crochets.

Antennæ filiformes, thoracis longitudine, octo articulatæ. Rostrum minimum, vix perspicuum. Palpi duo.

Corpus elongatum, angustum, depressum. Alæ lineares, horizontales. Tarsi biarticulati ; articulo ultimo vesiculoso, exunguiculato.

Observations. Les *thrips* paraissent convenablement rapportés à la famille des aphidiens par M. Latreille ; néanmoins, il faut les placer à la fin, parce qu'ils commencent à s'en éloigner, n'offrant plus la lenteur des mouvements, ni le duvet subcotonneux ou farineux, ni les ailes en toit des aphidiens et des gallinsectes.

Les insectes de ce genre sont les plus petits de tous les hémiptères ; quelques-uns même échappent presque à la vue; aussi est-il difficile de bien distinguer leurs caractères.

A la place de leur bouche, on ne voit, selon *Geoffroi*, qu'une petite fente longitudinale au-dessous de la tête, dans laquelle le bec de l'animal, qui naît de la partie inférieure de la tête, se trouve caché. A la base du bec, il y a deux palpes très petits : caractère étrange pour des hémiptères, et qui semble tenir un peu des diptères.

Les *thrips* courent assez vite et même sautent un peu ; ils vivent dans les fleurs et sous les écorces, et c'est dans ces derniers endroits qu'on rencontre leur larve.

ESPÈCE.

1. Thrips noir. *Thrips physapus*. Linn.

T. nigra, pilosa ; alis albis immaculatis.
Thrips noir des fleurs. Geoff. 1. p. 385.
Degeer. Mém. t. 3. p. 6. pl. 1. f. 1.
Habite en Europe. Il est très agile. Ses ailes sont frangées sur les bords.

LES CICADAIRES.

Elytres, soit membraneux, soit crustacés, à peu près de même consistance partout. Trois articles aux tarses.

Les hémiptères dont il s'agit composent une famille très naturelle et nombreuse, qui tient en quelque sorte le milieu entre les farinacés, tels que les gallinsectes et les aphidiens, et la grande famille des cimicides.

Les *cicadaires* sont remarquables par leurs antennes courtes, presque cachées, insérées entre les yeux, ou sous les yeux, et qui n'ont jamais plus de 5 ou 6 articles. Leurs élytres sont tantôt transparents et semblables aux ailes, et tantôt crustacés, plus ou moins opaques et colorés.

Ces insectes ne vivent que des sucs des végétaux, qu'ils pompent à l'aide du suçoir de leur bec. Ce bec paraît naître de la tête, à sa partie inférieure. Il est cylindrique, droit, triarticulé, et appliqué le long de la poitrine, lorsque l'insecte n'en fait point d'usage.

Cette famille comprend sept genres, que l'on peut diviser de la manière suivante.

DIVISION DES CICADAIRES.

[1] *Antennes à trois articles ; deux petits yeux lisses.* (Cicadaires muettes.)

[a] Antennes insérées entre les yeux, ou au-dessous de l'espace compris entre les yeux. (*Cicadelles.*)

[+] Antennes insérées entre les yeux.

± Écusson apparent, et point caché par le corselet.

× Corselet transversal, tronqué en ligne transverse postérieurement.

—Tettigone.

× × Corselet non transversal et à bord postérieur prolongé, subanguleux.

—Cercope.

±± Écusson non apparent; il est nul ou caché par l'extrémité postérieure du corselet.

—Membrace.

[++] Antennes subpectorales, ou insérées au dessous de l'espace compris entre les yeux.

—Ætalion.

[b] Antennes insérées sous les yeux. (*Fulgorelles.*)

—Asiraque.
—Fulgore.

[2] *Antennes à six articles; trois petits yeux lisses.* (Cicadaires chanteuses.)

—Cigale.

Antennes à trois articles. Deux petits yeux lisses.

CICADAIRES MUETTES.

Les *cicadaires muettes* sont les plus petites, les plus diversifiées, et les plus nombreuses de la famille. Elles ne chantent point, c'est-à-dire ne font point entendre ce bruit connu, qui est particulier aux vraies cigales, et qu'on nomme leur chant. La plupart des cicadaires muettes sont des sauteuses; elles ont les ailes supérieures coriaces, le plus souvent opaques et colorées comme des élytres.

Comme leur grande diversité rend fort difficile l'établissement des divisions qu'il faut employer pour les faire connaître, aucun caractère ne me paraît meilleur que celui de l'*insertion des antennes*, employé par M. *Latreille*. Ainsi, il convient de les distinguer d'abord en deux coupes principales, de la manière suivante :

1° Celles qui ont les antennes insérées entre les yeux, ou au-dessous de l'espace compris entre les yeux. (*Les Cicadelles.* Latr.)

Tettigone.
Cercope.
Membrace.
Ætalion.

2° Celles qui ont les antennes insérées sous les yeux. (*Les Fulgorelles.* Latr.)

Asiraque.
Fulgore.

TETTIGONE. (Tettigonia.)

Antennes courtes, subulées, triarticulées, et insérées entre les yeux. Deux petits yeux lisses.

Corselet transversal, plus large que long, à bord postérieur transverse, non prolongé. Un écusson distinct. Pattes propres à sauter dans plusieurs.

Antennæ breves, subulatæ, triarticulatæ, intrà oculos insertæ. Ocelli duo.

Thorax transversus, latior quàm longior; margine postico transversìm recto. Scutellum distinctum. Pedes saltatorii in pluribus.

Observations. Sous le nom de *tettigone*, je comprends des cicadaires muettes, en général fort petites, qui ont les antennes insérées entre les yeux, sous le rebord de la tête, et seulement deux petits yeux lisses. Elles sont très distinctes des vraies cigales, qui ont cinq ou six articles aux antennes et trois petits yeux lisses. Elles le sont aussi des fulgores, en ce que les antennes de celles-ci s'insèrent sous les yeux.

Mais les cicadaires muettes sont très nombreuses et fort

diversifiées; elles varient singulièrement dans la forme de leur tête, de leur chaperon, et de leur corselet, ce qui a donné lieu à quantité de genres, selon le choix des parties considérées par les auteurs. Leurs ailes supérieures sont opaques, colorées et ressemblent à des élytres.

Ici, je me joins à M. Latreille, en donnant le nom de *tettigone* aux cicadaires muettes qui ont les antennes insérées entre les yeux, et dont le corselet transversal est beaucoup plus large que long. Le bord postérieur de ce corselet est droit et paraît tronqué. Il est terminé par un écusson à peu près triangulaire.

Ces insectes sont petits, la plupart sauteurs, à ailes supérieures opaques et colorées. On les trouve parmi les herbes.

ESPÈCES.

1. Tettigone boucher. *Tettigonia lanio.*

T. viridis, capite thoraceque carneis.
Jassus lanio. Fab. Panz. Faun. Ins. fasc. 6. f. 23. et fasc. 32. f. 10.
Habite en Europe.

2. Tettigone double-tache. *Tettigonia hœmorrhoa.*

T. nigra; thorace maculis duobus sanguineis.
Cicada hœmorrhoa. Panz. Fasc. 61. f. 16.
Habite en Autriche.

3. Tettigone verte. *Tettigonia viridis.*

T. elytris viridibus, capite flavo; punctis nigris.
Cicada viridis. Linn. Fab.
Panz. Fasc. 32. f. 9.
Habite en Europe sur les plantes.
Etc.

CERCOPE. (Cercopis.)

Antennes de trois articles, insérées entre les yeux; le dernier article subulé. Deux petits yeux lisses.

Corselet non transversal, plus ou moins prolongé

postérieurement en angle, soit pointu, soit tronqué. Un écusson.

Antennæ triarticulatæ, intrà oculos insertæ; articulo ultimo subulato. Ocelli duo.

Thorax non transversus, posticè plus minusve porrectus in angulum acutum vel truncatum. Scutellum distinctum.

Observations. Les *cercopes* tiennent de très près aux tettigones, et ne s'en distinguent guère que par le corselet non transversal, plutôt plus long que large, en sorte qu'on pourrait les y réunir.

Celles dont le corselet n'est point dilaté sur les côtés, sont les cercopes de M. Latreille, tandis que celles dont les côtés du corselet sont dilatés, constituent son genre *ledra*.

Les ailes supérieures ou élytres des cercopes sont encore opaques et colorées.

ESPECES.

1. Cercope sanguinolente. *Cercopis sanguinolenta.* Fab.

C. atra; elytris maculis duabus fasciaque sanguineis.
Cicada sanguinolenta. Linn.
La cigale à taches rouges. Geoff. 1. p. 418. pl. 8. f. 5.
Panz. Faun. Ins. fasc. 33. f. 10.
Habite en France, etc., dans les bois.

2. Cercope à oreilles. *Cercopis aurita.*

C. thorace biaurito; capitis clypeo anticè rotundato.
Cicada aurita. Linn.
Ledra aurita. Fab. Lat.
La cigale grand-diable. Geoff. 1. p. 422. pl. 9. f. 1.
Panz. Faun. Ins. fasc. 50. f. 18.
Habite en France, etc., sur le chêne.

3. Cercope écumeuse? *Cercopis spumaria?*

C. fusca, elytris fascia duplici, transversa, interrupta, albida.
Cigale n° 2. Geoffroi. 1. p. 415.

Habite aux environs de Paris. La larve rend par l'anus une liqueur écumeuse, qui ressemble à une masse de salive, et se tient cachée sous cette écume.

MEMBRACE. (Membracis.)

Antennes courtes, subulées, à trois articles, et insérées entre les yeux. Deux petits yeux lisses.

Corselet non transversal, gibbeux, prolongé postérieurement, souvent dilaté antérieurement ou sur les côtés, et cachant l'écusson ou en tenant lieu.

Antennæ breves, subulatæ, triarticulatæ, intrà oculos insertæ. Ocelli duo.

Thorax non transversus, gibbosus, posticè porrectus, anticè aut ex utroque latere dilatatus. Scutellum nullum vel obtectum.

Observations. Les *membraces* dont il est question sont les mêmes que celles ainsi nommées par M. *Latreille*. Leur corselet, quoique très varié selon les races, n'est point transversal; mais il est plus ou moins prolongé postérieurement, et ne laisse voir aucun écusson. Ce corselet est souvent bossu, cariné, comprimé sur les côtés, et dilaté, soit antérieurement, soit latéralement.

Ces cicadaires sont fort nombreuses en espèces, et font partie de celles que Geoffroi nomme *procigales*. Elles sont petites, souvent sauteuses, à ailes supérieures opaques, colorées et semblables à des élytres. Elles avoisinent les cercopes, mais leur écusson est nul ou non apparent. On les trouve dans les herbes des prés, des jardins, etc.

ESPÈCES.

1. Membrace cornue. *Membracis cornuta.* Fab.

M. thorace bicorni subnigro, posteriùs subulato longitudine abdominis.

Cicada cornuta. Linn.

Geoff. 1. p. 423. n° 18. t. 9. f. 2. Le petit-diable.
Panz. Fasc. 50. f. 19.
Habite en Europe.

2. Membrace du genet. *Membracis genistæ*. Fab.

M. thorace inermi fusco, posticè producto, abdomine dimidio breviore.
Geoff. 1. p. 424. n° 19. Le demi-diable.
Panz. Fasc. 50. f. 20.
Habite en France, etc., sur le genet.

3. Membrace épineuse. *Membracis spinosa*. Fab.

M. thorace tricorni, posticè producto longitudine alarum.
Stoll. Cicad. tab. 21. f. 116.
Habite dans les Indes.
Etc.

ÆTALION. (Ætalion.) LATR.

Antennes insérées au-dessous de l'espace compris entre les yeux, c'est-à-dire rapprochées de la poitrine.

Tête rétuse; ailes couchées, horizontales.

Antennæ sub spatio inter oculos interposito insertæ, ad pectus admotæ.

Caput retusum; alæ incumbentes, horisontales.

OBSERVATIONS. La position tout-à-fait particulière des antennes distingue l'*œtalion* de toutes les autres cicadaires. On n'en connaît encore qu'une espèce; elle a les élytres opaques et colorés.

ESPÈCE.

1. Ætalion réticulé. *Ætalion reticulatum*.

Æt. griseum; thoracis lineâ albâ; elytris albo reticulatis.
Cicada reticulata. Linn. Gmel. p. 2098.
Tettigonia reticulata. Fab. *Lystra reticulata*. Fab.
Degeer. Ins. 3. p. 227. tab. 23. f. 15—16.
Habite l'Amérique méridionale. Mus. Voyez la Zoologie de M. *de Humboldt*.

Antennes insérées immédiatement sous les yeux.

Cette division comprend des cicadaires muettes, nombreuses et très variées, qui sont singulièrement remarquables par l'insertion de leurs antennes. Ce sont les *fulgorelles* de M. *Latreille*; nous les partageons seulement en deux genres.

ASIRAQUE. (Asiraca.)

Antennes de trois articles, aussi longues ou plus longues que la tête, et insérées dans une échancrure inférieure des yeux.

Élytres coriaces, le plus souvent opaques et colorés.

Antennæ triarticulatæ, capitis longitudine vel capite longiores, in oculorum sinu infero insertæ.

Elytra coriacea, sæpiùs opaca, colorata.

OBSERVATIONS. Sous ce nom, je réunis les *asiraques* et les *delphax* de M. Latreille. Ce sont encore des cicadaires muettes, pour la plupart petites, et à élytres coriaces, plus ou moins colorés; mais qui se rapprochent des fulgores, ayant leurs antennes insérées sous les yeux. Elles s'en distinguent en ce qu'ici l'insertion des antennes se fait dans une échancrure inférieure des yeux, tandis que, dans les fulgores, cette insertion se fait sans échancrure distincte.

ESPÈCES.

1. Asiraque clavicorne. *Asiraca clavicornis*. Latr.

A. fusca; elytris pellucidis, fusco-punctatis; fasciâ fuscâ apicali.

Delphax clavicornis. Fab.

Coqueb. Illust. Ic. dec. 1. tab. 8. f. 7.

Habite en France.

2. Asiraque angulicorne. *Asiraca angulicornis.* Latr.

A. antennarum articulis inferioribus ancipitibus.
Latr. Gen. Crust. et Insect. 3. p. 167.
Habite en Afrique. Palissot de Beauvois.

3. Asiraque transparent. *Asiraca pellucida.*

A. fusca, elytris albo-hyalinis immaculatis.
Delphax pellucida. Fab. Lat.
Coqueb. Illus. Icon. dec. 3. tab. 21. f. 4
Habite en Europe.
Etc.

FULGORE. (Fulgora.)

Antennes plus courtes que la tête, triarticulées, insérées sous les yeux, non dans une échancrure. Deux petits yeux lisses.

Front ou partie antérieure de la tête multiforme, le plus souvent en saillie.

Antennæ capite breviores, triarticulatæ, sub oculis insertæ, non in sinu infero. Ocelli duo.

Frons vel pars antica capitis multiformis, sæpiùs variè prominens.

Observations. Ce genre comprend les *fulgores* et les *tétigomètres* de M. Latreille. Dans les unes et les autres, les antennes s'insèrent sous les yeux; mais point dans une échancrure de ces organes.

On a beaucoup varié dans l'établissement du genre *fulgore*, ainsi que dans celui des autres genres des cicadaires muettes. L'arbitraire dans le choix des considérations a tellement fait changer les déterminations de chaque auteur, qu'il est maintenant fort difficile de reconnaître ou de saisir les différents genres qui ont été présentés pour diviser cette famille, qui est cependant très naturelle.

A cet égard, nous avons négligé toutes les particularités qu'offrent le corselet et sur-tout la partie antérieure de la tête de ces insectes, par ses prolongements, ses bosses, ses angles ou ses autres irrégularités, pour ne considérer, avec M. Latreille, que l'insertion des antennes.

Quoique en général plus petites que les cigales, les fulgores sont la plupart plus grandes que les autres cicadaires muettes. Presque toutes leurs espèces sont exotiques et fort nombreuses. Je n'en citerai que quelques-unes en deux divisions.

ESPÈCES.

1. Fulgore porte-lanterne. *Fulgora laternaria*. Linn.

F. fronte rostratâ rectâ, alis lividis : posticis ocellatis.
Mérian. Surin. tab. 49.
Réaum. Ins. 5. t. 20. f. 6. 7.
Habite l'Amérique méridionale. On prétend que le prolongement vésiculeux du front de cette fulgore répand la nuit une lumière vive. C'est peut-être par ce moyen que, dans cette espèce, un sexe attire l'autre.

2. Fulgore dentée. *Fulgora serrata*. Fab.

F. fronte quadrifariè serratâ adscendente.
Seba. Mus. 4. tab. 77. f. 5. 6.
Habite à Surinam.

3. Fulgore européenne. *Fulgora europœa*. Fab.

F. fronte conicâ; corpore viridi; alis hyalinis reticulatis.
Fulgora europœa. Linn.
Panz. Fasc. 20. f. 16.
Habite l'Europe australe.

4. Fulgore verdâtre. *Fulgora virescens*. Panz.

F. virescens; elytris virescenti-hyalinis immaculatis; ore macula fusca; pedibus rufis.
Panz. Fasc. 61. f. 12.
Tetigometra virescens. Lat.
Habite en France et en Allemagne. Sa tête est transverse et n'offre aucun prolongement antérieur.
Etc.

Antennes à six articles ; trois petits yeux lisses.

CICADAIRES CHANTEUSES.

M. *Latreille* nomme ainsi ces cicadaires, parceque, parmi les espèces connues, celles qui habitent les pays chauds de l'Europe font entendre, dans les temps de chaleur, un bruit continuel qu'on a nommé leur chant.

Ces cicadaires sont les plus grandes de la famille, au moins en général, et la plupart ont les ailes supérieures transparentes comme les inférieures. Elles ne constituent qu'un seul genre, dont voici les caractères.

CIGALE. (Cicada.)

Antennes courtes, sétacées, à six articles, insérées entre les yeux. Trois petits yeux lisses. Bec à trois articles, les deux premiers plus courts que le dernier.

Tête rétuse, plus large que longue. Deux opercules à la base et en dessous de l'abdomen, recouvrant l'organe du chant, dans les mâles. Quatre ailes longues, en toit écrasé, le plus souvent transparentes.

Antennæ breves, subulato setaceæ, sex articulatæ, intrà oculos insertæ. Ocelli tres. Rostrum triarticulatum; articulo ultimo longiore. Oculi globosi, prominuli.

Caput transversum, retusum. Laminæ duæ (sive opercula) crustaceæ, suborbiculatæ, ad basim inferam abdominis, cavitatem ex utroque latere, et in masculis tympanum musicum includentem operientes. Alæ quatuor longæ, subdeflexæ, ut plurimùm hyalinæ, nervosæ

Observations. Les cigales ont, en général, quatre ailes membraneuses, veinées, plus ou moins complétement transparentes, et dont les deux supérieures, un peu plus fortes, sont considérées comme des élytres; elles sont plus longues que l'abdomen.

La bouche de ces insectes présente un bec alongé, aigu, recourbé et appliqué contre la poitrine, lorsque l'insecte n'en fait pas usage. Ce bec est composé de trois articles, dont les deux premiers sont courts, sur-tout le second, tandis que le troisième est fort alongé et cylindrique. Il est, en outre, canaliculé à sa partie antérieure ou supérieure.

Ce même bec renferme le suçoir, qui est formé de quatre soies très déliées, mais dont deux sont réunies, et qui partent de la partie antérieure et inférieure de la tête. La portion du suçoir qui n'est pas renfermée dans la gaîne, est recouverte par la lèvre supérieure.

Les yeux sont arrondis, psesque globuleux, très saillants, fixés aux parties latérales de la tête. Sur le derrière de la tête, il y a trois petits yeux lisses.

La tête est obtuse; le corps court et épais; le corselet large, court, mutique, et ordinairement inégal. Les pattes antérieures ont les cuisses renflées et dentelées.

On remarque à la base de l'abdomen deux opercules ou plaques coriaces, beaucoup plus grands dans les mâles que dans les femelles, et au-dessous desquels se trouve une membrane très mince, recouvrant une cavité vésiculaire. C'est l'organe du bruit singulier que font les cigales mâles et qu'on a nommé leur *chant*.

Ces insectes sont fréquents dans les pays chauds exotiques et dans les pays méridionaux de l'Europe. Voici la citation de quelques espèces.

ESPÈCES.

1. Cigale du Brésil. *Cicada grossa.*

C. thorace viridi nigro sublineato; alis albis: posticis macula baseos flava.

Tettigonia grossa. Fab.
Habite au Brésil.

2. Cigale tibicen. *Cicada tibicen.*

C. capite maculis quatuor nigris; elytrorum nervis ferrugineo-fuscis; scutello emarginato.
Tettigonia tibicen. Fab.
Cicada tibicen. Palissot de Beauvois. Insect. 1. p. 131. pl. 20. f. 1.
Habite à Saint-Domingue.

3. Cigale hématode. *Cicada hæmatodes.*

C. nigra, abdominis incisuris alarumque nervis sanguineis.
Tettigonia hœmatodes. Fab.
Panz. Fasc. 50. t. 21.
Habite l'Europe australe.

4. Cigale commune. *Cicada plebeia.* Linn.

C. nigra, thorace variegato, elytris alis abdomineque suprà immaculatis, operculis magnis.
Cicada plebeia. Oliv. Dict. n° 33.
Habite la France méridionale.

5. Cigale de l'orne. *Cicada orni.*

C. elytris intrà marginem tenuiorem punctis sex concatenatis, anastomosibusque interioribus fuscis. Oliv. Dict. n° 32.
Tettigonia orni. Fab.
Habite l'Europe australe.
Etc.

DEUXIÈME SECTION.

HÉMIPTÈRES FRONTALES.

Le bec naît de la partie antérieure et supérieure de la tête.

Aucun caractère connu n'est plus tranché, ni plus remarquable que celui qui distingue les hémiptères de cette section de ceux de la précédente. Les insectes qui la composent constituent une grande famille, savoir :

LES CIMICIDES.

Élytres en partie ou tout-à-fait crustacés : lorsqu'ils offrent une portion membraneuse, c'est toujours celle qui les termine.

Les *cimicides* forment une famille nombreuse très variée et qui nous paraît naturelle. Comme d'autres, néanmoins, on peut la partager en plusieurs familles particulières ; ce qu'a fait M. *Latreille*, en la divisant en *cimicides, corisies* et *hydrocorises*.

Cette grande famille est remarquable en ce que les élytres sont ici plus différents, plus distincts des ailes, que dans la plupart des autres hémiptères. Ces élytres sont toujours, soit en partie, soit tout-à-fait, crustacés; et lorsqu'ils ne le sont qu'en partie, leur portion membraneuse est uniquement la supérieure. Ces insectes ont, pour la plupart, un écusson, et en général il est fort remarquable par sa grandeur.

Les antennes des *cimicides* n'ont jamais plus de cinq articles, et dans le plus grand nombre, elles sont très apparentes. Parmi ces insectes, ceux qui ont de petits yeux lisses n'en ont jamais que deux. Le segment antérieur du corselet, celui qui porte la première paire de pattes, est le seul découvert, et beaucoup plus grand que le suivant. Ces hémiptères sont des suceurs comme les autres; mais beaucoup d'entre eux se nourrissent en suçant le sang des animaux. On trouve parmi eux des races dont les individus manquent d'ailes et n'ont que des élytres; on en trouve même qui n'ont ni ailes, ni élytres en aucun temps; et en considérant les habitudes et les congénères de ces races, il est aisé de reconnaître que ces défauts sont le produit de véritables *avortements*.

Je partage cette famille en quatre coupes principales ou sous-familles; savoir :

Cimicides labiales.
Cimicides vaginales.
Cimicides littorales.
Cimicides aquatiques.

DIVISION DES CIMICIDES.

* *Cimicides vivant hors de l'eau.*

Deux petits yeux lisses [dans les races en qui l'état parfait est distinct de l'état de larve].

[1] Bec de quatre articles, à prendre de la naissance de la lèvre supérieure.

CIMICIDES LABIALES.

Leur lèvre supérieure est longue et fort prolongée au-delà du museau.

[a] Antennes de cinq articles.

Scutellère.
Pentatome.

[b] Antennes de quatre articles.

Corée.
Lygée.
Myodoque.

[2] Bec de deux ou trois articles engaînant la lèvre supérieure.

CIMICIDES VAGINALES.

Leur lèvre supérieure est courte et engaînée dans la rainure du bec.

[a] Bec courbé.

Réduve.
Ploïère.

[b] Bec droit.

Punaise.
Tingis.
Arade.
Phymate.

[3] Bec de deux ou trois articles n'engaînant point la lèvre supérieure.

CIMICIDES LITTORALES.

Leur lèvre supérieure est tout-à-fait saillante hors de la rainure du bec.

Acanthie.
Galgule.

** *Cimicides vivant sur l'eau ou dans l'eau. Jamais de petits yeux lisses dans l'insecte parfait.*

CIMICIDES AQUATIQUES.

Elles sont distinguées des autres par le défaut de petits yeux lisses et par leur habitation.

Hydromètre.
Vélie.
Gerris.

Ranatre.
Nèpe.
Notonecte.
Naucore.
Corise.

—

Bélostome.

CIMICIDES LABIALES.

Bec de quatre articles, à prendre de la naissance de la lèvre supérieure. Celle-ci est longue et fort prolongée au-delà du museau. Deux petits yeux lisses.

Toutes les cimicides dont il s'agit vivent hors de l'eau, et en général loin des eaux. Elles ont deux petits yeux lisses dans l'état parfait, et sont remarquables par leur bec de quatre articles, et par leur lèvre supérieure longue, fort prolongée au-delà du museau. Dans les unes, les antennes sont de cinq articles, tandis que, dans les autres, elles n'en ont toujours que quatre.

On trouve ces insectes dans les champs, les bois, les jardins ; ils se nourrissent en suçant le suc des plantes ou le sang des animaux. On les divise d'après le nombre d'articles de leurs antennes. Dans les deux genres qui suivent, les antennes ont cinq articles; elles n'en ont que quatre dans les trois autres.

SCUTELLAIRE. (Scutellera.)

Antennes filiformes, insérées devant les yeux, plus longues que la tête, à cinq articles. Lèvre supérieure fort longue. Deux petits yeux lisses.

Tête sessile, un peu saillante. Écusson très grand, recouvrant presque entièrement les élytres.

Antennæ filiformes, antè aut suprà oculos insertæ, capite longiores, articulis quinque. Labrum prælongum. Ocelli duo.

Caput sessile, subproductum. Scutellum maximum, abdomen penitùs ferè obtegens.

Observations. Les *scutellères* ont été jusqu'à présent confondues avec les pentatomes, dont elles se rapprochent effectivement beaucoup; mais leur écusson très grand, convexe et recouvrant entièrement ou presque entièrement les élytres, m'a paru offrir une distinction suffisante pour les séparer. Ce genre a été adopté par M. Latreille.

ESPÈCES.

1. Scutellère noble. *Scutellera nobilis.*

S. oblonga cæruleo-aurata nigro-maculata.
Cimex nobilis. Linn. Fab.
Habite en Asie.

2. Scutellère rayée. *Scutellera lineata.*

S. rubra, lineis nigris ornata; abdomine flavo, nigropunctato.
Cimex lineatus. Linn.
La punaise siamoise. Geoff. 1. p. 468.
Habite en Europe.

3. Scutellère fuligineuse. *Scutellera fuliginosa.* Latr.

S. scutello fuliginoso: lituris quinque nigris, postica alba.
Cimex fuliginosus. Linn.
Habite en Europe, parmi les graminées.

4. Scutellère globuleuse. *Scutellera globus.* Latr.

S. globosa, atra, nitida, abdominis margine ferrugineo.
Tetyra globus. Fab.
Habite l'Europe australe.

5. Scutellère stockère. *Scutellera stockerus.* Latr.

S. ovata, corpore viridi : maculis nigris ; abdomine ferrugineo.
Tetyra stockerus. Fab.
Habite le Bengale, la Chine.

6. Scutellère marquée. *Scutellera signata.* Latr.

S. oblonga, thorace scutelloque cærulescentibus ; maculis sex atris.
Tetyra signata. Fab.
Habite le Sénégal.
Etc.

PENTATOME. (Pentatoma.)

Antennes filiformes, insérées devant les yeux, plus longues que la tête, à cinq articles. Lèvre supérieure fort longue. Deux petits yeux lisses.

Tête sessile, un peu saillante. Corps déprimé. Écusson laissant à découvert la plus grande partie du dos de l'abdomen.

Antennæ filiformes, antè aut suprà oculos insertæ, capite longiores, articulis quinque. Labrum prælongum, rostro incumbens. Ocelli duo.

Caput sessile, subproductum. Corpus depressum. Scutellum abdominis dorsi partem majorem non tegens.

Observations. Geoffroy avait partagé son genre punaise en deux grandes divisions, d'après la considération du nombre d'articles des antennes ; en sorte que toutes les punaises dont les antennes ont cinq articles composaient sa seconde division ou famille. C'est avec cette division des punaises de Geoffroi qu'Olivier a établi le genre *pentatome,* que nous avons trouvé convenable de conserver, après en avoir séparé les scutellères.

Les *pentatomes* ont la tête petite, sessile, souvent un peu enfoncée dans le corselet, la moitié antérieure du corselet inclinée en avant ; les côtés de ce corselet souvent anguleux ou comme épineux ; le corps déprimé, ovale ou arrondi ; l'écusson triangulaire, quelquefois un peu grand, mais laissant une grande partie de l'abdomen à découvert. Les tarses ont trois articles.

Les espèces de ce genre sont pour la plupart carnassières ; elles sucent les chenilles et autres insectes ; leur nombre est assez grand.

ESPÈCES.

1. Pentatome acuminé. *Pentatoma acuminata.*

P. anticè attenuata, ex albido flavescens, fusco striata; antennis apice rufis.
Cimex acuminatus. Linn.
La punaise à tête alongée. Geoff. 1. p. 472, n° 77.
Punaise à museau de rat. Degeer. t. 3. p. 271. pl. 14. f. 12. 13.
Habite en Europe, parmi les herbes.

2. Pentatome des baies. *Pentatoma baccarum.*

P. subfulva, abdominis margine fusco maculato.
Cimex baccarum. Linn. Fab.
Geoff. 1. p. 466. n° 64.
Habite en Europe, sur les arbres, souvent sur les groseillers.

3. Pentatome vert. *Pentatoma prasina.*

P. viridis, immaculata; antennarum articulo ultimo rufo; apice fusco.
Cimex prasinus. Linn. Fab.
Habite en Europe, dans les bois.
Etc.

Antennes de quatre articles.

CORÉE. (Coræus.)

Antennes filiformes, quadriarticulées, le plus souvent renflées à leur extrémité, et insérées au-dessus d'une ligne tirée des yeux à l'origine de la lèvre supérieure.

Tête ovale, sessile; corps oblong, déprimé.

Antennœ filiformes, quadriarticulatœ; suprà lineam ab oculis ad labri originem ductam insertœ; articulo ultimo sœpiùs crassiore.

Caput ovatum, sessile; corpus oblongum, depressum.

Observations. Les *corées* dont il s'agit ici sont les mêmes que celles de M. Latreille. On peut en distinguer ses néides, comme ayant le corps étroit, filiforme, etc.

Toutes ces cimicides ont un écusson assez grand et triangulaire; les élytres demi-coriaces, plus étroits que l'abdomen; et en général, les deux bords de l'abdomen dilatés dans leur partie moyenne, amincis, tranchants, souvent un peu relevés.

ESPÈCES.

1. Corée bordée. *Corœus marginatus.* Latr.

C. thorace obtusè spinoso, abdomine marginato acuto, antennis medio rufis.
Cimex marginatus. Linn.
Punaise à bec. Geoff. 1. p. 446. n° 21.
Habite en Europe, sur les plantes.

2. Corée chasseur. *Corœus venator.* Fab.

C. thorace obtusè spinoso, obscurè griseus, subtùs flavescens; antennis pedibusque ferrugines.
Cimex. Geoff. n° 22.
Habite en France, en Italie.

3. Corée carrée. *Corœus quadratus.* Fab.

C. thorace obtùsè spinoso, suprà fuscus, subtùs-flavescens, abdomine quadrato.
Wolf. Icon. Cimic. fasc. 2. p. 70. tab. 7. f. 67.
Habite en Allemagne, en France, etc.

4. Corée folâtre. *Coræus nugax.*

C. griseus, abdominis margine maculato; tibiis anticis femoribusque posticis basi pallidis.
Lygœus nugax. Fab. Wolf. Icon. Cimic. fasc. 1. tab. 3. f. 30.
Habite en France, aux environs de Paris.
Etc.

LYGÉE. (Lygæus.)

Antennes filiformes ou subsétacées, quadriarticulées, et insérées au-dessous d'une ligne tirée des yeux à l'origine de la lèvre supérieure.

Tête sessile ou enfoncée, sans cou apparent. Corps ovale ou alongé, déprimé.

Antennæ filiformes vel subsetaceæ, quadriarticulatæ, infrà lineam ab oculis ad labri originem ductam insertæ.

Caput sessile aut thoraci partìm intrusum; collo non distincto. Corpus ovatum vel elongatum, depressum.

Observations. Les *lygées* dont il s'agit sont des cimicides très voisines des corées par leurs rapports. Elles n'ont aussi que quatre articles aux antennes, mais l'insertion de ces antennes se fait plus bas, c'est-à-dire au-dessous d'une ligne tirée des yeux à l'origine de la lèvre supérieure. Ces insectes diffèrent des myodoques, en ce qu'ils n'ont point de cou apparent. Les *miris* et les *capses* de M. Latreille ont des antennes subsétacées, et néanmoins sont ici réunis à notre genre *lygée*. Ce genre comprend beaucoup d'espèces connues, dont voici la citation des principales.

ESPÈCES.

1. Lygée rouge. *Lygæus equestris.* Fabr.

L. rubro nigroque maculatus, alis atris albo maculatis.
Wolf. Cimic. fasc. 1. p. 24. tab. 3. f. 24—26.

Panz. Faun. Ins. fasc. 79. f. 19.
Cimex equestris. Linn.
Habite en Europe. Très commune.

2. Lygée aptère. *Lygœus apterus.* Fab.

L. rubro nigroque varius, elytris rubris; punctis duobus nigris; alis nulli.
Cimex apterus. Linn.
Habite en Europe. Fort commune.

3. Lygée de la jusquiame. *Lygœus hyoscyami.* Fab.

L. rubro nigroque varius, alis fuscis immaculatis.
Cimex hyoscyami. Linn.
Geoff. 1. p. 441. nº 12.
Habite en Europe, sur la jusquiame.
Etc.

MYODOQUE. (Myodocha.)

Antennes quadriarticulées, sétacées ou filiformes, et insérées au-dessous d'une ligne tirée des yeux à l'origine de la lèvre supérieure.

Tête ovale alongée, portée sur un cou. Corselet divisé par une ligne transverse.

Antennæ quadriarticulatæ, setaceæ vel filiformes, infrà lineam ab oculis ad labri originem ductam insertæ.

Caput ovato-elongatum, collo elevatum. Thorax lineâ transversâ subdivisus.

Observations. C'est ici le même genre que celui qu'a ainsi nommé M. Latreille. Il comprend plusieurs espèces qui ont beaucoup de rapports avec les lygées, mais qui s'en distinguent parce que la tête de ces insectes est portée sur un cou très apparent. Ces insectes sont étrangers à l'Europe.

ESPÈCES.

1. Myodoque tipuloïde. *Myodocha tipuloides.*

M. grisea, femorum apice rubro.
Cimex tipuloides. Degeer. Mém. t. 3. p. 354. pl. 35. f. 18.
Habite à Surinam. Corps presque linéaire.

2. Myodoque trois-épines. *Myodocha tri-spinosa.*

M. fusca, dorso spinis tribus erectis.
Cimex tri-spinosus. Degeer. Ins. 354. tab. 35. f. 19.
Habite à Surinam.
Etc.

CIMICIDES VAGINALES.

Bec de deux ou trois articles, engaînant la lèvre supérieure. — Lèvre supérieure courte, engaînée. — Deux petits yeux lisses [dans les races dont l'état parfait est distinct de l'état de larve].

Les *cimicides vaginales* sont très distinctes des labiales, d'abord, parce que leur bec n'a que deux ou trois articles, à prendre de la naissance de la lèvre supérieure ; ensuite, parce que cette lèvre supérieure est courte, qu'elle dépasse à peine le museau, et qu'elle est engaînée dans la rainure du bec. Elles ont naturellement deux petits yeux lisses dans l'état parfait ; mais une de leurs races [la punaise des lits], subissant des avortements de parties qui rendent son état parfait non distinct de son état de larve, n'en offre point.

Ces cimicides vivent hors de l'eau, et en général, loin des eaux ; elles sucent, les unes le sang des animaux, les autres le suc des plantes. Voici les six genres que j'y rapporte.

REDUVE. (Reduvius.)

Antennes sétacées, quadriarticulées, plus longues que la tête. Bec courbé ou arqué.

Tête conique-ovale, le plus souvent séparé par un cou. Corps oblong, quelquefois sublinéaire. Corselet inégal, subbilobé.

Antennæ setaceæ, quadriarticulatæ, capite longiores. Rostrum curvum vel arcuatum. Labrum inclusum.

Caput conico-ovatum, prominens, sæpius collo exserto. Corpus oblongum, vel sublineare. Thorax inæqualis, subbilobus.

Observations. Les *réduves* sont des cimicides carnassières, à corps alongé, quelquefois presque linéaire, et, en général, terminé par un cou qui supporte la tête. Leurs antennes sont sétacées, un peu longues, quadriarticulées, et insérées au-dessus de la ligne qui va des yeux à la naissance de la lèvre supérieure. Leur corselet est inégal et comme divisé en deux dans sa longueur. Ces insectes vivent de rapine.

Je n'en sépare pas les *nabis* et les *zelus* de M. Latreille, quoiqu'ils puissent en être distingués.

ESPÈCES.

1. **Réduve à masque.** *Reduvius personatus.* **Fab.**

R. antennis apice capillaribus, corpore subvilloso fusco.
Cimex personatus. Linn.
La punaise mouche. Geoff. 1. p. 436. t. 9. f. 3.
Panz. Fasc. 88. tab. 22.
Habite en Europe, dans les maisons. Cet insecte vole bien, pique fort et a de l'odeur. On prétend que sa larve suce et fait périr les punaises de lit.

2. **Réduve annelée.** *Reduvius annulatus.* **Fab.**

R. antennis apice capillaribus; corpore nigro, subtùs sanguineo maculato.

Cimex annulatus. Linn. Geoff. 1. p. 437. n° 5.
Panz. Fasc. 88. tab. 23.
Habite en Europe, dans les bois.

3. Réduve ensanglantée. *Reduvius cruentus.* Fab.

R. rufus capite pectore abdominisque striis macularibus nigris.
Schœff. Icon. tab. 5. f. 9. 10.
Panz. Fasc. 88. tab. 24.
Habite en France et en Allemagne, dans les bois.

4. Réduve stridule. *Reduvius stridulus.* Fab.

R. niger, glaber, elytris rufis: margine tenuiori cinereo, nigro punctato.
Wolf. Cimic. fasc. 3. tab. 119.
Habite en France, à terre, dans les champs.

5. Réduve égyptienne. *Reduvius ægyptius.*

R. corpore villoso griseo; abdominis margine variegato.
Reduvius ægyptius. Fab. Wolf. Cimic. fasc. 2. t. 8. f. 80.
Coqueb. Ill. Ic. 3. tab. 21. f. 7.
Habite en France, dans les provinces méridionales.

6. Réduve colère. *Reduvius iracundus.*

R. niger, thorace abdominisque marginibus rufo-maculatis, elytris rufis.
Reduvius iracundus. Fab.
Habite en France et en Allemagne.
Etc.

PLOIÈRE. (Ploiaria.)

Antennes longues, sétacées, de quatre articles. Bec recourbé en dessous.

Corps long et étroit. Pattes antérieures ravisseuses, à hanches fort longues.

Antennæ longæ, setaceæ, quadriarticulatæ. Rostrum ad pectus incurvum.

Corpus longum, angustum, Pedes antici raptorii; coxis valdè elongatis.

Observations. Les *ploières*, quoique remarquables par leur corps presque linéaire et leurs pattes très longues, pourraient être réunies aux réduves, si leurs pattes antérieures ravisseuses et à hanches fort allongées, ne les en distinguaient. Leur corps vacille et se balance presque continuellement.

ESPÈCE.

1. Ploière vagabonde. *Ploiaria vagabunda*. Latr.

P. elytris alisque fusco alboque variis, pedibus longissimis cinereo annulatis.
Gerris vagabundus. Fab.
Punaise culiciforme. Degeer. Ins. 3. p. 332. pl. 17. f. 1. 2.
Geoff. 1. p. 462. nº 58.
Habite en France, etc., sur les arbres.

PUNAISE. (Cimex.)

Antennes filiformes-sétacées, quadriarticulées, un peu plus longues que le corselet, insérées devant les yeux. Bec triarticulé, fléchi sur la poitrine, non courbé.

Corps ovale, rétréci antérieurement, aplati, à bords latéraux tranchants. Abdomen orbiculé; élytres quelquefois apparents, très courts; ailes nulles.

Antennæ filiformi-setaceæ, quatriarticulatæ, thorace paulò longiores, antè oculos insertæ. Rostrum triarticulatum, sub pectore inflexum, rectum.

Corpus ovatum, anticè angustius depressum; marginibus acutis. Abdomen orbiculatum; elytra interdùm perspicua, brevissima; alæ nullæ.

Observations. Par les nombreuses distinctions établies, le genre *punaise* se trouve presque réduit à la seule espèce qu'on eût souhaité ne jamais connaître. Mais cette espèce, qui ne doit son état singulier qu'à la circonstance particulière de ses habitudes, semble ne subir presque aucune métamorphose; et s'il n'était prouvé que ce sont les habitudes qui ont amené la forme et l'état des parties des animaux, on pourrait à peine la ranger parmi les insectes. En effet, immobile et cachée dans sa retraite pendant le jour, elle n'en sort que la nuit pour aller prendre sa nourriture et n'a jamais besoin de voler. Aussi presque toutes les parties qu'elle devrait acquérir, pour son état parfait, avortent constamment, même ses petits yeux lisses; elle est cependant une hémiptère évidente, une véritable cimicide.

J'eusse réuni la *punaise* dont il s'agit avec les *tingis* qui suivent, si les habitudes de part et d'autre eussent été moins différentes. Comme insecte carnassier, ou qui se nourrit du sang qu'il suce, la *punaise* a des rapports avec les phymates, qui sont aussi des succurs de sang. Elle diffère des réduves en ce que son bec n'est point courbé.

ESPÈCES.

1. Punaise de lit. *Cimex lectularius*. Linn.

C. depressus, ferrugineus, glaber.
Latr. Gen. Crust. et Ins. 3. p. 137.
Acanthia lectularia. Fab.
Punaise des lits. Geoff. 1. p. 434.
Habite en Europe, dans les appartements. Ses tarses ont trois articles.

2. Punaise de l'hirondelle. *Cimex hirundinis*.

C. parvulus, pubescens.
Espèce non décrite, observée dans un nid d'hirondelle par M. Latreille.

TINGIS. (Tingis.)

Antennes filiformes, quadriarticulées, à troisième article plus long que les autres; le dernier plus épais. Bec reçu dans un canal.

Corps aplati, membraneux; élytres larges, enveloppant les côtés de l'abdomen.

Antennæ filiformes, quadriarculatæ, articulo tertio aliis longiore, ultimo crassiore. Rostrum vaginatum.

Corpus depressum, membranaceum; elytra lata, lateribus subtùs fornicatis, abdominis margines vaginantibus.

Observations. Les *tingis* semblent se rapprocher de la punaise par leur corps aplati, membraneux, leur bec droit, leurs pattes toutes de formes ordinaires; mais ils ne se nourrissent qu'en suçant des végétaux. Ils se rapprochent des arades sous plusieurs rapports, et néanmoins ils en sont très distincts par le troisième et le dernier article de leurs antennes, ainsi que par leurs élytres larges, enveloppant le plus souvent les côtés de l'abdomen. D'ailleurs, leur manière de vivre paraît différente.

Le corps de ces insectes est réticulé, tantôt bordé, tantôt muni de crêtes. On trouve les tingis sur les plantes, et certaines espèces y forment des altérations presque comme des galles.

ESPÈCES.

1. Tingis à crête. *Tingis cristata.*

T. fusca, capite bi-spinoso, thorace scutelloque cristato; elytris reticulatis.
Tingis cristata. Panz. Faun. Ins. fasc. 99. f. 19.
Habite en Europe.

2. Tingis marginé. *Tingis marginata.*

T. antennis clavatis, thorace elytrisque corpore latioribus diaphanis reticulatis; fasciâ duplici transversâ.
La punaise à fraise antique. Geoff. 1. p. 461.
Habite aux environs de Paris, sous les feuilles du poirier.

3. Tingis ponctué. *Tingis punctata.*

T. nigro alboque cinerea; elytris reticulato-punctatis.
Cimex clavicornis. Linn. *Acanthia clavicornis.* Fab.

Panz. Fasc. 23. tab. 23.
La punaise tigre. Geoff. 1. p. 461. n° 56.
Habite en Europe, dans les fleurs da la germandrée.

ARADE. (Aradus.)

Antennes filiformes, quadriarticulées, insérées sur les côtés du devant de la tête. Bec reçu à sa base dans une rainure.

Corps aplati, membraneux. Élytres plus étroits que l'abdomen, n'enveloppant pas les côtés.

Antennœ filiformes, quadriarticulatœ, capitis anticè lateribus insertœ. Rostrum basi in canali inclusum.

Corpus depressum, membranaceum; elytra abdomine angustiora, abdominis margines non vaginantia.

Observations. Les *arades* se tenant sous les écorces des arbres ou dans des fentes de pieux, sont peut-être des cimicides carnassières. Elles n'ont point, comme les *tingis*, les antennes terminées en bouton, ni le troisième article de ces antennes beaucoup plus long que les autres. Enfin, leurs élytres n'embrassent point les côtés de l'abdomen.

ESPÈCES.

1. Arade lunulée. *Aradus lunatus.* Fab.

A. thorace lunato, margine prominente, abdomine serrato.
Stoll. Cimic. tab. 13. f. 84.
Habite dans les Indes.

2. Arade du bouleau. *Aradus betulœ.* Fab.

A. thorace denticulato, capite muricato; elytris anteriùs dilatatis.
Degeer. Mém. tom. 3. p. 305. pl. 15. f. 16.
Habite l'Europe boréale, sur le bouleau.

3. Arade corticale. *Aradus corticalis.*

A. fusco-niger, thorace denticulato, quadriaristato.
Aradus corticalis. Latr. Hist. nat. des Crust. et des Insect. 12. p. 247.

Wolf. Ic. Cimic. 3, tab. 9. f. 81.
Habite en Europe, sous les écorces des bouleaux, etc.
Etc.

PHYMATE. (Phymata.)

Antennes presque contiguës à leur base, quadriarticulées, à dernier article plus épais, presque en tête. Bec triarticulé, reçu dans un canal.

Corps ovale, membraneux : élytres plus étroits que l'abdomen ; pattes antérieures ravisseuses.

Antennæ ad basim subcontiguæ, quadriarticulatæ, articulo ultimo crassiore, subcapitato. Rostrum triarculatum, vaginatum.

Corpus ovatum, submembranaceum; elytra abdomine angustiora; pedes antici raptorii.

Observations. Les *phymates* paraissent tenir aux tingis par plusieurs rapports ; savoir : par l'insertion et le dernier article de leurs antennes et par leur bec reçu dans un canal. Ils en diffèrent néanmoins par leurs élytres plus étroits que l'abdomen ; cet abdomen ayant ses côtés dilatés et quelquefois relevés. Enfin, ils s'en distinguent sur-tout par leurs pattes antérieures ravisseuses, les cuisses de ces pattes étant renflées, comprimées et terminées par un grand crochet mobile. Ces pattes annoncent dans les phymates des habitudes fort différentes de celles des tingis.

Je crois pouvoir réunir le *macrocéphale* de M. Latreille à son genre *phymate*, les pattes antérieures étant ravisseuses dans ces différents insectes, qui s'avoisinent d'ailleurs par plusieurs rapports.

ESPECES.

1. Phymate crassipède. *Phymata crassipes.* Latr.

Ph. oblonga, fusca; thoracis abdominisque marginibus elevatis.
La punaise à pattes de crabe. Geoff. 1. p. 447.

Syrtis crassipes. Fab.
Habite en Europe, sur les plantes.

2. Phymate scorpion. *Phymata erosa*. Latr.

Ph. membranacea, abdomine flavo, fasciâ nigrâ; thoracis margine sinuato.
Cimex erosus. Linn.
Habite dans l'Amérique méridionale.

3. Phymate macrocéphale. *Phymata macrocephalus*.

Ph. capite elongato; abdominis lateribus in angulum medio dilatatis; scutello maximo.
Macrocephalus cimicoides. Latr. Gen. Crust. et Ins. 3. p. 138.
Syrtis manicata. Fab.
Habite en Amérique, dans la Géorgie, la Caroline.

CIMICIDES LITTORALES.

Bec de deux ou trois articles, n'engaînant point la lèvre supérieure. — Lèvre supérieure tout-à-fait saillante hors de la rainure du bec. — Deux petits yeux lisses.

Les *cimicides littorales* vivent habituellement dans le voisinage des eaux, sans néanmoins habiter, soit dans l'eau, soit sur sa surface. Elles ont, comme les cimicides vaginales, le bec à deux ou trois articles; mais ce bec n'entraîne point la lèvre supérieure, cette lèvre étant tout-à-fait saillante hors de sa rainure. Les cimicides labiales en sont distinguées par leur bec de quatre articles.

Ces insectes n'ont que trois ou quatre articles aux antennes; leurs races connues ne sont pas encore fort nombreuses; et, en effet, je n'y rapporte que les deux genres suivants, savoir: acanthie et galgule.

ACANTHIE. (Acanthia.)

Antennes courtes, filiformes, à quatre articles. Bec droit. Lèvre supérieure non engaînée, saillante hors de la rainure du bec.

Corps ovale, aplati, submembraneux. Pattes ambulatoires et saltatoires.

Antennæ breves, filiformes, quadriarticulatæ. Rostrum rectum. Labrum non vaginatum, exsertum.

Corpus ovatum, depressum, submembranaceum. Pedes ambulatorii, saltatorii.

Observations. Les *acanthies* ne diffèrent guère des cimicides vaginales que parce qu'elles ont leur lèvre supérieure tout-à-fait saillante hors de la rainure du bec; qu'elles vivent habituellement dans le voisinage des eaux; qu'elles forment une transition aux cimicides aquatiques; qu'elles courent vite et sautent facilement. Ces insectes ont deux petits yeux lisses, dans l'état parfait.

ESPÈCES.

1. Acanthie tachetée. *Acanthia maculata.*

A. nigra; elytris striatis; alis posticè flavo-maculatis.
Latr. Hist. nat. des Crust. et des Ins. 12. p. 243.
Lygœus saltatorius. Fab.
Habite en France, etc.

2. Acanthie littorale. *Acanthia littoralis.*

A. nigra; elytris obsoletè maculatis; maculis fusco-flavis.
Degeer. Ins. 3. t. 14. f. 17. 18.
Latr. Hist. nat. des Crust. et des Ins. p. 242.
Salda littoralis. Fab.
Habite en Europe, dans la Suède, etc., sur les bords de la mer.

3. Acanthie de la zostère. *Acantha zosteriœ.* Fab.

A. nigra; elytris coriaceis, abdomine longioribus, apice hyalino-striatis.

Salda zosteræ. Fab.
Habite en Europe, aux bords de la mer.

GALGULE. (Galgulus.)

Antennes filiformes, subtriarticulées, insérées sous les yeux ; à dernier article plus épais. Bec conique, triarticulé. Lèvre supérieure saillante. Deux petits yeux lisses.

Corps ovale, arrondi, aplati. Pattes ambulatoires : les antérieures ravisseuses.

Antennœ filiformes, subtriarticulatœ, sub oculis insertœ, articulo ultimo crassiore. Rostrum conicum, triarticulatum. Labrum exsertum. Ocelli duo.

Corpus ovato-rotundatum, depressum. Pedes ambulatorii ; antici raptatorii.

Observations. Le genre *galgule* paraît appartenir plutôt aux cimicides littorales qu'aux cimicides aquatiques. Ces insectes n'ayant point de pattes natatoires, ne vivent point dans l'eau, et, d'après la forme de leur corps, leurs pattes ambulatoires ne sauraient leur servir à marcher sur l'eau, mais seulement sur les plantes des rivages.

ESPÈCE.

1. Galgule oculé. *Galgulus oculatus*. Latr.

Latr. Hist. nat. des Crust. et des Ins. 12. p. 286. pl. 95. f. 9.
Naucoris oculata. Fab.
Habite la Caroline. Bosc.

CIMICIDES AQUATIQUES.

Elles vivent sur l'eau ou dans l'eau, et l'insecte parfait n'a jamais de petits yeux lisses.

Toutes ces cimicides vivant sur l'eau ou dans l'eau, et n'ayant jamais de petits yeux lisses, peuvent donc être distinguées des autres cimicides, puisqu'elles offrent un caractère particulier et d'autres habitudes. Cette distinction n'empêche pas que les unes et les autres ne soient de la même famille; ce qui a toujours été senti.

Parmi les *cimicides aquatiques*, quelques-unes ont les antennes saillantes et bien apparentes, tandis que les autres ont les leurs très courtes et presque cachées. Cette considération fournit la division suivante.

DIVISION DES CIMICIDES AQUATIQUES.

[1] *Antennes très apparentes, posées devant les yeux.*

Hydromètre.
Vélie.
Gerris.

[1] *Antennes peu ou point apparentes, insérées et cachées sous les yeux.*

[a] Antennes à articles simples.

Ranatre.
Nèpe.
Notonecte.
Corise.
Naucore.

[b] Antennes demi-pectinées, trois de leurs articles étant rameux d'un côté, à rameaux saillants à l'extérieur.

Bélostome.

HYDROMÈTRE. (Hydrometra.)

Antennes sétacées, quadriarticulées, posées devant les yeux à l'extrémité du museau. Petits yeux lisses nuls.

Tête prolongée antérieurement en un museau long et étroit. Une rainure sous le museau, recevant le bec, qui paraît inarticulé.

Corps filiforme; corselet cylindrique; pattes propres à marcher sur l'eau.

Antennæ setaceæ, quadriarticulatæ, antè oculos et ad extremitatem processus capitis insertæ. Ocelli nulli.

Caput anticè porrectum, processus angusto et subcylindrico elongatum, et canali infero rostrum subinarticulatum vaginans.

Corpus filiforme; thorax cylindricus; pedes ad vagandum super aquas idonei.

Observations. Les *hydromètres* sont des cimicides aquatiques, qui ont la singulière faculté de courir sur la surface de l'eau, comme sur un plan solide. Leur corps est long, grêle, presque filiforme; leurs pattes, sur-tout les postérieures, sont fort longues, et leurs tarses sont à deux et trois articles. Ils n'ont que des élytres courts, et un écusson très petit.

ESPÈCE.

1. Hydromètre des étangs. *Hydrometra stagnorum.*

Latr. Gen. Crust. et Ins. 3. p. 131.
Cimex stagnorum. Linn.
La punaise aiguille. Geoff. 1. p. 463. n° 60.
Habite en Europe, dans les lieux aquatiques. Il est noirâtre, linéaire, aplati, à pattes antérieures très courtes.

VÉLIE. (Velia.)

Antennes filiformes, quadriarticulées.

Tête oblongue-ovale, à partie antérieure fléchie verticalement en bas. Bec biarticulé.

Corselet subdeltoïde. Pattes ambulatoires; les antérieures ravisseuses.

Antennæ filiformes, quadriarticulatæ.

Caput elongato-obovatum; parte anticâ verticaliter inflexâ. Rostrum biarticulatum.

Thorax subdeltoideus. Pedes ambulatorii; antici raptorii.

Observations. Les *vélies* marchent et courent sur la surface de l'eau, comme les hydromètres; mais elles en sont très distinguées par la forme particulière de leur tête, par leur corselet deltoïde tronqué antérieurement, enfin par leurs antennes non sétacées. Leur bec a deux articles et s'insère dans un canal situé sous la partie antérieure de la tête, lorsqu'il n'agit point.

ESPECES.

1. Vélie des ruisseaux. *Velia rivulorum.* Latr.

V. nigra, albo-punctata; abdomine fulvo.
Cimex rivulorum. Linn. *Gerris rivulorum.* Fab.
Habite en France, sur les ruisseaux.

2. Vélie vagabonde. *Velia currens.* Latr.

V. aptera, fusca, abdominis margine elevato fulvo nigro-punctato.
Gerris currens. Fab. *Hydrometra currens.* Ejusd.
Coqueb. Illustr. Ic. 2. tab. 19. f. 11.
Habite en France, en Italie, sur les eaux des ruisseaux.

GERRIS. (Gerris.)

Antennes filiformes, quadriarticulées.

Tête oblongue-ovale, à partie antérieure non inclinée, mais dirigée en avant. Bec à trois articles.

Insertion des quatre pattes postérieures écartée de celle des pattes de devant. Les pattes propres à ramer.

Antennæ filiformes, quadriarticulatæ.

Caput elongato-ovatum, antice subrectè porrectum. Rostrum articulis tribus distinctis. Pedes ad remigandum idonei, antici ab aliis valdè remoti.

Observations. Les *gerris* ne courent point sur la surface des eaux comme les hydromètres et les vélies; mais elles y nagent à la surface et rarement avec leurs pattes. Leurs mouvements sont comme par saccades ou par secousses. Ainsi, voilà d'autres habitudes qui indiquent la nécessité de les distinguer. Leur bec d'ailleurs offre trois articulations distinctes, ce qui suffit pour les faire reconnaître.

ESPÈCES.

1. Gerris des marais. *Gerris paludum.*

G. niger, subtùs argentatus; abdominis margine subferrugineo.
Gerris paludum. Fab. Latr.
Habite en France, dans les eaux stagnantes.

2. Gerris écusson-roux. *Gerris rufo-scutellata.* Latr.

G. suprà fusco-nigricans, infrà argenteo-sericea; thoracis parte posticâ, abdominisque lateribus pallido-rufescentibus.
Latr. Gen. Crust. et Insect. 3. p. 134.
Stoll. Cimic. tab. 15. f. 108.
Habite en France, dans les eaux.

3. Gerris des lacs. *Gerris lacustris.* Latr.

G. niger, depressus; pedibus anticis brevissimis.
Cimex lacustris. Linn.
Gerris lacustris. Fab.
La punaise naïade. Geoff. 1. p. 463. n° 59.
Habite en Europe, dans les lacs, les fossés aquatiques.

[2] *Antennes peu ou point apparentes, cachées sous les yeux.*

Ce sont ici les *hydrocorises* de M. *Latreille*. Ces cimicides sont véritablement aquatiques, et très distinctes par leurs antennes, de celles qui marchent ou rament à la surface des eaux.

Les antennes de ces insectes n'ont que trois ou quatre articulations, sont à peine de la longueur de la tête, et souvent ne paraissent point, étant cachées sous les yeux dans une cavité.

Je rapporte à cette division les six genres qui suivent.

RANATRE. (Ranatra.)

Antennes très courtes, cachées sous les yeux. Bec avancé. Pattes antérieures dirigées en avant, formant la tenaille : les *hanches antérieures longues.*

Corps linéaire. Corselet alongé, échancré postérieurement. Tarses uni-articulés.

Antennæ brevissimæ, sub oculis occultatæ. Rostrum porrectum.

Corpus lineare ; thorax elongatus, posticè suprà scutellum emarginatus. Pedes antici porrecti, forcipati ; coxis femoribusque valdè elongatis. Tarsi uniarticulati.

Observations. Les *ranatres* ne sont qu'un démembrement du genre *nepa* de Linné, et y tiennent effectivement par les plus grands rapports. Néanmoins, outre qu'elles ont le corps plus étroit et linéaire, on les en distingue facilement par leur bec avancé, non courbé, et par les hanches très longues de leurs pattes antérieures. Les quatre pattes postérieures de ces insectes sont longues, filiformes, peu ou point natatoires; aussi nagent-ils lourdement et lentement, et le plus souvent ils se tiennent au fond de l'eau, dans la vase.

ESPÈCE.

1. Ranatre linéaire. *Ranatra linearis.*

R. caudâ bisetâ corporis longitudine; thorace unicolore.

Ratra linearis. Fab. Latr. Hist. nat. des Crust. et des Insect. 12. p. 282. pl. 96. f. 4.

Nepa linearis. Linn. Geoff. 1. pl. 10. f. 1.

Habite en Europe, dans les eaux des fossés, des étangs, etc. Ses œufs sont alongés et ont, à une extrémité, deux filets ou deux soies.

NÈPE. (Nepa.)

Antennes très courtes, subtriarticulées, cachées sous les yeux. Bec court, conique, courbé ou incliné, presque perpendiculairement. Pattes antérieures dirigées en avant, formant la tenaille, et ayant les *hanches courtes.*

Corps ovale, fort aplati. Corselet presque carré. Tarses inarticulés.

Antennœ brevissimœ, subtriarticulatœ, sub oculis occultatœ. Rostrum breve, conicum, incurvum aut subperpendiculariter inflexum.

Corpus ovatum, valdè depressum. Thorax subquadratus. Pedes antici porrecti, forcipati; coxis brevibus. Tarsi uniarticulati.

Observations. Les *nèpes*, ainsi que les ranatres, s'avoisinent par leurs rapports. Les unes et les autres ont deux filets sétacés à l'extrémité de l'abdomen, et les pattes antérieures avancées et formant la tenaille. Geoffroy prit ces deux pattes pour les antennes, qu'il n'apercevait pas.

Néanmoins, les *nèpes* diffèrent des ranatres par leur bec incliné presque perpendiculairement, et par les hanches des pattes antérieures, qui sont bien plus courtes que dans les ranatres. On les en distingue d'ailleurs par leur corps ovale, à corselet qui n'est point plus long que large, et qui est échancré antérieurement pour recevoir la tête.

Ces insectes nagent lentement et difficilement, se tiennent souvent au fond des eaux, et ont leurs pattes postérieures peu ou point natatoires. Ils se nourrissent en suçant les insectes et les vers qu'ils peuvent saisir.

Les œufs des nèpes sont terminés à un de leurs bouts par deux ou plusieurs filets piliformes.

ESPÈCES.

1. Nèpe cendrée. *Nepa cinerea.* L.

N. caudâ bisetâ corpore dimidio breviore; corpore ovali-oblongo.

Nepa cinerea. Fab. Latr. Hist. nat. des Crust. et des Ins. 12. p. 284. pl. 95. *fig.* 8. Le scorpion aquatique. Geoff.

Habite en Europe, dans les eaux. Corps ovale-oblong.

2. Nèpe d'Amérique. *Nepa grandis.*

N. maxima, depressa, fusca, flavo-maculata.

Nepa grandis. Linn. Fab.

Habite en Amérique, à Surinam, dans les eaux. Corps ovale.

Etc.

NOTONECTE. (Notonecta.)

Antennes plus courtes que la tête, quadriarticulées, insérées et cachées sous les yeux. Bec court, conique, triarticulé, incliné sur la poitrine.

Corps ovale-oblong; tête sessile. Un écusson. Pattes postérieures plus longues, natatoires, et en forme de rames.

Antennæ capite breviores, quadriarticulatæ, sub

oculis insertæ et suboccultatæ. Rostrum breve, conicum, triarticulatum, sub pectore inflexum.

Corpus ovalo-oblongum; caput sessile. Scutellum. Pedes quatuor antici subæquales : postici longiores, natatorii, remiformes.

Observations. Les *notonectes* ont tous les tarses à deux articles; mais il paraît que les quatre antérieures seulement sont bionguiculées.

On a donné à ces insectes le nom vulgaire de punaise à aviron, parce que, d'une part, ce sont des cimicides, et que, de l'autre, en nageant, ils se servent de leurs deux pattes postérieures comme d'avirons ou de rames pour diriger leurs mouvements. Ces pattes sont, en effet, plus longues que les quatre autres, ouvertes ou écartées comme deux rames, et leur tarse est élargi par une frange de poils serrés qui facilite leur usage.

La manière de nager des *notonectes* est assez singulière : l'animal est sur le dos, et présente en haut le dessous de son ventre. Leur écusson est assez grand et les distingue principalement des corises. Ces insectes se meuvent avec beaucoup de vivacité dans l'eau, et se nourrissent de proie.

ESPÈCES.

1. Notonecte glauque. *Notonecta glauca.*

N. elytris griseis : margine fusco-punctato, apice bifidis.
Latr. Hist. nat. des Crust. et des Ins. 12. p. 291. pl. 97. f. 4.
La grande punaise à avirons. Geoff. 1. p. 476. pl. 9. f. 6.
Habite en Europe, dans les eaux dormantes.

2. Notonecte pygmée. *Notonecta minutissima.*

N. grisea; capite fusco; elytris trigonis, postice truncatis.
Notonecta minutissima. Linn. Panz. fasc. 2. tab. 14.
Notonecta. n° 2. Geoff.
Habite en Europe, dans les eaux.

NAUCORE. (Naucoris.)

Antennes très courtes, quadriarticulées, insérées et cachées sous les yeux. Bec court, conique, subbiarticulé, incliné sur la poitrine.

Corps ovale, déprimé; tête transverse; les deux pattes antérieures courtes, à jambes et tarses réunis, formant pour chacune un grand crochet. Les quatre postérieures ciliées et natatoires. Un écusson.

Antennæ brevissimæ, quadriarticulatæ, sub oculis insertæ et occultandæ. Rostrum breve, conicum, subbiarticulatum, sub pectore inflexum.

Corpus ovatum, depressum; caput sessile, transversum; pedes duo antici breves, subraptorii; tibiis tarsisque conjunctis unicum magnum efficientibus: postici quatuor ciliati, natatorii. Scutellum.

Observations. Quoique Linné ait confondu les *naucores* avec les *nepa,* c'est avec les notonectes qu'elles ont le plus de rapports. Néanmoins on les distingue facilement des notonectes, par leurs pattes antérieures qui paraissent ravisseuses, la jambe et le tarse de chacune de ces pattes étant réunis et formant un grand crochet qui se replie sous la cuisse. On les en distingue aussi par leur bec qui n'offre que deux articles bien apparents, le troisième, qui est à la base, étant très court. Enfin, on les en distingue par leur corps ovale, très aplati, et par les quatre pattes postérieures ciliées, natatoires. L'écusson des naucores les distingue de la corise.

Les naucores sont carnassières, voraces, et se nourrissent en suçant d'autres insectes aquatiques.

ESPÈCES.

1. Naucore cimicoïde. *Naucoris cimicoides.* Fab.

N. abdominis margine serrato, capite thoraceque flavo fuscoque variis. G.

Nepa cimicoides. Linn.
La naucore. Geoff. 1. p. 474. tab. 9. f. 5?
Latr. Hist. nat. des Crust. et des Ins. 12. p. 285. pl. 97. f. 3.
Habite en Europe, dans les étangs.

2. Naucore tachetée. *Naucoris maculata.*

N. abdominis margine serrato, capite thoraceque virescentibus, fusco-maculatis; elytris fuscis.
Naucoris maculata. Fab. Supp. p. 525.
Habite en France, dans les eaux. Bosc. M. Latreille croit que c'est ici qu'il faut rapporter la naucore de Geoffroy.

3. Naucore estivale. *Naucoris æstivalis.*

N. abdominis margine serrato, capite thoraceque albo-lutescentibus.
Naucoris æstivalis. Fab.
Coqueb. Ill. Ic. tab. 10. f. 1.
Habite en France, dans les eaux. Bosc.

CORISE. (Corixa.)

Antennes très courtes, sétacées, quadriarticulées, insérées sous les yeux. Bec court, conique, subbivalve par son union avec la lèvre supérieure, et comme fendu ou percé au sommet pour la sortie du suçoir.

Corps oblong, déprimé. Point d'écusson. Pattes antérieures très courtes, courbes, à tarses à un seul article. Les quatre postérieures alongées, à tarses biarticulés, subnatatoires.

Antennæ brevissimæ, setaceæ, quadriarticulatæ, sub oculis insertæ et occultandæ. Rostrum breve, conicum, nutans, labro coadunato subbivalve, apice fissum aut subperforatum pro setis haustelli exerendis.

Corpus oblongum, depressum. Scutellum nullum. Pedes duo antici breves, incurvi; tarsis uniarticulatis; quatuor postici longiores, subnatatorii; tarsis biunguiculatis.

Observations. Les *corises* ressemblent un peu aux notonectes par leur forme, leurs antennes, leurs ailes, etc.; mais elles manquent d'écusson, et leur manière de nager est différente. Leur bec est court, conique, et semble percé, à son extrémité, d'un trou qui donne issue au suçoir. Il paraît que c'est la lèvre supérieure qui, par sa réunion avec le bec, complète son canal. Ces insectes viennent souvent à la surface des eaux, où ils se tiennent suspendus par le derrière pour respirer; mais, au moindre mouvement, ils se précipitent vers le fond, et peuvent y rester quelque temps. Les tarses des deux pattes antérieures n'ont qu'un article, et paraissent même sans crochets.

ESPÈCES.

1. Corise striée. *Corixa striata.*

C. elytris pallidis; lineolis transversis undulatis, numerosissimis; fuscis.
La corise. Geoff. 1. p. 478. pl. 9. f. 7.
Corise striée. Hist. nat. des Crust. et des Ins. 12. p. 289.
Ejusd. Gen. Crust. et Ins. 3. p. 151.
Notonecta striata, Linn. *Sigara striata*. Fab.
Habite en Europe, dans les eaux douces et tranquilles.

2. Corise brune. *Corixa coleoptrata.*

C. elytris totis coriaceis fuscis; margine exteriori flavo.
Sigara coleoptrata. Fab. Panz. fasc. 50. t. 24.
Habite en Suède et aux environs de Paris.

BÉLOSTOME. (Belostoma.)

Antennes quadriarticulées, demi-pectinées, insérées et se cachant sous les yeux. Bec en cône alongé, biarticulé.

Corps ovale, très déprimé. Un écusson. Pattes antérieures ravisseuses, terminées par un seul crochet. Tous les tarses biarticulés et onguiculés.

Antennæ quadriarticulatæ, semi-pectinatæ, sub oculis insertæ et occultandæ. Rostrum elongato-conicum, biarticulatum.

Corpus ovatum, valdè depressum. Scutellum. Pedes antici raptatorii, uni-unguiculati. Tarsi omnes distinctè biarticulati.

Observations. Les *bélostomes* sont des insectes exotiques, qui ont quelques rapports avec les naucores; mais leurs antennes semi-pectinées les en distinguent, ainsi que de presque toutes les autres cimicides aquatiques. Ces insectes diffèrent aussi des cimicides aquatiques à antennes insérées sous les yeux, en ce qu'ils ont tous les tarses biarticulés et onguiculés.

ESPÈCE.

1. Bélostome briquetée-pâle. *Belostoma testaceo-pallidum.*

Latr. Gen. Crust. et Insect. 3. p. 145.
Habite l'Amérique méridionale.

ORDRE QUATRIÈME.

LES LÉPIDOPTÈRES.

Une trompe tubuleuse, de deux pièces, constituant un suçoir nu, et roulée en spirale dans l'inaction. Deux ou quatre palpes apparents. — Quatre ailes membraneuses, recouvertes d'écailles colorées, peu adhérentes, semblables à une poussière fine. — Larve vermiforme, munie de dix à seize pattes. Chrysalide inactive, à peau non transparente.

Observations. Cet ordre, très naturel, comprend une série nombreuse d'insectes bien caractérisés par leur bouche et leurs ailes, et qui tiennent les uns aux autres par les plus grands rapports. Ces insectes intéressent non-seulement par les particularités de leur métamorphose, qui est des plus complète, mais en outre par leur beauté, leur élégance et l'admirable variété de leurs couleurs. Aussi ce sont eux probablement qui ont, les premiers, attiré les regards et l'attention de l'homme, parmi les animaux de leur classe; mais, comme leur série est très naturelle, et que nos collections sont très avancées à leur égard, ce sont aussi ceux, peut-être, qui sont les plus difficiles à distinguer entre eux, en un mot, à caractériser génériquement et spécialement.

Voyons d'abord ce qui les caractérise en général.

Dans l'état parfait, ces insectes ont quatre ailes étendues, membraneuses, veinées, et couvertes de petites écailles qui ressemblent à une poussière farineuse. Ces écailles sont ovales ou alongées, découpées en leur bord, et disposées en recouvrement les unes à la suite des autres, à peu près comme les tuiles d'un toit. Elles sont implantées sur une espèce de pédicule, se détachent avec facilité au moindre frottement, et alors l'aile, qui était opaque et diversement colorée par ses écailles, reste transparente et presque semblable aux ailes membraneuses des autres insectes.

On sait, par les intéressantes observations de M. *Savigny*, que la bouche des *lépidoptères* a réellement deux mandibules, deux mâchoires, quatre palpes, une lèvre supérieure et une inférieure. Mais, ici, ces parties sont, les unes simplement ébauchées, et les autres accommodées à l'usage qu'en fait l'insecte, selon sa manière de vivre; c'est-à-dire que les unes, non utiles, sont très réduites, sans développement, et fort difficiles à apercevoir; tandis que les autres, véritablement employées, ont acquis une forme appropriée, et des dimensions qui les mettent en évidence. Il en résulte que, dans ses parties bien apparentes, la bouche des lépidoptères parvenus à l'état parfait, n'offre qu'une espèce de trompe ou plutôt un suçoir nu, tubuleux, composé de deux pièces réunies, et auquel on a donné le nom de langue (*lingua spiralis*). Ce suçoir ou cette langue leur sert à pomper le suc mielleux des fleurs, dont ils font alors leur nourriture. Les deux pièces qui le forment sont les deux mâchoires de l'animal. Elles sont transformées en lames étroites, fort alongées, convexes d'un côté, concaves de l'autre, et qui constituent un cylindre creux par leur réunion, cylindre dont la cavité est quelquefois triple par l'enroulement d'un des bords de chaque lame, selon M. *Latreille*. Ce suçoir, lorsque l'insecte n'en fait pas usage, est roulé en spirale, et placé entre les deux palpes inférieurs ou labiaux, qui sont velus et le cachent plus ou moins complétement. La longueur de ce suçoir varie selon que l'insecte parvenu à l'état parfait prend encore plus ou moins de nourriture.

La tête des *lépidoptères* est pourvue de deux antennes insérées entre les yeux, multiarticulées, plus ou moins longues, mais excédant toujours la longueur de la tête. Elles sont tantôt sétacées, soit simples, soit pectinées, tantôt prismatiques, et tantôt filiformes, plus ou moins en massue à leur extrémité.

Les trois petits yeux lisses, placés au sommet de la tête, se distinguent difficilement à cause des poils dont la tête est couverte.

Les quatre ailes de l'insecte parfait sont attachées à la partie postérieure et latérale du corselet, et, dans l'inaction, elles sont tantôt couchées sur le corps, soit en toit, soit horizontalement, soit de manière à l'envelopper, et tantôt elles sont plus ou moins relevées.

Les six pattes sont toujours divisées en cinq pièces, dont la dernière est terminée par deux onglets très petits. Il y a quelques papillons qui ne font usage en marchant que des quatre pattes postérieures, quoiqu'ils en aient réellement six.

La poitrine et le ventre des *lépidoptères* sont pourvus latéralement de stigmates en forme de petites boutonnières. Les parties de la génération, dans les deux sexes, sont placées à la partie postérieure et terminale de l'abdomen. Enfin, dans certains *lépidoptères*, la trompe est si courte qu'il est très difficile de l'apercevoir, ces insectes, parvenus à l'état parfait, ne prenant plus de nourriture.

La larve des lépidoptères est connue sous le nom de *chenille*. Sa bouche est armée de fortes mâchoires, par le moyen desquelles elle ronge les feuilles, les fleurs et les fruits des végétaux, ainsi que les pelleteries, etc. Ainsi, dans l'état de larve, le lépidoptère est un rongeur, tandis qu'il ne peut être qu'un suceur lorsqu'il a acquis son dernier état.

Dans la larve, on aperçoit à la partie inférieure de la bouche, au moyen du microscope, un petit trou auquel on a donné le nom de *filière*, trou par lequel elle fait passer le fil ou la soie dont elle se sert pour construire sa coque lorsqu'elle veut se changer en chrysalide.

Le corps des chenilles est alongé en forme de ver, mou, charnu, soit glabre, soit hérissé de poils ou de piquants, et composé de douze ou treize anneaux. On aperçoit très distinctement les stigmates, qui se trouvent sur chaque anneau, un de chaque côté, mais le troisième et le quatrième anneau en sont dépourvus. En grossissant, les chenilles muent ou changent de peau plusieurs fois (environ trois ou quatre fois), et, parvenues à leur entier accroissement, elles deviennent stationnaires et se changent en chrysalide. Dans cet état, l'animal est tout-à-fait méconnaissable, immobile, ne prend pas de nourriture, et ne laisse point apercevoir les parties de l'insecte parfait.

Il y a des chenilles qui ont seize pattes : six pattes écailleuses, huit intermédiaires, et deux postérieures, qui ne manquent jamais, non plus que les six écailleuses : les plus grandes espèces et les plus communes sont dans ce cas. D'autres chenilles n'ont que six pattes intermédiaires, d'autres n'en ont que quatre, enfin d'autres n'en ont que deux ; en sorte que ces dernières n'ont en tout que dix pattes. Ces chenilles ont une démarche très différente de celle des chenilles à seize pattes. Elles élèvent en bosse la partie de leur corps qui n'a point de pattes, la courbent en arc, et rapprochent par ce moyen leurs quatre pattes postérieures des six antérieures ou écailleuses. Ensuite, rétablissant leur figure en ligne droite, en portant en avant la partie antérieure de leur corps, elles semblent, en marchant ainsi, mesurer le chemin qu'elles parcourent; ce qui leur a fait donner le nom de *chenilles arpenteuses*.

Les chenilles dont l'extérieur est le plus simple, sont celles dont la peau n'est point chargée de poils ou de corps saillants analogues; on les appelle *chenilles rases*. Il y en a dont la peau est si mince et si transparente (comme dans le ver à soie), qu'elle laisse apercevoir une partie de l'intérieur de l'animal. Parmi les chenilles rases, il s'en trouve qui ont des poils, mais en petit nombre, ou fort écartés, ou peu sensibles; d'autres ont le corps granuleux ou comme chagriné; d'autres enfin sont remarquables par des tubercules arrondis, distribués régulièrement sur les anneaux. Plusieurs des grosses espèces de chenilles et de celles qui donnent les plus beaux papillons sont dans ce cas.

Des chenilles rases et chagrinées, si nous passons à l'examen de celles qui sont véritablement hérissées, nous verrons qu'elles ont des poils nombreux, et souvent si gros, si durs et si semblables à des épines, qu'on les a nommées *chenilles épineuses*. Ces gros poils, qui sont assez durs pour être piquants, sont quelquefois composés, comme les épines des plantes.

Ce qui est particulièrement remarquable dans les chenilles, en général, ce sont les couleurs différentes dont elles sont communément ornées. On voit sur leur corps une infinité de nuances, dont il serait difficile de trouver ailleurs des exemples. Les unes ne sont que d'une seule couleur; plusieurs couleurs différentes, très vives, très tranchées, servent de parure à d'autres. Tantôt elles y sont distribuées par raies, par bandes, qui suivent la longueur du corps; tantôt par raies ou bandes, qui suivent le contour des anneaux. Quelquefois elles sont par ondes ou par taches, soit de figure régulière, soit irrégulière; et quelquefois par points, ou avec des variétés qu'il est difficile de décrire.

La manière de vivre des chenilles est presque aussi variée que les espèces. Il y en a qui aiment à vivre seules dans des retraites qu'elles se choisissent ; d'autres se plaisent ensemble et forment des sociétés. On trouve des espèces qui vivent dans la terre, dans l'intérieur des plantes, dans les racines, dans les troncs d'arbres : le plus grand nombre se plaît sur les feuilles des herbes et des arbres, à portée des aliments qui leur sont nécessaires. Elles n'ont d'autres précautions à prendre, pour se garantir des injures du temps, que de se cacher sous les feuilles ou sous les branches, jusqu'à ce qu'elles puissent reparaître sans danger. Quelques-unes, pour se mettre en sûreté, roulent des feuilles pour se retirer dans la cavité formée par les plis. D'autres, d'une très petite espèce, habitent et vivent même dans l'intérieur des feuilles qu'elles minent, et où elles ne sont point aperçues des ennemis qu'elles ont à craindre. Il y en a enfin qui se forment une sorte de fourreau qui les cache et les accompagne partout.

Parmi les faits que les chenilles nous font voir dans le cours de leur vie, il n'en est guère qui méritent plus d'être examinés, et qui soient plus dignes de nous étonner, que leurs changements de peau et leur transformation. Le changement de peau n'est pas seulement commun à toutes les chenilles ; il l'est aussi à tous les insectes qui, avant de parvenir à leur dernier terme d'accroissement, doivent se dépouiller une ou plusieurs fois. La plupart des chenilles ne changent que trois ou quatre fois de peau avant de se transformer en chrysalide; mais il en est qui en changent jusqu'à huit et même jusqu'à neuf fois. Les chenilles qui donnent les papillons de jour, c'est-à-dire les vrais papillons, ne changent communément que trois fois de peau, au lieu que celles d'où sortent les papillons de nuit ou phalènes, en changent au moins quatre fois. Ce sont ces mues qu'on nomme maladies dans le ver à soie, et qui le sont effectivement, puisque quelquefois elles lui font perdre la vie.

Ce qu'il est important de remarquer, c'est que la dépouille que la chenille rejette à chaque mue, est si complète, qu'elle paraît elle-même une véritable chenille. On lui trouve toutes les parties extérieures de l'insecte : la dépouille d'une chenille velue est tout hérissée de poils; les fourreaux des pattes, tant écailleuses que membraneuses, y restent attachés; on y voit les ongles, tous les crochets de leurs pieds, et il est même bien singulier d'y trouver toutes les parties dures de la tête.

Lorsque les chenilles ont pris tout leur accroissement, et que le temps de leur métamorphose approche, elles quittent souvent les herbes ou les arbres sur lesquels elles ont vécu, et se préparent à la transformation en cessant de prendre des aliments. Elles se vident entièrement et rejettent même la membrane qui double tout le canal de leur estomac et de leurs intestins. Alors, celles qui savent se filer des coques, se mettent à y travailler, et s'y renferment, comme pour se mettre à l'abri des impressions de l'air pendant leur changement de forme. On les voit, dans cette enveloppe, se courber, se raccourcir, paraître dans un état languissant, et après des mouvements alternatifs d'alongement et de contraction, se dégager enfin du fourreau de chenille qui enveloppait leur chrysalide.

Cette opération, à laquelle les chenilles se préparent, est, dans le fond, semblable à celle qu'elles ont subie toutes les fois qu'elles ont changé de peau : c'est encore une dépouille que l'insecte doit quitter, mais aussi c'est une dépouille bien plus considérable. Elles parviennent donc à un état particulier dont j'ai déjà parlé, état dans lequel elles prennent le nom de *chrysalide* ou de *fève*, à cause de leur forme singulière. Cet état est le second par où la chenille doit passer pour parvenir au dernier, et paraître sous la forme de papillon.

On peut, en quelque sorte, considérer toute *chrysalide* comme une espèce d'œuf dans lequel le papillon se développe et se perfectionne. Il y reste jusqu'à ce qu'il soit entièrement formé, et qu'une douce chaleur l'invite à en sortir. Le jeune papillon averti par l'instinct, qu'il a acquis assez de force pour rompre ses fers, fait un puissant effort qui lui ouvre une seconde fois les portes de la vie. Tous ses organes deviennent plus sensibles et en quelque sorte plus parfaits. Ses ailes, qui d'abord ne paraissent presque pas, ou qui sont si petites qu'on les prendrait pour celles d'un papillon manqué, sont encore couvertes de l'humidité du berceau et plissées, chiffonnées ou repliées sur elles-mêmes; mais aussitôt qu'elles sont à l'air libre, les liqueurs qui doivent circuler dans leurs canaux, s'elançant avec rapidité, les forcent à s'étendre et à se développer. Pour accélérer ce développement et lui donner plus de force, le papillon nouvellement éclos et impatient de voler, les agite de temps en temps et les fait frémir avec vitesse. En même temps, tous ceux qui ont une trompe qui était étendue et alongée sous le fourreau de la chysalide, la retirent et la roulent en spirale pour la loger dans le réduit qui lui est préparé. Si quelque cause, soit intérieure, soit extérieure, s'oppose à l'extension des ailes dans le temps qu'elles sont encore aussi flexibles que des membranes, la sécheresse qui les surprend dans cet état, arrêtant la suite du développement, ces ailes restent imparfaites, incapables de servir, et le pauvre animal se voit condamné à périr, faute de pouvoir chercher sa nourriture.

C'est ainsi que tous les papillons sortent de leur état de chrysalide et subissent la métamorphose la plus étonnante qu'on connaisse parmi les êtres vivants. Ces animaux singuliers ne conservent plus rien de leur premier état. Figure, organes, industrie, tout est changé; de sorte que l'animal qui commença par être chenille, n'en a plus la moindre apparence, et, en effet, n'est plus reconnaissable. Ce n'est plus cet être pesant, réduit à ramper, à broûter avec avidité la nourriture la plus grossière, et sujet à des maladies continuelles et périodiques. Le papillon, au contraire, est, en général, l'agilité même : orné des plus belles couleurs, il ne tient plus à la terre, ne se nourrit plus que de miel, et semble ne connaître que le plaisir.

L'ordre des *lépidoptères* n'a été divisé qu'en trois genres par *Linnæus;* savoir : celui de la phalène, celui du sphinx, et celui du papillon. Les entomologistes ont presque tous conservé le troisième de ces genres, celui du *papillon*, et comme il est très nombreux en espèces, ils se sont contentés de le sous-diviser en plusieurs sections, avec des déterminations vagues. M. *Latreille* est le premier qui ait essayé de le partager en plusieurs genres.

Quant aux genres *sphinx* et *phalena* de Linné, les entomologistes les ont distingués en un assez grand nombre de genres particuliers. Nous les avons imités à cet égard, sans adopter néanmoins la totalité des genres qu'ils ont établis, étant convaincu que l'abus dans l'art de diviser les productions de la nature est une des causes qui nuisent le plus aux progrès des sciences naturelles, tandis qu'une sage économie dans l'institution des divisions indispensables est le vrai moyen d'en avancer les progrès.

D'après cette considération, qu'il me semble qu'on ne doit jamais perdre de vue, je partage primairement l'ordre des *lépidoptères* en trois grandes coupes, réunies sous deux sections, comme dans le tableau suivant.

DIVISION DES LÉPIDOPTÈRES.

Ire Section. — Un crochet subulé au bord externe des ailes inférieures, servant de frein pour retenir celles de dessus. Aucune aile élevée dans le repos.

* Antennes sétacées : elles diminuent d'épaisseur de la base à la pointe. (*Les lépidoptères nocturnes.*)

(1) Ailes enveloppantes, se roulant autour du corps, ou très inclinées. Chenilles non vagabondes, vivant ordinairement à couvert, soit dans des fourreaux mobiles, soit dans des parties de végétaux.

Les Rouleuses.

(2) Ailes non enveloppantes, mais conformées, soit en chappe, soit en triangle alongé, et le plus souvent horizontales.

Chenilles non vagabondes, vivant à couvert, et roulant les feuilles ou les fleurs pour y fixer leur demeure, ou habitant dans des fruits.

Les Pyralites.

(3) Ailes non enveloppantes, ni conformées en chappe. Chenilles la plupart vagabondes, et vivant ordinairement à découvert.

Les Phalénides.

** Antennes en masse alongée, prismatiques ou en fuseau. Elles ont dans leur longueur quelque épaississement plus grand qu'à leur base. (*Les lépidoptères crépusculaires.*)

Les Sphingides.

IIe Section. — Point de crochets ou de frein quelconque au bord externe des ailes inférieures. Les quatre ailes, ou au moins deux, élevées dans le repos. (*Les lépidoptères diurnes.*)

Les Papilionides.

LÉPIDOPTÈRES NOCTURNES.

Les *lépidoptères nocturnes*, qu'on a aussi nommés *papillons de nuit*, parce que la plupart ne volent que le soir, comprennent tous les lépidoptères dont les antennes sont sétacées, c'est-à-dire, diminuent d'épaisseur de la base à la pointe ; mais ces antennes sont simples dans les uns, ciliées, dentées ou pectinées dans les autres.

Ces *lépidoptères nocturnes* n'ont jamais les ailes élevées vers la verticale dans l'état de repos, comme le plus grand nombre des papilionides; volent peu dans le jour; et presque tous enveloppent leur chrysalide dans une coque, ou l'enfoncent dans la terre, pour s'y transformer, s'ils la laissent à nu.

Cette coupe, très remarquable par l'énorme quantité de races diverses qu'elle embrasse, l'est encore plus par l'extrême difficulté de la diviser clairement, et d'y instituer des genres convenablement circonscrits par des caractères faciles à saisir. Tel est, et sera partout, l'inconvénient des famille naturelles dans lesquelles nos collections se trouveront fort enrichies : j'en ai suffisamment indiqué la cause.

L'observation constate que, dans la nombreuse série des races de cette coupe, ce sont les larves ou chenilles qui offrent le plus de particularités intéressantes, soit sous le rapport des habitudes diverses, soit sous celui de leur forme et du nombre de leurs parties ; tandis que, parvenues à l'état d'insectes parfaits, on ne leur trouve plus qu'un petit nombre de particularités différentes; encore sont-elles peu propres à les faire diviser nettement. En effet, si ces animaux présentent encore beaucoup de diversité, ce n'est guère que dans leur taille, les couleurs qui les ornent, et les nuances des proportions de leurs parties.

Cependant, comme il est indispensable de les diviser et de les sous-diviser bien des fois, puisque ces insectes sont si nombreux, il faut donc faire concourir la considération de la chenille avec celle de l'insecte parfait, afin d'établir parmi eux les diverses sortes de divisions qui peuvent faciliter l'étude de ces nombreux nocturnes, et les faire aisément reconnaître.

Poursuivant toujours la simplicité de la méthode, tant qu'elle est compatible avec ce qu'exigent les distinctions essentielles, je partage les *lépidoptères nocturnes* en trois familles, de la manière suivante.

DIVISION DES LÉPIDOPTÈRES NOCTURNES.

1. *Ailes enveloppantes :* Elles sont roulées autour du corps, ou très inclinées dans l'inaction.

Chenilles non vagabondes, vivant ordinairement à couvert, soit dans des fourreaux, soit dans des parties de plantes ou de toiles.

Les Rouleuses.

2. *Ailes enveloppantes :* Elles sont peu ou point inclinées dans l'inaction, mais couchées sur le corps sans l'envelopper, et sont conformées en chappe ou en triangle alongé.

Chenilles non vagabondes, vivant en général à couvert, et roulant, soit les feuilles, soit les fleurs pour y fixer leur demeure, ou habitant dans des fruits.

Les Pyralites.

3. *Ailes non enveloppantes :* Elles sont horizontales ou en toit dans l'inaction, sans envelopper le corps, et ne sont ni en chappe, ni en triangle alongé.

Chenilles la plupart vagabondes, et vivant ordinairement à découvert.

Les Phalénides.

NOCTURNES ROULEUSES.

[*Nocturnæ tortrices.*]

Ailes enveloppantes, se roulant autour du corps ou très inclinées. — Chenilles non vagabondes, vivant ordinairement à couvert, soit dans des fourreaux, soit dans des parties de plantes ou de toiles.

Sous le nom de *nocturnes rouleuses*, je réunis ici, comme formant une famille particulière, des lépidoptères qui me paraissent avoir entre eux d'assez grands rapports. M. *Latreille* les avait pareillement rassemblés sous la dénomination de *rouleuses*, dans son Histoire naturelle des crustacés et des insectes (vol. 4, p. 232); mais il y joignait les *pyralites*, que j'en sépare parce que leurs ailes, plus souvent horizontales qu'inclinées, ne sont pas véritablement enveloppantes.

Ainsi les insectes dont il s'agit sont assez remarquables en ce que leurs ailes se roulent plus ou moins complétement autour du corps, lorsque l'animal n'en fait pas usage, et en ce qu'elles sont en général longues, étroites et plumeuses ou frangées. Ce sont, pour la plupart, de petits lépidoptères, ornés le plus souvent de couleurs vives et brillantes. Leurs chenilles vivent à couvert, soit en se formant des fourreaux (assez souvent portatifs) aux dépens des étoffes ou des parties de plantes, soit en minant l'intérieur des feuilles, etc.

A la vérité, les chenilles des pyralites vivent aussi presque toutes à couvert; mais les insectes parfaits qui en proviennent sont toujours distingués de nos *rouleuses* par la forme et la disposition de leurs ailes. Au reste, ces différents lépidoptères ne sauraient être fort écartés entre eux.

On peut sous-diviser ces *rouleuses* en plusieurs sous-familles, comme l'a fait M. Latreille, qui les distingue en

Ptérophorites.
Tinéites.
Crambites.

Voici la division des *nocturnes rouleuses*, et la distinction des trois sous-familles qu'elles embrassent.

DIVISION DES NOCTURNES ROULEUSES.

* *Les quatre ailes, ou au moins deux, fendues en autant de digitations qu'elles ont de côtes.* (Ptérophorites. *Latr.*)

Ptérophore.
Ornéode.

** *Les quatre ailes entières et point fendues, malgré leurs nervures principales ou leurs côtes.*

[1] Deux palpes apparents (*Tinéites.* Latr.)

(a) Les antennes et les yeux écartés.

(✣) Trompe non distincte et comme nulle.

Teignes.

(✣✣) Trompe alongée et distincte.

Yponomeute.
OEcophore.
Lithosie.

(b) Les antennes et les yeux contigus, ou très rapprochés.

Adèle.

[2] Quatre palpes apparents. (*Crambites.*) Latr.

Alucite.
Crambus.
Gallérie.

PTEROPHORE. (Pterophorus.)

Antennes sétacées, simples. Deux palpes, non plus longs que la tête, un peu écailleux. Trompe distincte. Les quatre ailes, ou deux au moins, fendues en digitations plumeuses. Pattes longues, épineuses. Chrysalide nue, suspendue par des fils.

Antennæ setaceæ simplices. Palpi duo, breviter squamati, capite non longiores. Proboscis distincta.

Alæ quatuor, aut ex illis duæ, in plumulas fissæ. Pedes longi, spinosi. Pupa nuda, filis suspensa.

Observations. Le corps des *ptérophores* est alongé, grêle, et ses ailes, dans le repos, sont enveloppantes. Mais ce qui rend ces ailes singulièrement remarquables, c'est qu'elles sont fendues plus ou moins profondément en digitations barbues ou plumeuses. Quelquefois même les digitations sont subdivisées, en sorte que l'aile paraît rameuse. Outre les barbes ou franges latérales de ces digitations, les ailes n'en sont pas moins couvertes de petites écailles colorées, comme celles des autres lépidoptères.

Geoffroy est le premier qui ait distingué comme genre les *ptérophores*, que Linné a confondus parmi ses phalènes; et M. Latreille en a séparé l'ornéode à cause de la différence de sa métamorphose.

En effet, il est bien singulier que la chrysalide des *ptérophores* soit nue et suspendue à des fils, comme celle des papillons, tandis que celle de l'ornéode est enfermée dans une coque, comme dans les phalènes.

ESPÈCES.

1. Ptérophore brun. *Pterophorus didactylus.*

Pt. fuscus; alis fissis: strigis albis, anticis bifidis, posticis tripartitis.

Pterophorus didactylus. Fab.

Pterophorus. nº 2. Geoff. 2. p. 92.

Habite en Europe. Sa chenille vit sur le liseron; elle est verdâtre.

2. Ptérophore fauve. *Pterophorus pterodactylus.*

Pt. alis patentibus, fissis, testaceis; puncto fusco:

Pterophorus pterodactylus. Fab.

Habite en Europe. Sa chenille est bleuâtre, avec une raie pourpre sur le dos.

3. Ptérophore pentadactyle. *Pterophorus pentadactylus.*

Pt. alis niveis ; anticis bifidis, posticis tripartitis.
Pterophorus pentadactylus. Fab.
Le ptérophore blanc. Geoff. 2. p. 91. n° 1.
Habite en Europe. Sa chenille est verte, avec des points noirs et quelques poils.
Etc.

ORNÉODE. (Orneodes.)

Antennes sétacées. Deux palpes plus longs que la tête, relevés ; à dernier article presque nu.

Ailes larges, en éventail, fendues en digitations très frangées. Larves à seize pattes. Chrysalides dans une coque.

Antennœ setaceœ. Palpi duo, capite longiores, erecti; articulo ultimo subnudo.

Alœ latœ, flabellatœ, fissœ, valdè fimbriatœ. Eruca pedibus sexdecim. Pupa folliculata.

OBSERVATIONS. L'*ornéode* faisait partie du genre des ptérophores; mais le caractère de la coque qui renferme la chrysalide a autorisé M. Latreille à en former un genre particulier. Le nom d'*ornéode* qu'il lui a donné, exprime l'espèce de ressemblance qu'il trouve à l'insecte parfait avec un oiseau.

Les ailes des ornéodes sont divisées, comme celles des ptérophores, en autant de parties qu'elles ont de nervures. Mais dans les ornéodes, les ailes sont plus larges et à divisions moins profondes. Ces ailes et leurs divisions sont garnies, sur les côtés, de poils fins, fort longs.

ESPÈCE.

1. Ornéode hexadactyle. *Orneodes hexadactylus.*

Latr. Hist. nat. des Crust. et des Ins. 14. p. 288.
Pterophorus hexadactylus. Fab.

Le ptérophore en éventail. Geoff. 2. p. 92. n° 3.
Habite en Europe. Les ailes cendrées, fendues en six lanières. Sa chenille vit dans les fleurs du chèvrefeuille.

TEIGNE. (Tinea.)

Antennes sétacées, simples, quelquefois ciliées, écartées à leur insertion. Deux palpes apparents. Trompe non distincte. Un toupet d'écailles sur le chaperon.

Ailes alongées, enveloppantes. Larves à seize pattes, vivant solitairement et s'enveloppant chacune dans un fourreau.

Antennæ setaceæ, simplices, in nonnullis ciliatæ, insertione remotæ. Proboscis seu lingua minima, non distincta. Palpi duo distincti. Clypeus squamis in fasciculum prominulis.

Alæ elongatæ, convolutæ. Erucæ pedibus sexdecim, solitariæ, folliculo vestitæ.

Observations. Les *teignes* sont les plus petits, les plus brillants et les plus richement ornés des lépidoptères. L'or, l'argent, mélangés avec les plus vives couleurs, sont répandus sur les ailes d'un grand nombre de ces insectes.

Dans la teigne des draps, les ailes sont très plumeuses sur les bords, et les inférieures sont les plus larges. C'est la même chose dans la teigne des pelleteries. Ces teignes sont d'un gris satiné, fort brillant.

La chenille de la teigne se fabrique un fourreau dans lequel elle vit à couvert, et ensuite se métamorphose. Ce fourreau, dans certaines espèces, n'est point fixé, et la chenille le transporte avec elle dans ses déplacements. Elle l'élargit et l'alonge, en y mettant des pièces à mesure que cela devient nécessaire.

Les *teignes* sont si remarquables par leur aspect et leur forme particulière, qu'il est facile de les distinguer des diverses phalénides. Geoffroy est le premier qui les ait séparées des phalènes, avec lesquelles Linné les confondait. Maintenant, leur genre est réduit aux espèces qui ont la trompe très courte et comme nulle; ce qui les distingue des yponomeutes, des œcophores et des lithosies.

ESPÈCES.

1. Teigne des pelleteries. *Tinea pellionella.*

T. alis canis; puncto medio nigro; capite griseo. Linn.
Tinea pellionella. Fab. 5. p. 304. Gmel. 4. p. 2593.
Réaum. Ins. 3 tab. 6. f. 12—16.
Habite en Europe, sur les pelleteries.

2. Teigne des draps. *Tinea sarcitella.*

T. alis cinereis; thorace utrinque puncto albo. Linn.
Réaum. Ins. 3. tab. 6. f. 9. 10.
Habite en Europe dans les appartements, sur les draps, les étoffes de laine.

3. Teigne des tapisseries. *Tinea trapezella.*

T. alis nigris, posticè albis; capite niveo. Linn.
Tinea trapezella. Fab. 5. p. 308.
Geoff. 2. p. 187. n° 13.
Habite en Europe, sur les étoffes de laine. Sa chenille vit sous une voûte immobile qu'elle alonge en avançant et rongeant l'étoffe.

4. Teigne des grains. *Tinea granella.*

T. alis albo nigroque variis; capite niveo.
Tinea granella. Fab. Suppl. p. 494. Gmel. p. 2608.
Geoff. 2. p. 186. n° 11.
Habite en Europe, dans les greniers. La larve lie ensemble avec des fils plusieurs grains, s'établit au milieu du paquet et dévore les grains qui l'avoisinent.

5. Teigne tête-fauve. *Tinea flavi-frontella.*

T. alis anticis cinereis, immaculatis; capite fulvo.
Tinea flavi-frontella. Fab. 5. p. 305.
Habite en Europe. Sa chenille fait de grands dégât dans nos collections d'insectes, d'oiseaux, etc.

5. Teigne du bolet. *Tinea boletella.*

T. alis oblongis nigris; dorso margineque postico albidis.
Phycis boleti. Fab. Suppl. p. 463.
Habite en Europe.
Etc.

YPONOMEUTE. (Yponomeuta.)

Antennes sétacées, simples. Deux palpes de la longueur de la tête. Trompe distincte.

Ailes se roulant autour du corps en demi-cylindre. Chenilles à seize pattes, vivant en société sous un abri commun.

Antennæ setaceæ, simplices. Palpi duo capitis longitudine. Proboscis distincta.

Alæ convolutæ, semi-cylindricæ. Erucæ pedibus sexdecim, sub tentorio communi societate.

Observations. Les chenilles des *yponomeutes* ne s'enveloppent point dans des fourreaux particuliers comme celles des teignes, mais elles vivent en société dans de grandes toiles qu'elles filent sur différents arbres, tels que le fusain, le padus, etc.; d'autres néanmoins vivent dans l'épaisseur du parenchyme des feuilles.

ESPÈCES.

1. Yponomeute du fusain. *Yponomeuta evonymella.*

Y. alis primoribus niveis; punctis 50 nigris, posteribus fuscis.
Phalæna evonymella. Linn. Gmel. p. 2586.
Geoff. 2. p. 183. nº 4.
Habite en Europe, sur le fusain, etc.

2. Yponomeute du padus. *Yponomeuta padella.*

Y. alis primoribus lividis: punctis 20 nigris, posteribus fuscis.
Phalæna padella. Linn. Gmel. p. 2586.
Habite en Europe, sur les arbres fruitiers, dans les bois.

3. Yponomeute du rosier. *Yponomeuta rajella.*

Y. alis auratis; maculis septem argenteis; secunda tertiaque connatis.
Tinea rajella. Fab.
Degeer. Mém. 1. tab. 31. f. 11. 12.
Habite en Europe, sur les rosiers.

ŒCOPHORE. (OEcophorus.)

Antennes sétacées, simples. Palpes beaucoup plus longs que la tête, recourbés. Trompe distincte.

Ailes frangées, demi-enveloppantes. Chenilles à seize pattes, vivant à couvert dans le parenchyme des feuilles ou des grains.

Antennœ setaceœ, simplices. Palpi duo capite longiores, recurvi. Proboscis distincta.

Alœ fimbriatœ, semi-convolutœ. Erucœ pedibus sexdecim, intrà substantiam foliorum, aut seminum., latitantes.

Observations. Les *œcophores* se distinguent des teignes par leur trompe apparente, la longueur des deux palpes en saillie, et parce qu'au lieu de se former des fourreaux particuliers et portatifs, leurs chenilles vivent à couvert dans des parties végétales. C'est à ce genre qu'appartient l'espèce dont la larve mange le grain (le froment, l'orge, etc.), et fait quelquefois beaucoup de tort dans un grenier, et même dans un champ. La larve s'introduit même dans l'intérieur des grains.

ESPÈCES.

1. OEcophore doré. *OEcophora Linncella.*

OE. alis fusco-auratis; punctis quatuor argenteis elevatis.
Phalœna Linneella. Gmel p. 2604.
Tinea. Geoff. 2. p. 200. n° 45.
Habite en Europe, sur les arbres fruitiers.

2. OEcophore du pommier. *OEcophora roesella.*

OE. alis nigro-auratis; punctis novem argenteis, convexis submarginalibus.
Phalœna roesella. Gmel. p. 2604.
Habite en Europe, dans le parenchyme des feuilles du pommier.

3. OEcophore des jardins. *OEcophora Leuwenhockella.*

OE. alis auratis; striga baseos punctisque quatuor oppositis argenteis.
Phalœna Leuwenhockella. Gmel. p. 2602.
Habite dans les jardins.

4. OEcophore des céréales. *OEcophora cerealella.*

OE. cinerea; alis planis incumbentibus pallidè testaceis.
Alucita cerealella. Oliv. Dict. n° 15.
Réaum. Mém. de l'Acad. année. 1761. t. 2. pl. 39. f. 18. 19.
Habite au midi de l'Europe. Sa larve ronge les grains du blé en s'introduisant dans leur intérieur.

LITHOSIE. (Lithosia.)

Antennes sétacées, simples ou ciliées, écartées. Deux palpes plus courts que la tête. Trompe distincte.

Ailes alongées, couchées sur le corps, plus longues que l'abdomen. Larve à seize pattes.

Antennœ setaceœ, simplices aut ciliatœ, insertione distantes. Palpi duo capite breviores. Proboscis distincta.

Alœ elongatœ, dorso incumbentes, abdomine longiores. Eruca pedibus sexdecim.

Observations. Les *lithosies* ont les ailes beaucoup plus longues que larges, couchées sur le corps presque horizontalement, et moins enveloppantes que celles des yponomeutes. On les distingue des œcophores par leurs palpes apparents, qui sont plus courts que la tête.

Les chenilles de ces insectes vivent solitairement et ne se font point de fourreaux.

ESPÈCES.

1. **Lithosie du lichen.** ***Lithosia quadra.***

L. alis depressis luteis ; anticis punctis duobus cyaneis. Fab.
Phalœna (noctua) quadra. Gmel. p. 2555.
Roes. Ins. 1. phal. 2. tab. 17.
Habite sur les lichens du chêne, du pin.

2. **Lithosie veuve.** ***Lithosia rubricollis.***

L. atra, collari sanguineo, abdomine flavo.
Bombix rubricollis. Linn. Fab. 4. p. 486.
La veuve. Geoff. 2. p. 148. n° 79. tab. 12. f. 6.
Habite sur le lichen olivacé du pin, du hêtre.

3. **Lithosie ponctuée.** ***Lithosia pulchella.***

L. alis albis ; primoribus nigro sanguineoque punctatis, posterioribus apice nigris.
Bombix pulchella. Fab. 4. p. 479. Petiv. gaz. t. 3. f. 3.
Habite en Europe, sur le *solanum tomentosum*, l'héliotrope, etc.

ADÈLE. (Adela.)

Antennes sétacées, fort longues, très rapprochées à leur insertion ; les yeux presque contigus postérieurement. Trompe alongée. Deux palpes cylindriques, velus.

Ailes alongées, élargies postérieurement, couchées presque en toit.

Antennœ setaceœ, longissimœ, ad basim valdè approximatœ. Oculi posticè ferè contigui. Proboscis elongata. Palpi duo cylindrici, pilosi.

Alœ elongatœ, posticè latiores, incumbentes, subdeflexœ.

OBSERVATIONS. Les *adèles*, comme les lithosies, ont les ailes alongées, mais moins enveloppantes que celles des autres rouleuses. Elles appartiennent néanmoins à la même famille, car les chenilles des adèles se forment une espèce de fourreau avec des fragments de plantes, et se déplacent avec cette enveloppe, comme le font les teignes.

Ces rouleuses sont éminemment distinguées des autres par leurs longues antennes très rapprochées à leur base, et par leurs yeux presque contigus. Elles se nourrissent de la substance des feuilles. On les voit souvent voler, en grand nombre, dans les bois, pendant le jour.

ESPÈCES.

1. Adèle dorée. *Adela Degereella.*

A. alis atro-aureis; fascia flava; antennis albis, basi nigris.
Alucita Degereella. Fab.
La coquille d'or. Geoff. 2. p. 193. pl. 12. f. 5.
Habite en Europe, dans les bois.

2. Adèle noire-bronzée. *Adela Reaumurella.*

A. alis nigris, extrorsum deauratis.
Alucita Reaumurella. Fab.
La teigne noire bronzée. Geoff. 2. p. 193. nº 29.
Habite en Europe, voltigeant au printemps autour des arbres.

3. Adèle pâle. *Adela Swammerdamella.*

A. alis pallidis, immaculatis.
Alucita Swammerdamella. Fab.
Clerk. Phal. tab. 12. f. 1.
Habite en Europe.

4. Adèle jaune-d'or. *Adela Latreillella.*

A. alis aureis; punctis duobus niveis oppositis.
Alucita Latreillella. Fab. Suppl. p. 502.
Habite en France, sur les arbustes. Les antennes très longues, noires, blanches au sommet.

GALLÉRIE (Galleria.)

Antennes sétacées. Quatre palpes distincts, dont les deux supérieurs sont cachés. Trompe très courte, presque nulle.

Ailes étroites, alongées et un peu moulées autour du corps.

Antennæ setaceæ, Palpi quatuor distincti : superi squamis clypei occultati. Proboscis brevissima, subnulla.

Alæ angustæ, elongatæ, dorso incumbentes, extùs deflexæ.

Observations. Les *galléries* ne se distinguent des teignes que parce qu'elles ont quatre palpes distincts, dont les deux supérieurs sont cachés sous les écailles du chaperon, qui forme une sorte de voûte. Leur larve a seize pattes, et vit dans les ruches, où elle mange la cire des gâteaux d'abeilles.

ESPÈCES.

1. Gallérie de la cire. *Galleria cereana.*

G. alis griseis, posticè emarginatis ; dorso canaliculato fusco. Fab. Suppl. p. 462.
Tinea mellonella, Linn. *et Phalæna cereana.* Ejusd.
Réaum. Ins. 3. tab. 19. f. 14. 15.
Roes. Ins. 3. tab. 41. Hubn. Tin. lab. 4. f. 25.
Habite en Europe, dans les ruches des abeilles.

2. Gallérie alvéolaire. *Galleria alveolaria.*

G. alis fusco-cinereis, immaculatis ; capite flavo.
Fab. Suppl. p. 463.
Réaum. Ins3. t. 19. f. 7—9.
Habite en Europe, dans les ruches. Elle est plus petite que la précédente.

CRAMBUS. (Crambus.)

Antennes sétacées. Quatre palpes saillants et distincts; les inférieurs souvent très grands et en forme de bec. Trompe apparente. Les écailles de la tête ne formant point de toupet.

Ailes alongées, enveloppantes ou moulées autour du corps.

Antennæ setaceæ. Palpi quatuor exserti, perspicui: inferi sœpiùs maximi, rostrum simulantes. Capitis squamæ appressœ.

Alœ elongatœ, convolutœ.

Observations. Les *crambus* ont, comme les galléries, le port des teignes; mais ils ont quatre palpes tous apparents, dont souvent les inférieurs sont très grands. Leurs ailes sont étroites, plus longues que larges, enveloppent le corps, et lui donnent une forme presque cylindrique. On croit que leurs larves ont seize pattes.

ESPÈCES.

1. Crambus incarnat. *Crambus carneus.*

C. alis anticis flavis: lateribus sanguineis.
Fab. Suppl. p. 470.
Tinea carnella. Linn.
Schœff. Icon. Ins. tab. 147. f. 2. 3.
Habite en Europe, dans les prairies, sur le tréfle. Pálpes inférieurs recourbés.

2. Crambus des pins. *Crambus pineti.*

C. alis anticis flavis: maculis duabus albissimis, anteriore oblonga, posteriore ovata.
Fab. Suppl. p. 470.
Tinea pinetella. Linn. Panz. fasc. 6. tab. 22.
Habite en Europe, dans les bois de pins.

3. Crambus des graminées. *Crambus culmorum.*

C. alis cinereis; linea unica abbreviata, albissima.
Fab. Suppl. p. 471.
Tinea culmella. Linn.
Réaum. Ins. 1. tab. 17. f. 13. 14.
Habite en Europe, sur les graminées.

4. Crambus des prés. *Crambus pratorum.*

C. alis anticis cinereis; linea albissima, posticè ramosa, apice striis albis.
Fab. Suppl. p. 471.
Tinea pratella. Linn.
Habite en Europe, dans les prés.

5. Crambus des pâturages. *Crambus pascuum.*

C. alis cinereis; linea albissima, margine postico nigropunctato.
Fab. Suppl. p. 471.
Tinea pascuella. Linn.
Habite en Europe, dans les prairies.
Etc.

ALUCITE. (Alucita.)

Antennes sétacées, un peu courtes, écartées à leur insertion. Quatre palpes distincts : les supérieurs couverts ; les inférieurs écailleux, avancés. Trompe apparente. Un toupet d'écailles sur la tête.

Ailes alongées, étroites, très inclinées.

Antennæ setaceæ, breviusculæ, insertione remotæ. Palpi quatuor distincti : superi obtecti ; inferi squammulosi, porrecti. Proboscis distincta. Caput altè cincinnatum.

Alæ elongatæ, angustæ, valdè deflexæ.

Observations. Les *alucites* ressemblent assez aux teignes par leur taille, et quelquefois par leurs belles couleurs : mais elles ont quatre palpes apparents, quoique les deux supérieurs soient couverts, et leur trompe ou langue est bien distincte. Leurs chenilles ont seize pattes et en général le corps lisse.

Ces insectes vivent dans les feuilles de différents arbres et arbrisseaux, et les lient ensemble pour s'en former une couverture, ou les replient par les bords pour s'en faire une enveloppe subcylindrique. Leurs antennes sont simples, sétacées, un peu courtes, distantes.

Les chenilles des alucites se nourrissent du parenchyme des feuilles qui les couvrent, et n'en attaquent que le côté intérieur, afin de rester cachées dans leur enveloppe. On en connaît un assez grand nombre d'espèces.

ESPÈCES.

1. Alucite xylostelle. *Alucita xylostei.*

A. alis cinereo-fuscis ; vitta dorsali communi alba sinuata.
Fab. Suppl. p. 508. *Ypsolophus.*
Alucita xylostella. Linn.
Teigne à bandelette blanche. Geoff. 2. p. 195. n° 35.
Habite en Europe, sur le chèvre-feuille.

2. Alucite des bois. *Alucita nemorum.*

A. alis viridi-flavescentibus ; anticis strigis duabus abbreviatis dorsalibus, obscurioribus.
Ypsolophus nemorum. Fab. Suppl. p. 508.
Habite aux environs de Paris. *Bosc.*

3. Alucite dentée. *Alucita dentata.*

A. alis fuscis apice falcatis ; vitta dorsali communi unidentata, alba.
Ypsolophus dentatus. Fab. Suppl. p. 508.
Habite sur le chèvre-feuille d'Europe.

4. Alucite des jardins. *Alucita vittata.*

A. alis deflexis, albis, fusco-lineatis ; punctis margineque postico atris.
Ypsolophus vittatus. Fab. Suppl. p. 506.
Habite dans les jardins de l'Europe, sur la julienne.
Etc.

LES PYRALITES.

Ailes non enveloppantes, mais conformées, soit en chappe, soit en triangle alongé, et le plus souvent horizontales. — Chenilles vivant en général à couvert, et roulant, soit les feuilles, soit les fleurs, pour y fixer leur demeure, ou habitant dans des fruits.

Par leurs rapports, les *pyralites* paraissent tenir d'assez près aux rouleuses, en ce que, de part et d'autre, les chenilles ne sont point vagabondes, et, en général, ne vivent point à découvert. En effet, celles de la plupart des pyralites roulent les feuilles ou les fleurs pour s'y établir à demeure fixe et cachée, ou vivent dans des fruits. Mais les *pyralites* n'ont point les ailes enveloppantes ou roulées autour du corps. Elles sont plutôt horizontales, planes, les unes en *chappe*, ou formant, par leur réunion, un rhombe curviligne, tronqué à l'extrémité, les autres en triangle alongé. Ces dernières sont remarquables en ce qu'elles ont leurs quatre palpes apparents, comme dans les crambites de M. Latreille.

Les chenilles connues des pyralites ont quatorze à seize pattes; elles sont rases ou légèrement velues. Voici l'analyse principale des caractères de ces insectes.

DIVISION DES PYRALITES.

[1] *Quatre palpes apparents. Les ailes en triangle alongé.*

Botys,
Aglosse.

[2] *Deux palpes apparents.*

(a) Ailes en chappe. Chenille à seize pattes.

Pyrale.

(b) Ailes non en chappe. Chenille à quatorze pattes.

Herminie.
Platyptérix.

BOTYS. (Botys.)

Antennes sétacées. Quatre palpes saillants. Trompe ou langue apparente.

Ailes formant un triangle alongé et aplati. Chenilles à seize pattes.

Antennœ setaceœ. Palpi quatuor exserti. Proboscis seu lingua conspicua.

Alœ triangulum elongatum et subhorisontale efficientes. Eruca sexdecimpoda.

Observations. Par leurs quatre palpes apparents, les *botys* se rapprochent des crambites de M. Latreille; mais ces insectes appartiennent à la division des pyralites par leurs ailes non enveloppantes, formant un triangle aplati, presque horizontal lorsque l'insecte est en repos. Ainsi, par leur port, les *botys* ressemblent à de petites phalènes. Il en est de même des aglosses, qui paraissent ne s'en distinguer que parce que leur trompe n'est nullement apparente.

ESPÈCES.

1. Botys pourpré. *Botys purpuraría.*

B. pectinicornis; alis luteis; margine anticarum fasciis duabus purpureis.
Phalæna purpuraria. Linn. Fab. 5. p. 161:
Habite en Europe, sur le chêne, le prunier épineux.

2. Botys de l'épi d'eau. *Botys potamogata.*

B. seticornis ; alis cinereis, albo maculatis ; anticis obsoletè reticulatis.
Phalæna potamogata. Linn. Fab. 5. p. 213.
Réaum. Ins. 2. t. 32. f. 11.
Habite en Europe, sur le *potamogeton natans.*

3. Botys vertical. *Botys verticalis.*

B. alis glabris, pallidis, subfasciatis, subtùs fusco-undatis.
Phalæna verticalis. Linn. Fab. 5. p. 227.
Habite en Europe, sur l'ortie.

4. Botys du chou. *Botys forficalis.*

B. alis glabris, pallidis : strigis obliquis, ferrugineis.
Phalæna forficalis. Linn. Fab. 5. p. 223.
La bande esquissée. Geoff. 2. p. 166. n° 111.
Habite en Europe, sur le chou.
Etc.

AGLOSSE. (Aglossa.)

Antennes sétacées. Quatre palpes saillants. Trompe ou langue nulle.

Ailes formant un triangle aplati, presque horizontal.

Antennæ setaceæ. Palpi quatuor exserti. Proboscis nulla.

Alæ subhorisontales, triangulum planum efficientes.

Observations. L'*aglosse* paraît ne se distinguer des botys que parce que cet insecte n'a point de trompe ou de langue apparente. Il serait peut-être convenable de le réunir au genre précédent.

ESPÈCE.

1. Aglosse de la graisse. *Aglossa pinguinalis.*

A. palpis recurvatis ; alis cinereis : margine crassiori nigro subfasciato.

Aglossa. Latr. Gen. Crust. et Ins. 4. p. 229.
Phalæna pinguinalis. Linn. Fab. 5. p. 230.
Habite en Europe, dans les graisses, le lard, le beurre.

PYRALE. (Pyralis.)

Antennes sétacées, simples. Deux palpes ordinairement courts. Trompe ou langue distincte.

Ailes en rhombe tronqué, dont les côtés de la base sont arqués. (Ailes en chappe.) Larve à seize pattes.

Antennæ setaceæ, simplices. Palpi duo ut plurimùm breviusculi. Proboscis conspicua.

Alæ rhombum truncatum efficientes, lateribus ad basim arcuatis. Erucà sexdecimpoda.

Observations. Les *pyrales*, par leur petitesse et sur-tout par leurs habitudes, c'est-à-dire par leur manière de vivre à couvert dans l'état de larve, tiennent aux rouleuses ou tinéides; mais, par leurs ailes en chappe et point roulées autour du corps, elles se rapprochent des phalénides. Ce sont de petits insectes en général fort jolis, dont les couleurs sont vives et variées.

On reconnaît les *pyrales* à des ailes peu alongées, larges, coupées carrément à leur sommet, et arquées ou presque arrondies à leur base. Ce sont les *porte-chappes* de Geoffroy.

Leurs chenilles ont seize pattes. La plupart tordent ou roulent les feuilles des plantes, les lient avec de la soie, et se mettent à couvert dans leur cavité. Elles en rongent la surface intérieure. D'autres vivent dans l'intérieur des fruits.

ESPECES.

1. Pyrale verte. *Pyralis viridana.*

P. alis rhombeis; anticis viridibus immaculatis.
Phalæna viridana. Linn.
Pyralis viridana. Fab. 5. p. 244.

La chappe verte. Geoff. 2. p. 171. n° 123.
Habite en Europe, sur le chêne, et s'enveloppe dans ses feuilles.

2. Pyrale du saule. *Pyralis chlorana.*

P. alis rhombeis ; anticis viridibus, margine albo.
Phalœna chlorana. Linn.
Pyralis chlorana. Fab. 5. p. 244.
Habite en Europe, sur le saule.

3. Pyrale du hêtre. *Pyralis fagana.*

P. alis viridibus ; strigis tribus obliquis albis ; antennis pedibusque fulvis.
Pyralis fagana. Fab. 5. p. 243.
Petiv. gaz. tab. 7. f. 11.
Habite en Europe, sur le hêtre.

4. Pyrale des pommes. *Pyralis pomana.*

P. alis nebulosis, posticè macula rubro-aurea.
Pyralis pomana. Linn. Fab. 5. p. 279.
Roes. Ins. phal. 4. tab. 10.
Habite en Europe. Sa chenille vit dans les pommes.

HERMINIE. (Herminia.)

Antennes sétacées, le plus souvent ciliées ou subpectinées dans les mâles. Trompe alongée. Deux palpes recourbés, comprimés.

Ailes en triangle alongé et presque horizontal. Chenilles à quatorze pattes.

Antennœ setaceœ, in masculis sœpiùs ciliatœ, subpectinatœ. Proboscis seu lingua elongata. Palpi duo compressi recurvi.

Alœ incumbentes, triangulum elongatum subhorisontale efficientes. Eruca pedibus quatuordecim.

Observations. Les *herminies* n'ont point les ailes en chappe comme les pyrales, car le bord extérieur des supérieures est droit et point arqué à sa base. Leur chenille n'a que quatorze pattes, et c'est la première paire des pattes membraneuses qui leur manque. On voit de là qu'elles constituent un genre bien distinct parmi les pyralites. Ces insectes, qui se rapprochent des phalènes, ont deux palpes apparents, recourbés, très comprimés, souvent fort grands, du moins dans un des sexes. On en connaît plusieurs espèces.

ESPÈCES.

1. Herminie barbue. *Herminia barbalis.* Latr.

H. alis cinerascentibus; strigis tribus fuscis; femoribus anticis barba porrecta.
Phalœna barbalis. Linn. Gmel. p. 2519.
Crambus barbatus et *Crambus tentacularis.* Fab. Suppl. p. 464.
Clerk. Phal. tab. 5. f. 3.
Habite en Europe, sur le trèfle.

2. Herminie rostrale. *Herminia rostralis.*

H. alis subgriseis: punctis duobus muricatis lineaque apicis nigris.
Phalœna rostralis. Linn. Gmel. p. 2520.
Crambus rostratus. Fab. Suppl. p. 466.
Le toupet à pointe. Geoff. 2. p. 168. n° 116.
Habite en Europe, dans les bois.

3. Herminie proboscidale. *Herminia proboscidalis.* Latr.

H. alis griseis: strigis ferrugineis.
Phalœna proboscidalis. Linn. Gmel. p. 2520.
Crambus proboscideus. Fab. Suppl. p. 465. *C. ensatus. Ejusd.*
Habite en Europe, dans les bois.

4. Herminie sagittale. *Herminia sagittalis.*

H. alis deflexis griseis; maculâ magnâ marginali atrâ; posticis flavis apice fuscis.
Phalœna sagittalis. Linn.
Hyblœa sagitta. Fab. 5. p. 128.
Habite dans l'Inde.
Etc.

PLATYPTÈRE. (Platypterix.)

Antennes sétacées, pectinées dans les mâles. Deux palpes très courts. Trompe très courte, presque nulle.
Ailes larges, en toit. Chenilles à 14 pattes.

Antennæ setaceæ, in masculis pectinatæ. Palpi duo brevissimi. Proboscis seu lingua brevissima, subnulla.
Alæ latæ, deflexæ. Eruca pedibus quatuordecim.

Observations. Les *platyptères* font en quelque sorte la transition des pyralites aux phalènes, et ressemblent à ces dernières par leur port. Elles paraissent néanmoins tenir encore de très près aux herminies, leur chenille n'ayant que quatorze pattes, par défaut des pattes anales, et les antennes des mâles étant pectinées. Mais leur trompe ou langue est fort courte, presque nulle, et leurs ailes, non en chappe ni en triangle horizontal, sont fort inclinées en toit. Leurs chenilles vivent dans des feuilles qu'elles plient et roulent.

ESPÈCES.

1. Platyptère en faux, *Platypterix falcataria.*

P. alis falcatis glaucis ; anticis undis fasciaque griseis ; puncto fusco.
Phalæna falcataria. Linn. Fab. 5. p. 133.
Schœff. Ic. tab. 64. f. 1. 2.
Habite sur l'aulne, le bouleau commun.

2. Platyptère lacertine. *Platypterix lacertinaria.*

P. alis erosis lutescentibus : strigis duabus punctoque medio fuscis; posticis immaculatis.
Phalæna lacertinaria. Linn. Fab. 5. p. 135.
Schœff. Icon. tab. 66. f. 2. 3.
Habite sur le chêne, le bouleau.

3. Platyptère du prunellier. *Platypterix compressa.*

P. alis compresso-adscendentibus niveis ; maculâ communi fuscâ, centrali griseâ ; lunula alba.

Bombyx compressa. Fab. 4. p. 455.
Pan. Faun. fasc. 1. t. 6.
Habite sur le prunier épineux.

4. Platyptère jaune. *Platypterix cultraria.*

P. pectinicornis, alis subfalcatis luteis : fasciâ saturatiore ; antennis apice setaceis.
Phalæna cultraria. Fab. 5. p. 133.
Habite en Allemagne.

Ailes non enveloppantes, ni conformées, soit en chappe, soit en triangle alongé. — Chenilles la plupart vagabondes, et vivant ordinairement à découvert.

LES PHALÉNIDES.

Sous la dénomination de *phalénides*, je comprends le reste des lépidoptères nocturnes, c'est-à-dire, ceux qui peuvent être distingués de nos rouleuses et de nos pyralites. Ces insectes, dans le repos, n'ont point les ailes roulées autour du corps, comme les rouleuses, et ne les ont point en chappe, comme la plupart des pyralites. Enfin leurs chenilles vivent ordinairement à découvert, et sont comme vagabondes.

Les *phalénides* dont il s'agit sont très nombreuses, très diversifiées, et fort difficiles à partager en genres bien distincts. Pour y parvenir, je suivrai les principales coupes formées par M. *Latreille*, et j'emploierai à la fois la considération de la chenille et celle de l'insecte parfait. Ainsi, je divise les phalénides de la manière suivante.

DIVISION DES PHALÉNIDES.

[1] *Chenilles à dix ou douze pattes : elles sont arpenteuses dans leur marche. Les ailes inférieures plus étroites ou à peine aussi larges que les supérieures.* (Phalénides géométrales.)

✠ Chenilles à dix pattes.

Phalène.

✠✠ Chenilles à douze pattes.

Campée.

[2] *Chenilles à quatorze ou seize pattes. La plupart ne sont point arpenteusas ; les autres ne le sont qu'incomplétement.*

[a] Trompe alongée dans toutes. Chenilles à seize pattes. (*Phalénides noctuélites.*)

✠ Deux palpes très comprimés.

Noctuelle.

✠✠ Deux palpes cylindracés.

Callimorphe.

[b] Trompe très courte, tantôt comme nulle, tantôt un peu apparente. (*Phalénides-bombycites.*)

✠ Chenilles vivant à découvert : elles ont 14 ou 16 pattes.

— Chenilles à seize pattes.

Bombice.

—— Chenilles à quatorze pattes et à queue fourchue.

Furcule.

✠✠ Chenilles vivant à couvert. Elles ont 16 pattes.

— Antennes beaucoup plus courtes que le corselet, moniliformes ou subdentées.

Hépiale.

—— Antennes aussi longues ou plus longues que le corselet, en partie pectinées.

Cossus.

PHALÈNE. (Phalæna.)

Antennes sétacées. Deux palpes apparents. Trompe ou langue distincte.

Ailes couchées, horizontales ou en toit : les inférieures le plus souvent en partie découvertes, et colorées comme les supérieures. Chenilles arpenteuses, n'ayant que dix pattes.

Antennæ setaceæ. Palpi duo conspicui. Proboscis seu lingua distincta.

Alæ incumbentes, horizontales aut deflexæ : inferioribus sæpè partìm detectis; superioribus uti coloratis. Erucæ geometricæ, pedibus decem.

Observations. Les *phalènes* dont il s'agit ici, sont des lépidoptères nocturnes dont les chenilles n'ont que dix pattes, et qui ont été appelées *arpenteuses*, parce qu'en marchant elles semblent mesurer le terrain. Ce genre serait le même que celui ainsi nommé par M. Latreille dans son dernier ouvrage intitulé *Considérations générales*, etc., si je n'en séparais les espèces dont la chenille a douze pattes.

Dans des insectes aussi variés et aussi nombreux que les lépidoptères nocturnes, la considération des antennes, celle de la trompe, enfin celle de la forme et de la situation des ailes, n'ont pas suffi pour fournir les coupes nécessaires au besoin de l'étude. Il a fallu considérer les larves mêmes de ces insectes, puisque la nature nous offrait en elles des moyens de distinction non variables, et en cela très solides, quoique peu commodes pour l'observateur, qui se trouve obligé d'attendre la connaissance de la larve pour prononcer sur le genre de l'espèce qu'il étudie. Là, comme ailleurs, nous ne saurions toujours éviter cet inconvénient, parce qu'avant tout l'emploi des rapports contraint notre marche, nos associations, et ne nous laisse d'arbitraire qu'à l'égard des lignes de séparation que nous croyons devoir établir.

Les *phalènes* ont, en général, le corps grêle, les ailes inférieures plus étroites que les supérieures, ou à peine aussi larges, et la plupart, dans le repos, ont les quatre ailes étendues de manière que les inférieures sont en partie découvertes. Dans ce cas, leur partie découverte est à peu près colorée comme le dessus des ailes supérieures. Il y a néanmoins quelques phalènes à corps épais, et quelques autres dont les ailes supérieures recouvrent les inférieures.

Les espèces connues de ce genre sont déjà fort nombreuses : voici la citation de quelques-unes des principales.

ESPÈCES.

1. Phalène du bouleau. *Phalœna betularia.*

Ph. pectinicornis; alis omnibus albis; atomis nigris; thorace fasciâ nigrâ; antennis apice setaceis.

Ph. betularia. Linn. Fab. 5. p. 158.

Panz. Faun. fasc. 31. tab. 24.

Habite en Europe, sur le bouleau. Corps épais.

2. Phalène double-bande. *Phalœna prodromaria.*

Ph. pectinicornis; alis albis, nigro-punctatis: fasciis duabus latis, fuscis.

Ph. prodromaria. Fab. 5. p. 159.

Habite en Europe, sur le chêne, le tilleul. Corps épais.

3. Phalène hérissée. *Phalœna hirtaria.*

Ph. pectinicornis; alis hirtis canis: strigis tribus nigris; posterioribus approximatis; antennis atris.

Ph. hirtaria. Fab. 5. p. 149.

Habite en Autriche.

4. Phalène du lilas. *Phalœna syringaria.*

Ph. pectinicornis; alis suberosis; omnibus griseo-flavescentibus; strigis repandis, fuscis albisque.

Ph. syringaria. Linn. Fab. 5. p. 136.
La phalène jaspée. Geoff. 2. p. 125. n° 32.
Habite en Europe, sur le lilas, le jasmin. Corps grêle.

5. Phalène de l'aulne. *Phalœna alniaria.*

Ph. pectinicornis ; alis erosis, flavis, fusco-pulverulentis ; strigis duabus fuscis.
Ph. alniaria. Linn. Fab. 5. p. 136.
Panz. Faun. fasc. 62. tab. 22.
Habite en Europe, dans les vergers.

6. Phalène du sureau. *Phalœna sambucaria.*

Ph. pectinicornis ; alis caudato-angulatis, flavescentibus : strigis duabus obscurioribus, posticis apice bipunctatis.
Ph. sambucaria. Linn. Fab. 5. p. 134.
La soufrée à queue. Geoff. 2. p. 138. n° 58.
Habite en Europe, sur le sureau.

7. Phalène du groseiller. *Phalœna grossulariata.*

Ph. seticornis ; alis albidis ; maculis rotundatis, nigris, anticis strigis luteis.
Ph. grossulariata. Linn. Fab. 5. p. 174.
La mouchetée. Geoff. 2. p. 136. n° 56.
Habite en Europe, sur le groseiller.

8. Phalène lunaire. *Phalœna lunaria.*

Ph. pectinicornis ; alis angulato-dentatis basi rufis, lunulâ albâ, postice cinereis.
Ph. lunaria. Fab. 5. p. 136.
Habite en Allemagne, sur le poirier, le bouleau, le saule.

9. Phalène atomaire. *Phalœna atomaria.*

Ph. pectinicornis ; alis omnibus lutescentibus ; strigis atomisque fuscis.
Ph. atomaria. Linn. Fab. 5. p. 144.
Habite sur la centaurée scabieuse.

10. Phalène dolabraire. *Phalœna dolabraria.*

Ph. pectinicornis : alis angulatis, flavis ; strigis ferrugineis, angulo ani violaceo.

Phalœna dolabraria. Linn. Fab. 5. p. 138.
Sulz. Hist. Ins. t. 22. f. 9.
Habite en Europe, sur le chêne.

11. Phalène piniaire. *Phalœna piniaria.*

Ph. pectinicornis ; alis fuscis, flavo-maculatis, subtùs nebulosis ; fasciis duabus fuscis.
Ph. piniaria. Linn. Fab. 5. p. 141.
Clerk. Phal. tab. 1. f. 10.
Habite en Europe, sur le pin, le bouleau, etc.

12. Phalène treillissée. *Phalœna clathrata.*

Ph. seticornis : alis omnibus flavescentibus ; lineis nigris decussatis.
Phalœna clathrata. Linn. Fab. 5. p. 183.
Clerk. Phal. t. 2. f. 11.
Les barreaux. Geoff. 2. p. 135. n° 53.
Habite en Europe, dans les bruyères.
Etc.

CAMPÉE. (Campæa.)

Antennes sétacées, souvent simples. Deux palpes subconiques. Trompe ou langue distincte, souvent fort longue.

Ailes couchées ou en toit. Chenilles à douze pattes, un peu arpenteuses.

Antennœ setaceœ, sœpè simplices. Palpi duo subconici. Proboscis seu lingua conspicua, sœpè prœlonga.

Alœ incumbentes aut deflexœ. Eruca subgeometrica, duodecimpoda.

Observations. Les chenilles des *Campées* ayant constamment douze pattes, ce caractère me paraît un motif suffisant pour en former un genre à part, et les séparer des phalènes qui n'en ont toujours que dix. A la vérité, les insectes de ces deux genres, dans l'état parfait, se distinguent difficilement entre eux ; mais puisque dans l'un et l'autre de ces genres, le nombre des espèces connues qui s'y rapportent est déjà assez considérable, je vois en eux deux groupes particuliers véritablement distingués par la nature.

ESPÈCES.

1. Campée perlée. *Campœa margaritaria.*

C. pectinicornis; alis angulatis, albidis, fasciâ saturiore, strigâ albâ terminatâ.

Phalœna margaritaria. Fab. 5. p. 131.

Habite en Europe, sur le charme, le bouleau. Chenille à queue fourchue.

2. Campée large-bande. *Campœa fasciaria.*

C. pectinicornis; alis omnibus rufescentibus: fasciâ latâ ferrugineâ; margine albo.

Phalœna fasciaria. Linn. Fab. 5. p. 157.

Habite en Europe, sur le pin.

3. Campée gamma. *Campœa gamma.*

C. cristata; alis deflexis dentatis; anticis fuscis Y *aureo inscriptis.*

Noctua gamma. Linn. Fab. Gmel. p. 2555.

Le lambda. Geoff. 2. p. 156. n° 92.

Habite en Europe, sur l'aurone, l'oseille. Chenille verte.

4. Campée mi. *Campœa mi.*

C. lœvis; alis deflexis, fusco cinereoque variegatis, subtùs W *nigro.*

Noctua mi. Linn. Fab. 5. p. 34.

Hybn. Beytr. 3. tab. 2. *fig.* F.

Habite sur le *medicago falcata.*

5. Campée glyphique. *Campœa glyphica.*

C. lœvis; alis deflexis, cinereo fuscoque variegatis, subtùs luteis fusco-fasciatis.

Noctua glyphica. Linn. Fab. 5. p. 33.

La doublure jaune. Geoff. 2. p. 136. n° 35.

Habite en Europe, sur le bouillon blanc.

6. Campée de la fétuque. *Campœa festucæ.*

C. cristata ; alis deflexis ; anticis flavo fuscoque variis, maculis tribus argenteis.
Noctua festucæ. Linn. Fab. 5. p. 78.
Habite en Europe, sur la fétuque flottante.

7. Campée ondée. *Campœa circumflexa.*

C. cristata ; alis deflexis ; anticis fuscescentibus ; charactere flexuoso argenteo.
Noctua circumflexa. Linn. Fab. 5. p. 78.
Hybn. Beytr. 3. tab. 4. *fig.* V.
Habite en Allemagne, sur la millefeuille.

8. Campée de l'ortie. *Campœa interrogationis.*

C. cristata ; alis deflexis ; anticis fusco cinereoque variis, signo albo ? inscriptis.
Noctua interrogationis. Linn. Fab. 5. p. 80.
Clerk. Ic. tab. 6. f. 7.
Habite en Europe, sur l'ortie.

9. Campée vert-doré. *Campœa chrysitis.*

C. cristata; alis deflexis, orichalceis, margine fasciâque griseis.
Noctua chrysitis. Linn. Fab. 5. p. 76.
Le volant doré. Geoff. 2. p. 159. n° 97.
Ernst. Pap. d'Europe. pl. 335. n° 588.
Habite en Europe, sur les chardons, etc.
Etc.

On peut y ajouter les *noctua bractea*, *illustris*, *triquetra* de Fabricius.

NOCTUELLE. (Noctua.)

Antennes sétacées, le plus souvent simples, quelquefois ciliées ou subpectinées. Deux palpes très comprimés. Trompe ou langue apparente, souvent fort longue.

Ailes horizontales ou en toit. Chenilles à seize pattes.

Antennæ setaceæ, sæpiùs simplices, interdùm ciliatæ aut subpectinatæ. Palpi duo valdè compressi. Proboscis seu lingua conspicua, sæpè longissima.

Alæ horisontales aut deflexæ. Eruca pedibus sexdecim.

Observations. Les *noctuelles*, ainsi que les bombices, les cossus et les hépiales, sont distinguées des phalènes en ce que leurs chenilles ont plus de douze pattes et ne sont pas de vraies arpenteuses. Les chenilles de ces lépidoptères nocturnes ont, en effet, réellement seize pattes ; mais dans quelques races, les deux pattes membraneuses antérieures sont si courtes, que ces chenilles paraissent n'en avoir que quatorze.

Dans les *noctuelles*, comme dans les phalènes, la trompe ou langue est bien apparente, alongée, quelquefois même très longue. On y avait cherché un moyen de distinction entre ces deux genres, en considérant la trompe des phalènes comme simplement membraneuse, tandis que l'on regardait celle des *noctuelles* comme dure, presque cornée; mais ces caractères sont sans valeur positive. La forme et la situation des ailes n'en offrent guère de meilleurs pour distinguer ces deux genres. On sait seulement qu'en général les ailes inférieures sont, dans la plupart des *noctuelles*, autrement colorées que les supérieures; qu'elles sont plus rarement et moins découvertes; qu'en un mot, elles n'affectent point une forme étroite.

Les antennes des *noctuelles* sont plus souvent simples que ciliées ou pectinées, et les deux palpes apparens sont très comprimés, ce qui aide beaucoup à reconnaître le genre.

Ce genre est nombreux en espèces. Dans les unes, pendant le repos de l'animal, les ailes sont simplement horizontales, et dans les autres, elles sont inclinées en toit. Il y en a qui ont le corselet simple, et d'autres dont le corselet est surmonté de huppes ou de crêtes écailleuses; enfin, il y en a qui sont demi-arpenteuses, parce que leurs premières pattes membraneuses sont sensiblement plus courtes que les autres. Ces différents caractères peuvent servir à diviser le genre.

ESPÈCES.

1. Noctuelle du frêne. *Noctua fraxini.*

N. cristata, alis dentatis cinereo-nebulosis : posticis suprà nigris; fasciâ cœrulescente.
Noctua fraxini. Linn. Fab. 5. p. 55.
La lichenée bleue. Geoff. 2. p. 151. n° 83.
Habite en Europe, sur le frêne, le peuplier.

2. Noctuelle fiancée. *Noctua sponsa.*

N. cristata, alis planis cinerascentibus fusco-undulatis ; posticis rubris; fasciis duabus nigris; abdomine undique cinereo.
Noctua sponsa. Linn. Fab. 5. p. 53.
La lichenée rouge. Geoff. 2. p. 150. n° 82.
Habite en Europe, sur le chêne.

3. Noctuelle mariée. *Noctua nupta.*

N. cristata, alis planis cinerascentibus ; posticis rubris ; nigro-fasciatis ; abdomine cano, subtùs albo.
N. nupta. Linn. Fab. 5. p. 53.
Engr. Pap. d'Europe. pl. 323. n°ˢ 564. 565. c. d.?
Habite en Europe, en France, sur l'osier.

4. Noctuelle choisie. *Noctua pacta.*

N. cristata, alis grisescentibus subundatis ; posticis rubris ; fasciis duabus nigris ; abdomine suprà rubro.
Noctua pacta. Linn. Fab. 5. p. 54.
Engr. Pap. d'Europe. pl. 324. n° 566.
Habite en Europe, sur le chêne.

5. Noctuelle maure. *Noctua maura.*

N. cristata, alis incumbentibus dentatis, cinereo nigroque variis, subtùs margine albo.
Noctua maura. Linn. Fab. 5. p. 63.
Engr. Pap. d'Europe. pl. 319. n° 561.
Habite en Allemagne, en Angleterre.

6. Noctuelle lunaire. *Noctua lunaris.*

N. cristata, alis incumbentibus dentatis, fuscescentibus, in medio griseis ; puncto atro lunulâque fuscâ.

N. lunaris. Fab. 5. p. 63.
Latr. Hist. nat. des Crust. et des Ins. 14. p. 202. pl. 108. f. 1.
Habite en Autriche, etc.

7. Noctuelle hibou. *Noctua pronuba*.

N. cristata ; alis incumbentibus ; posticis testaceis ; fasciâ nigrâ submarginali.
N. pronuba. Linn. Fab. 5. p. 56.
La phalène hibou. Geoff. 2. p. 146. n° 76.
Habite en Europe, sur diverses plantes.

8. Noctuelle collier-blanc. *Noctua albicollis.*

N. lævis, alis deflexis, basi albis, apice fuscis ; litturâ duplici albâ.
Noctua albicollis. Fab. 5. p. 36.
Engr. Pap. d'Europe. pl. 318. n° 559.
Habite en Europe. Commune aux environs de Paris.

9. Noctuelle Batis. *Noctua Batis.*

N. lævis, alis deflexis ; anticis fuscis ; maculis quinque carneis ; posticis albis.
Noctua batis. Linn. Fab. 5. p. 30.
Engr. Pap. d'Europe. pl. 231. n° 333.
Habite en Europe, sur la ronce.

10. Noctuelle du bouillon-blanc. *Noctua verbasci.*

N. cristata ; alis deflexis dentato-erosis : margine laterali fusco immaculato.
N. verbasci. Linn. Fab. 5. p. 120.
La striée brune. Geoff. 2. p. 158. n° 96.
Habite sur le bouillon-blanc, la scrophulaire.

11. Noctuelle psi. *Noctua psi.*

N. cristata ; alis deflexis cinereis ; anticis lineolâ baseos characteribusque nigris, pedibus immaculatis.
N. psi. Linn. Fab. 5. p. 105.
Engr. Pap. d'Europe. pl. 212. n° 286.
Le psi. Geoff. 2. p. 155. n° 91.
Habite en Europe. Commune dans les jardins.

CALLIMORPHE. (Callimorpha.)

Antennes sétacées, simples ou ciliées. Deux palpes cylindracés. Trompe apparente, un peu longue.

Corps presque grêle ; ailes couchées, un peu en toit: les supérieures en triangle. Chenilles à seize pattes.

Antennœ setaceœ, simplices aut ciliatœ. Palpi duo cylindracei. Proboscis conspicua, longiuscula.

Corpus subgracile ; alœ incumbentes, subdeflexœ ; superiores trigonœ. Eruca pedibus sexdecim.

Observations. Les *Callimorphes* sont en quelque sorte moyennes entre les noctuelles et les bombices. Elles n'ont pas les palpes très comprimés des noctuelles, ni la langue très courte des bombices. J'ai suivi M. *Latreille*, qui les sépare des bombices, avec lesquels Fabricius et Olivier les confondent. Ce sont de jolis lépidoptères à ailes trigones, en général bigarrées de couleurs vives, avec des taches en rivules ou en damier. Leur chenille est ordinairement velue ou hérissonnée.

ESPÈCES.

1. Callimorphe chinée. *Callimorpha hera.*

C. alis incumbentibus, virescenti-nigris ; rivulis flavis, posticis rubicundis ; maculis tribus nigris.
Bombyx hera. Fab. 4. p. 474.
La phalène chinée. Geoff. 2. p. 145. n° 74.
Habite l'Europe méridionale.

2. Callimorphe marbrée. *Callimorpha dominula.*

C. alis incumbentibus atris ; maculis albo flavescentibus, posticis rubris nigro-maculatis.
Phalœna dominula. Linn. *Bombyx dominula.* Fab.
L'écaille brune. Geoff. 2. p. 109. n° 10.
Ernst. Pap. d'Europe. pl. 142. n° 197.
Habite en Europe.

3. Callimorphe martre. *Callimorpha caja.*

C. alis deflexis fuscis; rivulis albis; posticis purpureis, nigro punctatis.
Phalœna caja. Linn. *Bombyx caja.* Fab.
L'écaille martre. Geoff. 2. p. 108. n° 8.
Habite en Europe. Chenille fort hérissée.

4. Callimorphe rosette. *Callimorpha rosea.*

C. alis incumbentibus roseis; strigis tribus fuscis; secundâ undatâ, tertiâ punctatâ.
Bombyx rosea. Fab. 4. p. 485.
La rosette. Geoff. 2. p. 121. n° 25.
Habite en Europe, dans les bois.

5. Callimorphe obscure. *Callimorpha obscura.*

C. alis incumbentibus, concoloribus, fuscis; anticis punctis tribus hyalinis; abdomine flavo, lineâ nigrâ.
Bombyx obscura. Fab. 4. p. 487.
Phalœna ancilla. Linn.
Habite en Europe.
Etc.

BOMBICE. (Bombyx.)

Antennes bipectinées, surtout dans les mâles. Deux palpes courts. Trompe très courte, le plus souvent non apparente, et comme nulle.

Le corps gros, couvert de poils serrés ou laineux. Ailes soit horizontales, soit inclinées en toit. Larves à seize pattes. Chrysalide dans une coque.

Antennœ bipectinatœ, saltem in masculis. Palpi duo breves. Proboscis seu lingua brevissima, sœpiùs inconspicua, subnulla.

Corpus crassum, densè hirsutum aut lanuginosum. Alœ horisontales, vel deflexœ. Eruca sexdecimpoda. Pupa folliculata.

Observations. Dans la très grande famille des lépidoptères nocturnes, ce sont les *bombices* qui offrent les plus grands lépidoptères connus.

Ces insectes ont, en général, le corps gros, épais, un peu court et fort velu. Leurs ailes sont horizontales ou en toit, et les inférieures sont à peu près aussi larges que les supérieures. Elles sont le plus souvent très plissées au côté interne. Comme les insectes de ce genre et même des deux suivants, vivent très peu après leur dernière transformation, et qu'alors ils ne prennent plus de nourriture, leur trompe ou langue ne se développe point; en sorte qu'elle est très courte, non apparente et presque nulle.

Ayant séparé des bombyces des auteurs, les races dont les chenilles n'ont que quatorze pattes, pour en former mon genre *furcule*, tous mes bombyces ont la chenille à seize pattes et la queue simple. Ce genre est extrêmement nombreux en espèces.

ESPÈCES.

* *Ailes horizontales.*

1. Bombice atlas. *Bombyx atlas.*

B. alis patentibus, falcatis, luteo variis: macula fenestrata anticis sesquialtera. Fab. 4. p. 407.
Phalæna atlas. Linn.
Oliv. Dict. p. 24. n° 1.
Habite la Chine, les Molusques, etc. Très grand, à ailes vitrées, fauves ou ferrugineuses.

2. Bombice éthra. *Bombyx ethra.*

B. alis patentibus, subfalcatis, rufis; strigis duabus albis, macula fenestrata. Oliv. Dict. n° 2.
Phalæna aurota. Cram. Pap. exost. 1. pl. 8. *fig.* A.
Bombyx aurotus? Fab. 4. p. 408.
Habite à Cayenne, à Surinam.

3. Bombice des orangers. *Bombyx hesperus.*

B. alis patentibus, falcatis, luteo-variis; macula fenestrata, posticis rotundatis. Fab. 4. p. 408.

Cram. Pap. exot. 1. p. 105. tab. 68. f. A.
Habite dans l'Amérique méridionale, sur les orangers, les citronniers.

4. Bombice cécropie. *Bombyx cecropia.*

B. alis patentibus, griseis; fascia fulva, anticis ocello subfenestrato ferrugineo. Fab. 4. p. 408.
Phalœna cecropia. Linn.
Drury. Ins. 1. tab. 18. f. 2.
Habite la Caroline, etc.

5. Bombice paphie. *Bombyx paphia.*

B. alis patentibus, falcatis, concoloribus, flavis: strigis rufis ocelloque fenestrato. Fab. 4. p. 409.
Phalœna paphia. Linn.
Petiv. Gaz. tab. 29. f. 3.
Habite l'Asie, *Fab.*; l'Amérique septentrionale, *Olivier.*

6. Bombice Polyphème. *Bombyx Polyphemus.*

B. alis patentibus, falcatis, griseo-carneis; fascia atra ocelloque fenestrato posticarum majori. Fab. 4. p. 410.
Phalœna Polyphemus. Cram. Pap. exot. 1. tab. 5. *fig.* A—B.
Habite la Jamaïque, l'Amérique septentrionale.

7. Bombice Sémiramis. *Bombyx Semiramis.*

B. alis patentibus, caudatis, versicoloribus; puncto fenestrato, caudis longissimis. Fab. 4. p. 413.
Phalœna Semiramis. Cram. Pap. exot. 1. pl. 13. *fig.* A.
Habite l'Amérique méridionale.

8. Bombice Argus. *Bombyx Argus.*

B. alis patentibus, caudatis, pallidè ferrugineis; punctis ocellaribu fenestratis numerosis, caudis longissimis. Fab. 4. p. 414.
Phalœna brachyura. Cram. (Drury) 3. t. 29. f. 1.
Habite en Afrique, à Sierra Leone.

9. Bombice grand-paon. *Bombyx pavonia.*

B. alis patentibus, rotundatis, griseo-nebulosis, subtùs fasciatis: ocello nictitante subfenestrato. Fab. 4. p. 416.
Phalœna pavonia. Linn.

Habite en Europe, en France, etc. C'est le plus grand lépidoptère d'Europe. Il offre plusieurs variétés. Sa chenille est très belle.

** *Ailes en toit et reverses : les inférieures débordent celles de dessus.*

10. Bombice feuille-morte. *Bombyx quercifolia.*

B. alis reversis, dentatis, ferrugineis; ore tibiisque nigris. Fab. 4. p. 420.
Phalæna quercifolia. Linn.
La feuille-morte. Geoff. 2. p. 110. n° 11.
Ernst. Pap. d'Europe. 4. p. 199. pl. 166. n° 217.
Habite en Europe. Il est commun.

11. Bombice minime. *Bombyx quercus.*

B. alis reversis, ferrugineis : striga flava, anticis puncto albo. Fab. 4. p. 423.
Phalœna quercus. Linn.
Le minime à bande. Geoff. 2. p. 111. n° 13.
Ernst. Pap. d'Europe. 5. pl. 174 et 175. n° 225.
Habite en Europe ; assez commun aux environs de Paris.

12. Bombice processionnaire. *Bombyx processionaria.*

B. alis reversis, cinereo-fuscis; fœmine striga obscuriore, maribus tribus. Fab. 4. p. 430.
Phalœna processionaria. Linn.
La processionnaire du chêne. Réaum. 2. p. 179. pl. 10 et 11.
Ernst. Pap. d'Europe. 5. p. 41. pl. 184. n° 238.
Habite en Europe, sur le chêne. Sa chenille vit en société et a des habitudes singulières.

13. Bombice du mûrier. *Bombyx mori.*

B. alis reversis, pallidis; strigis tribus obsoletis, fuscis. Fab. 4. p. 431.
Phalœna mori. Linn.
Le ver à soie. Geoff. 2. p. 116. n° 18.
Habite à la Chine. On l'élève dans l'Europe méridionale pour sa production de la soie, objet important pour le commerce et les manufactures.

14. Bombice livrée. *Bombyx neustria.*

B. alis reversis, griseis ; strigis duabus ferrugineis, subtùs unica. Fab. 4. p. 432.
Phalæna neustria. Linn.
La livrée. Geoff. 2. p. 114. n° 16.
Habite en Europe. Très commun dans les jardins, dont il dévore les feuilles des arbres fruitiers et autres.

*** *Ailes inclinées et recouvrantes : les inférieures ne dépassent pas celles de dessus.*

15. Bombice pied laineux. *Bombyx lagopus.*

B. alis deflexis, flavescentibus ; atomis strigisque duabus fuscis ; pedibus anticis porrectis, hirsutissimis. Fab. 4. p. 435.
Habite à la Chine.

16. Bombice impérial. *Bombyx imperialis.*

B. alis flavis fusco-maculatis : omnibus macula subocellari ferruginea. Fab. 4. p. 435.
Drury, Ins. 1. tab. 9. f. 1. 2.
Habite dans l'Inde, *Fab.*; dans l'Amérique septentrionale, *Oliv.*

17. Bombice disparate. *Bombyx dispar.*

B. alis deflexis ; masculis griseo fuscoque nebulosis, fœmineis albidis, lituris nigris. Fab. 4. p. 437.
Phalæna dispar. Linn.
Le zig-zag. Geoff. 2. p. 112. n° 14.
Ernst. Pap. d'Europe. 4. p. 106. pl. 138. 186.
Habite en Europe. Assez commun dans les jardins. Le mâle ne ressemble nullement à la femelle.

28. Bombice patte-étendue. *Bombyx pudibunda.*

B. alis deflexis, cinereis : strigis tribus undatis fuscis. Fab. 4. p. 438.
Phalæna pudibunda. Linn.
La patte étendue. Geoff. 2. p. 113. n° 15.
Ernst. Pap. d'Europe. 4. p. 170. pl. 160. n° 207.
Habite en Europe. Sa chenille est velue, polyphage.
Etc.

FURCULE. (Furcula.)

Antennes subpectinées, sur-tout dans les mâles. Trompe ou langue apparente.

Ailes, soit reverses, soit recouvrantes. Chenilles à quatorze pattes et à queue fourchue. Chrysalide dans une coque.

Antennœ subpectinatœ, saltèm in masculis. Proboscis seu lingua inconspicua.

Alœ reversœ aut incumbentes. Eruca quatuordecim-poda; caudâ furcatâ. Pupa folliculata.

Observations. Je crois devoir former un genre particulier avec les bombices des entomologistes dont la chenille n'a que quatorze pattes, les deux pattes anales étant transformées en queue fourchue. Ce caractère donne aux chenilles dont il s'agit un aspect particulier et même des habitudes un peu singulières. D'ailleurs, la séparation de ces lépidoptères donne plus d'uniformité au genre des bombices.

La campée perlée n° 1 a aussi la queue fourchue; mais sa chenille n'a que douze pattes, et l'insecte parfait a une langue alongée.

ESPÈCES.

1. Furcule du hêtre. *Furcula fagi.*

F. alis reversis, rufo-cinereis; fasciis duabus linearibus luteis flexuosis.
Bombyx fagi. Fab. 4. p. 422.
Albin. Ins. tab. 58.
Ernst. Pap. d'Europe. 5. pl. 205. n° 270.
Habite en Europe, sur le hêtre, le noisetier.

2. Furcule tachetée. *Furcula vinula.*

F. alis subreversis, fusco-venosis, striatisque; corpore albo nigro punctato.
Bombyx vinula. Fab. 4. p. 428.
La queue fourchue. Geoff. 2. p. 104. n° 5.
Habite en Europe.

3. **Furcule du saule.** *Furcula salicis.*

F. thorace variegato; alis griseis, basi apiceque albis, nigro-punctatis.
Bombyx furcula. Fab. 4. p. 475.
Panz. Fasc. 4. tab. 20.
Ernst. Pap. d'Europe. 5. pl. 206. n° 273.
Habite en Europe, sur le saule. Chenille verte.

HÉPIALE. (Hepialus.)

Antennes moniliformes, subdentées, beaucoup plus courtes que le corselet. Deux palpes très petits, tuberculiformes, poilus. Trompe très courte.

Ailes oblongues, en toit. Anneaux de la chrysalide dentelés sur les bords. Chenille vivant à couvert sous la terre.

Antennæ moniliformes, subserratæ, thorace multò breviores. Palpi duo brevissimi, valdè pilosi, tuberculiformes. Proboscis brevissima.

Alæ oblongæ, subdeflexæ. Eruca in terrâ vivens. Pupa segmentis margine denticulatis.

Observations. Les *hépiales* ont beaucoup de rapports avec les *cossus*, et leurs larves vivent pareillement à couvert; mais dans la terre ou dans les racines des plantes ligneuses, qu'elles rongent et détruisent. Leurs antennes très courtes et moniliformes les distinguent d'ailleurs des cossus.

Linné et la plupart des auteurs ont confondu ces insectes avec les phalènes, et cependant ils tiennent plus aux bombices qu'aux phalènes, par leur trompe très courte, à peine apparente.

Les chenilles des hépiales sont presque rases, comme celles des cossus. Parmi les espèces de ce genre, je citerai:

ESPÈCES.

1. Hépiale du houblon. *Hepialus humuli.*

H. alis flavis, fulvo-striatis, maris niveis. Fab. 5. p. 5.
Phalæna noctua humuli. Linn.
Sulz. Hist. Ins. tab. 22. f. 1.
Ernst. Pap. d'Europe. 5. p. 74. pl. 191. f. 248.
Habite en Europe. Sa chenille ronge et détruit les racines du houblon.

2. Hépiale louvette. *Hepialus lupulinus.*

H. alis cinereis, strigâ albidiore. Fab. 5. p. 6.
Phalæna lupulina. Linn.
Clerck. Ic. tab. 9. f. 4.
Ernst. Pap. d'Europe. 5. p. 84. pl. 193. f. 250.
Habite en Europe.

3. Hépiale variolée. *Hepialis hectus.*

H. luteus, alis deflexis; anticis fasciis duabus albidis, obliquis, punctato-interruptis.
Phalæna noc. hecta. Linn.
Ernst. Pap. d'Europe. 5. p. 81. pl. 193. f. 251. a. b. c.
Habite en Europe, dans les bois.

4. Hépiale croix. *Hepialus crux.*

H. alis rufo-luteis; lineis duabus obliquis albis; antennis serratis. Fab. 5. p. 7.
Habite en Danemarck.
Etc.

COSSUS. (Cossus.)

Antennes sétacées, aussi longues ou plus longues que le corselet, en partie pectinées dans les mâles, ou demi-pectinées dans les deux sexes. Deux palpes distincts. Trompe très courte.

Ailes oblongues, couchées. Chenille vivant dans le tronc des arbres.

Antennæ setaceæ, thoracis longitudine vel thorace longiores, in masculis partìm pectinatæ, vel semipectinatæ in utroque sexu. Palpi duo distincti. Proboscis seu lingua brevissima.

Alæ oblongæ, incumbentes. Eruca intrà truncos arborum vivens.

Observations. Les *cossus* tiennent aux bombices par leur trompe très courte, et aux hépiales par les habitudes de leurs larves. Leurs antennes sont moins pectinées que dans les bombices, et plus longues que dans les hépiales. Quant à leurs chenilles ou larves, elles vivent toujours à couvert dans le tronc des arbres, dont elles rongent la substance, et sont très redoutables par le tort qu'elles occasionent en faisant périr les arbres qu'elles habitent.

Des deux espèces que je vais citer, la première est célèbre par l'anatomie admirablement détaillée qu'en a faite *Lyonnet*.

J'ai cru devoir réunir ici le *cossus* et le *zeuzera* de M. Latreille, afin de simplifier, et à cause des rapports et des habitudes de ces lépidoptères.

Néanmoins, dans son genre cossus, les antennes sont, dans les deux sexes, semipectinées dans presque toute leur longueur, c'est-à-dire n'ont qu'une rangée de dents, tandis que, dans son genre *zeuzera*, les antennes sont simples dans leur partie supérieure, mais pectinées ou cotonneuses inférieurement, selon les sexes.

ESPÈCES.

1. Cossus gâte-bois. *Cossus ligniperda.*

C. alis nebulosis; thorace posticè fasciâ atrâ. Fab. 5. p. 1.
Phalæna bombyx cossus. Linn.
Le cossus. Geoff. 2. p. 102. n° 4.
Ernst. Pap. d'Europe. 15. p. 63. pl. 183 et 190. n° 246.
Lyonn. Monogr. hog. 1762. phil. 80. t. 18. id. Lesser. tab. 1. f. 17—22.
Habite en Europe. Sa chenille est rougeâtre, et vit dans le tronc

de différens arbres. Les antennes, dans les deux sexes, sont semi-pectinées ou n'ont qu'une seule rangée de dents.

2. Cossus du marronnier. *Cossus æsculi.*

C. niveus; alis punctis numerosis cœruleo-nigris, thorace senis. Fab. 5. p. 4.
Phalæna n. œsculi. Linn.
Roes. Ins. 3. tab. 48. f. 5. 6.
Ernst. Pap. d'Europe. 16. p. 69. pl. 190. n° 147.
Zeuzera. Latr. Gen. Crust. et Ins. 4. p. 217.
Habite en Europe, dans le tronc du marronnier et de plusieurs autres arbres. Les antennes des mâles sont pectinées inférieurement et simples à leur sommet. Celles des femelles sont seulement cotonneuses inférieurement.

LES SPHINGIDES

OU

LÉPIDOPTÈRES CRÉPUSCULAIRES.

Antennes en massue alongée, prismatique ou en fuseau. — Ailes horizontales ou en toit dans l'inaction.

Les *sphingides* qui, dans Linné, ne constituent qu'un seul genre qu'il nomme *sphinx*, semblent faire le passage des lépidoptères nocturnes aux lépidoptères diurnes. Les uns, en effet, ne volent que le soir et la nuit, tandis que les autres volent le jour, et même par un beau soleil. Leurs antennes vont en s'épaississant de la base vers le sommet, de manière à former, dans la plupart, une massue alongée, prismatique ou en fuseau, et terminée, soit par un filet court, soit par une pointe arquée et crochue. Mais les *sphingides* tiennent aux lépidoptères nocturnes en ce qu'ils ont leurs ailes horizontales ou en toit dans l'inaction, et qu'à la naissance des ailes inférieures, il y a un crochet subulé qui va s'insérer dans une boucle de la base des ailes supérieures.

Dans les *sphingides*, les ailes supérieures sont presque toujours plus grandes et plus longues que les inférieures. L'abdomen est conique et nu dans les grandes espèces; il est obtus, avec une brosse, dans les petites. Cette famille comprend huit genres, qui paraissent très distincts, et que je divise de la manière suivante.

DIVISION DES SPHINGIDES.

[1] *Antennes bipectinées, soit dans les deux sexes, soit seulement dans les mâles.*

Stygie.
Procris.

[2] *Antennes simples dans les deux sexes.*

(a) Palpes grêles, barbus ou hérissés.

Zygène.
Sésie.
Macroglosse.

(b) Palpes larges, très écailleux.

(×) Troisième article des palpes peu distinct. Une corne caudale sur le dos de la chenille.

Sphinx.
Smérinthe.

(× ×) Troisième article des palpes très distinct. Point de corne caudale sur le dos de la chenille.

Castnie.

STYGIE. (Stygia.)

Antennes bipectinées dans les deux sexes, à sommet nu. Deux palpes triarticulés. Trompe plus ou moins distincte.

Ailes oblongues, en toit. Port des zygènes.

Antennæ in utroque sexu bipectinatæ; apice imberbi. Palpi duo triarticulati. Proboscis plus minusve distincta.

Alæ oblongæ, deflexæ. Habitus zygænarum.

Observations. Sous la dénomination de *stygie*, je réunis les aglaopes, les glaucopides et les stygies de Latreille. Toutes ces sphingides ont le port des zygènes, et les antennes bipectinées dans les deux sexes. En cela, elles se distinguent des procris, dont les antennes ne sont bipectinées que dans les mâles.

ESPÈCES.

1. Stygie polymène. *Stygia polymena.*

St. nigra; alis maculis luteis: anticarum tribus, posticarum duabus; abdomine cingulis duobus coccineis.

Zygœna polymena. Fab. *Sphinx polymena.* Linn.

Glaucopis Latr.

Habite en Chine.

2. Stygie dos bleu. *Stygia auge.*

St. sanguineo cœruleoque varia, lateribus sanguineo-pilosis; alis fenestratis, posticè nigris.

Zygœna auge. Fab. *Sphinx auge.* Linn.

Habite en Amérique, sur le *parthenium*.

3. Stygie argynne. *Stygia argynnis.*

St. alis virescenti-atris: maculis aureis, posticis fuscis, basi aureis.

Zygœna argynnis. Fab.

Habite au Brésil.

4. Stygie malheureuse. *Stygia infausta.*

St. alis fuscis : posticis internè sanguineis.
Zygœna infausta. Fab.
Engr. Pap. d'Europe. pl. 103. n° 152.
Aglaope. Latr.
Habite l'Europe méridionale.

5. Stygie australe. *Stygia australis.*

St. luteo fulvo fuscoque varia : ano barbato.
Stygia australis. Latr. Gen. Crust. et Ins. 1. tab. 16. *fig.* 4. 5.
Habite dans le midi de la France.

PROCRIS. (Procris.)

Antennes bipectinées dans les mâles, simples ou un peu velues dans les femelles, avec le sommet nu. Deux palpes écailleux.

Ailes en toit.

Antennœ masculis bipectinatœ, feminis simplices vel tantùm subhirtœ : apice imberbi. Palpi duo squamati.

Alœ deflexœ.

Observations. Les *procris*, de même que les stygies, tiennent aux zygènes par leurs rapports, et sont remarquables en ce que leurs antennes sont bipectinées, au moins dans les mâles, ainsi qu'on le remarque ici. Sous cette coupe, je réunis les procris et les atychies de M. Latreille. Les premières ont les ailes longues et les palpes non velus, ne s'élevant pas au-delà du chaperon ; mais les secondes ont les ailes courtes, et des palpes très velus, qui s'élèvent davantage.

ESPÈCES.

1. Procris du statice. *Procris statices.*

P. viridi-cœrulea ; alis posticis fuscis.
Sphinx statices. Linn.

Zygœna statices. Fab. *Procris.* Latr.
La turquoise. Geoff. 2. p. 130.
Habite en Europe, dans les prairies.

2. Procris du prunier. *Procris pruni.*

P. viridi-cærulea; alis posticis nigris.
Zygœna pruni. Fab.
Engram. Pap. d'Europe. pl. 103. nº 151.
Habite en Allemagne et aux environs de Paris.

Antennes simples dans les deux sexes.

ZYGÈNE. (Zygæna.)

Antennes simples, courbées en cornes de bélier, renflées en massue pointue vers son extrémité. Deux palpes pointus.

Ailes en toit : les supérieures oblongues. Larve dépourvue de corne. Chrysalide dans une coque.

Antennœ in utroque sexu simplices, clavâ apice subacutâ terminatœ, cornua arietina incurvatione simulantes. Palpi duo acuti.

Alœ deflexœ : superioribus oblongis. Larva cornu nullo. Pupa folliculata.

Observations. Les *zygènes* ont le vol court et diurne. Elles paraissent, ainsi que les genres précédents, plus rapprochées des bombices que les sésies et les sphinx. Mais leurs antennes, épaissies ou renflées vers le bout, les distinguent de toutes les phalénides, et les font ranger naturellement parmi les sphingides, dans le voisinage des sésies.

Dans la plupart des espèces, les ailes sont ornées de couleurs vives, le plus souvent rouges avec des taches noires, et ont un aspect assez agréable.

Les *zygènes*, en général, volent lourdement, et ne parcourent que de petites distances à chaque vol. Leurs chenilles n'ont point de corne et ne se retirent point dans la terre pour se métamorphoser.

On trouve ces insectes sur les herbes, sur les fleurs des plantes les moins élevées.

ESPÈCES.

1. Zygène de la filipendule. *Zygœna filipendulæ.* Fab.

Z. alis anticis cyaneis; punctis sex rubris; posticis rubris; margine cyaneo.
Sphinx filipendulæ. Linn.
Sphinx. Geoff. 2. p. 88. nº 13.
Habite en Europe, dans les prairies.

2. Zygène du lotier. *Zygœna loti.*

Zyg. alis anticis viridibus; punctis quinque rubris; posticis sanguineis; limbo cyaneo.
Zygœna loti. Fab.
Engr. Pap. d'Europe. pl. 18. nº 158.
Habite en Europe.

3. Zygène de la scabieuse. *Zygœna scabiosœ.* Fab.

Z. atra; alis anticis viridibus; maculis oblongis, approximatis, sanguineis; posticis rubris.
Engr. Pap. d'Europe. pl. 95 et 96. nºˢ 133—135.
Habite en Europe, sur la scabieuse des bois, la piloselle.

4. Zygène de l'esparcette. *Zygœna onobrychis.* Fab.

Z. atra; alis anticis cyaneis: punctis sex sanguineis ocellatis; posticis rubris; limbo nigro.
Engr. Pap. d'Europe. pl. 89. nº 40.
Habite en Autriche.

5. Zygène de la bruyère. *Zygœna fausta.* Fab.

Z. alis concoloribus rubris; maculis nigris, margine nigro-connexis.
Sphinx fausta. Linn.
Engr. Pap. d'Europe. pl. 100. nº 142.
Habite en Europe.
Etc.

SÉSIE. (Sesia.)

Antennes cylindriques, un peu renflées et fusiformes vers le bout. Deux palpes.

Langue filiforme, rétractile.

Ailes horizontales, vitrées. Anus barbu et obtus. Vol diurne et rapide. Chenille dépourvue de corne.

Antennæ cylindricæ, versùs apicem fusiformes. Palpi duo. Lingua filiformis, retractilis.

Alæ horisontales, subdivaricatæ, hyalino-fenestratæ. Anus barbatus. Volitus celer, diurnus. Eruca cornu nullo.

Observations. Toutes les *sésies* sont beaucoup moins grandes que les sphinx, et néanmoins s'en rapprochent davantage que les zygènes. Elles ont le vol très rapide, bourdonnent comme les mouches, et volent le jour, et même par un beau soleil, tandis que les sphinx ne volent que le soir. Ces insectes se soutiennent en l'air devant les fleurs, et paraissent alors presque immobiles en volant.

Les vraies *sésies* ont leurs ailes peu chargées d'écailles, et offrant des espaces nus, transparents, comme vitrés. Par leur aspect et leur petite taille, ces sphingides ressemblent à des abeilles, des guêpes, etc. Leurs larves n'ont point de corne, et vivent cachées dans l'intérieur des parties des végétaux.

ESPÈCES.

1. Sésie apiforme. *Sesia apiformis.* Fab.

S. alis fenestratis; abdomine flavo; incisuris atris; thorace nigro; maculis duabus flavis.
Sphinx apiformis. Linn.
Engr. Pap. d'Europe. pl. 91. n° 121.
Habite en Europe.

2. Sésie tipuliforme. *Sesia tipuliformis.* Fab.

S. alis fenestratis; margine fasciâque nigris; abdomine barbato nigro; incisuris alternis margine flavis.

Sphinx tipuliformis. Linn.
Engr. Pap. d'Europe. pl. 94. n°s 129 et 130.
Habite en Europe.

3. Sésie culiciforme. *Sesia culiciformis.* Fab.

S. alis hyalinis; margine fasciaque nigris; abdomine barbato, cingulo fulvo:
Sphinx culiciformis. Linn.
Engr. Pap. d'Europe. pl. 93. n° 126.
Habite en Europe.

4. Sésie vespiforme. *Sesia vespiformis.* Fab.

S. alis fenestratis; margine fasciâque nigris; abdomine barbato nigro; segmentis pluribus flavis.
Sphinx vespiformis. Linn.
Engr. Pap. d'Europe. pl. 92. n° 124.
Habite en Europe.
Etc.

MACROGLOSSE. (Macroglossum.)

Antennes subcylindriques, un peu renflées et fusiformes vers le bout. Deux palpes.

Langue longue, filiforme, rétractile.

Ailes horizontales, couvertes d'écailles, quelquefois vitrées. Anus barbu et obtus. Vol diurne et rapide. Chenille munie d'une corne caudale.

Antennœ subcylindricœ, versùs apicem fusiformes. Palpi duo squamati.

Lingua longa, filiformis, retractilis.

Alœ horisontales, squamis penitùs obtectœ, interdùm fenestratœ. Anus barbatus, obtusus. Volitus celer, diurnus. Eruca cornu dorsali.

Observations. Les *macroglosses* tiennent en quelque sorte le milieu entre les sésies et les sphinx. On les a confondues avec les premières, parce qu'elles ont, comme elles, le vol diurne et rapide, et qu'il y en a dont les ailes sont vitrées. Mais elles se rapprochent des sphinx par la corne caudale de leur larve. Ainsi, il convient de les distinguer, avec *Scopoli*, comme un genre à part.

ESPÈCES.

1. Macroglosse du caille-lait. *Macroglossum stellatarum.*

M. abdomine barbato; lateribus albo nigroque variis; alis posticis ferrugineis.
Sphinx stellatarum. Linn.
Sesia stellatarum. Fab.
Le moro-sphinx. Geoff. 2. p. 83. n° 6. pl. 11. f. 5.
Engr. Pap. d'Europe. pl. 89 et 90. n° 116.
Habite en Europe, sur le caille-lait, les rubiacées galioïdes.

2. Macroglosse fuciforme. *Macroglossum fuciforme.*

M. abdomine barbato nigro; fasciâ flavescente; alis fenestratis; margine nigro.
Sesia fuciformis. Fab.
Sphinx. Geoff. 2. p. p. 82. n° 5.
Engr. Pap. d'Europe. pl. 89 et 90. n° 117.
Habite en Europe.

Nota. Le *sesia bombyliformis* de Fabricius ne nous paraît être qu'une variété de cette espèce.

SPHINX. (Sphinx.)

Antennes épaissies en massue prismatique dans leur partie supérieure, quelquefois subciliées, terminées par une pointe. Deux palpes courts, larges, très écailleux. Langue alongée.

Ailes entières ou presque entières. Une corne caudale sur le dos de la chenille.

Antennæ in clavam oblongam et prismaticam versùs apicem incrassatæ, interdùm subciliatæ, apice acuto. Palpi duo breves, lati, densè squamati. Lingua elongata.

Alœ subintegrœ. Eruca posticè cornu dorsali.

Observations. Les *sphinx* ne volent point en plein jour, comme les sésies et les macroglosses, mais seulement au déclin du jour et le soir. Ils ne tiennent aux macroglosses que par la corne dorsale et caudale de leur larve. On ne les confondra point avec les papillons, puisqu'ils ont des crochets à la naissance de leurs ailes inférieures, que leurs ailes dans l'inaction sont horizontales ou en toit, et que leurs antennes sont épaissies et prismatiques dans leur partie supérieure.

La plupart des *sphinx* ont un vol rapide, font entendre un bourdonnement remarquable en volant, et pompent la liqueur mielleuse des fleurs sans se poser. Leur abdomen n'est point obtus comme dans les deux genres précédents, mais se termine en pointe.

Les chenilles des sphinx ont seize pattes, sont rases, à peau lisse ou chagrinée, et ont une corne sur le dos, près de la queue. Leur attitude singulière dans le repos leur a fait donner le nom de *sphinx*.

C'est ordinairement dans l'intérieur de la terre ou à sa surface que ces chenilles se changent en chrysalide. Elles se fabriquent des enveloppes grossières avec des feuilles et des particules de terre qu'elles réunissent avec de la soie.

ESPÈCES.

1. Sphinx du liseron. *Sphinx convolvuli.*

S. alis integris nebulosis; posticis subfasciatis; abdomine cingulis rubris, atris albisque.
Sphinx convolvuli. Linn. Fab.
Geoff. 2. p. 86. nº 9.
Engr. Pap. d'Europe. pl. 86—87—122. nº 14.
Habite en Europe

2. Sphinx tête de mort. *Sphinx Atropos.*

S. alis integris; posticis luteis, fasciis fuscis; abdomine luteo; cingulis nigris.

Sphinx Atropos. Linn. Fab.
Geoff. 2. p. 85. n° 8.
Engr. Pap. d'Europe. pl. 105 et 106. n° 154.
Habite en Europe, sur la pomme-de-terre, etc.

3. Sphinx du tithymale. *Sphinx euphorbiæ.*

S. alis integris griseis ; fasciis duabus virescentibus ; posticis basi strigâque nigris ; antennis niveis.
Sphinx euphorbiæ. Linn. Fab.
Engr. Pap. d'Europe. pl. 107 et 108. n° 155.
Habite en Europe.

4. Sphinx du troëne. *Sphinx ligustri.*

S. alis integris, posticis rufis ; fasciis tribus nigris ; abdomine rubro : cingulis nigris.
Sphinx ligustri. Linn. Fab.
Geoff. 2. 2. p. 84. n° 7.
Engr. Pap. d'Europe. pl. 85. n° 113.
Habite en Europe.

5. Sphinx de la vigne. *Sphinx elpenor.*

S. alis integris, viridi purpureoque variis ; posticis rubris, basi atris.
Sphinx elpenor. Linn. Fab.
Geoff. 2. p. 86. n° 10.
Engr. Pap. d'Europe. pl. 112. n° 160.
Habite en Europe.
Etc.

SMERINTHE. (Smerinthus.)

Antennes insensiblement plus épaisses dans leur moitié supérieure, prismatiques, subpectinées ou en scie, un peu crochues à leur sommet. Deux palpes comprimés, écailleux. Langue très courte, presque nulle.

Ailes anguleuses. Une corne caudale sur le dos de la chenille.

Antennœ versùs medium et sensìm crassiores, pris-

maticæ, subserratæ; apice uncinato. Palpi duo compressi, squamati. Lingua brevissima, ferè nulla.
Alæ angulatæ. Eruca cornu dorsali postico.

Observations. Les *smérinthes* sont éminemment distingués des sphinx par leur trompe ou langue très courte et presque avortée. Ils volent peu et se posent pour prendre leur nourriture; on peut même penser qu'ils n'en prennent guère ou que pendant peu de temps. Ces lépidoptères ont d'ailleurs de très grands rapports avec les sphinx, et sont en général assez élégamment ornés. Leurs ailes, sur-tout les supérieures, sont anguleuses, et leur abdomen se termine en pointe.

ESPÈCES.

1. Smérinthe du tilleul. *Smerinthus tiliæ.*

S. alis angulatis, virescenti-nebulosis, saturatiùs fasciatis; posticis suprà luteo-testaceis.
Sphinx tiliæ. Linn. Fab.
Geoff. 2. p. 80. n° 2.
Engr. Pap. d'Europe. pl. 117—118. n° 163.
Habite en Europe.

2. Smérinthe demi-paon. *Smerinthus ocellatus.*

S. alis angulatis; posticis rufis; ocello cœruleo.
Sphinx ocellata. Linn. Fab.
Geoff. 2. p. 79. n° 1.
Engr. Pap. d'Europe. pl. 119. n° 164.
Habite en Europe.

3. Smérinthe du peuplier. *Smerinthus populi.*

S. alis dentatis, reversis, griseis; anticis puncto albo; posticis basi ferrugineis.
Sphinx populi. Linn. Fab.
Geoffr. 2. p. 81. n° 3.
Engr. Pap. d'Europe. pl. 114 et 116. n° 162.
Habite en Europe.

4. Smérinthe du chêne. *Smerinthus quercûs.*

S. alis angulatato-dentatis, cinereis; strigis obscurioribus; posticis ferrugineis: angulo ani albo.

Sphinx quercûs. Fab.
Habite en Allemagne. Rare.

CASTNIE. (Castnia.)

Antennes filiformes, se terminant en massue alongée, avec un petit crochet au bout. Deux palpes triarticulés, non contigus.

Ailes horizontales ou en toit ?

Antennœ filiformes, clavâ oblongâ terminatœ ; apice acuto uncinato. Palpi duo, distinctè triarticulati, non contigui.

Alœ horisontales aut deflexœ ?

Observations. Les *castnies* ont été confondues parmi les papillons, parce que la massue des antennes ne commence que vers l'extrémité de ces parties. Elles se rapprochent, en effet, par leurs antennes, de ceux des papilionides que nous nommons, avec M. Latreille, les *uranies* et les *hespéries.* Mais leurs ailes inférieures sont munies de crochets pour retenir celles de dessus, et il est probable que, dans le repos, leurs ailes sont plutôt horizontales ou en toit que relevées. Ce sont des sphingides qui font le passage aux papilionides.

ESPÈCES.

1. Castnie de Surinam. *Castnia Icarus.*

C. alis integris, suprà albis ; fasciis fuscis, subtùs fasciis albis nigrisque alternis.
Hesperia Icarus. Fab. *Papilio Icarus.* Gmel.
Pap. Philemon. Cram. 2. tab. 22. *fig.* G—H.
Habite à Surinam.

2. Castnie de Guinée. *Castnia Dœdalus.*

C. alis integerrimis fuscis, albo-maculatis, subtùs brunneis.
Papilio Dœdalus. Fab. 3. 1. p. 53.
Habite la Guinée.

5. Castnie Cyparisse. *Castnia Cyparissias.*

C. alis integerrimis nigris; fasciis duabus albis; anticarum obliquis, posticarum punctatis.
Papilio Cyparissias. Fab. 3. 1. p. 39.
Cram. 1. t. 1. *fig.* A—B.
Habite l'Amérique méridionale.

4. Castnie d'Inde. *Castnia Orontes.*

C. alis caudatis nigris: fasciis duabus virescentibus; caudis albis distantibus.
Papilio Orontes. Fab. 3. 1. p. 69.
Cram. 7. t. 38. *fig.* A—B.
Habite dans l'Inde.
Etc.

DEUXIÈME SECTION.

Point de crochets au bord externe des ailes inférieures.

LES PAPILIONIDES.

Antennes filiformes, simples, terminées par un bouton droit ou par un renflement oblong et crochu. Deux palpes apparents, courts, comprimés, velus. — Les ailes élevées dans l'inaction; leur bord intérieur étant alors moins élevé que l'extérieur. Vol diurne. — Larve à seize pattes et sans corne. Chrysalide presque toujours à nu.

Observations. Les *papilionides* embrassent tous les lépidoptères connus généralement sous le nom de papillons, et par conséquent le genre *papilio* de Linné et de tous les auteurs. Ils constituent la dernière, la plus grande et la plus belle famille des lépidoptères.

On les distingue des autres lépidoptères, 1° parce qu'ils n'ont point de crochets subulés à la naissance des ailes inférieures; 2° parce que, dans le repos, ils ont leurs ailes plus ou moins complètement relevées, mais jamais tout-à-fait horizontales, ni en toit; 3° parce que tous généralement ne volent que le jour; 4° enfin, parce que, dans la plupart, leur chrysalide est suspendue, nue et anguleuse.

De tous les lépidoptères, et peut-être de tous les insectes en général, ce sont les papilionides qui offrent le plus d'intérêt par leur beauté, leur vivacité, l'élégance de leur forme et l'admirable variété de leurs couleurs. En effet, la beauté du papillon, sa légèreté, son air animé, ses courses vagabondes et volages, tout nous plaît en lui. Il voltige de fleur en fleur, parcourant ainsi les vergers, les prairies et les plaines : l'inconstance semble former son caractère.

Une collection de papillons, riche en espèces et bien conservée, nous présente un des plus beaux spectacles qu'on puisse voir dans un cabinet d'histoire naturelle. Ces insectes semblent se disputer à l'envi la beauté des couleurs, l'élégance de la forme. Ce sont, en général, les papillons de la Chine et de l'Amérique méridionale, sur-tout ceux de la rivière des Amazones et du Brésil, qui se font remarquer par leur grandeur, et par le vif éclat de leurs couleurs.

Avec de grandes ailes légères, la plupart des papillons, néanmoins, volent d'assez mauvaise grâce : ils vont toujours par zigzag, de haut en bas, de bas en haut, à droite et à gauche : cela provient de ce que leurs ailes sont libres, ne frappent l'air que l'une après l'autre, et peut-être avec des forces alternativement inégales. Ce vol leur est très avantageux, parce qu'il leur fait éviter les oiseaux qui les poursuivent; car le vol de la plupart des oiseaux est en ligne droite ou par lignes droites, et celui du papillon est continuellement hors de cette ligne.

Pour faciliter l'étude des nombreuses espèces de papillons, dont on connaît plus de 900, on les avait divisées en plusieurs tribus, auxquelles on avait donné des noms particuliers; ce qui, jusqu'à un certain point, eût pu suffire, si les caractères de ces tribus eussent été moins vagues, mieux circonscrits. Mais il paraît que personne, avant M. Latreille, n'avait assez étudié les papillons pour les partager en différents genres, et en former une famille particulière.

Je ne suivrai point cet entomologiste dans toutes les distinctions qu'il a établies parmi les *papilionides*; mais, profitant des principaux caractères qu'il a fait connaître, je me bornerai à présenter ces papilionides partagés en dix coupes circonscrites, que je considère comme constituant dix genres distincts. Voici la division de ces genres.

DIVISION DES PAPILIONIDES.

§. *Quatre épines aux jambes postérieures : deux vers le milieu du côté interne, et deux au bout.*

Uranie.

Hespérie.

§§. *Deux épines seulement aux jambes postérieures.*

(1) Troisième article des palpes toujours très distinct et presque nu.

Chenille courte, ovale ou en forme de cloporte.

Argus.

(2) Troisième article des palpes, soit presque nul, soit très distinct, mais alors couvert d'écailles ou très velu.

Chenille alongée, subcylindrique.

* Chrysalide nue, suspendue par son extrémité postérieure.

Quatre pattes ambulatoires, soit dans les deux sexes, soit dans les mâles seulement; les deux pattes antérieures étant relevées contre le cou (en palatine).

(a) Les deux pattes antérieures relevées et non ambulatoires dans les deux sexes.

(+) Palpes courts, comprimés, presque contigus.

Nymphale.

(++) Palpes longs, cylindracés, grêles, très écartés.

Danaïde.

(b) Les deux pattes antérieures relevées et non ambulatoires dans les mâles seulement.

Libythée.

** Chrysalide quelquefois dans une coque, le plus souvent nue, et alors attachée par un cordon dans son milieu.

Toutes les pattes ambulatoires dans les deux sexes.

(a) Ailes inférieures formant, par le rapprochement de leur bord interne, un canal qui reçoit le corps.

Piéride.

(b) Ailes inférieures écartées à leur bord interne, et laissant le corps à découvert en dessus et en dessous.

(†) Chrysalide dans une coque.

Une poche cornée à l'extrémité de l'abdomen des femelles.

Parnassien.

(††) Chrysalide nue.

Point de poche particulière à l'abdomen des femelles.

Thaïs.

Papillon.

URANIE. (Urania.)

Antennes filiformes, très grêles, sétacées et crochues à leur extrémité. Deux palpes grêles et longs, à troisième article nu.

Ailes n'étant point toutes relevées dans l'inaction. Quatre épines aux jambes postérieures.

Antennæ filiformes, ad apicem graciliores, setaceæ et arcuatæ. Palpi duo elongati, graciles; articulo tertio nudo.

Alæ omnes in quiete non erectæ. Pedes postici tibiis quadrispinosis.

Observations. Les *uranies* tiennent aux hespéries par les quatre épines de leurs jambes postérieures; mais on les en distingue facilement par leurs antennes sétacées et courbées ou crochues à leur sommet, et par leurs palpes grêles, longs, à troisième article nu.

ESPÈCES.

1. Uranie léilus. *Urania leilus.*

U. alis caudatis, concoloribus, nigris; fasciâ strigisque viridibus, nitentibus, numerosis.
Papilio leilus. Linn. Fab. 3. p. 21.
Cram. Ins. 8. t. 85. *fig.* D—E.
Habite en Amérique, sur le citronnier.

2. Uranie d'Inde. *Urania ripheus.*

U. alis sexdentato-caudatis, nigris, viridi-fasciatis; posticis subtùs macula ani ferruginea, nigro-punctata.
Papilio Ripheus. Fab. p. 21.
Cram. Ins. 33. t. 385. *fig.* A—B.
Habite la côte de Coromandel.

3. Uranie Oronte. *Urania Orontes.*

U. alis caudatis, nigris; fasciis duabus virescentibus; caudis albis distantibus.
Papilio Orontes. Linn. Fab. p. 69.
Cram. Ins. 7. t. 38. *fig.* A—B.
Habite dans l'Inde.

4. Uranie Patrocle. *Urania Patroclus.*

U. alis caudatis, concoloribus, fuscis : fasciâ lineari, obliquâ, albâ, apicibusque albis.
Papilio Patroclus. Linn. *Noctua Patroclus.* Fab.
Habite dans les Indes.
Etc.

HESPERIE. (Hesperia.)

Antennes filiformes, terminées en bouton ou en massue oblongue. Deux palpes courts, larges, très écailleux.

Les deux ailes inférieures peu relevées dans le repos. Quatre épines aux jambes postérieures.

Antennæ filiformes, apice capitulo vel clavâ oblongâ terminatæ. Palpi duo breves, lati, valdè squamati.

Alæ inferiores in quiete vix erectæ. Pedes postici quadrispinosi.

Observations. Les *hespéries*, ainsi que les uranies, paraissent être les papilionides les plus rapprochés des lépidoptères précédents; car leurs ailes ne sont point toutes relevées dans le repos, et leur chrysalide, en général, n'est ni nue, ni anguleuse. C'est au moins ce que l'on sait à l'égard des espèces d'Europe qui ont été observées. Leur chrysalide est enveloppée d'une légère coque de soie, et l'insecte parfait n'a pas ses quatre ailes entièrement relevées dans les temps de repos.

D'ailleurs les hespéries et les uranies sont bien distinguées des autres papilionides, ayant quatre épines aux jambes postérieures, et les autres papilionides n'en ayant que deux.

ESPÈCES.

1. Hespérie de la mauve. *Hesperia malvæ.*

H. alis dentatis, divaricatis, fuscis cinereo-undatis; anticis punctis fenestratis; posticis subtùs punctis albis.
Papilio plebeius malvæ. Linn.
Hesperia malvæ. Fab. 3. p. 350.
Le Plain-chant. Geoff. 2. p. 67. n° 38.
Habite en Europe. Commune.

2. Hespérie grisette. *Hesperia tages.*

H. alis integerrimis denticulatis, fuscis, obsoletè albo-punctatis.
Papilio plebeius tages. Linn.
Hesperia tages. Fab. 3. p. 354.
Le P. Grisette. Geoff. 2. p. 68. n° 39.
Habite en Europe, dans les bois.

3. Hespérie plain-chant. *Hesperia fritillum.*

H. alis integris, divaricatis, nigris, albo-punctatis.
Hesperia fritillum. Fab. 3. p. 351.
Engr. Pap. d'Europe. Suppl. 3. pl. 7. n° 97 *bis*.
Habite en Europe, dans les prés.

4. Hespérie bande-noire. *Hesperia comma.*

H. alis integerrimis, divaricatis, fulvis; lineolâ nigrâ, subtùs punctis albis.
Papilio comma. Linn. *Hesperia comma.* Fab. p. 325.
Geoff. 2. p. 66. n° 37.
Engr. Pap. d'Europe. Suppl. 3. pl. 7. n° 97 *bis*.
Habite en Europe, dans les prés.
Etc.

ARGUS. (Argus.)

Antennes filiformes, terminées en massue. Troisième article des palpes très distinct et presque nu.

Ailes relevées dans le repos. Un canal au bord interne des ailes inférieures. Chenille courte, subovale. Chrysalide obtuse aux extrémités.

Antennæ filiformes, clavâ terminatæ. Palporum articulo tertio distincto, subnudo.

Alæ in quiete erectæ; posticæ abdomen subtùs in canali excipientes. Eruca brevis, subovata. Chrysalis apicibus obtusis.

Observations. Les *argus*, comme les autres papilionides qui suivent, n'ont que deux épines aux jambes postérieures. Ils sont nombreux en espèces, et remarquables par la singularité de leur chenille. Elle est courte, presque ovale, et a, en quelque sorte, la forme d'un cloporte. Dans l'insecte parfait, le troisième article des palpes est toujours bien distinct, grêle, presque nu, ou peu chargé d'écailles.

A ce genre, je rapporte les *érycines* de M. Latreille, et ses *polyommates.* Dans les premières, les deux pattes antérieures sont beaucoup plus courtes dans les mâles que dans les femelles; les six pattes des seconds sont également ambulatoires dans les deux sexes.

ESPÈCES.

* *Toutes les pattes ambulatoires dans les deux sexes.* (Argus européens.)

1. Argus commun. *Argus vulgaris.*

A. alis rotundatis, integris, fuscis, fasciâ marginali fulvâ, subtùs cinereis, ocellisque cæruleo-argenteis.
Hesperia Argus. Fab. *Papilio Argus.* Linn.
Geoff. 2. p. 63. n° 32.
Engr. Pap. d'Europe. pl. 38. n° 80.
Habite en Europe. Très commun.

2. Argus Corydon. *Argus Corydon.*

A. alis integris, cæruleo-argenteis ; margine nigro, subtùs cinereis, punctis ocellaribus, posticis maculâ centrali albâ.
Hesperia Corydon. Fab. p. 298.
Engr. Pap. d'Europe. pl. 39. n° 85.
Habite en Allemagne, en France.

3. Argus minime. *Argus alsus.*

A. alis integerrimis, fuscis, immaculatis, subtùs cinereis ; striga punctorum ocellatorum.
Hesperia alsus. Fab. p. 295.
Habite en Europe.

4. Argus Méléagre. *Argus Meleager.*

A. alis dentatis, cæruleis ; limbo nigro, subtùs canis ; punctis ocellaribus nigris.
Hesperia Meleager. Fab. p. 292.
Habite en France, en Allemagne.

5. Argus de la ronce. *Argus rubi.*

A. alis subcaudatis, suprà fuscis, subtùs viridibus.
Hesperia rubi. Fab. p. 287.

L'argus vert ou aveugle. Geoff. 2. p. 64. n° 34.
Habite en Europe. Commun dans les bois.
Etc.

** *Mâles ayant deux pattes antérieures plus courtes, et non ambulatoires.* (Argus étrangers.)

6. Argus Cupidon. *Argus Cupido.*

A. alis posticis sexdentato-caudatis; subtùs albidis; maculis argenteis.
Hesperia Cupido. Fab. p. 258.
Habite en Amérique, sur le cotonnier.

7. Argus Endymion. *Argus Endymion.*

A. alis bicaudatis, subtùs viridibus, aureo rufoque irroratis; posticis strigâ atrâ fasciâque sanguineâ.
Hesperia Endymion. Fab. p. 268.
Papilio regalis. Cram. Ins. 6. t. 72. *fig.* E—F.
Habite à Surinam.

8. Argus Mélibée. *Argus Melibeus.*

A. alis bicaudatis cœrulescentibus; limbo fusco, subtùs flavescentibus; anticis fusco, posticis nigro-strigosis, angulo ani atro; annulis cœruleis.
Hesperia Melibeus. Fab. pl. 271.
Habite dans l'Inde.

9. Argus Lysippe. *Argus Lysippus.*

A. alis angulatis fuscis : omnibus strigâ rubrâ, subtùs cinereo punctatis.
Hesperia Lysippus. Fab. p. 321.
Habite en Amérique.
Etc.

NYMPHALE. (Nymphalis.)

Antennes filiformes, terminées en massue. Deux palpes courts, comprimés, presque contigus.

Les deux pattes antérieures inutiles et relevées contre le cou, dans les deux sexes. Les ailes inférieures embrassant l'abdomen en dessous. Onglets des tarses bifides.

Antennæ filiformes, clavâ terminatæ. Palpi duo breves, compressi, subcontigui.

Pedes duo antici spurii, collo appressi, in utroque sexu. Alæ posticæ abdomen infrà amplectentes. Tarsi unguibus bifidis.

Observations. Ce genre embrasse non-seulement les nymphales de M. Latreille, mais en outre ses *satyrus, biblis, vanessa, argynis* et *cethosia.* Il est conséquemment fort étendu, et comprend beaucoup d'espèces exotiques.

Dans toutes les *nymphales*, les deux pattes antérieures sont en palatine et sans usage dans les deux sexes. La même chose a lieu dans les danaïdes; mais celles-ci ont des palpes alongés, cylindracés, très écartés.

Je ne citerai que quelques espèces d'Europe.

ESPÈCES.

1. Nymphale demi-deuil. *Nymphalis Galathea.*

N. alis dentatis, albo nigroque variis : subtùs anticis ocello unico, posticis quinque.
Papilio Galathea. Linn. Fab. p. 239.
Le Demi-deuil. Geoff. p. 74. pl. 11. f. 3—4.
Habite en Europe, dans les prairies.

2. Nymphale Procris. *Nymphalis Pamphilus.*

N. alis integerrimis flavis ; subtùs anticis ocello unico, posticis cinereis ; fasciâ ocellisque quatuor obliteratis.
Papilio Pamphilus. Linn. Fab. p. 221.
Procris. Geoff. 2. p. 53. n° 21.
Habite en Enrope Espèce petite, commune.

3. Nymphale Céphale. *Nymphalis arcanius.*

N. alis integerrimis ferrugineis ; subtùs anticis ocello unico, posticis quinis ; primo fasciâ remoto.

Papilio arcanius. Linn. Fab. p. 221.
Le Céphale. Geoff. 2. p. 53. n° 22.
Habite en Europe.

4. Nymphale Myrtil. *Nymphalis janira.*

N. alis dentatis, fuscis ; anticis subtùs luteis ; ocello utrinque unico ; posticis subtùs punctis tribus.
Papilio janira. Linn. Fab. p. 241.
Le Myrtil. Geoff. 2. p. 49. n° 17.
Habite en Europe.

5. Nymphale Amaryllis. *Nymphalis pilosellæ.*

N. alis dentatis, fuscis ; disco fulvo, anticis utrinque ocello nigro ; pupilla gemina, posticis subtùs punctis ocellaribus niveis.
Papilio pilosellæ. Linn. Fab. p. 240.
Geoff. 2. p. 52. n° 20.
Habite en Europe.

6. Nymphale Hermione. *Nymphalis Hermione.*

N. alis dentatis, fuscis ; fasciâ pallidâ, anticis ocellis suprà duobus, subtùs unico.
Papilio Hermione. Linn. Fab. p. 232.
Le Silène. Geoff. 2. p. 46. n° 13.
Habite en Allemagne, en France.

7. Nymphale satyre. *Nymphalis mœra.*

N. alis dentatis, fuscis, utrinque anticis sesquiocello ; posticis ocellis suprà tribus, subtùs sex.
Papilio mœra. Linn. Fab. p. 227.
Le Satyre. Geoff. 2. p. 50. n° 19.
Habite en Europe. Le *Papilio megæra* s'en rapproche beaucoup.
Etc.

DANAIDE. (Danaus.)

Antennes filiformes, terminées par un bouton. Deux palpes longs, grêles, cylindracés, très écartés.

Les deux pattes antérieures courtes et en palatine dans les deux sexes. Les ailes ovales ou oblongues : les inférieures embrassant à peine l'abdomen en dessous. Onglets des tarses toujours simples.

Antennæ filiformes, capitulo terminatæ. Palpi duo elongati, graciles, cylindracei, valdè remoti.

Pedes duo antici spurii, collo appressi in utroque sexu. Alæ ovales vel oblongæ; posticæ abdomen infrà vix amplectentes. Tarsi unguibus simplicibus.

Observations. Ce genre embrasse les danaïdes et les héliconiens de M. Latreille. Ces lépidoptères, dans les deux sexes ont les deux pattes antérieures en palatine, comme dans les nymphales ; mais leurs palpes alongés, grêles et écartés, les en distinguent principalement. Quant aux héliconiens, on les distingue des autres danaïdes parce qu'ils ont les ailes oblongues et étroites. Ils ont en outre les palpes un peu plus longs, et le bouton des antennes plus droit.

ESPÈCES.

[*Danaïdiens.*]

1. Danaïde pieds-liés. *Danaus plexippus.*

D. alis integerrimis fulvis ; venis nigris dilatatis, margine nigro ; punctis albis, anticis fasciâ apicis albâ.
Papilio Plexippus. Linn. Fab. p. 49.
Cram. Ins. 1. tab. 3. *fig.* A—B.
Habite en Amérique.

2. Danaïde concolore. *Danaus similis.*

D. alis subrepandis concoloribus, punctis cœrulescenti-albis versùs basim lineatis.
Papilio similis. Linn. Fab. p. 58.
Habite dans l'Inde.

3. Danaïde midamus. *Danaus midamus.*

D. alis integerrimis nigris albo punctatis : anticis suprà cœrulescentibus, posticis suprà punctorum alborum strigâ.

Papilio midamus. Linn. Fab. p. 39.
Habite les Indes orientales.

4. Danaïde veinée. *Danaus idea.*

D. alis rotundatis denudato-albis ; venis maculisque nigris.
Papilio idea. Linn. Fab. p. 185.
Habite dans les Indes.

[*Héliconiens.*]

5. Danaïde rouge. *Danaus horta.*

D. alis integerrimis rubris ; anticis apice hyalinis , posticis subtùs albidis nigro-punctatis.
Papilio horta. Linn. Fab. p. 159.
Habite en Afrique.

6. Danaïde Terpsichore. *Danaus Terpsichore.*

D. alis oblongis integerrimis fulvis ; posticis nigro punctatis.
Papilio Terpsichore. Linn. Fab. p. 164.
Habite en Asie.

7. Danaïde Polymnie. *Danaus Polymnia.*

D. alis oblongis integerrimis ; anticis maculis apiceque nigris ; fasciâ flavâ ; posticis fasciis 3 *nigris ; mediâ serratâ.*
Papilio Polymnia. Linn. Fab. p. 164.
Habite l'Amérique méridionale.

8. Danaïde Doris. *Danaus Doris.*

D. alis oblongis integerrimis atris ; anticis flavo-maculatis , posticis suprà basi cœruleo-radiatis.
Papilio Doris. Linn. Fab. p. 166.
Habite à Surinam.
Etc.

LIBYTHÉE. (Libythea.)

Antennes filiformes , un peu courtes , terminées par un bouton alongé. Deux palpes souvent plus longs que la tête , réunis en un bec avancé.

Les deux pattes antérieures en palatine dans les mâles seulement. Les ailes inférieures embrassant l'abdomen en dessous.

Antennæ filiformes, breviusculæ, capitulo elongato terminatæ. Palpi duo sæpiùs capite longiores, in rostellum porrectum conniventes.

Pedes duo antici, in maribus tantùm, brevissimi, spurii. Alæ posticæ abdomen infrà amplectentes.

Observations. Ce genre est le même que celui ainsi nommé par M. Latreille. Il est caractérisé par la réunion des deux palpes qui forment un bec avancé devant la tête, et parce que les mâles seulement ont les deux pattes antérieures en palatine, c'est-à-dire qu'elles ne sont pas ambulatoires.

ESPÈCES.

1. Lybithée du Celtis. *Lybithea Celtis.*

L. alis angulato-dentatis fuscis; maculis fulvis unicâque albâ, posticis subtùs griseis.

Papilio Celtis. Fab. p. 140.

Habite dans l'Europe australe, sur le micocoulier.

2. Lybithée de Surinam. *Lybithea carinenta.*

L. alis falcato-dentatis, fuscis, flavo-maculatis; anticis apice atris; maculis quatuor albis.

Papilio carinenta. Fab. p. 139.

Cram. Ins. 9. t. 108. *fig.* E—F.

Habite à Surinam.

3. Lybithée Calliope. *Lybithea Calliope.*

L. alis oblongis integerrimis luteis; anticis striis tribus, posticis fasciis 3 nigris.

Papilio Calliope. Linn. Fab. p. 160.

Habite dans les Indes. Port des héliconiens.

4. Lybithée Vulcain. *Lybithea Atalanta.*

L. alis dentatis, nigris albo maculatis; fasciâ communi purpureâ anticarum utrinque, posticarum marginali.

Papilio Atalanta. Linn. Fab. p. 118.
Le Vulcain. Geoff. 2. p. 40. n° 6.
Habite en Europe. Commune et fort belle.

5. Lybithée du chardon. *Lybithea cardui.*

L. alis dentatis, fulvis albo nigroque variegatis; posticis subtùs ocellis quatuor.
Papilio cardui. Linn. Fab. p. 104.
La Belle-dame. Geoff. 2. p. 41. n° 7.
Habite en Europe.

6. Lybithée œil de paon. *Lybithea Io.*

L. alis angulato-dentatis, fulvis, nigro maculatis; singulis ocello cœruleo.
Papilio Io. Linn. Fab. p. 88.
Le Paon du jour. Geoff. 2. p. 36. n° 2.
Habite en Europe.

7. Lybithée de l'ortie. *Lybithea urticœ.*

L. alis angulatis, fulvis, nigro-maculatis; anticis suprà punctis tribus.
Papilio urticœ. Linn. Fab. p. 122.
La petite Tortue. Geoff. 2. p. 37. n° 4.
Habite en Europe, sur l'ortie.
Etc.

PIÉRIDE. (Pieris.)

Antennes filiformes, terminées en massue ou en bouton. Deux palpes triarticulés.

Les quatre ailes relevées dans le repos, un canal au bord interne des inférieures embrassant l'abdomen par dessous.

Antennœ filiformes, clavâ vel capitulo terminatœ. Palpi duo articulis tribus.

Alœ omnes in quiete rectœ: posticœ abdomen subtùs in canali excipientes.

OBSERVATIONS. Les *piérides* dont il s'agit sont celles de Latreille, auxquelles je réunis ses coliades. Ces papilionides ont leur chrysalide attachée dans son milieu par un cordon, et diffèrent de ceux qui viennent après par le canal que le bord interne et rapproché des ailes inférieures forme au-dessous de l'abdomen. Ils ont les crochets des tarses unidentés ou bifides.

La plupart des espèces de piérides sont communes en Europe.

ESPÈCES.

1. Piéride du chou. *Pieris brassicæ.*

P. alis rotundatis, integerrimis albis ; anticis maculis duabus apicibusque nigris, major.
Papilio brassicæ. Linn. Fab. p. 186.
Le grand Papillon blanc du chou. Geoff. 2. p. 68. n° 40.
Habite en Europe. Espèce très-commune. Chenille panachée de jaune, de noir et de bleu.

2. Piéride mineure. *Pieris Rapæ.*

P. alis integerrimis ; anticis maculis duabus apicibusque nigris, minor.
Papilio Rapæ. Linn. Fab. p. 186.
Le petit Papillon blanc du chou. Geoff. 2. p. 69. n° 41.
Habite en Europe, sur le chou. Chenille verte, avec une bande d'un blanc jaunâtre de chaque côté.

3. Piéride du navet. *Pieris napi.*

P. alis integerrimis albis ; subtùs venis dilatatis virescentibus.
Papilio napi. Linn. Fab. p. 187.
Le petit Papillon blanc veiné de vert. Geoff. 2. p. 70. n° 42.
Habite en Europe. Très commune.

4. Piéride de la moutarde. *Pieris sinapis.*

P. alis rotundatis, integerrimis, albis ; apicibus fuscis.
Papilio sinapis. Linn. Fab. p. 187.
Engram. Pap. d'Europe. pl. 1. n° 106.
Habite en Europe.

5. Piéride gazée. *Pieris cratægi.*

P. alis rotundatis integerrimis albis, venis nigris.
Papilio cratægi. Linn. Fab. p. 182.
Le Gazé. Geoff. 2. p. 71. n° 43.
Habite en Europe, dans les jardins.

6. Piéride aurore. *Pieris cardamines.*

P. alis rotundatis integerrimis albis; posticis subtùs viridi-marmoratis.
Papilio cardamines. Linn. Fab. p. 193.
L'Aurore. Geoff. 2. p. 71. n° 44.
Habite en Europe.

7. Piéride citron. *Pieris rhamni.*

P. alis integerrimis angulatis flavis; singulis puncto ferrugineo.
Papilio rhamni. Linn. Fab. p. 211.
Le Citron. Geoff. 2. p. 74. n° 47.
Habite en Europe.

8. Piéride souci. *Pieris hyale.*

P. alis rotundatis flavis; posticis maculâ fulvâ; subtùs puncto sesquialtero argenteo.
Papilio hyale. Linn. Fab. p. 207.
Le Souci. Geoff. 2. p. 75. n° 48.
Habite en Europe.
Etc.

PARNASSIEN. (Parnassius.)

Antennes filiformes, terminées par un bouton court. Deux palpes élevés au-delà du chaperon, ayant leur troisième article très distinct.

Ailes relevées dans le repos : les inférieures écartées et n'embrassant point l'abdomen en dessous. Crochets des tarses simples. Chrysalide dans une coque.

Antennæ filiformes, capitulo brevi erecto terminatæ. Palpi duo ultrà clypeum assurgentes; articulo tertio valdè distincto.

Alœ insecto sedente erectæ; inferiores remotæ, abdomen infrà non amplectentes. Tarsi unguibus simplicibus. Chrysalis subfolliculata.

Observations. Ce genre, le même que celui de M. Latreille, n'embrasse que peu d'espèces connues; mais elles sont singulières en ce que les femelles ont une poche à l'extrémité de l'abdomen, et que les chrysalides sont renfermées dans une espèce de coque. Les ailes des parnassiens connus sont peu chargées d'écailles. Par leur écartement, les inférieures laissent le corps libre et à découvert en dessus et en dessous.

ESPÈCES.

1. Parnassien Apollon. *Parnassius Apollo.*

P. alis rotundatis integerrimis albis, nigro-maculatis : posticis suprà ocellis quatuor, subtùs sex.
Papilio Apollo. Linn. Fab. p. 181.
Engr. Pap. d'Europe. pl. 47. n° 99.
Habite en Europe, dans les Alpes, les Pyrénées, etc.

2. Parnassien du nord. *Parnassius Mnemosyne.*

P. alis rotundatis; integerrimis albis, nigro-nervosis; anticis maculis duabus nigris marginalibus.
Papilio Mnemosyne. Linn. Fab. p. 182.
Engram. Pap. d'Europe, pl. 48. n° 100.
Habite en Europe, sur-tout dans le nord.

THAIS. (Thaïs.)

Antennes filiformes, terminées par un bouton alongé, courbé. Deux palpes élevés au-delà du chaperon, à troisième article très distinct.

Ailes relevées dans le repos; les inférieures écartées, n'embrassant point l'abdomen en dessous. Onglets des tarses simples. Chrysalide nue, attachée dans son milieu par un cordon.

Antennæ filiformes, capitulo elongato, arcuato, terminatæ. Palpi duo ultrà clypeum assurgentes; articulo tertio valdè distincto.

Alæ insecto sedente erectæ: inferiores abdomen infrà non amplectentes. Tarsi unguibus simplicibus. Chrysalis nuda, filo transverso alligata.

Observations. Les *thaïs* seraient des piérides, si leurs ailes inférieures formaient un canal au-dessous de l'abdomen. N'ayant pas ce caractère, elles se rapprochent des papillons, et n'en diffèrent principalement que parce qu'elles ont les palpes plus longs, triarticulés, à troisième article très distinct. Le bouton qui termine leurs antennes est un peu alongé et courbé.

ESPÈCES.

1. Thaïs Diane. *Thaïs Hypsipyle.*

Th. alis dentatis, flavis, nigro variis, apice radiatis; posticis punctis septem rubris.
Papilio Hypsipyle. Fab. p. 214.
Engr. Pap. d'Europe, pl. 52. n° 109.
Habite le Piémont, l'Autriche.

2. Thaïs Proserpine. *Thaïs rumina.*

Th. alis dentatis, flavis nigro variis; anticis maculis sex rubris.
La Proserpine. Engr. Pap. d'Europe, pl. 78. n° 109 *bis.*
Habite la France méridionale, le Portugal.

PAPILLON. (Papilio.)

Antennes filiformes, terminées par un bouton presque ovale. Deux palpes très courts, atteignant à peine le chaperon, à troisième article très petit, peu distinct.

Les ailes relevées dans le repos : les inférieures écartées par leur bord interne, et n'embrassant point l'abdomen en dessous. Chrysalide nue, anguleuse, attachée dans le milieu par un cordon.

Antennæ filiformes, capitulo subovato terminatæ. Palpi duo brevissimi, clypeum vix attingentes; articulo tertio minimo, subinconspicuo.

Alæ in quiete erectæ; inferiores margine interno remotæ, abdomen infrà non amplectentes. Chrysalis nuda, angulata, filo transverso alligata.

Observations. Le genre *papillon*, ici réduit, est encore fort nombreux en espèces, et comprend les plus beaux papilionides. On n'y rapporte plus ceux qui ont quatre épines aux jambes postérieures, ni ceux dont la chrysalide est suspendue par son extrémité postérieure, ni enfin ceux dont les ailes inférieures, rapprochées par leur bord interne, embrassent le dessous de l'abdomen.

Les *papillons* dont il s'agit maintenant, embrassent principalement les chevaliers [*equites*] de Linné, qu'il distingue en grecs et en troyens. Je n'en citerai que quelques-uns, les divisant en ceux dont les ailes sont sans queue postérieurement, et en ceux dont les ailes se terminent en queue.

ESPÈCES.

[*Papillons sans queue.*]

1. Papillon Priam. *Papilio Priamus.*

P. alis denticulatis holosericeis; anticis suprà viridibus, maculâ atrâ; posticis maculis sex nigris.
Papilio Priamus. Linn. Fab. p. 11.
Cram. Ins 2. tab. 23. *fig.* A—B.
Habite l'île d'Amboine.

2. Papillon Rémus. *Papilio Remus.*

P. alis dentatis, subconcoloribus nigris; posticis utrinque maculis flavis marginalibus.
Papilio Remus. Fab. p. 11.
Habite l'Ile d'Amboine.

3. Papillon Memnon. *Papilio Memnon.*

P. alis dentatis omnibus subtùs basi rubro-notatis.

Papilio Memnon. Linn. Fab. p. 12.
Habite en Chine.

4. Papillon Anchise. *Papilio Anchises.*

P. alis dentatis, concoloribus, nigris; posticis maculis septem ovatis coccineis.
Papilio Anchises. Linn. Fab. p. 13.
Habite en Amérique.
Etc.

[*Papillons à queue.*]

5. Papillon Ajax. *Papilio Ajax.* L.

P. alis caudatis, concoloribus fuscis; fasciis flavescentibus; posticis subtùs sanguineis, anguloque ani fulvo.
Papilio Ajax. Fab. p. 33.
Habite l'Amérique septentrionale.

6. Papillon flambé. *Papilio Podalirius.* L.

P. alis caudatis subconcoloribus flavescentibus; fasciis fuscis geminatis; posticis subtùs lineâ sanguineâ.
Papilio Podalirius. Fab. p. 24.
Geoff. 2. p. 56. n° 24.
Habite l'Europe australe, la France dans le midi.

7. Papillon du fenouil. *Papilio Machaon.* L.

P. alis caudatis concoloribus flavis; limbo fusco; lunulis flavis; angulo ani fulvo.
Papilio Machaon. Fab. p. 30.
Geoff. 2. p. 54. n° 23. Engr. Pap. d'Europe, pl. 34. 70. et suppl. 3. pl. 6. n° 68.
Habite en Europe, sur le fenouil, la carotte, etc. C'est un des plus beaux Papillons de France.
Etc.

INSECTES BROYEURS.

Leur bouche offre des mandibules, le plus souvent accompagnées de mâchoires, sous leur forme appropriée. Ils coupent ou broyent des corps concrets.

Dans les quatre premiers ordres déjà exposés, on n'a vu, dans des insectes parfaits, que des suceurs, c'est-à-dire, que les animaux dont la bouche est munie d'un suçoir pour prendre leur nourriture. Ce suçoir, composé de deux à cinq pièces, qui se réunissent pour former un tube, s'est trouvé muni d'une gaîne dans les trois premiers ordres, et, dans le quatrième, nous l'avons vu tout-à-fait à nu, formant une trompe, que l'animal roule en spirale, lorsqu'il ne s'en sert pas. Enfin, ce suçoir s'est montré partout, plus ou moins apparent, selon que l'insecte parfait qui en est muni, prend plus ou moins de nourriture après sa dernière transformation.

Maintenant, nous allons trouver à la bouche des insectes parfaits qui nous restent à considérer, des instruments, qui nous paraîtront nouveaux ; et effectivement cette bouche exécute des fonctions réellement nouvelles. Nous trouverons des mandibules utiles, qui se meuvent transversalement, et, dans le plus grand nombre, nous verrons que ces mandibules sont accompagnées de mâchoires ramenées à leur forme appropriée : en sorte que les insectes qui possèdent ces parties ne sont plus des suceurs, mais de véritables broyeurs ou rongeurs, qui font usage d'aliments solides.

Cependant, comme la nature ne passe jamais brusquement d'un mode à un autre, sans offrir les traces de sa transition, nous croyons que notre distribution des insectes est naturelle, en ce que, dans le premier des quatre ordres qui nous restent à exposer, nous retrouvons encore une espèce de suçoir constitué par la réunion des mâchoires et de la lèvre inférieure encore alongées et étroites; mais ce suçoir est accompagné de mandibules utiles. Il en résulte que les insectes qui sont dans ce cas, sont à la fois suceurs et rongeurs.

Tel est effectivement ce que l'on observe à l'égard des *hyménoptères*, qui vont maintenant nous occuper.

ORDRE CINQUIÈME.

LES HYMÉNOPTÈRES.

Bouche munie de mandibules utiles, et d'un suçoir formé de trois pièces, imitant une trompe divisée. Une gaîne courte à la base du suçoir. Quatre palpes. Trois petits yeux lisses sur la tête. — Quatre ailes nues, membraneuses, veinées, inégales : les inférieures toujours plus petites. — Anus des femelles armé d'un aiguillon, ou muni d'une tarrière. — Larves vermiformes, les unes sans pattes, les autres avec des pattes. Nymphe immobile.

Observations. C'est dans l'ordre des *hyménoptères* qu'on trouve pour la première fois des mandibules véritablement utiles, et qui se meuvent transversalement. Néanmoins ces insectes offrent encore une espèce de suçoir qui en fait effectivement les fonctions, et auquel on a donné d'abord le nom impropre de *langue*, et ensuite celui de *promuscide*, qui vaut mieux. Ce suçoir est plus ou moins alongé, selon les races qui en font plus ou moins d'usage. Il est composé de trois pièces, dont les deux latérales sont des mâchoires alongées, étroites, qui ne sont encore que préparées, et la troisième, une lèvre inférieure aussi préparée, et qui est embrassée par ces espèces de mâchoires. Ces pièces forment, par leur réunion, un demi-tube qui fait les fonctions de suçoir ou de trompe. On sent qu'en désunissant et raccourcissant ces trois pièces, la nature a pu, dans les insectes des ordres suivants, offrir des mandibules, des mâchoires libres et des lèvres ramenées aux formes appropriées à ces parties.

Quant à la gaîne courte qui embrasse la base du suçoir des hyménoptères, c'est évidemment le menton de l'animal qui la fournit.

Ainsi, l'on peut dire que les *hyménoptères* ne sont pas encore complétement des insectes broyeurs, puisque la plupart sucent encore; et déjà néanmoins, ils le sont en partie, possédant des mandibules propres à couper ou à déchirer, dont ils font usage.

C'est M. Latreille qui a, je crois, le premier remarqué que la langue ou le suçoir des *hyménoptères* était formé par l'union des mâchoires avec la lèvre inférieure qu'elles embrassent; et c'est assurément une observation très importante pour ceux qui s'intéressent à l'étude de la nature.

Au lieu de considérer comment les mâchoires, en s'unissant à la lèvre inférieure, ont pu former un suçoir, il faut rechercher comment, en désunissant et raccourcissant les pièces du suçoir, la nature a pu transformer ce suçoir en deux mâchoires et en une lèvre séparée. Alors on concevra que ces parties, raccourcies et devenues libres, ont donné lieu à la bouche des insectes des ordres suivants en qui le suçoir a tout-à-fait disparu.

Il est donc très curieux de voir qu'en quittant les insectes suceurs l'on trouve d'abord des demi-broyeurs, et qu'après ceux-ci l'on ne rencontre plus que des broyeurs complets.

Ces considérations, intéressantes pour la philosophie de la science, eussent été plutôt senties, si, dans l'étude des insectes, comme dans celle des autres classes d'animaux, l'on n'eût pas toujours procédé du plus composé vers le plus simple, c'est-à-dire dans un ordre inverse de celui de la nature.

Les hyménoptères sont liés, d'une part, aux lépidoptères par leur langue ou espèce de suçoir, ainsi que par leur nymphe immobile, qui s'enferme dans une coque légère; et d'une autre part, ils tiennent aux névroptères par leurs mandibules et par leurs ailes nues et membraneuses. Ils ont même de si grands rapports avec les névroptères, que Geoffroy ne les en distinguait pas; mais il les y réunissait et en formait un ordre, sous le nom de *tétraptères à ailes nues*. Il résulte de ces considérations, qu'il n'est pas possible de contester la transition naturelle que forment les *hyménoptères* des insectes suceurs aux insectes rongeurs, c'est-à-dire de ceux qui n'ont qu'un suçoir pour prendre leur nourriture, à ceux qui ont des mâchoires et des mandibules utiles.

Les hyménoptères ont quatre ailes nues, membraneuses et d'inégale grandeur, les inférieures étant constamment plus courtes et plus petites que les supérieures. Ce caractère fait distinguer au premier aspect les *hyménoptères* des névroptères; car dans ceux-ci les ailes inférieures sont à peu près aussi longues que les supérieures, et quelquefois plus longues. Les unes et les autres, dans les premiers, sont chargées de nervures longitudinales peu nombreuses, et qui se joignent obliquement sans former de véritable réticulation comme celles des névroptères.

Lorsque l'insecte fait usage de ses ailes, il les étend sur le même plan l'une à côté de l'autre, et les unit fortement par le moyen de petits crochets qui ne sont visibles qu'au microscope. Ces ailes ne se séparent point tant que le vol dure, et semblent n'en former qu'une seule de chaque côté. Nous avons vu des crochets analogues dans une grande partie des lépidoptères; mais, dans les papilionides, où ces crochets n'existent point, nous avons remarqué que le vol était très irrégulier et ne s'exécutait que par sauts et en zigzag.

Dans un grand nombre d'hyménoptères, l'anus des femelles et celui des neutres de certaines races est armé d'un aiguillon que l'insecte tient caché dans l'extrémité de son abdomen.

Un grand nombre d'autres hyménoptères n'ont pas l'aiguillon dont je viens de parler; mais parmi eux, les femelles sont munies d'une tarrière à l'extrémité de leur abdomen, instrument qui leur sert à déposer leurs œufs, et souvent à percer les corps étrangers dans lesquels elles veulent les placer. Cette tarrière, composée ordinairement de trois pièces, pique quelquefois comme un aiguillon, mais elle en est néanmoins très distincte.

Les *hyménoptères* sont en général du nombre des insectes qui présentent les particularités les plus remarquables par des habitudes, qui sont quelquefois tellement singulières, qu'on a cru pouvoir les qualifier d'*industrie*, comme si elles provenaient de la faculté de combiner des idées, en un mot, de penser. L'illusion que l'on s'est faite sur la source de celles de leurs habitudes et de leurs manœuvres qui nous paraissent si étonnantes, sera détruite dès qu'on aura reconnu les produits, sur l'organisation intérieure, des habitudes contractées et conservées dans les diverses races, selon les circonstances dans lesquelles chacune a été forcée de vivre, et dès que l'on considérera que les individus de chaque race ne peuvent faire autrement que comme ils font.

Quoi qu'il en soit, ces insectes, sous toute sorte de rapports, sont très intéressants, méritent d'être étudiés, et déjà beaucoup d'entre eux ont attiré l'attention des naturalistes observateurs, et sur-tout de M. Latreille, qui a beaucoup contribué à nous les faire bien connaître.

Il y en a qui vivent en société, qui semblent alors dirigés par une police admirable, et qui font des ouvrages étonnants par leur composition et leur régularité.

Toujours fidèle à mon plan qui consiste à employer les principales divisions établies par Latreille parmi les insectes, je partage l'ordre intéressant des *hyménoptères* en deux sections, qui embrassent huit grandes familles : voici l'énoncé de ces divisions.

DIVISIONS PRINCIPALES DES HYMÉNOPTÈRES.

Ire SECTION. HYMÉNOPTÈRES A AIGUILLON.

Point de tarrière distincte dans les femelles, pour déposer les œufs, un aiguillon piquant caché dans le dernier anneau de l'abdomen des femelles et des neutres.

(a) Larves vivant du pollen ou du miel des fleurs. Pattes postérieures ordinairement pollinifères.

Les Anthophiles.

(b) Larves carnassières ou omnivores. Pattes postérieures jamais pollinifères.

Les Rapaces.

IIe SECTION. HYMÉNOPTÈRES A TARRIÈRE.

Abdomen des femelles muni d'une tarrière distincte, qui sert à déposer les œufs.

§. Tarrière tubulaire, non fissile : elle forme à l'extrémité de l'abdomen un tube qui ne se divise point longitudinalement en plusieurs valves.

Les Tubulifères.

§§. Tarrière plurivalve, fissile : elle se divise longitudinalement en plusieurs valves, dont les latérales servent de gaîne aux autres.

* Abdomen pédiculé ou subpédiculé. Il tient au corselet par un filet ou par un point, c'est-à-dire, par une petite portion de son diamètre transversal.

Larves apodes.

(1) Antennes filiformes ou sétacées, de vingt articles ou davantage, le plus souvent vibratiles.

Les Ichneumonides.

(2) Antennes de seize articles au plus, et souvent d'un nombre moindre.

(✠) Abdomen des femelles non caréné en dessous. Il

s'insère sur le corselet ou au-dessus de son extrémité postérieure.

Les Évaniales.

(✢✢) Abdomen des femelles caréné en dessous. Il s'insère à l'extrémité postérieure du corselet.

(a) Antennes brisées, s'épaississant en massue vers leur sommet. Tarrière non roulée en spirale dans l'inaction.

Les Cinipsaires.

(b) Antennes droites. Tarrière roulée en spirale dans l'inaction, et alors cachée entre deux lames sous l'abdomen.

Les Diplolépaires.

** Abdomen tout-à-fait sessile : il tient au corselet par toute sa largeur.

Larves pédifères.

Les Érucaires.

PREMIÈRE SECTION.

HYMÉNOPTÈRES A AIGUILLON.

Abdomen des femelles dépourvu de tarrière. Un aiguillon piquant, caché dans le dernier anneau de l'abdomen des femelles et des neutres. Larves apodes.

Les hyménoptères de cette section n'ont point de tarrière, et même ne montrent au dehors aucun aiguillon apparent. Cependant ils en ont un, sur-tout les femelles et les neutres, et cet aiguillon est caché dans l'extrémité de leur abdomen. Il paraît que cet aiguillon ne leur sert nullement à déposer des œufs, et qu'il n'est réellement qu'une arme pour ces insectes. Cette arme, qu'ils emploient tantôt pour se défendre de leurs ennemis ou de ceux qui les incommodent, tantôt pour tuer d'autres insectes, est vénénifère, et fait en général une douleur très cuisante.

Comme les hyménoptères à aiguillon sont très nombreux, et que les uns ne vivent que du miel ou du pollen des fleurs, tandis que les autres pompent différents sucs, et même vivent de proie, on les a partagés en deux familles naturelles ; savoir :

Les Anthophiles.
Les Rapaces.

Examinons successivement chacune de ces familles.

PREMIÈRE FAMILLE.

LES ANTHOPHILES.

Larves vivant du pollen ou du miel des fleurs. Les pattes postérieures de l'insecte parfait ordinairement pollinifères.

Parmi les hyménoptères à aiguillon, on distingue les *anthophiles*, ou ceux qui aiment les fleurs dont ils sucent le miel, des *rapaces*, c'est-à-dire, de ceux qui vivent de proie. On peut considérer les anthophiles comme composant une grande famille, de laquelle les abeilles font essentiellement partie.

Comme la plupart ramassent le pollen des fleurs, et qu'ils rassemblent cette poussière des étamines sur la palette que forme le premier article des tarses postérieurs, on a, en effet, remarqué que, dans les *anthophiles*, le premier article des tarses postérieurs est fort grand, dilaté, comprimé, et, en général, velu ou muni d'une brosse.

Dans les insectes de cette famille, la division intermédiaire de la lèvre inférieure, qui fait partie de leur suçoir, est fort alongée, subfiliforme, sur-tout dans ceux de la division des apiaires. Le menton est cylindrique, et sert de gaîne à la partie inférieure de la langue ou promuscide.

Les larves des *anthophiles* sont apodes et vermiformes. Elles vivent, en général, solitairement dans la loge ou l'alvéole où elles sont renfermées avec leur provision de nourriture.

Les *anthophiles*, que l'on distingue en *apiaires* et en *andrenettes*, sont nombreux en espèces et même en genres. Voici les caractères de leurs principales divisions.

DIVISION DES ANTHOPHILES.

§. *Division intermédiaire de la langue filiforme, aussi longue ou plus longue que sa gaîne, et réfléchie en dessous dans l'inaction.* (Anthoph. Apiaires.)

(1) Premier article des tarses postérieurs dilaté dans les femelles et les neutres, et toujours pollinifère.

(a) Insectes vivant en société : trois sortes d'individus pour l'espèce.

(+) Jambes postérieures sans éperons à leur extrémité.

Abeille.

Mélipone.

(++) Jambes postérieures terminées par deux éperons.

Bourdon.

Euglosse.

(b) Insectes vivant solitairement : deux sortes d'individus pour l'espèce.

(*) Divisions latérales de la lèvre aussi longues ou plus longues que ses palpes.

Eucère.

(**) Divisions latérales de la lèvre beaucoup plus courtes que ses palpes.

Méliturge.
Anthophore.

(2) Premier article des tarses postérieurs point dilaté et jamais pollinifère.

(a) Deux palpes semblables.

Systrophe.
Panurge.

(b) Palpes inégaux : les labiaux sétiformes.

(*) Labre court, transversal ou presque carré.

Xylocope.
Cératine.

(**) Labre plus long que large, incliné en bas perpendiculairement.

Mégachile.
Philérème.

(***) Labre semi-circulaire, un peu plus large que long.

Nomade.

§§. *Division intermédiaire de la langue plus courte que sa gaîne, non filiforme, soit réfléchie en dessus, soit droite ou seulement inclinée dans l'inaction.* (Anthoph. Andrenettes.)

(1) Division intermédiaire de la langue lancéolée.

Andrène.
Halicte.

(2) Division intermédiaire de la langue dilatée et presque en cœur au sommet.

Collète.

ABEILLE. (Apis.)

Antennes filiformes, brisées. Lèvre supérieure transversale. Mandibules subtriangulaires, à dos lisse. Quatre palpes inégaux : les maxillaires uniarticulés. Langue alongée, filiforme, fléchie en dessous dans l'inaction.

Insectes vivant en société; trois sortes d'individus pour l'espèce: des mâles, des femelles et des neutres.

Abdomen ovale-trigone ; alongé-conique dans les femelles. Premier article des tarses postérieurs dilaté, comprimé, en carré long, ayant une dent marginale vers sa base, et velu d'un côté, avec des stries transverses dans les neutres. Gâteaux formés de cire, ayant des alvéoles sur les deux faces.

Antennœ filiformes, fractœ. Labrum transversum. mandibulœ subtrigonœ; dorso lœvi. Palpi quatuor inœquales : maxillaribus uniarticulatis. Lingua elongata, filiformis, in quiete inflexa et mento incumbens.

Insecta societates ineuntia; ordinibus tribus pro specie; masculi : feminece et neutra.

Abdomen ovale, subtrigonum; in feminis elongato-conicum. Tarsorum posticorum articulus primus dilatatus, compressus elongato-quadratus, versùs basim dente vel auriculâ auctus, uno latere hirsutus cum striis transversis in neutris.

Nidi è cerâ constructi; alveolis in utrâque superficie insidentibus.

Observations. Le genre abeille (*apis*), établi par Linné, était très nombreux en espèces. On y réunissait une multitude d'apiaires qui offraient, entre elles, de grandes différences dans leurs habitudes et leur manière d'être. On y associait même celles qui vivent en société formée de trois sortes d'individus, avec celles qui vivent solitairement, et dont l'espèce ne se compose que de mâles et de femelles. On devait donc s'attendre que tant de diversité dans la manière d'être de ces apiaires, avait dû produire dans les caractères des parties de ces insectes, des différences remarquables; ce qui fut effectivement constaté par l'observation.

En effet, les entomologistes modernes, et sur-tout M. Latreille, ont considérablement réduit le genre *apis* de Linné, et l'ont partagé en différents genres particuliers, employant diverses considérations dont les principales sont tirées, soit de l'état de la langue ou promuscide, soit de celui du premier article des tarses postérieurs.

J'ai adopté plusieurs de ces distinctions génériques parmi les anthophiles; et dans la division des apiaires, le genre *abeille* dont il s'agit ici, est le même que celui qu'a institué M. Latreille.

Les *abeilles* ont le corps velu ou pubescent, l'abdomen presque sessile, les ailes non plissées longitudinalement, comme les guêpiaires, des brosses de poils au premier article de leurs tarses postérieurs sur une de ses faces, surtout dans les neutres, où cet article est strié transversalement en sa face velue. Ces insectes vivent en grandes sociétés, composées de trois sortes d'individus, parmi lesquels les mâles seuls ne piquent point, et manquent probablement d'aiguillon. Leurs petits yeux lisses sont disposés en triangle. Leurs jambes postérieures sont inermes et non terminées par des éperons, comme dans les bourdons et les euglosses.

On sait combien ces insectes sont intéressants, soit par leurs produits utiles pour nous (le miel et la cire), soit par les particularités singulièrement curieuses de leurs sociétés, de leur instinct, de leurs travaux et des habitudes particulières à chaque sorte d'individu de ces sociétés. Les neutres, qui ne sont que des femelles avortées, ou sans sexe, forment dans chaque société, le plus grand nombre d'individus; ce sont eux qui font tout le travail, et l'on sait maintenant quels sont les moyens qu'ils emploient au besoin pour obtenir quelques femelles fécondes.

Tout cela est actuellement bien connu; mais ce qui ne l'est pas encore suffisamment, c'est la source de la cire. On avait pensé que la cire provenait du pollen des fleurs, et cependant le naturaliste *Huber* prétend qu'elle n'est que du miel altéré ou changé par la digestion dans l'estomac des abeilles. Un mélange de cire et de miel trouvé dans le second estomac de l'abeille, paraît avoir donné lieu à cette opinion. M. *Huber* a considéré ce mélange comme de la cire en partie formée, et plus ou moins perfectionnée. Son opinion, à cet égard, est-elle fondée?

Les *abeilles* ici déterminées sont originaires de l'ancien continent. Celles que l'on connaît dans le nouveau (l'Amérique), offrant quelques caractères particuliers, constituent le genre des mélipones, qui vient ensuite.

ESPÈCES.

1. Abeille domestique. *Apis mellifica.*

A. pubescens, thorace subgriseo, abdomine fusco, tibiis posterioribus ciliatis, intùs transversè striatis. Linn.

Apis mellifica. Linn. Fab. Oliv. dict. n° 10.

L'abeille domestique. Geoff. 2. p. 407.

Habite en Europe, dans les bois. On l'élève ou la cultive en domesticité dans des ruches pour en retirer le miel et la cire qu'elle recueille.

2. Abeille de Madagascar. *Apis unicolor.*

A. subnigra, pubescens; thoracis dorso nudiusculo; abdomine nitido, partim glabro, unicolore.

Apis unicolor. Latr. Annales du Mus. vol. 5. p. 168. pl. 13. f. 4.

Habite l'île de Madagascar, celles de France et de Bourbon. Elle est un peu plus petite que la précédente, a l'abdomen un peu plus court proportionnellement, et donne un miel verdâtre d'un goût exquis.

3. Abeille indienne. *Apis indica.*

A. nigra, cinereo-pubescens; abdomine subglabro; segmentis primariis fusco-rubentibus.

Apis indica. Latr. Annales du Mus. 4. p. 390. pl. 69. f. 3. et vol. 5. p. 169. pl. 13. f. 5.

Habite au Bengale et à Pondichéri.

4. Abeille ailes noires. *Apis nigripennis.*

A. fusco-nigra, pubescens ; abdominis dorso hirsutie rufo-flavescente obtecto ; alis anticis nigrinis.

Apis nigripennis. Latr. Annales du Mus. 5. p. 170. pl 13. f. 7.

Habite au Bengale. *Massé.*

5. Abeille fasciée. *Apis fasciata.*

A. fusco-nigrescens, supernè hirsutie cinereo-flavicante onusta ; scutello abdominisque segmentis primariis rubentibus.

Apis fasciata. Latr. Annales du Mus. 5. p. 171. pl. 13. f. 9.

Habite l'Italie, près de Gênes ; l'Egypte.

6. Abeille ligurienne. *Apis ligustica.*

A. abdominis segmentis duobus primariis basique tertii pallidè rubentibus.

Apis ligustica. Spinol. Latr. Mém. sur les ab. Humboldt. . . . p. 28. pl. 19. f. 4—6.

Habite l'Italie et probablement la Morée, l'Archipel, le Levant. Etc.

MELIPONE. (Melipona.)

Antennes comme dans les abeilles. Lèvre supérieure souvent à peine apparente. Petits yeux lisses en une ligne transverse.

Insectes vivant en société, formée de trois sortes d'individus. Abdomen court, arrondi-conique.

Premier article des tarses postérieurs comprimé, rétréci à sa base, obtrigone, inarticulé, jamais strié transversalement. Onglets des tarses non dentés.

Nids alvéolaires formés de cire.

Antennæ ut in apibus. Labrum sæpè vix conspicuum. Ocelli in lineâ transversâ dispositi.

Insecta societates ineuntia : ordinibus tribus pro specie. Abdomen breve, conico-rotundatum.

Tarsorum posticorum articulus primus compressus,

basi attenuatus, obtrigonus, inauriculatus, nunquam transversè striatus. Ungues tarsorum edentuli.

Nidi alveolares è cerâ constructi.

Observations. Ce genre embrasse les mélipones et les trigones de *Latreille*. Il se compose d'apiaires qui vivent en Amérique, et qui ont tant de rapports avec les abeilles qu'on aurait pu ne pas les en séparer. Cependant, comme elles offrent quelques caractères distinctifs, et qu'elles ont peut-être des habitudes particulières, j'ai conservé cette distinction déjà établie.

Les jambes postérieures des mélipones sont sans épines au sommet comme celles des abeilles; mais elles sont proportionnellement plus larges. Le bout inférieur de ces jambes paraît concave ou échancré, et offre à son angle interne un faisceau de cils nombreux et serrés. Le premier article des tarses postérieurs n'offre point cette dent ou cette oreillette marginale que l'on observe à celui des abeilles.

ESPÈCES.

1. Mélipone ruchaire. *Melipona favosa.*

M. nigra; thorace hirsutie rufescente obtecto; clypeo-bimaculato; abdominis segmentis margine flavis.

Apis favosa. Fab. suppl. p. 275.

Coqueb. Illustr. ic. dec. 3. t. 22. f. 3.

Latr. Ann. du Mus. 5. p. 175. t. 13. f. 12.

Habite à Cayenne.

2. Mélipone Amalthée. *Melipona Amalthea*

M. nigra, immaculata; tarsis apice obscurè rufis.

Apis Amalthea. Oliv. dict. n° 102. Fab. n° 52.

Latr. Annales du Mus. 5. p. 174. pl. 13. f. 13.

Habite à Cayenne, à Surinam. Les alvéoles de son nid sont très grandes relativement à la petitesse de l'insecte. Son miel est très-fluide, doux, fort agréable.

3. Mélipone jambes-rousses. *Melipona ruficrus.*

M. nigra; tibiis posticis articuloque primo tarsi luteo-brunneis.

Apis ruficrus. Latr. Annales. 5. p. 176.
Trigona ruficrus. Jurin. Hyménopt. p. 26.
Habite le Brésil.

4. Mélipone cul-jaune. *Melipona postica.*

M. nigra ; capite antennarum scapo, pedibus anticis aliorumque maximâ parte, rufescentibus ; thorace pubescente ; abdomine posticè flavescenti-sericeo.
Melipona postica. Illig. Magaz. 1806. p. 157.
Latr. Mém. sur les Ab. Humboldt. Voyage. p. 33. pl. 20. f. 4.
Habite le Brésil.

5. Mélipone pâle. *Melipona pallida.*

M. abdomine trigono, depresso ; corpore penitùs rufescenti.
Trigona pallida. Latr. Gen. Crust. et. Ins. 4. p. 183.
Apis pallida. Latr. Annales du Mus. 5. p. 177. pl. 13. f. 14.
Habite à Cayenne.
Etc.

BOURDON. (Bombus.)

Antennes filiformes, brisées. Lèvre supérieure transverse. Mandibules en cuilleron, à sommet arrondi, denté. Quatre palpes : les maxillaires spatulés. Petits yeux lisses en ligne transverse.

Le corps gros, très velu : couleur des poils variée par bandes transverses ou par taches. Les jambes postérieures terminées par deux épines.

Trois sortes d'individus pour l'espèce.

Antennæ filiformes, fractæ. Labrum transversum. Mandibulæ cochleariformes, apice rotundatæ, dentatæ. Palpi quatuor, maxillaribus spatulatis. Ocelli in lineâ transversâ dispositi.

Corpus magnum, hirsutissimum. Pilis in fascias aut maculas versicolores dispositis. Tibiæ posticæ apice bispinosæ.

Societas è tribus ordinibus individuorum pro specie.

Observations. Les *bourdons* constituent un genre qui mérite d'être conservé. Ils se distinguent des abeilles non-seulement par leur corps gros, très velu, offrant des zones colorées transversales ou des taches fort remarquables, et par leurs jambes postérieures terminées par deux épines, mais parce que leurs mandibules sont en cuilleron, surtout dans les femelles et les neutres, et parce que leurs petits yeux lisses sont disposés en ligne transverse.

Ces apiaires vivent en société comme les abeilles; mais leur nombre y est bien moins considérable, car il ne va guère, dit-on, qu'à une vingtaine.

On sait que la plupart de ces grosses apiaires, à corps très velu et coloré par zones transverses, font leur nid dans la terre, et particulièrement dans les terrains recouverts de gazon. Les trous qu'elles y forment sont assez vastes et se maintiennent par l'entrelacement des racines qui affermit le terrain. On dit que les gâteaux que se construisent les *bourdons* n'ont des cellules que d'un seul côté; que ces cellules sont cylindriques et non hexagones; et que les larves vivent plusieurs ensemble dans la même cellule. Au reste, c'est dans les cellules de ces gâteaux que ces insectes déposent leurs œufs avec une quantité de miel nécessaire pour la nourriture des petits.

ESPÈCES.

1. Bourdon terrestre. *Bombus terrestris.*

B. hirsutus, niger; thorace abdomineque cingulo flavo; ano albo.
Apis terrestris. Linn. Fab. Oliv.
Panz. fasc. 1. tab. 16.
Geoff. 2. p. 418. n° 24.
Habite en Europe. Très-commun.

2. Bourdon des pierres. *Bombus lapidarius.*

B. hirsutus, ater; ano fulvo; alis albo hyalinis.
Apis lapidaria. Linn. Fab. Olivier.
Abeille. Geoff. 2. p. 417. n° 21 et n° 22. *Apis arbustorum.* Fab.
Habite en Europe. Commun. On a pris le mâle et la femelle pour deux espèces.

3. Bourdon des jardins. *Bombus hortorum.*

B. hirsutus, ater; thorace flavo; fasciâ atrâ; abdomine anticè flavo; ano albo.
Apis hortorum. Linn. *Apis ruderata.* Fab.
Abeille. Geoff. 2. p. 418. n° 25.
Habite en Europe. Il fait son nid dans la terre.

4. Bourdon cul-blanc. *Bombus sorocensis.*

B. hirsutus, ater; ano albo.
Apis sorocensis. Fab. Panz. fasc. 7. t. 11. et fasc. 85. t. 18.
Habite en Europe, dans les bois. Il est tout noir, à cul blanc.

5. Bourdon des forêts. *Bombus sylvarum.*

B. hirsutus, pallidus; thoracis fasciâ nigrâ; ano rufo.
Apis sylvarum. Linn. Fab. Oliv. n° 35.
Habite en Europe, dans les forêts.

6. Bourdon d'été. *Bombus vestalis.*

B. niger; thoracis basi, abdominisque extremitatibus lateralibus flavis; ano albo.
Bombus vestalis. Latr. Hist. nat. des Crust. et des Ins. 14. p. 65.
Abeille. Geoff. 2. p. 419. n° 26.
Panz. fasc. 89. tab. 16.
Habite aux environs de Paris.
Etc.

EUGLOSSE. (Euglossa.)

Antennes comme dans les abeilles. Lèvre supérieure carrée. Mandibules dentées. Quatre palpes : les labiaux très-longs, sétiformes. Trompe ou promuscide très longue, atteignant jusqu'aux pattes postérieures, dans le repos.

Les jambes postérieures terminées par deux épines.

Antennæ ut in apibus. Labrum quadratum. Mandibulæ dentatæ. Palpi quatuor: labialibus longissimis, setiformibus. Promuscis longissima, ad pedes posticos usquè in quiete productâ.

OBSERVATIONS. Les *euglosses* sont des apiaires étrangères, distinguées des abeilles et des mélipones par leurs jambes postérieures munies d'éperons à leur extrémité. Leurs petits yeux lisses sont disposés en triangle.

ESPÈCES.

1. Euglosse dentée. *Euglossa dentata.* Latr.

E. viridis, nitida ; alis nigris ; femoribus posticis dentatis.
Apis dentata. Linn. Fab. p. 339.
Sulz. Ins. tab. 17. f. 16.
Habite l'Amérique méridionale.

2. Euglosse cordiforme. *Euglossa cordata.*

E. viridis, nitida ; alis hyalinis ; abdomine cordato ; tibiis posticis dilatatis.
Apis cordata. Linn. Fab.
Degeer. Ins. 3. tab. 28. f. 5.
Habite à Surinam.
Etc.

EUCÈRE. (Eucera.)

Antennes filiformes, divergentes, très longues dans les mâles. Mandibules unidentées. Palpes maxillaires à cinq ou six articles. Langue ou promuscide offrant trois pièces saillantes, dont les latérales sont sétacées et fort longues.

Corps velu. Pattes postérieures pollinifères ; à jambes et premier article du tarse velus sur le côté externe.

Antennæ filiformes, divaricatæ, in masculis longissimæ. Mandibulæ unidentatæ. Palpi maxillares subsexarticulati. Lingua seu promuscis in tres partes porrectas divisa ; divisionibus lateralibus setaceis prælongis.

Corpus villosum. Pedes postici polliniferi ; tibiis articuloque primo tarsi latere externo hirsutis.

Observations. Les *eucères*, dont je ne sépare pas les macrocères de M. Latreille, sont des insectes voisins des abeilles par leurs rapports; mais ce sont des apiaires solitaires, remarquables par leurs soies labiales et par la longueur des antennes des mâles.

Dans le seucères de M. Latreille, les palpes maxillaires ont six articles distincts; mais dans ses macrocères, les palpes maxillaires semblent n'avoir que cinq articles, le sixième étant très peu apparent.

Parmi les apiaires solitaires et qui n'ont que deux sortes d'individus pour l'espèce, nos *eucères*, les anthophores et les méliturges, sont les seuls dont les pattes postérieures soient pollinifères, et qui aient par conséquent le premier article du tarse dilaté.

Les *eucères* volent avec rapidité. Les femelles creusent dans la terre un trou cylindrique dans lequel elles déposent un œuf et de la pâtée, continuant ainsi jusqu'à ce qu'elles aient terminé leur ponte.

ESPÈCES.

1. Eucère longicorne. *Eucera longicornis.*

E. hirsutie flavescens, fronte flavâ; antennis masculorum corpori œquantibus.

Eucera longicornis. Fab. p. 343. *mas*; Panz. fasc. 64. t. 21.

Apis tuberculata. Fab. p. 334. *femina*; Panz. fasc. 78. t. 19. et fasc. 64. t. 16.

Abeille. Geoff. 2. p. 413. n° 10.

Habite en Europe, sur les fleurs.

2. Eucère tête-noire. *Eucera linguaria.*

E. antennis nigris, longitudine corporis; thorace cinereo; abdomine nigro. Fab.

Eucera linguaria. Fab. p. 344. *mas*; Panz. fasc. 64. t. 22.

Habite en Allemagne.

3. Eucère grise. *Eucera grisea.*

E. antennis nigris, longitudine corporis, hirsuti cinereique. Fab. p. 345.

Habite en Barbarie.

4. Eucère ferrugineuse. *Eutera atricornis.*

E. antennis nigris longitudine corporis hirsuti ferrugineique. Fab. p. 344.
Habite en Barbarie.

5. Eucère de la mauve. *Eucera malvæ.*

E. antennis longitudine corporis; abdomine atro; strigis albidis. Fab.
Eucera antennata. Fab. p. 345.
Eucera malvæ. Latr. Gen. Crust. et Ins. 4. p. 174.
Panz. fasc. 99. t. 18.
Habite en Europe.

MELITURGE. (Meliturga.)

Antennes subfiliformes, de la longueur de la tête, à tige en massue obconique dans les mâles. Mandibules sans dent au côté interne. Palpes labiaux semblables aux maxillaires, filiformes.

Corps velu. Les pattes postérieures pollinifères.

Antennæ subfiliformes, capitis longitudine; caule obconico-clavato. Mandibulæ latere interno edentulo. Palpi labiales maxillaribus similes, filiformes.

Corpus hirsutum. Pedes postici polliniferi.

Observations. Les *méliturges* ont, comme nos anthophores, les divisions latérales de la lèvre inférieure beaucoup plus courtes que ses palpes; mais ils s'en distinguent par leurs palpes labiaux semblables aux maxillaires. On ne connaît encore que l'espèce suivante.

ESPÈCE.

1. Méliturge clavicorne. *Meliturga clavicornis.*

Latr. Gen. Crust. et Ins. 1. tab. 14. f. 9. et vol. 4. p. 177.
Habite aux environs de Lyon et de Montpellier.

ANTHOPHORE. (Anthophora.)

Antennes courtes dans les deux sexes, filiformes ou un peu épaissies vers leur sommet. Mandibules unidentées ou quadridentées. Palpes dissemblables : les labiaux sétiformes.

Corps comme dans les abeilles. Pattes postérieures pollinifères.

Antennæ in utroque sexu breves, filiformes aut extrorsùm paulò crassiores. Mandibulæ unidentatæ vel quadridentatæ. Palpi dissimiles : labialibus setiformibus.

Corpus ut in apibus. Pedes postici polliniferi.

Observations. Sous cette coupe, je réunis les anthophores, les saropodes et les centris de M. *Latreille*. Toutes ces apiaires vivent solitairement, ont les pattes postérieures pollinifères, et se distinguent des eucères parce qu'elles ont, ainsi que les méliturges, les divisions latérales de la lèvre inférieure beaucoup plus courtes que ses palpes. On ne les confondra point avec les méliturges, puisqu'ils ont les palpes dissemblables, que les labiaux sont différents des maxillaires.

Dans les anthophores et les saropodes de M. Latreille, les mandibules sont unidentées au côté interne; dans ses centris, elles sont quadridentées.

Les *anthophores* font leur nid, les uns dans les murs, les autres dans la terre.

ESPÈCES.

(*Mandibules unidentées.*)

1. Anthophore velu. *Anthophora hirsuta*. Latr.

A. ferrugineo-hirta; pedibus posticis elongatis, apice hirsutissimis.
Andrena hirsuta. Fab. p. 312. *mas.*
Apis hispanica. Fab. p. 318. Panz. fasc. 55. t. 6.

Apis pilipes. Panz. *ibid*. t. 8.
Habite en Europe. Il fait son nid dans les murs. On le trouve à Paris.

2. Anthophore des murs. *Anthophora parietina*. Latr.

A. hirsuta, atra; abdominis segmento tertio quartoque cinerascentibus.
Apis parietina. Fab. p. 323. Abeille, n° 9. Geoff.
Habite aux environs de Paris ; en Allemagne.

3. Anthophore grosse-cuisse. *Anthophora femorata*. Latr.

A. cinereo-villosa; abdominis segmentis margine albido-ciliatis; ventre lanâ cinereâ; tibiis posticis elongatis dilatatis, intùs obsoletè dentatis.
Panz. Fasc. 105. tab. 18 et 19.
Habite en Europe.

4. Anthophore fourchu. *Anthophora furcata*.

A. cinereo-pubescens, atra; antennarum articulo primo fronte labioque flavis; abdomine apice furcato; tarsis ferrugineis.
Panz. fasc. 56. tab. 8.
Habite en Allemagne.

5. Anthophore saropode. *Anthophora saropoda*.

A. nigra, cinereo-hirta; abdomine subgloboso; segmentorum marginibus albis.
Apis rotundata. Panz. facs. 56. tab. 9.
Saropoda. Latr.
Habite en Allemagne.

(*Mandibules quadridentées.*)

6. Anthophore hémorrhoïdal. *Anthophora hœmorrhoidalis*.

A. atra; abdomine œneo rufo.
Apis hœmorrhoidalis. Fab. p. 339.
Centris. Latr.
Habite les îles de l'Amérique.

7. Anthophore grosse-patte. *Anthophora crassipes.*

A. fusca; abdomine brevi; tibiis posticis compresso-clavatis, abdomine majoribus.
Apis crassipes. Fab. p. 340.
Centris. Latr.
Habite les îles de l'Amérique méridionale.

8. Anthophore versicolor. *Anthophora versicolor.*

A. thorace hirto-cinerascente; abdomine cyaneo; ano rufescente.
Apis versicolor. Fab. p. 340.
Centris. Latr.
Habite les îles de l'Amérique.
Etc.

SYSTROPHE. (Systropha.)

Antennes des mâles plus longues, filiformes, contournées presque en spirale à leur extrémité. Mandibules bidentées. Palpes semblables : les labiaux à second article plus long.

Les femelles diffèrent des mâles par leurs antennes plus courtes, etc.

Antennæ masculorum longiores, filiformes, apice convolutæ. Mandibulæ bidentatæ. Palpi conformes : labialibus articulo secundo longiore.

Feminæ à masculis differunt antennis brevioribus, etc.

Observations. Les *systrophes* ressemblent à de petites abeilles par leur aspect; mais, outre que ce sont des apiaires solitaires, ils ont des caractères particuliers qui les distinguent des autres. Leurs petits yeux lisses sont en ligne transverse. On ne connaît encore que l'espèce suivante.

ESPÈCE.

1. Systrophe spirale. *Systropha spiralis.* Illig.

Andrena spiralis. Oliv. Fab. p. 308.

Anthidium spirale. Panz. fasc. 35. tab. 22.
Coqueb. Illustr. ic. dec. 2. t. 15. f. 8.
Habite en Provence.

PANURGE. (Panurgus.)

Antennes courtes dans les deux sexes, droites, presque en fuseau. Mandibules aiguës, sans dentelures au côté interne. Petits yeux lisses en triangle. Palpes semblables.

Corps épais.

Antennœ in utroque sexu breves, rectœ, subfusiformes. Mandibulœ acutœ, edentulœ. Ocelli in triangulum dispositi. Palpi conformes.

Corpus crassum.

Observations. Ce que les *panurges* ont de commun avec les systrophes, c'est d'avoir les palpes semblables pour la forme; mais le premier article des labiaux est plus long que les autres. Ces apiaires sont noires, plus alongées que les systrophes, à antennes courtes, divergentes.

ESPÈCES.

1. Panurge à lobes. *Panurgus lobatus*. Latr.

P. pubescens, ater; mandibulis arcuatis edentulis; antennis apice ferrugineis; femoribus posticis laminâ quadratâ auctis.
Andrena lobata. Panz. fasc. 72. tab. 16. *mas.*
Trachuza lobata. Panz. fasc. 96. t. 18. *femina.*
Dasypoda lobata. Fab. n° 3.
Habite en Allemagne, sur les fleurs composées et ombellifères.

2. Panurge unicolor. *Panurgus unicolor*. Latr.

P. villosus, ater; antennis nigris.
Philanthus ater ? Fab. p. 292.
Habite l'Italie, près de Gênes. Les cuisses postérieures ont chacune une dent, comme dans l'espèce précédente.

XYLOCOPE. (Xylocopa.)

Antennes courtes , filiformes , brisées. Lèvre supérieure transversale , carénée , épaisse à sa base. Mandibules à sommet obtus et tridenté. Palpes inégaux : les labiaux sétiformes.

Corps et pattes velus. Ailes colorées.

Antennæ breves , filiformes , fractæ. Labrum transversum , carinatum , ad basim incrassatum. Mandibulæ apice obtuso tridentato. Palpi dissimiles : labialibus setiformibus.

Corpus pedesque hirsuti.

Observations. Les *xylocopes*, ou perce-bois, n'ont pas les palpes semblables comme les panurges et les systrophes, et ont leurs mandibules en cuilleron, tridentées au sommet. Ce sont de grosses apiaires, velues, noires, avec des ailes luisantes, en général violettes ou bleues. Elles diffèrent des cératines par leur lèvre supérieure transversale, non fléchie en bas, et elles sont distinguées des mégachiles parce que leur lèvre supérieure n'est point plus longue que large.

Ces apiaires , dites *charpentières*, font leur nid dans les vieux bois ou dans les troncs d'arbres morts, qu'elles percent ou qu'elles trouvent déjà percés. Elles y placent successivement un œuf et de la pâtée, avec des séparations faites de râpure de bois agglutinée.

ESPÈCES.

1. Xylocope violette. *Xylocopa violacea.* Latr.

X. hirsuta , atra ; alis violaceis.
Apis violacea. Linn. Fab. Panz. fasc. 59. t. 6.
Abeille , n° 19. Geoff.
Habite en Europe.

2. Xylocope orientale. *Xylocopa latipes.*

X. hirsuta , atra ; tarsis anticis explanatis , flavis , intùs ciliatis.

Apis latipes. Fab. Drury. Ins. 2. t. 48. f. 2.
Habite les Indes orientales, la Chine.

3. Xylocope morio. *Xylocopa morio.*

X. hirsuta, atra, immaculata; alis cyaneis.
Apis morio. Fab. p. 315.
Habite l'Amérique méridionale, le Brésil.
Etc.

CERATINE. (Ceratina.)

Antennes filiformes, un peu en massue. Lèvre supérieure unie, presque carrée, et inclinée verticalement en bas. Mandibules obtuses, tridentées. Palpes dissemblables.

Corps oblong, presque glabre. Abdomen subovale, rétréci à sa base.

Antennœ filiformes, apice subclavatœ. Labrum subquadratum, lœve, ad perpendiculum cadens. Mandibulœ obtusœ, tridentatœ. Palpi non conformes.

Corpus oblongum, glabriusculum. Abdomen subovale, basi attenuatum.

Observations. Les *cératines* n'ont point la lèvre supérieure transversale et carénée, comme les xylocopes, mais presque carrée et unie. Cette lèvre d'ailleurs est inclinée en bas, sans être distinctement plus longue que large, comme dans les mégachiles.

ESPÈCES.

1. Cératine calleuse. *Ceratina callosa.*

D. atra, cœruleo-nitida; labio puncto, thorace calloso, utrinque ante alas albis.
Ceratina albilabris. Latr. Gen. Crust. et Ins. 1. t. 14. f. 11.
Andrena callosa. F. suppl. p. 277.
Habite au midi de la France.

2. Cératine lèvre-blanche. *Ceratina albilabris.* Latr.

C. atra; clypeo macula punctoque utrinque sub alis niveis. Fab.

Prosopis albilabris. Fab. p. 293.

Habite en Italie, en Barbarie. Elle fait son nid dans les tiges ou les branches de ronce et de rosier qui ont été tronquées accidentellement, et perce leur moëlle pour y enfoncer des œufs et de la pâtée. *Spinola.*

MEGACHILE. (Megachile.)

Antennes courtes, un peu brisées. Lèvre supérieure grande, plus longue que large, en carré long, inclinée perpendiculairement sous les mandibules. Mandibules grandes, avancées, souvent dentées. Palpes inégaux.

Tête grosse. Corselet court.

Antennæ breves, subfractæ. Labrum magnum, longius quàm latius, elongato-quadratum, ad perpendiculum cadens, sub mandibulis infrà porrectum. Mandibulæ magnæ, porrectæ, sæpiùs dentatæ. Palpi dissimiles.

Caput crassum. Thorax brevis.

Observations. Parmi les apiaires solitaires dont les pattes postérieures ne se chargent point de pollen, celles dont la lèvre supérieure est grande, alongée, taillée en carré long, et inclinée verticalement en bas, constituent notre genre des *mégachiles*, le même que celui qu'avait d'abord établi M. *Latreille* dans son Histoire naturelle des crustacés et des insectes, vol. 4, p. 51. Mais depuis, cet entomologiste ayant partagé cette coupe en beaucoup de genres, d'après la considération des palpes maxillaires, etc., nous ne l'avons pas suivi, voulant conserver plus de simplicité à la méthode des distinctions. Ses genres néanmoins seront faciles à retrouver, si la nécessité y oblige.

Les *mégachiles* sont très curieuses à observer par les particularités de leurs habitudes, sur-tout de celles qui concernent la construction de leur nid. Ce sont, en général, des maçonnes, des mineuses, des cardeuses, des coupeuses de feuilles ou de pétales dont elles tapissent leur nid. Je n'en citerai que quelques espèces.

ESPÈCES.

1. Mégachile maçonne. *Megachile muraria.* Latr.

M. nigra; *thorace abdominisque basi supernè lanâ rufâ.*
Apis muraria. Oliv. dict. *Andrena muraria.* Fab. supp. 274.
Réaum. Ins. 6. pl. 7. f. 1—5.
Apis. Geoff. 2. p. 409. nº 4.
Habite en Europe. Elle fait son nid sur les murs exposés au soleil.

2. Mégachile centunculaire. *Megachile centuncularis.* Latr.

M. nigra; *abdomine lineis albis*; *subtùs lanâ fulvâ.* G.
Apis centuncularis. Linn. Fab. p. 357.
Panz. fasc. 55. tab. 12.
Geoff. 2. p. 410. nº 5.
Habite en Europe. Elle fait son nid dans la terre et coupe des feuilles de rosier pour le tapisser.

3. Mégachile du pavot. *Megachile papaveris.*

M. nigra; *mandibulis tridentatis*; *capite thoraceque rufescente, griseo hirsutis*; *abdominis segmentis lineis marginalibus villoso-albidis.*
Megachiles papaveris. Panz. fasc. 105. tab. 16—17.
Osmia papaveris. Latr. Encycl. nº 21.
Habite en Europe. Elle fait son nid dans la terre, et coupe des pétales de coquelicot pour le tapisser.

4. Mégachile bicorne. *Megachile bicornis.*

M. rufa; *corpore hirsuto*; *femina clypeo bicorni.*
Apis rufa. Linn. Panz. fasc. 56. t. 10.
Osmia bicornis. Latr. Encycl. nº 3.
Habite en Europe. Elle fait son nid dans les troncs des vieux arbres, dans les poutres, etc.

5. Mégachile à crochets. *Megachile manicata.*

M. cinerea; *abdomine nigro*; *maculis lateralibus flavis*; *ano quinquedentato.*
Apis manicata. Linn. Fab. p. 330.

Panz. fasc. 55. tab. 10—11. *Apis maculata*. Ejusd. fasc. 7. t. 14.
Abeille Geoff. 2. p. 408. n° 3.
Anthidium manicatum. Latr.
Habite en Europe, sur les fleurs. Elle fait son nid dans les creux des arbres. On croit que c'est une cardeuse.

6. Mégachile conique. *Megachile conica*.

M. atra, nitida; abdomine conico, acutissimo, segmentorum marginibus albis.
Apis conica. Linn. *Anthophora conica*. Fab.
Apis bidentata. Panz. fasc. 59. t. 7.
Cœlioxys conica. Latr.
Habite en Europe.

7. Mégachile des troncs. *Megachile truncorum*.

M. nigra; abdomine cylindrico; segmentis margine albis; subtùs cinereo, hirsuto.
Apis truncorum. Linn. *Hylærus truncorum*. Fab. p. 305.
Panz. fasc. 64. tab. 15.
Heriades truncorum. Latr.
Habite en Europe. Commune.

8. Mégachile grandes-dents. *Megachile maxillosa*.

M. nigra; mandibulis prominentibus; antennis thorace brevioribus; abdomine cylindrico subtùs luteo, hirsuto.
Apis maxillosa. Linn. *Hylœus maxillosus*. Fab.
Panz. fasc. 53. tab. 17.
Chelostoma maxillosa. Latr.
Habite en Europe. Elle fait son nid sur les vieux bois, les pieux. Etc.

PHILERÈME. (Phileremus.)

Antennes filiformes, courtes, divergentes. Lèvre supérieure plus longue que large, rétrécie vers son extrémité, formant un triangle alongé, tronqué au sommet, et inclinée perpendiculairement en bas. Mandibules étroites, pointues, unidentées au côté interne.

Corps pubescent ou presque glabre.

Antennæ filiformes, breves, divaricatæ. Labrum longius quàm latius, versùs extremitatem angustatum, elongato-trigonum, apice truncatum, ad perpendiculum cadens. Mandibulæ angusto-acutæ, latere interno unidentatæ.

Corpus pubescens vel glabriusculum.

Observations. Les *philérèmes* ont la lèvre supérieure plus longue que large et inclinée en bas sous les mandibules, comme dans les mégachiles; mais cette lèvre, au lieu d'être en carré long, est en triangle alongé, tronqué au sommet. Ces apiaires ont les mandibules étroites et pointues.

Par ces caractères, les ammobates de *Latreille* peuvent se ranger sous cette coupe; ils diffèrent des philérèmes par leurs palpes maxillaires à six articles, ceux de ces derniers n'en ayant que deux.

ESPÈCE.

1. Philérème ponctuée. *Phileremus punctatus.*

Ph. niger; cinereo-subvillosus; abdomine rufo; margine nigro albo vario.

Epeolus punctatus. Fab. p. 389.

Habite aux environs de Paris.

NOMADE. (Nomada.)

Antennes filiformes, courtes. Lèvre supérieure demi-circulaire, un peu plus large que longue. Quatre palpes: les antérieurs à six articles; les postérieurs à quatre. Langue alongée, fléchie en dessous.

Corps glabre, oblong, tête large; corselet ovale, convexe; abdomen presque sessile.

Antennæ filiformes, breves, thoracis vix longitudine. Labrum semi-circulare, paulò latius quàm longius. Palpi quatuor: anterioribus sexarticulatis, pos-

terioribus quadriarticulis. Lingua elongata, in quiete subtùs inflexa.

Corpus glabrum, oblongum; caput latum; thorax subovalis, convexus; abdomen subsessile.

Observations. Les *nomades* ont la langue ou trompe à peu près comme celle des abeilles, longue, à oreillettes ou divisions latérales courtes; et dans l'inaction, elle est fléchie en dessous et rabattue contre la gaîne; mais leurs antennes ne sont pas brisées. Leurs palpes sont un peu longs; leurs mandibules sont étroites, aiguës, quelquefois unidentées au côté interne.

Ces apiaires ont le corps glabre ou légèrement pubescent, et n'ont pas le premier article des tarses postérieurs dilaté, muni d'une brosse, et propre à recueillir le pollen. On dit que les femelles vont pondre dans le nid des abeilles et des andrènes. Les *nomades* connues sont déjà nombreuses en espèces : voici la citation de quelques-unes.

ESPÈCES.

1. Nomade panachée. *Nomada variegata.*

N. thorace abdomineque albo variegatis; pedibus ferrugineis.
Apis variegata. Linn.
Epeolus variegatus. Latr.
Habite en Europe. On la trouve la nuit sur les fruits du *geranium phœum.*

2. Nomade agreste. *Nomada agrestis.*

N. hirta, abdominis segmentis apice nigris.
Nomada agrestis. Fab.
Habite en Espagne.

3. Nomade ruficorne. *Nomada ruficornis.*

N. antennis pedibus punctisque quatuor scutelli ferrugineis; abdomine ferrugineo, luteo variegato. F.
Apis ruficornis. Linn.
Nomada ruficornis. Fab. Panz. fasc. 55. t. 18.
Habite en Europe.

4. Nomade jaune. *Nomada flava.*

N. thorace atro, griseo-pubescens; abdomine flavo, segmentorum marginibus rufis. Oliv.
Nomada flava. Fab. Oliv. Dict. n° 10.
Panz. fasc. 53. tab. 21.
Habite en France, en Allemagne.
Etc.

ANTHOPHILES ANDRÉNETTES.

Les *andrénettes* sont des hyménoptères anthophiles comme les apiaires; mais, au lieu d'avoir leur langue ou sa division intermédiaire réfléchie en dessous dans l'inaction, elles s'en distinguent en ce que, dans le repos, leur langue ou sa division intermédiaire est alors, soit réfléchie en dessus, soit droite ou presque droite.

Ces insectes ne vivent point en société, n'offrent, pour chaque espèce, que des mâles et des femelles, et leurs larves ne se nourrissent que de miel ou du pollen des fleurs. La plupart des espèces font des trous dans la terre, y déposent un œuf et de la pâtée, le bouchent ensuite, et se multiplient de cette manière.

Je ne rapporte à cette division que les trois genres suivants: Andrène, Halicte et Collète.

ANDRÈNE. (Andrena.)

Antennes filiformes, un peu courtes. Quatre palpes inégaux. Deux mandibules bidentées. Langue trifide : à pièce intermédiaire lancéolée, repliée en dessus dans l'inaction.

Corps velu.

Antennæ filiformes, breviusculæ. Palpi quatuor

inæquales. Mandibulæ bidentatæ. Lingua trifida : intermediâ parte lanceolatâ, in quiete sursùm reflexâ. Corpus villosum.

Observations. Je réunis ici les andrènes et les dasypodes de M. Latreille. Ils se distinguent des halictes qui suivent, en ce que, dans l'inaction, la partie intermédiaire de leur langue est repliée en dessus.

Les *andrènes* ont beaucoup de rapports avec les abeilles, mais elles en diffèrent principalement par leur trompe ou langue. Elles ont la tête ovale, penchée; les antennes insérées entre les yeux; l'abdomen noirâtre, avec une bordure jaune ou blanche sur chaque anneau.

Ces insectes font leur nid dans la terre, ou dans le sable, ou dans de vieux murs, et ne vivent point en société. La femelle construit son nid, fait sa ponte, et y met la provision nécessaire à la larve.

On trouve les andrènes sur différentes fleurs.

ESPÈCES.

1. Andrène cendrée, *Andrena cineraria.* Latr.

A. nigra, thorace hirsuto-albicante; fascia nigra; abdomine cœrulescente.
Apis cineraria. Linn. Fab.
Schœff. Ic. tab. 22. f. 5—6.
Habite en Europe. Extrémité des ailes noirâtre.

2. Andrène vêtue. *Andrena vestita.*

A. atra thoracis abdominisque dorso ferrugineo hirtis.
Apis vestita. Fab.
Panz. fasc. 55. tab. 9.
Habite en France.

3. Andrène carbonaire. *Andrena carbonaria.* Fab.

A. atra; thorace einereo-pubescente, pedibus lævibus, alis fuscis.
Apis carbonaria. Linn.
Habite en Allemagne.

4. Andrène pattes-ciliées. *Andrena pilipes*. Fab.

A. glabra atra ; pedibus posticis albo-ciliatis, alis fuscis.
An Andrena aterrima ? Latr. Hist. nat. des Crust. et des Ins. 13. p. 363.
Habite le Piémont.

5. Andrène pattes-hérissées. *Andrena hirtipes.*

A. cinereo-villosa, abdomine atro, fasciis quatuor albis ; pedibus posticis rufo-hirsutissimis.
Dasypoda hirtipes. Fab. Latr.
Panz. fasc. 7. tab. 13. et fasc. 46. tab. 16.
Habite aux environs de Paris.

HALICTE. (Halictus.)

Antennes filiformes, arquées. Quatre palpes inégaux. Langue trifide : à division intermédiaire presque droite ou courbée inférieurement.

Corps oblong, plus ou moins velu.

Antennæ filiformes, arcuatæ. Palpi quatuor inæquales. Lingua trifida : intermediâ parte subrectâ aut incurvâ.

Corpus oblongum, subvillosum.

Observations. Sous la dénomination d'*halicte*, je réunis les halictes, les sphécodes et les nomies de Latreille. Ces insectes, quoique avoisinant les andrènes, s'en distinguent en ce que, dans l'inaction, leur langue ou sa division intermédiaire n'est point réfléchie en dessus, mais reste presque droite, ou même est courbée inférieurement.

ESPÈCES.

1. Halicte à quatre raies. *Halictus quadristrigatus*. Latr.

H. niger, subvillosus ; abdominis segmentis quatuor primis margine villoso-albis.

Latr. Hist. nat. des Crust. et des Ins. 13. p. 365.
Hylœus grandis. Illig. Schœff. Ic. ins. tab. 32. f. 19.
Habite aux environs de Paris, sur les chardons. La femelle fait son nid dans la terre.

2. Halicte à six raies. *Halictus sexcinctus.* Latr.

H. cinereus; abdomine cylindrico nigro : fasciis sex flavis; pedibus flavis. Latr.
Hylœus sex-cinctus. Fab. n° 6.
Hylæus arbustorum. Panz. Fasc. 46. tab. 14.
Habite aux environs de Paris.

3. Halicte sphécoïde. *Halictus gibbus.*

H. niger; abdomine rufo, apice nigro.
Nomada gibba. Fab. *Apis.* n° 17. Geoff.
Sphecodes gibbus. Latr.
Tiphia rufiventris. Panz. fasc. 53. tab. 4.
Habite aux environs de Paris.

4. Halicte difforme. *Halictus difformis.*

H. niger, fronte cinereo-villosa, tibiis posticis flavis, incurvis, lobo clavato terminatis.
Nomia difformis. Latr. Oliv. Dict. n° 3.
Lasius difformis. Panz. fasc. 89. f. 15.
Habite en France, en Allemagne.
Etc.

COLLÈTE. (Colletes.)

Antennes filiformes, un peu courtes. Quatre palpes presque sétacés, les maxillaires plus longs, à six articles. Division intermédiaire de la langue dilatée et presque en cœur au sommet.

Tête aplatie antérieurement. Abdomen ovale-conique; ailes écartées.

Antennœ filiformes, breviusculœ. Palpi quatuor subsetacei: maxillaribus longioribus, sex articulatis. Linguœ seu proboscidis pars intermedia apice dilatata, subcordiformis.

Caput anticè planum; abdomen ovato-conicum; alæ divaricatæ.

Observations. Les *collètes*, qui réunissent celles de M. Latreille et ses hylées, se distinguent des andrènes et des halictes en ce que la division intermédiaire de leur langue n'est point lancéolée, mais est membraneuse, élargie, et presque en cœur à son sommet. Les deux mandibules sont striées sur le dos, soit unidentées sous leur sommet, soit terminées par deux dents égales.

Comme les collètes de Latreille sont velues, les pattes postérieures des femelles sont propres à se charger de pollen; ses hylées, au contraire, étant glabres, n'ont point de pattes pollinifères : celles-ci paraissent parasites.

ESPECES.

1. Collète ceinturée. *Colletes succincta.*

C. thorace hirto fulvo, abdomine nigro; cingulis quatuor albis.
Apis succincta. Linn.
Andrena succincta. Fab. *Melitta succincta.* Kirby.
Habite en Europe. Elle fait son nid dans la terre, le tapisse de membranes gommeuses et soyeuses.

2. Collète foisseuse. *Colletes foudiens.* Latr.

C. nigra, cinereo-hirsuta; abdomine cylindrico nudo; segmentis niveo-marginatis.
Latr. Gen. Crust. et Ins. 1. tab. 14. f. 7.
Panz. fasc. 105. tab. 21—22.
Habite en Europe, sur les fleurs.

3. Collète annelée. *Colletes annulata.*

C. nigra, fronte annulisque pedum albis.
Hyleus annulatus. Fab. Latr.
Apis annulata. Linn.
Habite en Europe, sur les fleurs.

DEUXIÈME FAMILLE.

LES RAPACES. (Prædones. Latr.)

Larves carnassières ou omnivores. — Premier article des tarses postérieurs subcylindrique, non dilaté ni velu, et jamais pollinifère.

Parmi les hyménoptères à aiguillon, et qui n'ont point d'oviducte en tarrière, les *rapaces* constituent une grande famille d'insectes, qui tous vivent de proie ou de rapine, et sont à peu près omnivores. Comme aucun de ces insectes ne ramasse le pollen des fleurs, ils n'ont pas le premier article des tarses postérieurs dilaté et muni d'une brosse, ni le dessous de l'abdomen soyeux; ce que l'on voit dans le plus grand nombre des anthophiles.

On a partagé les *rapaces* en beaucoup de petites familles, qui, sans doute, ne sont pas sans intérêt, mais qui compliquent considérablement la méthode. Il nous suffira, pour distinguer en général, et pouvoir étudier ces hyménoptères, de les diviser en trois coupes principales; savoir :

1° En *rapaces guêpiaires ;*

Leurs ailes supérieures sont plissées ou pliées en deux longitudinalement.

2° En *rapaces subaptères ;*

Leurs ailes supérieures ne sont point plissées longitudinalement, et l'espèce offre constamment des individus aptères.

3° En *rapaces terrifores.*

Leurs ailes supérieures ne sont point plissées longitudinalement, et tous les individus de l'espèce sont ailés.

RAPACES GUÊPIAIRES.

Leurs ailes supérieures sont plissées ou pliées en deux longitudinalement.

Les insectes de cette division sont ainsi nommés, parce qu'ils comprennent parmi eux les guêpes et les genres qui les avoisinent par leurs rapports. Ils ont, en général, des antennes brisées, de huit à treize articles, terminées un peu en massue. Le premier segment de leur corselet forme presque toujours un arc prolongé en dessus jusqu'à la naissance des ailes supérieures. On divise ces *guêpiaires* de la manière suivante.

§. *Guêpiaires solitaires.*

Mandibules beaucoup plus longues que larges, étroites ou rétrécies en pointe vers leur sommet.

Insectes vivant solitairement : deux sortes d'individus pour l'espèce.

(1) Antennes de huit ou dix articles, terminées en bouton.

Masaris.

(2) Antennes de douze ou treize articles, en massue alongée.

(a) Lèvre inférieure sans points glanduleux à son extrémité.

Synagre.

(b) Lèvre inférieure ayant quatre points glanduleux à son extrémité.

Eumène.
Odynère.
Zèthe.

§§. *Guêpiaires sociales.*

Mandibules guères plus longues que larges, en carré long, obliquement tronquées au bout.

Insectes vivant en société : trois sortes d'individus pour l'espèce.

Guêpe.
Poliste.

GUÊPIAIRES SOLITAIRES.

Linné et la plupart des auteurs ont confondu dans le même genre ces guêpiaires avec les guêpiaires sociales. Outre qu'elles s'en distinguent par la forme de leurs mandibules, elles ont des habitudes différentes, vivent solitairement, et n'offrent pour chaque espèce que deux sortes d'individus, des mâles et des femelles.

Les guêpiaires solitaires vivent de proie comme les autres. Elles font leur nid, soit dans les trous des murailles, soit dans la terre, soit sur les tiges des plantes, les construisant en boule avec de la terre fine. L'intérieur de ces nids ne présente point de gâteaux alvéolaires, comme les nids des guêpiaires sociales. Voici les cinq genres que je rapporte à cette division.

MASARIS. (Masaris.)

Antennes de huit ou dix articles, terminées en massue obtuse ou subglobuleuse. Lèvre supérieure saillante. Mandibules se rétrécissant insensiblement en pointe, subquadridentées.

Corps oblong, semi-cylindrique, glabre, se contractant en boule par la flexion de l'abdomen.

Antennæ octo vel decim-articulatæ, clavâ obtusâ vel subglobosâ terminatæ. Labrum exsertum. Mandibulæ sensìm angustato-acuminatæ, subquadridentatæ.

Corpus oblongum, semi-cylindricum, glabrum, abdominis in flexu in globum contractile.

OBSERVATIONS. Les *masaris* sont des guêpiaires solitaires dont les antennes n'ont pas plus de dix articles distincts, et sont terminées en bouton. M. Latreille en forme, sous le nom de *masarides*, une petite famille qui se compose de ses genres *masaris* et *célonite*. La lèvre inférieure de ces insectes est longue, filiforme, sans points glanduleux, et se divise en deux filets reçus dans un tuyau rétractile.

ESPÈCES.

1. Masaris vespiforme. *Masaris vespiformis.*

M. abdomine longo, graciliusculo, nigro ; fasciis sex flavis ; antennis nigris capite, thorace longioribus.
Masaris vespiformis. Fab. Latr.
Coqueb. Illustr. Ic. dec. 2. tab. 15.
Habite en Barbarie. Desfontaines.

2. Masaris apiforme. *Masaris apiformis.*

M. abdomine vix trunco longiore, nigro ; fasciis quinque flavis ; antennis brevibus, clavâ ferrugineâ terminatis.
Masaris apiformis. Fab. p. 284.
Celonites apiformis. Fab. Latr.
Panz. fasc. 76. t. 19.
Habite l'Italie, les provinces méridionales de la France.

SYNAGRE. (Synagris.)

Antennes brisées, renflées vers leur extrémité. Mandibules saillantes, pointues : celles des mâles très longues et en forme de cornes. Lèvre inférieure quadrifide, à divisions linéaires, longues, plumeuses.

Abdomen ovale-conique, à pédicule presque nul.

Antennæ fractæ, versùs apicem incrassatæ. Mandibulæ acuto-productæ, in masculis longissimæ, corniformes. Labium inferius quadrifidum : laciniis linearibus, longis, plumosis.

Abdomen ovato-conicum ; pediculo subnullo.

Observations. Les *synagres* sont des insectes étrangers, propres à l'Afrique et à l'Asie. Ils sont remarquables par la grandeur des mandibules des individus mâles, et par leur lèvre inférieure, dont les divisions longues et plumeuses sont destituées de points glanduleux. Les palpes maxillaires ont quatre articles; les labiaux n'en ont que trois.

ESPÈCE.

1. Synagre cornu. *Sinagris cornuta.* Latr.

Vespa cornuta. Linn. Fab. p. 255.
Apis cornuta. Drury. Ins. 2. t. 48. f. 3.
Habite en Afrique.

EUMÈNE. (Eumenes.)

Antennes brisées, en massue alongée et pointue. Le chaperon souvent prolongé en pointe antérieurement. Mandibules longues, pointues, saillantes et rapprochées en bec, sur-tout dans les mâles. Lèvre inférieure trifide, à division moyenne bilobée : toutes ces divisions glandulifères.

Corps alongé. Abdomen subpédiculé.

Antennæ fractæ, in clavam elongato-acutam terminatæ. Clypeus sæpè anticè productus, acutus. Mandibulæ elongato-acutæ, porrectæ, in rostellum conniventes, præsertìm in masculis. Labium trifidum : laciniâ intermediâ dilatato-bilobâ; laciniis omnibus glanduliferis.

Corpus elongatum. Abdomen subpediculatum.

Observations. Les *eumènes* sont, comme les synagres, des guêpiaires solitaires; mais, au lieu d'avoir les quatre divisions de leur lèvre inférieure longues et plumeuses, comme ces derniers, elles les ont glanduleuses à leur sommet. La plupart ont l'abdomen pédiculé, plus épais vers le bout qu'à sa naissance. Je n'en distingue point les *odynères* de M. Latreille.

ESPÈCES.

1. Eumène des bruyères. *Eumenes coarctata*. Latr.

E. nigra; abdominis segmento primo infundibuliformi, secundo campanulato, maximo, luteo maculato.
Vespa coarctata. Linn. Fab. p. 276.
Geoff. 2. p. 377. n° 10. pl. 16. f. 2.
Vespa coronata. Panz. fasc. 64. t. 12. et fasc. 63. t. 6.
Habite en Europe. La femelle se construit, avec de la terre, un nid en forme de boule, et le fixe sur la tige de quelque plante et souvent sur la bruyère.

2. Eumène pomiforme. *Eumenes pomiformis*. Latr.

E. nigra, flavo variegata; abdominis petiolo bipunctato; secundo segmento fasciâ interruptâ, omnibusque margine flavis.
Vespa pomiformis. Fab. p. 279.
Panz. fasc. 63. t. 7.
Habite l'Italie, l'Allemagne, etc.

3. Eumène des murs. *Eumenes muraria*.

E. nigra; thorace maculis duabus ferrugineis; abdomine fasciis quatuor flavis: primâ remotissimâ.
Vespa muraria. Linn. Fab. p. 267.
Vespa parietina. Panz. fasc. 49. t. 24.
Odynerus. Latr.
Habite en Europe. Elle fait son nid dans les trous des murailles. Etc.

ZÈTHE. (Zethus.)

Antennes brisées, en massue alongée et pointue. Chaperon aussi large ou plus large que long, sans prolongement antérieur remarquable. Mandibules obtuses, peu alongées et point en bec à leur extrémité. Lèvre inférieure glanduleuse au sommet.

Abdomen pédiculé.

Antennæ fractæ, in clavam elongato-acutam terminatæ. Clypeus longitudine non latitudinem superans, antice non aut vix productus. Mandibulæ obtusæ, parùm elongatæ. Labium apice quadriglandulosum. Abdomen pediculatum.

Observations. Les *zèthes*, dont je ne distingue pas les discœlies de M. Latreille, ont le port des eumènes; mais elles en diffèrent par leur chaperon et leurs mandibules. Celles-ci, quoique plus longues que larges, sont plus courtes, non pointues ni en bec. Ces guêpiaires sont assez grandes.

ESPÈCES.

1. Zèthe ailes bleues. *Zetus cyanipennis.*

Z. niger; abdominis petiolo clavato, basi testaceo; alis cyaneis.
Vespa cyanipennis. Fab. p. 277.
Coqueb. Illustr. Ic. dec. 1. tab. 6. f. 4.
Habite à Cayenne.

2. Zèthe zonale. *Zethus zonalis.*

Z. niger; thorace immaculato, abdominis petiolo apice, segmento secundo fasciâ simplici flavis.
Vespa zonalis. Panz. fasc. 81. tab. 18.
Habite en Allemagne.

3. Zèthe rufinode. *Zethus rufinodus.*

Z. niger, nitidus, punctatus; thoracis segmento antico ferrugineo-flavo; pedibus rubris.
Eumenes rufinoda. Latr. Gen. Crust. et Ins. vol. 1. t. 14. f. 4.
Habite les îles de l'Amérique.

GUÊPIAIRES SOCIALES.

De même qu'il y a des apiaires sociales et d'autres qui vivent solitairement, de même aussi l'on trouve des guêpiaires sociales; et je viens d'en citer d'autres qui ne forment point de société. Il est donc utile de distinguer de part et d'autre.

Les guêpiaires sociales, non-seulement sont remarquables parce qu'elles vivent en société, mais, en outre, en ce que chaque espèce se compose de trois sortes d'individus, de mâles, de femelles et de neutres. Ces derniers néanmoins ne paraissent être encore que des femelles sans sexe, c'est-à-dire, dont le sexe est avorté. Ces trois sortes d'individus forment des sociétés quelquefois nombreuses, selon l'espèce. Ils se construisent des nids singuliers, en partie formés de matières diverses, et dont l'enveloppe externe semble, soit papyracée, soit cartonneuse. On a donné à ces nids le nom de *guêpiers*. Dans leur intérieur, on trouve au moins un plan couvert d'alvéoles; et, dans certains, cet intérieur est divisé par des cloisons transverses dont chacune est chargée d'alvéoles d'un seul côté. Ces guêpiaires sociales ne sont partagées qu'en deux genres, qui sont les suivants.

GUEPE. (Vespa.)

Antennes brisées, de douze ou treize articles, renflées vers leur sommet en massue oblongue et pointue. Quatre palpes. Mandibules fortes, tronquées obliquement et dentées à leur extrémité. Bord antérieur du chaperon largement tronqué, ayant une dent de chaque côté.

Corps oblong, presque glabre, ayant l'abdomen attaché par un pédicule très court. Ailes supérieures plissées ou pliées en deux, étroites. Trois sortes d'individus, tous ailés, vivant en société dans un nid commun. Larves apodes.

Antennæ fractæ, duodecim aut tredecim articulatæ, clavâ oblongâ acutâque terminatæ. Palpi quatuor. Mandibulæ validæ, apice obliquè truncatæ et dentatæ.

Clypeus margine antico latè truncato , utroque latere denticulo adjuncto.

Corpus oblongum , subglabrum , abdomine brevissimè pediculato. Alæ superæ angustæ , longitrorsùm duplicatæ.

Individua omnia alata , nido communi habitantia ; tribus generibus pro specie. Larvæ apodæ.

OBSERVATIONS. Quoique les *guêpes* aient les antennes brisées ou coudées comme les abeilles, on les en distingue au premier aspect, par leurs ailes étroites et plissées ou pliées en deux longitudinalement; par leur corps plus grêle en général, moins velu, et même presque glabre; enfin, par leur trompe très courte, et leurs mandibules fortes et grandes.

Leur corps est ordinairement varié de jaune et de noir. Leurs yeux sont en forme de reins; et leur trompe ou langue est large, échancrée, avec un filet de chaque côté. Leur larve est petite, vermiforme et sans pattes.

Les guêpes formant des sociétés composées de trois sortes d'individus, les femelles et les neutres seulement travaillent à la construction de leur nid. En réduisant en forme de pâte des parcelles de vieux bois ou d'écorce, elles en construisent leur guêpier, savoir ses rayons ou gâteaux et l'enveloppe commune, d'une matière analogue à du papier ou du carton. Le guêpier est suspendu en dessus par un ou plusieurs pédicules, et les rayons qu'il contient, tantôt en petit nombre et tantôt fort nombreux, sont horizontaux, et ont leur face inférieure seulement garnie de cellules verticales hexagones. Les femelles ne pondent qu'un œuf dans chaque cellule, y joignent une provision de nourriture pour la jeune larve, et ensuite ferment la cellule.

Les sociétés des guêpes ne subsistent que jusques vers le milieu de l'automne. Alors les neutres tuent les larves qui n'ont pas eu le temps de se transformer; les autres périssent pour la plupart, et quelques femelles qui survivent à la mauvaise saison, travaillent, au printemps, à fonder une nouvelle colonie.

Les guêpes ne sont guère connues en général, que par les ravages qu'elles font dans nos jardins, en dévorant nos meilleurs fruits. Elles se nourrissent aussi d'insectes et même de viande Elles font leur nid dans la terre, dans l'intérieur des vieux bois, et souvent dans les greniers des maisons. Leur approche est toujours à redouter.

ESPÈCES.

1. Guêpe frélon. *Vespa crabro.*

V. thorace nigro, antice rufo immaculato, abdominis incisuris puncto nigro duplici contiguo. L.

Vespa crabro. Linn. Fab. p. 255. Oliv. Dict. n° 47.

Geoff. 2. p. 368. n° 1.

Habite en Europe. Grosse guêpe qui fait son nid dans les creux des vieux arbres, et quelquefois dans les charpentes des greniers.

2. Guêpe commune. *Vespa vulgaris.*

V. thorace utrinque lineolâ interruptâ; scutello quadrimaculato; abdominis incisuris punctis nigris distinctis. L.

Vespa vulgaris. Linn. Fab. p. 256. Oliv. Dict. n° 49.

Geoff. 2. p. 369. n° 2.

Habite en Europe. Elle est fort commune, moins grosse que la précédente, plus brillante par ses deux couleurs, le noir et le jaune, et fait son nid dans les toits. Une de ses variétés fait le sien dans la terre.

3. Guêpe de Holstein. *Vespa Holsatica.*

V. nigra; lineâ utrinque ad humeros, maculisque scutellaribus luteis; abdomine luteo; segmentis basi transversè punctisque contiguis nigris. L.

Vespa holsatica. Fab. p. 257.

Latr. Annales du Mus. vol. 1. p. 288. pl. 21. f. 1—3.

Vespa. n° 2. var. D. Geoff.

Habite en Europe. Se trouve aux environs de Paris. Elle fait un guêpier oviforme, à enveloppe triple, dont les pièces sont minces et inégales.

4. Guêpe fauve. *Vespa rufa.*

V. thorace utrinque lineolâ; scutello bipunctato; abdomine flavo, antice ferrugineo. L.

Vespa rufa. Linn. Fab. Oliv. Dict. n° 51.

Habite le nord de l'Europe.

5. Guêpe à une bande. *Vespa cincta.*

V. nigra; thorace obscurè maculato; abdomine atro; fasciâ ferrugineâ.

Vespa cincta. Fab. p. 253. Oliv. Dict. n° 37.

Habite les Indes orientales.

Etc.

POLISTE. (Polistes.)

Antennes brisées, en massue alongée, finissant en pointe. Mandibules non tronquées, dentées en leur côté interne. Milieu du bord antérieur du chaperon avancé en pointe.

Corps subovale; abdomen pédiculé.

Antennæ fractæ, in clavam elongatam et acutam terminatæ. Mandibulæ non truncatæ, latere interno et subapicali dentatæ. Clypei margo anticus medio in angulum parvum productus.

Corpus subovale, abdomine pediculato.

Observations. Les *polistes* sont des guêpiaires sociales tellement voisines du genre *guêpe* par leurs rapports, qu'on aurait pu ne les en pas distinguer. Cependant, comme ces guêpiaires diffèrent des guêpes proprement dites par la forme de leurs mandibules et par celle du chaperon, nous avons adopté le genre qu'en a formé M. Latreille.

Ces guêpiaires ont aussi l'espèce composée de trois sortes d'individus tous ailés, savoir des mâles, des femelles et des neutres. Leurs ailes sont plissées ou pliées en deux longitudinalement, et, comme elles, vivent en société; leur nid contient un ou plusieurs gâteaux alvéolifères. Parmi leurs espèces, les unes sont indigènes, les autres sont exotiques.

ESPÈCES.

[*Indigènes.*]

1. Poliste française. *Polistes gallica.* Latr.

P. thorace utrinque lineolâ punctisque duobus; scutello sexmaculato; abdominis incisuris flavis, secundâ bimaculatâ.
Vespa gallica. Linn. Fab. p. 257.
Panz. fasc. 49. tab. 22. Guêpe, n° 5. Geoff.
Réaumur. Ins. 6. pl. 24. f. 6.
Habite l'Europe australe, la France. Son nid a la forme d'une rose demi-ouverte et de couleur cendrée; il est fixé sur un rameau de plante.

2. Poliste diadême. *Polistes diadema.* Latr.

P. atra; lineis duabus transversis infrà antennas; lineolis sex scutellaribus; abdominis segmentis duobus primis bipunctatis.
Vespa diadema. Latr. Annales du Mus. vol. 1. p. 292. pl. 21. f. 4—6.
Réaumur. Ins. 6. pl. 25. f. 1—4.
Habite en Europe.

[*Exotiques.*

3. Poliste boucher. *Polistes lanio.*

P. fusca; capite ferrugineo; antennis medio nigris.
Vespa lanio. Fab. p. 260. Oliv. Dict. n° 59.
Habite au Brésil.

4. Poliste annulaire. *Polistes annularis.*

P. fusca; genubus antennarum apicibus margineque primi segmenti flavis.
Vespa annularis. Fab. p. 260.
Habite l'Amérique septentrionale.

5. Poliste hébraïque. *Polistes hebrœa.*

P. flava; thorace trilineato; abdomine cingulis flexuosis nigris.
Vespa hebrœa. Fab. p. 274.
Habite les Indes orientales.

6. Poliste cartonnière. *Polistes chartaria.*

P. nigra, sericea; thorace antice posticeque strigâ; abdomine fasciis quinque flavis. Oliv.
Vespa chartaria. Oliv. Dict. n° 88.
Vespa nidulans. Fab. p. 271.
Habite à Cayenne. Elle construit de grands guêpiers alongés, pendans aux branches des arbres, dont l'enveloppe est de carton, et dont l'ouverture est un trou central.

7. Poliste tatue. *Polistes tatua.*

P. nigra, nitida; abdomine subcordato, pediculato.
Polistes morio. Fab.
Vespa tatua. Cuv. Bullet. de la Soc. philom. n° 8.
Epipone tatua. Latr. Gen. Ins. vol. 1. t. 14. f. 5.
Habite à Cayenne. Elle construit un grand nid en mauvais carton, alongé en cloche, pendant aux branches des arbres, et dont l'ouverture est un trou marginal.
Etc.

RAPACES SUBAPTÈRES.

Leurs ailes supérieures ne sont pas plissées longitudinalement, et l'espèce offre constamment des individus aptères. Point de petits yeux lisses très distincts.

Sous cette division ou sous-famille des rapaces, je rapproche et j'isole deux genres, qui ont des rapports évidents avec les guêpiaires, mais qui offrent constamment des individus aptères. Ces insectes n'ont pas de petits yeux lisses bien distincts, et vivent de proie. Ceux, parmi eux, qui vivent en société, sont fort intéressants à observer sous différents rapports. Il y en a qui ont des habitudes extrêmement singulières et même admirables. Les deux genres que je rapporte ici, sont distingués de la manière suivante.

(1) Insectes vivant en société; des mâles, des femelles et des

neutres. Les mâles toujours ailés; les femelles, tantôt avec des aîles et tantôt sans ailes; les neutres toujours aptères.

Fourmi.

(2) Insectes vivant solitairement; des mâles et des femelles seulement. Les mâles ailés; les femelles toujours aptères.

Mutile.

FOURMI. (Formica.)

Antennes filiformes, plus épaisses vers leur sommet, brisées. Lèvre supérieure un peu grande, tombant perpendiculairement. Quatre palpes filiformes, inégaux. Mandibules fortes, sur-tout dans les femelles et les neutres. Promuscide courte; à lèvre inférieure concave, arrondie au sommet.

Tête trigone; tronc déprimé sur les côtés; abdomen attaché au corselet par un pédicule qui porte, soit un nœud en forme d'écaille, soit deux nœuds. Anus muni, soit d'un aiguillon piquant, soit de glandes vénénifères.

Trois sortes d'individus pour l'espèce: des mâles et des femelles ailés, des neutres toujours aptères.

Antennœ filiformes, versùs apicem crassiores, fractœ. Labrum majusculum, ad perpendiculum cadens. Palpi quatuor filiformes, inœquales. Mandibulœ validœ, prœsertìm in feminis et neutris. Promuscis brevis; labio cucullato, apice rotundato.

Caput trigonum; truncus ad latera compressus; abdomen pediculo unino dovel binodo, thoraci, affixum. Anus, vel aculeo punctorio, vel glandulis veneniferis instructus.

Individua tribus generibus pro specie. Masculi et feminœ alati; neutra semper aptera.

Observations. Les *fourmis* sont des insectes connus de tout le monde, au moins quant à leur forme générale. Ces insectes sont petits en général, courent assez rapidement, et offrent un corps alongé, comme formé de trois parties principales, bien séparées : la tête, le corselet, l'abdomen. Leur tête, qui est assez grosse proportionnellement, est trigone, avancée en pointe antérieurement, et munie de deux antennes filiformes, brisées, leur premier article étant plus long que chacun des autres.

Ce qui caractérise le plus généralement ces insectes, c'est que le pédicule qui attache leur abdomen au corselet soutient tantôt une petite écaille relevée, et tantôt deux écailles distinctes, selon les espèces. Ces espèces de nœuds squamiformes sont dus, selon M. Latreille, à un des anneaux de l'abdomen, et se trouvent dans tous les individus de toutes les espèces.

Les neutres, ici, sont, comme dans les abeilles et les guêpes, des femelles dont le sexe est entièrement avorté. Ce sont les individus les plus nombreux de leur société, ceux qui sont chargés de tous les travaux, et qui n'ont jamais d'ailes. Les mâles sont les plus petits individus de l'espèce, et sont toujours ailés. Les femelles sont pareillement ailées, mais elles perdent souvent leurs ailes à une certaine époque.

On sait que les fourmis demeurent dans des nids placés en terre ou près de sa surface, et auxquels on a donné le nom de *fourmilières*. Il y en a néanmoins qui font les leurs dans l'intérieur des troncs d'arbres ou du bois, comme certains termites. Le jour, elles en sortent, vont et viennent continuellement, s'occupent de leurs travaux ou courent à la picorée. Comme elles sont omnivores, presque tout leur est bon, et dès qu'elles ont trouvé quelque butin, elles le portent à la fourmilière.

L'hiver, les fourmis restent dans leurs fourmilières, où elles sont engourdies, sans aucun mouvement, et entassées les unes sur les autres; mais dès les premières chaleurs du printemps, elles sortent de leur état de léthargie, et vont chercher leurs aliments.

L'accouplement des mâles avec les femelles ne se fait point dans la fourmilière. Les mâles ne s'y rencontrent jamais. C'est dans l'air qu'il s'exécute, les femelles voltigeant avant leur fécondation. Celles-ci retournent ensuite à la fourmilière pour déposer leurs œufs, et les mâles périssent peu après.

Les œufs des fourmis sont très petits et rassemblés par tas. Il en naît des larves courtes, blanches, grasses, sans pattes et presque incapables de locomotion. Ce sont ces larves que le vulgaire nomme improprement *œufs de fourmis*, et dont les neutres ont les plus grands soins. Ces mêmes larves se transforment en nymphes, soit nues, soit renfermées dans une coque d'un blanc jaunâtre. Comme ces nymphes sont, ainsi que les larves, incapables de se mouvoir, si la fourmilière est attaquée, les ouvrières les emportent dans l'endroit le plus reculé de leur habitation pour les mettre à l'abri des dangers.

Quoique les *fourmis* soient souvent très nuisibles, quelquefois même un fléau, par les dégâts qu'elles causent dans nos jardins et même dans nos habitations, sur-tout dans les climats chauds, ce sont néanmoins des insectes très curieux et très intéressants à étudier sous différents rapports, principalement sous celui de leurs habitudes particulières. Il y en a qui voyagent en troupe et forment comme des armées innombrables. D'autres sont guerrières, vont attaquer la fourmilière de quelque autre espèce, et si elles sont victorieuses, elles s'emparent des larves et des nymphes de la fourmilière conquise, les transportent dans la leur, et en prennent soin pour en faire des esclaves qui servent aux travaux de l'habitation. Ces derniers faits, publiés par M. Hubert fils, et confirmés par les observations de M. Latreille, sont vraiment admirables.

Comme les fourmis sont nombreuses en espèces, M. *Latreille* en a traité dans un ouvrage monographique avec des détails intéressants. Depuis, il les a partagées en plusieurs genres, les considérant toutes ensemble comme constituant une famille particulière. C'est cette famille qui forme le genre que nous présentons ici.

ESPÈCES.

Un seul nœud squamiforme sur le pédicule de l'abdomen.

1. Fourmi ronge-bois. *Formica ligniperda.* Latr.

F. nigra ; thorace femoribusque obscurè sanguineis. Latr. Hist. nat. des Fourmis. p. 88. pl. 1. f. 1.
An formica herculanea ? Linn. Fab. p. 349.
Formica herculanea. Oliv. Dict. n° 1.
Habite en Europe, dans les troncs d'arbres. C'est la plus grande de notre pays.

2. Fourmi pubescente. *Formica pubescens.* L.

F. atra ; abdomine pubescente. Fab.
Formica pubescens. Fab. Oliv. n° 10. Latr. Hist. Nat. des F. p. 96. pl. 1. *fig.* 2.
Habite en Europe, dans la France méridionale, en Hongrie. Elle vit dans les troncs des vieux arbres.

3. Fourmi comprimée. *Formica compressa.*

F. nigra ; thorace compresso ; antennis apice femoribusque rufis ; capite maximo. F.
Formica compressa. Fab. p. 350. Oliv. Dict. n° 4.
Latr. Hist. Nat. des F. p. 111.
Habite à Tranquebar.

4. Fourmi fauve. *Formica rufa.*

F. nigricans ; capitis maximâ parte, thorace, squamâ ferrugineis ; stemmatibus tribus conspicuis. Latr.
Formica rufa. Linn. Fab. p. 351. Oliv. Dict. n° 9.
Latr. Hist. nat. des F. p. 143. pl. 5. f. 28.
Habite en Europe, dans les bois. Elle y forme sur la terre de grandes fourmilières larges, convexes, offrant des amas considérables de paillettes de différens débris amoncelés et sans ordre. Elle est plus grande que nos fourmis des jardins.

5. Fourmi noire-cendrée. *Formica fusca.*

F. cinereo-fusca ; antennis pedibusque ferrugineis.
Formica fusca. Linn. Fab. p. 352. Oliv. Dict. n° 13.

Latr. Hist. nat. des F. p. 159. pl. 6. f. 32.

Habite en Europe, dans la terre, sous les pierres, au pied des arbres. Commune.

6. Fourmi des jardins. *Formica nigra.*

F. nigra, nitida ; ano piceo. F.

Formica nigra. Linn. Fab. p. 352. Oliv. Dict. n° 11.

Latr. Hist. nat. des Fourmis, p. 156.

Habite en Europe. Très-commune dans les jardins où elle fait beaucoup de tort. Elle fait son habitation dans la terre.

7. Fourmi sanguine. *Formica sanguinea.* Latr.

F. sanguinea ; abdomine cinereo-nigro. Latr. Hist. nat. des Fourmis, p. 150. pl. 5. f. 29.

Habite en Europe, dans les bois. C'est une de celles que M. Hubert nomme *fourmis amazones.*

8. Fourmi amazone. *Formica rufescens.*

F. pallidè rufa; mandibulis augustis, arcuatis, sub dentatis ; stemmatibus tribus ; thorace posticè elevato. Latreille.

Formica rufescens. Latr. Hist. nat. des Fourm. p. 186. pl. 7. f. 38.

Polyergus rufescens. Latr. Gen. Crust. et Ins. 4. p. 127. et vol. 1. t. 13. f. 1.

Habite en France, dans les bois. C'est encore une espèce guerrière, dont M. Hubert a décrit les habitudes si étonnantes.

9. Fourmi resserrée. *Formica contracta.*

F. elongata, subcylindrica, fusco-brunnea; oculi nullis aut obsoletis ; antennis pedibusque lutescente-brunneis.

Latr. Hist. nat. des Fourm. p. 195. pl. 7. f. 40.

Ponera. Latr.

Habite en France, à Paris. Rare. Société peu nombreuse. Elle paraît aveugle.

Deux écailles ou deux nœuds sur le pédicule de l'abdomen.

10. Fourmi céphalote. *Formica cephalotes.*

F. thorace quadrispinoso ; capite didymo magno utrinque posticè mucronato.

Formica cephalotes. Linn. Fab. p. 362. Oliv. Dict. nº 47.
Latr. Hist. nat. des Fourm. p. 222. pl. 9. f. 57.
Atta. Latr. Gen. Crust. et Ins. 4. p. 129.
Habite l'Amérique méridionale. Espèce fort grande, voyageant souvent par quantités innombrables.

11. Fourmi à crochets. *Formica hamata.*

F. ferruginea; capite maximo pallido; mandibulis porrectis hamatis.
Formica hamata. Fab. p. 364.
Latr. Hist. nat. des Fourm. p. 242. pl. 8. f. 54.
Atta. Latr.
Habite à Cayenne.

12. Fourmi goulue. *Formica gulosa.*

F. castaneo-brunnea; mandibulis capite longioribus; abdominis apice nigro. Latr. Hist. nat. des Fourm. p. 215. pl. 8. f. 49.
Formica gulosa. Fab. p. 363. Oliv. Dict. nº 50.
Myrmecia gulosa. Latr.
Habite la Nouvelle-Hollande.

13. Fourmi souterraine. *Formica subterranea.*

F. ferrugineo-brunnea; ore antennisque dilutioribus; thorace elongato, bispinoso; abdomine fusco; pedibus dilutè fulvis.
Latr. Hist. nat. des Fourm. p. 219. pl. 10. f. 64. et pl. 11. f. 70.
Myrmecia. Latr.
Habite en France, au pied des arbres.

14 Fourmi rouge. *Formica rubra.*

F. rubescens, rugolosa; nodo primo infrà unispinoso; abdomine nitido lœvi, segmento antico subbrunneo. Latr.
Formica rubra. Linn. Fab. p. 353. Oliv. Dict. nº 14.
Latr. Hist. nat. des Fourm. p. 246. pl. 10. f. 62.
Myrmecia. Latr.
Habite en Europe. Espèce très-commune. Elle fait son nid dans la terre, soit sous les pierres, soit sous la mousse, dans les bois.

15. Fourmi des gazons. *Formica cœspitum.*

F. brunneo-nigra; antennis mandibulisque brunneo-rubris; capite thoraceque striatis; thorace posticè bispinoso; tarsis dilutioribus. Latr.

Formica cæspitum. Linn. Fab. p. 358. Oliv. n° 30.
Latr. Hist. nat. des Fourm. p. 251. pl. 10. f. 63.
Myrmecia. Latr.
Habite en Europe. Espèce très-commune ; elle fait son nid dan la terre, entre les racines des gazons.
Etc.

MUTILLE. (Mutilla.)

Antennes filiformes, vibratiles, à premier et troisième articles alongés. Mandibules fortes, saillantes, pointues, quelquefois dentées. Quatre palpes, les maxillaires plus longs.

Insectes solitaires, à deux sortes d'individus pour l'espèce. Des mâles ailés ; des femelles aptères. Les femelles manquant de petits yeux lisses, et ayant un aiguillon très piquant à l'anus.

Corps oblong, velu.

Antennæ filiformes, vibratiles ; articulo primo tertioque elongato. Mandibulæ validæ, exsertæ, acutæ, interdùm dentatæ. Palpi quatuor ; maxillaribus longioribus.

Insecta solitaria ; ordinibus duobus pro specie. Masculi alati ; feminæ apteræ ; ano aculeo punctorio validissimo. Ocelli in feminis nulli distincti.

Corpus oblongum, hirsutum.

Observations. Les *mutilles* tiennent aux fourmis par plusieurs rapports; mais ces rapaces ne forment point de société, n'offrent que des mâles et des femelles, et la petite portion de leur corps qui attache l'abdomen au corselet n'est ni nodifère, ni squamifère. Ces insectes ont des antennes filiformes, quelquefois brisées, vibratiles, de douze ou treize articles, plus courtes dans les femelles que dans les mâles. Leurs mâchoires et leur lèvre inférieure sont très petites. Ils font leur nid dans la terre, aux lieux secs et sablonneux. Ainsi, par leurs habitudes, ils s'approchent des rapaces terrifores.

M. *Latreille* divise ces insectes en plusieurs genres, et en forme une famille particulière. Nous allons en citer quelques espèces.

ESPÈCES.

1. Mutille européenne. *Mutilla europœa.*

M. nigra; thorace rufo; abdomine fasciis duabus albis; posteriore duplicatá, interruptá. F.
Mutilla europœa. Linn. Fab. Oliv. Dict. n° 15. Latr.
Coqueb. Ill. Ic. dec. 2. tab. 16. f. 8.
Panz. fasc. 76. tab. 20.
Habite le midi de la France, l'Italie, le Levant. Comparez-la avec la mutille littorale d'Olivier, n° 16.

2. Mutille Maure. *Mutilla Maura.*

M. hisurta, nigra; thorace rufo, abdomine maculis quatuor albis.
Mutilla Maura. Linn. Fab. Latr. Oliv. n° 36.
Panz. fasc. 46. tab. 18.
Coqueb. Ill. Ic. dec. 2. tab. 16. f. 7.
Habite en France, en Allemagne, etc.

3. Mutille rufipède. *Mutilla rufipes.*

M. hirta, nigra; antennis thoraceque rufis; abdomine puncto fasciisque duabus approximatis albis. F.
Mutilla rufipes. Fab. Latr. Oliv. n° 68.
Panz. fasc. 46. tab. 19.
Habite en Allemagne, en France; commune aux environs de Paris.

4. Mutille couronnée. *Mutilla coronata.*

M. nigra; thorace rufo; abdomine puncto strigisque duabus albis.
Mutilla coronata. Fab. Lat. Oliv. n° 29.
Panz. fasc. 55. tab. 24.
Habite le midi de la France, l'Italie, etc.

5. Mutille tête-noire. *Mutilla melanocephala.*

M. hirta, rufa; capite abdominisque apice nigris. F.
Mutilla melanocephala. Fab. p. 372. Oliv. n° 65.
Coqueb. Ill. Ic. dec. 1. tab. 6. f. 11.
Myrmosa melanocephala. Latr. Gen. Crust et Ins. 4. p. 120 et vol. 1. tab. 13. f. 6 et 8.

Panz. fasc. 85. t. 14.
Habite en France.

6. Mutille formicaire. *Mutilla formicaria.*

M. gracilis, rubra; abdomine nigro.
Methoca formicaria. Latr. Crust. et Ins. 4. p. 119, et vol. 1. tab. 13. *fig.* 7. *Confer. cum methocâ ichneumonides ejusd.*
Habite au midi de la France.

7. Mutille myrmécode. *Mutilla myrmecodes.*

M. nigra, flavo-variegata; thorace compresso.
Tipia pedestris. Fab. p. 228.
Myrmecodes. Latr. Gen. Crust. et Ins. 4. p. 118.
Habite la Nouvelle-Hollande.

8. Mutille doryle. *Mutilla dorylus.*

M. helvola; abdomine cylindrico, apice pubescente; femoribus compressis.
Mutilla helvola. Linn.
Dorylus helvolus. Latr. Hist. des Crust. et des Ins. 13. p. 260. Fab. p. 365. Coqueb. Ill. ic. dec. 2. t. 16. f. 1.
Habite en Afrique.
Etc.

RAPACES TERRIFORES.

Leurs ailes supérieures ne sont point plissées longitudinalement, et tous les individus de l'espèce sont ailés.

Sous cette troisième division des *rapaces*, je rassemble des hyménoptères à aiguillon, qui vivent de proie comme les autres rapaces, n'offrent point d'individus aptères, et n'ont point les ailes supérieures plissées longitudinalement. Par leur aspect, les uns tiennent aux guêpes, et les autres aux ichneumonides.

Ces insectes vivent solitairement, et la plupart ont des habitudes très analogues; car ils font leur nid dans la terre, y placent un œuf, et déposent près de cet œuf quelque autre insecte dont ils se sont saisis, et qu'ils ont tué, afin qu'il serve de nourriture à leur petit. Ce sont les mêmes que j'avais nommés d'abord *rapaces hétéromalles*.

Quoique les *rapaces terrifores* tiennent de très près les uns aux autres par leurs rapports, comme ils sont fort nombreux et diversifiés, il est peu facile de les diviser en coupes bien tranchées. M. *Latreille* les a partagés en huit familles et quarante-deux genres.

Relativement à l'objet de cet ouvrage, dont le but est de simplifier la méthode, afin de faciliter l'étude des animaux qui en font le sujet, je crois qu'il suffit de diviser ces insectes en neuf genres principaux, sauf à y en ajouter quelques autres, s'ils sont reconnus indispensables. En voici l'analyse dans le tableau suivant, d'après des caractères empruntés des ouvrages de M. Latreille.

DIVISION DES RAPACES TERRIFORES.

(1) Premier segment du corselet large et prolongé en dessus jusqu'à l'origine des ailes supérieures.

(a) Pattes courtes ou moyennes.

(+) Antennes des femelles plus courtes que la tête et le tronc.

Tiphie.
Scolie.

(++) Antennes des deux sexes aussi longues au moins que la tête et le tronc.

Sapyge.
Thynne.

(b) Pattes longues; les postérieures une fois aussi longues que la tête et le tronc réunis.

Pompile.

(2) Premier segment du corselet étroit, transversal, et distant en dessus de l'origine des ailes supérieures.

(a) Pattes longues; les postérieures une fois au moins aussi longues que la tête et le tronc réunis.

Sphex.

(b) Pattes courtes ou moyennes.

(+) Labre entièrement à découvert, souvent très-grand.

Bembèce.

(++) Labre entièrement caché ou peu découvert.

* Les yeux prolongés jusqu'au bord postérieur de la tête.

Larre.

** Les yeux ne s'étendant pas jusqu'au bord postérieur de la tête.

✠ Antennes insérées près de la bouche.

Crabron.

✠✠ Antennes insérées au milieu de la face ou loin de la bouche.

Philanthe.

TIPHIE. (Tiphia.)

Antennes filiformes, de treize ou quatorze articles, rapprochées à leur insertion, plus courtes que la tête et le tronc dans les femelles. Mandibules fortes, entières ou dentées. Quatre palpes; les maxillaires alongés.

Tronc convexe en dessus, un peu plus long que large. Abdomen ovale ou oblong, attaché par un pédicule court. Anus des femelles muni d'un aiguillon caché. Pattes un peu courtes, à jambes ciliées ou dentelées.

Antennæ filiformes, tredecim vel quatuordecim articulatæ, ad insertionem approximatæ, capite truncoque breviores in feminis. Mandibulæ validæ, edentulæ. Palpi quatuor; maxillaribus elongatis.

Truncus supernè convexus, paulò longior quàm latior. Abdomen ovale vel ovato-oblongum, breviter pediculatum. Anus feminarum aculeo tecto instructus. Pedes breviusculi; tibiis ciliatis vel denticulatis.

Observations. Les *tiphies* ne sont pas sans rapports avec les mutilles, mais les deux sortes d'individus de l'espèce sont ailées. Ce sont des hyménoptères velus, qui ressemblent à des guêpes, dont ils diffèrent principalement par leurs ailes supérieures non plissées.

Ces insectes ont le corps alongé, velu, l'abdomen en fuseau, la tête obtuse, les yeux ovales et entiers, les pattes courtes, à cuisses grosses, comprimées, et à jambes ciliées ou dentelées.

ESPÈCES.

1. Tiphie grosses-cuisses. *Tiphia femorata.*

T. nigra; femoribus quatuor posticis angulatis rufis. F.
Tiphia femorata. Fab. p. 223. Latr.
Tiphia hemiptera. Panz. fasc. 77. tab. 14.
Habite en Europe, en France. Elle fait son nid dans la terre.

2. Tiphie morio. *Tiphia morio.*

T. tota nigra; alis fuscis; femoribus posticis cinereo-barbatis.
Tiphia morio. Panz. fasc. 55. tab. 1.
An tiphia morio? Fab. p. 227.
Habite l'Europe méridionale, l'Autriche.

3. Tiphie velue. *Tiphia villosa.* Latr.

T. atra, subvillosa; antennis pedibusque concoloribus.
Bethylus villosus. Panz. fasc. 98. tab. 16.
Habite en Allemagne.
Etc.

SCOLIE. (Scolia.)

Antennes filiformes, presque droites, un peu écartées à leur insertion, plus longues dans les mâles que dans les femelles. Mandibules fortes, saillantes, arquées. Quatre palpes; les maxillaires plus courts que les mâchoires. Les yeux échancrés.

Corps oblong. Le premier segment du corselet tronqué postérieurement. Abdomen alongé, subcylindrique. Pattes un peu courtes: les jambes des postérieures ciliées, presque épineuses. Anus des femelles très piquant.

Antennæ filiformes, rectiusculæ, ad insertionem subdistantes, in masculis paulò longiores quàm in feminis. Mandibulæ validæ, exsertæ, arcuatæ. Palpi quatuor; maxillaribus maxillis brevioribus. Oculi emarginati.

Corpus oblongum. Metathorax posticè truncatus. Abdomen elongatum, subcylindricum (præsertìm in masculis). Pedes breviusculi; tibiis posticorum ciliato-spinosis. Anus feminarum aculeo abscundito validoque instructus.

Observations. Les *scolies* constituent un beau genre d'hyménoptères rapaces, la plupart d'une assez grande taille. Ces insectes ont le corps alongé, peu ou point velu, noir, avec des taches jaunes ou rousses. Ils ressemblent à de grandes tiphies, et paraissent avoir des rapports avec les bembèces. Les antennes des femelles sont très courtes, tandis que celles des mâles sont plus longues, mais sans excéder de beaucoup la longueur de la tête et du tronc.

Ces insectes sont nombreux en espèces, la plupart étrangers à l'Europe, et ceux qu'on y rencontre ne se trouvent guères que dans ses parties méridionales. Ils fréquentent les fleurs et les lieux sablonneux. Il est vraisemblable que leurs habitudes sont analogues à celles des autres *terrifores*. Citons-en quelques espèces européennes.

ESPÈCES.

1. Scolie hémorrhoïdale. *Scolia hœmorrhoidalis.*

S. atra, hirta; abdomine fasciis duabus flavis, thorace anticè anoque ferrugineo-hirtis. F.
Scolia hœmorrhoidalis. Fab. p. 230.
Roem. Gen. Ins. tab. 27. f. 4.
Habite en Allemagne.

2. Scolie front jaune. *Scolia flavifrons.*

S. atra; abdomine fasciis duabus flavis; alis ferrugineis apice cyaneis. F.
Scolia hortorum. Fab. pag. 232. *Mas.*
Scolia flavifrons. Fab. p. 229. *Femina.*
Roem. Gen. Ins. tab. 27. f. 3.
Habite le midi de la France, l'Espagne.

3. Scolie insubrienne. *Scolia insubrica.* Latr.

S. nigra, cinereo-hirta; abdomine atro; fasciis sex flavis, anticis tribus interruptis.
Scolia interrupta. Fab. p. 236. Panz. fasc. 62. t. 14.
Sphex canescens. Scop. flora et fauna, insub. 2. t. 22. f. 8.
Habite le midi de la France, l'Italie, la Suisse.

4. Scolie quadriponctuée. *Scolia quadripunctata.*

S. atra; abdomine punctis quatuor albis; alis ferrugineis apice fuscis. F.
Scolia quadripunctata. Fab. p. 236. Panz. fasc. 3. t. 22. *Mas.*
Scolia violacea. Panz. fasc. 66. t. 18. *Femina.*
Habite en Italie, en France.

5. Scolie marquée. *Scolia signata.*

S. atra; abdomine fasciis duabus flavis, his utrinque puncto atro; ano tridentato; alis apice fuscis. P.
Scolia signata. Panz. fasc. 62. t. 13.
Ross. faun. etr. tab. 8. *fig.* D. E.
Habite le midi de l'Europe.

6. Scolie cylindrique. *Scolia cylindrica.*

S. atra; abdominis segmentis margine punctoque laterali margine continuo flavis.

Scolia cylindrica. Fab. p. 238. *Elis cylindrica ejusd.*

Sapica cylindrica. Panz. fasc. 87. t. 19.

Myzine. Latr.

Habite en Italie, etc. Corps fort alongé. Mandibules bidentées. Etc.

SAPYGE. (Sapyga.)

Antennes filiformes, un peu longues, s'épaississant souvent vers leur sommet, non plus courtes que le tronc dans les femelles. Mandibules fortes, trigones, pluridentées. Les yeux échancrés.

Corps alongé, glabre ou pubescent. Corselet tronqué antérieurement. Pattes courtes, à jambes presque lisses.

Antennæ filiformes, longiusculæ, versus apicem sœpè incrassatæ, in feminis non trunco breviores. Mandibulæ validæ, trigonæ, pluridentatæ. Oculi emarginati.

Corpus elongatum, glabrum aut pubescens. Thorax anticè truncatus. Pedes breves; tibiis sublævibus.

Observations. Les *sapyges* tiennent de très près aux scolies par leurs rapports et même par leur aspect. Néanmoins leurs antennes sont un peu plus longues dans les deux sexes; et, quoique celles des femelles soient moins longues que celles des mâles, elles sont au moins aussi longues que la tête et le tronc réunis. Leurs pattes, d'ailleurs, n'ont point la jambe épineuse, ni fortement ciliée, comme celles des scolies. Ces insectes se distinguent des tiphies par leurs palpes maxillaires plus courts que les mâchoires.

Nos sapyges sont ceux de Latréille, auxquels je réunis

ses polochres. On les rencontre dans les lieux exposés au soleil, autour des murs et des terres où habitent les apiaires. Latreille soupçonne que ce sont des parasites, c'est-à-dire qu'ils sont carnassiers et insectivores.

ESPÈCES.

1. Sapyge ponctué. *Sapyga punctata.*

S. atra; abdomine punctis quatuor albis.

Sapyga punctata. Latr. Hist. nat. des Crust. et des Ins. 13. p. 272. et Gen. Crust. et Ins. vol. 1. tab. 13. f. 9.

Vespa, n° 13. Geoff. 2. p. 379.

Panz. fasc. 100. t. 17.

Habite en Europe; aux environs de Paris.

2. Sapyge prisme. *Sapyga prisma.*

S. atra; abdomine fasciis tribus; anticâ posticâque interruptis punctoque anali flavis. F.

Apis clavicornis. Linn.

Sapyga prima. Latr. Hist. nat. des Crust., etc.

Masaris crabroniformis. Panz. fasc. 47. t. 22.

Scolia prisma. Fab. p. 236.

Habite en Europe.

THYNNE. (Thynnus.)

Antennes filiformes, presque sétacées, plus courtes et plus épaisses dans les femelles que dans les mâles. Mandibules étroites, saillantes, arquées, subunidentées, plus fortes dans les femelles. Les yeux des femelles entiers.

Corps alongé, presque linéaire dans les mâles. Pattes courtes, comprimées; à jambes des postérieures ciliées, subépineuses.

Antennæ filiformes, subsetaceæ, in feminis breviores et crassiores. Mandibulæ angustæ, exsertæ, arcuatæ, subunidentatæ, in feminis validiores. Oculi in feminis integri.

Corpus elongatum, in masculis sublineare. Pedes breves, compressi; tibiis posticorum ciliato-spinosis.

Observations. Le genre *thynne* a pour type un insecte recueilli à la Nouvelle-Hollande, et probablement il y en existe plusieurs espèces. Par leur forme, les thynnes semblent annoncer le voisinage des pompiles. Latreille les range dans sa famille des sapygites.

ESPÈCE.

1. Thynne denté. *Thynnus dentatus*. Fab.

T. abdomine atro; segmento secundo tertio quatuorque punctis duobus albis. Fab. p. 244.
Thynnus dentatis. Latr. Gen. Crust. et Ins. 1. t. 13. f. 1—2. et vol. 4. p. 111.
Habite la Nouvelle-Hollande.

POMPILE. (Pompilus.)

Antennes menues, presque sétacées, à article oblongs. Mandibules, soit simples, soit subdentées au côté interne. Quatre palpes; les maxillaires plus longs. Les yeux entiers.

Corps oblong; abdomen ovoïde, subsessile; les pattes longues; les postérieures étant une fois aussi longues que la tête et le tronc réunis.

Antennæ graciles, subsetaceæ; articulis oblongis. Mandibulæ simplices, aut latere interno subdentatæ. Palpi quatuor; maxillaribus sæpè longioribus. Oculi integri.

Corpus oblongum; abdomen obovatum, subsessile. Pedes longi; posticis capite truncoque conjunctis duplo longioribus.

Observations. Les *pompiles* se distinguent des insectes des quatre genres précédents, au premier aspect, par la longueur de leurs pattes postérieures. Ils sont assez nombreux, et constituent une famille dans l'ouvrage de Latreille. Leurs habitudes, et un peu leur port, les rapprochent des *sphex*; car il paraît que plusieurs font de même leur nid dans la terre, aux lieux sablonneux exposés au soleil. Leur corselet, néanmoins, les en distingue, son premier segment étant prolongé en dessus, jusqu'à l'origine des ailes supérieures.

ESPÈCES.

1. Pompile annelé. *Pompilus annulatus*. Latr.

P. ater; capite, thoracis antico, abdominisque segmentis, basi flavis; alis ferrugineis, apice atris. Jur.
Pompilus annulatus. Panz. fasc. 76. t. 16.
Sphex annulata. Fab. suppl. p. 245.
Habite le midi de la France, l'Italie.

2. Pompile quadriponctué. *Pompilus quadripunctatus*. Latr.

P. ater; antennis, thoracis strigâ anticâ, scutello, punctis quatuor abdominis, alisque ferrugineis.
Sphex quadripunctata. Fab. p. 219.
Pompilus octopunctatus. Panz. fasc. 76. t. 17.
Habite près de Bordeaux et en Espagne.

3. Pompile des chemins. *Pompilus viaticus*.

P. pubescens, niger; alis fuscis; abdomine anticè ferrugineo; cingulis nigris. F.
Sphex viatica. Linn.
Pompilus viaticus. Fab. suppl. p. 246.
Panz. fasc. 65. tab. 16.
Habite en Europe. Il fait son nid dans la terre, aux lieux sablonneux; y dépose un œuf et des larves.

4. Pompile brun. *Pompilus fuscus*. Latr.

P. glaber, ater; abdomine basi ferrugineo. F.
Pompilus fuscus. Fab. suppl. p. 246.
Panz. fasc. 65. tab. 15. *Sphex fusca*. Linn.
Ichneumon, n° 74. Geoff. 2. p. 354.
Habite en Europe.

5. Pompile rufipède. *Pompilus rufipes.*

P. ater; abdominis segmentis utrinque puncto albo; alis apice fuscis. F.
Panz. fasc. 65. tab. 17. Fab. suppl. p. 250.
Sphex rufipes. Linn.
Habite en Europe.

6. Pompile biponctué. *Pompilus bipunctatus.* Latr.

P. glaber, ater; abdomine punctis duobus fasciâque postica albis; alis apice fuscis. F.
Pompilus bipunctatus. Fab. suppl. p. 251.
Panz. fasc. 72. tab. 8.
Habite en Europe.

7. Pompile tacheté. *Pompilus maculatus.*

P. glaber, ater; thorace maculato, abdominis segmento primo punctis duobus, secundo margine albis.
Evania maculata. Fab. p. 193.
Pompilus frontalis. Panz. fasc. 72. tab. 9.
Ceropales maculata. Latr. Gen. Crust. et Ins. 4. p. 63.
Habite en Europe. Commun en France.
Etc.

SPHEX. (Sphex.)

Antennes filiformes, grêles, rapprochées à leur insertion, souvent arquées ou en spirale. Lèvre supérieure très courte. Mandibules, soit simples, soit dentées au côté interne. Quatre palpes grêles. Promuscide plus ou moins alongée, trifide, fléchie dans son milieu ou vers son extrémité.

Tête grosse, corps alongé; abdomen pédiculé; pattes postérieures fort longues. Anus des femelles muni d'un aiguillon caché.

Antennæ filiformes, graciles, ad insertionem approximatæ, sæpè arcuatæ aut in spiram contortæ. Labrum brevissimum. Mandibulæ vel simplices, vel la-

tere interno dentatæ. Palpi quatuor graciles. Promuscis plus minusve elongata, trifida, medio aut versùs apicem flexa.

Caput magnum; corpus elongatum; abdomine pediculato. Pedes postici prœlongi. Anus feminarum aculeo abscundito instructus.

Observations. Les *sphex* ont l'aspect des ichneumonides, et sur-tout des cryptures, à cause du pédicule, souvent assez long, qui joint leur abdomen au corselet; mais les femelles n'ont point de véritable tarrière; elles n'ont qu'un aiguillon simple et caché dans le dernier anneau de leur abdomen.

On a confondu les *sphex* avec les pompiles, les uns et les autres ayant les pattes postérieures fort alongées, et peut-être des habitudes analogues. Latreille a montré que ces deux genres étaient bien distingués par le premier segment du corselet qui, dans les sphex, est transversal, étroit, et ne se prolonge pas en dessus jusqu'à l'origine des ailes supérieures.

Nos sphex sont partagés en différents genres par Latreille. Il en forme sa famille des *sphégimes*. Ce sont des insectes carnassiers, parasites. Ils font leur nid dans la terre, y déposent un œuf, et placent à côté, soit une chenille, soit une araignée, qu'ils ont tuée avec leur aiguillon. La larve, qui ne tarde pas à éclore, se nourrit alors de cette provision.

Dans les uns, la promuscide, qui se compose de la lèvre inférieure et des mâchoires, est alongée en trompe, et sa longueur surpasse de beaucoup celle de la tête; dans d'autres, elle est à peine plus longue que la tête. Les sphex de Latreille sont dans ce second cas.

ESPÈCES.

[*Mandibules dentées au côté interne.*]

1. Sphex des sables. *Sphex sabulosa.* L.

S. hirta, nigra; abdominis petiolo biarticulato, segmento secundo tertioque ferrugineis. L.

Sphex sabulosa. Linn. Fab. p. 198. Panz. fasc. 65. t. 12.
Ammophila sabulosa. Latr.
Ichneumon, n° 63. Geoff. 2. p. 349.
Habite en Europe.

2. Sphex langue-blanche. *Sphex lutaria.* L.

S. nigra, glabra; abdominis petiolati segmento secundo tertioque rufis; labio argenteo. Fab. p. 199.
Panz. fasc. 65. t. 14.
Ammophila. Latr.
Habite en Europe.

3. Sphex des chemins. *Sphex arenaria.*

S. nigra, hirta; abdominis petiolo (brevi) uniarticulato, segmento secundo tertioque rufis; alis longitudine corporis.
Sphex arenaria. Fab. p. 199. Panz. fasc. 65. t. 13.
Sphex viatica. Linn. ex. D. Latr.
Ammophila. Latr.
Habite en Europe, aux lieux sablonneux, sur les chemins.

4. Sphex ailes jaunâtre. *Sphex flavi pennis.* Latr.

S. atra, fronte aureâ, abdomine rufo; petiolo apiceque atris. F.
Sphex flavipennis. Fab. p. 201. *Pepsis flavipennis ejusd.*
Habite l'Italie, la Provence, les environs de Bordeaux.

[*Mandibules sans dents au côté interne.*]

5. Sphex spiralier. *Sphex spirifex.*

S. atra; thorace hirto immaculato; petiolo uniarticulato, flavo, longitudine abdominis. L.
Sphex spirifex. Linn. Fab. p. 204.
Panz. fasc. 76. tab. 15.
Pelopœus Latr.
Habite l'Europe australe, le midi de la France.
Etc.

BEMBÈCE. (Bembex.)

Antennes filiformes, grossissant un peu vers leur sommet, rapprochées à leur insertion. Lèvre supérieure très saillante, en triangle alongé, rostriforme. Mandibules pointues, dentées au côté interne. Palpes grêles, courts. Promuscide (mâchoires et lèvre inférieure) alongée, fléchie.

Corps alongé. Segment antérieur du corselet transversal, étroit. Abdomen ovale-conique, presque sessile. Pattes courtes ou moyennes.

Antennæ filiformes, sensìm extrorsùm crassiores, ad insertionem approximatæ. Labrum penitùs exsertum, elongato-trigonum, rostriforme. Mandibulæ acutæ, latere interno dentatæ. Palpi graciles, breves. Promuscis elongata, inflexa.

Corpus elongatum. Thoracis segmentum anticum transversale, angustum. Abdomen ovato-conicum, thoraci pediculo brevissimo affixum. Pedes breves aut longitudine mediocres.

Observations. Les *bembèces* ont des rapports, par leurs habitudes, avec les sphex et les crabrons. Elles ressemblent un peu aux guêpes par les couleurs et la forme de leur corps, mais leurs ailes supérieures ne sont point plissées, et leur abdomen est presque sessile. Enfin, leurs mâchoires et leur lèvre inférieure forment une promuscide alongée, fléchie presque comme dans les abeilles. Leur lèvre supérieure, très saillante, prolongée en bec souvent abaissé, est ce qui les caractérise éminemment.

Ces rapaces font leur nid dans la terre, et y déposent un œuf et des insectes pour nourrir la larve qui doit y éclore.

ESPÈCES.

1. Bembèce à bec. *Bembex rostrata.*

B. labio superiori conico fisso; abdomine atro; fasciis glaucis repandis. F.

Apis rostrata. Linn.

Bembex rostrata. Fab. Panz. fasc. 1. tab. 10.

Habite en Europe, sur les collines sablonneuses.

2. Bembèce oculée. *Bembex oculata.* Jur.

B. labro conico, thorace immaculato, abdomine nigro; fasciis flavis, primâ interruptâ, secundâ oculatâ, reliquis repandis. P.

Panz. fasc. 84. tab. 22.

Habite en Suisse, aux lieux montagneux.

Voyez, dans le même fascicule de Panzer, son *bembex integra*, t. 21.

3. Bembèce marquée. *Bembex signata.*

B. labio superiori rotundato integro; corpore nigro flavoque vario. F.

Bembex signata. Fab. p. 247.

Monedula. Latr.

Habite en Amérique.

Etc.

LARRE. (Larra.)

Antennes filiformes ou subsétacées, insérées près de la bouche. Lèvre supérieure petite, cachée ou peu découverte. Mandibules souvent échancrées au côté inférieur, près de la base, ayant un angle en saillie. Les yeux grands, souvent rapprochés postérieurement.

Tête transverse. Premier segment du corselet transverse, étroit, marginal. Abdomen aloñgé-conique. Pattes courtes; à jambes postérieures ciliées ou épineuses.

Antennœ filiformes, vel subsetacœ, os versùs insertœ. Labrum parvum, absconditum aut parùm detectum; mandibulœ sœpè latere infero versùs basim emarginatœ, cum angulo prominulo. Oculi magni, posticè sœpe convergentes.

Caput transversum. Thoracis segmentum anticum transversale, perangustum, marginale. Abdomen elongato-conicum. Pedes breviusculi; tibiis posticis ciliato-spinosis.

Observations. Les *larres* sont fort nombreux, paraissent tenir aux crabrons et aux sphex par leurs rapports, et plusieurs même ressemblent aux ichneumonides par l'aspect. Latreille, qui en forme sa famille des *larrates*, les a divisés en treize genres. Croyant pouvoir me dispenser d'entrer dans ces détails, je distingue ces insectes des bembèces, par le labre caché ou peu découvert; des crabrons, par leurs yeux prolongés jusqu'au côté postérieur de la tête; enfin, des philanthes, par leurs antennes insérées près de la bouche et non loin d'elle.

Les insectes dont il s'agit font leur nid dans le sable.

ESPÈCES.

Mandibules échancrées au côté inférieur, près de la base.

1. Larre ichneumoniforme. *Larra ichneumoniformis*. F.

L. atra; abdominis primo secundoque segmento rufis. Fab. p. 221. Panz. fasc. 76. tab. 18.
Coqueb. Ill. ic. dec. 2. t. 12. f. 10. *femina*. et f. 11. *mas*.
Habite en Hongrie et dans le midi de la France.

2. Larre tricolore. *Larra tricolor*.

L. nigra; abdomine utrinque lunulis argenteo-sericeis; basi rufo, apice nigro.
Pompilus tricolor. Fab. Panz. fasc. 84. t. 19.
Lyrops. Latr.
Habite en Barbarie, etc.

3. Larre pompiliforme. *Larra pompiliformis*. P.

L. nigra; abdomine nigro, basi ferrugineo. Panz. fasc. 89. tab. 13.
Lyrops. Latr.
Habite en Allemagne.

4. Larre peint. *Larra picta*.

L. nigra, lævis; thorace maculato; abdomine ferrugineo; fasciis tribus flavis.
Crabro pictus. Fab. p. 299. Panz. fasc. 17. t. 19. et fasc. 72. t. 10.

Dinetus. Latr.
Habite en Allemagne.

5. Larre flavipède. *Larra flavipes.*

L. nigra; thorace maculato; abdomine flavo; segmentorum marginibus anoque nigris.
Philanthus flavipes. Fab. p. 290. Panz. fasc. 84. t. 24.
Palarus flavipes. Latr. Gen. Crust. et Ins. 1. t. 14. f. 1.
Habite l'Europe australe, l'Italie.

Mandibules non échancrées au côté inférieur.

6. Larre à cinq bandes. *Larra quinquecincta.*

L. nigra; scutello flavo; abdomine fasciis quinque flavis continuis.
Mellinus quinquecinctus. Fab. p. 287. Panz. fasc. 72. t. 14.
Gorytes quinquecinctus. Latr.
Habite en Europe. Voyez Panzer, fasc. 98. t. 17.

7. Larre épineux. *Larra spinosa.*

L. nigra, nitida; abdomine fasciis tribus transversis flavis; primâ interruptâ.
Nysson spinosus. Latr. Panz. fasc. 98. t. 17.
Habite en France, en Allemagne, etc.
Etc.

CRABRON. (Crabro.)

Antennes filiformes, courtes, brisées, le premier article plus long, insérées près de la bouche. Lèvre supérieure petite, peu découverte. Mandibules bidentées ou pluridentées. Les yeux non rapprochés supérieurement.

Corps alongé. Premier segment du corselet transversal, linéaire, marginal. Pattes courtes ou moyennes.

Antennœ filiformes, breves, fractœ, propè os insertœ: articulo primo longiore. Labrum parvum, paululùm detectum. Mandibulœ bidentatœ aut pluridentatœ. Oculi subovati, supernè distantes.

Corpus elongatum. Thoracis segmentum anticum transversum, angustum, marginale. Pedes breves aut longitudine mediocres.

Observations. Les *crabrons* sont des insectes assez communs, que l'on rencontre sur les fleurs, et qui ressemblent presque à des guêpes, leur corps étant en général varié de noir et de jaune. Ils font leur nid dans le sable, dans les vieux bois, dans les fentes des murs, déposent un œuf au fond, et placent auprès, soit des mouches, soit quelque autre insecte, pour servir de nourriture à la larve qui y naîtra.

Avec nos crabrons et les philanthes qui viennent ensuite, Latreille forme sa famille des *crabronites*, qu'il divise en un assez grand nombre de genres. Ces insectes sont effectivement nombreux et variés; mais ils se tiennent par de grands rapports, et les deux genres que je présente me paraissent suffire.

Dans nos crabrons, les antennes sont courtes, brisées, ont le premier article plus long, et s'insèrent près de la bouche. Elles sont plus longues dans les *philanthes*, non brisées, et s'insèrent loin de la bouche. De part et d'autre, les yeux ne sont point rapprochés postérieurement, comme dans les *larres*. Plusieurs crabrons ont la lèvre argentée et brillante.

ESPÈCES.

1. Crabron souterrain. *Crabro subterraneus.*

C. thorace maculato, abdomine utrinque maculis quinque flavis; pedibus ferrugieis.

Crabro subterraneus. Fab. p. 295. Panz. fasc. 3. t. 21.

Habite en Europe.

2. Crabron à six bandes. *Crabro sexcinctus.*

C. thorace maculato; abdomine fasciis sex flavis; primis interruptis. F.

Crabro sexcinctus. Fab. p. 295. Panz. fasc. 64. t. 13.

Habite en Europe.

3. **Crabron fossoyeur.** *Crabro fossorius.*

C. thorace immaculato, abdomine maculis quinque lutescentibus, pedibus nigris. F.
Crabro fossorius. Fab. p. 294. Panz. fasc. 72. t. 11.
Sphex fossoria. Linn.
Habite en Europe.

4. **Crabron porte-crible.** *Crabro cribrarius.*

C. niger; thorace maculato; abdomine fasciis flavis; intermediis interruptis; tibiis anticis clypeis concavis. F.
Sphex cribraria. Linn.
Crabro cribrarius. Fab. p. 297. Panz. fasc. 15. t. 18—19.
Habite en Europe. Le premier article des tarses antérieurs est dilaté en palette.
Etc.

PHILANTHE. (Philanthus.)

Antennes beaucoup plus longues que la tête, renflées vers le bout, et insérées loin de la bouche. Lèvre supérieure courte, tansverse, fléchie. Mandibules presque sans dents au côté interne. Les yeux écartés en dessus.

Tête grande, plus large que le tronc. Abdomen ovale-conique.

Antennœ capite in plurimis multò longiores, sensim extrorsum crassiores, capitis faciei medio insertœ, ab ore distantes. Labrum breve, transversum, inflexum. Mandibulœ latere interno subedentulœ. Oculi supernè distantes.

Caput magnum, trunco latius. Abdomen ovato-conicum.

Observations. Les *philanthes* tiennent de très près aux crabrons par leurs rapports et par leurs habitudes. Cependant on peut les en distinguer par la forme et l'insertion de leurs antennes. Ils ont d'ailleurs le chaperon trilobé et souvent les yeux échancrés.

Je rapporte à ce genre les *philanthus* et les *cerceris* de Latreille, quoiqu'ils puissent être distingués.

ESPÈCES.

1. Philanthe couronné. *Philantus coronatus.*

Ph. niger, thorace maculato; abdominis fasciis quinque flavis; anticis duabus interruptis. F.
Philanthus coronatus. Fab. p. 288. Latr.
Panz. fasc. 84. t. 23.
Habite en Europe. Se trouve aux environs de Paris.

2. Philanthe apivore. *Philantus apivorus.*

Ph. niger, ore fronteque flavo maculatis; thorace maculato; abdomine fasciis sex flavis; anticis duabus semi-interruptis.
Philanthus apivorus. Latr. Hist. des Fourm. p. 307. pl. 12. f. 2. femelle.
Philanthus pictus. Fab. Panz. fasc. 47. t. 23. mâle.
Habite en Europe. Il fait son nid dans les terrains exposés au soleil, et s'empare de l'abeille domestique, qu'il tue et place dans son nid, près de son œuf.

3. Philanthe à oreilles. *Philantus lœtus.*

Ph. niger; thorace maculato; abdominis primo segmento, punctis duobus, reliquis fascia flavis. F.
Philanthus lœtus. Fab. p. 291. Panz. fasc. 63. t. 11.
Cerceris aurita. Latr.
Habite en Europe. Se trouve aux environs de Paris.
Etc.

DEUXIÈME SECTION.

HYMÉNOPTÈRES A TARRIÈRE.

[*Terebrantes.* Latr.]

Abdomen des femelles muni d'une tarrière qui sert à déposer les œufs.

Les *hyménoptères* nombreux que comprend cette section sont remarquables en ce que les femelles ont à l'extrémité de l'abdomen une tarrière qui leur sert à déposer les œufs. Cette tarrière, qui est rarement piquante, est, le plus souvent, saillante à l'extrémité de l'abdomen. Elle y varie dans sa grandeur, sa composition et sa direction, étant tantôt droite et caudiforme, tantôt recourbée sous l'abdomen ou au-dessus, etc. En général, elle est composée de plusieurs pièces séparables longitudinalement (deux pièces latérales servant de gaîne à la vraie tarrière).

Cette section embrasse six familles distinctes, que je distribue, divise et caractérise de la manière suivante.

DIVISION DES HYMÉNOPTÈRES A TARRIÈRE.

§. *Tarrière tubulaire conique, non fissile.*

Les tubulifères.

§§. *Tarrière plurivalve, fissile.*

(1) Abdomen pédiculé ou subpédiculé. Il tient au corselet par un pédicule ou par un point. Larves apodes.

(a) Les quatre ailes veinées.

(*) Antennes filiformes ou sétacées, de vingt articles et au-delà, le plus souvent vibratiles.

Les ichneumonides.

(**) Antennes de douze à seize articles. Pédicule de l'abdomen s'insérant au-dessus de l'extrémité postérieure du corselet.

Les évaniales.

(b) Les deux ailes inférieures non veinées.

(*) Antennes brisées. Abdomen caréné en dessous. La tarrière jamais roulée en spirale.

Les cinipsaires.

(**) Antennes droites. Abdomen caréné en dessous. La tarrière roulée en spirale, au moins dans sa base, sous l'abdomen.

Les diplolépaires.

(2) Abdomen tout-à-fait sessile. Il tient au corselet par toute sa largeur. Larves pédifères.

Les érucaires.

LES TUBULIFÈRES.

La tarrière des femelles, plus ou moins apparente, forme un tube conique, pointu, qui ne se divise point en plusieurs valves longitudinales séparables.

Sous cette coupe, je réunis les *chrysidides* et les *proctotrupiens* de Latreille, dans l'intention de réduire, le plus possible, le nom des familles et surtout celui des genres, lorsque les insectes me paraissent se rapprocher assez par leurs rapports.

Ces insectes font, en quelque sorte, une transition des hyménoptères à aiguillon à ceux qui ont une véritable tarrière.

Dans les chrisidides, la tarrière n'existe pas encore par des pièces particulières; elle n'est formée que par les derniers segmens articulés de l'abdomen; enfin, elle est rétractile et porte à son extrémité un petit aiguillon.

Mais dans les *proctotrupiens*, quoique tubulaire et pointue, la tarrière semble souvent formée de deux valves soudées, qui ne se séparent point, et déjà elle est distincte des derniers anneaux de l'abdomen.

Les hyménoptères *tubulifères* ont l'abdomen inséré au corselet par une portion de son diamètre transversal. Leurs ailes inférieures n'ont point de nervures distinctes. Je les divise ainsi.

(1) Tarrière rétractile, formée par les derniers anneaux de l'abdomen, et portant un petit aiguillon. Le corps se contractant en boule lorsqu'on le prend.

(a) Mandibules alongées et étroites.

Chryside.

(b) Mandibules courtes, larges, tronquées, dentées.

Clepte.

(2) Tarrière saillante, pointue, sans aiguillon. Le corps ne se contractant point en boule.

(a) Corselet entier, non divisé, à segment antérieur toujours court.

Oxyure.

(b) Corselet divisé en deux parties, ou ayant le segment antérieur alongé.

Dryne.

CHRYSIDE. (Chrysis.)

Antennes filiformes, brisées, vibratiles, un peu plus longues que la tête. Lèvre supérieure très petite. Mandibules alongées, étroites, pointues. Quatre palpes inégaux.

Tête transverse. Corselet tronqué aux deux bouts. Abdomen concave en dessous. Le corps brillant, orné de couleurs métalliques, se contractant en boule.

Antennæ filiformes, fractæ, vibratiles, capite paulò longiores. Labrum minimum. Mandibulæ elongatæ, angustæ, acutæ. Palpi quatuor inæquales.

Caput transversum. Thorax anticè posticèque truncatus. Abdomen subtùs fornicatum. Corpus splendidum, coloribus metallicis sæpius ornatum, in globum contractile.

Observations. Les *chrysides* semblent avoir des rapports avec les guêpes ; aussi Geoffroy ne les en avait pas distinguées. Ce sont de petits insectes glabres, très brillants, et que l'on reconnaît d'abord aux belles couleurs métalliques dont la plupart sont ornés. Leur abdomen, presque sessile, ou attaché par un pédicule très court, est concave en dessous, et souvent terminé pas des espèces de dentelures. Ces insectes se contractent en boule lorsqu'on les prend. Les femelles font sortir de leur anus un aiguillon conique, faible, peu ou point piquant, et qui est une espèce de tarrière. L'insecte l'alonge et le dirige comme à volonté, et s'en sert pour déposer ses œufs.

On voit souvent les chrysides voltiger près des murs exposés au soleil, cherchant des trous pour y faire leur nid.

ESPÈCES.

1. Chryside enflammée. *Chrysis ignita.*

Ch. glabra, nitida; thorace viridi; abdomine aureo, apice quadridentato.

Chrysis ignita. Linn. Fab. Panz. fasc. 5. t. 22.

Vespa. n° 20. Geoff. 2. p. 382.

Habite en Europe. Très commune. Abdomen plus rouge que doré.

2. Chryside éclatante. *Chrysis fulgida.*

Ch. glabra, nitida; thorace abdominisque primo segmento cœruleis; ano quadridentato.

Chrysis fulgida. Linn. Fab. Panz. fasc. 79. t. 15.

Habite en Europe.

3. Chryside brûlante. *Chrysis calens.*

Ch. cœrulea, nitida; abdomine aureo, ano quadridentato cœruleo.

Chrysis calens. Fab. p. 239.

Stylbum. Latr.

Habite en Europe, dans le midi de la France.

Etc.

CLEPTE. (Cleptes.)

Antennes filiformes, vibratiles, presque de la longueur du corselet. Mandibules courtes, larges, subtrigones, dentelées. Promuscide nulle : la lèvre inférieure étant courte, arrondie au sommet.

Abdomen ovale, subpédiculé, déprimé, non voûté en dessous.

Antennæ filiformes, vibratiles, thoracis ferè longitudine. Mandibulæ breves, latæ, subtrigonæ, denticulatæ. Promuscis nulla : labio brevi, apice rotundato.

Abdomen ovale, subpediculatum, depressum, infrà non fornicatum.

Observations. Les *cleptes* ont des couleurs brillantes comme les chrysides, mais ils en diffèrent éminemment par la forme des mandibules. Leur corselet est un peu rétréci en devant. Les femelles ont une tarrière tubuleuse, rétractile.

ESPÈCES.

1. Clepte demi-doré. *Cleptes semiaurata.*

C. abdomine ferrugineo, apice cyaneo.
Ichneumon semiauratus. Fab. p. 184.
Panz. fasc. 51. t. 2. mas. et fasc. 52. t. 1. fem.
Habite en Europe.

2. Clepte nitidule. *Cleptes nitidula.*

C. cyaneo-nigra; thorace abdomineque anticè ferrugineis.
Ichneumon nitidulus. Fab. p. 184.
Coqueb. Ill. ic. dec. 1. tab. 4. f. 5.
Habite en Italie, aux environs de Paris.

3. Clepte pallipède. *Cleptes pallipes.*

C. capite thoraceque suprà auratis ; abdominis segmentis primis supernè ferrugineis.
Cleptes pallipes. Le pelt. Ann. du Mus. vol. 7. p. 119. f. 1.
Habite aux environs de Paris.

OXYURE. (Oxyurus.)

Antennes filiformes, quelquefois s'épaississant vers leur sommet, plus longues que la tête, insérées au milieu du front ou près de la bouche. Lèvre supérieure petite. Mandibules variées, pointues, avec ou sans dents.

Corselet alongé, continu, non divisé en deux nœuds. Tarrière tubuleuse, rarement cachée.

Antennæ filiformes, interdùm extrorsùm crassiores, capite longiores, frontis medio aut paulò inferius insertæ. Labrum parvum. Mandibulæ variæ, acutæ, dentatæ aut edentulæ.

Thorax elongatus, continuus, non binodis. Feminarum terebra tubulosa, acuta, rarò occulta.

Observations. Je rapporte à cette coupe, que je présente comme générique, ceux des *proctotrupiens* de Latreille dont le corselet est continu et non divisé en deux nœuds; le segment antérieur de ce corselet étant court, transverse et arqué. Les insectes qui sont dans ce cas constituent nos *oxyures*. Ils ne sont point brillants comme les chrysides et les cleptes, et les femelles ont une véritable tarrière tubuleuse, pointue, non fissile, presque toujours saillante. Les antennes de ces insectes ont dix à quinze articles, sont un peu longues, quelquefois brisées, et quelquefois aussi vont en s'épaississant vers leur sommet. L'abdomen est un peu pédiculé, caréné en dessous, dans les femelles.

ESPÈCES.

[*Antennes brisées.*]

1. Oxyure frontale. *Oxyurus frontalis.*

O. niger; capite punctato; abdomine depresso subsessili.
Sparasion frontale. Latr.
Habite en France, dans le Piémont.

2. Oxyure antéon. *Oxyurus anteon.*

O. niger, nitidus; pedibus flavescentibus.

Anteon jurianum. Latr.
Habite en France.

3. Oxyure conique. *Oxyurus conicus.*

O. niger; abdomine conico acutissimo; femoribus clavatis ferrugineis.
Ichneumon conicus. Fab. *Chalcis conica*, ejusd.
Diapria conica. Latr.
Habite en Europe.

4. Oxyure cornue. *Oxyurus cornutus.*

O. ater, nudus, nitens; vertice cornuto.
Psylus cornutus. Panz. fasc. 83. t. 11.
Diapria cornuta. Latr.
Habite au midi de la France, etc.

[*Antennes non brisées.*]

5. Oxyure brévipenne. *Oxyurus brevipennis.*

O. niger; thorace posticè granulato; abdomine pedibusque fusco-fulvis.
Proctotrupes brevipennis. Latr. Gen. Crust. et Ins. I. tab. 13. f. 1. et vol. 4. p. 38.
Habite le midi de la France, sur la terre.

6. Oxyure noire. *Oxyurus niger.*

O. totus ater, nitidus; antennarum articulo primo pedibusque flavis.
Codrus niger. Panz. fasc. 85. tab. 9.
Proctotrupes. Latr.
Habite en Allemagne.

7. Oxyure anomalipède. *Oxyurus anomalipes.*

O. ater, nitidus; pedibus anticis, tibiis tarsisque mediis et posticis testaceis.
Sphex anomalipes. Panz. fasc. 52. t. 23. et fasc. 100. t. 18.
Helorus anomalipes. Latr.
Habite en Allemagne, et aux environs de Paris.

DRYNE. (Drynus.)

Antennes filiformes, insérées près du bord antérieur de la tête. Mandibules dentées, très pointues. Palpes inégaux; les maxillaires plus longs.

Corps alongé. Corselet, soit formé de deux nœuds, soit continu et ayant le segment antérieur alongé. Abdomen ovale, attaché par un pedicule court.

Antennæ filiformes, os versùs propè clypeum insertæ. Mandibulæ dentatæ, acutæ. Palpi inæquales : maxillaribus longioribus.

Corpus elongatum. Thorax vel binodis, vel continuus : segmento antico elongato. Abdomen ovale, thoraci pediculo brevi affixum.

Observations. Sous le nom de dryne, je réunis le *drynus* et les *bethylus* de Latreille. Ce sont encore des proctotrupiens pour cet entomologiste; mais leur corselet est formé de deux nœuds, ou a son segment antérieur alongé; ce qui n'a point lieu dans nos oxyures.

Dans le *drynus* de Latreille, les antennes sont droites, longues, et ont dix articles; celles de ses *bethylus* ont treize articles et sont brisées.

ESPÈCES.

1. Dryne formicaire. *Drynus formicarius.*

D. subruber; thoracis parte posticâ abdomineque nigrescentibus: alis anticis fusco-fasciatis.

Drynus formicarius. Latr. Genr. Crust. et Ins. 1. tab. 12. f. 6. Hist. nat. des Crust. et des Ins. vol. 13. p. 228.

Habite le midi de la France.

2. Dryne cénoptère. *Drynus cenopterus.*

D. ater, lævis, nitidus; pedibus fuscis; alis opacis sub-aveniis.

Tiphia cenoptera. Panz. fasc. 81. t. 14.

Bethylus cenopterus. Latr.

Habite en Allemagne et aux environs de Paris.

3. **Dryne hémiptère.** *Drynus hemipterus.*

D. ater, glaber; alis brevissimis.
Tiphia hemiptera. Fab. Suppl. p. 254.
Panz. fasc. 77. t. 14.
Bethylus hemipterus. Latr.
Habite en Allemagne.
Etc.

TARRIÈRE PLURIVALVE, FISSILE.

Elle se divise longitudinalement en plusieurs valves, dont les latérales servent de gaîne à la tarrière proprement dite.

Cette coupe embrasse le reste des hyménoptères, et se trouve ici partagée en cinq familles, savoir : les ichneumonides, les évaniales, les cinipsaires, les diplolépaires ou gallicoles, enfin, les érucaires. On remarque que les trois premières de ces familles sont des insectes carnassiers dans l'état de larve, puisqu'ils dévorent les larves et les chrysalides des autres insectes : tandis que les insectes des deux dernières familles ne sont que des phytiphages, et ne se nourrissent que de substances végétales. Exposons-les successivement.

LES ICHNEUMONIDES.

Antennes filiformes ou sétacées, de vingt articles et au-delà, le plus souvent vibratiles. Les quatre ailes veinées.

On a donné le nom d'*ichneumonides* aux hyménoptères pupophages qui composent principalement le genre *ichneumon* de Linné ; et, comme ces *ichneumonides* sont nombreuses en races diverses, on les a divisées en beaucoup de genres.

Les insectes dont il s'agit sont des hyménoptères à tarrière, remarquables en général par leur corps grêle, alongé, à abdomen pédiculé, ayant des antennes longues, droites ou avancées, multiarticulées et vibratiles. Les femelles de ces insectes ont une tarrière composée de trois filets, dont les deux latéraux, par leur réunion, servent de fourreau à celui du milieu. Les larves des *ichneumonides* sont sans pattes, et vivent toutes dans le corps des autres insectes. Les femelles, en effet, percent avec leur tarrière le corps des autres insectes encore en larves, surtout des chenilles, et y déposent un ou plusieurs de leurs œufs. Là, ces œufs ne tardent pas à éclore, et les jeunes larves *ichneumonides* se nourrissent aux dépens de la chenille ou de la larve d'hyménoptère ou de diptère qui les contient, et en dévorent le corps graisseux sans attaquer les organes essentiels de l'insecte ; ce qui fait qu'il continue de vivre, et parvient souvent à se changer en chrysalide avant de périr. Quant aux larves ichneumonides, elles se développent dans la larve qu'elles dévorent, s'y transforment en chrysalide, après s'être enveloppées d'une coque de soie; et, arrivées à l'état parfait, elles sortent du corps qui les contenait, après en avoir percé la peau.

Le groupe que forment les *ichneumonides* est naturel, assez bien circonscrit par le caractère des antennes de ces insectes, et a pu, avec raison, être considéré comme un genre. Mais ce genre étant extrêmement nombreux en espèces, on a pensé qu'il serait utile de le partager en plusieurs coupes particulières, comme autant de genres séparés, et qu'on ne devait considérer le groupe lui-même que comme une famille.

En conséquence, prenant toujours en considération les caractères qu'indique Latreille, je divise les *ichneumonides* de la manière suivante.

DIVISION DES ICHNEUMONIDES.

1. Mandibules non dentées ou en pointe entière à leur extrémité. Tête globuleuse.

Xoride.

2. Mandibules bidentées ou échancrées à leur extrémité : elles sont étroites, alongées, croisées.

(a) Abdomen vu en dessus, offrant au moins cinq anneaux distincts.

(+) Bouche point avancée en bec.

Ichneumon.
Crypture.

(++) Bouche avancée en bec.

Agathis.

(b) Abdomen vu en dessus, paraissant inarticulé ou formé au plus de trois anneaux distincts.

Sigalphe.

3. Mandibules tridentées à leur extrémité, formant un carré irrégulier, grandes et écartées.

Alysie.

XORIDE. (Xorides.)

Antennes filiformes, droites, un peu longues. Palpes maxillaires très longs. Mandibules simples ou un peu sinuées sur les côtés ; à sommet entier, non échancré, ni denté.

Tête globuleuse. Abdomen oblong, rétréci en pédicule à sa base. Tarrière saillante.

Antennæ filiformes, rectæ, longiusculæ. Palpi maxillares longissimi. Mandibulæ simplices vel ad latera subsinuatæ ; apice integro, nec dentato, nec emarginato.

Caput globosum. Abdomen oblongum, in pediculum ad basim attenuatum. Terebra exserta.

Observations. Sauf les *xorides* dont il s'agit ici, les autres ichneumonides, selon Latreille, ont le sommet des mandibules, soit échancré, soit bidenté ou tridenté : c'est donc un genre assez bien circonscrit dans son caractère.

Nos *xorides* embrassent celles de Latreille et ses *stéphanes*. Néanmoins il n'y a encore que très peu d'espèces d'indiquées.

ESPÈCES.

1. Xoride indicatrice. *Xorides indicatorius.*

X. niger punctatus ; thorace immaculato ; abdomine rubescente ; lateribus inferis albido-maculatis.

Ichneumon indicatorius. Latr. Genr. Crust. et Ins. 1. t. 12. f. 3.

Habite en France.

2. Xoride prédicateur. *Xorides predicatorius.*

X. ater ; scutello flavicante ; thorace maculato ; abdominis segmentis margine albidis; pedibus rufis.

Ichneumon precatorius. Fab. p. 139. Latr.

Habite en Allemagne.

3. Xoride couronnée. *Xorides coronatus.*

X. ater; alis fuscis ; lunulâ pallidâ; abdomine ferrugineo , apice nigro; femoribus posticis serratis.

Ichneumon serrator. Fab. Suppl. p. 224. *Bracon serrator.* ejusd. Piez. p. 108.

Stephanus coronatus. Jur. hymen. pl. 7. Panz. fasc. 76. t. 13. Latr. Genr. Crust. et Ins. 4. p. 4.

Habite la France, l'Allemagne.

ICHNEUMON. (Ichneumon.)

Antennes filiformes ou sétacées, droites, longues, multiarticulées, vibratiles. Palpes inégaux ; les maxillaires plus longs. Mandibules alongées, bidentées ou échancrées à leur extrémité.

Tête transverse. Abdomen subpédiculé. La tarrière bien saillante et caudiforme.

Antennæ filiformes aut setaceæ, rectæ, longæ, multiarticulatæ, vibratiles. Palpi inæquales : maxillaribus longioribus. Mandibulæ elongatæ, apice bidentatæ vel emarginatæ.

Caput transversum. Abdomen subpediculatum. Terebra penitùs exserta, caudiformis.

Observations. Quoique Latreille ait divisé les ichneumonides en huit genres, son genre *ichneumon* est resté d'une étendue énorme par le nombre des espèces qui s'y rapportent. D'après cette considération, j'ai cru qu'il serait utile de profiter de la principale division qu'il y introduit, pour le partager en deux coupes génériques, assez faciles à distinguer. Ainsi c'est avec les ichneumons de sa première division, dont je ne sépare pas ses acœnites, que je forme le genre *ichneumon* dont il s'agit ici. A peu près comme tous les autres, ce genre est sans doute artificiel ; mais il embrasse des espèces convenablement liées entre elles par leurs rapports, et qui, toutes, offrent cette particularité, dans les femelles, d'avoir à l'extrémité de leur abdomen une tarrière caudiforme, toujours saillante, quelquefois fort longue. Elle indique les habitudes particulières de ces races ; car elle fait sentir qu'ayant l'habitude de rechercher les nids des autres insectes pour y enfoncer leur tarrière, ou de percer les larves qui sont sous les écorces des arbres, elles ont souvent de grands obstacles à vaincre pour pénétrer dans les lieux où elles doivent déposer leurs œufs ; par suite, leur tarrière en a obtenu une saillie constante et une longueur plus ou moins grande, appropriées aux habitudes de ces animaux.

Comme les autres ichneumonides, les larves de nos *ichneumons* sont carnassières, et vivent toujours dans le corps des autres insectes. Parvenus à l'état d'insecte parfait, les ichneumons dont il s'agit ne se distinguent principalement de nos cryptures que parce que les femelles de celles-ci ont la tarrière rétractile, entièrement ou presque entièrement cachée dans l'abdomen lorsqu'elle n'est pas employée.

ESPECES.

[*Abdomen presque sessile.*]

1. Ichneumon persuasif. *Ichneumon persuasorius.*

I. scutello albo, thorace maculato, abdomine segmentis omnibus utrinque punctis duobus albis. Fab.
Panz. fasc. 19. tab. 18.
Pimpla persuasoria. Fab. Piez. p. 112.
Habite l'Europe boréale.

2. Ichneumon manifestateur. *Ichneumon manifestator.*

I. ater immaculatus; abdomine sessili, cylindrico; pedibus rufis.
Ichneumon manifestator. Linn. Fab. Fatr. Panz. fasc. 19. t. 21.
Pimpla manifestator. Fab. Piez. 113.
Habite en Europe.

3. Ichneumon piéton. *Ichneumon pedator.*

I. luteus; abdominis segmentis utrinque puncto atro; antennis aculeoque nigris.
Ichneumon pedator. Fab. p. 157. *Pimpla pedator*, ejusd. Piez.
Habite aux Indes orientales.

4. Ichneumon extenseur. *Ichneumon extensor.*

I. niger; abdomine subcylindrico; pedibus rufis; aculeo corpore longiore.
Ichneumon extensor. Linn. Fab. p. 168.
Pimpla extensor. Fab. Piez. p. 115.
Ichneumon. Geoff. 2. p. 359. n° 86.
Habite en Europe.

5. Ichneumon réluctateur. *Ichneumon reluctator.*

I. niger; abdomine piceo vel sanguineo; tibiis anticis clavatis.
Ichneumon reluctator. Panz. fasc. 71. t. 13.
Cryptus reluctator. Fab. Piez. p. 79.
Habite l'Europe boréale.

6. Ichneumon douteux. *Ichneumon dubitator.* F.

I. ater, nitidus; abdominis segmento secundo tertioque rufis, reliquis margine flavo.
Ichneumon dubitator. Panz. fasc. 78. t. 14.
Cryptus dubitator. Fab. Piez. p. 85.
Acœnites. Latr. Genr. Crust. et Ins. p. 9.
Habite en Allemagne.

7. Ichneumon plumuleux. *Ichneumon pennator.*

I. niger; abdomine sessili cylindrico; pedibus rufis; aculeo longitudine abdominis hirto. F.
Ichneumon pennator. Fab. p. 171.
Pimpla pennator. Fab. Piez. p. 116.
Habite à Kiel.

[*Abdomen pédiculé.*]

8. Ichneumon élévateur. *Ichneumon elevator.*

I. ater, pedibus flavis; posticis apice albis; abdomine clavato.
Panz. fasc. 71. tab. 15.
An ophion clavator? Fab. Piez. p. 134.
Habite en Allemagne.

9. Ichneumon abréviateur. *Ichneumon abbreviator.*

I. niger; abdomine brevissimo clavato rufo, apice truncato nigro.
Ichneumon abbreviator. Fab. *Ophion abbreviator*, ejusd. Piez.
Panz. fasc. 71. t. 17.
Habite en Allemagne.

10. Ichneumon jaunissant. *Ichneumon flavator.*

I. ater; alis nigris immaculatis; abdomine flavo.
Ichneumon flavator. Fab. p. 161.
Coqueb. Illust. ic. dec. 3. tab. 11. f. 9.
Habite en Barbarie. Tarrière de la longueur de l'abdomen.

11. Ichneumon incubateur. *Ichneumon incubitor.*

I. niger, abdomine ferrugineo, apice nigro; maculâ albâ; alis hyalinis.

Ichneumon incubitor. Linn. Fab. *Cryptus*, n° 53. ejusd. Piez.

Geoff. 2. p. 341. pl. 16. f. 1.

Habite en Europe.

12. Ichneumon pédiculaire. *Ichneumon pedicularius.*

I. apterus, rufus; capite thoracis abdominisque postico nigris.

Ichneumon pedicularius. Panz. fasc. 81. t. 13.

Cryptus pedicularius. Fab. Piez. p. 92.

Habite en Europe.

13. Ichneumon lunulé. *Ichneumon lunator.*

I. nigro flavoque varius; abdomine clavato; utrinque lunulis flavis.

Ichneumon lunator. Fab. p. 162.

Habite l'Amérique septentrionale. Tarrière plus longue que le corps.

Etc.

CRYPTURE. (Crypturus.)

Antennes filiformes ou sétacées, multiarticulées, vibratiles, plus ou moins longues. Palpes inégaux. Mandibules alongées, bidentées ou échancrées à leur extrémité.

Tête transverse. Abdomen alongé, pédiculé, quelquefois presque sessile. Tarrière aculéiforme, rétractile, non saillante ou peu saillante dans l'inaction.

Antennæ filiformes aut setaceæ, multiarticulatæ, vibratiles, longitudine variæ. Palpi inæquales. Mandibulæ elongatæ, apice bidentatæ vel emarginatæ.

Caput transversum. Abdomen elongatum, pediculatum, interdùm subsessile. Terebra aculeiformis, retractilis, in abdomine abscondita, vel parùm exserta.

OBSERVATIONS. Nos *cryptures* peuvent être considérées comme un sous-genre, c'est-à-dire comme un démembrement du genre *ichneumon*, que je ne divise que pour faciliter l'étude des nombreuses espèces de ce dernier, et que pour soulager la mémoire à l'aide d'un nom particulier.

Ainsi, les *cryptures* dont il est ici question embrassent les ichneumons de Latreille, dont la tarrière, retirée dans l'inaction, est alors cachée entièrement ou en grande partie, et ne forme point une queue bien remarquable à l'extrémité de l'abdomen des femelles.

La facilité qu'on a de saisir ce caractère semble constituer son seul intérêt. Il en offre cependant un autre; car il indique, en quelque sorte, les habitudes particulières de ces ichneumonides. En effet, les *cryptures* n'ont pas autant de difficultés à vaincre pour placer leurs œufs que la plupart des ichneumons, puisqu'il paraît qu'elles ne recherchent, pour déposer leurs œufs, que des corps mous et à découvert, tels que les chenilles et les chrysalides non cachées. Une tarrière courte et fort petite a donc pu leur suffire, et dans l'inaction cette tarrière a pu rentrer entièrement ou en grande partie dans l'abdomen.

Ceux de ces insectes dont l'abdomen est pédiculé peuvent être pris pour des *sphex*, car ils en ont l'aspect, leur tarrière étant non ou peu apparente. Quoique les cryptures soient nombreuses en espèces, je n'en citerai ici que quelques-unes pour exemple.

ESPÈCES.

1. Cripture meurtrière. *Crypturus sugillatorius.*

Cr. scutello fluvicante, thorace immaculato, abdomine atro; segmento primo secundoque utrinque puncto albo, pedibus rufis. F.

Ichneumon sugillatorius. Linn. Fab.

Geoff. 2. p. 345. n° 54.

Habite en Europe, dans les bois.

2. Crypture entrepreneuse. *Crypturus molitorius.*

Cr. scutello albo, thorace immaculato; abdominis apice tibiarumque basi albis.

Ichneumon molitorius. Linn. Fab.
Panz. fasc. 19. tab. 16.
Habite en Europe.

3. Crypture étendue. *Crypturus extensorius.*

Cr. scutello flavicante, thorace immaculato, abdominis segmento secundo tertioque ferrugineis; ultimis apice albidis.
Ichneumon extensorius. Linn. Fab.
Panz. fasc. 19. t. 17.
Habite en Europe.

4. Crypture joyeuse. *Crypturus lœtatorius.*

Cr. niger; scutello albo, thorace maculato; abdomine rufo apice nigro; tibiis posticis annulo albo.
Ichneumon lœtatorius. Fab. Panz. fasc. 19. t. 19.
Habite en Europe.

5. Crypture cracheuse. *Crypturus sputator.*

Cr. niger; thorace immaculato; abdominis segmento secundo tertioque rufis.
Ichneumon sputator. Fab. Piez. p. 66.
Panz. fasc. 19. t. 20.
Habite en Europe.

6. Crypture vespoïde. *Crypturus vespoïdes.*

Cr. ater; scutello bidentato, margine flavo; abdominis segmentis margine flavis; secundo bipunctato, ultimo immaculato.
Ichneumon necatorius. Fab. Piez. p. 62.
Panz. fasc. 47. tab. 19.
Habite l'Allemagne, le midi de la France. Abdomen sessile.

7. Crypture bidentée. *Crypturus bidentorius.*

Cr. scutello flavicante; thorace submaculato; abdominis segmento secundo tertioque basi flavis, pedibus rufis.
Ichneumon bidentorius. Fab. p. 147 et Piez. p. 63.
Panz. fasc. 45. tab. 15.
Habite l'Europe boréale.
Etc. L'*ichneumon deprimator* de Fab. Panz. fasc. 79. t. 11, appartient à ce genre.

AGATHIS. (Agathis.)

Antennes sétacées, multiarticulées, droites ou presque convolutes. Bouche avancée en bec droit ou incliné. Mandibules bidentées au sommet. Lèvre inférieure alongée, subbifide.

Corps alongé. Abdomen oblong, subpédiculé. Tarrière saillante.

Antennœ setaceœ, multiarticulatœ, rectœ aut subconvolutœ. Os in rostellum prominens, rectum aut inflexum. Mandibulœ apice bidentatœ. Labium elongatum, subbifidum.

Corpus elongatum. Abdomen subpediculatum, oblongum. Terebra exserta.

Observations. Sous le nom d'*agathis*, je réunis ceux de Latreille avec ses bracons, qu'auparavant il avait nommés vipiones. Ce qui m'y autorise, jusqu'à un certain point, c'est que les unes et les autres de ces ichneumonides ont la bouche avancée en bec. Par cette considération seule, je les distingue de mes ichneumons.

ESPÈCES.

[*Museau droit.*]

1. Agathis des malvacées. *Agathis malvacearum.*

A. niger; pedibus fasciâque propè basim abdominis rubescentibus; tarsis nigrinis.

Agathis malvacearum. Latr. Hist. nat. des Crust. et des Ins. 13. p. 175. et genr. Crust. et Ins. 1. tab. 12. f. 2.

Habite aux environs de Paris. Tarrière de la longueur du corps.

2. Agathis jaune. *Agathis purgator.*

A. luteus; antennis aculeoque nigris; alis hyalinis; fasciis duabus fuscis.

Ichneumon purgator. Fab. p. 156. Coqueb. Illust. ic. dec. 1. tab. 4. f. 3.

Agathis. Latr. *Bracon purgator*. Fab. Piez. p. 104.
Habite en France.

[*Museau très incliné.*]

3. Agathis nominateur. *Agathis nominator*.

A. luteus, nigro-maculatus; alis fuscis; lunulâ albâ.
Ichneumon nominator. Fab. p. 155.
Bracon nominator. Fab. Piez. p. 104. Latr.
Vipio. Latr. Hist. des Crust., etc. 13. p. 176.
Panz. fasc. 79. f. 10.
Habite en France. Tarrière très longue.

4. Agathis urinateur. *Agathis urinator*.

A. niger; thorace anticè rufo; abdomine rufo; maculis dorsalibus nigris; alis fuscis.
Ichneumon urinator. Fab. Panz. fasc. 76. t. 12.
Bracon urinator. Fab. Piez. p. 109.
Habite en Allemagne; dans les bois.

SIGALPHE. (Sigalphus.)

Antennes sétacées, multiarticulées. Mandibules arquées, bidentées au sommet. Palpes maxillaires à six articles.

Tête transverse. Abdomen ovale, arrondi au sommet, n'offrant que trois segmens dorsaux, ou qu'un seul. Tarrière courte, cachée.

Antennœ setaceœ, multiarticulatœ. Mandibulœ arcuatœ. Palpi maxillares articulis sex.

Caput transversum. Abdomen ovale, apice rotundato, subsessile: segmentis dorsalibus tribus, aut unico. Terebra brevis, abscondita.

Observations. Les *sigalphes* tiennent à nos cryptures par leur tarrière; mais ils sont très singuliers en ce que leur abdomen n'offre pas plus de trois segments dorsaux, et quelquefois n'en montre qu'un seul. Le nombre des articles de leurs palpes maxillaires sert aussi à les distinguer. Leur abdomen est voûté en dessous.

ESPÈCES.

1. Sigalphe arroseur. *Sigalphus irrorator*. Latr.

S. ater; alis anticis apice nigris; puncto albo; abdomine clavato; apice maculâ villosâ aureâ.

Cryptus irrorator. Fab. Piez. p. 88.

Degeer, Mém. sur les Ins. 1. pl. 36. f. 12—13.

Ichneumon. Geoff. 2. p. 837. n° 36.

Habite l'Europe australe.

2. Sigalphe oculé. *Sigalphus oculator*. Latr.

S. ater; abdominis basi utrinque puncto flavo; thorace posticè bidentato.

Ichneumon oculator. Fab. p. 169. Piez. p. 68.

Panz. fasc. 72. t. 3.

Habite en Europe. Commun aux environs de Paris.

ALYSIE. (Alysia.)

Antennes filiformes, submoniliformes, longues, multiarticulées. Mandibules grandes, écartées, larges et tridentées à leur extrémité. Palpes maxillaires à six articles.

Tête transverse, large. Abdomen en massue, rétréci en pédicule vers sa base; tarrière courte, peu saillante.

Antennæ filiformes, submoniliformes, longæ, multiarticulatæ. Mandibulæ magnæ, intervallo dissitæ, ad apicem latæ et tridentatæ. Palpi maxillares articulis sex.

Caput transversum, latum. Abdomen clavatum, in pediculum versùs basim attenuatum. Terebra brevis, subexserta.

Observations. Il paraît que les *alysies* sont les seules ichneumonides qui aient les mandibules tridentées au sommet. Elles ont les palpes maxillaires à six articles, comme les sigalphes. Latreille, qui n'en indique qu'une espèce, dit qu'elle dépose ses œufs sur les excréments humains.

ESPÈCE.

1. Alysie stercoraire. *Alysia stercoraria.* Latr.

Ichneumon manducator. Panz. fasc. 72. t. 4.
Cryptus manducator. Fab. Piez. p. 87.
Habite aux environs de Paris, et en Allemagne.

LES ÉVANIALES.

Antennes filiformes, de douze à quinze articles. Abdomen inséré sur le dos du corselet, ou au-dessus de son extrémité postérieure. Les quatre ailes veinées.

Les *évaniales* sont des insectes à larves carnassières et pupophages. Ces insectes se rapprochent beaucoup des ichneumonides par leurs habitudes et souvent par leur aspect. Ils en sont distingués par la singulière insertion de l'abdomen sur le dos du corselet, ou au moins au dessus de son extrémité postérieure, près de l'écusson. Son pédicule est long, plus ou moins recourbé. Cet abdomen n'est point carené en-dessous. Les évaniales d'ailleurs sont distinguées des ichneumonides, parce que leurs antennes ont moins de vingt articles. Ces insectes ont les ailes courtes, et les pattes postérieures longues. Je ne les partage qu'en deux genres : savoir, *évanie* et *fœne*.

EVANIE. (Evania.)

Antennes filiformes, de treize articles, rapprochées à leur base. Quatre palpes inégaux, subsétacés. Mandibules trigones, subdentées.

Tête transverse, corps court, abdomen très court, comprimé, attaché à un pédicule arqué, qui s'insère sur le dos du corselet. Tarrière courte; pattes postérieures fort longues.

Antennœ filiformes, tredecim articulatœ, ad insertionem approximatœ. Palpi quatuor inæquales, subsetacei. Mandibulœ trigonœ, subdentatœ.

Caput transversum, corpus breve; abdomen brevissimum, compressum, pediculo arcuato suprà thoracem insertum. Terebra brevissima; pedes postici prœlongi.

Observations. Les *évanies* sont des insectes très singuliers à cause de la petitesse de leur abdomen et de la situation particulière du pédicule qui le soutient. Elles ont la tête verticale transverse; le corps court; l'abdomen subtriangulaire ou ovoïde, comprimé, très petit, et comme suspendu à un filet arqué, inséré au-dessus du métathorax. Ces insectes ont les ailes courtes. On n'en connaît encore que les espèces suivantes.

ESPÈCES.

1. Évanie lisse. *Evania lævigata*. Ol.

E. atra; thorace scabro; capite lævi. Oliv. dict. n° 2.
Sphex appendigaster. Brown. jam. t. 44. f. 6.
Habite en Amérique.

2. Évanie appendigastre. *Evania appendigaster.*

E. atra, thorace capiteque scabris; alis nigro-venosis punctoque marginali nigro. Oliv. Dict. n° 1.
Sphex appendigaster. Linn.
Panz. fasc. 62. t. 12.
Habite l'Italie, la France australe.

3. Évanie naine. *Evania minuta.* Ol.

E. atra; alis albis, basi tantum nigro-venosis. Oliv. Dict. n° 4.
Habite aux environs de Paris.

FOENE. (Fœnus.)

Antennes filiformes, droites, de treize ou quatorze articles. Quatre palpes filiformes. Mandibules dentées.

Tête, soit sessile, soit élevée sur un cou. Abdomen alongé, à pédicule court, s'insérant au-dessus de l'extrémité postérieure du corselet. Tarrière saillante. Les pattes postérieures fort longues, à jambes renflées en massue.

Antennæ filiformes, rectæ, tredecim aut quatuordecim articulatæ. Palpi quatuor filiformes. Mandibulæ dentatæ.

Caput vel sessile, vel collo elevatum. Abdomen elongatum, pediculo brevi suprà thoracis extremitatem posticam inserto. Pedes postici longi; tibiis clavatis.

Observations. Les *fœnes*, comme les évanies, doivent être séparées des ichneumonides, puisque leurs antennes ont moins de vingt articles. D'ailleurs, les unes et les autres ont le pédicule de l'abdomen inséré au-dessus de l'extrémité postérieure du corselet. Dans les fœnes, ce pédicule s'insère plus bas que l'écusson, et dans les évanies, il paraît s'insérer plus haut encore. Mais ce qui distingue plus fortement nos fœnes, c'est leur abdomen, qui est fort alongé, soit linéaire, soit en massue. Ici, nous réunissons le genre fœne et le genre pélécine de M. Latreille.

ESPÈCES.

1. Fœne jaculateur. *Fœnus jaculator.* Latr.

F. niger; abdomine falcato, medio rufo, tibiis posticis clavatis, basi apiceque albis.

Ichneumon jaculator. Linn. Fab. p. 177. Oliv. Dict. n° 149.

Ichneumon. Geoff. 2. p. 328. n° 16.

Fœnus jaculator. Latr. Hist. nat. des Crust. et des Ins. 13. pl. 100. f. 4.

Panz. fasc. 96. tab. 16.
Habite en Europe.

2. Fœne polycérateur. *Fœnus polycerator.*

F. ater; abdomine lineari-longissimo; tibiis posticis clavatis. F.
Ichneumon polycerator. Fab. p. 162. Oliv. Dict. n° 113.
Pelecinus polycerator. Lat.
Drur. Illust. of. Ins. exot. 2. pl. 40. f. 4.
Habite en Amérique.

LES CINIPSAIRES.

Antennes brisées, de six à douze articles. L'abdomen caréné en dessous dans les femelles. La tarrière jamais roulée en spirale. Les deux ailes inférieures non veinées.

Les *cinipsaires* tiennent encore aux hyménoptères et aux évaniales, puisque ce sont des ichneumonides carnassières et pupophages, qui vivent aux dépens des autres larves d'insectes. Elles détruisent un grand nombre de chenilles ou autres larves, ainsi que des chrysalides. Il y en a qui piquent les galles que des diplolèpes ont formées; et de l'œuf qu'elles y déposent, sort une larve qui dévore celle du diplolèpe.

Les antennes des *cinipsaires* sont coudées et renflées en massue vers le bout. La tarrière des femelles est en général cachée sous l'abdomen, entre les deux lames étroites de sa carène, sans être roulée en spirale. Dans la plupart de ces insectes, les pattes postérieures sont propres à sauter. Voici comment je les divise.

(1) Pattes postérieures à jambes très arquées.

Leucopsis.
Chalcide.

(2) Pattes postérieures à jambes droites.

(a) Segment antérieur du corselet grand, en carré transversal, ou en triangle tronqué à sa pointe.

Cinips.

(b) Segment antérieur du corcelet très court, transverso-linéaire.

Cinipsile.

LEUCOPSIS. (Leucopsis.)

Antennes courtes, brisées, grossissant vers le bout, de douze à treize articles. Palpes filiformes. Mandibules cornées, bidentées. Lèvre inférieure alongée, échancrée au sommet.

Tête transverse. Corselet fort élevé. Abdomen comprimé, arrondi à son extrémité, à pédicule très court. Tarrière des femelles sétiforme, naissant entre deux lames de la base de l'abdomen, ensuite se recourbant sur son dos. Les pattes postérieures à cuisses renflées et à jambes arquées. Les ailes supérieures doublées longitudinalement.

Antennæ breves, fractæ, versùs apicem incrassatæ, duodecim aut tredecim articulatæ. Palpi filiformes. Mandibulæ corneæ, bidentatæ. Labium elongatum, apice emarginatum.

Caput transversum. Thorax valdè gibbus. Abdomen compressum, apicè rotundatum, quasi sessile : pediculo brevissimo. Feminarum terebra setiformis, ex abdominis basi enascens, intrà lamellas duas vaginata, dein super abdomen recurva. Pedes postici femoribus turgidis, tibiisque arcuatis. Alæ superæ longistrorsùm duplicatæ.

Observations. Les *leucopsis* tiennent aux chalcides par leurs rapports, et ressemblent un peu aux guêpes par leurs couleurs et le plissement de leurs ailes. Ils sont très distingués des chalcides par la longueur et la singulière situation de leur tarrière, et ne peuvent se confondre avec les guêpes, leur tarrière ou leur aiguillon étant toujours hors de l'abdomen et recourbé sur le dos. Les larves de ces insectes sont carnassières. Il paraît que les femelles déposent leurs œufs dans les nids des apiaires.

ESPÈCES.

1. Leucopsis géant. *Leucopsis gigas*. F.

L. nigra, thorace punctis duobus dorsalibus, abdomine sessili; fasciis quatuor flavis. Fab. p. 245.
Leucopsis gigas. Coqueb. Illust. Ic. dec. 1. tab. 6. f. 1.
Panz. fasc. 84. t. 17. et 18.
Habite le midi de la France.

2. Leucopsis dorsigère. *Leucopsis dorsigera.*

L. abdomine sessili nigro; fasciis duabus punctoque flavis. Fab. p. 246.
Leucopsis dorsigera. Oliv. Dict. n° 1.
Panz. fasc. 58. t. 15.
Habite le midi de la France, l'Italie. Il s'introduit dans les guêpiers pour y pondre.

3. Leucopsis intermédiaire. *Leucopsis intermedia.* Illig.

L. nigra; thoracis maculis duabus abdominisque fasciis quatuor inæqualibus flavis.
Leucopsis dorsigera. Panz. fasc. 15. t. 17.
Habite le midi de la France. Ses rapports le rapprochent de l'espèce n° 1.
Etc.

CHALCIDE. (Chalcis.)

Antennes courtes, brisées, de onze ou douze articles, à partie supérieure fusiforme. Palpes filiformes. Mandibules courtes, cornées.

Tête transverse, presque sessile. Corselet élevé. Abdomen sub-globuleux, acuminé postérieurement, comprimé sur les côtés inférieurs, attaché par un pédicule court. Tarrière des femelles courte, cachée sous l'abdomen, entre deux lames. Pattes postérieures à cuisses larges, comprimées, dentées, et à jambes arquées.

Antennæ breves, fractæ, undecim vel duodecim articulatæ; parte superiore fusiformi. Palpi filiformes. Mandibulæ breves, corneæ.

Caput transversum, subsessile. Thorax elevatus. Abdomen subglobosum, posticè acuminatum, ad latera inferiora compressum, brevi pediculo thoraci affixum. Feminarum terebra brevis, abscondita, sub abdomine intrà lamellas duas vaginata. Pedes postici femoribus latis compressis dentatis; tibiis arcuatis.

Observations. Les *chalcides* ont beaucoup de rapports avec les cinips; mais elles en sont distinguées par leurs antennes courtes, brisées, et par les jambes arquées de leurs pattes postérieures.

Ces hyménoptères ont le corps petit, souvent orné de couleurs brillantes; l'abdomen ovale ou presque globuleux, terminé en pointe; enfin, les cuisses des pattes postérieures grandes, renflées, comprimées, ce qui donne à ces insectes la faculté de sauter, presque aussi vivement que les puces. Leurs ailes ne sont point doublées longitudinalement comme celles des leucopsis, et leur tarrière est petite, cachée sous le ventre.

ESPÈCES.

1. Chalcide déginguendé. *Chalcis sispes*. F.

C. nigra; abdominis petiolo femoribusque posticis incrassatis, flavis. Fab. p. 194.

Sphex sispes. Linn. *Vespa.* Geoff. 2. p. 380. n° 16.

Chalcis sispes. Oliv. Dict. n° 2. Panz. fasc. 77. t. 11.

Habite le midi de l'Europe. Rare aux environs de Paris.

2. Chalcide clavipède. *Chalcis clavipes.* F.

C. atra ; femoribus posticis incrassatis rufis. Fab. p. 195.
Chalcis clavipes. Latr. Oliv. nº 3. Panz. fasc. 78. t. 15.
Habite en Allemagne et aux environs de Paris.

3. Chalcide naine. *Chalcis minuta.* F.

C. atra ; femoribus posticis incrassatis, apice flavis. Fab. p. 195.
Vespa. Geoff. 2. p. 380. nº 15.
Chalcis minuta. Latr. Oliv. nº 5. Panz. fasc. 32. t. 6. *Ejusdem.*
Chalcis flavipes. Panz. Fasc. 78. t. 16. *Var. paulò major.*
Habite l'Allemagne, la France.

4. Chalcide annelée. *Chalcis annulata.* F.

C. atra ; femoribus posticis incrassatis dentatis ; puncto apicis albo ; tibiis albis nigro-annulatis. Fab. p. 197.
Habite en Amérique. On la trouve dans les nids des polistes (guêpes cartonnières). Sa larve vit aux dépens de celles de ces guêpiaires.
Etc.

CINIPS. (Cinips.)

Antennes courtes, brisées, de six à douze articles. Palpes presque en massue. Mandibules cornées, dentées au sommet.

Corps très petit. Segment antérieur du corselet spacieux, en carré transverse, ou en triangle obtus ou tronqué au sommet. Abdomen subovale, caréné en dessous, attaché par un pédicule court. Tarrière saillante ou cachée entre les lames de la carène. Les jambes des pattes postérieures droites.

Antennæ breves, fractæ; articulis sex ad duodecim; palpi subclavati. Mandibulæ corneæ, apice dentatæ.

Corpus perparvum. Thoracis segmentum anticum spatiosum, transversè quadratum aut triangulare, apice obtuso vel truncato. Abdomen subovale, subtùs carinatum, pediculo brevi affixum. Terebra exserta, vel intrà lamellas carenœ occulta. Tibiœ pedum posticorum rectœ.

Observations. En réduisant les *cinips* aux cinipsaires à jambes postérieures droites, et dont le segment antérieur du corselet n'est pas un rebord étroit et transversal, nous réūnissons aux cinips de Latreille quelques uns de ses genres qui, quoique pouvant en être distingués, y tiennent assez par leurs rapports pour autoriser cette association. Ces genres sont ses eurytomes, ses eulophes, ses cléonymes, et ses spalangies.

Nos cinips sont de petits hyménoptères ornés de couleurs très brillantes, parmi lesquels plusieurs ont la faculté de sauter. Ils ont des rapports avec les chalcides, les périlampes et les diplolèpes. Ces petits insectes volent avec agilité, et presque tous vivent aux dépens d'une grande quantité de chenilles et de chrysalides, que leurs larves carnassières détruisent. Aussi plusieurs de leurs epèces ont été confondues par les auteurs avec les ichneumons.

ESPÈCES.

1. Cinips du marceau. *Cinips capreœ.*

C. viridis, nitida; pedibus pallidis. Linn.
Cinips capreœ. Fab. p. 102. Oliv. Dict. n° 31.
Cinips. Geoff. 2. p. 302. n° 18.
Habite ans toute l'Europe, sur le saule marceau.

2. Cinips du bédegar. *Cinips bedegaris.*

C. viridis, nitens; abdomine depresso aureo. Linn.
Cinips bedegaris. Latr. Oliv. Dict. n° 2.
Geoff. 2. p. 296. n° 1.
Ichneumon bedegaris. Fab. p. 185.
Habite en Europe. Sa larve vit dans les galles chevelues du rosier sauvage, en y dévorant l'hôte de ces galles.

3. Cinips pourpré. *Cinips purpurascens.*

C. viridi-œneus, nitidus; abdomine purpurascènte; primo segmento œneo. Fab. supp. p. 231. *Ichneumon.*

Diplolepis purpurascens. Fab. Piez.
Habite les environs de Paris.

4. Cinips dorsal. *Cinips dorsalis.*

C. pallibus; capitis thoracisque dorso viridi-æneo; alis maculâ transversâ fuscâ. F.
Ichneumon dorsalis. Fab. suppl. p. 231. *Diplolepis ejusd.*
Habite en France.

5. Cinips de la sarrète. *Cinips serratulæ.*

C. atra, nitida; antennis verticillato-pilosis. Fab. suppl. p. 214.
Eurytoma serratulæ. Latr. Gen. Crust. et Ins. 4. p. 27.
Habite la France, l'Allemagne, etc.

6. Cinips ramicorne. *Cinips ramicornis.*

C. viridis; antennis ramosis
Eulophus. Geoff. 2. p. 313. pl. 15. f. 3. Oliv. Dict.
Latr. Gen. Crust. et Ins. 4. p. 28.
Ichneumon ramicornis. Fab. p. 190.
Habite l'Europe. Ce cinips est très singulier par ses antennes; mais il paraît seul dans ce cas.

7. Cinips déprimé. *Cinips depressus.*

C. obcurè aureus; abdomine depresso cyaneo; alis apice fuscis; maculâ fasciâque posticâ albis.
Ichneumon depressus. Fab. suppl. p. 231.
Cleonimus. Latr. Gen. Crust. et Ins. 4. p. 29.
Habite aux environs de Paris.
Etc.

CINIPSILE. (Cinipsillum.)

Antennes filiformes, en général brisées, souvent épaissies vers leur sommet, de huit à douze articles. Quatre palpes. Mandibules variées.

Corps court. Corselet transverse, à segment antérieur très court, ne formant qu'un rebord transverso-linéaire. Abdomen très court, presque en cœur, ou spathuliforme, caréné en dessous. Tarrière courte, le plus souvent cachée entre les lames de la carène.

Antennæ filiformes, in universum fractæ, sæpè versùs apicem crassescentes; articulis octo ad duodecim. Palpi quatuor. Mandibulæ variæ.

Corpus breve. Thorax transversus : segmento antico brevissimo, transverso-lineari. Abdomen subcordatum aut spathuliforme, brevissimum. Terebra brevis, sæpiùs intrà lamellas carenæ occulta.

Observations. Sous cette dénomination nouvelle, que j'emploie pour éviter toute confusion, je réunis les périlampes, les ptéromales, les encyrtes, les platygastres, les scélions et les téléas de Latreille, c'est-à-dire les cinipsaires à jambes droites, qui ont le corselet plus large que long, et dont le segment antérieur très court n'est qu'un rebord transverso-linéaire. En me bornant à ce cadre, je facilite l'étude, sans nuire à la possibilité de rétablir les coupes inférieures.

ESPÈCES.

1. Cinipsile violet. *Cinipsillum violaceum.*

C. capite thoraceque obscurè æneis, abdomine angulato, nitido; violaceo, apice emarginato.
Chalcis violacea. Panz. fasc. 88. t. 15.
Cinips violacea. Latr. Hist. nat. des Crust. et des Ins. 13. p. 222.
Perilampus. Latr. Gen. Crust. et Ins. 4. p. 30.
Habite en Allemagne.

2. Cinipsile doré. *Cinipsillum chrysis.*

C. viridi-æneum, nitens; abdomine ovato aureo.
Ichneumon chrysis. Fab. p. 185.
Perilampus. Latr.
Habite la Barbarie, le midi de la France.

3. Cinipsile des galles. *Cinipsillum gallarum.*

C. fusco-æneum, abdomine nigro; tibiis pallidis.
Diplolepis gallarum. Fab. Piez. p. 141.
Pteromalus. Latr.
Habite. . . .

4. Cinipsile grand écusson. *Cinipsilum infidum.*

C. nigrum, antennarum basi, fronte, pedibusque rufis; scutello flavo, apice bifurco.
Ichneumon infidus. Rossi. Faun. etr. append. p. 111.
Encyrtus. Latr.
Habite l'Italie, la France.

5. Cinipsile rugosule. *Cinipsillum rugosulum.*

C. nigrum, subtilissimè punctulato-rugosulum; abdomine suprà longistrorsùmque striato.
Scelio rugosulus. Latr. Hist. des Crust. et des Ins. 13. p. 227. et Gen. Crust. et Ins. 4. p. 32.
Habite aux environs de Paris.

6. Cinipsile clavicorne. *Cinipsillum clavicorne.*

C. nigrum, nitidum, punctatum; abdomine suborbiculato; antennis brevibus, apice clavatis.
Scelio. Latr. Gen. Crust. et Ins. 1. tab. 12. f. 9. et 10. *mas.* et f. 11. et 12. *femina.*
Teleas clavicornis. Latr. Gen. Crus. et Ins. 4. p. 33.
Habite aux environs de Paris.

LES DIPLOLÉPAIRES.

Antennes droites, de onze à seize articles. Abdomen caréné en dessous. La tarrière roulée en spirale sous l'abdomen.

Latreille donne le nom de *diplolépaires* à des hyménoptères très voisins des cinipsaires par leurs rapports, mais qui ont les antennes droites, l'abdomen toujours caréné en dessous, et la tarrière des femelles roulée en spirale, au moins dans sa base, et cachée sous l'abdomen entre deux lames.

Les diplolépaires doivent effectivement être distingués des cinipsaires; car ce sont des insectes phytiphages, c'est-à-dire, qui ne se nourrissent que de matières végétales. Les larves de la plupart sont *gallicoles*, et habitent dans les excroissances végétales et singulières connues sous le nom de *noix de galle*. En effet, les femelles de ces insectes ayant piqué différentes parties des végétaux pour y introduire leurs œufs, elles ont occasionné dans ces parties une extravasation des sucs de la plante, et par suite ces monstruosités appelées *galles* dont je viens de parler. Ce sont donc les diplolépaires qui donnent lieu à la formation des *galles*, et non des cinips qu'on en voit sortir; ces derniers n'ayant introduit leur œuf dans la galle déjà existante, que pour que la jeune larve carnassière s'y nourrisse aux dépens de celle du diplolèpe.

Comme dans les cinipsaires, les ailes inférieures des diplolépaires sont sans nervures distinctes. Je ne divise cette petite famille qu'en deux genres, de la manière suivante :

(1) Antennes de onze à douze articles. Abdomen attaché au corselet par un pédicule alongé.

Eucharis.

(2) Antennes de treize articles au moins. Abdomen attaché au corselet par un pédicule très court.

Diplolèpe.

EUCHARIS. (Eucharis.)

Antennes épaisses, moniliformes, droites, à onze ou douze articles. Palpes très petits. Mandibules alongées, pointues, inermes.

Corselet convèxe, se terminant par un écusson simple ou fourchu. Abdomen ovale, subtrigone, attaché au corselet par un pedicule alongé.

Antennæ crassæ, moniliformes, rectæ, articulis undecim, vel duodecim. Palpi minimi. Mandibulæ elongatæ, acutæ, inermes.

Thorax convexus, posticè scutello simplici vel furcato terminatus. Abdomen breviter ovatum, subtrigonum, pedunculo prælongo thoraci affixum.

Observations. Les *eucharis* diffèrent éminemment des diplolèpes par le long pédicule de leur abdomen, et même par leurs antennes, qui n'ont que douze articles. Ces insectes semblent tenir encore aux cinipsaires par leurs couleurs brillantes et métalliques; mais ils ont les antennes droites, non brisées. Ces antennes sont courtes. L'abdomen est court, ovale-trigone, comprimé sur les côtés inférieurs, ce qui le rend caréné en dessous.

ESPÈCES.

1. Eucharis relevée. *Eucharis ascendens.*

E. ænea; abdomine petiolato conico ascendente.
Cinips ascendens. Fab. Panz. fasc. 88. t. 10.
Eucharis ascendens. Latr.
Habite en Allemagne.

2. Eucharis fourchue. *Eucharis furcata.* Fab.

E. atra; scutello spinis duabus incurvis porrectis; abdomine ascendente. Fab.
Ichneumon cyniformis. Ross. Faun. etr. Mant. 2. t. 6. fig. G.
Latr. Gen. Crust et Ins. 4. p. 21.
Habite. . . . l'Amérique méridionale.

DIPLOLÈPE. (Diplolepis.)

Antennes filiformes, droites, de treize à seize articles. Quatre palpes inégaux. Mandibules courtes, souvent dentées.

Corselet en général gibbeux, se terminant postérieurement en écusson. Abdomen ovale ou subcordiforme, un peu petit, comprimé au moins sur les côtés inférieurs, caréné en dessous et attaché par un pédicule très court. Tarrière presque capillaire, roulée en spirale, et cachée sous l'abdomen, entre deux lames.

Antennæ filiformes, rectæ, tredecim ad sexdecim articulatæ. Palpi quatuor inæquales. Mandibulæ breves, sæpè denticulatæ.

Thorax in universum gibbosus, posticè in scutellum terminans. Abdomen ovatum vel subcordiforme, parvulum, ad latera infera præsertim compressum, subtùs carinatum, thoraci pediculo brevissimo affixum. Terebra subcapillaris, in spiram convoluta, infrà abdomen intrà lamellas duas abscondita.

Observations. Les *diplolèpes* sont, en général, de très petits hyménoptères qui ressemblent beaucoup aux cinips et aux chalcides; mais leurs antennes ne sont point brisées ou coudées; leur tarrière, toujours cachée sous le ventre, est inférieurement roulée en spirale; et d'ailleurs les larves de ces insectes ne sont point carnassières; elles sont souvent victimes de celles des cinipsaires, qui les dévorent.

Geoffroy paraît être le premier qui ait distingué les diplolèpes; Linné et Fabricius en faisaient des cinips. La plupart donnent lieu aux *galles* ou *noix de galles* connues, ainsi qu'aux *bedegars*.

J'en vais citer quelques espèces parmi lesquelles les deux dernières, la *figite* et sur-tout l'*ibalie* de Latreille, s'éloigent un peu des autres.

ESPÈCES.

1. Diplolèpe de la galle à teinture. *Diplolepis gallæ tinctoriæ*. Oliv.

D. testaceus, abdomine suprà fusco nitido. Oliv. Dict. n° 5. Voyage dans l'empire Ottoman, 1. p. 252. pl. 14 et 15.

Habite dans le Levant, sur un chêne. Il donne lieu aux *galles* du commerce. Ces galles sont grosses, rondes, tuberculeuses, et se forment sur les jeunes rameaux du chêne, et non sur les feuilles ni sur leur pétiole.

2. Diplolèpe du chêne tauzin. *Diplolepis quercûs tojœ.*

D. griseus; abdomine ferrugineo nitido.

Cinips quercûs tojœ. Fab. p. 102. Coqueb. Illust. Ic. dec. 1. pl. 1. f. 9.

Bosc. Journal d'Hist. nat. 2. p. 154. pl. 32. f. 1—3.

Habite en France, dans la galle du chêne tauzin.

3. Diplolèpe des feuilles du chêne. *Diplolepis quercûs.* Oliv.

D. fuscus; alis albis; puncto marginali nigro. Oliv. Dict. n° 3.

Diplolepis. Geoff. 2. p. 309. n° 1. pl. 15. f. 2.

Cinips quercûs folii. Linn. Fab. p. 101. Panz. fasc. 88. t. 11.

Habite en Europe, dans la galle ronde et lisse des feuilles du chêne.

4. Diplolèpe du rosier. *Diplolepis rosœ.* Oliv.

D. niger; abdomine ferrugineo posticè nigro; pedibus ferrugineis.

Diplolepis rosœ. Oliv. Dict. n° 1. Latr. Hist. nat. des Crust., etc. 13. p. 207.

Diplolepis. Geoff. 2. p. 310. n° 2.

Cinips rosœ. Linn. Fab. p. 100.

Habite en Europe, dans le bédegar du rosier sauvage.

5. Diplolèpe du lierre terrestre. *Diplolepis glechomœ.*

D. ater, glaber, nitidus; antennis pedibusque rubellis.

Cinips glechomœ. Linn. Fab. p. 101. Oliv.

Diplolepis glechomœ. Latr. Hist. nat. des Crust. etc. 13. p. 207.

Cinips. Geoff. 2. p. 303. n° 20.

Habite en Europe, dans la galle ronde du lierre terrestre.

6. Diplolèpe longicorne. *Diplolepis bedegaris fungosi.*

D. fusco ferrugineus; oculis nigris; antennis longitudine corporis.

Diplolepis. Geoff. 2. p. 311. n° 3.

Diplolepis bedegaris. Oliv. Dict. n° 2.

Habite aux environs de Paris. Sa larve vit dans la galle fongueuse et lisse du rosier.

7. Diplolèpe figite. *Diplolepis figites.*

D. ater, nitidus; thoracis dorso lineis longitudinalibus impressis; alis albis; tibiis tarsisque fusco-rufis.
Figites scutellaris. Latr. Gen. Crust et Ins. vol. 1. t. 12. f. 4—5. et vol. 4. p. 19.
Habite la France, etc.

8. Diplolèpe ibalie. *Diplolepis ibalia.*

D. ater; abdomine compresso cultriformi ferrugineo; pedibus nigris.
Ophion cultellator. Fab. Panz. fasc. 72. t. 6.
Ibalia cultellator. Latr. Gen. Crust. et Ins. 4. p. 17.
Habite la France méridionale.

LES ÉRUCAIRES.

Abdomen tout-à-fait sessile, tenant au corselet par toute sa largeur. Larves connues pédifères.

Les *érucaires* constituent pour moi une famille particulière, circonscrite par le caractère que je viens d'énoncer. Ce sont en effet les seuls hyménoptères connus dont les larves observées soient *pedifères.* Comme beaucoup de ces larves offrent une sorte de ressemblance avec les chenilles, ou larves de lépidoptères, j'ai donné le nom d'*érucaires* aux insectes de cette famille. Ces insectes sont phytiphages, ont l'abdomen sessile, et la tarrière composée de trois ou quatre pièces, dont la moyenne ou les deux intérieures sont dentelées. Ils sont en quelque sorte des porte-scies.

Dans notre distribution des ordres des insectes, distinguant les suceurs des broyeurs, les hyménoptères commencent nécessairement la division de ces derniers, et viennent après les lépidoptères, qui terminent celle des suceurs. D'après l'ordre de cette distribution, j'aurais dû commencer les hyménoptères par la famille des *érucaires*, qui semblent offrir une transition des lépidoptères aux autres hyménoptères. Pour cela, il fallait que la section des hyménoptères à tarrière fût la première, et que ceux à aiguillon formassent la seconde. Cette inversion aurait été beaucoup plus conforme à l'ordre de la nature. Voici la distribution des *érucaires* ou fausses chenilles.

DIVISION DES ÉRUCAIRES.

§. *Tarrière de trois pièces : les deux latérales servant de fourreau à la troisième, qui est interne, filiforme, soit saillante avec son fourreau, soit roulée en spirale avec lui, et cachée sous l'abdomen dans une coulisse. Larves connues n'ayant que six pattes.* [Érucaires urocérates.]

Urocère.

Orysse.

§§. *Tarrière de quatre pièces, dont deux externes servent de fourreau, et deux internes sont dentelées en scie.* [Les érucaires tenthrédines.]

* Labre non saillant. Il est très petit ou nul. Larves connues n'ayant que six pattes.

(1) Tarrière saillante. Tête portée sur un cou alongé.

Xiphidrie.

(2) Tarrière non saillante. Point de cou alongé portant la tête.

Pamphilie.

** Labre saillant. Larves connues ayant dix-huit à vingt-deux pattes.

(1) Antennes de neuf articles ou davantage.

Tenthrède.

(2) Antennes ayant moins de neuf articles.

(a) Antennes de cinq à sept articles, terminées en bouton ou en massue ovoïde.

Clavellaire.

(b) Antennes de trois articles, dont le dernier est fort long.

Hylotome.

UROCÈRE. (Sirex.)

Antennes filiformes ou sétacées, de treize à vingt-cinq articles. Les palpes labiaux plus longs que les maxillaires, épaissis vers leur sommet: Mandibules cornées, épaisses à leur base, subdentées, à dent terminale plus longue.

Corps cylindrique. Abdomen sessile, alongé, subcylindrique, terminé dans les femelles par une pointe avancée, comme une corne, et qui recouvre la tarrière. Celle-ci sétacée, renfermée entre deux valves.

Antennæ filiformes aut setaceæ; articulis tredecim ad viginti-quinque. Palpi labiales maxillaribus longiores, versùs apicem incrassati. Mandibulæ corneæ, ad basim incrassatæ, subdentatæ: dente terminali longiore.

Corpus cylindricum. Abdomen sessile, elongatum, subcylindricum, in feminis mucrone porrecto corniformi terminatum. Terebra setiformis, valvulis duabus inclusa, exserta, sub abdominis mucrone recepta.

Observations. Les *urocères* constituent un genre établi par Geoffroy et admis depuis par les entomologistes, quoique plusieurs en aient changé le nom.

Ces insectes sont les plus grands de la famille. Ils ne sont pas sans rapports avec les ichneumons, quoique aucun d'eux ne soit carnassier; mais ils en ont de bien plus grands avec les tenthrèdes, dont ils diffèrent cependant par la composition de leur tarrière, et sa saillie hors de l'abdomen.

La tarrière des *urocères*, quoique en partie cachée sous la gouttière de la corne qui termine l'abdomen de ces insectes, consiste en un aiguillon sétiforme, un peu long, légèrement dentelé, et renfermé entre deux valves filiformes.

Les femelles enfoncent leur tarrière sous l'écorce des arbres, et y déposent leurs œufs. Les larves qui en éclosent n'ont que six pattes, au moins dans la seule espèce où elles furent observées. Elles s'y nourrissent en rongeant et perçant le bois.

ESPÈCES.

1. Urocère géant. *Sirex gigas.*

S. abdomine basi apiceque flavo ; corpore nigro.
Sirex gigas. Linn. Fab. *fem. Urocerus gigas.* Latr. Gen., etc. 3. p. 243.
Urocerus. Geoff. 2. p. 265. pl. 14. f. 3.
Panz. fasc. 52. tab. 20.
Sirex mariscus. Fab. Piez. p. 51. *mas.* ex. D. Latr.
Habite en Europe. Commun dans les bois de sapins, etc.

2. Urocère spectre. *Sirex spectrum.*

S. niger; maculá testaceá ponè singulos oculos ; pedibus flavescentibus.
Sirex spectrum. Linn. Fab. Piez. p. 50.
Panz. fasc. 52. tab. 16. *Urocerus spectrum.* Latr.
Habite en Europe.

3. Urocère bleu. *Sirex juvencus.*

S. cœruleus ; pedibus testaceis ; abdominis maris parte mediá rubrá.
Sirex juvencus. Linn. Fab. *Urocerus juvencus.* Latr.
Sirex. Panz. fasc. 52. t. 17. *fem.* et t. 21. *mas.*
Habite la Suède, l'Allemagne, et dans le Jura.

4. Urocère cornes-brunes. *Sirex fuscicornis.*

S. fuscus, fulvo-maculatus ; abdomine nigro fasciis flavis annulato ; antennis nigris.

Sirex fuscicornis. Fab. Piez. p. 49.

Urocerus fuscicornis. Latr. *Tremex* ejusd.

Habite l'Allemagne, le midi de la France. Les antennes n'ont que treize à seize articles.

ORYSSE. (Oryssus.)

Antennes filiformes, de dix ou onze articles, insérées près de la bouche. Quatre palpes inégaux, les maxillaires plus longs. Mandibules cornées, entières. Lèvre inférieure arrondie.

Abdomen sessile, mutique à son extrémité dans les deux sexes. Tarrière longue, filiforme, cachée et roulée en spirale dans l'intérieur de l'abdomen. Ailes couchées.

Antennæ filiformes, decim vel undecim articulatæ, propè os insertæ. Palpi quatuor; maxillaribus longioribus. Mandibulæ corneæ, integræ. Labium rotundatum.

Abdomen sessile, in utroque sexu muticum. Feminarum terebra longa filiformis in abdomine abscondita, et spiraliter convoluta. Alæ incumbentes.

Observations. Les *orysses* sont bien distingués des urocères, parce que l'abdomen des femelles n'est point mucroné à son extrmité, et que la tarrière est ca chée dans son intérieur, étant trop longue pour s'y renfermer sans courbure. Lorsqu'elle entre en action, elle sort du ventre en dessous, s'élance entre deux valves situées sous le dernier segment de l'abdomen, traverse la coulisse qu'elles forment, et va s'enfoncer dans les fentes ou les crevasses des arbres pour y déposer les œufs.

ESPÈCES.

1. Orysse couronné. *Oryssus coronatus.*

O. niger; capitis facie anticà lineolis duabus albis ; abdomine rufo, basi apiceque infero nigris. Latr.
Oryssus coronatus. Fab. Latr. Encycl. p. 561. Panz. fasc. 52. t. 19.
Coqueb. Ill. ic. dec. 1. tab. 5. f. 7.
Habite en Europe, dans les bois.

2. Orysse unicolor. *Oryssus unicolor.* Latr.

O. niger; capite thorace abdomineque immaculatis. Latr. Encycl. p. 561.
Habite aux environs de Paris.

XIPHIDRIE. (Xiphidria.)

Antennes sétacées, quelquefois grossissant vers le bout, multiarticulées. Mandibules plus ou moins saillantes.

Tête portée sur un cou alongé. Corps alongé, subcylindrique ou linéaire. La tarrière des femelles saillante.

Antennæ setaceæ, versùs apicem interdùm incrassatæ, multi articulatæ. Mandibulæ plus minusve exsertæ.

Caput collo elongato elevatum. Corpus elongato-cylindricum aut lineare ; feminarum oviductu exserto.

Observations. Les *xyphidries* semblent avoisiner les urocères, à cause de leur corps alongé, terminé postérieurement par une pointe dans les femelles, leur tarrière étant saillante. En général, un cou alongé supporte leur tête, ce qui les rend remarquables. Peut-être que leurs larves n'ont que six pattes ; mais il paraît qu'elles ne sont pas connues.

ESPÈCES.

1. Xiphidrie chameau. *Xiphidria camelus.* Latr.

X. abdomine atro; lateribus albo-maculatis; thorace lævi.
Sirex camelus. Linn. Fab. Panz. fasc. p. 52. t. 18.
Xiphidria camelus. Fab. Piez. p. 52.
Habite en Europe.

2. Xiphidrie dromadaire. *Xiphidria dromedarius.*

X. abdomine atro medio rufo; puncto utrinque albo; tibiis basi albis.
Xiphidria dromedarius. Latr. Fab. Piez. p. 53.
Panz. fasc. 85. t. 10. *Urocerus.*
Habite en Europe.

PAMPHILIE. (Pamphilius.)

Antennes sétacées, simples dans les deux sexes, à articles nombreux. Quatre palpes : les maxillaires plus longs, à six articles. Mandibules alongées, étroites, aiguës, arquées, ayant une dent au côté interne. Lèvre inférieure trifide.

Tête grande. Abdomen sessile, déprimé, tarrière non saillante. Larves à six pattes.

Antennæ setaceæ, in utroque sexu simplices ; articulis numerosis. Palpi quatuor : maxillaribus longioribus, sex articulatis. Mandibulæ elongatæ, angustæ, peracutæ, arcuatæ, interno latere unidentatæ. Labium trifidum.

Caput magnum. Abdomen sessile, depressum. Terebra non exserta. Larvæ pedibus sex.

Observations. Les *pamphilies,* que Latreille range parmi ses tenthrédines, parce que apparemment la tarrière des femelles est de quatre pièces, ont leurs larves à six pattes onguiculées, celles membraneuses manquant entièrement. Cette considération montre que le nombre de pattes, dans les larves, ne peut servir à distinguer les urocérates des tenthrédines.

On distingue les pamphilies des xiphidries, particulièrement parce que les premières n'ont point un cou alongé, et que la tarrière de leurs femelles n'est point saillante.

Les pamphilies ressemblent assez aux tenthrèdes; leur corps néanmoins est un peu plus court et plus large. Leurs larves sont terminées postérieurement par deux espèces de cornes.

ESPÈCES.

1. Pamphilie tête rouge. *Pamphilius erythrocephalus*. Latr.

P. antennis setaceis; corpore cæruleo, capite rubro.
Tenthredo erythrocephala. Linn. Fab.
Panz. fasc. 7. tab. 9.
Latr. Encycl. n° 1.
Habite le nord de l'Europe, sur le pin sauvage.

2. Pamphilie du bouleau. *Pamphilius betulæ*. Latr.

P. ruber; thorace ano oculisque nigris; alis posticè fuscis.
Tenthredo betulæ. Linn. Fab.
Cephalcia. Panz. fasc. 87. t. 18.
Lyda betulæ. Fab. Piez. p. 44.
Habite en Europe, sur le bouleau.

3. Pamphilie des prés. *Pamphilius pratensis*. Latr.

P. capite thoraceque nigro flavoque variis, abdomine nigro; margine ferrugineo.
Tenthredo pratensis. Fab. *Lyda pratensis*. ejusd. Piez. p. 45.
Pamphilius pratensis. Latr. Encycl.
Habite en Allemagne.

4. Pamphilie des forêts. *Pamphilius sylvaticus*. Latr.

P. ater; antennis flavidis; capitis maculis, scutello pedibusque flavis.
Tenthredo sylvatica. Linn. Fab. Panz. fasc. 65. t. 10.
Pamphilius sylvaticus. Latr. Encycl. n° 19.
Habite en Europe, dans les bois.
Etc.

TENTHRÈDE. (Tenthredo.)

Antennes filiformes ou sétacées, quelquefois pectinées, de neuf à quatorze articles. Lèvre supérieure saillante, palpes inégaux : les maxillaires plus longs. Mandibules cornées, saillantes, pointues, souvent dentées au côté interne. Lèvre inférieure trifide au sommet.

Corps oblong, subcylindrique. Abdomen sessile. Tarrière cachée sous l'abdomen, composée de deux lames dentelées, enfermées entre deux valves. Larve en forme de chenille, ayant six pattes onguiculées, et douze à seize pattes membraneuses.

Antennæ filiformes aut setaceæ, interdùm pectinatæ, articulis novem ad quatuordecim. Labrum exsertum. Palpi inæquales : maxillaribus longioribus. Mandibulæ corneæ, exsertæ, acutæ, latere interno sæpè dentatæ. Labium apice trifidum.

Corpus oblongum, in multis cylindraceum. Abdomen sessile. Terebra bilamellata, denticulata, valvulis duabus vaginata, sub abdomine abscondita. Larva erucæformis, multipeda : pedibus sex unguiculatis, et duodecim ad sexdecim membranaceis.

Observations. On a donné aux *tenthrèdes* le nom français de *mouches à scie*, à cause de la forme singulière de la tarrière de ces insectes. Elle est retirée et cachée dans l'inaction; mais on peut la voir sortir en pressant le ventre de l'animal, et regardant dessous. Avec cette tarrière à lames dentelées, les tenthrèdes font des entailles, soit dans les feuilles, soit dans les tiges des plantes, et c'est dans ces entailles qu'elles déposent leurs œufs.

Les insectes de ce genre sont nombreux en espèces. Ils ont le vol lourd, et leurs ailes souvent semblent chiffonnées. On a donné à leurs larves le nom de *fausses chenilles*, parcequ'elles leur ressemblent par leurs pattes nombreuses.

Elles en ont dix-huit à vingt-deux; mais les chenilles n'en ont jamais plus de seize. *Panzer* a figuré un grand nombre de ces insectes.

ESPÈCES.

[*Antennes simples dans les deux sexes.*]

1. Tenthrède rustique. *Tenthredo rustica.*

T. nigra ; abdomine cingulis tribus flavis ; posticis duobus interruptis.
Tenthredo rustica. Linn. Fab. Latr.
Panz. fasc. 64. t. 10.
Habite en Europe.

2. Tenthrède à trois bandes. *Tenthredo tricincta.*

T. nigra ; abdominis segmento primo, quarto, quinto, anoque flavis.
Tenthredo tricincta. Latr. Fab. Piez. p. 30.
Geoff. 2. p. 276. n° 11. tab. 14. f. 5.
Habite en Europe. Commune aux environs de Paris.

3. Tenthrède de la scrophulaire. *Tenthredo scrophulariæ.*

T. abdomine cingulis quinque flavis; primo remoto.
Tenthredo scrophulariæ. Linn. Fab. Latr.
Geoff. 2. p. 277. n° 13.
Panz. fasc. 100. t. 10. *mas.*
Habite en Europe, sur la scrophulaire.

4. Tenthrède parée. *Tenthredo togata.*

T. nigra; abdomine cylindrico ; segmento primo macula, quintoque toto rufis.
Tenthredo togata. Fab. Piez. p. 32.
Panz. fasc. 82. t. 12.
Habite en Allemagne.

5. Tenthrède livide. *Tenthredo livida.*

T. nigra ; antennis ante apicem albis; abdomine apice pedibusque ferrugineis.
Tenthredo livida. Linn. Fab. Geoff. n° 22.
Panz. fasc. 52. tab. 6.
Habite en Europe, dans les jardins.

6. Tenthrède du marceau. *Tenthredo capreæ.*

T. flava; capite thorace abdomineque suprà nigris; alis puncto flavo.
Tenthredo capreæ. Linn. Fab. Geoff. n° 20.
Panz. fasc. 65. tab. 8.
Habite en Europe, sur les saules.
Etc.

[*Antennes pinnées ou pectinées selon les sexes.*]

7. Tenthrède céphalote. *Tenthredo cephalotes.*

T. atra; antennis pectinatis; abdomine cingulis quatuor flavis.
Tenthredo cephalotes. Fab. p. 111. Panz. fasc. 62. t. 7—8.
Coqueb. Ill. ic. dec. 1. tab. 3. f. 8.
Megalodontes cephalotes. Latr. *Tarpa.* Fab. Piez.
Habite en Allemagne.

8. Tenthrède du pin. *Tenthredo pini.*

T. nigra; antennis pennatis lanceolatis; thorace subvilloso.
Tenthredo pini. Linn. *Tenthredo.* Geoff. 2. p. 286. n° 33
Hylotoma pini. Fab. Piez. p. 22.
Pteronus. Panz. fasc. 87. t. 17.
Lophyrus pini. Latr.
Habite en Europe.

9. Tenthrède dorsale. *Tenthredo dorsata.*

T. albida; antennis subpectinatis; capite, thoracis abdominisque dorso nigris.
Tenthredo dorsata. Fab. Panz. fasc. 62. t. 9.
Hylotoma dorsata. Fab. Piez. p. 21.
Lophyrus dorsatus. Latr.
Habite en Allemagne.

10. Tenthrède difforme. *Tenthredo difformis.*

T. atra; antennis semipectinatis; femoribus anticis tibiisque omnibus albis.
Tenthredo difformis. Panz. fasc. 62. t. 10.
Lophyrus difformis. Latr.
Habite dans la Suisse.

CLAVELLAIRE. (Cimbex.)

Antennes en massue, composées de cinq à sept articles. Lèvre supérieure saillante. Palpes filiformes. Mandibules cornées, fortes, pointues au sommet, dentées au côté interne.

Corps gros, alongé. Abdomen sessile. Tarrière des tenthrèdes. Larves à vingt-deux pattes.

Antennæ clavatæ; articulis quinque ad septem. Labrum exsertum. Palpi filiformes. Mandibulæ corneæ, validæ, apice acutæ, latere interno dentatæ.

Corpus crassum. Abdomen sessile. Terebra tenthredinum, non exserta. Larva pedibus viginti-duo.

Observations. Les *clavellaires* seraient de grosses tenthrèdes, et ne devraient pas être séparées de ce genre, si leurs antennes n'offraient un caractère distinctif remarquable. Aussi Linné et la plupart des entomologistes les avaient rangées parmi les tenthrèdes. Mais les antennes de ces insectes n'ayant pas plus de sept articles et se terminant en massue, fournissent un caractère suffisant pour considérer ces tenthrédines comme un genre particulier.

Ces insectes ont le corps gros, volent lourdement et ressemblent à de grosses abeilles. Ce sont les frélons de Geoffroy.

Les larves des clavellaires ont vingt-deux pattes : six écailleuses, et seize membraneuses. Ces larves ont sur les côtés quelques ouvertures particulières par lesquelles elles seringuent une liqueur lorsqu'on les touche.

ESPÈCES.

1. Clavellaire fémorale. *Cimbex femorata.*

C. nigra; antennis luteis; femoribus posticis maximis.
Tenthredo femorata. Linn. Fab.
Cimbex femorata. Latr. Oliv. Dict. n° 1. Fab. Piez. p. 15.
Crabro. Geoff. 2. p. 263. n° 3. pl. 14. f. 4.
Habite en Europe, sur les saules.

2. **Clavellaire jaune.** *Cimbex lutea.*

C. antennis luteis ; abdominis segmentis plerisque flavis.
Tenthredo lutea. Linn.
Cimbex lutea. Latr. Oliv. nº 3. Fab. Piez. p. 16.
Habite en Europe, sur le saule, l'aulne, etc.

3. **Clavellaire à épaulettes.** *Cimbex axillaris.*

C. pubescens ; antennis luteis; thorace nigro, ad latera flavo-maculato ; abdominis segmentis flavis, intermediis nigris.
Tenthredo axillaris. Panz. fasc. 84. t. 11.
Cimbex axillaris. Latr. *Crabro.* Geoff. 2. p. 262. n. 1.
Habite en Europe.

4. **Clavellaire marginée.** *Cimbex marginata.*

C. antennis apice lutescentibus ; corpore nigro ; abdominis segmentis posticis margine albis.
Tenthredo marginata. Linn. Panz. fasc. 17. t. 14.
Cimbex marginata. Latr. Fab. Piez. p. 17.
Habite en Europe.

5. **Clavellaire luisante.** *Cimbex sericea.*

C. thorace atro, abdomine viridi-æneo nitente.
Tenthredo sericea. Panz. fasc. 17. t. 16—17.
Cimbex sericea. Latr. Fab. Piez. p. 18.
Habite en Europe, sur le bouleau.
Etc.

HYLOTOME. (Hylotoma.)

Antennes filiformes, s'épaississant un peu vers leur sommet, à trois articles, dont le dernier est fort long, quelquefois fourchu. Lèvre supérieure saillante, échancrée. Mandibules non dentées.

Port des tenthrèdes. Larve ayant 18 à 20 pattes.

Antennæ filiformes, versùs apicem subincrassatæ, triarticulatæ : articulo ultimo longissimo, interdum furcato. Labrum exsertum, emarginatum. Mandibulæ edentulæ.

Habitus tenthredinum. Larva pedibus 18 *ad* 20.

Observations. Les *hylotomes* se confondraient aisément avec les tenthrèdes, si l'on négligeait la singulière particularité de leurs antennes, savoir : de n'offrir que trois articles distincts, dont les deux premiers sont très courts, et le troisième fort long. Dans les mâles, ces antennes sont ciliées, quelquefois fourchues.

ESPÈCE.

1. Hylotome du rosier. *Hylotoma rosæ.*

H. nigra; abdomine flavo; alarum anticarum costâ nigrâ.
Tenthredo rosæ. Linn. Fab. Geoff. 2. p. 274. n° 4.
Panz. fasc. 49. tab. 15.
Hylotoma rosæ. Latr. Fab. Piez. p. 25.
Habite en Europe, sur les rosiers.

2. Hylotome sans nœuds. *Hylotoma enodis.*

H. atro-cœrulescens; alis apice vix coloratis.
Tenthredo enodis. Linn. Fab.
Panz. fasc. 49. tab. 13.
Hylotoma enodis. Latr. Fab. Piez. p. 23.
Habite en Europe, sur le saule.

3. Hylotome brûlé *Hylotoma ustulata.*

H. corpore nigro ; abdomine cœrulescente; tibiis pallidis.
Tenthredo ustulata. Linn. Fab.
Panz. fasc. 49. t. 12.
Hylotoma ustulata. Latr. Fab. Piez.
Habite en Europe.

4. Hylotome fourchu. *Hylotoma furcata.*

H. nigra; abdomine rufo; antennis masculorum furcatis.
Tenthredo furcata. Linn. Fab.
Coqueb. Ill. Ic. dec. 1. tab. 3. f. 4. Panz. fasc. 46. t. 1.
Hylotoma furcata. Latr. Fab. Piez. p. 22.
Habite en France.
Etc.

ORDRE SIXIÈME.

LES NÉVROPTÈRES.

Bouche munie de mandibules, de mâchoires et de lèvres. Quatre ailes nues, membraneuses, réticulées. Abdomen alongé, dépourvu d'aiguillon et de tarière. Larve hexapode.

Nous avons vu, dans les *hyménoptères*, des insectes en partie *rongeurs* et en partie suceurs, c'est-à-dire, munis de mandibules, et cependant possédant encore une espèce de suçoir composé de plusieurs lames allongées, subtubuleuses, sur le point de se changer, par raccourcissement, en véritables mâchoires et en lèvre inférieure. Maintenant nous allons voir, dans les *névroptères*, des insectes tous dépourvus de suçoir, dans l'état parfait, mais ayant des mâchoires et des mandibules plus ou moins fortes, plus ou moins apparentes, suivant les familles, et dont toutes les espèces sont carnassières et dévorent les petits insectes.

Les névroptères ont quatre ailes nues, membraneuses, transparentes, souvent colorées ou marquées de taches colorées, plus ou moins opaques, et chargées de nervures qui forment une espèce de réseau. Ces ailes sont étendues, et plus ou moins égales en grandeur, selon les genres et les espèces.

La bouche de ces insectes est armée de deux fortes mandibules et de deux machoires très aiguës dans les libellules, qui font la guerre aux autres insectes ; mais ces parties sont très petites et presque imperceptibles dans les éphémères, qui ne prennent aucune nourriture, et qui ne passent à leur dernier état que pour s'accoupler, se reproduire, et périr bientôt après. Ainsi, partout où nous observons que des organes sont peu employés, nous les voyons sans développemens, ou n'en ayant toujours que de proportionels à leur usage.

Grandes ou petites, selon leur emploi, les parties de la bouche, dans les névroptères, n'offrent plus de suçoir, mais des organes propres à broyer ou déchirer; en sorte que ceux de ces insectes qui, dans l'état parfait, prennent encore des alimens, ne sont plus bornés à des liquides, mais rongent, déchire et broyent des matières solides.

La tête des névroptères est pourvue de deux antennes diversement conformées selon les genres : elles sont très courtes est subulées dans les libellules et les éphémères, assez longues et sétacées dans les friganes, filiformes et terminées en massue ou par un bouton dans l'ascalaphe, etc.

Outre les deux grands yeux à facettes, on voit encore sur le vertex trois petits yeux lissee disposés en triangle.

L'abdomen des névroptères est alongé, quelquefois même d'une longueur extraordinaire, comme dans les libellules : il est composé de huit ou neuf anneaux distincts. Il n'est armé, ni d'un aiguillon, ni d'une tarrière propre à déposer les œufs, comme dans les hyménoptères; mais il est terminé par deux ou trois soies en forme de queue dans les éphémères, et par des espèces de crochets dans les mâles des libellules et des myrméléons.

Enfin, ici aucune larve n'est apode; toutes ont six pattes dans leur partie antérieure, et dorénavant, c'est-à-dire, dans les orthoptères et les coléoptères, ce sera la même chose.

La métamorphose offre des diversités remarquables dans les névroptères : elle prouve ici, comme nous l'avons déjà vu ailleurs, que la considération qu'elle fournit ne peut être prise que généralement, comme pour limiter la classe, mais qu'on ne saurait l'employer pour instituer et caractériser les ordres; car elle forcerait de dilacérer les plus naturels.

Ce sont les considérations générales de la bouche qui doivent, avant tout autre caractère, être employées à cet usage, puisque, dans aucun ordre, le caractère qu'elles fournissent ne souffre d'exception. Qu'importe qu'à raison de son usage, la langue des lépidoptères soit tantôt longue, tantôt courte; c'est toujours une langue de deux pièces, roulée en spirale dans l'inaction. Il en est de même dans tous les ordres; les diversités que présentent les parties de la bouche dans les familles et les genres d'un même ordre, ne contrarient jamais le caractère général que fournit la bouche dans la détermination de cet ordre.

Si quelque entomologiste voulait contester la prééminence que j'attache au caractère de la bouche sur celui de la métamorphose, qu'il explique pourquoi, dans un ordre aussi naturel que celui des névroptères, la nymphe de la libellule marche et mange, tandis que celle des myrméléons, dont l'insecte parfait ressemble tant à une libellule, se trouve enfermée dans une coque, et y reste immobile, sans manger? pourquoi, dans la famille même des hémérobins, l'on voit des nymphes actives, d'autres qui ne le sont nullement? pourquoi, dans les diptères, la nymphe des cousins est différente de la chrysalide des mouches? etc.

Je le répète, quoique des différences dans la métamorphose puissent nous offrir des caractères utiles dans la détermination des genres, et quelquefois dans celle des familles, leur considération est d'une valeur très inférieure à celle de la forme générale de la bouche.

Si, pour caractériser les ordres des insectes, l'on voulait donner aux organes du mouvement une prééminence sur les parties de la bouche, on rencontrerait les mêmes inconvéniens que ceux qui naissent des caractères de la métamorphose, et l'on s'exposerait aussi à dilacérer des ordres très-naturels.

En effet, dans les insectes, où les organes du mouvement sont les pattes et les ailes, on sait que dans une grande partie des hyménoptères les larves sont apodes, tandis que dans une autre partie elles sont pédifères : il faudrait donc rejeter dans un autre ordre les *tenthrédines* et les *urocérates*.

Relativement aux ailes, on en attribue aux hémiptères deux cachées sous des élytres qui en sont distinctes. Si le caractères des hémiptères ne consistait que dans celui que je viens de citer, comment rapporter à cet ordre la plupart des cigales; comment surtout y rapporter les *aphidiens*, qui ont quatre ailes tout-à-fait membraneuses, transparentes et servant au vol: bien plus encore, comment placer dans ce même ordre les *gallinsectes*, dont les femelles sont constamment aptères, et dont les mâles n'ont que deux ailes ? C'est donc le caractère de la bouche qui, partout, décide l'ordre, puisqu'il est toujours le même.

Les organes du mouvement sont si sujets à varier dans les insectes du même ordre, comme les pattes dans les chenilles, et les ailes dans différens ordres [puisqu'il n'en est aucun qui n'offre des insectes ailés et des aptères constants], que la considération de ces organes ne peut être utile, dans la détermination de l'ordre, que comme caractère auxiliaire, surtout lorsque deux ordres présentent, dans la bouche des insectes qu'ils comprennent, trop peu de dissemblance. Ainsi, le caractère des ailes est devenu utile pour aider à distinguer les coléoptères des orthoptères. Mais la nature des parties de la bouche ne varie jamais dans aucun des ordres.

Geoffroy confondait les névroptères avec les hyménoptères, et formait, avec ces insectes, un ordre qu'il intitulait *tétraptères à ailes nues* : voilà l'inconvénient de ne considérer qu'un caractère particulier. La bouche des hyménoptères est très différente ; et leur abdomen muni, dans les femelles, soit d'une tarrière, soit d'un aiguillon, les distingue essentiellement. Linné est le premier qui ait formé l'ordre des névroptères ; mais il ne l'a caractérisé qu'obscurément, parcequ'il ne donnait aucune attention au caractère de la bouche, et que, n'en trouvant point de suffisant dans les ailes, il ne l'a séparé des hyménoptères que comme manquant de l'aiguillon. Aussi a-t-il placé cet ordre entre les hyménoptères et les lépidoptères, quoique les rapports naturels ne puissent permettre un pareil rapprochement, les lépidoptères ne ressemblant aux névroptères, ni par les parties de la bouche, ni par la métamorphose.

Fabricius, dans son ordre intitulé *synistrata* [vol. 3. p. 63], associe les névroptères avec la forbicine et la podure, c'est-à-dire, avec des animaux qui ne se métamorphosent point, et qui conséquemment ne sont point des insectes.

La plupart des névroptères vivent dans l'eau, et n'en sortent que dans l'état d'insecte parfait. Les autres vivent dans les champs et dans les bois, habitant sur les arbres pour faire la guerre aux pucerons, ou se cachant dans le sable pour tendre des piéges aux fourmis ou autres petits animaux incapables d'y échapper. Enfin, il y en a qui vivent à couvert dans des galeries qu'ils se sont creusées, soit dans la terre, soit dans l'intérieur des bois. Le plus grand nombre vit de proie; néanmoins il s'en trouve qui ne se nourrissent que de matière végétale.

Ceux qui vivent dans l'eau ont des organes qui res

semblent à des branchies externes, mais qui ne sont que des trachées saillantes.

Quoique les névroptères soient bien moins nombreux que les hyménoptères, les caractères des diverses races sont si variés, si irréguliers, et enjambent tellement les uns sur les autres, qu'il est assez difficile de démêler en quelque sorte leurs familles particulières, et de les circonscrire en groupes détachés par des caractères bien éminents.

Effectivement, dans l'insecte parfait, aucun caractère extérieur ne distingue les névroptères dont les larves vivent dans l'eau, de ceux dont les larves habitent hors des eaux. On en trouve dans l'un et l'autre cas qui appartiennent à la même famille, et il en est ainsi à l'égard des névroptères dont les nymphes sont inactives et de ceux qui ont des nymphes agissantes.

Néanmoins, en donnant beaucoup d'attention aux rapports les mieux constatés, nous avons, en général, suivi Latreille, et partagé cet ordre de la manière suivante.

DIVISION DES NÉVROPTÈRES.

I.re Section. — *Antennes beaucoup plus longues que la tête, de seize articles ou davantage.*

(1) Ailes inférieures plissées ou doublées longitudinalement.

Les friganides.

(2) Ailes inférieures non plissées ni doublées longitudinalement.

* Tête non prolongée antérieurement en un museau rostriforme.

(a) Antennes filiformes, non épaissies vers le sommet, ni terminées en bouton.

(+) Deux ou trois articles aux tarses.

Les termitines.

(++) Quatre ou cinq articles aux tarses.

Les hémérobins.

(b) Antennes s'épaississant en massue vers le sommet, ou terminées en bouton. Six palpes.

Les myrméléonides.

** Tête prolongée antérieurement en museau rostriforme.

Les panorpates.

II.e SECTION. — *Antennes de la longueur de la tête au plus, de trois à sept articles.*

(1) Deux ou trois filets terminant l'abdomen; tarses à quatre articles; les mandibules non apparentes.

Les éphémères.

(2) Point de filets terminant l'abdomen; tarses à trois articles, mandibules grandes et fortes.

Les libellulines.

LES FRIGANIDES.

Les antennes longues et sétacées. Les ailes inférieures plissées longitudinalement.

Les *friganides* dont il s'agit ici, embrassent les perliaires et les friganides de Latreille. Elles offrent des névroptères dont les larves sont aquatiques et vivent dans des fourreaux déplaçables.

Les insectes parfaits de cette famille ressemblent presqu'à des phalènes à ailes alongées. Leurs antennes sont longues, sétacées, à articles nombreux, ce qui force de les écarter des éphémères qui, sous d'autres rapports, semblent réellement s'en rapprocher. Néamoins leurs ailes couchées, soit horizontalement, soit en toit, ont cela de particulier que les inférieures, plus larges que les supérieures, sont doublées ou plissées longitudinalement.

Les larves de ces insectes se construisent des fourreaux cylindriques et de toutes pièces, à la manière des teignes, et les transportent avec elles dans leurs déplacemens.

Je partage les *friganides* en trois genres, que je divise de la manière suivavte.

[1] Mandibules nulles ou imperceptibles. Cinq articles aux tarses.

Frigane.

[2] Mandibules très apparentes. Trois articles aux tarses.

Némoure.
Perle.

FRIGANE. (Phyganea.)

Antennes longues, sétacées, multiarticulées. Mandibules nulles ou imperceptibles. Mâchoires soudées à la lèvre inférieure. Quatre palpes : les maxillaires fort longs. Ailes grandes, velues, en toît : les inférieures plissées.

Abdomen nu. Larves aquatiques, vivant dans des fourreaux. Nymphes inactives. [Cinq articles aux tarses.]

Antennæ longæ, setaceæ, multiarticulatæ. Mandibulæ nullæ aut inconspicuæ. Palpi quatuor: maxillaribus prœlongis.

Alœ magnœ, villoso-hispidœ, deflexœ : inferis latioribus plicatis. Abdomen nudum [ecaudatum]. Larvœ aquaticœ, in vaginis cylindricis habitantes. Pupa quiescens. [Tarsi articulis quinque.]

Observations. Les *friganes* sont intéressantes à connaître, sur-tout dans leur état de larve, parce qu'elles habitent alors dans des fourreaux à la manière des teignes; ce qui les a fait nommer *teignes aquatiques* par Réaumur. Ces fourreaux sont faits de différentes matières, telles que des débris de végétaux, de petites coquilles, de grains de sable, que les larves qui les habitent lient et agglutinent ensemble, sous la forme d'un petit cylindre irrégulier et raboteux à l'extérieur; et elles les traînent partout avec elles sans difficulté.

Les larves des friganes mangent les feuilles des plantes aquatiques, et quelquefois aussi elles dévorent les larves des libellules et des tipules.

La tête des friganes est petite, munie de deux gros yeux saillants, et d'antennes longues, sétacées.

Leurs ailes sont longues, couchées, inclinées en toît, ayant l'extrémité postérieure un peu relevée. Elles sont plus ou moins chargées de poils fins, très courts; ce qui a fait donner à ces insectes, par Réaumur, le nom de *mouches papilionacées*.

Toutes les friganes vivent dans l'eau, tant qu'elles sont sous la forme de larve. On les trouve dans les ruisseaux, les étangs, les marais. Lorsqu'elles sont parvenues à l'état d'insecte parfait, elles ne volent guères que le soir, après le coucher du soleil. On les prend alors facilement pour des phalènes. Les petites espèces volent le soir, par troupes nombreuses, au-dessus des eaux.

ESPÈCES.

1. Frigane réticulée. *Phryganea reticulata.*

Ph. nigra; alis subferrugineis atro-reticulatis.
Phryganea reticulata. Linn. Fab. p. 75.
Panz. fasc. 71. f. 5.
Habite en Europe, aux lieux aquatiques.

2. Frigane grande. *Phryganea grandis.*

Ph. alis fusco-testaceis, cinereo-maculatis. Linn.
Phryganea grandis. Linn. Fab. p. 76. Oliv. Dict. nº 10

Panz. fasc. 94. f. 18.
Habite en Europe. Commune.

3. Frigane striée. *Phryganea striata.*

Ph. alis testaceis, nervoso-striatis. Linn.
Phryganea striata. Linn. Fab. p. 75. Oliv. Dict. n° 3.
Phryganea. Geoff. 2. p. 246. pl. 13. f. 5.
Habite en Europe, aux lieux aquatiques.

4. Frigane rhombifère. *Phryganea rhombica.*

Ph. alis griseis; maculâ laterali rhombicâ albâ.
Phryganea rhombica. Linn. Fab. Oliv. Dict. n° 14.
Phryganea. Geoff. 2. p. 246. n° 2.
Roes. Ins. 2. cl. 2. tab. 16. f. 1—7.
Etc.

NÉMOURE. (Nemoura.)

Antennes sétacées, un peu plus longues que le corps. Lèvre supérieure presque demi-circulaire, très apparente. Mandibules cornées, larges, dentées. Palpes filiformes.

Tête un peu épaisse, subverticale. Point de soies articulées et caudiformes à l'anus. Tarses à trois articles.

Antennæ setaceæ, corpore paulò longiores. Labrum subsemi-circulare, valdè conspicuum. Mandibulæ corneæ, latæ, dentatæ. Palpi filiformes.

Caput crassiusculum, subverticale. Anus setis caudalibus articulatis nullis. Tarsi articulis tribus.

Observations. Les *némoures* forment un genre établi par Latreille. Elles ne tiennent aux friganes que par le défaut de soies caudales à l'extrémité de l'abdomen. Geoffroy les a confondues parmi ses perles, et Fabricius parmi ses *semblis;* mais leur labre très apparent et l'absence de filets à la queue les en distinguent éminemment. Olivier en cite cinq espèces dans l'Encyclopédie.

ESPÈCES.

1. Némoure nébuleuse. *Nemoura nebulosa.*

N. pubescens, nigra; pedibus fuscis; alis cinereis. Oliv.
Semblis nebulosa. Fab. p. 74.
Perla. Geoff. p. 232. n° 3.
Habite en Europe, aux lieux aquatiques. Le mâle seulement a deux crochets courts à l'anus, et non deux soies articulées.

2. Némoure cendrée. *Nemoura cinerea.* Oliv.

N. nigra; pedibus lividis; alis fusco-cinereis.
Phryganea nebulosa. Linn.
Nemoura cinerea. Oliv. Dict. n° 2.
Habite en Europe, aux lieux humides.
Etc.

PERLE. (Perla.)

Antennes longues, sétacées. Lèvre supérieure transverse, très courte, peu apparente. Mandibules presque membraneuses, demi-apparentes. Palpes subsétacés.

Tête aplatie, horizontale. Abdomen un peu court. Ailes grandes, horizontales. Deux longs filets à l'anus.

Antennæ longæ, setaceæ. Labrum transversum, brevissimum, vix conspicuum. Mandibulæ submembranaceæ, semi-hyalinæ. Palpi subsetacei.

Caput depressum, horizontale. Abdomen breviusculum, planulatum. Alæ magnæ, horizontales. Anus setis duabus, longis, caudalibus. Tarsi articulis tribus.

Observations. Le genre *perle*, établi par Geoffroy, était confondu par Linné parmi ses friganes. Il avoisine davantage les némoures, sur-tout d'après la considération du nombre d'article des tarses; mais, parmi les friganides, il est le seul qui rappelle les éphémères, à cause des deux longues soies caudales qui s'observent à l'extrémité de l'abdomen, dans les espèces qu'il embrasse.

Les ailes de la perle sont grandes, transparentes, chargées de nervures qui forment un réseau lâche. Elles sont couchées horizontalement, et les inférieures sont plissées ou en partie doublées dans leur longueur.

La larve de la perle vit dans l'eau, et habite un fourreau formé comme celui des autres friganides.

ESPÈCES.

1. Perle bordée. *Perla marginata.*

P. caudâ bisetâ fuscâ; capitis maculis, abdominis margine flavescentibus; alis immaculatis. Fab.
Semblis marginata. Fab. p. 73.
Panz. fasc. 71. f. 3.
Habite en Allemagne.

2. Perle brune. *Perla bicaudata.*

P. caudâ bisetâ; setis longitudine corporis.
Phryganea bicaudata. Linn. *Semblis bicaudata.* Fab. p. 73.
Panz. fasc. 71. f. 4.
Perla fusca. Geoff. 2. p. 231. n° 1. pl. 13. f. 2.
Habite en Europe. Commune au printemps, au bord des rivières.

3. Perle verdâtre. *Perla virescens.*

P. bicaudata, virescens; antennis apice nigris.
Semblis viridis. Fab. p. 74.
Perla. Geoff. 2. p. 232. n° 4.
Habite en Europe. Commune aux environs de Paris. Elle est fort petite.
Etc.

LES TERMITINES.

Deux ou trois articles aux tarses : Les ailes inférieures non plissées. Les antennes filiformes ou submoniliformes, à environ dix-huit articles.

Les *termitines* paraissent tenir un peu aux fourmis par l'aspect et même par les habitudes. Ce sont néanmoins de véritables névroptères, qui se rapprochent des hémérobins par leurs rapports, et qui constituent une petite famille particulière.

Ils n'ont que deux ou trois articles aux tarses, et parmi eux on ne trouve ni larves, ni nymphes aquatiques.

Tous les insectes de cette famille sont destructeurs, et causent des dégats plus ou moins considérables, selon leurs espèces. Les uns vivent en société, et les autres solitairement. On n'y rapporte que les deux genres qui suivent.

TERMITE. (Termes.)

Antennes filiformes, submoniliformes, un peu courtes, insérées devant les yeux. Lèvre supérieure saillante, avancée au-dessus des mandibules, un peu voûtée. Mandibules cornées, dentées, saillantes. Quatre palpes filiformes. Lèvre inférieure quadrifide au sommet.

Tête courte, arrondie postérieurement. Corselet orbiculaire ou presque carré. Ailes fort longues, horizontales, caduques. Abdomen un peu court, sans soies caudales au bout. Tarses à trois articles.

Insectes vivant en sociétés composées de trois sortes d'individus.

Antennæ filiformes, submoniliformes, breviusculæ, antè oculos insertæ. Labrum exsertum, suprà mandibulas productum, subfornicatum. Mandibulæ corneæ, dentatæ, exsertæ. Palpi quatuor filiformes. Labium apice quadrifidum.

Caput breve, posticè rotundatum. Thorax orbicularis aut subquadratus. Alæ prælongæ, horizontales, deciduæ. Abdomen breviusculum : setis caudalibus nullis. Tarsi articulis tribus.

Insecta societates ineuntia ; individuum tribus generibus.

Observations. Les *termites* ont été placés parmi les insectes aptères par Linné, parce que la plupart se montrent presque toujours sans ailes. En effet, dans les espèces et les individus qui doivent en avoir, les ailes tombent facilement, soit lorsqu'à l'approche de quelque danger, l'insecte s'agite pour fuir par la course, soit lorsque l'insecte fait lui-même tomber ses ailes avec ses pattes pour en être moins embarrassé. Ce genre néanmoins doit être rapporté à l'ordre des névroptères, dans lequel, en effet, plusieurs entomologistes l'ont placé, et ce qui est confirmé par ses rapports avec les psocs.

Ces insectes, et sur-tout leurs larves, sont voraces, et destructeurs des bois, des meubles, des vêtements, des livres, et des collections d'histoire naturelle. Dans les pays étrangers, certaines espèces font en peu de temps de si grands ravages, qu'elles occasionnent des pertes énormes. On les y connaît sous le nom de *fourmis blanches*.

C'est presque toujours à couvert que les *termites* travaillent. Ils construisent leur habitation, les uns dans la terre, les autres dans les troncs des arbres même les plus élevés, ou dans les vieux bois, les autres encore dans des nids monstrueux qu'ils élèvent sur la terre, à cinq ou six pieds de hauteur.

L'espèce la plus remarquable de ce genre est celle qui fait ces nids monstrueux ; c'est le *termes fatale* de Linné, espèce des Indes et de l'Afrique, dont M. *Smeathman*, voyageur anglais, nous a donné l'histoire et la description.

ESPECES.

1. Termite des Indes. *Termes fatale.*

T. supra fuscum; thorace segmentis tribus; alis pallidis; costâ testaceâ. Fab.

Termes fatale. Linn. Fab. p. 87.

Termes destructor. Degeer, Ins. 7. p. 50. tab. 37. f. 1—3.

Termes arda. Forsk. descript. anim. p. 96. tab. 25. *fig.* A.

Habite les Indes orientales, l'Afrique, l'Amérique. Il est une calamité pour ceux qui sont voisins de son habitation.

2. **Termite destructeur.** *Termes destructor.*

T. supra testaceum; capite atro; antennis flavis. F.
Termes destructor. Fab. p. 89.
Termes arboreum. Acta. anglic. 71. 1. 145. tab. 10. f. 7—9.
Habite dans les îles de l'Amérique méridionale. Nichant dans les arbres.

3. **Termite lucifuge.** *Termes lucifugum.* Latr.

T. nigrum, nitidum, pubescens; alis fucescenti-hyalinis; tibiis tarsisque fusco-flavescentibus.
Termes lucifugum. Lat. Hist. nat. des Crust. et des Ins. 13. p. 69. et Gen. Crust. et Ins. 3. p. 206.
Ross. Faun. etr. Mant. 2. tab. 5. *fig.* K.
Habite en Italie, à Bordeaux, dans les troncs d'arbres.

4. **Termite morio.** *Termes morio.* F.

T. atrum; ore pedibusque testaceis; alis nigris. F.
Termes morio. Fab. p. 90. Latr. Hist. Nat. des Crust., etc. 13. p. 69.
Habite à Cayenne.

5. **Termite du Cap.** *Termes capensis.* Latr.

T. suprà fuscum, infra rufescens; alis subcinereis, pallidis, semi-hyalinis.
Termes capensis. Latr. Hist. nat. des Crust. etc. 13. p. 68.
Degeer, Ins. 7. pl. 38. f. 1—2.
Habite au Cap de Bonne-Espérance, au Sénégal.

6. **Termite flavicolle.** *Termes flavicolle.* F.

T. obscurè piceum; thorace pedibusque flavis.
Termes flavicolle. Fab. p. 91. Latr. Hist. nat. p. 70.
Habite en Barbarie, en Provence.
Etc.

PSOC. (Psocus.)

Antennes sétacées, alongées, insérées devant les yeux. Lèvre supérieure membraneuse, presque carrée. Mandibules cornées, larges, échancrées, bidentées. Deux palpes maxillaires quadriarticulés. Mâchoire comme doubles; l'une interne, cornée, linéaire, crénelée au sommet, le plus souvent saillante; l'autre externe, membraneuse, engaînant l'intérieure. Lévre inférieure membraneuse, large, ayant une écaille double de chaque côté.

Corps court, ovale-gibbeux. Tête grande, inclinée. Corselet bossu. Ailes grandes, transparentes, nerveuses, en toît. Deux articles aux tarses dans la plupart.

Antennæ setaceæ, elongatæ, antè oculos insertæ. Labrum membranaceum, subquadratum. Mandibulæ corneæ, latæ, emarginato-bidentatæ. Palpi duo maxillares, quadriarticulati. Maxillæ subgemellæ : alia interna, cornea, linearis, apice crenata, sæpius exserta; altera externa, membranacea, internam vaginans. Labium membranaceum, latum, lateribus squamâ duplici utrinque suffultum.

Caput breve, ovato-gibbum. Caput magnum, deflexum. Thorax gibbus. Alæ magnæ, hyalinæ, nervosæ, deflexæ. Tarsi articulis duobus, in plurimis.

Observations. Les *psocs* parfaitement caractérisés par les observations de Latreille, et dont M. *Coquebert* a donné d'excellentes figures, avec de bons détails, composent un genre qui a beaucoup de rapports avec les termites, et qui comprend des espèces que l'on plaçait parmi les hémerobes. Mais la nymphe des psocs est agissante, tandis que celle des hémérobes est inactive et enfermée dans une coque.

Ces insectes ont le corps court, la tête grosse, les yeux saillants, et leurs petits yeux lisses sont disposés en triangle. Leur corselet est partagé en deux segments, dont le second est grand et bombé. Ils ont l'abdomen ovale-oblong; les sont ailes fort grandes, particulièrement les supérieures.

La pièce extérieure des mâchoires me paraît devoir être considérée comme une *galette* qui fait l'office de gaîne.

Les psocs courent et sautent; ils dévorent, comme les termites, les productions animales et végétales conservées, les herbiers, les livres, etc. On les trouve sur les arbres, les murs et dans les maisons. On en connaît plusieurs espèces aux environs de Paris.

ESPÈCES.

1. Psoc biponctué. *Psocus bipunctatus.*

P. flavo fuscoque varius; alis punctis duobus nigris. F.
Hemerobius bipunctatus. Linn.
Psocus bipunctatus. Latr. Gen. Crust. et Ins. 3. p. 208.
Fab. suppl. p. 204. Coqueb. Illust. Ic. dec. 1. tab. 2. f. 3.
Psylle, n° 7. Geoff. 1. p. 488.
Psocus bipunctatus. Panz. fasc. 94. f. 21.
Habite en Europe, sur les arbres, les murs, etc.

2. Psoc à quatre points. *Psocus quadripunctatus.*

P. alis albis; basi punctis quatuor atris, apice fusco-radiatis. F.
Psocus quadripunctatus. Fab. suppl. p. 204.
Panz. fasc. 94. f. 22. Coqueb. Ill. Ic. dec. 1. pl. 2. f. 9.
Habite en Europe.

3. Psoc longicorne. *Psocus longicornis.*

P. niger; ore pedibusque pallidis; antennis longioribus fuscis. F.
Psocus longicornis. Fab. suppl. p. 203. Panz. fasc. 94. f. 19.
Habite en Allemagne.

4. Psoc à bandes. *Psocus fasciatus.*

P. alis albis; fasciis tribus atomisque numerosis nigris. F.
Psocus fasciatus. Fab. suppl. p. 203. Panz. fasc. 94. f. 20.
Habite en Allemagne.

5. Psoc pédiculaire. *Psocus pedicularius.* Latr.

P. fuscus; abdomine pallido; alis anticis sublimmaculatis. Latr.
Psocus pedicularius. Latr. Coqueb. Ill. Ic. dec. 1. Pl. 2. f. 1.
An psocus abdominalis? Fab. n° 9. p. 204?
Habite en Europe, dans les maisons.

6. Psoc pulsateur. *Psocus pulsatorius.*

P. apterus; ore rubro; oculis luteis. F.

Psocus pulsatorius. Fab. p. 204. Coqueb. Ill. Ic. dec. 1. t. 2. f. 14.

Termes pulsatorium. Linn.

Le pou du bois. Geoff. 2. p. 602.

Habite en Europe. Commun dans les maisons, parmi les papiers, les herbiers, etc. Il ressemble à une mitte qui court avec célérité. Les tarses a trois articles.

Etc.

LES HÉMÉROBINS.

Quatre ou cinq articles aux tarses. Les antennes filiformes ou sétacées. Métamorphose variable.

Sous le nom d'*hémérobins*, je forme une coupe ou même une famille que je crois assez naturelle, d'après les rapports qui se montrent entre les races qu'elle comprend, quoique ces races offrent, dans leurs habitudes et dans leurs métamorphoses, d'assez grandes diversités; et je réunis les hémérobins, les mégaloptères et les raphidines de Latreille.

Parmi mes hémérobins, les uns, en effet, vivent hors de l'eau, tandis que les autres ont leurs larves et leurs nymphes aquatiques; et parmi eux encore, l'on trouve des nymphes inactive, est des nymphes agissantes.

Cependant, si l'on en excepte la mantipse et la raphidie, presque tous ces insectes ont été rapportés au genre de l'*hémerobe* par la plupart des entomologistes. Quoi qu'ils y tiennent par différens rapports, ils sont néanmoins très distincts des hémerobes, et Latreille a eu raison de les en séparer.

Au reste, cette famille, plus nombreuse en genres qu'en espèces connues, me paraît devoir être divisée de la manière suivante.

DIVISION DES HÉMÉROBINS.

* *Segment antérieur du corselet très grand ; ormant sa principale partie.*

(1) Quatre articles aux tarses.

Raphidie.

(2) Cinq articles aux tarses.

(a) Pattes antérieures avancées, chélifères et ravisseuses.

Mantipse.

(b) Pattes semblables, les antérieures non ravisseuses.

(+) Ailes en toit.

Sialis.

(++) Ailes horizontales.

✠ Antennes simples.

Corydâle.

✠✠ Antennes pectinées.

Chauliode.

** *Segment antérieur du corselet très court, ne formant qu'un rebord transverse.*

(a) Trois petits yeux lisses distincts.

Osmyle.

(b) Point de petits yeux lisses distincts.

Hémérobe.

RAPHIDIE. (Raphidia.)

Antennes filiformes, distantes, insérées entre les yeux, de la longueur du corselet. Lèvre supérieure saillante. Mandibules cornées, étroites, un peu saillantes, à pointe arquée. Palpes filiformes. Mâchoires courtes.

Corps alongé. Tête ovale, inclinée. Corselet cylindrique, à segment antérieur alongé en forme de cou. Ailes égales, réticulées, disposées en toit. Anus des mâles muni de deux crochets forts; celui des femelles terminé par une soie longue, un peu arquée. Quatre articles aux tarses. Nymphe active.

Antennœ filiformes, distantes, inter oculos insertœ, thoracis longitudine. Labrum exsertum. Mandibulœ corneœ, angustœ, exsertiusculœ, acumine arcuato. Palpi filiformes. Maxillœ breves.

Corpus elongatum. Caput ovale, inflexum. Thorax cylindricus : segmento antico elongato colliformi. Alœ œquales, reticulatœ, deflexœ. Anus in masculis validè biunguiculatus ; in feminis setâ longâ subarcuatâ terminatus. Tarsi articulis quatuor. Pupa currens.

Observations. Les *raphidies* sont les seuls insectes de cette famille qui aient quatre articles aux tarses. La partie antérieure de leur corselet étant alongée comme un cou, les rend d'ailleurs assez remarquables. Elles ont trois petits yeux lisses; et leurs ailes diaphanes, réticulées, sont disposées en toit. La larve de ces insectes ressemble à un petit serpent. On ne connaît encore que l'espèce suivante; on la croit carnassière.

ESPÈCE.

1. Raphidie serpentine. *Raphidia ophiopsis.*

Raphidia ophiopsis. Linn. Fab. p. 99.
Degeer, Ins. 2. p. 742. pl. 25. f. 4. Geoff. Ins. 2. p. 233.
Panz. fasc. 50. f. 11.
Habite en Europe, sur les arbres.

MANTISPE. (Mantispa.)

Antennes filiformes, grenues, à peine plus longues que la tête. Les yeux saillans.

Partie antérieure du corselet alongée, cylindrique, en massue, portant antérieurement les pattes de devant. Celles-ci avancées, ravisseuses, chélifères. Ailes en toît, réticulées. Nymphe active.

Antennæ filiformes, submoniliformes, capite vix longiores. Oculi prominuli.

Thoracis pars anterior elongata, cylindrico-clavata, pedes anticos extremitate fulsiens. Hi porrecti, chelati, raptatorii. Alæ reticulatæ, deflexæ. Pupa agilis.

Observations. Les insectes de ce genre sont très singuliers par leurs pattes antérieures avancées, et qui se terminent chacune en une pince à deux ongles inégaux, dont le plus grand se replie sur l'autre. La première espèce que l'on connut fut d'abord prise pour une raphidie, à cause de l'alongement singulier de son corselet; mais ensuite on en fit une mante. Elle en a effectivement l'aspect, malgré sa petite taille.

On en connaît maintenant plusieurs espèces : ce sont réellement des névroptères qui avoisinent les raphidies par leurs rapport; leurs ailes ne sont point plissées comme celles des orthoptères.

ESPÈCES.

1. Mantispe villageoise. *Mantispa pagana.* Latr.

M. rufescenti-flavescens; thorace scabriusculo; alis costâ flavescente.

Raphidia mantispa. Linn. Scop carn. n° 712.

Mantis pagana. Fab. Panz. fasc. 50. f. 9.

Habite en France, en Allemagne, etc.

2. Mantispe verdâtre. *Mantispa minuta.*

M. thorace elongato tereliusculo; alis hyalinis; costâ virescente.

Mantis minuta. Fab. p. 24. Act. soc. Linn. 6. p. 32.

Stoll. mant. tab. 2. f. 7.

Habite l'Amérique méridionale.

3. Mantispe frêle. *Mantispa pusilla.*

M. thorace teretiusculo lœvi; alis hyalinis; anticis costâ flavidulâ.
Mantis pusilla. Pall. Spicil. zool. fasc. 9. t. 1. f. 9.
Stoll. mant. t. 1. f. 3. Fab. p. 25. Act. Soc. Linn. n° 41.
Habite le Cap de Bonne-Espérance.

4. Mantispe naine. *Mantispa nana.*

M. thorace teretiusculo, elongato; alis hyalinis fusco-venosis, abdomine longioribus.
Mantis nana. Act. Soc. Linn. n° 42.
Stoll. mant. t. 4. f. 15.
Habite la côte de Coromandel.

SIALIS. (Sialis.)

Antennes sétacées, simples, à articles cylindriques. Mandibules petites, cornées. Palpes filiformes, les maxillaires plus longs. Petits yeux lisses nuls.

Ailes en toît. Le pénultième article des tarses bilobé. Larve aquatique. Nymphe inactive, dans une coque.

Antennæ setaceæ, simplices; articulis cylindricis. Mandibulæ parvæ, corneæ. Palpi filiformes : maxillaribus longioribus. Ocelli nulli.

Alæ deflexæ. Tarsi articulo penultimo bilobo. Larva aquatica. Pupa quiescens, folliculata.

Observations. Par ses habitudes et sa métamorphose, le *sialis* semble étranger aux hémérobins; cependant il tient tellement aux hémérobes mêmes, par ses rapports, qu'avant Latreille on ne l'en avait pas distingué. Mais c'est un insecte aquatique, et le segment antérieur de son corselet est plus grand que le second.

ESPÈCE.

1. Sialis noir. *Sialis niger.*

Latr. Hist. nat. des Crust., etc. 13. p. 44.

Hemerobius lutarius. Linn. *Semblis lutaria.* Fab. p. 74.
Hémérobe aquatique. Geoff. 2. p. 255.
Habite en Europe, aux lieux aquatiques.

CORYDALE. (Corydalis.)

Antennes sétacées, simples, à articles cylindriques trèscourts. Mandibules très grandes, avancées, ressemblant à des cornes.

Tête plus large que le corselet. Ailes couchées horizontalement.

Antennæ setaceæ, simplices; articulis cylindricis brevissimis. Mandibulæ maximæ, porrectæ, cornua referentes.

Caput thorace multò latius. Alæ horizontales.

Observations. La *corydale* semble avoir des rapports avec la raphidie, quoique ses tarses soient à cinq articles, et Linné l'a effectivement rapportée à ce genre. Depuis, cependant, presque tous les entomologistes en firent une hémérobe.

ESPÈCE.

1. Corydale cornue. *Corydalis cornuta.* Lat.

Raphidia cornuta. Linn.
Hemerobius cornutus. Linn. Fab. p. 81. Oliv. Encyclop. n° 1.
Degeer. Ins. 3. p. 559. pl. 27. f. 1.
Habite la Pensylvanie, la Caroline. Sa taille est un peu grande.

CHAULIODE. (Chauliodes.)

Antennes pectinées, un peu plus longues que le corselet. Mandibules courtes, dentées à leur partie interne. Lespalpes maxillaires un peu plus longs que les labiaux.

Tête de la largeur du corselet. Ailes couchées horizontalement.

Antennæ pectinatæ, thorace paulò longiores. Mandibulæ breves, intùs dentatæ. Palpi maxillares labialibus paulò longioribus.

Caput thoracis latitudine. Alæ horizontaliter incumbentes.

Observations. La *chauliode* n'a point les mandibules avancées et très saillantes, comme la corydale, et elle diffère des autres hémérobins par ses antennes pectinées. Cet insecte exotique fut encore confondu parmi les hémérobes. Il a trois petits yeux lisses sur la tête.

ESPÈCE.

1. Chauliode pectinicorne. *Chauliodes pectinicornis.* Latr.

Hemerobius pectinicornis. Linn. Oliv. Encycl. n° 2

Hemerobius. Degeer, Ins. 3. p. 562. pl. 27. f. 3.

Semblis pectinicornis. Fab. p. 72.

Habite l'Amérique septentrionale. Elle est un peu moins grande que la corydale.

OSMYLE. (Osmylus.)

Antennes moniliformes, un peu plus courtes que le corps. Lèvre supérieure saillante. Mandibules cornées, voûtées. Lèvre inférieure transverse, un peu échancrée au milieu. Trois petits yeux lisses, frontaux, disposés en triangle.

Segment antérieur du corselet plus étroit et plus court que le postérieur.

Antennæ moniliformes, corpore paulò breviores. Labrum exsertum. Mandibulæ corneæ, fornicatæ. Labium transversum, medio subemarginatum. Ocelli tres, frontales, in triangulum dispositi.

Thorax segmento antico postico angustiore et breviore.

Observations. L'*osmyle* étant un insecte aquatique, muni de petits yeux lisses, et à antennes grenues, méritait d'être séparé des hémérobes, comme l'a fait Latreille.

ESPÈCE.

1. Osmyle tacheté. *Osmylus maculatus.* Latr.

Hemerobius maculatus. Fab. p. 83. Oliv. Encycl. nº 9. Roes. Ins. 3. tab. 21. f. 3.

Habite en France, en Allemagne, aux lieux aquatiques. Il a les ailes blanches, tachetées de noir, surtout les supérieures.

HÉMÉROBE. (Hemerobius.)

Antennes sétacées, un peu longues, à articles très nombreux, peu distincts. Lèvre supérieure un peu saillante. Mandibules cornées, arquées, petites. Quatre palpes inégaux. Petits yeux lisses nuls ou indistincts.

Tête inclinée. Les yeux saillans. Le corps alongé. L'abdomen arqué, nu. Ailes grandes, réticulées, en toît. Larve bicorne. Nymphe inactive, dans une coque.

Antennæ setaceæ, longiusculæ; articulis numerosissimis, parùm distinctis. Labrum subexsertum. Mandibulæ corneæ, arcuatæ, parvulæ. Palpi quatuor inæquales. Ocelli nulli distincti.

Caput inflexum : oculis prominulis. Corpus oblongum; abdomine arcuato nudo. Alæ magnæ, reticulatæ, deflexæ. Larva bicornis. Pupa folliculata, quiescens.

Observations. Les *hémérobes* ont des rapports évidents avec les termitines et les myrméléonides. Elles ont les ailes grandes, proportionnellement à leur corps, nues, et chargées de nervures qui forment un joli réseau. Ces ailes, surtout dans une espèce, sont transparentes, minces et très délicates.

Les larves des hémérobes intéressent par leurs habitudes. Elles ont le corps ovale, alongé, muni de six pattes; la tête petite, armée en devant de deux mandibules en forme de cornes, ou de pince, qui se joignent et se croisent. Elles paraissent creuses, percées au bout, et servent à l'insecte pour saisir et sucer sa proie. Ces larves dévorent les pucerons, et en détruisent une si considérable quantité que Réaumur les a nommées *lions des pucerons.* Elles ont, comme les araignées, leur filière placée près de l'anus.

Les œufs des hémérobes sont singuliers : ils sont blancs, soutenus chacun par un fil long, mince comme un cheveu. On les rencontre, ainsi disposés et ramassés, sur diverses plantes.

Les hémérobes ne sont point des insectes aquatiques; on les rencontre fréquemment dans les jardins; elles volent lourdement et sont faciles à saisir. Quelques espèces répandent une mauvaise odeur lorsqu'on les prend.

ESPÈCES.

1. Hémérobe perle. *Hemerobius perla.*

H. luteo-viridis; alis hyalinis; vasis viridibus. L.
Hemerobius perla. Linn. Fab. p. 82. Oliv. Dict. n° 5.
Panz. fasc. 87. f. 13.
Geoff. 2. p. 253. n° 1. pl. 13. f. 6. Lion des pucerons.
Habite en Europe, dans les jardins, les bois. Ses yeux sont dorés et brillans.

2. Hémérobe œil-d'or. *Hemerobius chrysops.*

H. viridi nigroque varius; alis hyalinis; venis viridibus, lineolis nigris reticulatis. Linn.
Hemerobius chrysops. Linn. Fab. p. 82. Geoff. n° 2.
Degeer. Ins. 2. p. 708. pl. 22. f. 1.
Habite en Europe, dans les bois.

3. Hémérobe blanche. *Hemerobius albus.*

H. albus; alis hyalinis; oculis æneis. L.
Hemerobius albus. Linn. Fab. p. 82.
Panz. fasc. 87. f. 14.
Habite en Europe.

4. Hémérobe phalénoïde. *Hemerobius phalænoides.*

H. testaceus ; alis basi mucronatis, posticè excisis.
Hemerobius phalænoides. Linn. Fab. p. 83.
Panz. fasc. 87. f. 15.
Habite en Europe, dans les bois.
Etc.

LES MYRMÉLÉONIDES.

Antennes s'épaississant en massue vers leur sommet, ou terminées en bouton. Six palpes.

Les *myrméléonides*, ou fourmillons, étant les seuls névroptères qui aient six palpes, et les antennes en massue ou terminées en bouton, sont très facile à distinguer des autres. Ces insectes ne sont nullement aquatiques ; leurs larves mêmes n'habitent que les lieux secs et en général sablonneux. Ils ont leur nymphe inactive et dans une coque, au moins quant à ceux dont la nymphe est connue.

Dans l'état parfait, les myrméléonides sont d'assez beaux insectes ; les uns, à ailes grandes et fort longues, ressemblent à des libellules ; et les autres, par leurs antennes terminées en bouton et leur corps velu, ont, en quelque sorte, l'aspect des papillons. Les premiers intéressent fort dans l'état de larve, à cause des habitudes particulières de cette dernière. Mais les larves des seconds ne paraissent pas encore être connues.

Les myrméléonides constituent un belle famille bien tranchée par ses caractères, et dans laquelle il paraît qu'il y a aussi beaucoup de particularités curieuses à découvrir relativement aux espèces et à leurs habitudes. Les ailes de ces insectes, quoique transparentes, sont souvent ornées de petites taches colorées remarquables. On ne distingue encore que deux genres dans cette famille.

MYRMÉLEON. (Myrmeleon.)

Antennes grossissant insensiblement vers leur sommet, arquées, à peine plus longues que le corselet. Six palpes inégaux ; les labiaux plus longs.

Abdomen très long, linéaire, terminé par deux crochets dans les mâles. Ailes grandes, alongées, inégales, à nervures réticulées. Larve bicorne. Nymphe inactive dans une coque.

Antennæ gradatìm versùs apicem crassiores, arcuatæ, thorace vix longiores. Palpi sex inæquales; labialibus longioribus.

Abdomen lineare, longissimum, in masculis apice biappendiculatum. Alæ maximæ, elongatæ, inæquales, hyalinæ, nervis reticulatæ. Larva bicornis. Pupa quiescens, folliculata.

Observations. Les *myrméléons* ressemblent aux libellules par leur aspect, et tiennent aux hémérobes par leurs rapports. Mais leurs six palpes et leurs antennes courtes, presque en massue, les distinguent éminemment des hémérobes. Les caractères de leurs antennes, de leurs palpes, de leur larve, et de leur métamorphose, ne permettent pas de les confondre avec les libellulines.

Ces insectes ne sont point agiles, volent peu, ou ne volent qu'à de médiocres distances. Leurs larves connues ne marchent que lentement et à reculons. Elles sont carnassières, munies de six pattes, ont le ventre gros et la tête petite ; mais cette tête est armée de deux cornes mandibulaires, disposées en pince, qui servent à saisir la proie et à la sucer.

On connaît les jolis entonnoirs de sable que forment ces larves, et au fond desquels elles se tiennent, pour attraper les insectes qui s'y laissent tomber. Ce sont, le plus souvent, des fourmis qu'elles saisissent, ce qui leur a fait donner le nom de *fourmilions*.

ESPÈCES.

1. **Myrméléon fourmilion.** ***Myrmeleon formicarium.***

M. alis fusco-nebulosis ; maculâ posticâ marginali albâ. Linn.
Myrmeleon formicarium. Linn. Fab. p. 93. Oliv. Dict n° 11.
Latr. Hist. nat. des Crust., etc. 13. p. 30. pl. 98. f. 3.
Le fourmilion. Geoff. 2. p. 258. pl. 14. f. 1.
Panz. fasc. 95. f. 11.
Habite en Europe, aux lieux sablonneux, abrités.

2. Myrméléon de Pise. *Myrmeleon pisanum.*

M. villosum; alis griseis immaculatis; nervis nigro-punctatis; thorace rubro cinereo, lineâ nigrâ duplici.
Myrmeleon pisanum. Rossi. Faun. etr. 2. p. 14. t. 9. f. 8.
Panz. fasc. 59. f. 4. Latr. Gen. Crust., etc. 3. p. 192.
Myrmeleon occitanicum. Oliv. Dict. n° 5.
Habite au midi de la France, en Italie, en Barbarie.

3. Myrméléon libelluloïde. *Myrmeleon libelluloides.*

M. alis griseis, fusco-maculatis; corpore nigro flavoque maculato. L.
Myrmeleon libelluloides. Linn. Fab. p. 92. Oliv. Dict. n° 1.
Latr. Gen. Crust., etc. 3. p. 191.
Degeer, Ins. 3. p. 565. pl. 27. f. 9.
Habite le Cap de Bonne-Espérance, l'Italie, le midi de la France, etc.
Etc.

ASCALAPHE. (Ascalaphus.)

Antennes longues, droites, filiformes, brusquement terminées par un bouton un peu comprimé. Six palpes courts, un peu inégaux, filiformes.

La tête et le corps velus. Abdomen oblong, terminé par deux crochets dans les mâles. Ailes nues, transparentes, réticulées.

Antennæ longæ, rectæ, filiformes, capitulo subcompresso abruptè terminatæ. Palpi sex breves, subinæquales, filiformes.

Caput corpusque hirsuta. Abdomen oblongum, in masculis apice biappendiculatum. Alæ nudæ, hyalinæ, nervis reticulatæ.

Observations. Très voisins des myrméléons par leurs rapports, les *ascalaphes* en sont bien distingués par leur aspect, leurs longues antennnes, leur corps velu, ovale-oblong. Comme ils volent avec facilité, et que la plupart ont des taches colorées sur leurs ailes, ils ont une sorte de ressemblance avec les papillons. Ces insectes fréquentent les lieux secs et sabloneux. On n'a observé, ni leur larve, ni leur nymphe.

ESPÈCES.

1. Ascalaphe de Barbarie. *Ascalaphus Barbarus.*

A. alis reticulatis, flavescente-hyalinis; maculis duabus fuscis. F.
Myrmeleon barbarum. Linn.
Ascalaphus barbarus. Fab p. 95.
Latr. Gen. Crust., etc. 3. p. 194.
Habite la Barbarie, l'Italie, le midi de la France.

2. Ascalaphe longicorne. *Ascalaphus longicornis.*

A. niger, flavo-maculatus; alis aureo-flavis.
Myrmeleon longicorne. Linn.
Ascalaphus italicus. Oliv. Dict. nº 2.
Ascalaphus longicornis. Latr. Hist. nat. des Crust., etc. 3. p. 28.
Ascalaphus c. nigrum. Lat. Gen. etc. 3. p. 194.
Habite le midi de la France.

3. Ascalaphe italique. *Ascalaphus italicus.*

A. alis anticis hyalinis; macula duplici baseos flavâ; posticis flavis, basi atris.
Ascaphalus italicus. Fab. p. 95. Panz. fasc. 3. f. 23.
Latr. Hist. nat. des Crust., etc. 13. p. 27. pl. 97. *bis.* f. 3.
Habite l'Europe australe.
Etc.

LES PANORPATES. Latr.

Tête prolongée antérieurement en un museau rostriforme.

Les *panorpates* constituent une petite famille de névroptères carnassiers et terrestres, qui semblent avoisiner les myrméléonides, par leurs rapports, comme l'indiquent les némoptères, et qui sont remarquables par leur tête prolongée antérieurement en un museau rostriforme, au bout duquel ou sous l'extrémité duquel la bouche est située. Leurs ailes sont à-peu-près horizontales.

Ces insectes ont les antennes sétacées, multiarticulées, insérées entre les yeux. Leurs tarses sont à cinq articles. Celles de leurs nymphes que l'on connaît sont agissantes. Je les divise ainsi.

[1] Six palpes. Ailes très inégales.

Némoptère.

[2] Quatre palpes. Ailes égales ou à-peu-près.

Panorpe.
Bittaque.

NEMOPTÈRE. (Nemoptera.)

Antennes filiformes ou sétacées, non plus longues que le corps, à articles nombreux, très courts. Prolongement rostriforme de la tête conique, non plus long qu'elle, soutenant les parties de la bouche. Six palpes : les maxillaires plus courts que les labiaux. Petits yeux lisses non distincts.

Abdomen alongé, subcylindrique. Ailes étendues, très inégales ; les supérieures presque ovales, réticulées, ayant une côte sublatérale; les inférieures extrêmement longues, fort étroites, plus rétrécies encore vers leur base.

Antennæ filiformes vel setaceæ, corpore non longiores; articulis numerosis, brevissimis. Capitis processus rostriformis conicus, non illo longior, oris partes fulciens. Palpi sex, maxillares labialibus breviores. Ocelli nulli distincti.

Abdomen elongatum, subcylindricum. Alæ extensæ, valdè inæquales : superæ subovatæ, reticulatæ, costâ sublaterali; inferæ longissimæ, perangustæ, versùs basim paulò magis angustiores.

Observations. Quoique de la famille des panorpates, les *nméoptères* tiennent encore aux myrméléonides, puisqu'elles ont pareillement six palpes. Elles en sont néanmoins très distinguées par le museau conique de la partie antérieure de leur tête.

Les némoptères diffèrent singulièrement des autres panorpates, non seulement par leurs palpes, et leur défaut de petits yeux lisses, mais en outre par l'extrême inégalité de leurs ailes. Ce sont, en effet, des insectes fort singuliers, ayant les ailes inférieures extrêmement longues, linéaires, presque filiformes, et qui ne paraissent guères servir au vol. Latreille, qui a établi leur genre, a donc été très autorisé à les distinguer des panorpes. Il les a appelés némoptères, pour exprimer qu'ils ont des ailes filiformes.

Ces beaux insectes ont cinq articles aux tarses, et se trouvent dans l'Europe australe et dans le Levant. Ils volent assez mal, ne se transportent que lentement et à de petites distances, en agitant péniblement leurs ailes. Outre l'espèce qui était déjà connue, Olivier en a rapporté, de son voyage au Levant, de nouvelles fort curieuses.

ESPÈCES.

1. Némoptère de Cos. *Nemoptera Coa.* Latr.

N. alis flavescentibus; punctis numerosis maculisque plurimis nigris. Oliv.

Panorpa Coa. Linn. Fab. p. 98. Coqueb. Illustr. Ic. dec. 1. tab. 3. f. 3.

Nemoptera Coa. Latr. Hist. nat. des Crust. 13. p. 20. pl. 97 *bis.* f. 2.

Nemoptera Coa. Oliv. Dict. nº 1.

Habite les îles de l'Archipel, la Morée, l'Espagne.

2. Némoptère sinuée. *Nemoptera sinuata.* Oliv.

N. alis flavis; punctis fasciisque quatuor sinuatis nigris. Oliv.

Nemoptera sinuata. Oliv. Dict. nº 2.

Habite la Tr oade, dans la plaine où fut située l'ancienne ville de Troye.

3. Némoptère à balancier. *Nemoptera halterata.* Oliv.

N. alis hyalinis; lineâ costali flavescente. Oliv.

Panorpa halterata. Forsk. Descr. anim. p. 97. tab. 25. *fig.* E.

Nemoptera halterata. Oliv. Dict. nº 3.

Habite l'Egypte, aux environs d'Alexandrie.

4. Némoptère étendue. *Nemoptera extensa.* Oliv.

N. alis hyalinis, immaculatis; posticis biextensis, apice nigris. Oliv.

Panorpa halterata. Fab. suppl. p. 208.

Nemoptera extensa. Oliv. Dict. nº 4.

Habite près de Bagdad, dans le Levant.

5. Némoptère pâle. *Nemoptera pallida.* Oliv.

N. pallidè flava; alis hyalinis, immaculatis; posticis linearibus albis; fasciâ fuscâ. Oliv.

Nemoptera pallida. Oliv. nº 5.

Habite le désert, au Nord-Ouest de Bagdad.

6. Nemoptère blanche. *Nemoptera alba.* Oliv.

N. alba, immaculata; alis posticis setaceis. Oliv.

Nemoptera alba. Oliv. Dict. nº 6.

Habite à Bagdad. On la trouve le soir dans les maisons; elle est fort petite.

PANORPE. (Panorpa.)

Antennes filiformes-sétacées, à peine de la longueur du corps. Palpes filiformes, presque égaux. Museau prolongé en bec au-dessus du labre. Mandibules bidentées au sommet. Mâchoires fourchues. Trois petits yeux lisses.

Abdomen terminé, dans les mâles, en queue articulée, à extrémité plus grosse et en pince. Ailes égales, couchées horizontalement.

Antennæ filiformi-setaceæ, corporis longitudinem vix æquantes. Palpi filiformes, subæquales. Processus rostriformis suprà labrum productus. Mandibulæ apice bidentatæ. Maxillæ furcatæ. Ocelli tres.

Abdomen masculorum in caudam articulatam apice capituliformi chelatam terminatum. Alæ æquales, horizontaliter incumbentes.

Observations. Les *panorpes* sont remarquables en ce que l'abdomen des mâles a ses trois derniers segments imitant une queue articulée, presque semblable à celle d'un scorpion. Leurs ailes sont alongées, veinées en réseau, horizontales, à peu près égales, et plus longues que le corps. Leurs pattes sont peu alongées, et les tarses, qui ont cinq articles, sont terminés par deux crochets. On rencontre ces insectes dans les prairies, les lieux ombragés. Leurs larves sont inconnues.

ESPÈCES.

1. Panorpe commune. *Panorpa communis.*

P. alis hyalinis; venis maculisque transversis nigris. Oliv.
Panorpa communis. Linn. F. p. 97. Oliv. Dict. n° 1.
Panz. fasc. 50. f. 10. *mas.*
La mouche scorpion. Geoff. 2. p. 260. pl. 14. f. 2.
Habite en Europe, dans les haies, les bois.

2. Panorpe fasciée. *Panorpa fasciata.*

P. fusco-rufescens; alis hyalinis; punctis fasciisque fuscis. Oliv.
Panorpa fasciata. Fab. p. 98. Oliv. Dict. n° 3.
Habite la Caroline.

BITTAQUE. (Bittacus.)

Antennes capillaires, longues, à articles alongés, très menus. Mandibules étroites, très longues, pointues, non dentées. Trois petits yeux lisses.

Abdomen subcylindrique, à-peu-près semblable dans les deux sexes, non terminé dans le mâle par une queue articulée et recourbée. Ailes couchées horizontalement. Pattes très longues. Un seul crochet aux tarses.

Antennæ capillares, longæ : articulis elongatis tenuissimis. Mandibulæ angustæ, longissimæ, acutæ; dentibus nullis. Ocelli tres.

Abdomen cylindraceum, in utroque sexu subsimile, in mare caudâ articulatâ recurvâ non terminatum. Alæ horisontaliter incumbentes. Pedes prælongi. Tarsi ungue unico.

Observations. Les *bittaques* sont sans doute très voisins des panorpes par leurs rapports; mais, outre que leur bouche offre plusieurs particularités distinctives, les mâles n'ont point l'abdomen terminé en queue de scorpion, et les tarses sont terminés par un seul crochet.

ESPÈCE.

1. Bittaque tipulaire. *Bittacus tipularius.* Latr.

B. alis immaculatis; abdomine falcato; pedibus longissimis.
Panorpa tipularia. Fab. p. 98.
Bittacus tipularius. Latr. Hist. nat. des Crust., etc. 13. p. 20.
Vill. Entom. 3. tab. 7. f. 11.
Habite le midi de la France.

Nota. Latreille regarde le *panorpa scorpio* de Fabricus comme une autre espèce de ce genre, malgré l'observation du célèbre entomologiste de Kiel, sur la queue du mâle.

DEUXIÈME SECTION.

Antennes de trois à sept articles. — Larves aquatiques ; nymphes agissantes.

On rapporte à cette section les névroptères dont les antennes sont courtes, subulées, et n'ont que trois à sept articles. Ce sont des insectes aquatiques, dont les larves, en général, ont, sur les côtés de l'abdomen, des houppes de filets tubuleux et respiratoires, qui ressemblent à des branchies. Ces larves sont carnassières.

[1] Deux ou trois filets à l'abdomen. Point de mandibules apparentes.

Les éphémères.

[2] Point de filets à l'abdomen. Mandibules grandes et très apparentes.

Les libellulines.

EPHEMÈRE. (Ephemera.)

Antennes menues, plus courtes que la tête, triarticulées. Bouche fort petite, membraneuse, à parties peu distinctes. Point de mandibules apparentes. Quatre palpes très courts. Trois petits yeux lisses.

Corps alongé, très mou. Ailes horizontales ou droites, transparentes, réticulées : les inférieures plus petites, quelquefois presque nulles. Abdomen terminé par deux ou trois soies très longues. Quatre articles aux tarses.

Antennæ tenues, capite breviores, triarticulatæ. Os perparvum, membranaceum : partibus mollitie vix discernendis. Mandibulæ nullæ conspicuæ. Palpi quatuor brevissimi. Ocelli tres.

Corpus elongatum, mollissimum. Alæ horizontales aut erectæ, hyalinæ, reticulatæ : inferioribus minoribus, quandoque subnullis. Abdomen setis duabus tribusve longissimis terminatum. Tarsi articulis quatuor.

Observations. Sous le rapport de l'habitation, et sous celui des mandibules nulles ou non apparentes, les *éphémères* semblent se rapprocher des friganes; mais leurs antennes sont fort différentes, et plusieurs autres particularités remarquables distinguent ces insectes des friganides.

Les éphémères doivent leur nom à la courte durée de leur vie, lorsqu'elles sont parvenues à l'état d'insecte parfait. Il y en a qui meurent le jour même où elles se sont transformées ; il s'en trouve qui ne voient jamais le soleil, car elles éclosent après son coucher, et meurent avant l'aurore; enfin la vie de quelques unes, dans leur dernier état, n'est que de deux ou trois heures. Cependant quelques espèces vivent encore trois ou quatre jours. Il est aisé de sentir que si les parties de la bouche des éphémères sont petites, sans développement et peu distinctes, cela tient évidemment à ce que ces insectes, parvenus à l'état parfait, ne prennent plus de nourriture, ne s'occupent alors que de leur régénération, et périssent bientôt après.

Swammerdam et Blanckaert parlent d'une grande espèce d'éphémère qui sort des rivières de la Hollande, en été, pendant trois ou quatre jours, dans une abondance surprenante, et qui ne vit que quelques heures. Réaumur a donné l'histoire d'éphémères plus petites, qui vivent dans les rivières de la Seine et de la Marne, et qui, pendant quelques jours d'été, s'élèvent en l'air par milliards vers le coucher du soleil, et meurent deux ou trois heures après.

Les éphémères, avant d'être parvenus à l'état d'insecte

ailé, ont vécu long-temps dans l'eau, sous celui de larve et de nymphe, et c'est sous ces deux formes qu'elles prennent tout leur accroissement. Elles vivent alors, les unes une année entière, et les autres pendant deux ou même trois années. Ces larves respirent par des houppes en forme de branchies, placées sur les côtés de l'abdomen. Quant aux nymphes, elles sont agissantes, et ressemblent beaucoup aux larves, dont elles ne diffèrent que parce qu'elles ont les étuis qui renferment en raccourci leurs ailes.

Après leur métamorphose, ayant obtenu l'état d'insecte ailé, ayant même déjà fait usage de leurs ailes, les éphémères ont encore à se défaire d'une dépouille complète, en un mot, subissent une dernière mue, particularité qui est extraordinaire.

Ces insectes, dans leur état parfait, ont les deux pattes antérieures presque insérées sous la tête, un peu avancées, mais distantes et longues.

ESPECES.

[1] *Quatre ailes distinctes. Queue à deux soies.*

1. Ephémère de Swammerdam. *Ephemera Swammerdiana*. Latr.

E. grandis, flavo-rufescens; abdomine supernè obscuro; alis albidis; neris eminentibus luteolis.

Swammerd. Bibl. nat. 2. tab. 13. f. 6—8.

Schœff. Ic. tab. 204. f. 3. Latr. Hist. nat. des Crust., etc. 13. p. 98.

Habite en Hollande.

2. Ephémère longicaude. *Ephemera longicauda*. Oliv.

E. lutea; capite nigro; alis fuscis; caudâ bisetâ, corpore triplo longiori.

Oliv. Dict. n° 6.

Latr. Hist. nat. des Crust., etc. 13. p. 98. n° 8.

Habite les Bords de la Meuse.

3. Ephémère bioculée. *Ephemera bioculata.*

E. caudâ bisetâ; alis albis reticulatis; capite tuberculis duobus luteis. L.

Ephemera bioculata. Linn. Fab. p. 70. Panz. fasc. 94. f. 17. Geoff. 2. p. 239. n° 5. pl. 13. f. 4.
Habite en Europe, sur le bord des eaux.

[2] *Quatre ailes distinctes. Queue à trois soies.*

4. Ephémère commune. *Ephemera vulgata.*

E. caudâ trisetâ; alis fusco-reticulatis maculatisque; corpore fusco. Fab.
Ephemera vulgata. Linn. Fab. p. 68. Oliv. Dict. n° 1. Panz. fasc. 94. f. 16. Degeer. Ins. 2. p. 621. pl. 9. f. 13.
Habite en Europe.

[3] *Deux ailes seulement, apparentes.*

5. Ephémère diptère. *Ephemera diptera.*

E. caudâ bisetâ; alis duabus; costâ marginali fuscâ, cinereo-maculatâ. Linn.
Ephemera diptera. Linn. Fab. p. 71. Degeer, Ins. 2. p. 656. t. 18. f. 5.
Habite en Europe.

Nota. L'on connaît plusieurs autres espèces, qui appartiennent aux deux premières divisions.

LES LIBELLULINES.

Point de filets à l'abdomen. Mandibules grandes, très apparentes.

Les *libellulines* sont la plupart de grands névroptères fort remarquables par la longueur de leurs ailes et de leur abdomen. On les connaît vulgairement sous le nom de *demoiselles.* Elles ont les antennes courtes, de cinq à sept articles, et leur bouche est recouverte et comme fermée par les deux lèvres et surtout par l'inférieure.

Ces insectes ont en général la tête grosse, soit hémisphérique, soit transverse; les yeux grands, fort rapprochés; et l'abdomen très alongé, soit déprimé, soit subcylindrique.

Leurs ailes sont grandes, oblongues, égales, finement réticulées par des nervures, transparentes, souvent distinguées par différentes taches colorées. Ces ailes ne sont jamais couchées sur le dos de l'insecte, mais elles sont étendues et ouvertes horizontalement, ou relevées, comme dans les papilionides.

Les libellulines ont trois articles aux tarses. Leurs larves et leurs nymphes sont aquatiques. Ce sont des insectes carnassiers, très voraces. Dans l'état parfait, ils volent avec une grande rapidité et font la chasse aux autres insectes.

Les organes sexuels sont différemment placés selon le sexe : dans la femelle, ils se trouvent à l'extrémité postérieure de l'abdomen ; mais dans le mâle, ils sont situés sous le premier anneau du ventre, c'est-à-dire sous celui qui tient au corselet; ce qui est véritablement singulier.

La larve des libellulines est hexapode, et porte un masque mobile qui lui couvre la tête et en partie la bouche. La nymphe est agissante, et se nourrit comme la larve; elle n'en diffère que parce qu'elle a quatre petits corps aplatis qui sont des moignons d'ailes. Lorsque la nymphe veut se transformer, elle sort de l'eau, monte sur des tiges de plantes ou des troncs d'arbres, s'y fixe, et souvent en peu d'heures elle passe à l'état d'insecte parfait.

On rencontre des libellulines partout, mais plus souvent dans le voisinage des eaux, dans les lieux frais, les bois, etc.

Les libellulines constituent une famille si naturelle, qu'elles paraissent ne former réellement qu'un seul genre; aussi Linné les a-t-il toutes comprises dans son genre *libellula*. Olivier n'en a fait aussi qu'un seul genre ; mais il l'a divisé en deux sections, qui sont les mêmes divisions formées par Degeer. Cependant ***Fabricius*** et *Latreille* ont cru devoir partager cette famille en trois genres ; et, depuis, les entomologistes paraissent, tous, les adopter. Nous en allons citer les principaux caractères distinctifs.

(1) Tête hémisphérique. Les yeux réunis ou rapprochés par leur bord supérieur. Ailes horizontales.

(a) Un vésicule près du derrière de la tête, portant trois petits yeux lisses disposés en triangle.

Libellule.

(b) Point de vésicule près du derrière de la tête. Les petits yeux lisses sur une ligne transverse.

OEshne.

(2) Tête transverse. Les yeux saillans, écartés à leur bord supérieur. Petits yeux lisses en triangle. Ailes relevées presque verticalement dans le repos.

Agrion.

LIBELLULE. (Libellula.)

Antennes courtes, filiformes, sétacées. Bouche presque masquée ; les mandibules, les mâchoires et les palpes en partie recouvertes par la lèvre inférieure voûtée qui les embrasse. Celle-ci à lame intermédiaire entière et petite.

Tête hémisphérique, ayant postérieurement une vésicule, qui porte trois petits yeux lisses en triangle. Ailes horizontales. Abdomen le plus souvent déprimé, lancéolé, quelquefois en massue.

Antennæ breves, filiformi-subulatæ. Os veluti larvatum : Mandibulis maxillis palpisque labio fornicato subopertis : id lamellâ, intermediâ, integrâ, perparvâ.

Caput hemisphœricum ; vesiculâ posticâ ocellos in triangulum dispositos gerente. Alœ horizontales. Abdomen sœpiùs depressum, lanceolatum, quandoque subclavatum.

Observations. Les *libellules* et les *œshnes* embrassent les plus fortes libellulines, celles qui sont les plus voisines entre elles par leurs rapports. Les unes et les autres ont les ailes horizontales, et de grands yeux à réseau, presque contigus par leur bord supérieur ou postérieur. Mais les libellules ont, près du derrière de la tête, une vésicule portant les petits yeux lisses, qui peut servir à les distinguer des œshnes. Dans les cas embarrassants, on aura recours à l'examen de la lèvre inférieure, sa lame intermédiaire, dans les libellules, étant entière et plus petite que les latérales.

L'abdomen des libellules est grand, presque toujours déprimé, lancéolé, plus rarement en massue. Comme les espèces de ce genre sont nombreuses, nous n'en citerons ici que quelques unes.

ESPÈCES.

1. Libellule quadrimaculée. *Libellula quadrimaculata.*

L. alis posterioribus basi omnibusque medio antico maculâ nigricante ; abdomine depresso tomentoso. Fab.
Libellula quadrimaculata. Linn. Fab. Oliv. Dict. n° 1.
Panz. fasc. 88. f. 19.
Libellula. Geoff. 2. p. 224. n° 6. La Française.
Habite en Europe.

2. Libellule bronzée. *Libellula ænea.*

L. alis hyalinis ; thorace viridi œneo. Linn.
Libellula œnea. Linn. Fab. p. 381. Oliv. Dict. n° 15.
Panz. fasc. 88. f. 20.
Libellula. Geoff. 2. p. 226. n° 10. L'Aminthe.
Habite en Europe.

3. Libellule déprimée. *Libellula depressa.*

L. alis omnibus basi nigricantibus ; abdomine depresso lateribus flavicante. Fab.

Libellula depressa. Linn. Fab. p. 373. Oliv. Dict. n° 10.

Panz. fasc. 89. f. 22.

Libellula. Geoff. 2. p. 225. n° 7. pl. 13. f. 1. L'Éléonore.

Habite en Europe. J'adopte l'opinion de *Latreille* relativement au synonyme de Geoffroy, quoique la figure citée de *Panzer* présente, pour l'abdomen, des différences en coloration et en forme.

4. Libellule jaunâtre. *Libellula flaveola.*

L. alis basi luteis. Linn.

Libellula flaveola. Linn. Fab. p. 375.

Latr. Hist. nat. des Crust., etc. 13. p. 14.

Schœff. icon. tab. 4. f. 1.

Habite en Europe. Commune aux environs de Paris.

Etc.

ŒSHNE. (Œshna.)

Antennes courtes, filiformes-subulées. Bouche en partie masquée par la lèvre inférieure, comme dans les libellules. Lame intermédiaire de la lèvre inférieure échancrée et aussi large que les latérales.

Tête grosse, hémisphérique : point de vessie distincte à son sommet postérieur. Petits yeux lisses en ligne transvere. Abdomen long, subcylindrique. Ailes horizontales.

Antennæ breves, filiformi-subulatæ. Os sublarvatum labio, ut in libellulis. Labii lamellâ intermediâ emarginatâ, latitudine laterales æquante.

Caput magnum, hemisphœricum, vesiculâ posticâ nullâ conspicuâ. Ocelli in lineam transversam dispositi. Abdomen elongato-cylindraceum. Alæ horizontales.

OBSERVATIONS. Les *œshnes* sont, en général, les plus grandes et sur-tout les plus fortes libellulines. On les distingue des libellules, parce qu'elles manquent de vésicule près du derrière de la tête; que leurs petits yeux lisses sont en ligne transverse, quoique un peu irrégulière, et parce que la lame intermédiaire de leur lèvre inférieure est échancrée, et au moins aussi large que les latérales. Celles-ci sont comme tronquées, dentées, etc. Leur abdomen, qui est fort long, est subcylindrique, et n'est point déprimé en dessus, ni lancéolé.

Les œshnes sont nombreuses en espèces; nous allons en citer trois seulement.

ESPÈCES.

1. OEshne à tenailles. *OEshna forcipata.*

OE. thorace nigro; characteribus variis flavescentibus; caudâ unguiculatâ.
Libellula forcipata. Linn. Oliv. Dict. nº 37.
OEshna forcipata. Fab. p. 383. Lat. Hist. nat., etc. 13. pl. 97. *bis.* f. 1.
Panz. fasc. 88. f. 21.
Libellula. Geoff. 2. p. 228. 13. La Caroline.
Habite en Europe. Commune.

2. OEshne annelée. *OEshna annulata.* Latr.

OE. nigra; thoracis lateribus flavo-trifasciatis.
Latr. Hist. nat. des Crust.. etc. 13. p. 6.
Harris. Insect. angl. tab. 23. f. 3.
Habite le midi de la France et en Angleterre.

3. OEshne grande. *OEshna grandis.*

OE. thorace lineis quatuor flavis; corpore variegato. Fab.
Libellula grandis. Linn. Oliv. Dict. nº 38.
OEshna grandis. Fab. p. 384. Latr. nº 9.
Libellula. Geoff. 2. p. 227. nº 12. Harris, ins. angl. t. 12.
Schœff. icon. tab. 2. f. 4.
Habite en Europe.
Etc.

AGRION. (Agrion.)

Antennes très courtes, subulées. Bouche masquée par la lèvre inférieure, dont la lame intermédiaire est profondément bifide.

Tête transverse, sans vésicule à son sommet. Les yeux écartés; les petits yeux lisses en triangle. Abdomen très grêle, cylindrico-linéaire. Les ailes relevées, presque verticalement dans le repos.

Antennœ brevissimœ, subulatœ. Os larvatum, labio subocculatum ; labii laminâ intermediâ profundè bifidâ.

Caput transversum, supernè non vesiculosum. Oculi remoti. Ocelli in triangulum dispositi. Abdomen gracillimum, cylindrico-lineare. Alœ in quiete erectœ.

Observations. Les *agrions* présentent une coupe assez remarquable et bien distincte, parmi les libellulines. Leurs ailes alongées, subspatulées, ne sont point horizontales dans le repos, mais sont toujours plus ou moins relevées verticalement. Leur tête est transverse, subtrigone, beaucoup plus large que le corselet, et porte des yeux écartés, semi-globuleux. Enfin, leur abdomen est très grêle et fort long. Ces insectes sont en général plus frêles, plus délicats que les autres libellulines.

ESPÈCES.

1. Agrion vierge. *Agrion virgo.*

A. alis erectis coloratis. Fab.
Libellula virgo. Linn. Oliv. *Agrion virgo.* Fab. p. 386.
Panz. fasc. 79. f. 17—18.
Libellula. Geoff. 2. p. 221. n° 1. La Louise, et n° 2. L'ulrique.
Habite en Europe, et se trouve aux environs de Paris, ainsi que sa variété.

2. Agrion fillette. *Agrion puella.*

A. alis erectis hyalinis. Fab.
Libellula puella. Linn. *Agrion puella.* Fab. Latr.
(a) *Corpore cinereo cœruleoque alterno; alis puncto nigro.*
Libellula, n° 3. Geoff. L'Amélie.
(b) *Corpore infra cœruleo-viridi, suprà fusco; thorace fasciis fuscis cœrulescentibusque alternis.* Geoff. n° 4. La Dorothée.
(c) *Corpore viridi pallidè incarnato; thorace fasciis tribus longitudinalibus nigris.* Geoff. n° 5. La Sophie.
Etc.
Habite en Europe, aux lieux aquatiques, et offre diverses variétés.

3. Agrion linéaire. *Agrion linearis.* Fab.

A. alis reticulatis; abdomine longissimo. Fab. p. 388.
Libellula Lucretia. Drury, ins. 2. t. 48. f. 1.
Oliv. Dict. n° 41. Seba, mus. 4. tab. 68. f. 1—2.
Habite dans les Indes. Cette espèce est dans la collection du Muséum. Son abdomen grêle et extrêmement long, la rend très remarquable.
Etc.

ORDRE SEPTIÈME.

LES ORTHOPTÈRES.

Bouche munie de mandibules, de mâchoires, de lèvres et d'une galette recouvrant plus ou moins chaque mâchoire.

Deux élytres molles, presque membraneuses, à épiderme réticulaire, recouvrant deux ailes droites, plissées longitudinalement. Point d'écusson.

Larves conformées comme l'insecte parfait, mais n'ayant ni ailes, ni élytres. Nymphe active.

Observations. Sous le rapport important des caractères de la bouche, les *orthoptères* tiennent presque également aux névroptères et aux coléoptères; car les parties de la bouche, dans les insectes de ces trois ordres, sont à très peu près les mêmes, sauf quelques particularités, et la diversité des développements de ces parties, selon les races.

Mais, d'une part, les orthoptères se rapprochent plus des coléoptères que des névroptères par leurs ailes, puisqu'ils ont des élytres très distinctes; et de l'autre part, ils tiennent de plus près aux névroptères qu'aux coléoptères par la métamorphose, puisque leur nymphe est active, marche et mange comme celle de beaucoup de névroptères, tandis que celle des coléoptères n'a aucune activité, ne marche et ne mange point. Les orthoptères doivent donc être placés entre les deux ordres d'insectes broyeurs que je viens de citer.

Les entomologistes qui attachèrent beaucoup d'importance aux particularités de la métamorphose, trouvèrent de grands rapports entre les orthoptères et les hémiptères. Ils les virent dans la nymphe active des uns et des autres, et même dans les élytres demi-coriaces de ces insectes. Ils rapprochèrent donc ces deux ordres, et par là, ils mélangèrent, dans leur distribution, les insectes uniquement broyeurs avec ceux qui sont tout-à-fait suceurs, c'est-à dire, les insectes dont les parties utiles de la bouche sont extrêmement différentes, et dont les habitudes le sont pareillement.

Or, j'ai montré, par la citation de faits bien connus, que la métamorphose variait dans les ordres les plus naturels, parce qu'elle dépend des habitudes principales de l'insecte; tandis que la nature des parties de la bouche ne varie nullement dans l'étendue de chaque ordre, et qu'il n'y a d'autres variations dans ces parties, que celles qui tiennent au plus ou moins de développement de ces mêmes parties, selon leur plus ou moins d'emploi.

D'après ces considérations, la prééminence de valeur doit appartenir à la nature des parties de la bouche, et l'emporter sur la métamorphose; car celle-ci, qui n'a pu être employée que dans sa généralité pour caractériser la classe, ne saurait, dans ces particularités de détail, servir à la détermination des ordres. Si on l'employait, il faudrait dilacérer les plus naturels; il faudrait même rompre ou mutiler de véritables familles.

Dans une distribution des animaux où l'on procède du plus simple vers le plus composé, du plus imparfait vers le plus parfait, ayant prouvé la nécessité de commencer la classe des *insectes* par ceux qui ne sont que des suceurs, afin qu'ils avoisinassent les vers pareillement suceurs, et de terminer cette classe par les insectes uniquement *broyeurs*; il est évident que les névroptères, les orthoptères et les coléoptères, étant uniquement broyeurs, doivent constituer les trois derniers ordres de la classe.

La convenance de ces rangs assignés est d'autant plus grande que, dans une pareille distribution des animaux, l'on est forcé, par les caractères zootomiques, de placer les *arachnides* et les *crustacés* après les *insectes*; et l'on sait que, dans les animaux de ces deux classes, l'on trouve aussi des mandibules et des mâchoires qui agissent par des mouvements latéraux et transverses, tout-à-fait analogues aux mouvements des mandibules et des mâchoires des *insectes broyeurs*.

Certes, ce ne sont pas là des déterminations arbitraires; et je crois qu'il sera difficile de contester solidement ces principes.

Les orthoptères ont de si grands rapports avec les coléoptères, que Geoffroy ne les en a point séparés. Il en fit une division de ses coléoptères, en les distinguant par leurs élytres molles et presque membraneuses.

Si Geoffroy eut tort de réunir les orthoptères aux coléoptères, puisqu'ils en sont essentiellement distincts, quoique voisins par leurs rapports, celui de Linné fut bien plus grand, en les confondant dans un même ordre avec les hémiptères. On voit les inconvénients graves d'un défaut de coordination dans les caractères dont on peut faire usage pour juger des rapports.

Les ailes des coléoptères sont pliées transversalement, c'est-à-dire repliées sur elles-mêmes; tandis que, sauf la forficule, celles des orthoptères sont droites et simplement plissées dans leur longueur, à peu près comme un éventail. Ainsi, de part et d'autre, ce sont des ailes pliées ou plissées, cachées sous de véritables élytres; et ces rapports des orthoptères avec les coléoptères sont encore à ajouter à ceux de la bouche.

L'aile des orthoptères est souvent entièrement cachée sous l'élytre; mais lorsqu'elle la dépasse, elle prend presque toujours, à son bord, la consistance de l'élytre même.

Ce fait prouve évidemment que des différences de circonstances en ont opéré dans la consistance et l'emploi des ailes supérieures : en sorte qu'on peut dire que, depuis les diptères, tous les insectes ont réellement quatre ailes; les supérieures servant plus ou moins au vol, et étant plus ou moins altérées dans leur transparence et dans leur consistance, par les agents extérieurs, qui ont plus d'action sur elles que sur les inférieures.

Ainsi, les orthoptères, que Degeer avait déjà distingués, furent, avec raison, considérés par Olivier comme constituant un ordre particulier très distinct, puisque ces insectes diffèrent des coléoptères par leurs ailes et leur larve agissante, et des névroptères par leurs élytres. Olivier leur assigna le nom d'*orthoptères*, mot composé qui signifie ailes droites, par opposition avec les ailes des coléoptères qui sont pliées transversalement sur elles-mêmes dans l'inaction.

Les insectes de cet ordre ont des antennes sétacées ou filiformes, quelquefois ensiformes, plus ou moins longues; deux grands yeux à réseau; deux ou trois petits yeux lisses dans la plupart.

Leur bouche offre une lèvre supérieure recouvrant souvent ses parties supérieures; deux mandibules fortes, dentées au côté interne; deux mâchoires aussi dentées, chacune portant sur le dos un palpe à cinq articles, et une galette qui la recouvre plus ou moins; une proéminence au palais qui s'avance en forme de langue; enfin, une lèvre inférieure qui ferme la bouche inférieurement, et soutient les deux palpes postérieurs ou labiaux, qui n'ont que trois articles.

Le corselet de ces insectes est assez grand, quelquefois très prolongé, et n'offre point d'écusson postérieurement.

Les pattes, en général, sont épineuses, et, dans un grand nombre de ces insectes, les postérieures sont renflées, grandes, et servent à exécuter des sauts considérables. Là, comme ailleurs, on trouve des races ou des individus en qui les ailes avortent constamment.

En général, les orthoptères sont phytiphages, c'est à-dire, se nourrissent de végétaux. Quelques uns néanmoins semblent omnivores, mangent et gâtent nos provisions de quelque nature qu'elles soient.

Je n'admets que quatre familles parmi les orthoptères; et je les divise de la manière suivante :

DIVISION DES ORTHOPTÈRES.

(1) Ailes inclinées en toît.

Les locustaires.

(2) Ailes horizontales.

(a) Abdomen simple, n'ayant point à son extrémité, dans les deux sexes, deux filets ou deux appendices particuliers.

Les mantides.

(b) Abdomen ayant à son extrémité, dans les deux sexes, deux filets ou deux appendices particuliers.

* Corselet non aplati, arrondi sur les côtés, n'ayant point ses bords tranchants et débordants.

Les grillonnides.

** Corselet aplati, à bords tranchants, débordant, soit seulement sur les côtés, soit même au-dessus de la tête.

Les coureurs.

PREMIÈRE SECTION.

Ailes en toît incliné.

LES LOCUSTAIRES.

Toutes les *locustaires* ont, dans le repos, les ailes couchées sur le corps, et disposées en toît incliné. Ce sont les seuls orthoptères connus qui soient dans ce cas; ainsi ce sont les seuls qu'embrasse la première section de cet ordre.

Ces insectes ne composent évidemment qu'une seule famille; car, quoique les sauterelles puissent être distinguées séparément des autres locustaires, une conformation générale, et à-peu-près semblable, dans tous ces insectes, indique clairement leur parenté commune. Cette parenté fut même sentie de tout temps; en sorte que les criquets, ainsi que les autres genres avoisinants, furent toujours confondus avec les sauterelles par le vulgaire; et il fallut que l'observation des entomologistes vînt apprendre, entre autres particularités distinctives, que les sauterelles ont quatre articles aux tarses, tandis que les autres locustaires n'en ont que trois.

Toutes les locustaires sont herbivores, et, dans la plupart, les pattes postérieures sont fort longues et propres à sauter.

Cette famille comprend six genres, parmi lesquels les sauterelles et les criquets sont les plus nombreux en espèces.

Sauterelle.
Pneumore.
Criquet.
Xiphicère.
Truxale.
Achet.

DIVISION DES LOCUSTAIRES.

* *Quatre articles aux tarses. Les antennes sétacées, très longues.*

Sauterelle.

** *Trois articles aux tarses. Les antennes filiformes ou ensiformes, courtes ou de longueur moyenne.*

(1) Antennes de seize articles ou davantage. Partie antérieure du sternum non creusée pour recevoir la bouche.

(a) Antennes filiformes, quelquefois terminées en bouton.

(+) Pattes postérieures plus courtes que le corps, non propres à sauter. L'abdomen vésiculeux.

Pneumore.

(++) Pattes postérieures plus longues que le corps, et propres à sauter.

Criquet.

(b) Antennes aplaties ou comprimées, lancéolées ou ensiformes.

(+) Tête courte, non prolongée supérieurement en pyramide.

Xiphicère.

(++) Tête prolongée supérieurement en pyramide.

Truxale.

(2) Antennes de treize ou quatorze articles. Partie antérieure du sternum ayant une cavité qui reçoit la bouche.

Achet.

SAUTERELLE. (Locusta.)
[*Grillus.* L.]

Antennes sétacées, très longues, à articles nombreux, très petits. Lèvre supérieure entière : l'inférieure subquadrifide, ayant ses divisions intermédiaires très petites.

Ailes en toît. Abdomen des femelles terminé par une tarrière ensiforme. Pattes postérieures propres à sauter.

Antennæ setaceæ, longissimæ; articulis numerosis, minimis. Labrum integrum. Labium subquadrifidum, laciniis intermediis minimis.

Alæ deflexæ. Feminarum abdomen terebrâ ensiformi terminatum. Pedes postici magni, saltatorii.

Observations. Les *sauterelles* ont beaucoup de rapports avec les criquets; mais elles ont quatre articles aux tarses, et leurs antennes sétacées très longues, et la tarrière des femelles les en distinguent facilement.

Ces insectes sautent comme les criquets, à l'aide de leurs pattes postérieures, qui sont fortes et longues. Ils marchent lentement, et volent assez bien.

Les femelles déposent leurs œufs dans la terre, par le moyen de la tarrière qu'elles portent à l'extrémité de leur abdomen, tarrière qui ressemble à un sabre et qui est composée de deux lames.

Les sauterelles pondent un assez grand nombre d'œufs à la fois, et ces œufs sont réunis dans une membrane mince.

Les larves et les nymphes ressemblent à l'insecte parfait, sauf les parties dont elles manquent. Les premières n'ont ni ailes, ni étuis pour les contenir en raccourci; les deuxièmes ont quatre paquets ou espèces de boutons dans lesquels sont contenues les ailes non développées. Ces parties ne se développent que lorsque l'insecte a pris tout son accroissement.

Les sauterelles se trouvent fréquemment dans les prairies ; elles sont voraces et mangent les herbes.

ESPÈCES.

1. Sauterelle à coutelas. *Locusta viridissima.*

L. viridis ; elytris abdomine longioribus ; terebrâ ensiformi rectâ.
Gryllus viridissimus Linn. *Locusta viridissima.* Fab. p. 41.
Panz. fasc. 89. tab. 18—19.
Locusta. n° 2. Geoff. 1. p. 398. pl. 8. f. 3.
Habite en Europe. Très commune.

2. Sauterelle à sabre. *Locusta verrucivora.* F.

L. viridis; elytris abdomine longioribus, fusco-maculatis; terebrâ ensiformi curvâ.
Gryllus verrucivorus. Linn. *Locusta verrucivora.* Fab.
Panz. fasc. 89. tab. 20—21.
Locusta. n° 1. Geoff. 1. p. 397.
Habite en Europe.

3. Sauterelle feuille-de-lis. *Locusta lilifolia.*

L. thorace tetragono lœvi ; lineis duabus flavis ; elytris viridibus alâ brevioribus. Fab.
Locusta lilifolia. Fab. p. 36. Latr. Hist. nat. des Crust., etc. 12. p. 131.
Habite en France, en Italie. Tarrière courbée.

4. Sauterelle mélangée. *Locusta varia.*

L. antennis flavescentibus ; fronte acuminatâ ; elytris viridibus, immaculatis, abdomine vix longioribus.
Locusta varia. Fab. p. 42. Latr. Hist. nat., etc. 12. p. 131.
Panz. fasc. 33. pl. 1.
Habite aux environs de Paris, en Allemagne. Taille petite.
Etc.

PNEUMORE. (Pneumora.)

Antennes filiformes, de seize à vingt articles. Petits yeux lisses rapprochés, et placés à des distances égales.

Abdomen vésiculeux, comme vide. Toutes les pattes plus courtes que le corps.

Antennæ filiformes : articulis a sexdecim ad viginti. Ocelli approximati, inter se subæquè dissiti.

Abdomen vesiculosum, ut vacuum, inflatum. Pedes omnes corpore breviores.

Observations. Les *pneumores* sont des locustaires assez voisines des criquets par leurs rapports; mais à corps oblong, gros, vésiculeux et comme vide, au moins dans la plupart. Leurs pattes sont menues, plus courtes que le corps, et probablement ces insectes ne sauraient sauter.

Ce genre, établi par M. Thunberg, comprend quelques espèces qui viennent du Cap de Bonne-Espérance.

ESPÈCES.

1. Pneumore à six taches. *Pneumora sex-guttata.* T.

P. viridis; elytris maculis duabus albis; abdomine vesiculoso; maculis utrinque tribus, albis.
Gryllus inanis. Fab. p. 49. *Pneumora sex-guttata.* Thunb.
Habite le Cap de Bonne-Espérance.

2. Pneumore sans taches. *Pneumora immaculata.* T.

P. viridis; elytris immaculatis; scutello carinato utrinque dentato; abdomine variegato.
Gryllus papillosus. Fab. *Pneumora immaculata.* Thunb.
Habite le Cap de Bonne-Espérance.

3. Pneumore tachetée. *Pneumora maculata.* T.

P. viridis calloso-punctata; abdomine vesiculoso, albo variegato.
Gryllus variolosus. Fab. *Pneumora maculata.* Thunb.
Habite le Cap de Bonne-Espérance.

CRIQUET. (Acrydium.)

Antennes filiformes, quelquefois un peu comprimées, subensiformes, dans quelques-uns terminées presque en bouton, et ayant vingt à vingt-cinq articles. Mandibules multidentées. Petits yeux lisses, inégalement espacés entre eux.

Pattes postérieures fortes, propres à sauter. Les ailes larges, bien plissées, colorées.

Antennæ filiformes, interdùm conpressiusculæ, subensiformes, in nonnullis subcapitatæ : articulis a viginti ad viginti-quinque. Mandibulæ multidentatæ. Ocelli inæqualiter inter se dissiti.

Pedes postici validi, saltatorii. Alæ latæ, exquisitè plicatæ, coloratæ.

Observations. Les *criquets* ont tant de ressemblance avec les sauterelles que Linné ne les en a pas distingués. Néanmoins, ils en diffèrent généralement, 1° parce qu'ils n'ont que trois articles aux tarses; 2° parce que leurs antennes ne sont pas très longues, et sétacées comme celles des sauterelles; 3° parce qu'ici les femelles ne portent pas, comme celles des sauterelles, une tarrière saillante et comprimée, à l'extrémité de l'abdomen.

Ces insectes sont extrêmement remarquables lorsqu'ils volent; ils déploient alors deux ailes grandes et fort larges qu'on ne leur soupçonnait pas en les voyant dans l'état de repos; et, comme dans la plupart des espèces, ces ailes sont ornées de couleurs vives et brillantes, on les prendrait presque pour de beaux papillons lorsqu'ils volent.

Les criquets sautent aussi bien que les sauterelles, et volent plus facilement encore; en sorte que leur vol est plus long-temps soutenu. Aussi l'on croit que c'est parmi eux que se trouvent les espèces qui ont l'habitude d'émigrer et de se transporter à de grandes distances, d'une région à l'autre, formant alors des essaims nombreux et redoutables par les dévastations qu'ils causent dans les pays où ils s'arrêtent.

Les insectes de ce genre ont souvent le corselet caréné à sa partie postérieure, et les jambes épineuses. Ils sont herbivores et très-voraces. Les espèces exotiques, comme celles des Grandes-Indes, de l'Amérique méridionale et de l'Afrique, sont remarquables par leur grandeur et la beauté de leurs ailes. On connaît maintenant beaucoup d'espèces de ce genre; je n'en citerai que quelques-unes.

ESPÈCES.

[*Corselet caréné en crête.*]

1. Criquet en scie. *Acrydium serratum.*

A. thorace cymbiformi carinato serrato; posticè producto acuto.
Gryllus serratus. Linn. Fab. p. 48.
Roes. ins. 2. tab. 16. f. 2.
Acrydium serratum. Oliv. Dict. n° 9.
Habite le Cap de Bonne-Espérance. *Fab.* L'Amérique méridionale. *Oliv.*

2. Criquet en crête. *Acrydium cristatum.* Oliv.

A. thorace cristato; carinâ quadrifidâ; alis cœruleis apice nigris.
Gryllus cristatus. Linn. Fab. p. 46. *Ejusd. gryllus dux* ex D. Latr.
Stoll. gryll. tab. 1. *b. fig.* 1. Drur. t. 2. tab. 44.
Acrydium cristatum. Oliv. Dict. n° 3.
Habite l'Amérique méridionale.

3. Criquet caréné. *Acrydium carinatum.* Oliv.

A. thorace cristato; carinâ trifidâ; alis virescentibus; fasciâ nigrâ.
Gryllus carinatus. Fab. p. 47.
Acrydium carinatum. Oliv. Dict. n° 5.
Habite en Orient.

4. Criquet stridule. *Acrydium stridulum.*

A. thorace carinato; alis rubris extimo nigris.
Gryllus stridulus. Linn. Fab. p. 56.
Acrydium stridulum. Oliv. Dict. n° 35. *Ejusd. acr. fuliginosum*, n° 36.
Geoff. 1. p. 393. n° 3. Panz. fasc. 87. n° 12.
Habite en Europe, dans les lieux arides.

Corselet peu ou point caréné en crête.

5. Criquet bleuâtre. *Acrydium cœrulescens.*

A. thorace subcarinato; alis virescenti-cœruleis; fasciâ nigrâ.
Gryllus cœrulescens. Linn. Fab. p. 58. Panz. fasc. 87. f. 11.
Acrydium. Geoff. 1. p. 392. n° 2. Oliv. Dict. n° 49.
Habite en Europe.

6. Criquet germanique. *Acrydium germanicum.*

A. testaceum; alis sanguineis apice hyalinis; femoribus posticis nigro-punctatis.
Gryllus germanicus. Fab. p. 57. Roes. ins. 2. t. 21. f. 7.
Acrydium germanicum. Oliv. Dict. n° 41.
Habite en Allemagne. Ici Latreille rapporte l'*acrydium* n° 3 de Geoffroy.

7. Criquet émigrant. *Acrydium migratorium.*

A. thorace subcarinato; segmento unico; mandibulis cœruleis.
Gryllus migratorius. Linn. Fab. p. 53.
Roes. ins. 2. Gryll. tab. 24.
Acrydium migratorium. Oliv. Dict. n° 24.
Habite l'Orient, la Tartarie, etc. Est-ce bien là l'espèce qui forme ces essaims émigrans, si redoutables? Au reste, il paraît qu'il y a plusieurs espèces de ce genre qui ont l'habitude d'émigrer.
Etc.

XIPHICÈRE. (Xiphicera.)

Antennes courtes, aplaties, lancéolées ou ensiformes. Tête courte, à front incliné verticalement.

Corselet caréné. Ailes longues, en toît. Les jambes très épineuses.

Antennæ breves, compressæ, lanceolatæ vel ensiformes. Caput breve, fronte ad perpendiculum inflexâ.

Thorax carinatus. Alæ longæ, deflexæ. Pedes tibiis spinosissimis.

Observations. Les *xiphicères* ont les antennes des truxales, la tête et les autres parties des criquets. Elles ne sont donc complètement ni criquets, ni truxales, et doivent être distinguées comme constituant un genre particulier. Il y en a au Muséum plusieurs espèces non déterminées; je crois qu'on peut y rapporter les suivantes, d'après Latreille.

ESPÈCES.

1. Xiphicère gallinacée. *Xiphicera gallinacea.*

X. thorace cymbiformi, maximo, utrinque producto; elytrisque fuscis immaculatis; femoribus posticis, compressis serratis.
Gryllus gallinaceus. Fab. p. 48.
Habite les Indes orientales.

2. Xiphicère serripède. *Xiphicera serripes.*

X. thorace cymbiformi, posticè producto; elytris fuscis; femoribus posticis serratis.
Gryllus serripes. Fab. p. 48. *An gryllus carinatus?* Linn.
Habite dans les Indes.

TRUXALE. (Truxalis.)

Antennes courtes, comprimées, ensiformes, à articles peu distincts. Bouche à la base du prolongement de la tête.

Tête prolongée supérieurement en pyramide qui porte à son sommet les antennes et les yeux. Elytres en toît. Pattes postérieures plus longues que le corps, propres à sauter.

Antennæ breves, compressæ, ensiformes; articulis vix distinctis. Os ad basim processûs capitis.

Caput supernè in pyramidam apice antenniferam et oculiferam productum. Elytra deflexa. Pedes postici corpore longiores, saltatorii.

Observations. Les *truxales* ont, comme les criquets, l'abdomen des femelles sans tarrière saillante, et les pattes postérieures fort longues et propres à sauter, mais qui sont plus grêles. Ces insectes sont bien distingués des autres locustaires par leur tête prolongée supérieurement en cône ou en forme de pyramide dont le sommet porte les antennes et les yeux. Ils le sont aussi par leurs antennes courtes, aplaties et ensiformes. Leurs yeux sont ovales-alongés. On n'en connaît que peu d'espèces.

ESPÈCES.

1. Truxale grand-nez. *Truxalis nasutus.*

T. viridulus; alis hyalinis basi viridi-flavidulis.
Truxalis nasutus. Fab. p. 26. *Gryllus nasutus.* Linn.
Latr. Hist. nat. des Crust., etc. 12. p. 147. pl. 94. f. 5.
Habite le midi de la France, l'Espagne, l'Italie, l'Afrique.

2. Truxale ailes-rouges. *Truxalis erythropterus.*

T. alis basi rubellis.
Sulz. Hist. Ins. tab. 8. f. 5. Drury. Ins. 2. t. 40. f. 1.
Truxalis erythropterus. Latr. Hist. nat., etc. p. 148.
Habite en Afrique.

3. Truxale grylloïde. *Truxalis grylloides.* Latr.

T. corpore cinereo; elytris abdomine brevioribus; lineâ albâ.
Acrydium conicum. Oliv. Dict. n° 64.
Truxalis grylloides. Latr. Hist. nat., etc. p. 148. n° 3.
Habite le midi de la France.
Etc.

ACHET. (Acheta.)

Antennes filiformes, de treize ou quatorze articles, de moitié plus courtes que le corps. La bouche reçue dans une cavité du sternum antérieur.

Corselet prolongé postérieurement comme un grand écusson qui égale ou dépasse l'abdomen. Pattes postérieures propres à sauter. Point de pelotte entre les crochets des tarses.

Antennæ filiformes, corpore dimidio breviores; articulis tredecim vel quatuordecim. Os in cavitate sterni antici receptum.

Thorax posticè in scutellum magnum productus, abdomen supertegens, adœquans aut superans. Pedes postici saltatorii. Tarsorum articulus ultimus appendice terminali nullâ.

Observations. Les *achets* dont il s'agit sont de petites locustaires que j'ai depuis long-temps distinguées des criquets, d'abord à cause du prolongement postérieur de leur corselet; ensuite parce que leur bouche est reçue dans une cavité de la partie antérieure du sternum. Ce ne sont point les *acheta* de Frabricius, mais les *tetrix* de Latreille. On les trouve dans les lieux secs et pierreux. Leurs élytres avortent presqu'entièrement.

ESPÈCES.

1. Achet à deux points. *Acheta bipunctata.*

A. thorace ad longitudinem abdominis posticè producto, bipunctato.
Gryllus bipunctatus. Linn. *Acrydium bipunctatum.* Fab. p. 26. Panz. fasc. 5. f. 18. Geoff. 1. p. 394. n° 5.
Tetrix tubulata. Var. B. Latr.
Habite en Europe, dans les lieux secs. Il est très petit.

2. Achet subulé. *Acheta subulata.*

A. thorace posticè producto subulato, abdomine longiore.
Gryllus subulatus. Linn. *Acrydium subulatum* Fab. Schœff. Icon. ins. tab. 154. f. 9.—10.
Tetrix subulata. Latr. Criquet, n° 6. Geoff. 1. p. 395.
Habite en Europe.

LES MANTIDES.

Corps alongé, étroit. Ailes horizontales. Extrémité de l'abdomen, dans les deux sexes, n'ayant point deux filets ou deux appendices particuliers. Tarses à cinq articles.

Les *Mantides* sont, en général, des orthoptères de grande taille, et qui ont des formes singulières. Elles ne sont, ni sauteuses, ni véritablement coureuses; elles tiennent évidemment aux locustaires.

Leurs ailes, néanmoins, ne sont point inclinées en toît comme celles des locustaires, et leur pattes postérieures ne sont point propres à sauter. Elles ont la tête découverte; le corselet étroit, souvent fort alongé. Il n'y a point de tarrière saillante dans les femelles, et, dans aucun sexe, on ne voit point à l'extrémité de l'abdomen deux filets ou deuxappendices saill ants, comme dans les grillonides et dans les blattaires.

La plupart des mantides sont des insectes exotiques, qui vivent dans les climats chauds; on n'en trouve que quelques espèces dans le midi de l'Europe; elles ont, en général, des mouvement lents.

Les mantides comprennent quelques genres, dont les uns paraissent réunir des insectes carnassiers, puisqu'ils ont des pattes ravisseuses, tandis que les autres n'embrassent que des espèces phytiphages.

Les femelles, en pondant, laissent échapper une humeur viqueuse, qui enveloppe les œufs et qui prend de la consistance à l'air, à mesure qu'elle se dessèche. Il en résulte, sur les tiges des plantes où ces femelles ont pondu, des masses subglobuleuses ou ovoïdes, de la grosseur d'une noix. Si l'on ouvre ces espèces de nids, on trouve l'intérieur régulièrement divisé en une multitude de loges alvéolaires qui contiennent les œufs.

Probablement, le désséchement et le retrait de la matière visqueuse qui enveloppait les œufs ont donné lieu à la singulière conformation de ces corps.

Quatre genres, bien distincts, composent la famille des *mantides* ; on la divise de la manière suivante.

(a) Pattes antérieures ravisseuses. Hanches longues.

(+) Antennes simples dans les deux sexes. Les genoux sans feuillets.

Mante.

(++) Antennes pectinées dans les mâles. Les genoux des quatre pattes postérieures garnis d'un feuillet.

Empuse.

(b) Point de pattes ravisseuses. Hanches courtes.

(+) Corps oblong, déprimé ; l'abdomen large et fort aplati sur les côtés.

Phasme.

(++) Corps linéaire, subfiliforme, non aplati.

Spectre.

MANTE. (Mantis.)

Antennes sétacées, simples dans les deux sexes, plus courtes que le corps. Lèvre inférieure à quatre divisions.

Tête inclinée. Corselet alongé, étroit. Pattes antérieures avancées, un peu courtes, ravisseuses, armées vers leur extrémité de piquans en dents de peigne, avec un onglet terminal et mobile.

Antennœ setaceœ, corpore breviores, in utroque sexu simplices. Labium quadrifidum.

Caput inflexum. Thorax angustus, elongatus. Pedes antici porrecti, breviusculi, raptatorii, versùs extremitatem dentibus semi-pectinati, et ungue mobili terminati.

Observations. Les *mantes* sont des insectes fort remarquables par leur conformation particulière, et qui ont le corselet étroit, fort alongé antérieurement, presque linéaire, cette partie nue étant d'une seule pièce.

Leurs pattes sont fort longues, surtout les postérieures; ce qui, avec leur corps étroit et alongé, donne à ces insectes un aspect très singulier. Les deux pattes antérieures sont les moins longues; mais elles sont, en général, plus larges que les autres, et armées, vers leur extrémité, de piquans rangés d'un côté en dents de peigne, avec un ongle alongé, terminal, et susceptible de se replier sur les piquans pour saisir la proie.

La tête est assez petite, deltoïde, inclinée, munie de deux gros yeux, entre lesquels sont situées les antennes.

Les élytres sont couchées horizontalement, et en partie croisées l'une sur l'autre; elles forment néanmoins un plan un peu convexe.

Les mantes saisissent avec leurs pattes antérieures les petits insectes qu'elles peuvent attraper, et les dévorent; elles se mangent quelquefois les unes les autres.

Les œufs des mantes sont alongés.

ESPÈCES.

1. Mante prêcheuse. *Mantis oratoria.*

M. viridis; elytris abdomine brevioribus, viridibus; alis maculâ cæruleo-nigrâ, anterius rufescentibus.

Mantis oratoria. Linn. Fab. p. 20. Oliv. Dict. n° 11.

Habite le midi de la France.

2. Mante religieuse. *Mantis religiosa.*

M. viridis; elytris abdominis longitudine, viridibus, immaculatis; alis hyalinis.

Mantis religiosa. Linn. Panz. fasc. 50. f. 8.

Mantis. Geoff. 1. p. 399. pl. 8. f. 4.

Latr. Gen. Crust. et Ins. 3. p. 92.

Habite le midi de la France, et aux environs de Fontainebleau.

3. Mante suppliante. *Mantis præcaria.*

M. thorace subciliato ; elytris virescentibus ; ocello ferrugineo. Linn.
Mantis præcaria, Linn. Fab. Oliv. Dict. n° 13.
Mérian. Surin. tab. 66. Seba. Mus. 4. t. 67. f. 3—6.
Habite l'Amérique méridionale, l'Afrique.

4. Mante tricolore. *Mantis tricolor.*

M. thorace lateribus expanso lobato ; capite cornuto ; pedibus anticis latissimis. Linn.
Mantis tricolor. Linn. Fab. p. 18. Oliv. Dict. n° 36.
Habite dans l'Inde.

5. Mante scrophuleuse. *Mantis strumaria.*

M. thorace utrinque membranaceo, dilatato, obcordato. Linn.
Mantis strumaria. Linn. F. p. 18. Oliv. n° 38.
Merian. Surin. tab. 27.
Habite dans les Indes.
Etc.

EMPUSE. (Empusa.)

Antennes pectinées dans les mâles.

Partie supérieure de la tête prolongée en corne. Corselet alongé. Pattes antérieures ravisseuses : les quatre postérieures munies d'un appendice membraneux aux articulations.

Antennæ in masculis pectinatæ.

Caput suprenè in cornu productum. Thòrax elongatus. Pedes antici raptatorii : posticis quatuor ad genicula lobo seu appendice membranaceo instructis.

Observations. Les *empuses* sont des mantides des plus singulières par leur forme. Elles tiennent néanmoins de très près aux mantes, et n'en sont distinguées que par les antennes des mâles, la partie cornue de leur tête, et les appendices foliacés qui s'observent aux géniculations des quatre pattes postérieures dans la plupart.

ESPÈCES.

1. Empuse gongyloïde. *Empusa gongyloides.*

E. flavescens; *thorace lineari subciliato*; *femoribus anterioribus spinâ terminatis*; *reliquis lobo.*
Mantis gongyloides. Linn. Fab. p. 17. Oliv. Dict. nº 7.
Seba Mus. 4. tab. 68. f. 9. Stoll. Spect. p. 47. pl. 16. f. 58. A.
Habite à Surinam. *Oliv.* Je la crois plutôt d'Asie. Peut-être que la *mantis pennicornis*, Oliv. Dict. nº 50, n'en diffère pas.

2. Empuse appauvrie. *Empusa pauperata.*

E. albida; *thorace lineari-spinuloso*; *femoribus anticis spinâ terminatis*; *reliquis lobo.*
Mantis pauperata. Fab. p. 17. Oliv. Dict. nº 8.
Herbst. Archiv. ins. tab. 51. f. 1. Stoll. pl. 10. f. 40.
Habite le midi de la France, l'Espagne, etc.

3. Empuse flabellicorne. *Empusa flabellicornis.*

E. thorace dilatato membranaceo; *femoribus anticis spinâ terminatis*; *reliquis lobo.*
Mantis flabellicornis. Fab. p. 16.
Habite à Tranquebar.

4. Empuse pectinicorne. *Empusa pectinicornis.*

E. thorace lævi, vertice subulato, antennis pectinatis.
Mantis pectinicornis. Linn. Fab. p. 18. Oliv. Dict. nº 32.
Herbst. Archiv. ins. tab. 50. f. 2.
Habite la Jamaïque.

5. Empuse mendiante. *Empusa mendica.*

E. thorace marginato dentato; *elytris albo viridique variis*; *margine albo punctato.*
Mantis mendica. Fab. p. 17. Oliv. Dict. nº 9.
Stoll. mant. tab. 12. f. 47.
Habite à Alexandrie. *Forsk.*
Etc.

PHASME. (Phasma.)

Antennes filiformes ou sétacées ; courtes dans les femelles, plus longues dans les mâles. Palpes comprimés. Lèvre inférieure quadrifide, à découpures externes plus longues.

Tête alongée-ovale, dirigée en avant. Corselet aplati, court, étranglé ou rétréci vers le milieu. Abdomen aplati. Toutes les pattes ayant les cuisses comprimées et comme ailées. Les élytres en formes de feuilles.

Antennæ filiformes vel setaceæ, in feminis breves, in masculis longiores. Palpi compressi. Labium quadrifidum : laciniis externis longioribus.

Caput elongato-ovatum, anticè porrectum. Thorax brevis, depressus, medio angustatus. Pedes omnes femoribus compressis, subalatis. Elytra foliiformia.

Observations. Les *phasmes* sont des insectes très singuliers, en ce qu'ils ressemblent presque entièrement à des feuilles, surtout leurs élytres. Leur corps, rétréci en devant, est comprimé dans presque toutes ses parties. Ils ont le corselet court, aplati, étranglé au milieu, à seconde pièce fort courte, ce qui est très différent dans les spectres, qui ont la seconde pièce du corselet fort alongée. Les élytres sont grandes, larges, veinées, ressemblant à des feuilles sèches. Dans les mâles, les antennes sont sétacées et beaucoup plus longues que dans les femelles.

ESPÈCE.

1. Phasme feuille-sèche. *Phasma siccifolia.*

Ph. thorace denticulato ; femoribus ovatis membranaceis ; abdomine ovali, depresso.

Mantis siccifolia. Fab. p. 18. Oliv. Dict. n° 6. *Phyllium.* Latr. Donovan. nat. Hist. ins. ind. fasc. 8. tab. 3.

Habite les Indes orientales. La femelle est aptère, le mâle est ailé, plus petit. J'en ai vu une variété de l'Isle-de-France, à élytres d'un rouge-brun ou feuille-morte, et dont on voit une mauvaise figure dans *Seba*, vol. 4. pl. 75. f. 11.

SPECTRE. (Spectrum.)

Antennes sétacées, à articles souvent très nombreux. Palpes subcylindriques. Lèvre inférieure à quatre divisions : les deux externes plus longues.

Tête ovale, un peu oblique. Corps très long, cylindrique, effilé : le corselet cylindrique, à second segment fort alongé. Elytres très courtes, souvent nulles. Pattes longues, grêles et distantes.

Antennæ setaceæ; articulis sæpè numerosissimis. Palpi subcylindrici. Labium quadrifidum : laciniis externis longioribus.

Caput ovatum, subobliquum. Corpus longissimum, cylindricum aut filiforme. Thorax cylindricus; segmento secundo antico longiore. Elytra brevissima, sæpè nulla. Pedes longi, graciles, distantes.

Observations. Les *spectres* ont une forme particulière, extraordinaire même, et qui les distingue non-seulement des phasmes et des mantes, mais même de tous les autres insectes. Leur corps, des plus grands que l'on connaisse, parmi les insectes, est alongé comme un bâton, cylindrique, tout d'une venue, sans appendices latéraux. Il est quelquefois très grêle, filiforme, et ne ressemble point à un corps animal. Beaucoup d'espèces sont aptères. Les autres ont des élytres très courtes, et leurs ailes, qui sont un peu plus grandes, ont leur bord interne plus coriace ou moins transparent que le reste. Les pattes sont grêles, longues, par paires écartées. Comme les phasmes et les mantes, ils ont cinq articles aux tarses.

ESPECES.

[Corps ailé.]

1. Spectre soldat. *Spectrum gigas.*

S. thorace teretiusculo, scabro; elytris brevissimis; pedibus spinosis.
Stoll. spect. tab. 2. f. 5.
Phasma gigas. Fab. Suppl. *Mantis gigas.* Linn.
Seba Mus. 4. tab. 77. f. 1—2.
Habite les Indes orientales.

2. Spectre nécydaloïde. *Spectrum necydaloides.*

S. thorace scabro; elytris ovatis, angulatis brevissimis; alis oblongis. F.
Phasma necydaloides. Fab. Suppl. p. 188.
Mantis necydaloides. Linn.
Stoll. Spectr. tab. 3. f. 8. tab. 4. f. 11.
Habite les Indes orientales.

3. Spectre atrophique. *Spectrum atrophicum.*

S. thorace quadrispinoso; elytris brevissimis, basi aristato-mucronatis. Fab.
Mantis atrophica. Pall. Spicil. Zool. fasc. 9. p. 12. tab. 1. f. 7.
Phasma atrophica. Fab. Suppl. p. 188.
Habite l'île de Java.
Et autres à corps ailé.

[Corps aptère.]

4. Spectre filiforme. *Spectrum filiforme.*

S. corpore filiformi, aptero, fusco; pedibus longissimis, tenuissimis, inermibus.
Phasma filiformis. Fab. Suppl. p. 186.
Mantis. Brown. jam. t. 42. f. 5.
Herbst. Arch. tab. 51. f. 2.
Habite l'Amérique méridionale.

5. Spectre férule. *Spectrum ferula.*

S. corpore filiformi, aptero, viridi; pedibus longitudine corporis; femoribus posticis apice spinosis.
Phasma ferula. Fab. Suppl. p. 187.
Habite la Guadeloupe.

6. Spectre plume. *Spectrum calamus.*

S. corpore filiformi aptero virescente; femoribus striatis.
Phasma calamus. Fab. Suppl. p. 187.
Habite l'île de Sainte-Croix d'Amérique.

7. Spectre bâton. *Spectrum baculus.*

S. corpore cinerascente tuberculato aptero; pedibus angulatis.
Phasma baculus. Latr. Hist. nat. des Crust. et des Ins. 12. p. 104. pl. 94. f. 2.
Habite les Antilles. *Mauger.* Il a les antennes courtes : serait-ce une femelle ?

8. Spectre d'Italie. *Spectrum Rossii.*

S. corpore filiformi aptero virescente; femoribus dentatis.
Phasma Rossia. Fab. Suppl. p. 187.
Mantis Rossia. Ross. Faun. etr. 1. tab. 8. f. 1.
Habite l'Italie, le midi de la France. Il a les antennes courtes.

LES GRILLONIDES.

Le corselet non aplati, arrondi sur les côtés, sans bords tranchans, Deux filets ou deux appendices au bout de l'abdomen dans les deux sexes.

Les *grillonides* ont trois articles aux tarses, et leurs ailes, dans le repos, paraissent mucronées. Ces insectes courent avec célérité, ce qui montre, ainsi que les appendices de leur abdomen, leurs rapports avec les coureurs; mais la plupart ont, en outre, la faculté de sauter. Ils constituent une petite famille qui n'embrasse encore que trois genres, et que je divise de la manière suivante.

(1) Point de pattes propres à sauter : les pattes antérieures palmées.

Courtilière.

(2) Pattes postérieures propres à sauter : les antérieures non palmées.

(a) Antennes submoniliformes. Point de tarrière dans les femelles.

Tridactile.

(b) Antennes sétacées. Une tarrière dans les femelles.

Grillon.

COURTILIÈRE. (Gryllo-talpa.)

Antennes sétacées, multiarticulées, de la longueur du corselet. Lèvre supérieure arrondie, entière. Mandibules multidentées.

Corps oblong. Corselet ovoïde, arrondi latéralement. Pattes antérieures fouisseuses, palmées et dentées au sommet; les postérieures non propres à sauter. Abdomen terminé par deux filets : celui des femelles sans tarrière saillante.

Antennæ setaceæ, thoracis longitudine, multiarticulatæ. Labrum rotundatum, integrum. Mandibulæ multidentatæ.

Corpus elongatum. Thorax obovatus, ad latera rotundatus. Pedes antici fossorii, apice palmati dentati; posticis non saltatoriis. Abdomen filamentis duobus terminatum; oviductu non exerto in feminis.

Observations. Les *courtilières* ou taupes-grillons ont effectivement beaucoup de rapports avec les grillons; mais on les en distingue facilement par leurs pattes antérieures, qui sont élargies à leur extrémité, dentées, palmées, et presque analogues à celles des taupes. Elles leur servent de même, à creuser la terre, dans laquelle ces insectes se pratiquent des galeries et des retraites.

Les courtilières ne sont que trop connues par les dégâts qu'elles font dans les jardins, en coupant les racines des plantes qui se trouvent sur leur passage. Elles n'ont que trois articles aux tarses.

ESPÈCES.

1. Courtilière commune. *Gryllotalpa vulgaris.*

G. alis caudatis elytris longioribus; pedibus anticis palmatis quadridentatis.
Gryllus gryllotalpa. Linn. *Acheta gryllotalpa.* Fab. p. 28.
Gryllus. Geoff. 1. p. 387. pl. 8. f. 1.
Latr. Hist. nat. des Crust., etc. 12. p. 122. pl. 94. f. 4.
Habite en Europe, dans les jardins.

2. Courtilière didactyle. *Gryllotalpa didactyla.* Latr.

G. tibiis anticis bidentatis. Latr.
Latr. Hist. nat. des Crust., etc. 12. p. 122.
Habite à Cayenne.

TRIDACTYLE. (Tridactylus.)

Antennes submoniliformes, courtes, à dix articles. Pattes antérieures non palmées, mais à jambes épineuses au sommet. Pattes postérieures à jambes grêles, alongées, munies de trois appendices digitiformes à la place du tarse.

Antennæ submoniliformes, breves, decem-articulatæ. Pedes antici non palmati: tibiis apice spinosis: postici tibiis elongatis, gracilibus: illis tarsorum loco, appendicibus tribus digitiformibus.

Observations. Les *tridactyles* sont des insectes très voisins des courtilières par leur rapports; mais ils s'en distinguent singulièrement par leurs pattes et leurs antennes.

ESPÈCES.

1. Trydactyle paradoxe. *Tridactylus paradoxus.* Latr.

T. luteo pallidus, thorace dilutè fusco; elytris alis brevioribus.
Tridactylus paradoxus. Latr. Gen. Crust. et Ins. 3. p. 97.
Acheta digitata. Coqueb. Illustr. ic. dec. 3. tab. 21. f. 3.
Habite la Guinée.

2. Tridactyle mélangé. *Tridactylus variegatus.*

L. niger, punctis albo-luteis variegatus.
Tridactyle mélangé. Cuv. Règn. anim. Ins. p. 378.
Habite le midi de la France. Espèce petite.

GRILLON. (Gryllus.)

Antennes sétacées plus longues que le corselet. Deux mandibules. Quatre palpes un peu longs. Lèvre inférieure quadrifide.

Tête et corselet transverses. Corps oblong. Deux appendices sétacés à l'extrémité de l'abdomen. Celui des femelles muni d'une tarrière. Pattes postérieures propres à sauter.

Antennœ setaceœ, thorace longiores. Mandibulœ duœ robustœ. Palpi quatuor longiusculi. Labium quadrifidum.

Caput thoraxque transversa. Corpus oblongum. Appendices duo setaceœ ad apicem abdominis. Feminarum abdomen oviductu longo terminatum. Pedes postici saltatorii.

Observations. Les *grillons* sautent presque aussi bien que les sauterelles, et ne sont pas sans rapports avec elles; néanmoins ils en ont de plus grands avec la courtilière et le tridactyle, mais leurs pattes antérieures ne sont pas fouisseuses. On les nomme *cris-cris* en quelques endroits, à cause du bruit singulier qu'ils font entendre presque continuellement, surtout dans les temps chauds.

Leur bouche est formée d'une lèvre supérieure arrondie; de deux mandibules fortes, dentées, de deux mâchoires pointues; de quatre palpes et deux galettes; enfin d'une lèvre inférieure quadrifide. Leurs élytres sont ordinairement plus courtes que l'abdomen. Leur tarses sont à trois articles. Leurs petits yeux lisses sont peu distincts.

ESPÈCES.

1. Grillon des champs. *Gryllus campestris.*

G. alis elytris brevioribus ; corpore nigro ; stylo lineari. Oliv.
Gryllus acheta campestris. Linn.
Acheta campestris. Fab. Panz. fasc. 88. f. 8. et 9.
Habite en Europe. Il est plus gros et plus brun que le suivant.

2. Grillon domestique. *Gryllus domesticus.*

G. alis caudatis elytris longioribus, abdomine stylis duobus apice fissis. Oliv.
Gryllus acheta domesticus. Linn.
Habite en Europe, dans les maisons. Attiré par la chaleur, il se tient dans des trous près des fours, des cheminées de cuisine.

3. Grillon monstrueux. *Gryllus monstrosus.*

G. elytris alisque caudato-convolutis. Oliv.
Acheta monstrosa. Fab.
Habite le Cap de Bonne-Espérance. Il est gros, brun, et a l'extrémité des élytres et des ailes roulée en spirale, au moins dans le mâle.

4. Grillon à voile. *Gryllus umbraculatus.*

G. niger ; elytris apice albis ; umbraculo frontis deflexo. Gmel. p. 2061.
Habite la Barbarie, l'Espagne.

LES COUREURS.

Corselet aplati, à bords tranchants, et débordant soit seulement sur les côtés, soit même sur la tête. Deux appendices au bout de l'abdomen.

Les *coureurs* tiennent aux grillonides par leur agilité, mais ils ne sautent point. Ils y tiennent encore parce qu'ils ont à l'extrémité de l'abdomen, dans les deux sexes, deux appendices, soit constitués par des vésicules oblongues, soit plus alongés et conformés en pinces. Leurs corselet est toujours aplati; leur antennes sont longues, sétacées et filiformes.

Ces orthoptères sont fort agiles, courent avec célérité, et recherchent les lieux obscurs.

Je réunis sous cette coupe deux genres très distincts l'un de l'autre, qui semblent même indiquer chacun l'existence d'une famille particulière, et néanmoins qui, sous certains rapports, sont ici convenablement rapprochés : voici les caractères qui les signalent.

[1] Cinq articles aux tarses ; tête cachée sous le corselet ; élytres en recouvrement ; ailes droites.

Blatte.

[2] Trois articles aux tarses ; tête libre, hors du corselet ; élytres à suture droite ; ailes pliées transversalement et plissées.

Forficule.

BLATTE. (Blatta.)

Antennes sétacées, longues, posées sous les yeux. Labre arrondi antérieurement ; lèvre inférieure bifide.

Corps oblong, presque ovale, déprimé. Corselet aplati, lisse, bordé, recouvrant la tête. Elytres horizontales. Deux appendices courts et coniques à l'extrémité de l'abdomen. Pattes propres à la course ; cinq articles aux tarses.

Antennæ setaceæ, longæ, infrà oculos insertæ. Labrum antice rotundatum ; labium bifidum.

Corpus oblongum, subovale, depressum. Thorax planulatus, lævis, clypeiformis, marginatus, caput obtegens. Elytra horisontalia. Abdomen appendicibus duabus brevibus conicis terminatum. Pedes cursorii ; tarsis quinque articulatis.

Observations. La *blatte* est un de ces insectes domestiques qui sont bien connus dans les cuisines, les boulangeries, et les moulins. Elle est attirée dans ces derniers lieux par l'odeur de la farine, qu'elle aime beaucoup.

Ces insectes vivent la plupart dans les maisons, où ils sont très incommodes, mangeant et rongeant tout ce qu'ils trouvent principalement la farine, le pain, le sucre, le fromage, différentes de nos provisions, et en outre le cuir, la laine, et divers de nos meubles.

Les blattes sont très agiles; elles courent avec beaucoup de vitesse, et font ordinairement plus d'usage de leurs pattes que de leurs ailes, quoique quelques-unes volent très bien. La plupart fuient la lumière et ne paraissent que la nuit. Elles se cachent, pendant le jour, dans les trous et les fentes des murs, derrière les tapisseries et les armoires; la nuit, elles sortent et se répandent partout.

C'est de ce genre qu'est le kakerlac [*Blatta americana*] des îles de l'Amérique, qui dévore si avidement les provisions des habitans, leurs vêtemens même, et qui fait tant de dégâts dans les sucreries.

D'après ce qui a été observé, il paraît que la blatte femelle porte quelque temps, à l'orifice de sa partie sexuelle, un corps ovale que l'on a pris pour un gros œuf, et qui est au contraire un paquet d'œufs enveloppés, qu'elle dépose ensuite et fixe contre quelque corps étranger approprié aux besoins des petits. Les larves qui en sortent ne diffèrent guère de l'insecte parfait que par la taille et le défaut d'ailes et d'élytres.

ESPÈCES.

1. Blatte géante. *Blatta gigantea.*

B. livida; thoracis clypeo macula quadrata fusca. Linn.
Blatta gigantea. Fab. Oliv. Dict. n° 1.
Seba, Mus. 4. tab. 85. f. 17—18.
Habite l'Amérique méridionale, Cayenne.

2. Blatte kakerlac. *Blatta americana.* L.

B. ferruginea; thoracis clypeo postice exalbido. Linn.
Blatta americana. Fab. Oliv. Dict. n° 7.

Degeer, Ins. 3. pl. 44. f. 1—2—3.
La grande blatte. Geoff. 1. p. 381. n° 2.
Habite l'Amérique, et se trouve en Europe, où des vaisseaux l'ont apportée.

3. Blatte des cuisines. *Blatta orientalis.*

B. ferrugineo-fusca ; elytris abbreviatis sulco oblongo-impresso. Linn.
Blatta orientalis. Fab. Oliv. Dict. n° 21.
Geoff. 1. p. 380. n° 1. pl. 7. f. 5.
Pansc. fasc. 96. f. 12.
Habite le Levant, toute l'Europe, et l'Amérique septentrionale.

4. Blatte jaune. *Blatta laponica.*

B. flavescens, elytris nigro-maculatis. Linn.
Blatta laponica. Fab. Oliv. Dict. n° 28.
Geoff. 1. p. 381. n° 3.
Habite les cabanes des Lapons, et se trouve en France.

5. Blatte de Petiver. *Blatta petiveriana.*

B. nigra, elytris maculis quatuor flavescentibus. F.
Cassida petiveriana. Linn.
Blatta petiveriana. Fab. Oliv. Dict. n° 20.
Petiv. Gaz. tab. 71. f. 1.
Habite les Indes orientales.
Etc.

FORFICULE. (Forficula.)

Antennes filiformes, insérées devant les yeux, à articles très distincts, moins longues que le corps. Labre entier ; lèvre inférieure bifide.

Corps alongé, étroit; corselet presque carré, aplati, débordant. Elytres très courtes, à suture droite. Ailes longues, plissées, repliées, et cachées sous les élytres dans l'inaction. Abdomen armé de pinces. Trois articles aux tarses.

Antennæ filiformes, ante oculos insertæ, corpore breviores, articulis valdè distinctis. Labrum integrum. Labium profundè bifidum.

Corpus elongatum, angustum. Thorax subquadratus, planus, marginatus. Elytra dimidiata, alis breviora; suturâ rectâ. Alæ longæ, partìm transversè, partìm in radios longitudinales plicatæ, in quiete sub elytris occultatæ. Abdomen apice forcipatum. Tarsi triarticulati.

Observations. Les *forficules* terminent l'ordre des orthoptères, et forment une transition naturelle de cet ordre à celui des coléoptères. Elles ont, en effet, comme la plupart des coléoptères, des élytres à suture droite, et en outre des ailes plus longues que les élytres, non-seulement plissées en éventail dans leur longueur, mais de plus repliées transversalement, et cachées complètement sous ces élytres pendant le repos. D'ailleurs elles semblent presque entièrement privées de petits yeux lisses. Ainsi, sous ces rapports, les forficules seraient des coléoptères, avec lesquels effectivement Olivier les a rangées.

Cependant, comme les orthoptères, les forficules ont sur leurs mâchoires de véritables galettes, et leur nymphe est active, c'est-à-dire, marche et mange, tandis que celle des coléoptères est inactive. Il faut donc, comme l'a fait *Latreille*, les placer parmi les orthoptères, et en terminer l'ordre, afin qu'elles servent en quelque sorte de passage pour arriver à l'ordre suivant. Par leurs élytres fort courtes, les forficules semblent, en effet, conduire aux psélaphiens, qui sont dans le même cas, et qui commencent l'ordre des coléoptères.

Les forficules, surtout la grande espèce d'Europe, sont des insectes fort communs et bien connus. La pince qu'elles portent à l'extrémité de leur abdomen les rend fort remarquables, et c'est à cette espèce d'arme, avec laquelle elles semblent vouloir se défendre, qu'elles doivent le nom qu'elles portent. On les connaît vulgairement sous le nom redoutable de *perce-oreille*, et par une prévention sans fondement, beaucoup de personnes les craignent. Elles sont beaucoup plus à craindre, dans les jardins, par les dégâts qu'elles font en rongeant les fruits mûrs et succulens, tels que les pêches, les abricots, les prunes, les raisins, etc.

Ces insectes, à corps presque linéaire et aplati, n'ont point d'écusson. Ils courent très vite, et lorsqu'on veut les prendre, ils relèvent l'extrémité de leur abdomen, comme pour se défendre, sans néanmoins pouvoir faire aucun mal.

ESPÈCES.

1. Forficule auriculaire. *Forficula auricularia.*

F. antennis quatuor decim-articulatis; forcipe arcuatâ basi dentatâ.

Forficula auricularia. Linn. Fab. Oliv.

Le grand perce-oreille. Geoff. 1. p. 375. n° 1. pl. 7. f. 3.

Panz. fasc. 87. f. 8.

Habite en Europe, sous les pierres, sous l'écorce des arbres.

2. Forficule géante. *Forficula gigantea.*

F. pallida; supra nigro variegata; ano bidentato; forcipe porrectâ unidentatâ. Fab.

Forficula gigantea. Oliv. Dict. n° 2.

Forficula maxima. Vill. ent. 1. p. 427. tab. 2. f. 53.

Habite la France méridionale. Plus de vingt articles aux antennes.

3. Forficule bimaculée. *Formicula biguttata.*

F. nigra, capite postice pedibusque rufis; elytris rufo maculatis et alarum apicibus exsertis albidis.

Forficula biguttata. Fab. *et fortè forficula bipunctata.* ejusd.

Panz. fasc. 87. f. 10.

Habite en Autriche, etc. Onze ou douze articles aux antennes.

4. Formicule naine. *Formicula minor.*

F. elytris testaceis immaculatis; capite nigro.

Forficula minor. Linn. Fab. Oliv. Dict. n° 7.

Le petit perce-oreille. Geoff. 1. p. 375. n° 2.

Panz. fasc. 87. f. 9.

Habite en Europe, et se trouve en France. Dix ou douze articles aux antennes. Pinces peu arquées. L'abdomen mucroné entre les pièces de la pince.

Etc.

ORDRE HUITIÈME.

LES COLÉOPTÈRES.

Bouche munie de mandibules, de mâchoires et de lèvres. Quatre ou six palpes.

Deux élytres, dures en général, coriaces, recouvrant deux ailes membraneuses plus longues, mais plissées et pliées transversalement dans l'inaction.

Larve vermiforme, hexapode, rarement subapode, à tête écailleuse, sans yeux. Nymphe inactive.

Les *coléoptères*, dans notre marche, constituent le huitième et dernier ordre des insectes, celui qui est le plus étendu, le plus nombreux en espèces et en genres, enfin celui qui embrasse les insectes les plus remarquables par leur taille, par la singularité de leur forme, par la solidité de leurs téguments, en un mot, ceux dont l'organisation paraît la plus avancée dans ses progrès de composition.

En terminant leur classe, ces insectes, au lieu d'offrir une transition reconnaissable à celle qui vient ensuite, semblent finir brusquement leur série, et n'arriver qu'à une sorte de cul-de-sac, où ils trouvent leur terme. On en donnera la raison dans l'exposition préliminaire des *arachnides*, qui viennent après les insectes.

Si les coléoptères ne piquent pas autant la curiosité que les hyménoptères, par des habitudes singulières, par des sociétés nombreuses, travaillant, en quelque sorte, en commun, et formant des ouvrages vraiment admirables, ils intéressent singulièrement, malgré cela, par leur nombre et leur grande diversité dans la nature, par celle surtout des formes de leur tête ou de leur chaperon et de leur corselet, par celle de leur manière de vivre, en un mot, par cette consistance plus solide de la plupart de leur parties extérieures, qui les rend plus conservables dans nos collections.

Tous, généralement, sont des *broyeurs*, soit phytiphages, soit zoophages; tous prennent encore de la nourriture après être parvenus à l'état parfait : aussi, sauf une espèce singulière à plusieurs égards [*la clavigère*], tous ont des mandibules et des mâchoires distinctes.

Les coléoptères se reconnaissent au premier aspect par leurs parties extérieures, opaques, coriaces, et en général fort dures, et parce qu'ils ont deux ailes membraneuses, veinées, longues, repliées transversalement sur elles-mêmes dans l'inaction, et alors cachées sous des espèces d'étuis qu'on nomme *élytres*, et qui ne sont que les deux ailes supérieures ainsi transformées. Ces élytres sont opaques, dures, coriaces, convexes en dehors, un peu concaves en dedans ou en dessous, et presque toujours jointes l'une à l'autre, par leur bord interne, en une suture ou ligne droite.

Lorsque l'insecte veut voler, il écarte latéralement ses élytres, en les élevant un peu, et alors il déploie les deux ailes membraneuses et transparentes qui se trouvaient cachées et repliées sous ces espèces d'étuis.

Les élytres étant ouvertes et assez écartées pour ne pas gêner le jeu des ailes, contribuent, par leur position et leur concavité, à faciliter le vol. On prétend néanmoins qu'elles ne font aucun mouvement, et que les ailes, mises en jeu et frappant l'air, occasionent elles seules le vol.

Les ailes des coléoptères sont rarement en proportion avec le poids de leur corps : elles ne sont pas assez grandes, et ne sont pas mues par des muscles assez vigoureux ; ce qui fait qu'en général ces insectes volent très mal et avec quelque difficulté. Quelques-uns même ne peuvent faire usage de leurs ailes que quand l'air est parfaitement calme. Quelques autres, dont le corps est plus léger, s'élèvent et volent avec plus de facilité, surtout lorsque le temps est chaud et sec; mais leur vol est court. Aucun, d'ailleurs, ne peut voler que vent arrière, et jamais contre le vent. *Oliv.*

Ici, comme dans les insectes des autres ordres, des différences d'habitudes en entraînent dans l'emploi des parties, et celles qui ne servent plus, ou qui ne servent que rarement, ne reçoivent plus de développements, ou n'en obtiennent que de proportionnels. Aussi, un grand nombre de coléoptères ne faisant plus d'usage de leurs ailes, ces ailes sont avortées plus ou moins complètement, et beaucoup d'entre eux en manquent entièrement. Le plus souvent alors les élytres sont réunies par leur suture, et ne peuvent plus s'ouvrir. Ces insectes ne se transportent d'un lieu à l'autre qu'en marchant, courant ou sautant. On les reconnaît toujours facilement pour des coléoptères, non-seulement par les caractères de leur bouche, mais parce que leurs élytres subsistent encore.

Un petit nombre de coléoptères, tels que les nécydales, les staphylins et quelques mordelles, ont des élytres si courtes ou si étroites, que ces parties peuvent à peine cacher les ailes. Ces élytres cependant n'en existent pas moins, et se font reconnaître par leur position, leur consistance et leur forme.

La tête des coléoptères est pourvue de deux antennes diversement figurées, et en général composées de dix ou onze articles assez distincts.

La bouche de ces insectes est armée de deux fortes mandibules cornées, qui leur servent comme de pince pour saisir leur proie, et couper les alimens, que les deux mâchoires, qui se trouvent en dessous, divisent et broient pour compléter la mastication. La forme de cette bouche est à peu près la même que celle des orthoptères et des névroptères : on y voit quatre ou six palpes, savoir : un ou deux attachés à la base extérieure de chaque mâchoire, et deux autres insérés aux parties latérales de la lèvre inférieure. Les palpes maxillaires n'ont pas plus de quatre articles, et ceux de la lèvre n'en ont que trois.

Ces insectes ont deux grands yeux à réseau; mais ils manquent des petits yeux lisses dont la plupart des autres insectes sont pourvus.

Le corselet des coléoptères varie beaucoup dans sa figure. Il est lisse ou raboteux, glabre, velu ou épineux, convexe, globuleux ou cylindrique, bordé, etc. Il est terminé postérieurement, en général, par une pièce triangulaire, plus ou moins remarquable, nommée *écusson*, placée entre les élytres, près de leur origine.

Le ventre est ordinairement conique, assez dur en dessous, très mou en dessus, à la partie qui se trouve cachée sous les élytres : il est composé de six ou sept anneaux, qui ont chacun un stigmate de chaque côté.

Les tarses, qui terminent les six pattes, sont composés chacun de deux à cinq pièces. Ils peuvent être employés avantageusement à diviser en plusieurs sections cet ordre très nombreux, comme l'a fait Geoffroy.

La larve des coléoptères ressemble à un ver mou; elle est munie ordinairement de six pattes écailleuses, d'une tête aussi écailleuse, et de mâchoires souvent très fortes. Ces sortes de larves sont, en général, très voraces; leur accroissement est d'autant plus prompt que leur nourriture est plus abondante, et que la chaleur de l'atmosphère est plus grande. Certaines néanmoins restent plusieurs années dans l'état de larve. La plupart des larves dont il s'agit manquent d'antennes, et aucune n'a d'yeux : on voit seulement la place qu'ils occuperont dans l'insecte parfait. Leur corps est plus ou moins alongé, composé de douze ou treize anneaux. Ces larves muent ou changent plusieurs fois de peau avant de se transformer en nymphe.

Les nymphes des coléoptères ne prennent point de nourriture, et ne font aucun mouvement. Toutes les parties extérieures du corps de l'insecte parfait se montrent à travers la peau très mince qui les recouvre. Elles restent pendant quelque temps dans cet état; après quoi elles quittent leur peau de nymphe, et se montrent sous la forme d'insecte parfait.

L'accouplement de ces insectes est tel, que le mâle est presque toujours placé sur le dos de la femelle. Sa durée est ordinairement de plusieurs heures, souvent d'un jour, et même quelquefois de deux.

Les insectes de cet ordre sont les plus nombreux en genres et même en espèces. Ce sont ceux, après les lépidoptères, et surtout les papillons, qui ont été ramassés et étudiés avec le plus de soin, dans leur dernier état, soit à cause de la couleur brillante de la plupart d'entre eux, soit à cause de la forme singulière et bizarre d'un grand nombre, soit enfin parce qu'ils sont plus aisément saisis, par les naturalistes et les voyageurs, que ceux des autres ordres; pour s'en former une idée, il faut consulter le bel ouvrage de M. *Olivier* sur ces insectes.

Linné a divisé les coléoptères en trois sections, d'après la considération de la forme de leurs antennes. La première section comprend ceux dont les antennes sont en masse ou épaissies vers leur sommet, qui se termine en bouton; la seconde renferme ceux dont les antennes sont filiformes; et dans la troisième, il place ceux qui ont les antennes sétacées.

Je préfère néanmoins, pour les premières divisions des coléoptères, employer la considération du nombre des tarses, à l'imitation de Geoffroy et d'Olivier, parce que cette considération offre des caractères constants et faciles à saisir, ce qui la rend extrêmement avantageuse. Je réserverai celle de la forme des antennes pour subdiviser ces premières divisions, lorsque leur étendue le rendra nécessaire.

Ainsi je partage les genres nombreux de l'ordre des coléoptères en cinq sections, savoir :

1re SECT. deux articles à tous les tarses [*les Dimères*].

2e SECT. trois articles à tous les tarses [*les Trimères*].

3e SECT. quatre articles à tous les tarses [*les Tétramères*].

4e SECT. cinq articles aux tarses des deux premières paires de pattes, et quatre à ceux de la troisième paire [*les Hétéromères*].

5e SECT. cinq articles à tous les tarses [*les Pentamères*].

PREMIÈRE SECTION.

Deux articles à tous les tarses [les Dimères].

Conformément à notre manière générale de procéder, nous commençons l'ordre des *coléoptères* par les insectes de cet ordre qui ont le moins de parties, et même qui ont le plus d'imperfection dans les parties qui caractérisent leur ordre.

Il y a très peu de coléoptères qui n'aient que deux articles aux tarses, et l'on a été long-temps sans en connaître un seul qui fût dans ce cas. Il y en a moins encore qui n'aient que six articles aux antennes, et même qui manquent de mandibules et de lèvre inférieure. Ce sera donc par ces coléoptères, en quelque sorte imparfaits, que l'ordre devra commençer.

Au reste, on en connaît à peine une demi-douzaine. Tous ont les élytres fort raccourcies, comme dans les forficules et les staphylins. Quoiqu'il soit possible d'en former trois genres, comme l'a fait Latreille, je ne les diviserai ici qu'en deux coupes génériques, qu'en *clavigères* et en *psélaphes*.

CLAVIGÈRE. (Claviger.)

Antennes insensiblement épaissies en massue vers leur sommet, à six articles. Point de mandibules, ni de lèvre inférieure, ni de palpes labiaux distincts. Mâchoires très petites, ayant des palpes très courts, subfiliformes.

Corps et corselet subcylindriques. Abdomen large, presque arrondi à l'extrémité. Elytres raccourcies. Un seul crochet aux tarses.

Antennœ sensìm extrorsum crassiores, sex articulatœ. Mandibulœ, labium, palpique labiales nulli aut obsoletissimi. Maxillœ minimœ ; palpis brevissimis subfiliformibus.

Corpus thoraxque subcylindrica; abdomen magnum, latum, apice rotundatum. Elytra abbreviata. Tarsi monodactyli.

Observations. C'est assurément une grande imperfection et une grande sigularité, pour un coléoptère, que de n'offrir ni mandibules, ni lèvre inférieure distinctes, et de n'avoir que six articles aux antennes. C'est cependant le cas de la *clavigère*, dont nous ne connaissons encore qu'une espèce.

ESPÈCE.

1. Clavigère testacée. *Claviger testaceus.*

Claviger. Latr. Gen. Crust. et Ins.
Panz. fasc. 59. f. 3.
Habite en Allemagne. Sa couleur est d'un rouge marron.

PSÉLAPHE. (Pselaphus.)

Antennes submoniliformes, de onze articles. Des mandibules, des mâchoires, et une lèvre inférieure. Quatre palpes.

Tête distincte; corselet ovale ou subcylindrique. Elytres raccourcies. Un ou deux crochets aux tarses.

Antennæ submoniliformes; articulis undecim. Mandibulæ, maxillæ, labium. Palpi quatuor.

Caput distinctum. Thorax ovalis vel subcylindricus. Elytra abbreviata. Tarsi uni aut biunguiculati.

Observations. Quoique la chennie de *Latreille* puisse être distinguée de ses psélaphes, elle me paraît s'en rapprocher assez pour qu'on puisse l'y associer sans un grand inconvénient. De part et d'autre, les antennes à onze articles, les élytres raccourcies, etc., semblent autoriser cette association.

Je ne crois pas, comme on pourrait le penser, que des élytres raccourcies, parmi les coléoptères, soient toujours les indices d'une seule et même famille; d'où il résulterait que les psélaphes appartiendraient à la famille des staphylins. Les forficules offrent déjà un exemple du contraire, et ici la forme des antennes et de l'abdomen, ainsi que le nombre des articles des tarses, en font présumer un autre.

ESPÈCES.

* *Palpes très petits, non avancés.*

1. Psélaphe chennie. *Pselaphus chennium.*

Ps. rufo-castaneus; capite bituberculato.

Chennium bituberculatum. Latr. Gen. Crust. et Ins. 3. p. 1.
Habite la France méridionale, près de Brives. Sous chaque antenne, la tête est munie d'un tubercule pointu. Les tarses ont deux crochets.

** *Palpes maxillaires plus grands, avancés.*

2. Psélaphe de Heis. *Pselaphus Heisei*. Latr.

Ps. rufo-castaneus, pubescens; capite elongato.
Pselaphus Heisei. Herbst. Coléopt. 4. tab. 39. f. 9—10.
Habite en Allemagne.

3. Psélaphe plissé. *Pselaphus impressus*.

Ps. ater; elytris abbreviatis rufis; thorace globoso, puncto utrinque impresso; pedibus fuscis. P.
Panz. fasc. 89. tab. 10.
Habite aux environs de Paris, etc. Les élytres sont rouges, comme plissées à leur base.

DEUXIÈME SECTION.

Trois articles à tous les tarses [les Trimères].

Les coléoptères *trimères* n'embrassent pas beaucoup plus de genres que les *dimères*; néanmoins un de leurs genres, celui des coccinelles, est fort nombreux en espèces connues. Ainsi, déjà le second cadre comprend beaucoup plus de races que le premier; en sorte qu'on verra de même les cadres suivants s'accroître en étendue par la quantité de genres et d'espèces qu'ils embrasseront, et offrir dans le dernier, celui des pentamères, les coléoptères les plus nombreux et les plus perfectionnés. Il semble que la nature ait une tendance à donner cinq articles à tous les tarses des coléoptères, et qu'elle n'ait pu l'exécuter que peu à peu. Je divise les coléoptères trimères de la manière suivante :

(1) Antennes plus longues que le corselet. Corps ovale ou oblong.
(a) Antennes velues vers le sommet. Tous les articles des tarses entiers.

Dasycère.

(b) Antennes non velues. Le pénultième article des tarses bilobé.

(+) Antennes moniliformes ou filiformes.

Lycoperdine.
Endomyque.

(++) Antennes terminées en massue ; le troisième article plus long que le suivant.

Eumorphe.

(2) Antennes plus courtes que le corselet. Corps hémisphérique.

Coccinelle.

DASYCÈRE. (Dasycerus.)

Antennes grêles, plus longues que le corselet ; à derniers articles globuleux, velus. Le chaperon avancé, couvrant le dessus de la bouche.

Corps ovale, convexe. Le corselet hexagone, plus large que la tête, plus étroit que les élytres. Celles-ci embrassant l'abdomen.

Antennæ graciles, thorace longiores : articulis ultimis globulosis, hispidis. Clypeus porrectus, os superte- gens.

Corpus ovale, convexum. Thorax hexagonus, capite latior, elytris angustior. Elytra abdomèn obvolventia.

Observations. Le *dasycère* est un insecte fort petit, découvert par M. Alex. Brongniart, très remarquable par ses antennes, et dont la forme du corps semble tenir des ténébrionites, mais qui paraît n'avoir que trois articles à tous les tarses.

ESPÈCE.

1. Dasycère sillonné. *Dasycerus sulcatus.*

Dasycerus. Brongn. Bullet des sciences, n° 39. p. 115. pl. 7. f. 5.
Habite aux environs de Paris. Il vit dans les bolets. Il paraît être aptère.

LYCOPERDINE. (Lycoperdina.)

Antennes moniliformes, grossissant un peu vers leur sommet. Mandibules simples. Palpes maxillaires filiformes.

Tête plus étroite que le corselet. Le corps ovale-alongé. Le pénultième article des tarses bilobé.

Antennœ moniliformes, sensìm versùs apicem subincrassatœ. Mandibulœ simplices. Palpis maxillares filiformes.

Caput thorace angustius. Corpus ovato-elongatum. Tarsorum articulo penultimo bilobo.

Observations. Les *lycoperdines* paraissent voisines des endomyques par leurs rapports ; mais elles s'en distinguent par leurs antennes, leurs palpes maxillaires et leurs mandibules. D'ailleurs elles ne vivent guère que dans les champignons.

ESPÈCES.

1. Lycoperdine sans tache. *Lycoperdina immaculata.*

L. nigro-brunnea, nitida, lœvis, immaculata; antennis pedibusque piceo-rufis.
Latr. Gen. Crust. et Ins. 3. p. 73.
Endomychus bovistœ. Fab. Oliv. col. 6. n° 100. pl. 1. f. 4.
Panz. fasc. 8. f. 4.
Habite en Europe, dans le *lycoperdon bovista.*

2. Lycoperdine à bande. *Lycoperdina fasciata.*

L. rufa; elytris lœvibus; maculâ magnâ fuscâ.
Endomychus fasciatus. Fab. 1. p. 505.
Oliv. Col. 6. n° 100. pl. 1. f. 5.
Habite en Europe.

ENDOMYQUE. (Endomychus.)

Antennes filiformes, grossissant légèrement vers leur sommet. Les palpes maxillaires plus gros à leur extrémité. Mandibules bifides ou bidentées au sommet.

Corps ovale-oblong. Corselet un peu rétreci antérieurement.

Antennæ filiformes, versùs apicem paululùm crassiores. Palpi maxillares apice subcapitati. Mandibulæ apice bifido aut bidentato.

Corpus ovato-oblongum. Thorax antice sensìm angustatus.

Observations. Les *endomyques* se distinguent principalement des lycoperdines par leurs mandibules non simples au sommet, mais bifides ou à deux dents. On ne les confondra point avec les eumorphes, dont les antennes sont terminées en massue.

ESPÈCE.

1. Endomyque écarlate. *Endomychus coccineus.*

E. niger, nitidus; thoracis limbo laterali coleoptrisque sanguineo-rubris, elytro singulo maculis duabus nigris. Latr.
Chrysomela coccinea. Linn.
Endomychus coccineus. Fab. Panz. fasc. 44. f. 17.
Latr. Hist. nat. des Crust. et des Ins. vol. 11. pl. 93. f. 10.
Oliv. Coléop. 6. n° 100. pl. 1. f. 1.
Habite l'Europe boréale, les environs de Paris, sous l'écorce des bouleaux.

EUMORPHE. (Eumorphus.)

Antennes plus longues que le corselet, terminées en massue comprimée: leur troisième article beaucoup plus long que le suivant. Palpes maxillaires filiformes; les labiaux très courts, terminés en bouton.

Corps ovale; corselet presque carré.

Antennæ thorace longiores, in clavam depressam terminatæ: earum articulo tertio sequente multò longiore. Palpi maxillares filiformes; labiales brevissimi, subcapitati.

Corpus ovatum. Thorax subquadratus.

OBSERVATIONS. Les *eumorphes* sont des insectes exotiques, très rares, et qui avoisinent les coccinelles par leurs rapports. Mais leur corps n'est point hémisphérique, et leurs antennes, plus longues que le corselet, sont remarquables par la longueur de leur troisième article. On en connaît déjà plusieurs espèces.

ESPÈCES.

1. Eumorphe de Kirby. *Eumorphus Kirbyanus*. Latr.

E. niger nitidus punctulatus ; elytro singulo maculis duabus rufo-flavescentibus, sinuatis.
Eumorphus. Oliv. Col. 6. n° 99. pl. 1. f. 3.
Habite les Indes orientales.

2. Eumorphe immarginé. *Eumorphus immarginatus*. Latr.

E. niger nitidus ; elytro singulo maculis duabus flaxis rotundatis.
Eumorphus immarginatus. Latr. Gen. Crust. et Ins. 1. t. 11. f. 12.
Habite l'île de Sumatra, les Indes orientales.

3. Eumorphe marginé. *Eumorphus marginatus*.

F. ater ; elytris marginatis violaceis ; punctis duobus flavis. Fab.
Eumorphus marginatus. Oliv. Col. 6. n° 99. pl. 1. f. 1.
Habite les îles de la mer du sud. *Labillardière.*

COCCINELLE. (Coccinella.)

Antennes plus courtes que le corselet, terminées en massue. Quatre palpes, dont les maxillaires plus longs, à dernier article sécuriforme.

Corps hémisphérique, plus rarement obovale. Corselet transverse, bordé, ainsi que les élytres. Trois articles aux tarses.

Antennæ thorace breviores, clavâ terminatæ. Palpi quatuor ; maxillaribus longioribus : articulo ultimo securiformi.

Corpus hemisphæricum, rariùs obovatum. Thorax transversus, marginatus, externo margine retrorsùm arcuato. Elytra submarginata. Tarsi articulis tribus.

Observations. Les *coccinelles* sont des insectes communs, connus de tout le monde, même des enfans, et que leur forme générale fait assez facilement distinguer des autres coléoptères.

Ces insectes sont, la plupart, hémisphériques, planes en dessous, convexes en dessus, où ils sont lisses et ornés de couleurs vives et brillantes. Leur coloration consiste ordinairement en divers points épars sur un fond vivement et également coloré.

Les coccinelles ont des rapports avec les chrysomèles; mais elles en sont bien distinguées par le caractère de leurs antennes, et en outre par celui de leurs tarses.

Les larves des coccinelles sont hexapodes, alongées, plus larges à leur partie antérieure, et se rétrécissent graduellement en pointe postérieurement. Elles sont grisâtres, comme bariolées ou panachées, et marchent lentement. On les trouve souvent sur les plantes chargées de pucerons, parce qu'elles s'en nourissent principalement : ce sont des *aphidivores*.

Les nymphes sont courtes, ridées transversalement, variées et tachetées de diverses couleurs. Elles sont inactives, et fixées sur des feuilles ou des branches par une extrémité de leur corps.

Les espèces de ce genre sont fort nombreuses, mais difficiles à déterminer, parce qu'on est exposé à prendre des variétés pour des espèces. En effet, on trouve quelquefois en accouplement deux coccinelles qui paraissent différentes entre elles, et qu'on eût pris pour deux espèces en les voyant séparément.

ESPÈCES.

1. **Coccinelle marginée.** *Coccinella marginata.*

C. coleoptris rubris margine nigro : thorace utrinque puncto marginali albo. Fab. eluet. 1. p. 356.

Coccinella marginata. Linn. Oliv. Col. 6. n° 98. pl. 4. f. 45.
Habite l'Amérique méridionale.

2. Coccinelle sanguine. *Coccinella sanguinea.*

C. elytris sanguineis immaculatis ; thoracis margine punctisque duobus flavis.
Oliv. col. 6. n° 98. pl. 3. f. 24. *a. b.*
Coccinella sanguinea. Linn. Fab. eleut. 1. p. 358.
Habite l'Amérique méridionale.

3. Coccinelle biponctuée. *Coccinella bipunctata.*

C. elytris rubris ; punctis duobus nigris.
Coccinella bipunctata. Linn. Fab. eleut. 1. p. 360.
Oliv. Col. 6. n° 98. p. 1002. pl. 1. f. 2. *a. b.*
Habite en Europe. Commune.

4. Coccinelle à cinq points. *Coccinella quinquepunctata.*

C. elytris rubris ; punctis quinque nigris.
Coccinella quinquepunctata. Linn. Fab.
Oliv. Coléopt. pl. 1. f. 3. *a. b.*
Habite en Europe, sur les plantes.

5. Coccinelle à sept points. *Coccinella septempunctata.*

C. elytris rubris ; punctis septem nigris.
Coccinella septempunctata. Linn. Fab.
Geoff. Ins. 1. p. 321. n° 3. pl. 6. f. 1.
Habite en Europe. C'est la plus commune.
Etc.

TROISIÈME SECTION.

Quatre articles à tous les tarses [les Tétramères].

Cette troisième section est beaucoup plus nombreuse en genres et en espèces que les deux précédentes, et comprend les coléoptères qui ont généralement quatre articles à tous les tarses. Tous ces insectes sont phytiphages, vivent dans les bois, sur les plantes ou sur des champignons. Dans la plupart, les larves ont des pattes très courtes, et souvent n'ont à la place que des mamelons.

Si l'on observe, parmi les insectes de cette section, quelques familles assez naturelles et même fort remarquables, comme les *chrysomélines*, les *cérambiciens*, les *charansonites*, il y en a d'autres qui sont plus obscures et presque hypothétiques; l'on trouve même, parmi ces insectes, quelques genres singuliers, qui semblent, en quelque sorte, isolés. Il en résulte qu'en général les *coléoptères tétramères* sont difficiles à étudier, à distribuer dans l'ordre de leurs rapports, et surtout à diviser convenablement, c'est-à-dire, sans surcharger la méthode d'une multitude de petites divisions, qui accroîtraient proportionnellement la difficulté de son usage.

Dans ma tendance à simplifier la méthode, tant que je le croirai possible, sans trop nuire à l'étude, je diviserai les tétramères en six coupes principales, dont quelques-unes me paraissent des familles naturelles, tandis que les autres n'en sont que de supposées et de provisoires : voici mes divisions.

DIVISION DES COLÉOPTÈRES TÉTRAMÈRES.

§. *Tête sans museau avancé.*

* Antennes de onze articles au moins, et toujours le troisième article des tarses bilobé.

(1) Antennes en masse perfoliée.

Les érotylènes.

(2) Antennes non en massue. Elles sont, soit sétacées, soit filiformes ou moniliformes, quelquefois grossissant un peu vers leur sommet.

(a) Antennes filiformes ou moniliformes, courtes en général. Lèvre inférieure non dilatée en cœur à son extrémité.

Les chrysomélines.

(b) Antennes longues et sétacées dans la plupart, quelquefois moniliformes. Lèvre inférieure dilatée en cœur à son extrémité.

Les cérambiciens.

** Antennes n'ayant pas en même temps onze articles et le troisième article des tarses bilobé.

(1) Troisième article des tarses entier.

Les corticicoles.

(2) Troisième article des tarses bilobé.

Les scolitaires.

§§. *Tête ayant un museau avancé.*

Les charansonites.

LES ÉROTYLÈNES.

Antennes en massue perfoliée. Une dent cornée au côté interne des mâchoires. Le troisième article des tarses bilobé.

Parmi les coléoptères tétramères dont la tête n'offre point antérieurement un museau avancé, et dont le troisième article des tarses est divisé en deux lobes, tous ceux qui ont des antennes en massue perfoliée constituent la famille des *érotylènes.*

La plupart de ces insectes ont le corps arrondi ou ovale, quelquefois hémisphérique, souvent même très bombé ou gibbeux, rappellent l'aspect des coccinelles, qui terminent la section précédente, et semblent annoncer le voisinage des chrysomélines, qui viennent effectivement après eux.

Voici comment l'on peut diviser les quatre genres qui se rapportent à cette famille.

(1) Palpes maxillaires terminés par un article plus grand, transversal, sémi-lunaire ou en hache.

Erotyle.
Triplax.

(2) Palpes maxillaires terminés par un article alongé, presque ovale, mais point en croissant ni en hache.

(a) Corps linéaire. Masse des antennes de cinq articles.

Langurie.

(b) Corps hémisphérique. Masse des antennes de trois articles.

Phalacre.

ÉROTYLE. (Erotylus.)

Antennes terminées en massue oblongue, perfoliée. Quatre palpes courts, inégaux, dont le dernier article est large et en croissant. Division intérieure des mâchoires cornée, terminée par deux dents.

Corps ovale, gibbeux. Pattes à jambes grêles.

Antennœ clavâ oblongâ, subperfoliatâ, terminatœ. Palpi quatuor breves, inœquales; articulo ultimo semilunato aut securiformi. Maxillarum processus internus corneus, apice bidentatus.

Corpus ovatum, dorso convexo subgibboso. Pedes tibiis gracilibus subcylindricis.

Observations. Les *érotyles* se distinguent, au premier aspect, par leur corps ovale, convexe, à dos souvent gibbeux, lisse, et ordinairement varié de couleurs vives; quelques-uns sont presque hémisphériques. On avait confondu ces insectes, les uns avec les chrysomèles, et les autres avec les coccinelles; mais, outre l'aspect particulier qui les distingue, on les reconnaît par leurs antennes en massue, et on ne peut les confondre avec les coccinelles, puisqu'ils ont quatre articles aux tarses.

Ces insectes ont le corselet un peu aplati, les élytres très bombées, embrassant l'abdomen sur les côtés par un rebord replié à angle tranchant. Ils fréquentent les plantes et les fleurs, et vivent à peu près comme les chrysomèles.

On en connaît plus de trente espèces. La plupart se trouvent dans l'Amérique méridionale.

ESPÈCES.

1. Erotyle géant. *Erotylus giganteus.*

E. ovatus, ater; elytris maculis fulvis numerosissimis.
Erotylus giganteus. Fab. eleut. 2. p. 3.
Oliv. Coléopt. 5. nº 89. tab. 1. f. 6.
Habite à Cayenne. Ses élytres sont très convexes.

2. Erotyle bossu. *Erotylus gibbosus.*

E. ater, gibbus; elytris flavescentibus nigro-punctatis; fasciâ mediâ posticâque nigris.
Chrysomela gibbosa. Linn.
Erotylus gibbosus. Fab. Oliv. Col. pl. 1. f. 4. *a. b.*
Habite l'Amérique méridionale.

3. Erotyle histrion. *Erotylus histrio.*

E. ovato-oblongus, ater; elytris nigro flavoque fasciatis; maculâ baseos apicisque coccineâ. F.
Erotylus histrio. Fab. Oliv. Col. pl. 2. f. 12. *a. b.*
Habite à Cayenne

4. Erotyle cinq points. *Erotylus quinquepunctatus.*

E. elytris nigris; punctis quinque rubris.
Chrysomela quinquepunctata. Linn.
Erotylus quinquepunctatus. Fab. el. 2. p. 6.
Oliv. Col. 5. nº 89. pl. 1. f. 5.
Habite l'Amérique méridionale.
Etc.

TRIPLAX. (Triplax.)

Antennes moniliformes, terminées en massue courte, subovale. Mâchoires à division intérieure membraneuse : une très petite dent à leur sommet.

Corps, soit arrondi, soit ovale-oblong. Corselet convexe. Pattes à jambes élargies, en triangle alongé.

Antennœ moniliformes, in clavam brevem subovatam terminatœ. Maxillœ processu interno membranaceo : dente minimo ad apicem.

Corpus vel rotundatum, vel ovato-oblongum. Thorax disco altiore. Pedes tibiis subdilatatis, elongato-trigonis.

Observations. *Fabricius* a donné le nom de tritomes à ceux de ces insectes qui ont le corps arrondi; ce ne sont pas les tritomes de Geoffroy. Quant à ceux qui ont le corps ovale ou oblong, il les a nommés *triplax*. Il convient de réunir les uns et les autres en un seul genre, comme la fait Latreille.

On sent que les *triplax* avoisinent les érotyles par leurs rapports; mais ils ont la massue des antennes plus courte, ovale ou presque ronde. Leurs pattes ont les jambes moins grêles, un peu élargies. Ces insectes vivent dans les bolets sessiles qui naissent sur les troncs d'arbres, ou sous l'écorce des arbres.

ESPÈCES.

1. Triplax bipustulé: *Triplax bipustulatum.*

T. ovato-rotundatum, nigrum, nitidum; elytris maculâ baseos sanguineâ.

Tritoma bipustulatum. Fab. Latr.

Triplax bipustulata. Oliv. Col. 5. n° 89. pl. 1. f. 5.

Habite en Europe, dans les bolets.

2. Triplex nigripenne. *Triplax nigripenne.*

T. oblongum, rufum; antennis elytris pectoreque nigris.

Silpha russica. Linn.
Triplax russica. Fab. Oliv. Col. 5. nº 89. p. 491.
Et érotyle. pl. 1. f. 1.
Panz. fasc. 50. f. 7.
Habite en Europe, sur les arbres.

LANGURIE. (Languria.)

Antennes à massue perfoliée, oblongue, comprimée, de cinq articles. Mandibules bifides au sommet. Palpes maxillaires subfiliformes, à dernier article plus épais, alongé.

Corps linéaire ; corselet en carré long, marginé.

Antennæ in clavam perfoliatam, oblongam, compressam, quinque-articulatam terminatæ. Mandibulæ apice bifido. Palpi maxillares subfiliformes : articulo ultimo crassiore, longiore.

Corpus lineare. Thorax elongato-quadratus, marginatus.

Observations. Les *languries* sont des insectes exotiques, à corps alongé, étroit, presque linéaire ; à antennes à peine plus longues que le corselet. Le pénultième article de leurs tarses est bilobé. Malgré leur forme alongée, on sent que ces insectes tiennent aux érotylènes par leurs rapports.

ESPÈCES.

1. Langurie bicolore. *Languria bicolor*.

L. rufa; elytris æneis punctatis ; punctis in strias digestis.
Languria bicolor. Latr. Gen. Crust. et Ins. 1. tab. 11. f. 11.
Et vol. 3. p. 65. Oliv. Col. 5. nº 88. pl. 1. f. 1.
Trogosita bicolor. Fab. Eleut. 1. p. 152.
Habite l'Amérique septentrionale. Bosc.

2. Langurie de Mozard. *Languria Mozardi*.

L. rubra; elytris nigris punctatis; punctis per serias digestis.
Languria Mozardi. Latr. Gen. Crust. et Ins. 3. p. 66.
Habite l'Amérique septentrionale. Mozard.

3. Langurie alongée. *Languria elongata.*

L. elongata, ferruginea; capite elytrisque cyaneis.
Trogosita elongata. Fab. Eleut. 1. p. 152.
Habite l'île de Sumatra.

4. Langurie filiforme. *Languria filiformis.*

L. elongata, ferruginea; antennis pedibusque nigris.
Trogosita filiformis. Fab. Eleut. 1. p. 152.
Habite l'île de Sumatra.

PHALACRE. (Phalacrus.)

Antennes à masque oblongue, de trois articles : le dernier alongé, ovale ou conique. Mandibules étroites, arquées, bidentées au sommet. Palpes subfiliformes.

Corps presque hémisphérique ou ovale, très lisse. Corselet ayant les angles aigus.

Antennæ clavâ oblongâ, triarticulatâ : articulo ultimo elongato, ovali aut conico. Mandibulæ angusto-arcuatæ, apice bidentatæ. Palpi subfiliformes.

Corpus subhemisphæricum aut ovatum, lævissimum. Thorax angulis acutis.

Observations. On rencontre les *phalacres* sur les fleurs composées, semi-flosculeuses, et sous les écorces d'arbres. Leur corps est ovale ou presque hémisphérique, très bombé et fort lisse. Le troisième article de leurs tarses est bilobé, comme dans les autres érotylènes.

ESPÈCES.

1. Phalacre bicolor. *Phalacrus bicolor.*

Ph. niger, ovatus; elytris apice punctis duobus rubris.
Latr. Genr. Crust. et Ins. 3. p. 66.
Anthribe à deux points rouges. Geoff. 1. p. 308.
Anthribe bimaculé. Oliv. Encycl. n° 5.
Anisostoma bicolor. Fab. Éleut. 1. p. 100.
Habite en Europe, sur les fleurs du pissenlit.

2. Phalacre pédiculaire. *Phalacrus pedicularius.*

Ph. ovatus, niger, immaculatus; elytris lævibus.
Anthribus pedicularius. Oliv. Encycl. n° 6.
Nitidula pedicularia. Fab. Éleut. 1. p. 352.
Habite en Europe, sur les fleurs.

3. Phalacre marbré. *Phalacrus marmoratus.*

Ph. ovatus, niger; elytris striatis, rubro-nigroque marmoratis.
Anthribus. Geoff. Ins. 1. p. 306. n° 1. pl. 5. f. 3.
Anthribus marmoratus. Oliv. Encycl. n° 8.
Habite en Europe, sur les fleurs de la jacée.

LES CHRYSOMÉLINES.

Antennes non en massue : elles sont filiformes ou moniliformes. Lèvre inférieure non dilatée, en cœur à son extrémité.

Les *chrysomélines* sont, en général, des insectes de petite taille, ayant la tête en partie enfoncée dans le corselet; des couleurs assez vives, quelquefois brillantes; des antennes courtes ou de longueur médiocre, filiformes ou moniliformes, s'épaississant quelquefois un peu vers leur sommet, sans être véritablement en massue. Elles ont toutes le troisième article des tarses bilobé.

Les unes ont le corps arrondi ou ovale, quelquefois oblong, à corselet aussi large que long, ou au moins de la largeur des élytres à la base, et on les a distinguées en *chrysomélines* proprement dites.

Les autres ont le corps alongé, le corselet cylindrique, étroit, conséquemment plus long que large, et on les a considérées comme formant une coupe particulière, sous le nom de *criocérides*. Celles-ci paraissent effectivement avoisiner les cérambiciens par leurs rapports.

Les chrysomélines ont les antennes moins longues que les cérambiciens, et n'ont pas comme eux la lèvre inférieure dilatée en cœur à son extrémité, quoiqu'elle soit quelquefois échancrée, surtout dans les criocérides. Ces insectes sont fort nombreux, très diversifiés, vivent sur les plantes, et la plupart fréquentent les fleurs : je les divise de la manière suivante.

DIVISION DES CHRYSOMÉLINES.

* *Corselet n'étant pas plus long que large, et dont la largeur, à sa base, égale celle des élytres.* [Chrysomélines courtes.]

(1) Tête en partie cachée ou enfoncée sous le corselet.

(a) Corps suborbiculaire, clypéiforme, bordé. Corselet cachant la tête ou la recevant dans une échancrure.

Casside.

(b) Corps ovoïde ou ovale-oblong, non clypéiforme.

(+) Antennes écartées à leur insertion.

▭ Antennes simples, non en scie.

+ Tête droite ou avancée. Corselet transverse, ne cachant qu'une partie de la tête.

Chrysomèle.

++ Tête inclinée verticalement. Corselet très bombé, cachant presque entièrement la tête.

Gribouri.

▭▭ Antennes en scie ou en peigne d'un côté.

Clythre.

(++) Antennes très rapprochées à leur insertion.

▭ Point de pattes propres pour sauter.

Galéruque.

□□ Pattes postérieures propres à sauter.

Altise.

(2) Tête entièrement découverte. Le corps oblong.

Hispe.

** *Corselet étroit, plus long que large. Le corps alongé.* [Chysomélines alongées.]

(a) Mandibules bifides ou échancrées à leur pointe.

(+) Antennes moniliformes. Les yeux échancrés.

Criocère.

(++) Antennes filiformes. Les yeux sans échancrure.

Donacie.

(b) Mandibules entières à leur pointe.

Sagre.

CASSIDE. (Cassida.)

Antennes submoniliformes, grossissant un peu vers leur sommet, très rapprochées à leur insertion. Bouche en dessous. Palpes courts.

Tête cachée sous le corselet, ou reçue dans une échancrure de sa partie antérieure. Le corps suborbiculaire déprimé, clypéiforme, bordé tout au tour.

Antennæ submoniliformes, extrorsum sensim subcrassiores, basi approximatæ. Os inferum. Palpi breves.

Caput sub thorace absconditum aut in illius incisurâ anticâ receptum. Corpus suborbiculare, depressum, clypeiforme, ad periphœriam marginatum.

Observations. On reconnaît facilement les *cassides* au premier aspect. Leur corps large, presque orbiculaire, déprimé, a, en quelque sorte, la forme d'un bouclier ou d'une petite tortue. Il est souvent un peu relevé au milieu du dos, et se trouve bordé ou dépassé tout autour par le corselet et les côtés des élytres. Fabricius a fait son genre *imatidium* avec les espèces qui ont le corselet échancré antérieurement.

Les larves des *cassides* sont très singulières : elles ont six pattes, le corps large, court, aplati, bordé sur les côtés d'appendices branchus, subépineux. Leur queue se recourbe en dessus, se termine en fourche, et soutient les excrémens de l'animal, dont il se fait une espèce de parasol.

En Europe, on rencontre ces insectes sur les chardons, les plantes à feuilles verticillées et rubiacées [*galii*], et sur une inule d'automne; mais on n'y en connaît que très peu d'espèces. Dans les pays étrangers, au contraire, surtout dans l'Amérique et dans l'Inde, on en trouve un assez grand nombre, et de fort belles.

ESPÈCES.

1. Casside verte. *Cassida viridis.*

C. viridis, pedibus pallidis; femoribus nigris.
Cassida viridis. Linn. Fab. Éleut. 1. p. 387.
Oliv. Col. 6. nº 97. p. 975. pl. 2. f. 29.
Panz. fasc. 96. f. 4.
Habite en Europe, sur les chardons.

2. Casside équestre. *Cassida equestris.*

C. viridis, elytrorum basi strigâ argenteâ; abdomine nigro; margine pallido.
Cassida equestris. Fab. Éleut. 1. p. 388.
Oliv. Coléopt. 6. nº 97. pl. 1. f. 3.
Habite en Europe, sur la menthe aquatique.

3. Casside noble. *Cassida nobilis.*

C. grisea, elytris lineâ cæruleâ nitidissimâ. F.
Cassida nobilis. Linn. Fab. Éleut. 1. p. 396.
Oliv. Col. 6. nº 97. pl. 2. f. 24.
Panz. fasc. 39. t. 15.
Habite en Europe, sur les plantes verticillées.
Etc. Presque toutes les autres espèces connues sont exotiques.

CHRYSOMÈLE. (Chrysomela.)

Antennes moniliformes, grossissant un peu vers leur sommet, écartées, insérées devant les yeux. Mandibules courtes, crochues; mâchoires bilobées. Quatre palpes, à dernier article plus gros, subtronqué.

Corps ovale, quelquefois presque orbiculaire, épais, convexe. Corselet large, subtransverse.

Antennæ moniliformes, sentìm extrorsùm crassiores remotæ, antè oculos insertæ. Mandibulæ breves, uncinatæ; maxillæ bilobæ. Palpi quatuor: articulo ultimo crassiore, subtruncato.

Corpus ovatum, interdùm suborbiculare, crassum, convexum. Thorax subtransversus.

Observations. Les couleurs brillantes dont sont parées la plupart des *chrysomèles* ont fait donner à ce genre le nom qu'il porte. Sur plusieurs, en effet, le vert-doré, le bleu, l'azur, l'écarlate, etc., brillent avec beaucoup d'éclat. Ces insectes néanmoins sont de moyenne taille. Leur corps est ovale, quelquefois presque hémisphérique, convexe en dessus, glabre, souvent lisse et même luisant.

Les chrysomèles ne sont pas sans rapports avec les érotyles, les coccinelles et les cassides, dont néanmoins elles sont très distinctes, mais elles en ont de plus grands avec les galéruques, les gribouris, les clythres et les altises.

La tête des chrysomèles est légèrement inclinée et un peu enfoncée dans le corselet, beaucoup moins cependant que dans les gribouris.

Le corselet est, en général, plus large que long et un peu bordé; mais les élytres ne le sont pas. Le pénultième article des tarses est constamment bilobé.

Les chrysomèles vivent sur les herbes et sur les arbres, se nourrissent de leurs feuilles et y déposent leurs œufs. Plusieurs espèces aiment à vivre en société sur une même feuille, qu'elles rongent en compagnie.

Ce genre est nombreux en espèces, quoiqu'il ait été fort réduit de l'état où on l'avait d'abord institué.

ESPÈCES.

1. Chrysomèle ténébrion. *Chrysomela tenebricosa.*

C. ovata, aptera, atra ; thorace elytrisque lœvibus ; antennis pedibusque violaceis. Oliv. Dict. 5. n° 1. p. 689.
Coléopt. 5. p. 508. pl. 1. f. 11.
Tenebrio lœvigatus. Linn.
Chrysomela tenebricosa. Fab. Panz. fasc. 44. t. 1.
Habite en Europe. Commune en France.

2. Chrysomèle violette. *Chrysomela violacea.*

C. ovata, cyanea, nitida ; thorace elytrisque subtilissimè punctatis.
Oliv. Coléopt. pl. 6. f. 82.
Chrysomela violacea. Panz. fasc. 44. tab. 8.
Habite en France, en Allemagne, sur les saules.

3. Chrysomèle céréale. *Chrysomela cerealis.* L.

C. ovata, rubro-œnea; thorace elytrisque vittibus cœruleis.
Chrysomela cerealis. Linn. Fab. Éleut. 1. p. 439.
Oliv. Coléopt. 5. n° 91. p. 545. pl. 7. f. 104.
Panz. fasc. 44. t. 11.
Habite en Europe, sur les genets.

4. Chrysomèle du peuplier. *Chrysomela populi.*

C. ovata; thorace cœrulescente; elytris rubris, apice fuscis.
Chrysomela populi. Linn. Fab. Éleut. 1. p. 433.
Oliv. Coléopt. pl. 7. f. 110.
Habite en Europe, sur le peuplier.

5. Chrysomèle sanguinolente. *Chrysomela sanguinolenta.*

C. atra; elytris punctatis; margine exteriori sanguineo.
Chrysomela sanguinolenta. Linn. Fab. Éleut. 1. p. 441.
Geoff. Ins. 1. p. 259. tab. 4. f. 7.
Oliv. Coléopt. pl. 1. f. 8. Panz. fasc. 16. t. 10.
Habite en Europe, dans les bois.
Etc.

GRIBOURI. (Cryptocephalus.)

Antennes filiformes, simples, aussi longues ou plus longues que le corselet, à articles oblongs. Division externe des mâchoires plus grande que l'interne. Palpes courts.

Corps subcylindracé ; corselet bombé ou très convexe. Tête penchée presque verticalement, enfoncée et en partie cachée sous le corselet.

Antennæ filiformes, simplices, thoracis longitudine vel thorace longiores ; articulis oblongis. Maxillæ processu externo interno majore. Palpi breves.

Corpus subteres vel ovato-cylindricum : thorax valdè convexus. Caput ad perpendiculum ferè nutens, thoraci partim intrusum.

Observations. Les *gribouris* ont de grands rapports avec les chrysomèles, ce qui est cause que Linné ne les en a point distingués. Néanmoins ils en diffèrent : 1° par leurs antennes filiformes, non grenues, mais à articles oblongs; 2° par leur corps presque cylindrique, ou à peu près de même largeur d'un bout à l'autre; 3° en ce que leur corselet n'est point bordé, et surtout en ce que leur tête, au lieu d'être avancée ou saillante, est très inclinée en bas, forme presque un angle droit avec l'axe du corps, et ne paraît presque point lorsqu'on regarde l'animal en dessus. Je n'en distingue point les eumolpes, les colapses, ni même les chlamydes, quoique celles-ci aient les antennes un peu courtes et légèrement en scie.

Les gribouris sont la plupart ornés de couleurs assez brillantes. Ils vivent sur les plantes, et leurs larves y font quelquefois beaucoup de dégâts, en rongeant les jeunes pousses à mesure qu'elles se développent.

ESPÈCES.

1. Gribouri de la vigne. *Cryptocephalus vitis.*

C. niger, pubescens, punctulatus; elytris brunneo-sanguineis.

Cryptocephalus vitis. Oliv. Col. n° 96. pl. 1. f. 9. *Eumolpus*, ibid. p. 911.
Eumolpus vitis. F. Éleut. 1. p. 422.
Panz. fasc. 89. f. 12.
Habite la France et l'Europe australe, sur la vigne.

2. Gribouri soyeux. *Cryptocephalus sericeus.*

C. aurato-viridis, nitidus, punctulatus ; elytris rugosulis ; antennis nigris.
Chrysomela sericea. Linn.
Cryptocephalus sericeus. Fab. Oliv. Latr.
Habite en Europe, sur les saules, les fleurs semi-flosculeuses.

3. Gribouri cordigère. *Cryptocephalus cordiger.*

C. thorace variegato, elytris rubris; punctis duobus nigris.
Chrysomela cordigera. Linn.
Cryptocephalus cordiger. Fab. Éleut. 2. p. 44.
Oliv. Coléop. 6. n° 96. p. 793. pl. 4. f. 57. Panz. fasc. 13. t. 6.
Habite en Europe.

4. Gribouri du coudrier. *Cryptocephalus coryli.*

C. niger; thorace elytrisque testaceis; suturâ nigrâ.
Cryptocephalus coryli. Fab. Éleut. 2. p. 45.
Panz. fasc. 68. t. 6. Oliv. Col. pl. 4. f. 60.
Habite en Europe, sur le noisetier.
Etc.

CLYTHRE. (Clythra.)

Antennes filiformes, en scie d'un côté, à peine de la longueur du corselet. Mandibules avancées, bidentées au sommet.

Tête penchée, enfoncée dans le corselet. Corps subcylindrique, court.

Antennæ filiformes, hinc serratæ, breves, vix thoracis longitudine. Mandibulæ apice bidentatæ, sæpius porrectæ.

Caput nutans, thoraci intrusum. Corpus cylindraceum, breve.

Observations. Ces coléoptères ont été confondus avec les chrysomèles par *Linné*, et avec les gribouris par *Fabricius*, dans ses premiers ouvrages. *Laicharting*, et, depuis, les autres entomologistes, en ont formé un genre particulier, sous le nom de *clythre*. Geoffroy avait, le premier, reconnu ce genre, et lui avait donné le nom de *melolontha;* nom que l'on a depuis attribué au genre des hannetons.

Les *clythres* se reconnaissent aisément au caractère de leurs antennes, et à leurs mandibules grandes, quelquefois très avancées. Ces insectes fréquentent les fleurs. On en trouve assez souvent sur le chêne.

ESPÈCES.

1. Clythre taxicorne. *Clythra taxicornis.*

C. obscurè cyanea; elytris testaceis immaculatis; antennis elongatis, serratis.
Clythra taxicornis. Fab. Éleut. 2. p. 34.
Oliv. Coléopt. n° 96. p. 843. (Gribouri. pl. 1. f. 2.)
Habite le midi de la France, l'Italie.

2. Clythre à quatre points. *Clythra quadripunctata.*

C. nigra, elytris rubris; punctis duobus nigris.
Chrysomela quadripunctata. Linn.
Melolontha. Geoff. Ins. 1. p. 195. tab. 3. f. 4.
Oliv. Coléopt. 6. n° 96. p. 850 (Gribouri. pl. 1. f. 1.)
Habite en Europe, sur les fleurs de différents arbres.

3. Clythre longipède. *Clythra longipes.*

C. elytris rubro-lutescentibus; maculis tribus nigris.
Clythra longipes. Fab. Éleut. 2. p. 28.
Oliv. Col. 6. n° 96. p. 845. pl. 1. f. 13.
Habite en Europe, sur le noisetier.
Etc.

GALÉRUQUE. (Galeruca.)

Antennes filiformes, plus longues que le corselet, très rapprochées à leur base. Mâchoires à deux divisions presque égales en longueur: l'extérieure plus grêle.

Le dernier article des palpes de la grandeur des autres, quelquefois plus court.

Corps oblong; corselet court.

Antennæ filiformes, thorace longiores, basi valdè approximatæ. Maxillæ processibus duobus subæquè longis : externo graciliore. Palporum articulus ultimus aliis magnitudine similis, interdùm brevior.

Corpus oblongum. Thorax brevis.

Observations. Les *galéruques* tiennent encore aux chrysomèles par leurs rapports; mais elles ont les antennes moins grenues, plus longues que la moitié du corps, insérées entre les yeux, et par suite très rapprochées à leur base. Leur corps d'ailleurs est oblong, à corselet un peu plus étroit antérieurement. On pourrait les confondre avec les altises; mais leurs cuisses postérieures ne sont point renflées, et ces insectes ne sautent point.

La démarche des galéruques est lente, ainsi que celle des chrysomèles. Au lieu de se servir de leurs ailes lorsqu'ils se croient menacés, ces insectes se laissent tomber et demeurent sans mouvement. Leurs larves ont à peu près les mêmes habitudes que celles des chrysomèles, et vivent sur les plantes.

ESPÈCES.

1. Galéruque de la tanaisie. *Galeruca tanaceti.*

G. nigra, punctata; elytris coriaceis.
Chrysomela tanaceti. Linn.
Galeruca tanaceti. Fab. Éleut. 1. p. 481.
Oliv. Coléopt. 6. n° 93. pl. 1. f. 1.
Habite en Europe, sur la tanaisie.

2. Galéruque de l'orme. *Galeruca calmariensis.*

G. ovato-oblonga, cinereo-lutescens; elytris vittâ lineolâque baseos nigris.
Chrysomela calmariensis. Linn.
Galeruca calmariensis. Fab. Éleut. 1. p. 488.
Oliv. Col. 6. pl. 3. f. 37.
Habite en Europe, sur l'orme, dont elle détruit les feuilles.

3. Galéruque sanguine. *Galeruca sanguinea.*

G. capite thorace elytrisque rubris, punctatis nigro-maculatis.
Galeruca sanguinea. Fab. Oliv. Coléopt. n° 93. pl. 3. f. 41.
Panz. fasc. 102. t. 8.
Habite en Europe, sur différens arbres.
Etc.

ALTISE. (Altica.)

Antennes filiformes, plus longues que le corselet, rapprochées à leur base. Mandibules terminées par deux dents. Palpes inégaux.

Tête petite, plus étroite que le corselet. Corps ovale-oblong. Pattes postérieures à cuisses renflées, propres à sauter.

Antennæ filiformes, thorace longiores, basi approximatæ. Mandibulæ apice bidentatæ. Palpi inæquales.

Caput parvum, thorace angustius. Corpus ovato-oblongum. Pedes postici femoribus incrassatis saltatoriis.

Observations. Quelques rapports qu'aient les *altises* avec les galéruques, on doit les en distinguer, puisqu'elles ont la faculté de sauter, et qu'on en juge facilement au renflement des cuisses postérieures de l'insecte. Les altises sont, en général, petites, et font beaucoup de tort aux plantes. On les nomme vulgairement *puces* des jardins. On en connaît un assez grand nombre d'exotiques.

ESPÈCES.

1. Altise des jardins. *Altica oleracea.*

A. viridi-ænea; elytris punctatis.
Chrysomela oleracea. Linn. Altise bleu. Geoff. 1. p. 245.
Galeruca oleracea. Fab. Eleut. 1. p. 498.
Panz. fasc. 21. f. 1. *Altica.* n° 66. Oliv. Coléopt. 6. p. 705.
Habite en Europe, dans les jardins, sur les choux, les navets, etc.

2. Altise testacée. *Altica testacea.*

A. ovalis, convexa, testaceo-rubra; elytris punctulatis.
Altica testacea. Oliv. Col. 6. n° 93. *bis.* p. 696. pl. 3. f. 49.
Panz. fasc. 21. f. 13.
Habite en Europe.

3. Altise rubis. *Altica nitidula.*

A. ovato-oblonga, viridis, nitens; capite thoraceque aureis; pedibus ferrugineis. Ol.
Chrysomela nitidula. Linn.
Altica nitidula. Oliv. Col. 6. p. 713. pl. 5. f. 80.
Habite en Europe, sur le saule.
Etc.

HISPE. (Hispa.)

Antennes filiformes, avancées antérieurement, rapprochées à leur insertion.

Tête entièrement découverte. Corps alongé. Corselet presque carré ou en trapèze, un peu plus étroit que les élytres. Abdomen oblong. Élytres couvrant et embrassant l'abdomen, arrondies ou presque tronquées à l'extrémité.

Antennæ filiformes, anticè porrectæ, basi approximatæ.

Caput penitùs exsertum. Corpus elongatum. Thorax subquadratus aut trapeziformis, elytris parùm angustior. Abdomen oblongum. Élytra abdomen obtegentia amplectantiaque, apice rotundata aut subtruncata.

Observations. Les *hispes*, par leur corps alongé et comme en pointe antérieurement, semblent se rapprocher des criocères. Les uns ont le corps hispide, presque épineux, tandis que les autres ont le corps mutique; on les a distingués sous les noms d'*hispes* et d'*alurnes*.

ESPÈCES.

1. Hispe noir. *Hispa atra.*

H. atra; thorace anticè spinoso, lateribus margine dilatato; elytris striato-punctatis, spinosis.
Hispa atra. Linn. Panz. fasc. 96. f. 8.
Hispa spinosa. Fab. éleut. 2. p. 58.
Habite en Europe, sur les graminées.

2. Hispe testacé. *Hispa testacea.* L.

H. testacea, spinosa; antennis aculeisque nigris.
Hispa testacea. Fab. éleut. 2. p. 59.
Oliv. Coléopt. 6. nº 95. p. 762. pl. 1. f. 7.
Habite le midi de la France, l'Italie, etc.

3. Hispe sanguinicolle. *Hispa sanguinicollis.* L.

H. nigra; thorace elytrorumque basi sanguineis; elytris apice serratis.
Hispa sanguinicollis. Fab. eleut. 2. p. 60.
Oliv. Coléopt. pl. 1. f. 12. *Alurnus.* Latr.
Habite l'Amérique méridionale, les Antilles.
Etc.

CRIOCÈRE. (Crioceris.)

Antennes filiformes ou submoniliformes, moins longues que le corps, rapprochées à leur base. Mandibules et mâchoires bifides. Palpes filiformes. Les yeux échancrés.

Corps oblong, corselet étroit; abdomen en carré long, obtus à l'extrémité.

Antennæ filiformes aut submoniliformes, corpore breviores, basi approximatæ. Mandibulæ maxillæque bifidæ. Palpi filiformes. Oculi emarginati.

Corpus oblongum. Thorax angustus [elytris angustior]. Abdomen elongato-subquadratum, apice obtusum.

Observations. Les *criocères* sont des chrysomélines alongées, qui commencent, en quelque sorte, à annoncer le voisinage des cérambiciens. Ils ont les yeux saillans et échancrés; le corps alongé, glabre, lisse; le corselet immarginé, subcylindrique, toujours plus étroit que les élytres; enfin, la plupart sont ornés de couleurs brillantes.

Ces insectes ont la démarche lente, sont en général petits, portent leurs antennes dirigées en avant, et ont le pénultième article des tarses bilobé. On les rencontre sur les fleurs des jardins, des prés et des campagnes. Leurs larves sont courtes, assez grosses ou ramassées, et se couvrent le dos de leurs excrémens pour se garantir de l'action du soleil et des intempéries de l'air.

ESPÈCES.

1. Criocère du lis. *Crioceris merdigera.*

C. nigra ; thorace elytrisque rubris.
Crioceris merdigera. Linn. Criocère rouge. Geoff. n° 1.
Crioceris merdigera. Oliv. Col. 6. n° 94. p. 732. pl. 1. f. 8.
Panz. fasc. 45. t. 2.
Habite en Europe, sur le lis. Les élytres sont striées.

2. Criocère de l'asperge. *Crioceris asparagi.*

C. thorace rubro ; elytris flavidulis ; cruce punctisque quatuor nigris.
Chrysomela asparagi. Linn. *Lema asparagi.* Fab. éleut.
Panz. fasc. 71. t. 2.
Crioceris asparagi. Oliv. Col. 6. p. 744. pl. 2. f. 28.
Habite en Europe, sur l'asperge.
Etc.

DONACIE. (Donacia.)

Antennes filiformes, plus longues que le corselet, à articles inégalement alongés. Mandibules bidentées au sommet. Mâchoires bifides. Les yeux entiers.

Corps alongé, brillant. Pattes postérieures à cuisses un peu renflées.

Antennæ filiformes, thorace longiores, articulis inæqualiter elongatis. Mandibulæ apice bidentatæ. Maxillæ bifidæ. Oculi integri.

Corpus elongatum, colore metallico, sæpius nitidum. Pedes postici femoribus incrassatis, subclavatis.

Observations. Les *donacies* paraissent se rapprocher des sagres par leurs couleurs brillantes et métalliques et même un peu par le renflement des cuisses de leurs pattes postérieures. Mais elles s'en distinguent par leurs manbibules bidentées au sommet, et par leur corps plus étroit. Ces insectes vivent la plupart sur des plantes aquatiques.

ESPÈCES.

1. Donacie de la sagittaire. *Donacia sagittariæ.*

D. viridi-aurea; elytris striatis, femoribus posticis dentatis.
Donacia sagittariæ. Fab. éleut. 2. p. 128.
Panz. fasc. 29. f. 7. Oliv. Col. 4. n° 75. pl. 1. f. 4. *a. b. c.*
Habite en Europe, sur les plantes aquatiques.

2. Donacie clavipède. *Donacia clavipes.*

D. viridi-aurea; abdomine argenteo sericeo; femoribus posticis longis, clavatis, inermibus. Ol.
Donacia clavipes. Fab. éleut. 2. p. 128.
Oliv. col. 4. n° 75. pl. 1. f. 6. *a. b.*
Donacia menyanthidis? Panz. fasc. 29. t. 13.
Habite en Europe, sur les plantes aquatiques.
Etc.

SAGRE. (Sagra.)

Antennes filiformes, de la longueur du corselet ou un peu plus, insérées devant les yeux. Palpes filiformes. Mandibules entières à leur pointe. Les yeux échancrés.

Corps oblong, brillant. Pattes postérieures très grandes, à cuisses épaisses, fortes et dentées.

Antennæ filiformes, thoracis longitudine vel ultrà, ante oculos insertæ. Palpi filiformes. Mandibulæ acumine simplici terminatæ. Oculi emarginati.

Corpus oblongum, colore metallico nitidum. Pedes postici maximi, femoribus incrassatis, validis, subdentatis.

Observations. Les *sagres* sont des insectes étrangers à l'Europe, qui sont très voisins des donacies par leurs rapports, mais qui s'en distinguent par leurs mandibules entières à leur pointe, et peut-être même par leurs cuisses postérieures, qui sont en général épaisses et dentées.

ESPÈCE.

1. Sagre fémorale. *Sagra femorata.*

S. viridi-ænea; femoribus tibiisque posticis dentatis.
Sagra femorata. Fab. éleut. 2. p. 26.
Oliv. Col. 5. n° 90 p. 497. pl. 1. f. 1.
Habite aux Indes orientales, en Afrique.

Voyez, pour les autres espèces, Fab. éleut. vol. 2. p. 27. et Oliv. Col. 5. n° 90.

— Les *mégalopes* ayant les mandibules entières à leur pointe, comme les sagres, mais en étant très distinctes, appartiennent à cette division des criocérides.

Voyez Latr. Gen. Crust. et Ins. 3. p. 45. et Oliv. Col. 6. n° 96 *bis*. p. 917.

LES CÉRAMBICIENS.

La lèvre inférieure évasée en cœur à son extrémité; les antennes longues, sétacées ou filiformes dans la plupart.

Les *cerambiciens* constituent, parmi les coléoptères, une famille naturelle, très remarquable par ses caractères généraux, et qui, comme tous les autres, ne se lie et ne semble se confondre avec les familles avoisinantes, que vers ses limites.

En général, les cérambiciens se font remarquer par un corps alongé, des antennes longues, sétacées ou filiformes, et souvent par des yeux échancrés en forme de rein, qui embrassent la base des antennes.

Ces tétramères ont le troisième article des tarses bilobé, comme dans les chrysomélines; mais leur lèvre inférieure offre une languette fortement évasée en cœur à son extrémité. Les autres articles des tarses sont spongieux, et comme garnis de pelottes en dessous. Tous ces insectes sont phytiphages, et dans la plupart les larves ne vivent que de la substance du bois : elles font beaucoup de tort aux arbres, surtout celles des grandes espèces.

DIVISION DES CÉRAMBICIENS.

* *Antennes longues, sétacées ou filiformes.*

(1) Lèvre supérieure très apparente.

(a) Antennes insérées hors des yeux. Les yeux entiers ou très peu échancrés.

(+) Corselet mutique.

Lepture.

(++) Corselet épineux ou tuberculeux.

Stencore.

(b) Antennes insérées dans une échancrure des yeux.

(a) Tête inclinée verticalement en bas.

(+) Corselet épineux ou tuberculeux.

Lamie.

(++) Corcelet mutique, n'ayant ni épines ni tubercules.

Saperde.

(b) Tête en avant, mais un peu penchée.

(+) Elytres, soit plus courtes que l'abdomen, soit longues et rétrécies en pointe postérieurement, ne recouvrant pas complètement les ailes.

Nécydale.

(++) Elytres non subulées postérieurement, recouvrant complètement l'abdomen et les ailes.

(✣) Corselet mutique, arrondi ou globuleux.

Callidie.

(✣✣) Corselet épineux et tuberculeux ou très inégal sur les côtés.

Capricorne.

(2) Lèvre supérieure nulle ou non apparente. Les bords du corselet tranchans, dentés, inégaux.

Prione.

** *Antennes courtes, moniliformes.*

(1) Corselet presque orbiculaire. Corps alongé, convexe.

Spondylide.

(2) Corselet carré. Corps alongé, déprimé.

Parandre.

LEPTURE. (Leptura.)

Antennes filiformes, insérées hors des yeux et entre eux. Les yeux entiers ou très peu échancrés. Mandibules entières; mâchoires bifides. Le dernier article des palpes ovale, subcomprimé.

Tête penchée. Corselet mutique, rétréci antérieurement. Corps alongé; élytres se rétrécissant vers leur extrémité dans la plupart.

Antennæ filiformes, extrà oculos interque eos insertæ. Oculi integri, vix lunati. Mandibulæ indivisæ;

maxillæ bifidæ. Palporum articulus ultimus ovatus, subcompressus.

Caput nutans. Thorax muticus, anticè angustior. Corpus elongatum; elytra versùs extremitatem sensìm angustata in plurimis.

Observations. Les *leptures* et les stencores sont remarquables en ce que leurs antennes ne sont point insérées dans les yeux, c'est-à-dire, n'ont point leur base entourée d'un côté par les yeux, ce qui les réunit sous ce rapport: aussi Latreille ne sépare point ces deux genres. Nous ne l'imitons pas ici, parce qu'il est dans nos principes que partout, lorsque les espèces sont très nombreuses, des distinctions génériques sont utiles, dès qu'on trouve les moyens d'en établir.

Ainsi les leptures, dont il s'agit ici, sont distinguées de nos stencores, en ce que leur corselet est mutique, c'est-à-dire, n'offre ni épines, ni tubercules. Ce sont les mêmes que celles de Fabricius et d'Olivier.

Beaucoup de leptures sont indigènes de l'Europe; les autres sont exotiques. On croit que leur larve se nourrit de la substance du bois, ou de la racine des végétaux vivaces.

ESPÈCES.

1. Lepture mélanure. *Leptura melanura.*

L. nigra; elytris rubescentibus lividisque; suturâ apiceque nigris.
Leptura melanura. Linn. Fab. éleut. 2. p. 355.
Stencorus. Geoff. 1. p. 226. n° 7. pl. 4. f. 1.
Oliv. Col. 4. n° 73. pl. 1. f. 6. Panz. fasc. 69. t. 19.
Habite aux environs de Paris.

2. Lepture rouge. *Leptura rubra.*

L. nigra; thorace elytris tibiisque purpureis.
Leptura rubra. Linn. Fab. éleut. 2. p. 357.
Panz. fasc. 69. t. 11. Oliv. Col. 4. 73. pl. 2. f. 16.
Habite en Europe.

3. Lepture testacée. *Leptura testacea.*

L. nigra; elytris testaceis; tibiis rufis; thorace posticè rotundato.

Leptura testacea. Linn. Fab. éleut 2. p. 357.
Panz. fasc. 69. t. 12.
Habite en Europe.

4. Lepture noire. *Leptura nigra.*

L. elytris attenuatis; corpore nigro, nitido; abdomine rubro.
Leptura nigra. Linn. Fab. éleut 2. p. 360.
Panz. fasc. 69. t. 18.
Habite en Europe.
Etc.

STENCORE. (Stencorus.)

Antennes sétacées ou filiformes, insérées hors des yeux et devant eux. Les yeux sans échancrure. Mandibules entières; mâchoires à deux lobes. Palpes inégaux, à dernier article plus gros, tronqué.

Corselet épineux ou tuberculeux latéralement.

Antennæ setaceæ vel filiformes, extrà et antè oculos insertæ. Oculi integri. Mandibulæ indivisæ, maxillæ bilobæ. Palpi inæquales, articulo ultimo crassiore, truncato.

Thorax spinosus aut tuberculatus ad latera.

Observations. Les *stencores*, comme les leptures, n'ont point les antennes insérées dans les yeux, mais elles en sont séparées et posées devant. Ainsi ces deux genres diffèrent à cet égard des autres cérambiciens. Mais les stencores sont distingués des leptures par leur corselet non mutique, étant muni sur les côtés d'épines ou de tubercules. Cette distinction me paraît suffisante, et je la trouve utile, chacun de ces genres étant nombreux en espèces.

Geoffroy a établi ce genre, et l'a déterminé à peu près par les mêmes caractères, en y ajoutant la considération des élytres, qui vont en se rétrécissant vers leur extrémité, ce qui a aussi lieu dans les leptures.

Les larves des stencores, comme la plupart de celles de cette famille, habitent, en général, dans l'intérieur des arbres.

ESPÈCES.

1. Stencore inquisiteur. *Stencorus inquisitor.*

S. niger, villosus; thorace spinoso; elytris nebulosis, fusco-subfasciatis.
Cerambix inquisitor. Linn. Rhagium, n° 2. Fab. éleut. 2. p. 313.
Stencorus. Geoff. 1. p. 223, n° 2.
Oliv. Coléop. 4. n° 69. pl. 2. f. 11.
Habite en Europe, sur les troncs d'arbres.

2. Stencore du saule. *Stencorus salicis.*

S. rufus, thorace tuberculato subspinoso; elytris cæruleo-nigris.
Stencorus. Geoff. 1. p. 224. n° 4.
Oliv. Coléop. 4. n° 69. p. 22. pl. 1. f. 5.
Habite aux environs de Paris, sur le saule, le marronnier d'Inde.
Etc.

LAMIE. (Lamia.)

Antennes sétacées, longues, insérées dans l'échancrure des yeux. Mandibules simples; mâchoires bifides.

Tête inclinée verticalement en bas. Corselet épineux ou tuberculeux.

Antennæ setaceæ, prælongæ, in oculorum sinu insertæ. Mandibulæ simplices; maxillæ bifidæ.

Caput in imâ parte verticaliter inflexum. Thorax ad latera spinosus aut tuberculatus.

Observations. Comme on a d'abord formé le genre des *lamies* presque uniquement d'après la considération du corps gros et un peu court de ces insectes, je n'avais pas voulu admettre ce genre fondé sur de semblables caractères. Mais Latreille ayant fait observer que ces cérambiciens ont, ainsi que nos saperdes, la tête fléchie verticalement en bas, c'est-à-dire, perpendiculaire à l'axe du corps, je profite de cette observation pour former le genre des lamies avec ceux des capricornes, qui ont la tête verticale.

Ainsi les lamies, qui sont à peu près les mêmes que les

lamia de Fabricius, ne sont ditinguées des saperdes que parce qu'elles ont le corselet épineux ou tuberculeux, et des capricornes, que parce que, dans ceux-ci, la tête, quoique inclinée, est en avant.

Quelques-uns de ces insectes ont le corps alongé; beaucoup d'autres l'ont assez gros et un peu court. On les trouve sur les arbres et sur les plantes.

ESPECES.

1. Lamie longimane. *Lamia longimanus.*

L. thorace spinis mobilibus; elytris variegatis, basi uni-dentatis apiceque bidentatis; antennis longissimis.
Cerambix longimanus. Linn.
Prionus longimanus. Fab. Oliv. Coléopt. 4. n° 66. pl. 3. et 4. f. 12.
Habite l'Amérique méridionale.

2. Lamie charpentier. *Lamia œdilis.*

L. thorace spinoso, punctis quatuor luteis; elytris obscuris, nebulosis; antennis longissimis.
Cerambis œdilis. Linn.
Oliv. Coléopt. 4. p. 81. n° 67. pl. 9. f. 59.
Habite l'Europe boréale, la France.

3. Lamie aranéiforme. *Lamia araneiformis.* Fab.

L. thorace spinoso, antennis longis; articulo quinto dentato; elytris porosis.
Cerambix araneiformis. Linn.
Oliv. Coléopt. 4. p. 64. n° 67. pl. 5. f. 34.
Habite l'Amérique méridionale.
Etc.

SAPERDE. (Saperda.)

Antennes sétacées, insérées dans l'échancrure des yeux. Palpes filiformes. Mandibules et mâchoires comme dans les lamies.

Tête inclinée verticalement en bas. Corselet mutique, cylindracé. Corps alongé.

Antennæ setaceæ, in oculorum sinu insertæ. Palpi filiformes. Mandibulæ maxillæque ut in lamiis.

Caput inimâ parte verticaliter inflexum. Thorax muticus, cylindraceus. Corpus elongatum.

Observations. Les *saperdes* nous paraissent suffisamment distinguées des lamies par leur corselet mutique. Elles semblent par là se rapprocher davantage des callidies; mais, outre que celles-ci ont leur tête en avant, quoique un peu inclinée, leur corselet court, arrondi, presque globuleux, les en distingue facilement.

Le corps des saperdes est alongé, et d'une grosseur presque égale dans toute sa longueur. La tête est à peu près de même largeur que le corselet. Enfin, les élytres sont presque de même largeur partout, et recouvrent entièrement les ailes et l'abdomen, ce qui distingue les saperdes des nécydales.

Les saperdes se nourrissent de substances végétales. On les trouve sur les fleurs et sur les rameaux des arbrisseaux et des arbres, où elles sont presque immobiles, et se laissent prendre facilement. Leurs espèces sont nombreuses. Par leur aspect, elles ressemblent à des leptures; mais leurs yeux échancrés, entourant la bases des antennes, les en distinguent.

ESPÈCES.

1. Saperde carcharias. *Saperda carcharias.* Fab.

S. flavescente-cinerea, nigro-punctata; antennis annulatis mediocribus. Oliv.
Cerambix carcharias. Linn. Fab. éleut. 2. p. 317
Lepture chagrinée. Geoff. 1. p. 208. n° 1.
Oliv. Coléopt. 4. n° 68. p. 6. pl. 2. f. 22.
Habite en Europe.

2. Saperde du chardon. *Saperda cardui.* Fab.

S. fusca; thorace lineato; scutello flavo; antennis longis.
Cerambix cardui. Linn.
Saperda cardui. Fab. éleut. 2. p. 325. Panz. fasc. 69. t. 6.
Oliv. pl. 1. f. 5.
Habite l'Europe australe.

3. Saperde tête rouge. *Saperda erythrocephala.* Fab.

S. capite rufo; thorace villoso, elytris antennisque nigris.
Saperda erythrocephala. Fab. éleut. 2. p. 322.
Panz. fasc. 69. t. 5.
Habite en Allemagne, dans le midi de la France.
Etc. Voyez le *saperda plumigera.* Oliv. pl. 1. f. 2. et le *saperda fasciculata.* Oliv. pl. 1. f. 3. Espèces curieuses par les faisceaux de poils de leurs antennes

---

NÉCYDALE. (Necydalis.)

Antennes filiformes, posées dans l'échancrure des yeux. Mandibules simples. Mâchoires à deux lobes inégaux.

Tête un peu penchée. Corselet mutique. Abdomen alongé, étroit. Elytres, soit raccourcies, soit longues et subulées, ne recouvrant qu'imparfaitement les ailes et l'abdomen.

Antennæ filiformes, in oculorum sinu insertæ. Mandibulæ simplices. Maxillæ lobis duobus inæqualibus.

Caput paululùm nutans. Thorax muticus. Abdomen elongatum, angustum. Elytra vel dimidiata, vel elongato-subulata, alas abdominisque dorsum non penitùs tegentia.

Observations. Les *nécydales*, quoique voisines des callidies sous certains rapports, s'en distinguent au premier aspect, ainsi que des autres cérambiciens. Leurs antennes sont plus filiformes que sétacées, leur abdomen alongé offre un rétrécissement ou une espèce d'étranglement vers son origine, qui le sépare du corselet. Mais ce qui les rend plus remarquables encore, c'est que leurs élytres, diverses en forme et en grandeur, ne recouvrent qu'incomplètement les ailes et l'abdomen; et, sous ces élytres, les ailes, en général, sont lâches, élevées, presque droites ou peu pliées, même pendant le repos de l'animal.

Dans certaines espèces, les élytres sont raccourcies ; dans d'autres, elles sont assez longues, et pointues en arrière.

Ces insectes, dans l'état parfait, se trouvent sur les fleurs. Leur larve vit dans le bois. On n'en connaît que peu d'espèces.

ESPÈCES.

1. Nécydale ichneumonée. *Necydalis major.*

N. elytris abbreviatis, ferrugineis, immaculatis; antennis brevibus.

Necydalis major. Linn. *Molorchus abbreviatus.* Fab. éleut. 2. p. 374.

Oliv. Coléopt. 4. n° 74. p. 5. pl. 1. f. 1.

Habite en Europe. Rare aux environs de Paris.

2. Nécydale caraboïde. *Necydalis minor.*

F. fusca; elytris abbreviatis, apice lineola alba. Oliv.

Molorchus dimidiatus. Fab. eleut. 2. p. 375.

Oliv. Coléopt. 4. n° 74. p. 6. pl. 1. f. 2.

Habite en Europe.

3. Nécydale rousse. *Necydalis rufa.* Fab.

N. nigra; elytris subulatis rufis; femoribus clavatis.

Lepture à étuis étranglés. Geoff. 1. p. 220. n° 22.

Oliv. Coléopt. 4. p. 6. pl. 1. f. 6.

Habite en Europe. Commune aux environs de Paris.

CALLIDIE. (Callidium.)

Antennes sétacées, posées dans l'échancrure des yeux. Mandibules courtes, cornées. Palpes inégaux : le dernier article plus grand, obtus, presque en hache.

Tête un peu penchée. Corselet mutique, court, globuleux ou orbiculaire, quelquefois en ovale tronqué aux extrémités.

Antennæ setaceæ, in oculorum sinu insertæ. Mandibulæ breves, corneæ. Palpi inæquales : articulo ultimo majore, obtuso, subsecuriformi.

Caput paululùm nutans. Thorax muticus, brevis, globosus aut orbiculatus, interdùm ovalis, utrâque extremitate truncatâ.

Observations. Les *callidies* tiennent de très près aux capricornes et aux callichromes par leurs rapports. Elles en sont distinguées par leur corselet mutique, court, subglobuleux, et elles le sont des saperdes par cette forme du corselet, et parce que leur tête n'est point penchée verticalement en bas.

Le corps de ces insectes est alongé, et, en général, assez varié dans ses couleurs. On trouve les callidies dans les bois, sur les troncs d'arbres à demi-pourris, sur les fleurs et dans les maisons.

ESPÈCES.

1. Callidie sanguine. *Callidium sanguineum.*

C. thorace subtuberculato; elytrisque sanguineis.
Cerambix sanguineus. Linn.
Callidium sanguineum. Fab. Éleut. 2. p. 340.
Panz. fasc. 70. t. 9. *Leptura*, n° 21. Geoff.
Habite en Europe. Commune aux environs de Paris. Elle est d'un rouge vif, velouté.

2. Callidie arquée. *Callidium arcuatum.*

C. thorace rotundato; elytris fasciis quatuor flavis; primâ interruptâ; reliquis retrorsùm arcuatis.
Leptura arcuata. Linn. *Clytus arcuatus.* Fab.
Lepture, n° 10. Geoff. Panz. fasc. 4. t. 14.
Habite en Europe. Très commune.
Etc. Voyez Panzer, fasc. 70. tab. 1—20, et les *clytus* de Fabricius.

CAPRICORNE. (Cerambix.)

Antennes sétacées, longues, insérées dans l'échancrure des yeux. Lèvre supérieure apparente. Dernier article des palpes en cône renversé, plus grand que les autres.

Tête un peu inclinée. Corselet convexe, épineux ou tuberculeux.

Antennæ setaceæ, longæ, in oculorum sinu insertæ. Labrum conspicuum. Palporum articulus ultimus inverso-conicus, aliis major.

Caput paululum nutans. Thorax convexus, spinosus aut tuberculatus.

Observations. Après les priones, ce genre est un de ceux qui comprennent les plus beaux coléoptères, et c'est aussi celui qui a fourni son nom à la famille dont il fait partie.

Les *capricornes* sont remarquables par la longueur de leurs antennes. Leur tête est inclinée, mais en avant. Leur corselet est presque toujours plus large que la tête. Il est convexe, raboteux, plissé, tuberculé ou armé de quelques épines courtes, larges à leur base. Leurs élytres, plus ou moins convexes, couvrent entièrement l'abdomen, ayant quelquefois une ou deux pointes à leur extrémité.

On trouve ordinairement les capricornes dans les bois et sur les troncs d'arbres. Leurs larves vivent dans l'intérieur des arbres, qu'elles percent. Elles réduisent en poudre la substance du bois, dont elles se nourissent.

ESPÈCES.

* *Palpes maxillaires plus courts que les labiaux. Couleurs métalliques brillantes; odeur agréable.* [Callichromes. Latr.]

1. Capricorne musqué. *Cerambix moschatus.*

C. thorace spinoso, viridis, nitens; antennis mediocribus, cyaneis.

Cerambix moschatus. Linn. Fab. 2. p. 266.
Oliv. Coléopt. 4. n° 67. p. 23. pl. 2. f. 7.
Geoff. 1. p. 203. n° 5.
Habite en Europe, sur le saule. Il a l'odeur de rose.

2. Capricorne bleu. *Cerambix alpinus.*

C. cinereo-cærulescens , fasciâ maculisque nigris ; thorace spinoso.

Cerambix alpinus. Linn. Fab. Éleut. 2. p. 272.

Oliv. Col. n° 67. t. 9. f. 58.

Geoff. 1. p. 202. n° 4. pl. 3. f. 6. La Rosalie.

Habite en Europe , dans les montagnes. Il est très beau et sent le musc.

3. Capricorne vert. *Cerambix virens.*

C. thorace rotundato, spinoso ; corpore viridi ; femoribus rufis. F.

Cerambix virens. Linn. Fab. p. 267.

Oliv. Col. 4. n° 67. tab. 11. n° 78.

Habite l'Amérique méridionale , les Antilles. Il a une odeur agréable.

Latreille rapporte à cette division les *C. albitarsus , nitens , micans , ater , festivus , vittatus , velutinus , sericeus , elegans , suturalis, latipes, regius, albicornis, longipes , cyanicornis* , de Fabricius.

** *Palpes maxillaires plus longs que les labiaux.*

4. Capricorne noir. *Cerambix heros.*

C. niger ; thorace spinoso rugoso ; elytris subspinosis piceis ; antennis longis.

Cerambix heros. Fab. Éleut. 2. p. 270.

Oliv. Col. 4. n° 67. pl. 1. f. 1.

Geoff. 1. p. 200. n° 1.

Habite en Europe. C'est le plus grand qui soit en France.

5. Capricorne rude. *Cerambix cerdo.*

C. niger; thorace spinoso ; elytris scabris , apice rotundatis.

Cerambix cerdo. Linn. Fab. p. 270.

Oliv. Col. 4. n° 67. pl. 10. f. 65.

Geoff. 1. p. 201. n° 2.

Habite en Europe. Il a les élytres chagrinées, rudes.

Etc.

PRIONE. (Prionus.)

Antennes sétacées, longues, souvent pectinées ou en scie, insérées dans l'échancrure des yeux. Quatre palpes filiformes. Lèvre supérieure nulle ou point apparente. Mandibules fortes, avancées.

Corps déprimé. Corselet aplati, subtransverse, tranchant, et denté ou épineux sur les côtés.

Antennæ setaceæ, longæ, in nonnullis pectinatæ aut serratæ, in oculorum sinu insertæ. Palpi quatuor filiformes. Labrum subnullum, inconspicuum. Mandibulæ validæ, porrectæ.

Corpus depressum. Thorax planulatus, subtransversus, lateribus acutis, dentatis aut spinosis.

Observations. Les *priones* sont la plupart de grands et beaux insectes exotiques, qui vivent dans les bois, comme les capricornes, et qui ont aussi la démarche lente. Leur genre est caractérisé par la double considération de la lèvre supérieure, très petite et comme nulle, et du corselet tranchant, denté ou épineux sur les côtés.

Ces insectes ont le corps oblong, déprimé, glabre; la tête munie de mandibules fortes, souvent saillantes; les yeux réniformes, entourant d'un côté la base des antennes.

Geoffroy a, le premier, établi ce genre, d'après une seule espèce qu'il a connue (*prionus coriarius*); mais il ne l'a caractérisé que sur la considération des antennes en scie de ce prione, ce qui n'est pas général pour toutes les espèces du genre, et ce qui n'a lieu que dans les mâles.

ESPÈCES.

1. Prione cervicorne. *Prionus cervicornis.*

P. thorace marginato, utrinque tridentato; mandibulis porrectis, extùs unispinosis; antennis brevibus. F.

Cerambix cervicornis. Linn.

Prionus cervicornis. Fab. Éleut. 2. p. 259.

Oliv. Coléopt. 4. 4. n° 66. pl. 2. f. 8.
Habite l'Amérique méridionale, les Antilles. On mange sa larve : elle vit dans le fromager.

2. Prione à collier. *Prionus armillatus.*

P. thorace marginato, utrinque quadridentato; elytris ferrugineis, nigro-marginatis. F.
Cerambix armillatus. Linn.
Prionus armillatus. Fab. p. 261.
Oliv. Col. 4. n° 66. pl. 5. f. 17.
Habite dans l'Inde. Il est très grand.

3. Prione géant. *Prionus giganteus.*

P. thorace utrinque bidentato; corpore nigro; elytris ferrugineis; antennis brevibus. F.
Cerambix giganteus. Linn.
Prionus giganteus. Fab. p. 261.
Oliv. Col. n° 66. pl. 6. f. 21.
Habite à Cayenne.

4. Prione tanneur. *Prionus coriarius.*

P. thorace marginato, tridentato; corpore piceo; antennis brevibus. F.
Cerambix coriarius. Linn.
Prionus coriarius. Fab. p. 260. Panz. fasc. 9. t. 8.
Geoff. 1. p. 198. tab. 3. f. 9.
Habite en Europe, aux environs de Paris, dans le tronc des vieux arbres.

5. Prione scabricorne. *Prionus scabricornis.*

P. nigro-cinnamomeus, subvillosus; thorace submarginato, unidentato; antennis scabris, versus apicem gracilioribus.
Prionus scabricornis. Fab. p. 258.
Oliv. Col. 4. n° 66. pl. 11. n° 42.
Lepture rouillée. Geoff. 1. p. 210. n° 6.
Habite l'Europe, les environs de Paris.
Etc.

×× *Antennes moniliformes ou grenues.*

APPENDICE DES CÉRAMBICIENS.

Je rapporte ici, comme appendice des cérambiciens, deux genres particuliers, qui tiennent d'une part aux cérambiciens par plusieurs rapports, et de l'autre qui se rapprochent des corticicoles, mais qui sont distincts des uns et des autres.

Les deux genres dont il s'agit, et qui forment une transition des cérambiciens aux corticicoles, sont les *spondylides* et les *parandres*.

SPONDYLIDE. (Spondylis.)

Antennes courtes, moniliformes, comprimées, insérées dans l'échancrure des yeux. Labre très petit, presque nul. Mandibules fortes, avancées. Lèvre inférieure à deux lobes divergens.

Corps oblong, convexe. Corselet subglobuleux, mutique.

Antennæ breves, moniliformes, compressæ, in oculorum sinu insertæ. Labrum minimum, subnullum. Mandibulæ validæ, porrectæ. Labium lobis divaricatis.

Corpus oblongum, convexum. Thorax subglobosus, muticus.

Observations. La *spondylide* appartient encore aux cérambiciens, et doit être placée dans le voisinage des priones, à cause de son labre presque nul. Elle ressemble un peu aux callidies par son corselet, mais ses antennes sont courtes, ainsi que ses pattes.

On ne connaît qu'une espèce de ce genre. Je lui donne en français le nom de spondylide, à cause du genre spondyle parmi les mollusques acéphales.

ESPÈCE.

1. Spondylide buprestoïde. *Spondylis buprestoides.* Fab.

Oliv. Coléop. 4. n° 71. pl. 1. f. 1.
Attelabus buprestoides. Linn.
Habite en Europe, dans les bois de pins. Elle est toute noire.

PARANDRE. (Parandra.)

Antennes filiformes, moniliformes, insérées devant les yeux. Lèvre supérieure très petite, à peine apparente. Mandibules fortes, avancées, dentées.

Corps parallélipipède, un peu aplati. Corselet carré, mutique. Tarses alongés.

Antennæ filiformes, moniliformes, antè oculos insertæ. Labrum minimum, vix conspicuum. Mandibulæ validæ, porrectæ, dentatæ.

Corpus elongatum, subdepressum. Thorax quadratus, muticus. Tarsi elongati.

Observations. Les *parandres,* dont on ne connaît encore qu'une espèce, ne sont pas sans rapports avec les priones; ils paraissent néanmoins en avoir davantage avec les corticicoles.

ESPÈCE.

1. Parandre lisse. *Parandra lævis.* Latr.

Attélabe lisse. Degeer. Mém. sur les Ins. 4. p. 351. pl. 19. f. 14.
Tenebrio brunneus. Fab. Éleut. 1 p. 148.
Parandra. Latr. Gen. Crust. et Ins. tab. 9. f. 7. et vol. 3. p. 28.
Habite en Amérique.

Troisième article des tarses entier.

LES CORTICICOLES.

Parmi les coléoptères tétramères dont la tête est sans museau avancé, les *corticicoles* sont les seuls qui aient tous les articles des tarses entiers, et conséquemment dont le troisième article ne soit point bilobé ou bifide, pourvu cependant que l'on en sépare les scolites, comme formant une division à part.

Ainsi, sous la dénomination de corticicoles, je réunis différens coléoptères tétramères qui ont tous le troisième article des tarses entier, des habitudes assez analogues, et qui ne peuvent faire partie d'aucune des familles bien reconnues parmi les autres tétramères. Ils constituent un groupe particulier, que l'on ne saurait regarder comme formant une seule famille, qui se compose de races diversifiées, et néanmoins dont ces races se lient ensemble par le caractère général que je viens d'assigner.

Latreille a partagé nos corticicoles en plusieurs petites familles particulières, savoir :

En cucujipes;
En xylophages;
En paussiles;
Et en bostrichiens.

Mais, de ces derniers, je sépare ses scolites, ses hylésines et ses phloïotribes. Ces familles nous paraissent médiocrement prononcées, et peu essentielles. Dans les unes, il n'y a que peu de genres, et dans les autres, les genres n'offrent qu'un petit nombre d'espèces, et quelquefois qu'une seule.

Les larves de la plupart de ces insectes vivent sous les écorces des arbres; quelques-unes se trouvent dans les champignons. Voici le tableau des divisions qui partagent leur groupe.

DIVISION DES CORTICICOLES.

1ere SECT. *Antennes de onze articles.*

(1) Antennes de grosseur égale : elles sont moniliformes ou filiformes.

(a) Antennes moniliformes.

Cucuje.

(b) Antennes filiformes, à articles cylindriques.

Uléiote.

(2) Antennes de grosseur inégale : elles grossissent vers leur sommet, ou se terminent en massue.

(a) Mandibules non saillantes.

(+) Corps ovale ou arrondi.

Mycétophage.
Agathidie.

(++) Corps alongé.

▭ Palpes très courts.

Xylophile.

▭▭ Palpes maxillaires saillants.

Méryx.

(b) Mandibules fortes et saillantes.

Trogossite.

2e SECT. *Antennes de dix articles ou d'un nombre moindre.*

(1) Palpes soit filiformes, soit plus gros vers leur extrémité.

(a) Corps ovale ou arrondi.

Cis.

(b) Corps alongé, souvent étroit.

(+) Corps déprimé.

▭ Massue des antennes de trois articles.

Némosome.

▭▭ Massue des antennes de deux articles.

Cérylon.

(++) Corps convexe.

Bostriche.

(2) Palpes coniques ou qui s'amincissent de la base à la pointe.

(a) Antennes de deux articles.

Pausse.

(b) Antennes de dix articles.

Céraptère.

CUCUJE. (Cucujus.)

Antennes filiformes, moniliformes, plus courtes que le corps. Lèvre supérieure avancée entre les mandibules.

Corps alongé, déprimé. Tarses forts courts.

Antennœ filiformes, moniliformes, corpore breviores. Labrum inter mandibulas productum.

Corpus elongatum, depressum. Tarsi perbreves.

Observations. Geoffroy donnait le nom de *cucujes* aux insectes que l'on nomme actuellement *buprestes;* ainsi les cucujes dont il est ici question, sont fort différens. Ce sont des coléoptères à corps alongé et aplati, qui vivent sous les écorces des arbres. Ils ont des antennes de grosseur égale, à onze articles; le dernier article des palpes tronqué.

ESPÈCES.

1. Cucuje déprimé. *Cucujus depressus.*

C. glaber, punctatus; capite, thoracis dorso elytrisque rubris.

Cantharis sanguinolentà. Linn.
Cucujus depressus. Fab. Éleut. 2. p. 93.
Oliv. Col. 4. n° 74 *bis.* pl. 1. f. 2.
Habite en Europe, sous l'écorce morte du bois.

2. Cucuje clavipède. *Cucujus clavipes.*

C. ruber; thorace quadrangulari sulcato; femoribus clavatis.
Cucujus clavipes. Oliv. Col. 4. n° 74 *bis.* pl. 1. f. 1.
Habite l'Amérique septentrionale.
Etc.

ULÉIOTE. (Uleiota.)

Antennes filiformes, au moins aussi longues que le corps, à articles alongés, cylindriques. Lèvre supérieure avancée entre les mandibules. Palpes terminés en pointe.

Corps oblong, très plat. Tarses courts.

Antennæ filiformes, corporis saltèm longitudine ; articulis elongatis cylindricis. Labrum inter mandibulas productum. Palporum articulus ultimus apice acutiusculus.

Corpus oblongum, valdè depressum. Tarsi breves.

Observations. Ce n'est guère que par les antennes et par le dernier article des palpes que les uléiotes sont distinguées des cucujes. Elles vivent aussi sous les écorces des arbres.

ESPÈCE.

1. Uléiote flavipède. *Uleiota flavipes.* Lat.

Uleiota. Latr. Gen. Crust. et Ins. 3. p. 26.
Cerambix planatus. Linn.
Cucujus flavipes. Oliv. Col. n° 74 *bis.* pl. 1. f. 6.
Brontes flavipes. Fab. Éleut. 2. p. 97.
Habite en Europe, sous les écorces. Ses antennes sont velues.

MYCÈTOPHAGE. (Mycetophagus.)

Antennes moniliformes, grossissant insensiblement vers le bout, ou se terminant en une massue médiocre et perfoliée. Mandibules simples, arquées.

Corps ovale, ou ovale oblong, un peu aplati.

Antennœ moniliformes, sensìm extrorsùm crassiores, aut in clavam mediocrem et perfoliatam terminatæ. Mandibulæ simplices, arcuatæ.

Corpus ovatum, vel ovato-oblongum, subdepressum.

OBSERVATIONS. Les *mycétophages*, dont une espèce fut nommée *tritoma* par Geoffroy, parce qu'il ne lui attribuait que trois articles aux tarses, sont des coléoptères tétramères qui vivent dans les champignons et sous les écorces des arbres. Voici la citation de quelques-unes de leurs espèces.

ESPÈCES.

1. Mycétophage quadrimaculé. *Mycetophagus quadrimaculatus.*

M. rufus; thorace elytrisque nigris, his maculis duabus rufis. F.
Chrysomela quadripustulata. Linn.
Tritoma. Geoff. 1. p. 335. pl. 6. f. 2.
Mycetophagus quadrimaculatus. Latr. Fab. Éleut. 2. p. 565.
Oliv. Encycl. n° 2. Panz. fasc. 12. t. 9.
Habite en Europe, dans les bolets.

2. Mycétophage bifascié. *Mycetophagus bifasciatus.*

M. niger; elytris fasciis duabus punctoque apicis ferrugineis.
Mycetophagus bifasciatus. Latr. Gen. 3. p. 10.
Panz. fasc. 2. t. 24.
Ips bifasciata. Fab. Éleut. 2. p. 579.
Habite en France, en Allemagne, sous l'écorce des arbres.

3. Mycétophage atomaire. *Mycetophagus atomarius.*

M. niger; elytris, punctis fasciâque posticâ fulvis. F.
Dermestes atomarius. Thunb. Ins. suec. 67—78.

Mycetophagus atomarius. Fab. Éleut. 2. p. 568.
Panz. fasc. 12. t. 10. Oliv. Encycl. n° 15.
Habite en Allemagne.
Etc.

AGATHIDIE. (Agathidium.)

Antennes courtes, se terminant en une massue tri-articulée. Mandibules triangulaires, à sommet pointu.
Corps hémisphérique, presque globuleux, se mettant en boule. Articles des tarses tous entiers.

Antennæ breves, in clavam triarticulatam terminatæ. Mandibulæ triangulares, apice acuto.
Corpus hemisphærico-globosum, in globum contractile. Tarsorum articuli omnes integri.

Observations. Par leur aspect, les *agathidies* ressemblent presque à de petites coccinelles; mais le nombre des articles de leurs tarses, dont le pénultième est entier, comme les autres, et les habitudes de ces insectes, les font rapporter à cette division.

ESPÈCES.

1. Agathidie nigripènne. *Agathidium nigripenne.*

A. thorace rubro; elytris abdomineque nigris.
Agathidium. Illig. Latr. Gen. Crust. et Ins. 3. p. 67.
Anisostoma nigripennis. Fab. Éleut. 1. p. 100.
Sphœridium. Panz. fasc. 39. t. 3.
Oliv. Col. 2. n° 15. pl. 2. f. 7.
Habite en France, sur les troncs cariés des arbres. Elle est très petite.

2. Agathidie brune. *Agathidium seminulum.*

A. subglobosum, fuscum; abdomine pedibusque rufis.
Anisostoma seminulum. Fab. Éleut. 1. p. 100.
Dermestes seminulum. Linn.
Agathidium seminulum. Panz. fasc. 37. t. 10.
Habite en Europe, dans les champignons pourris.

XYLOPHILE. (Xylophila.)

Antennes à peine plus longues que le corselet, terminées en massue de deux ou trois articles. Mandibules simples, non saillantes. Palpes très courts.

Corps alongé, déprimé.

Antennæ vix thorace longiores clavâ bi seu triarticulatâ terminatæ. Mandibulæ simplices, non porrectæ. Palpi perbreves.

Corpus elongatum, depressum.

Observations. Sous le nom de *xylophiles*, je réunis les ditomes, lyctes, colydies, latridies et sylvains de Latreille; parce que leur distinction, comme genres, ne me paraît pas nécessaires. Ces insectes sont fort petits, ne se distinguent guère des mycétophages que parce qu'ils ont le corps alongé, et la plupart sont des ips d'Olivier.

ESPÈCES.

1. Xylophile crénelé. *Xylophila crenata.*

X. niger; thorace rugoso; elytris striato-crenatis; maculis duabus rufis.
Lyctus crenatus. Fab. Éleut. 2. p. 561.
Ips crenata. Oliv. Col. 2. n° 18. pl. 2. f. 9.
Ditoma crenata. Latr.
Habite en Europe, sous l'écorce des arbres.

2. Xylophile oblong. *Xylophila oblonga.*

X. brunnea, pubescens; thorace canaliculato; elytris striatis.
Ips oblonga. Oliv. Col. 2. n° 18. pl. 1. f. 5.
Lyctus canaliculatus. Fab. Éleut. 2. p. 562.
Lyctus. Latr. Gen. 3. p. 16. Panz. fasc. 4. t. 16.
Habite en Europe, sous l'écorce des arbres.

3. Xylophile unidenté. *Xylophila unidentata.*

X. oblonga, testacea; thorace utrinque unidentato.
Ips unidentata. Oliv. Col. 2. n° 18. pl. 1. f. 4.

Sylvanus unidentatus. Latr.
Dermestes unidentatus. Fab. Éleut. 1. p. 317.
Habite en France, etc. sous l'écorce des arbres.
Etc.

MÉRYX. (Merix.)

Antennes filiformes, de la longueur du corselet, ayant les trois derniers articles un peu plus gros. Mandibules bifides au sommet, non saillantes. Palpes en massue; les maxillaires saillans.

Corps alongé, étroit.

Antennæ filiformes, thoracis longitudine; articulis tribus ultimis subcrassioribus. Mandibulæ apice bifidæ, non exsertæ. Palpi clavati : maxillaribus productis.

Corpus elongatum, angustum.

Observations. Le *méryx* se rapproche, par son port, des xylophiles, et peut-être a-t-il des habitudes analogues aux leurs; mais il en est distingué surtout par ses mandibules.

ESPECE.

1. Méryx ridé. *Meryx rugosa*.

Meryx rugosa. Latr. Gen. Crust. et Ins. 1. tab. 11. f. 1. et vol. 3. p. 17.
Habite aux Indes orientales. Riche.

TROGOSSITE. (Trogossita.)

Antennes courtes, moniliformes, plus épaisses ou en massue vers leur sommet, ayant les trois derniers articles plus grands. Mandibules fortes, saillantes, dentées.

Corps alongé, déprimé. Corselet tronqué antérieurement, et ayant un étranglement à sa partie postérieure, qui le sépare des élytres.

Antennæ breves, moniliformes, versùs apicem crassiores aut clavatæ, articulis tribus ultimis majoribus. Mandibulæ validæ, exsertæ, dentatæ.

Corpus elongatum, depressum. Thorax anticè truncatus, posticè ab elytris strangulo disjunctus.

Observations. Les *trogossites* ont un peu l'aspect des passales, à cause de l'étranglement de la partie postérieure de leur corselet; mais ils en sont bien distingués par la forme de leurs antennes et par le nombre des articles de leurs tarses. Ce sont encore des corticicoles à onze articles aux antennes, ayant les articles des tarses tous entiers.

ESPÈCES.

1. Trogossite mauritanique. *Trogossita mauritanica.*

T. nigricans, subtùs picea; elytris striatis.
Oliv. Col. 2. n° 19. p. 6. pl. 1, f. 2.
Trogossita caraboides. Fab. Éleut. 1. p. 151.
Panz. fasc. 3. t. 4.
Platycerus. n° 5. Geoff. 1. p. 64. La chevrette brune.
Habite en France, etc., dans les vieux bois.

2. Trogossite bleu. *Trogossita cærulea.*

T. cœrulea, nitida; capite lineâ impressâ.
Trogossita cœrulea. Oliv. Col. 2. n° 19. pl. 1. f. 1.
Fab. Éleut. 1. p. 151. Panz. fasc. 43. t. 14.
Habite dans la France méridionale, dans le vieux pin.
Etc.

CIS. (Cis.)

Antennes plus longues que la tête, à dix articles : les trois derniers formant une massue perfoliée. Lèvre supérieure saillante, transverse. Palpes inégaux, plus gros à leur extrémité : les labiaux très petits.

Corps ovale, déprimé.

Antennæ capite longiores, decem-articulatæ : articulis tribus ultimis in clavam perfoliatam dispositis.

Labrum exsertum , transversum. Palpi inæquales , apice crassiores : labialibus minimis.

Corpus ovatum, depressum.

Observations. Les *cis*, que Fabricius a confondus avec les vrillettes, vivent dans les bolets ou les agarics desséchés des arbres, et font partie des corticicoles qui ont moins de de onze articles aux antennes.

ESPÈCES.

1. Cis du bolet. *Cis boleti.* Lat.

C. brunneo-nigricans, nitidiusculus , subpunctulatus ; elytris rugosulis; antennis pedibusque rufescentibus.
Cis boleti. Latr. Gen. 3. p. 12.
Anobium boleti. Fab. Éleut. 1. p. 323.
Panz. fasc. 10. f. 7. *Colore castaneo.*
Anobium bidentatum. Oliv. Col. nº 16. pl. 2. f. 5.
Habite en Europe, dans les bolets.

2. Cis nain. *Cis minutus.*

C. ater glaber, punctulatus, immaculatus.
Hylesinus minutus. Fab. Éleut. 2. p. 395.
Bostrichus minutus. Panz. fasc. 15. t. 11.
Habite en France, en Allemagne, dans le bolet versicolor.
Etc. Ajoutez-y l'*anobium reticulatum*, le *micans* et le *nitidum* de Fabricius.

NÉMOSOME. (Nemosoma.)

Antennes guères plus longues que la tête ; à massue perfoliée , de trois articles. Mandibules fortes , avancées.

Corps linéaire. La tête presque aussi longue que le corselet.

Antennæ capite non aut vix longiores : clavâ perfoliatâ, triarticulatâ. Mandibulæ validæ, porrectæ.

Corpus lineare : capite longitudine thoracem subæquante.

Observations. Le *némosome*, remarquable par sa forme alongée, a été rangé parmi les ips par Olivier, et parmi les dermestes par Linné. Il appartient aux corticicoles qui ont dix articles aux antennes.

ESPÈCE.

1, Némosome alongé. *Nemosoma elongatum.*

Latr. Gen. Crust. et ins. 1. tab. 11. f. 4. et vol. 3, p. 13.
Ips alongé. Oliv. Col. 2. n° 18. pl. 2. f. 16.
Dermestes elongatus. Linn.
Colydium fasciatum. Panz. fasc. 31. t. 22.
Habite en France, en Allemagne.

CÉRYLON. (Cerylon.)

Antennes un peu plus longues que la tête; à massue presque globuleuse, d'un ou deux articles. Mandibules non saillantes.

Corps alongé, étroit. Corselet presque carré, beaucoup plus long que la tête.

Antennæ capite paulò longiores : clavâ subglobosâ uni seu biarticulatâ. Mandibulæ non exsertæ.

Corpus elongatum, angustum. Thorax capite multò longior, subquadratus.

Observations. Les *cérylons* sont alongés, étroits, aplatis, et ressemblent au némosome par leur port; mais leur tête est bien plus courte, la massue de leurs antennes n'est point triarticulée, et leurs mandibules ne sont point saillantes. Ils vivent de la substance du bois, et se trouvent sous les écorces des arbres, sur les branches mortes.

ESPÈCES.

1. Cérylon escarbot. *Cerylon histeroides.* Lat.

C. ater, nitidus; antennis pedibusque piceis.
Lyctus histeroides. Fab. Éleut. 2. p. 561.

Panz. fasc. 5. t. 16.
Habite en Europe, sous l'écorce des arbres.

2. Cérylon tarrière. *Cerylon terebrans.* Lat.

C. fusco-ferrugineus, immaculatus, elytris striato-crenatis.
Ips terebrans. Oliv. Col. 2. n° 18. pl. 1. f. 7.
An lyctus terebrans? Fab. Éleut. 2. p. 561.
Habite aux environs de Paris, sous l'écorce des arbres.
Etc. On en connaît beaucoup d'autres.

BOSTRICHE. (Bostrichus.)

Antennes plus courtes que le corselet; à massue, tantôt perfoliée ou en scie, tantôt presque solide. Mandibules courtes, cornées, pointues. Palpes non saillans.

Tête en partie cachée par le corselet. Corps alongé, subcylindrique. Corselet convexe ou semi-globuleux.

Antennæ thorace breviores : clavâ modò perfoliatâ aut serratâ, modò subsolidâ. Mandibulæ breves, corneæ, apice acutæ. Palpi non exserti.

Caput thorace partìm occultatum. Corpus elongatum, subcylindricum. Thorax convexus aut semi-globosus.

Observations. Les *bostriches* tiennent de très-près aux scolitaires par leur forme générale et par leurs habitudes; ce sont de part et d'autre des rongeurs de bois. Mais les premiers sont des corticicoles et ont tous les articles des tarses entiers, tandis que les seconds ont le pénultième article des tarses bilobé. Leur corps alongé les distingue des cis; ils diffèrent du némosome par leur tête courte, et des cérylons par la convexité de leur corps ou de leur corselet, qui est ordinairement scabre antérieurement.

Les larves des bostriches vivent dans le bois mort, le rongent, le percent et le réduisent en poussière. Quelques-unes vivent sous les écorces, attaquent le bois vivant, et font des dégâts dans les forêts.

ESPÈCES.

[*Massue des antennes perfoliée ou en scie.*]

1. Bostriche muriqué. *Bostrichus muricatus.*

B. thorace muricato, gibbo; elytris ante apicem bispinosis.
Dermestes muricatus. Linn.
Bostrichus muricatus. Latr. Oliv. Col. 4. n° 77. pl. 2. f. 13.
Sinodendron muricatus. Fab. Éleut. 2. p. 377.
Panz. fasc. 35. f. 17.
Habite le midi de la France, dans le bois carié.

2. Bostriche capucin. *Bostrichus capucinus.*

B. niger; elytris abdomineque rufis; thorace retuso emarginato.
Dermestes capucinus. Linn.
Bostrichus. Geoff. 1. p. 302. pl. 5. f. 1.
Apate capucina. Fab. 2. p. 381. Panz. fasc. 43. t. 18.
Bostrichus capucinus. Latr. Oliv. Col. pl. 1. f. 1.
Habite en Europe, sur le tronc des arbres morts.

3. Bostriche de Dufour. *Bostrichus Dufourii.* Lat.

B. fuscus; thorace convexo, scabro, emarginato; elytris maculis sericeo-griseis, seriatim dispositis.
Bostrichus Dufourii. Latr. Gen. 3. 3. p. 7.
Apate gallica. Panz. fasc. 101. t. 17.
Habite aux environs de Fontainebleau, sous l'écorce du hêtre.

[*Massue des antennes solide ou presque solide.*]

4. Bostriche typographe. *Bostrichus typographus.*

B. testaceus, pilosus; elytris striatis, retusis, præmorso-dentatis. F.
Dermestes typographus. Linn.
Bostrichus typographus. Fab. Éleut. 2. p. 385.
Panz. fasc. 15. t. 2. *Tomicus.* Latr.
Scolyte. n° 7. Oliv. Coléopt. 4. n° 78. pl. 1. f. 7.
Habite en Europe, sous l'écorce des arbres. Il y creuse une multitude de canaux, en forme de labyrinthe, qui sillonnent la surface du bois et la paroi interne de l'écorce.

5. Bostriche cylindrique. *Bostrichus cylindricus.*

B. ater, cylindricus; elytris striatis, apice villosis, dentatis; pedibus compressis, testaceis. F.
Bostricus cylindricus. Fab. Éleut. 2. p. 384.
Panz. fasc. 15. t. 1. *Platypus.* Latr.
Scolyte. n° 2. Oliv. Col. pl. 1. f. 2.
Habite en Europe, sous l'écorce des arbres.
Etc., etc.

CÉRAPTÈRE. (Cerapterus.)

Antennes de dix articles, dont neuf sont perfoliés et le dixième semi-globuleux. Palpes coniques.

Corps en carré long. Corselet carré.

Antennœ decem articulatœ; articulis perfoliatis: ultimo semi-globoso. Palpi conici.

Corpus elongato-quadratum. Thorax quadratus.

Observations. Le *céraptère* est un insecte exotique sur lequel Latreille n'a pas encore donné beaucoup de détails, et qui paraît former le type d'un genre. Je doute qu'on puisse l'associer au genre suivant, pour en former une division naturelle.

ESPÈCE.

1. Céraptère de Macleay. *Cerapterus Macleaii.*

Latr. Gen. Crust. et Ins. 3. p. 4.
Habite la Nouvelle-Hollande. Il est entièrement brun.

PAUSSE. (Paussus.)

Antennes un peu plus longues que le corselet, de deux articles, dont le dernier est fort grand. Mandibules petites, alongées, cornées. Palpes saillans, coniques.

Corps alongé, déprimé. Corselet en carré long. Elytres larges et comme tronquées au bout, un peu plus courtes que l'abdomen.

Antennæ thorace paulò breviores, biarticulatæ : articulo ultimo maximo. Mandibulæ parvæ, elongatæ, corneæ. Palpi exserti, conici aut è basi ad apicem attenuati.

Corpus elongatum, depressum. Thorax elongato-quadratus. Elytra lata, extremitate subtruncata, abdomine paulò breviora.

Observations. Les *pausses* sont des coléoptères bien singuliers, puisqu'ils n'ont que deux articles aux antennes, ce qui est un fait très rare. Ces insectes sont exotiques.

ESPÈCES.

1. Pausse à petite tête. *Paussus microcephalus*. Linn. Diss. big. ins. tab. 1. f. 6—10.

P. antennis biarticulatis; clavâ irregulari dentatâ maximâ; corpore fusco. F.

Paussus microcephalus. Thunb. Act. suec. 1781. 170. 1.

Fab. Éleut. 2. p. 75. Latr. Gen. 3. p. 3.

Habite en Afrique.

2. Pausse trigonicorne. *Paussus trigonicornis*. Latr.

P. rubro-ferrugineus; antennarum articulo secundo compresso, trigono.

Latr. Gen. Crust. et Ins. 1. tab. 11. f. 8. et vol. 3. p. 3.

Habite dans l'Inde.

Etc. Voyez, pour les autres espèces, *Fabricius*. Éleut. 2. p. 75.

LES SCOLITAIRES.

Tête sans museau avancé. Antennes de huit à dix articles, terminées en massue.

Corps subcylindrique, à dos ou corselet convexe. Le pénultième article des tarses bilobé.

Les *scolitaires* tiennent par leurs habitudes aux corticicoles, et principalement aux bostriches; ce sont aussi des rongeurs de bois. Néanmoins, comme elles ont le pénultième article des tarses bilobé, il convient de les en séparer. Elles constituent une petite famille, qui semble former une transition des corticicoles aux charansonites. Je ne les divise qu'en deux genres, savoir : les scolytes et les phloïotribes.

SCOLYTE. (Scolytus.)

Antennes courtes, de huit à dix articles, terminées en massue solide d'un ou deux articles. Mandibules épaisses, courtes, pointues. Palpes très petits.

Tête cachée par le corselet. Corps alongé, subcylindrique.

Antennæ breves, octo ad decem articulatæ, clavâ solidâ uni seu biarticulatâ terminatæ. Mandibulæ crassiusculæ, breves, acutæ. Palpi minimi.

Caput thorace suboccultatum. Corpus elongatum, subcylindricum.

Observations. Quoique les *scolytes* tiennent aux corticicoles et particulièrement aux bostriches par les habitudes, elles semblent annoncer le voisinage des charansonites, ayant comme ces dernières le troisième article des tarses bilobé. Ces insectes ont une forme presque cylindrique, quelquefois un peu rétrécie antérieurement; la tête subglobuleuse; les élytres dures; les pattes comprimées, souvent dentées. Leurs larves vivent sous les écorces et dans le bois même des arbres vivans. Elles font souvent beaucoup de dégâts dans les forêts.

Je ne distingue point des scolytes les hylurges, ni les hylésines de *Latreille*, quoiqu'on puisse le faire.

ESPÈCES.

1. Scolyte destructeur. *Scolitus destructor.*

S. niger, nitidus, punctatus; antennis, elytris, pedibusque rufo-castaneis; fronte pubescente.

Scolytus. Geoff. 1. p. 310. tab. 5. f. 5.
Scolytus destructor. Latr. Oliv. 4. 4. n° 78. pl. 1. f. 4.
Hylisenus scolytus. Fab. Éleut. 2. p. 390.
Panz. fasc. 15. t. 6.
Habite en France, en Allemagne, sous l'écorce des arbres.

2. Scolyte ligniperde. *Scolytus ligniperda*.

S. villosus, nigricans; tibiis quatuor posticis serratis.
Scolytus ligniperda. Oliv. Col. 4. n° 78. pl. 1. f. 9.
Hylesinus ligniperda. Fab. p. 391.
Hylurgus ligniperda. Latr. Gen. vol. 2. p. 274.
Habite en France, etc., sous l'écorce des pins.

3. Scolyte crénelée. *Scolytus crenatus*.

S. glaber, ater; elytris crenato-striatis.
Hylesinus crenatus. Fab. p. 390.
Latr. Gen. vol. 2. p. 279. Panz. fasc. 15. t. 7.
Scolytus crenatus. Oliv. Col. 4. n° 78. pl. 2. f. 18.
Habite en France, en Allemagne, en Suède.
Etc.

PHLOIOTRIBE. (Phloiotribus.)

Antennes presque de la longueur du corselet; à massue alongée, composée de trois lames linéaires.

Corps des scolytes,, mais plus court.

Antennœ thoracis ferè longitudine; clavâ elongatâ, lamellis tribus linearibus.

Corpus scolytorum, at brevius.

Observations. La *phloïotribe* ne paraît différer des scolytes que par la singulière massue des ses antennes, ce qui a engagé Latreille à l'en séparer.

ESPÈCE.

1. Phloïotribe de l'olivier. *Phloiotribus oleœ*.

Latr. Hist. nat. des Crust. et des Ins. vol. 11. p. 221.
Gen. Ejusd. vol. 2. p. 280.
Scolytus oleœ. Oliv. Col. 4. n° 78. pl. 2. f. 21.

Hylesinus oleæ. Fab. Éleut. 2. p. 395.
Habite au midi de la France, dans le bois de l'olivier.

---

§§. *Tête ayant un museau avancé.*

LES CHARANSONITES.

Bouche très petite, située à l'extrémité d'un museau avancé, plus ou moins long, ressemblant à un bec ou à une trompe, et formé par la partie antérieure de la tête.

Antennes insérées sur le museau dans le plus grand nombre. Abdomen grand ou gros. Le troisième article des tarses bilobé dans la plupart.

Parmi les coléoptères tétramères, les *charansonites* composent une famille très nombreuse en espèces, et malheureusement trop célèbre par les dégâts que ces insectes causent à l'égard des végétaux, même les plus utiles à l'homme.

Ces insectes se reconnaissent au premier aspect par le museau avancé on par l'espèce de trompe, quelquefois d'une longueur extraordinaire, que forme la partie antérieure de leur tête.

La bouche de ceux qui ont le museau très prolongé antérieurement, est extrêmement petite; mais elle est plus distincte dans ceux qui n'ont qu'un museau médiocre.

Quelques-uns sont constamment aptères et ont des couleurs obscures. D'autres offrent des couleurs variées; et parmi ceux-ci l'on connaît des espèces exotiques, dont les couleurs très brillantes sont dues à de petites écailles peu adhérentes, colorées, et qui ont beaucoup d'éclat.

Ces insectes ont peu d'agilité; la plupart fuient ou craignent la lumière et volent rarement. Ce n'est guères que dans leur état de larve qu'ils dévastent les graines et autres parties des végétaux : aussi, comme ces larves sont toujours cachées et marchent très peu, leurs pattes sont très courtes, à peine apparentes, quelquefois nulles. Enfin, les insectes parfaits, prenant peu de nourriture, ont leur bouche très petite, parce que ses parties n'ont pu prendre que peu de développement. La nymphe de ces insectes est dans une espèce de coque.

Je divise les *charansonites* de la manière suivante.

DIVISION DES CHARANSONITES.

§. *Lèvre supérieure nulle ou indistincte. Les palpes très petits, peu apparens, museau alongé.*

* Antennes coudées.

(1) Antennes de onze articles.

(a) Antennes insérées près de l'extrémité de la trompe.

Charanson.

(b) Antennes insérées vers le milieu de la trompe.

Rhynchène.

(2) Antennes n'ayant pas onze articles distincts.

(a) Masse des antennes de trois ou quatre articles. Corps subglobuleux.

Cione.

(b) Masse des antennes d'un ou deux articles. Corps oblong.

Calandre.
Rhine.

** Antennes droites ou presque droites.

(1) Pattes postérieures à cuisses renflées et propres à sauter.

Orchête.
Ramphe.

(2) Point de pattes propres à sauter.

(a) Antennes de neuf articles; le neuvième formant la massue. Troisième article des tarses entier.

Brachycère.

(b) Antennes de dix ou onze articles. Le troisième article des tarses bifide.

(+) Antennes filiformes ou subfiliformes.

Brente.

(++) Antennes terminées en massue.

▭ Massue des antennes formée par le dernier article.

Cylas.

▭▭ Massue des antennes formée des trois derniers articles.

(+) Tête dégagée et portée sur un cou.

Apodère.

(++) Tête sessile ou reçue postérieurement dans le corselet.

Attélabe.

§§. *Lèvre supérieure apparente. Palpes très distincts. Museau court.*

(1) Antennes filiformes. Les yeux échancrés.

Bruche.

(2) Antennes en massue ou plus grosses à leur extrémité. Les yeux entiers.

Anthribe.

CHARANSON. (Curculio.)

Antennes de onze articles, coudées, terminées en massue, et insérées latéralement près de l'extrémité de la trompe : la massue perfoliée ou solide, triarticulée.

Tête prolongée antérieurement en une trompe dure, terminée par la bouche. Corps ovale.

Antennæ undecim-articulatæ, fractæ, clavatæ, ad latera propè extremitatem insertæ : Clavâ perfoliatâ aut solidâ, triarticulatâ.

Caput anticè rostratum, rostro duro, ore terminato. Corpus ovatum.

Observations. Sauf les bruches, Linné réunissait toutes les charansonites en un seul genre, sous le nom de *curculio*. Ce genre était facile à reconnaître d'après la simple considération du prolongement antérieur de la tête en forme de trompe. Mais les espèces extrêmement nombreuses étaient très difficiles à déterminer. On a depuis considéré ce grand genre comme une famille, et on l'a partagé en un grand nombre de genres, dont celui que j'expose ici est du nombre.

Ainsi les *charansons*, dont il s'agit maintenant, sont les charansonites qui ont les antennes insérées latéralement près de l'extrémité de la trompe. Ces antennes sont coudées, terminées par une massue triarticulée, perfoliée ou presque solide. Ce genre comprend les coléoptères les plus riches en couleurs brillantes.

ESPÈCES.

[*Celles qui sont étrangères à l'Europe.*]

1. Charanson impérial. *Curculio imperialis.*

C. viridi-aureus; elytris striis elevatis, atris, brevibus, punctisque impressis viridi-aureis. Oliv.

Curculio imperialis. Fab. Éleut. 2. p. 508.

Oliv. Coléopt. 5. nº 83. pl. 1. f. 1. p. 293.

Habite le Brésil. Très bel insecte, fort recherché dans les collections.

2. Charanson royal. *Curculio regalis.*

C. viridi-cæruleus; elytris fasciis repandis aureis. Oliv.

Curculio regalis. Linn. Fab. Éleut. 2. p. 508.

Oliv. Col. 5. n° 83. p. 297. pl. 1. f. 8.
Habite Saint-Domingue. Oliv. Insecte orné de couleurs très brillantes.

3. Charanson somptueux. *Curculio sumptuosus.*

C. elytris virescentibus; punctis elevatis, atris, basi gibbis. F.
Curculio sumptuosus. Fab. Éleut. 2. p. 508.
Oliv. Col. 5. n° 83. p. 294. pl. 1. f. 13.
Habite à Cayenne.

4. Charanson fastueux. *Curculio fastuosus.*

C. nigro-viridis; elytris punctato-striatis, basi utrinque gibbis, auro maculatis. Oliv.
Curculio fastuosus. Oliv. Col. 5. n° 83. p. 294. pl. 5. f. 51.
Curculio splendidus. Fab. Éleut. 2. p. 507.
Habite au Brésil.
Etc.

[*Celles qui sont indigènes de l'Europe.*]

5. Charanson vert. *Curculio viridis.*

C. virescens; thoracis elytrorumque lateribus flavis. F.
Curculio viridis. Linn. Fab. Éleut. 2. p. 512.
Oliv. Col. 5. n° 83. p. 337. pl. 2. f. 18.
Brachirinus viridis. Latr. Gen. vol. 2. p. 256.
Habite en Europe, dans les vergers.

6. Charanson grisâtre. *Curculio incanus.*

C. fuscus, pilis cinereis nitidisque adspersus; antennis prœlongis, ferrugineis.
Curculio incanus. Linn. Fab. Éleut. 2. p. 518.
Panz. fasc. 19. t. 8. Geoff. 1. p. 282. n°. 10.
Oliv. Coléopt. 5. n° 83. pl. 31. f. 471.
Habite en Europe.
Etc.

RHYNCHÈNE. (Rhynchænus.)

Antennes de onze articles, coudées, en massue, insérées vers le milieu de la trompe; à massue de trois ou quatre articles. Trompe ordinairement arquée, quelquefois fléchie vers la poitrine.

Corps ovale ou oblong.

Antennœ undecim-articulatœ, fractœ, clavatœ, versùs medium rostri insertœ : clavâ tri seu quadriarticulatâ. Rostrum plerùmque arcuatum, interdùm ad pectus inflexum.

Corpus ovatum aut oblongum.

Observations. Les *rhynchènes*, dont il s'agit, sont celles de Fabricius et d'Olivier, que Latreille divise en lixes, lipares et charansons. Ces charansonites ne diffèrent de nos charansons que parce que leurs antennes, au lieu d'être attachées près de l'extrémité de la trompe, sont insérées vers son milieu. Ce genre est très nombreux en espèces.

ESPÈCES.

Massue en fuseau alongé, de quatre articles.

1. Rhynchène trompe large. *Rhynchænus latirostris.*

R. fuscus, pilis cinereis vestitus; rostro brevi, unicarinato, bisulcato; antennis brevibus, vix fractis.
Lixus latirostris. Latr. Gen. 2. p. 259.
An Lixus odontalgicus? Oliv. Col. 5. n° 83. pl. 30. f. 456.
Habite aux environs de Paris, sur les fleurs des chardons.

2. Rhynchène sulcirostre. *Rhynchænus sulcirostris.*

R. oblongus, cinereus, subnebulosus; rostro trisulcato.
Curculio sulcirostris. Linn. Fab. Éleut. 2. p. 515.
Lixus sulcirostris. Latr.
Oliv. Col. 5. n° 83. p. 258. pl. 3. f. 24.
Habite en Europe, sur les chardons.
Etc.

Massue formée brusquement, le plus souvent de trois articles.

3. Rhynchène de la prêle. *Rhynchænus equiseti.*

R. thorace lœvi; elytris muricatis, nigris; punctis duobus apiceque albis. F.

Rhynchœnus equiseti. Fab. Éleut. 2. p. 443.
Panz. fasc. 42. t. 4.
Oliv. Col. 5. n° 83. p. 115. pl. 27. f. 400.
Habite en Europe, sur la prêle.

4. Rhynchène des pins. *Rhynchœnus pineti.*

R. niger; elytris striatis, albo-maculatis. F.
Rhynchœnus pineti. Fab. Éleut. 2. p. 440.
Oliv. Col. 5. n° 83. p. 288. pl. 27. f. 396. *Liparus.*
Habite en Europe, sur le pin sauvage. Sa larve s'introduit dans la moëlle des branches et fait périr les jeunes arbres.

5. Rhynchène de la vipérine. *Rhynchœnus echii.*

R. niger; femoribus dentatis; thorace elytrisque albo-lineatis. F.
Rhynchœnus echii. Fab. Éleut. 2. p. 482.
Panz. fasc. 17. t. 12.
Oliv. Col. 5. n° 83. p. 209. pl. 23. f. 317.
Habite en Europe, sur la vipérine.

6. Rhynchène des noisettes. *Rhynchœnus nucum.*

R. femoribus dentatis; corpore griseo, longitudine rostri. F.
Curculio nucum. Linn. Panz. fasc. 42. t. 21.
Rhynchœnus nucum. Fab. Éleut. 2. p. 486.
Oliv. Col. 5. n° 83. p. 215. pl. 5. f. 47.
Habite en Europe. Sa larve vit dans les noisettes.
Etc., etc., etc.

CIONE. (Cionus.)

Antennes de dix articles, légèrement coudées, insérées un peu au-delà du milieu de la trompe; à massue de quatre articles.

Corps court, ovale-arrondi, subglobuleux.

Antennæ decem-articulatæ, subfractæ, rostri paulò post medium insertæ : clavâ quadriarticulatâ.

Corpus breve, ovato-rotundatum, subglobosum.

Observations. Les *ciones* tiennent d'assez près aux rhynchènes par leur forme, quoique en général leur corps soit très court; mais leurs antennes, selon Latreille, n'ont que dix articles. Ces insectes n'ont point leur cuisses postérieures renflées et ne sont point sauteurs, comme les orchêtes et les ramphes.

ESPECES.

1. Cione de la scrophulaire. *Cionus scrophulariœ.*

C. femoribus dentatis ; thorace albido ; elytris maculis duabus atris albo connatis.
Rhynchœnus scrophulariœ. Fab. éleut. 2. p. 478.
Curculio scrophulariœ. Linn. Geoff. 1. p. 296. n° 44.
Cionus. Oliv. col. 5. n° 83. p. 106. pl. 23. f. 314.
Habite en Europe, sur la scrophulaire. Selon Latreille, le *C. thapsus* et le *C. verbasci* de Frabricius, ne sont que des variétés de cette espèce.

2. Cione de la blattaire. *Cionus blattariœ.*

C. albidus ; femoribus dentatis ; elytris nigro variis ; maculâ dorsali baseos apicisque nigris.
Rhynchœnus blattariœ. Fab. Éleut. 2. p. 479.
Habite en France, en Italie.
Etc.

RHINE. (Rhina.)

Antennes coudées, insérées vers le milieu de la trompe, de huit articles : le dernier en massue alongée. Trompe droite, cylyndrique, dirigée en avant.

Corps alongé. Pattes antérieures plus longues que les autres.

Antennœ fractœ, versùs medium rostri insertœ; articulis octo : ultimo clavam elongatam constituente. Rostrum rectum, cylindricum, anticè porrectum.

Corpus elongatum. Pedes antici aliis longiores.

Observations. La *rhine* serait une rhynchène si ses antennes avaient onze articles et leur massue moins simple. Elle paraît offrir le type d'un genre particulier.

ESPÈCE.

1. Rhine barbirostre. *Rhina barbirostris.* Lat.

Rhina. Latr. Gen. vol. 2. p. 268.
Lixus barbirostris. Fab. Eleut. 2. p. 501.
Charanson. Oliv. Col. 5. nº 83. pl. 4. f. 37. *a. b.*
Seba mus. 4. t. 95. f. 5.
Habite en Afrique et dans l'Inde.

CALANDRE. (Calandra.)

Antennes de neuf articles; coudées, insérées, sur les côtés, à la base de la trompe; à massue solide, biarticulée. Trompe alongée, grêle, penchée.

Corps ovale, un peu en pointe aux deux bouts.

Antennæ novem-articulatæ, fractæ, rostri baseos lateribus insertæ : clavâ solidâ, biarticulatâ. Rostrum elongatum, gracile, nutans.

Corpus ovatum, extremitatibus subacutum.

Observations. Les *calandres* sont bien distinguées des charansons, des rhynchênes, etc., puisque leurs antennes sont insérées latéralement à la base de la trompe, et qu'elles n'ont que huit ou neuf articles. Les espèces connues de ce genre sont encore peu nombreuses; mais l'une d'elles n'est que trop connue par les dégâts que sa larve fait dans les greniers, en dévorant le blé.

ESPÈCES.

1. Calandre palmiste. *Calandra palmarum.*

C. atra; elytris abbreviatis; striatis. F.
Curculio palmarum. Linn.
Calandra palmarum. Fab. Eleut 2. p. 430.
Oliv. Col. 5. nº 83. p. 77. pl. 2. f. 17.
Habite l'Amérique méridionale. Sa larve vit dans les palmiers; on la mange.

2. Calandre raccourcie. *Calandra abbreviata.*

C. atra; thorace punctato; elytris substriatis. F.
Calandra abbreviata. Fab. Eleut. 2. p. 436.
Latr. Gen. Crust. et Ins. 2. p. 270.
Oliv. Col. 5. n° 83. pl. 16. f. 195. *a. b.*
Panz. fasc. 42. t. 3.
Habite en France, en Allemagne.

3. Calandre du blé. *Calandra granaria.*

C. picea; thorace punctato, longitudine elytrorum. F.
Curculio granarius. Linn.
Calandra granaria. Fab. Eleut. 2. p. 437.
Oliv. Col. 5. n° 83. p. 95. pl. 196. *a. b.*
Curculio. Panz. fasc. 17. t. 11. Geoff. 1. p. 285. n° 18.
Habite en Europe, et dévore le blé des greniers.

4. Calandre du riz. *Calandra oryzæ.*

C. picea, thorace punctato; longitudine elytrorum; elytris punctis duobus rufis. F.
Curculio oryzæ. Linn.
Calandra oryzæ. Fab. *ibid.* p. 438.
Oliv. col. 5. p. 97. pl. 7. f. 81. *a. b.*
Habite le Levant, l'Afrique, et souvent est apportée avec le riz qui nous vient de ces pays.
Etc.

ORCHETE. (Orchestes.)

Antennes presque droites, insérées près du milieu de la trompe, de dix articles : les trois derniers formant la massue. Trompe courbée en bas.

Corps ovale ; corselet petit ; pattes postérieures à cuisses épaisses et propres à sauter.

Antennæ subrectæ, rostri versùs medium insertæ, decem-articulatæ : articulis tribus ultimis clavam formantibus. Rostrum subtùs inflexum.

Corpus ovatum ; thorax parvus, pedes postici saltatorii ; femoribus crassis.

OBSERVATIONS. Les *orchètes* sont des charansonites sauteuses, et qui n'ont que dix articles aux antennes, dont les trois derniers forment une massue ovale. Elles tiennent de très près aux ramphes par leurs rapports.

ESPÈCES.

1. Orchète de l'aune. *Orchestes alni.*

O. niger, pubescens; thorace elytrisque fulvo rubris; elytris maculis duabus nigris.
Curculio alni. Linn. *Curculio.* Geoff. 1. p. 286. n° 20.
Rhynchœnus alni. Fab. Latr. Gen. 2. p. 267.
Oliv. Col. 5. n° 83. pl. 32. f. 482.
Habite en Europe, sur l'aune, le bouleau.

2. Orchète de l'osier. *Orchestes viminalis.*

O. pubescens, testaceus; elytris striatis.
Curculio quercûs. Linn.
Rhynchœnus viminalis. Fab. Eleut. 2. p. 494.
Orchestes viminalis. Oliv. Col. 5. n° 83. pl. 32. f. 480.
Habite en Europe, sur le chêne, le saule, etc.
Etc.

RAMPHE. (Ramphus.)

Antennes droites ou presque droites, insérées à la base latérale de la trompe, entre les yeux, ayant onze articles: les quatre derniers formant une massue ovale. Trompe alongée, fléchie vers la poitrine.

Corps ovale. Les pattes postérieures propres à sauter, leurs cuisses étant renflées.

Antennœ subrectœ, ad basim lateralem rostri, inter oculos, insertœ, undecim-articulatœ: articulis quatuor ultimis clavam ovalem formantibus. Rostrum elongatum, ad pectus inflexum.

Corpus ovatum, Pedes postici saltatorii: femoribus incrassatis.

OBSERVATIONS. Les *ramphes* sont des charansonites sauteuses, comme les orchêtes ; mais il en sont bien distingués par leurs antennes. Par l'insertion des antennes, ces insectes ont une sorte de rapport avec les calandres.

ESPÈCE.

1. Ramphe flavicorne. *Ramphus flavicornis*.

Latr. Hist. nat. des Crust. et des Ins. vol. 11. p. 94.
Et Gen. vol. 2. p. 250.
Oliv. Col. 5. n° 81. pl. 3. f. 58. *a. b. c.*
Habite en France, etc., sur le prunier épineux. Le *R. tomentosus* d'Olivier paraît n'en être qu'une variété.

BRACHYCÈRE. (Brachycerus.)

Antennes courtes, droites, de neuf articles : le dernier formant une massue tronquée. Trompe courte ou médiocre, large, épaisse, penchée.

Corps renflé, raboteux. Élytres connées. Point d'écusson. Tous les articles des tarses entiers.

Antennæ breves, rectæ, novem articulatæ : articulo clavam truncatam formante. Rostrum breviusculum, latum, crassum, nutans.

Corpus ovatum, turgidum, asperum. Scutellum nullum. Tarsarum articuli omnes indivisi.

OBSERVATIONS. Les *brachycères*, dont le genre fut établi par Olivier, sont, en quelque sorte, aux autres charansonites, ce que le pimélies sont aux ténébrions. Ces insectes ont le corps ovale, renflé ou gibbeux, à élytres connées, aptères, embrassant l'abdomen par les côtés. Ils habitent, en général, les pays chauds, l'Afrique et les pays méridionaux de l'Europe, et se tiennent dans le sable.

ESPÈCES.

1. Brachycère aptère. *Brachycerus apterus*.

B. thorace spinoso, cruce impressâ ; elytris ferrugineo-punctatis.

Brachycerus apterus. Oliv. Col. 5. n° 82. pl. 1. f. 3. *a. b.*
Curculio apterus. Linn.
Brachycerus apterus. Fab. Eleut. 2. p. 412.
Habite le Cap de Bonne-Espérance.

2. Brachycère algérien. *Brachycerus algirus.*

B. cinereus; thorace spinoso sulcato; elytris angulo duplice spinosis. F.
Brachycerus algirus. Fab. Eleut. 2. p. 415.
Oliv. Col. *ibid.* pl. 2. f. 19. *a. b.*
Latr. Gen. 2. p. 252.
Habite le midi de la France, l'Italie, la côte d'Afrique.

BRENTE. (Brentus.)

Antennes filiformes ou s'épaississant un peu vers leur sommet, droites, à onze articles, et insérées au-delà du milieu de la trompe. Tête prolongée antérieurement en une trompe droite, le plus souvent très longue, grêle, antennifère, et terminée par la bouche.

Corps alongé, subcylindrique, se rétrécissant antérieurement.

Antennæ filiformes aut sensìm extrorsùm subcrassiores, rectæ, undecim-articulatæ, post medium rostri insertæ. Caput in rostrum sœpius longissimum, gracile, rectum, antenniferum, ore terminatum, anticè porrectum.

Corpus elongatum, subcylindricum, anticè angustatum.

Observations. Les *brentes*, par leur forme extraordinaire, sont, en quelquesorte, des charansonites exagérées. Toutes leurs parties sont alongées, étroites, et donnent à leur corps une forme presque linéaire. La partie antérieure de leur tête s'alonge en une espèce de trompe grêle, cylindrique, droite, toujours dirigée en avant, et quelquefois singulièrement remarquable par son extrême longueur.

Outre cette forme extraordinaire, les brentes sont distinguées des charansons et des rhynchènes par leurs antennes non coudées. Ces insectes se trouvent sous les écorces des arbres dans les pays chauds.

ESPÈCES.

1. Brente barbicorne. *Brentus barbicornis.*

B. rostro longissimo, subtùs barbato; elytris apice recurvato-spinosis; antennis filiformibus. F.
Brentus barbirostris. Fab. Eleut. 2. p. 545.
Oliv. Col. 5. n° 84. p. 432. pl. 1. f. 5, et pl. 2. f. 5.
Habite la Nouvelle-Zélande

2. Brente anchorago. *Brentus anchorago.*

B. femoribus anticis dentatis; thorace posticè canadiculato, elytris striâ sesquialterâ flavâ. F.
Curculio anchorago. Linn.
Brentus anchorago. Fab. *ibid.* p. 549.
Oliv. Coléopt. 5 n° 84. pl. 1. f. 2. *a. b.*
Habite l'Amérique méridionale, les Antilles.
Etc. Voyez, pour les autres espèces, Fabricius et Olivier.

CYLAS. (Cylas.)

Antennes droites, insérées vers le milieu de la trompe, en massue au sommet, de dix articles : le dixième formant une massue ovale-oblongue. Trompe droite, avancée, cylindrique.

Corps alongé, rétréci antérieurement. Port des brentes.

Antennæ rectæ, versùs medium rostri insertæ, apice clavatæ, decem articulatæ : articulo decimo clavam ovato-elongatam constituente. Rostrum rectum, cylindricum, porrectum.

Corpus elongatum, anticè angusatam. Habitus brentorum.

OBSERVATIONS. Quoique les *cylas* aient beaucoup de rapports avec les brentes, leurs caractères, et particulièrement ceux de leurs antennes, me paraissent avoir suffisamment autorisé Latreille à en former un genre particulier.

ESPÈCES.

1. Cylas brun. *Cylas brunneus*.

C. brunneus, immaculatus ; elytris ovatis lœvibus. Oliv.
Cylas brunneus. Latr. Gen. 2. p. 244.
Oliv. Col. 5. n° 84. *bis*. p. 446. Brente, pl. 1. f. 3. *a. b.*
Brentus brunneus. Fab. Eleut. 2. p. 548.
Habite au Sénégal.

2. Cylas fourmi. *Cylas formicarius*. Oliv.

C. piceus, thorace ferrugineo.
Oliv. Col. *ibid*. p. 446. pl. 2. f. 19.
Brentus formicarius. Fab. Eleut. 2. p. 549.
Habite les Indes orientales.

APODÈRE. (Apoderus.)

Antennes de onze articles, dont les trois derniers forment la massue. Trompe courte, large, dilatée à son extrémité.

Tête dégagée; un cou distinct. Abdomen large, obtus à son extrémité.

Antennæ subundecim articulatæ, proprè apicem rostri insertæ; articulis tribus ultimis clavam efformantibus. Rostrum breviusculum, apice dilatatum.

Caput posticè attenuatum, collo distincto elevatum. Abdomen crassum, extremitate obtusum.

OBSERVATIONS. Les *apodères* ont des rapports avec les attélabes, mais leur tête n'est point enchâssée postérieurement dans le corselet. Leurs jambes sont terminées par un seul éperon.

ESPÈCES.

1. Apodère longicolle. *Apoderus longicollis.*

A. rufus; collo elongato cylindrico-nigro; elytris punctis impressis, striatis. Oliv. Col. 5. n° 81. p. 18. Attélabe, pl. 1. f. 25.
Attelabus longicollis. Fab. éleut. 2. p. 417.
Habite aux Indes orientales.

2. Apodère du noisetier. *Apoderus coryli.*

A. niger; elytris rubris punctato-striatis.
Attelabus coryli. Linn. Fab. Eleut. 2. p. 416.
Rhinomacer. Geoff. 1. p. 273. n° 11.
Apoderus coryli. Oliv. Col. 5. n° 81. pl. 1. f. 14.
Habite en Europe, sur le noisetier et sur quelques autres arbres. Sa larve enroule les feuilles en cylindre et s'y enferme pour se métamorphoser.
Etc.

ATTÉLABE. (Attelabus.)

Antennes de onze articles, insérées un peu au-delà du milieu de la trompe, les trois derniers articles formant une massue. Trompe ordinairement courte, large, dilatée au sommet.

Tête sessile ou enchâssée postérieurement dans le corselet. Abdomen épais, obtus à son extrémité. Jambes terminées par deux éperons.

Antennæ undecim-articulatæ, paulò post medium rostri insertæ : articulis tribus ultimis clavam formantibus. Rostrum sæpiùs brevè, latum, apice dilatatum.

Caput sessile aut posticè intrà thoracem inclusum. Abdomen crassum, extremitatæ obtusum. Tibiæ bicalcaratæ.

Observations. Les *attélabes* semblent se rapprocher un peu des bruches par leurs rapports, et en indiquer le voisinage. Ce sont encore des charansonites, mais à trompe ordinairement courte et un peu dilatée à son extrémité. Ces insectes ont le corps ovale, rétréci en pointe antérieurement. Leurs antennes ne sont point coudées comme celles des charansons et des rhynchênes; elles se terminent en massue perfoliée. Le pénultième article de leurs tarses est bilobé. Les larves des attélabes sont sans pattes, vivent de substance végétale, et attaquent les feuilles, les fleurs, les fruits et les tiges de plantes. Elles font d'autant plus de tort aux végétaux, qu'elles se tiennent cachées, soit dans des fruits, soit dans les tiges des plantes. Elles s'enferment dans une coque pour se métamorphoser.

ESPÈCES.

1. Attélabe laque. *Attelabus curculionoides*. Linn.

A. niger; *thorace elytrisque striato-punctatis*, *rubris*. F.
Attelabus curculionoides. Fab. Éleut. 2. p. 420.
Rhinomacer. Geoff. 1. p. 273. n° 10.
Attelabus, n° 2. Latr. Gen. 2. p. 247.
Habite en Europe, sur différens arbres. Il a le corselet et les élytres rouges.

2. Attélabe de la vigne. *Attelabus Bacchus*.

A. cupreo-viridulus, *pubescens*; *antennis rostrique apice nigris*.
Curculio bacchus. Linn.
Attelabus bacchus. Fab. Eleut. 2. p. 421.
Rhynchites bacchus. Latr. Gen. 2. p. 249.
Oliv. Col. 5. n° 81. pl. 2. f. 27.
Habite en Europe, sur la vigne et sur différens arbres. Sa larve vit dans les feuilles enroulées de la vigne, et fait un grand tort à cette plante en la dépouillant quelquefois presque totalement de ses feuilles.
Etc.

---

§§. *Lèvre supérieure apparente; palpes très distincts; museau court.*

BRUCHE. (Bruchus.)

Antennes filiformes, souvent pectinées ou en scie vers leur sommet, insérées dans l'échancrure des yeux.

Palpes inégaux. Mandibules simples, pointues. Les yeux échancrés.

Tête penchée, séparée du corselet; corps obtus postérieurement, les élytres ordinairement un peu plus courtes que l'abdomen.

Antennæ filiformes, versùs apicem sæpè serratæ aut pectinatæ, in oculorum sinu insertæ. Palpi inæquales. Mandibulæ simplices, acutæ. Oculi emarginati.

Caput nutans, à thorace distinctum; corpus posticè obtusum; elytra sæpiùs abdomine paulò breviora.

Observations. Les *bruches* appartiennent encore aux charansonites par leurs principaux caractères; mais comme leur museau est un peu court et large, les parties de leur bouche sont plus distinctes que dans la plupart des autres charansonites. Leurs antennes sont filiformes, quoique s'épaississant un peu vers leur sommet, et, en général, elles sont un peu pectinées ou en scie dans leur partie supérieure. Elles sont presque de la longueur de la moitié du corps, et ont onze articles.

La tête des bruches est la partie la plus étroite de leur corps; elle est inclinée en devant, séparée du corselet, et comme soutenue par un cou qui se courbe en avant. Le troisième article des tarses est bilobé.

Les larves des bruches exercent de grands ravages sur les différentes graines, et particulièrement sur celles des plantes légumineuses, telles que les fèves, les lentilles, les vesces, etc. Elles attaquent aussi les graines du *theobroma*, de plusieurs palmiers, etc. La larve passe l'hiver dans la graine, dont elle consomme une partie de la substance intérieure, et ensuite elle s'y métamorphose. On rencontre l'insecte parfait sur différentes fleurs. Les espèces connues de ce genre sont déjà assez nombreuses.

ESPÈCES.

1. Bruche des noyaux. *Bruchus nucleorum.*

B. cinereus; elytris striatis; femoribus posticis ovatis dentatis. F.
Bruchus nucleorum. Fab. Eleut. 2. p. 396.
Oliv. Col. 4. n° 79. pl. 1. f. 1.
Habite l'Amérique mérionale. Oliv.

2. Bruche du pois. *Bruchus pisi.*

B. elytris nigris, albo maculatis; podice albo; punctis duobus nigris. F.
Bruchus pisi. Linn. Fab. Eleut. 2. p. 396. Latr. Gen. 2. p. 240.
Panz. fasc. 66. t. 11. Oliv. *ibid.* pl. 1, f. 6.
Mylabris. Geoff. 1. p. 267. n° 1. pl. 4. f. 9.
Habite en Europe. Sa larve vit dans l'intérieur des pois, des lentilles, etc.

3. Bruche des graines. *Bruchus granarius.*

B. elytris nigris; atomis albis; femoribus posticis uni-dentatis. F.
Bruchus granarius. Linn. Fab. Eleut. 2. p. 399.
Oliv. *ibid.* pl. 1. f. 10. *a. b.*
Habite en Europe, dans différentes graines.
Etc.

ANTHRIBE. (Anthribus.)

Antennes de onze articles; les trois derniers formant une massue. Trompe aplatie, courte. Lèvre supérieure apparente. Mandibules un peu fortes. Les yeux entiers.

Tête sessile. Corps ovoïde ou ovale-oblong. Le pénultième article des tarses bilobé.

Antennæ undecim-articulatæ : articulis tribus ultimis clavam formantibus. Rostrum planulatum, breve. Labrum conspicuum. Mandibulæ validiusculæ. Oculi integri.

Caput sessile. Corpus obovatum aut ovato-oblongum. Tarsorum articulus penultimus bilobus.

Observations. Les *anthribes* avoisinent les bruches par leurs rapports, et en sont néanmoins très distinctes. Leurs antennes sont en massue, quoique un peu moins dans les mâles que dans les femelles. Ces insectes fréquentent les arbres et les fleurs. On croit que leurs larves vivent sous les écorces. Plusieurs des macrocéphales d'Olivier appartiennent à ce genre.

ESPÈCES.

1. Anthribe rhinomacer. *Anthribus rhinomacer.* Latr.

A. villoso-piceus; antennis pedibusque testaceis.
Rhinomacer attelaboides. Fab. Eleut. 2. p. 428.
Oliv. Col. 5. n° 87. pl. 1. f. 2.
Anthribus. Latr. Gen. 2. p. 237.
Habite en Europe, en France, sur les pins.

2. Anthribe latirostre. *Anthribus latirostris.*

A. rostro latissimo plano; elytris apice albis; punctis duobus nigris· F.
Anthribus latirostris. Latr. Fab. Eleut. 2. p. 408.
Panz. fasc. 15. t. 12.
Anthribe. Geoff. 1. p. 307. n° 3. pl. 5. f. 2.
Habite en Europe, dans les bois.
Etc. Voyez l'*anthribus scabrosus* et l'*anthribus varius* de Fabricius.

QUATRIÈME SECTION.

Cinq articles aux tarses des deux premières paires de pattes, et quatre seulement à ceux de la troisième paire.

LES HÉTÉROMÈRES.

Les insectes de cette section sont évidemment intermédiaires ou moyens entre les C. tétramères ci-dessus exposés et les C. pentamères qui viennent après eux. La transition des tétramères aux hétéromères est, en effet, indiquée par les rhinites qui, quoique insectes hétéromères, offrent encore un museau avancé, comme dans les charansonistes. Ces insectes sont très nombreux et très diversifiés dans leurs espèces.

Les entomologistes ont beaucoup varié dans la division de cette section, dans l'institution des familles, et surtout dans celle des genres nombreux qu'ils ont formés parmi ces insectes; ce qui rend cette même section plus difficile encore à étudier que la précédente.

Tendant toujours à simplifier la méthode et à faciliter les distinctions indispensables, j'emploie ici les principales coupes formées en dernier lieu par *Latreille*, les disposant entre elles selon mon opinion, et je divise les hétéromères, dont il s'agit, en coupes primaires, de la manière suivante.

DIVISION DES C. HÉTÉROMÈRES.

§. *Un museau avancé, antennifère.*

Les rhinites.

§§. *Point de museau antennifère.*

(1) Tête ovalaire, sans cou, c'est-à-dire, sans rétrécissement brusque par derrière.

(a) Mâchoires sans dent cornée au côté interne.

(+) Antennes de grosseur égale, ou s'amincissant vers leur extrémité.

Les sténélites.

(++) Antennes grossissant insensiblement, ou se terminant en massue, et ordinairement perfoliées.

Les taxicornes.

(b) Mâchoires ayant une dent cornée au côté interne.

Les mélasomes.

(2) Tête triangulaire ou en cœur, séparée du corselet par un rétrécissement brusque en forme de cou.

Les trachélites.

LES RHINITES.

Un museau avancé et antennifère.

Les *rhinites* paraissent de véritables charansonites, la partie antérieure de leur tête formant un museau plus ou moins long, avancé et antennifère. Mais comme ces insectes sont de la classe des C. hétéromères, j'ai dû les séparer des charansonites, qui terminent les C. tétramères, et les placer en tête des C. hétéromères, afin de conserver l'ordre des rapports.

Il n'y a que trois genres connus qui puissent être rapportés à la coupe des rhinites, et que l'on ne doit pas écarter, savoir : le *rhibosime* qui tient de très près à la division des bruchelles; le *rhinomacer* qui semble avoir des rapports avec les sténélites; et le *sténostome* qui avoisine les œdémères.

RHINOSIME. (Rhinosimus.)

Antennes de onze articles, grossissant vers le bout, et presqu'en massue. Museau plat, dilaté, plus ou moins avancé et antennifère. Mandibules bidentées à leur pointe.

Corps ovale-oblong. Les yeux entiers, globuleux.

Antennœ undecim-articulatæ, subclavatœ aut extrorsùm sensìm crassiores; rostrum planulatum, anticè productum, antenniferum. Mandibulœ apice bidentatœ aut bifidæ.

Corpus ovato-oblongum. Oculi integri, globosi.

Observations. Les *rhinosimes*, quoique hétéromères par les articles de leurs tarses, paraissent avoisiner les anthribes et les bruches par leurs rapports. Le pénultième article de leurs tarses est plus court que dans tous les autres hétéromères.

Ils ont les mâchoires bifides comme les rhinomacers, mais leurs mandibules sont fendues et bidentées à leur pointe.

ESPÈCES.

1. Rhinosime du chêne. *Rhinosimus roboris.*

R. rostro thorace pedibusque rufis; elytris nigro-æneis.
Curculio ruficollis. Linn.
Anthribus roboris. Fab. Éleut. 2. p. 410.
Rhinosimus roboris. Latr. Oliv. Col. 5. n° 85. pl. 1. f. 1.
Habite en Europe, en France, sous l'écorce des arbres.

2. Rhinosime planirostre. *Rhinosimus planirostris.*

R. rostro plano latissimo, æneus, rostro pedibusque testaceis.
Anthribus planirostris. Fab. Éleut. 2. p. 410.
Panz. fasc. 15. t. 14.
An rhinosimus æneus? Oliv. Col. 5. n° 86. pl. 1. f. 3.
Habite en Europe.
Etc.

RHINOMACER. (Rhinomacer.)

Antennes filiformes, insérées au-delà des yeux. Museau étroit, antennifère. Mandibules simples. Mâchoires bifides.

Corps ovale, rétréci antérieurement. Elytres dures.

Antennæ filiformes, ante oculos et ab illis distantes rostro insertæ. Rostrum angustum antenniferum. Mandibulæ simplices. Maxillæ bifidæ.

Corpus ovatum, antice angustatum. Elytra rigida.

Observations. D'après le caractère du museau antennifère, ce genre peut rester placé à côté des rhinosimes, avant le sténostome qui fait la transition aux sténélites, celles-ci ayant les œdémères en tête.

ESPÈCES.

1. Rhinomacer charansonite. *Rhinomacer curculionoides.*

R. villoso-griseus, antennis pedibusque nigris.
Mycterus curculionoides. Oliv. Coléopt. 5. n° 85. pl. 1. f. 1. Panz. fasc. 12. f. 8.
Rhinomacer curculionoides. Fab. Éleut. 2. p. 428.
Habite l'Europe australe. Se trouve sur la millefeuille.

2. Rhinomacer des ombelles. *Rhinomacer umbellatarum.*

R. suprà cinereus, subtùs albidus ; antennis tibiisque rufescentibus. Oliv.
Mycterus umbellatarum. Oliv. 5. n° 85. pl. 1. f. 2.
Bruchus umbellatarum. Fab. Éleut. 2. p. 396.
Habite les îles de l'Archipel, sur les fleurs des ombellifères.

STÉNOSTOME. (Stenostoma.)

Antennes subfiliformes, insérées sur la trompe au-delà des yeux. Le dernier article des palpes cylindracé.

Corps alongé; corselet étroit, subcylindrique. Elytres longues, un peu molles, rétrécies vers leur sommet.

Antennæ subfiliformes, ultrà oculos rostro insertæ. Palporum articulus ultimus cylindraceus.

Corpus elongatum; thorax angustus, subcylindricus. Elytra longa, versùs apicem angustata, molliuscula.

Observations. Le sténostome ne tient plus aux rhinites que par son museau antennifère; il avoisine tellement les œdémères par ses rapports que Latreille ne l'en avait pas séparé d'abord. Illiger le lui a envoyé sous le nom de *rhinomacer nécydaloïde.*

ESPÈCE.

1. Sténostome muselière. *Stenostoma rostrata*.

Leptura rostrata. Fab. Éleut. 2. p. 361.
OEdemera rostrata. Latr. Gen. 2. p. 229.
Stenostoma. Latr. Considérations, etc. p. 217.
Habite la côte de Barbarie, la France australe.

LES STÉNÉLITES.

Antennes de grosseur égale, ou s'amincissant vers leur extrémité.

Les *sténélites* nous paraissent devoir suivre immédiatement la coupe artificielle, mais nécessaire, des rhinites. Quelques-unes, parmi elles, ont encore la partie antérieure de la tête un peu avancée en museau, mais qui n'est plus antennifère. Ces insectes n'ont point de cou, c'est-à-dire, que leur tête ne forme aucun rétrécissement brusque par derrière. Leurs mâchoires sont dépourvues de dent cornée au côté interne, et leurs antennes n'offrent ni massue, ni grossissement graduel vers leur extrémité. Ils ont des ailes, et paraissent vivre, en état de larve, dans le bois ou sous l'écorce des arbres.

Latreille, qui a établi cette famille et ses caractères, la divise d'après la considération de l'état des articles de leurs tarses. En adoptant cette considération, nous présentons les deux divisions, qui en résultent, de la manière suivante :

(1) Ceux qui ont le pénultième article de tous leurs tarses bilobé ou profondément échancré.

Œdémère
Nothus.

Calope.
Lagrie.
Mélandrie.

(2) Ceux qui ont tous les articles des tarses, ou au moins ceux des postérieurs, entiers.

Serropalpe.
Hallomène.
Pythe.
Hélops.
Nilion.
Cistèle.

ŒDÉMÈRE. (OEdemera.)

Antennes filiformes, plus longues que le corselet, insérées devant les yeux, à articles cylindriques. Mandibules bifides au sommet. Bouche avancée en museau court. Les yeux presque entiers.

Corps alongé. Elytres longues, molles, rétrécies vers leur extrémité.

Antennœ filiformes, thorace longiores, antè oculos insertœ : articulis cylindricis. Mandibulœ apice bifidœ. Os in rostrum breve productum. Oculi subintegri.

Corpus elongatum. Elytra longa, mollia, versùs apicem angustata.

Observations. Sous le rapport de la forme générale du corps et de la mollesse des élytres, les *œdémères* semblent devoir être rapprochées des cantharides; sous d'autres rapports, néanmoins, l'on doit les en écarter et les rapprocher des calopes, etc., comme le fait Latreille. Ces insectes ont la tête sessile, les mandibules bifides au sommet, les palpes maxillaires terminés par un article comprimé ou en hache alongée, et les crochets des tarses simples.

On trouve ces insectes sur les herbes et les fleurs, dans les prés.

ESPÈCES.

1. OEdémère bleue. *OEdemera cœrulea.*

OE. cœrulea ; elytris subulatis ; femoribus posticis clavatis arcuatis.
Necydalis cœrulea. Linn. Fab. Éleut. 2. p. 372.
OEdemera cœrulea. Oliv. Col. 3. n° 50. pl. 2. f. 16.
Latr. Gen. 2. p. 228.
Habite en Europe, sur les plantes. C'est la cantharide, n° 3, de Geoffroy.

2. OEdémère bleuâtre. *OEdemera cœrulescens.*

OE. thorace teretiusculo, corpore cœruleo subopaco.
Cantharis cœrulea. Linn.
Necydalis cœrulescens. Fab. Éleut. 2. p. 369.
OEdemera cœrulescens. Latr. Oliv. Col. 3. n° 50. pl. 2. f. 14.
Habite en Europe, sur les plantes.
Etc.

NOTHUS. (Nothus.)

Antennes filiformes, simples, plus longues que le corselet, insérées dans une échancrure des yeux. Mandibules bifides au sommet. Palpes maxillaires ayant le dernier article en hache.

Corps alongé, étroit.

Antennæ filiformes, simplices, thorace longiores, in oculorum sinu insertæ. Mandibulæ apice bifido. Palpi maxillares articulo ultimo securiformi.

Corpus elongatum, angustum, subcylindricum.

Observations. Le genre *nothus*, établi par Latreille, dans son ouvrage intitulé : *Considérations*, etc., p. 417, embrasse quelques espèces encore rares et peu connues. Il paraît faire la transition des œdémères aux calopes.

ESPÈCES.

1. Nothus clavipède. *Nothus clavipes.*

N. nigricans, griseo-pubescens; femoribus posticis clavatis. Oliv.

Nothus clavipes. Oliv. Encycl. n° 1.
Habite en Hongrie.

2. Nothus brûlé. *Nothus prœustus*.

N. testaceus; capite, pectore, maculis duabus thoracis apiceque elytrorum nigris. Oliv.
Nothus prœustus. Oliv. Encycl. n° 2.
Habite en Hongrie.
Etc.

CALOPE. (Calopus.)

Antennes filiformes, un peu longues, en scie, surtout dans les mâles. Les yeux échancrés. Mandibules bifides à leur pointe.

Corps alongé, étroit. Le pénultième article des tarses bifide.

Antennæ filiformes, thorace multò longiores, serratæ, præsertìm in maribus, in oculorum sinu insertæ. Mandibulæ apice bifidæ. Oculi emarginati.

Corpus elongatum, angustum. Tarsorum articulis penultimus bifidus.

Observations. Le *calope*, ayant les yeux échancrés et les antennes insérées dans l'échancrure des yeux, a été regardé comme un capricorne par Linné et Degeer; mais ce coléoptère, par ses tarses, est un hétéromère. Or, ayant les mandibules bifides, il paraît se ranger assez naturellement dans la division des sténélites qui ont le pénultième article de tous les tarses bilobé. Cet insecte a la lèvre inférieure échancrée, et le devant de la tête un peu avancé en museau.

ESPÈCE.

1. Calope serraticorne. *Calopus serraticornis*.

Cerambix serraticornis. Linn.
Calopus serraticornis. Fab. Éleut. 2. p. 312.
Latr. Gen. 2. p. 203.

Oliv. Col. 4. n° 72. pl. 1. f. 1.
Panz. fasc. 3. t. 15.
Habite l'Europe boréale, dans les bois.

LAGRIE. (Lagria.)

Antennes filiformes, grossissant un peu vers leur sommet, insérées devant les yeux. Mandibules courtes, terminées par deux dents. Palpes maxillaires à dernier article en hache. Les yeux échancrés.

Corps oblong; la tête et le corselet plus étroits que les élytres.

Antennæ filiformes, extrorsùm sensìm subcrassiores, antè oculos insertæ. Mandibulæ breves, apice bidentatæ. Palpi maxillares articulo ultimo securiformi. Oculi lunati.

Corpus oblongum; capite thoraceque elytris angustioribus.

Observations. Les *lagries*, dont il s'agit ici, n'embrassent pas entièrement toutes les espèces du genre *lagria* de Fabricius, mais seulement celles qui appartiennent aux coléoptères hétéromères. Leurs élytres sont un peu molles et flexibles, comme dans les cantarhides, mais leur tête n'est point inclinée de même; leurs mandibules bidentées d'ailleurs les en distinguent, ainsi que les crochets des tarses, qui sont simples. Ces insectes vivent sur les plantes, se nourrissant de leurs feuilles.

ESPÈCES.

1. Lagrie tuberculeuse. *Lagria tuberculata.*

L. ovata, glabra, atra; elytris tuberculatis. F.
Lagria tuberculata. Fab. Éleut. 2. p. 69.
Oliv. Encycl. n° 4.
Habite à Cayenne. Collect. du Muséum.

2. Lagrie hérissée. *Lagria hirta.*

L. villosa, nigra; thorace tereti; elytris flavescenti testaceis.

Chrysomela hirta. Linn.
Lagria hirta. Fab. Éleut. 2. p. 70.
Oliv. Col. 3. n° 49. pl. 1. f. 1. Latr. Gen. 2. p. 198.
Cantharide. n° 6. Geoff. 1. p. 344.
Habite en Europe, dans les bois.
Etc.

MÉLANDRIE. (Melandria.)

Antennes simples, filiformes, un peu plus longues que le corselet. Mandibules tridentées au sommet. Palpes maxillaires grands, saillans, terminés par un article en hache alongée.

Tête penchée. Corps ovale-elliptique, déprimé, plus étroit en devant.

Antennæ simplices, filiformes, thorace paulò longiores. Mandibulæ apice tridentatæ. Palpi maxillares magni, exserti; articulo ultimo securem elongatam simulante.

Caput nutans. Corpus ovato-ellipticum, depressum, anticè angustius.

Observations. Les *mélandries* paraissent avoir beaucoup de rapports avec les serropalpes; mais elles s'en distinguent au moins en ce que tous leurs tarses ont le pénultième article bilobé.

ESPÈCES.

1. Mélandrie caraboïde. *Melandria caraboides*.

M. nigra, nitida, punctulata, pubescens; elytris nigro-cæruleis.
Chrysomela caraboides. Linn.
Melandria serrata. Fab. Éleut. 1. p. 163.
Melandria caraboides. Latr. Gen. 2. p. 191.
Serropalpus caraboides. Oliv. Col. 3. n° 57 *bis*. pl. 1. f. 1.
Hélops. Panz. fasc. 9. t. 4.
Habite en Europe, sous l'écorce des arbres.

2. Mélandrie variée. *Melandria variegata*. Latr.

M. fusca; elytris pallidè testaceis, fusco variis.

Serropalpus variegatus. Bosc. Act. soc. Hist. nat. tab. 10. f. 2. Oliv. Col. 3. n° 57 *bis*. pl. 1. f. 2.
Dircœa variegata. Fab. Éleut. 2. p. 90.
Habite aux environs de Paris.
Etc. Voyez le *dircœa discolor* de Fabricius et quelques autres qui suivent.

SERROPALPE. (Serropalpus.)

Antennes filiformes, à article alongés, la plupart cylindriques. Palpes maxillaires très saillans, plus longs que la tête, en scie, à dernier article en hache alongée.

Corps long, subcylindrique. Elytres presque linéaires. Les quatres tarses antérieurs seuls ayant le pénultième article bilobé.

Antennæ filiformes; articulis elongatis plerisque cylindricis. Palpi maxillares valdè exserti, capite longiores, serrati; articulo ultimo securem elongatam simulante.

Corpus longum, subcylindricum. Elytra sublineari a. Tarsi quatuor antici articulo penultimo bilobo; postici articulis omnibus integris.

Observations. Le *serropalpe* a le corps bien plus alongé que celui des mélandries, et s'en distingue particulièrement par les tarses de ses deux pattes postérieures, dont tous les articles sont entiers.

ESPÈCE.

1. Serropalpe strié. *Serropalpus striatus.*

Latr. Gen. vol. 1. tab. 9. f. 12. et vol. 2. p. 193.
Dircœa barbata. Fab. Éleut. 2. p. 88.
Habite en Allemagne, en France, sur le vieux bois.

HALLOMÈNE. (Hallomenus.)

Antennes filiformes, insérées presque dans l'échancrure des yeux. Mandibules bidentées au sommet. Palpes presque filiformes : les maxillaires plus longs, à dernier article subcylindrique.

Corps ovale-oblong, un peu déprimé. Tous les tarses à articles entiers.

Antennæ filiformes, in oculorum sinu ferè insertæ. Mandibulæ apice bidentatæ. Palpi subfiliformes : maxillaribus longioribus, articulo ultimo subcylindrico.

Corpus ovato-oblongum, depressiusculum. Tarsi omnes articulis integris.

Observations. Les *hallomènes*, ainsi que les quatre genres qui suivent, ont tous les articles de leurs tarses entiers, ce qui les distingue des sténélites précédentes. Leurs antennes sont à peu près de la longueur du corselet.

ESPÈCE.

1. Hallomène humérale. *Hallomenus humeralis.*

Latr. Gen. vol. 1. tab. 10. f. 11. et vol. 2. p. 194.
Panz. fasc. 16. t. 17.
Dircæa humeralis. Fab. Éleut. 2. p. 91.
Habite en Allemagne, etc. dans les champignons et sous l'écorce des arbres.

PYTHE. (Pytho.)

Antennes filiformes, de la longueur du corselet, insérées devant les yeux. Mandibules échancrées à leur pointe. Palpes maxillaires terminés par un article plus grand, comprimé, obtrigone.

Corps alongé, très aplati. Corselet presque orbiculaire, plane.

Antennæ filiformes, thoracis longitudine, antè ocu-

los insertœ. Mandibulœ apice acuto emarginato. Palpi maxillares articulo majori, compresso, obtrigono.

Corpus oblongum, valdè depressum; thorace suborbiculato, plano.

Observations. Les *pythes* tiennent d'assez près aux hallomènes, mais leurs palpes maxillaires sont terminés différemment. Leur corps est aplati, presque comme celui du cossyphe.

ESPECE.

1. Pythe bleu. *Pytho cœruleus.*

P. niger; thorace sulcato; elytris striatis cœruleis; abdomine rufo.

Pytho cœruleus. Latr. Gen. 2. p. 196.

Fab. Éleut. 2. p. 95. Panz. fasc. 95. t. 2.

Tenebrio depressus. Linn. Oliv. Col. 3. nº 57. pl. 2. f. 19.

Habite en Europe, sous l'écorce des arbres.

Etc. Voyez *pytho festivus* et *pytho castaneus* de Fabricius.

HÉLOPS. (Hélops.)

Antennes filiformes, de la longueur du corselet ou un peu plus longues. Mandibules bidentées au sommet. Palpes maxillaires terminés par un article plus grand, en forme de hache.

Corps ovale-oblong, convexe.

Antennœ filiformes, thoracis longitudine vel paulò longiores. Mandibulœ apice bidentatœ. Palpi maxillares articulo majori securiformique terminati.

Corpus ovato-oblongum, convexum.

Observations. Les *hélops* ont été regardés comme ayant beaucoup de rapports avec les ténébrions, et Linné ne les en distinguait même pas. Diverses considérations néanmoins paraissent exiger qu'on les en écarte assez considérablement. Ces insectes courent assez vite, ont souvent d'assez belles couleurs, volent pour la plupart, et tous manquent de dent cornée au côté interne des mâchoires. Ils ne rongent que des substances végétales.

ESPÈCES.

1. Hélops lanipède. *Helops lanipes.*

H. æneus; elytris striatis acuminatis.
Tenebrio lanipes. Linn. Geoff. 1. p. 349. n° 5.
Helops lanipes. Fab. 1. p. 157. Panz. fasc. 50. t. 2.
Latr. Gen. 2. p. 188. Oliv. Col. 3. n° 58. pl. 1. f. 1.
Habite en Europe, sous l'écorce des arbres.

2. Hélops strié. *Helops striatus.*

H. nigro-æneus, nitidus; elytris striatis obtusis; antennis pedibusque piceis. Oliv.
Helops striatus. Oliv. Col. 3. n° 58. pl. 1. f. 4.
Latr. Gen. 2. p. 188. Ténébrion. Geoff. 1. p. 348. n° 4.
Helops caraboides. Panz. fasc. 24. t. 3.
Habite en Europe, sous l'écorce des arbres.
Etc.

NILION. (Nilio.)

Antennes filiformes, un peu grenues. Palpes inégaux. Mandibules courtes, bidentées au sommet.

Corps hémisphérique; corselet très court, transversal. Elytres un peu molles.

Antennæ filiformes; articulis rotundato-conicis. Palpi inæquales. Mandibulæ breves, apice bidentatæ.

Corpus hemisphæricum; thorax brevissimus, transversus. Elytra molliuscula.

Observations. Le *nilion* a le port d'une coccinelle; mais c'est un hétéromère, et ses antennes ne sont point en massue. Il est velu et noirâtre en dessus.

ESPÈCE.

1. Nilion velu. *Nilio villosus.*

Latr. vol. 1. tab. 10. f. 2.

Nilio. Latr. Gen. 2. p. 199.
OEgitus marginatus. Fab. Éleut. 2. p. 10.
Habite la Guyane. De Cayenne. Richard.

CISTÈLE. (Cistela.)

Antennes filiformes, un peu plus longues que le corselet, insérées dans l'échancrure des yeux. Mandibules entières à leur pointe. Palpes subfiliformes, inégaux. Les yeux échancrés.

Corps ovale, un peu convexe. Elytres plus larges que le corselet. Onglets des tarses simples, dentelés.

Antennæ filiformes, thorace paulò longiores, in oculorum sinu insertæ. Mandibulæ apice acuto indiviso. Palpi subfiliformes, inæquales. Oculi lunati.

Corpus ovale vel oblongo-ovatum, convexiusculum. Elytra thorace latiora. Tarsorum ungues simplices denticulati.

Observations. Les *cistèles*, que Linné confondait avec les chrysomèles, appartiennent aux coléoptères hétéromères. Ce ne sont ni des ténébrionites ni des cantharidies, mais des sténélites, distinguées des autres par leurs mandibules entières à leur pointe. Ces insectes sont, en général, assez petits. Leur tête est inclinée en devant, leur corps est rétréci antérieurement, et leurs élytres couvrent l'abdomen dans toute sa longueur. On les trouve sur les fleurs; ils ont des couleurs assez brillantes.

ESPÈCES.

1. Cistèle cérambuïde. *Cistela ceramboides.*

C. antennis serratis; corpore infrà nigro; elytris flavo-rufis, striatis.
Chrysomela ceramboides. Linn.
Cistela ceramboides. Fab. Éleut. 2. p. 16.
Oliv. Col. 3. n° 54. pl. 1. f. 4. *a. b.*

Latr. Gen. 2. p. 226. Mordelle. Geoff. 1. p. 354. n° 3.
Habite en Europe, dans les bois.

2. Cistèle soufrée. *Cistela sulphurea.*

C. flava ; elytris sulphureis.
Chrysomela sulphurea. Linn.
Cistela sulphurea. Fab. p. 18. Latr. p. 226.
Oliv. Col. 3. n° 54. pl. 1. f. 6.
Tenebrio. Geoff. 1. p. 351. n° 11.
Habite en Europe sur la millefeuille, les fleurs ombellées.

3. Cistèle lepturoïde. *Cistela lepturoides.*

C. atra; thorace quadrato; elytris striatis testaceis.
Cistela lepturoides. Fab. Éleut. 2. p. 17.
Oliv. Col. 3. n° 54. pl. 1. f. 3. *a.*
Panz. fasc. 5. t. 11.
Habite le midi de l'Europe.
Etc.

LES TAXICORNES.

Les antennes grossissent insensiblement vers leur extremité, ou se terminent en massue, et sont ordinairement perfoliées.

Cette troisième famille de coléoptères hétéromères nous semble intermédiaire entre les sténélites et les mélasomes. Les insectes qui s'y rapportent ont, comme les sténélites, une tête ovoïde, sans rétrécissement brusque par derrière, des machoires dépourvues de dent cornée au côté interne ; mais leurs antennes grossissent insensiblement vers leur sommet, ou sont terminées en massue. Presque tous sont pourvus d'ailes. Plusieurs parmi eux vivent dans les champignons, et les autres sous les écorces des arbres ou à terre. En employant les caractères indiqués par Latreille, je les distribue de la manière suivante ;

(1) Tête saillante ou découverte, ne s'offrant point dans une échancrure du corselet.

(a) Base ou insertion des antennes découverte, non cachée par le bord latéral ou avancé de la tête.

Orchésie.
Tétratome.
Léiode.

(b) Insertion des antennes cachée sous les bords latéraux de la tête.

Cnodalon.
Epitrage.
Elédone.
Trachyscèle.
Phalérie.
Diapère.
Hypophlée.

(2) Tête cachée sous le corselet, ou reçue dans une échancrure de sa partie antérieure.

Cossyphe.
Hélée.

ORCHÉSIE. (Orchesia.)

Antennes courtes, de onze articles : les trois derniers formant une massue. Palpes maxillaires saillans, à dernier article en hache.

Tête très inclinée. Corps ovale-oblong.

Antennæ breves, undecim-articulatæ : articulis tribus ultimis clavam formantibus. Palpi maxillares exserti, articulo ultimo securiformi.

Caput valdè nutans. Corpus oblongo-ovatum.

Observations. L'*orchésie* ressemble beaucoup à l'hallomène par son aspect; mais, outre que ses antennes sont en massue, les quatre tarses antérieurs ont le pénultième article bilobé, tandis que dans l'hallomène tous les tarses ont leurs articles entiers.

ESPÈCE.

1. Orchésie luisante. *Orchesia micans*.

Latr. Gen. 2. p. 194.
Dircœa micans. Fab. Éleut. 2. p. 91.
Hallomenus micans. Panz. fasc. 16. t. 18.
Habite en Europe, dans les bolets. Les jambes postérieures ont deux épines à leur extrémité.

TÉTRATOME. (Tetratoma.)

Antennes de la longueur du corselet, terminées en une massue perfoliée, de quatre articles. Palpes maxillaires plus longs que les labiaux.

Corps ovale. Tous les tarses à articles entiers.

Antennœ thoracis longitudine, clavâ quadriarticulatâ perfoliatâque terminatœ. Palpi maxillares labialibus longiores.

Corpus ovatum. Tarsi omnes articulis integris.

Observations. Les *tétratomes* vivent dans les champignons, comme les diapères, et s'en distinguent principalement par leurs antennes en massue. Ils n'ont point d'épines à leurs jambes postérieures.

ESPÈCES.

1. Tétratome des champignons. *Tetratoma fungorum*.

T. rufum; capite elytrisque nigris. F.
Tetratoma fungorum. Fab. Éleut. 2. p. 574.
Latr. Gen. 2. p. 180. Panz. fasc. 9. t. 10.
Habite en Europe, dans les champignons.

2. Tétratome de Desmarets. *Tetratoma Desmaretsii*.

T. capite, thorace elytrisque cupreo-viridibus nitidis.
Tetratoma Desmaretsii. Latr. Gen. 2. p. 180.
Habite aux environs de Paris, dans le bolet du chêne.

LÉIODE. (Leiodes.)

Antennes courtes, terminées par une massue perfoliée de cinq articles : le second article de la massue fort petit. Palpes courts.

Corps en ovale raccourci, presque hémisphérique. Jambes extérieurement épineuses.

Antennæ breves, clavâ perfoliatâ quinque-articuculatâ terminatæ : clavæ articulo secundo perparvo. Palpi breves.

Corpus ovato-abbreviatum, subhemisphæricum. Pedes tibiis extùs spinosis.

Observations. Les *léiodes*, ayant le corps court, en ovale arrondi, convexe et lisse, sont faciles à reconnaître. On les trouve sur les plantes et les arbres.

ESPÈCES.

1. Léiode brune. *Leiodes picea*. Lat.

L. picea; antennis pedibusque rufis; elytris punctato-striatis; tibiis posticis arcuatis. P.
Anisostoma picea. Panz. fasc. 37. f. 8.
Leiodes picea. Latr. Gen. 2. p. 181.
Habite en Europe, sur les plantes.

2. Léiode ferrugineuse. *Leiodes ferruginea*.

L. ferruginea, elytris striatis; tibiis posticis rectiusculis.
Anisostoma ferruginea. Fab. Éleut. 1. p. 99.
Sphæridium ferrugineum. Oliv. Col. 2. n° 15. pl. 3. f. 14.
Habite en Europe.

3. Léiode humérale. *Leiodes humeralis*.

L. atra, nitida; elytris maculâ baseos rubrâ.
Anisostoma humeralis. Fab. Éleut. 1. p. 99.
Panz. fasc. 23. t. 1. *Sphæridium*.
Habite en Europe, sur les arbres.

CNODALON. (Cnodalon.)

Antennes grossissant insensiblement vers leur extrémité, les six derniers articles imitant des dents de scie. Palpes maxillaires terminés en hache.

Corps ovale, très bombé; corselet transversal.

Antennæ sensìm extrorsùm crassiores; articulis sex ultimis compressis, latere interno dilatato-serratis. Palpi maxillares articulo ultimo securiformi.

Corpus ovale, gibbum. Thorax transversus.

Observations. Le *cnodalon* a un peu le port d'un érotyle. Ses antennes sont de la longueur du corselet, et leur insertion n'est plus à découvert. Le sternum se termine postérieurement en une pointe reçue dans une fourche située entre les secondes pattes.

ESPÈCE.

1. Cnodalon vert. *Cnodalon viride.*

Latr. Gen. vol. 1. tab. 10. f. 7. et vol. 2. p. 182.
Ejusd. Hist. nat., etc. vol. 10. pl. 89. f. 5 et p. 320.
Habite à Saint-Domingue. Il est d'un vert bleuâtre.

ÉPITRAGE. (Epitragus.)

Antennes grossissant insensiblement vers leur extrémité, les quatre derniers articles presque dentiformes. Palpes maxillaires à dernier article plus grand, obtrigone. Menton grand, recouvrant la base des mâchoires.

Corps oblong, à dos convexe. Corselet carré ou en trapèze.

Antennæ sensìm extrorsùm crassiores, articulis quatuor ultimis subdentiformibus. Palpi maxillares articulo majori obtrigono. Mentum magnum, maxillarum basim obtegens.

Corpus oblongum, dorsi medio convexo. Thorax quadratus aut trapeziformis.

OBSERVATIONS. L'*épitrage* est remarquable par ses antennes courtes, son menton, et son corps oblong, un peu en pointe aux extrémités.

ESPÈCE.

1. Epitrage brun. *Epitragus fuscus*. Latr.

Latr. Gen. vol. 1. tab. 10. f. 1. et vol. 2. p. 183.
Habite à Cayenne.

ELEDONE. (Eledona.)

Antennes courtes, arquées, à derniers articles plus grands, formant une massue oblongue et comprimée. Palpes filiformes : le dernier article des maxillaires subcylindrique.

Corps ovale ; corselet transverse.

Antennœ breves, arcuatœ : articulis aliquot ultimis majoribus clavam oblongam compressamque formantibus. Palpi filiformes : maxillarum articulo ultimo subcylindrico.

Corpus ovatum ; thorax transversus.

OBSERVATIONS. L'*élédone* a la tête en partie cachée sous le corselet, le corps légèrement convexe, un peu inégal ou rude en dessus, ce qui l'a fait considérer comme un opatre. Elle paraît se rapprocher davantage des diapères, On en connaît plusieurs espèces.

ESPECE.

1. Elédone agaricicole. *Eledona agaricicola*. Latr.

E. obscurè nigricans; thorace rugosulo; elytris striatis.
Bolitophagus agaricola. Fab. Élent. 1. p. 114.
Opatrum agaricola. Panz. fasc. 43. t. 9.

Oliv. Col. 3. n° 56. pl. 1. f. 11. *a. b.*
Eledona. Latr. Gen. 2. p. 178.
Habite en Europe, dans les bolets.
Etc. Voyez les autres espèces dans Fabricius et Latreille.

TRACHYSCÈLE. (Trachyscelis.)

Antennes à peine plus longues que la tête, terminées par une massue ovale, perfoliée, de six articles.

Corps arrondi, bombé. Pattes fortes, fouisseuses, jambes très épineuses.

Antennæ capite vix longiores, articulis sex ultimis clavam perfoliatam breviter ovatam efficientibus.

Corpus rotundatum, convexum. Pedes validissimi, fossorii; tibiis spinosis.

Observations. Les *trachycèles* avoisinent les diapères et surtout les phaléries de Latreille. Elles s'enterrent dans le sable des bords de la mer. Leurs mandibules sont entières à leur pointe.

ESPÈCE.

1. Trachyscèle aphodioïde. *Trachyscelis aphodioides.*

Latr. Gen. Crust. et Ins. 4. p. 379.
Habite aux environs de Montpellier sur les bords de la mer.

PHALERIE. (Phaleria.)

Antennes insérées sous un rebord, grossissant insensiblement, et perfoliées seulement près de l'extrémité.

Corps ovale ou en carré long, un peu déprimé. Jambes antérieures élargies, épineuses, comme propres à fouir.

Antennæ infrà clypei marginem insertæ, sensìm extrorsum crassiores, versùs extremitatem perfoliatæ.

Corpus ovato-oblongum, subdepressum. Pedes antici tibiis dilatatis spinosis subfossoriis.

Observations. Les *phalénes* avoisinent les diapères par leurs rapports, mais leur corps est plus alongé, moins bombé, et ce n'est que près de leur extrémité que les antennes sont perfoliées. Les mâles ont souvent des tubercules sur la tête. On croit qu'elles vivent dans le bois pourri ou sous l'écorce des arbres.

ESPÈCES.

1. Phalérie cornue. *Phaleria cornuta.*

Ph. ferruginea; mandibulis porrectis recurvis corniformibus.
Trogossita cornuta. Fab. Éleut. 1. p. 155.
Phaleria cornuta. Latr. Gen. 1. t. 10. f. 4. et vol. 2. p. 175.
Habite l'Afrique boréale, l'Asie australe.

2. Phalérie des cuisines. *Phaleria culinaris.*

Ph. ferruginea; elytris crenato-striatis; tibiis anticis dentatis.
Tenebrio culinaris. Linn. Fab. Éleut. 1. p. 148.
Phaleria culinaris. Latr. Gen. 2. p. 175.
Tenebrio culinaris. Oliv. Col. 3. n° 57. pl. 1. f. 13.
Habite en Europe, sous les écorces, dans les tas de blé.
Etc.

DIAPÈRE. (Diaperis.)

Antennes perfoliées, grossissant insensiblement vers le bout. Palpes filiformes.

Corps ovoïde, très convexe. Tête inclinée et un peu enfoncée sous le corselet. Toutes les jambes alongées, également étroites.

Antennæ perfoliatæ, sensìm extrorsùm crassiores. Palpi filiformes.

Corpus obovatum, vel ovato rotundatum, valdè convexum. Caput thorace partìm occultatum. Tibiæ omnes elongatæ subæquè angustæ.

37*

Observations. Les *diapères* vivent dans les champignons. Ils ont le corps plus raccourci et plus convexe que celui des phaléries, et leurs antennes, qui grossissent insensiblement vers le bout, sont perfoliées dans presque toute leur longueur.

ESPÈCES.

1. Diapère du bolet. *Diapesis boleti.*

D. nigra; elytris fasciis tribus flavis repandis.
Diaperis. Geoff. 1. p. 337. pl. 6. f. 3. *Chrysomela boleti.* Linn.
Ciaperis boleti. Fab. Éleut. 2. p. 585.
Oliv. Col. 3. n° 55. pl. 1. f. 1. *a. b. c.*
Habite en Europe, dans les bolets des arbres.

2. Diapère tacheté. *Diaperis maculata.*

D. atra; elytris rufis; puncto suturâ fasciâque atris.
Diaperis hydni. Fab. Éleut. 2. p. 585.
Diaperis maculata. Oliv. Col. 3. n° 55. pl. 1. f. 2. *a. b.*
Habite la Caroline. *Bosc.*
Etc.

HYPOPHLÉE. (Hypophlæus.)

Antennes à peine de la longueur du corselet, grossissant un peu vers le bout, et à articles perfoliés, le dernier ovale.

Corps alongé, presque linéaire. Corselet en carré long.

Antennæ thoracis vix longitudine, extrorsùm sensìm crassiores, articulis perfoliatis : ultimo ovato.

Corpus elongatum, sublineare. Thorax elongato-quadratus.

Observations. Les *lypophlées* sont des ips d'Olivier, et ont aussi le corps alongé, presque linéaire. Elles vivent sous les écorces des arbres, et sont agiles.

ESPÈCES.

1. Hypophlée bicolore. *Hypophlœus bicolor.*

H. rufus, nitidus; elytris nigris, basi fasciatim rufis.
Ips bicolor. Oliv. Col. 2. n° 18. pl. 2. f. 14. *a. b.*
Hypophlœus bicolor. Latr. Gen. 2. p. 174. Fab. Éleut. 2. p. 559.
Panz. fasc. 12. t. 14.
Habite en Europe, sous l'écorce des arbres.

2. Hypophlée marron. *Hypophlœus castaneus.*

H. lœvis, nitidus, castaneus; antennis nigris.
Hypophlœus castaneus. Fab. Éleut. 2. p. 558.
Panz. fasc. 12. t. 13.
Ips taxicornis. Oliv. Col. 2. n° 18. pl. 1. f. 2. *a. b.*
Habite en Europe, sous l'écorce des arbres.
Etc.

COSSYPHE. (Cossyphus.)

Antennes courtes, de onze articles; les cinq derniers formant une massue perfoliée. Palpes maxillaires à dernier article plus large, sécuriforme.

Tête cachée sous le corselet. Corps ovale-oblong, très plat. Le corselet et les élytres débordant horizontalement de tous côtés.

Antennœ breves, undecim-articulatœ, articulis quinque ultimis clavam perfoliatam formantibus. Palpi maxillares articulo ultimo latiore securiformi.

Caput sub thorace absconditum. Corpus ovato-oblongum, valdè depressum; thoracis elytrorumque limbus horisontaliter productus undiquè marginans.

Observations. Les *cossyphes* ressemblent aux lampyres par leur corselet plat, clypéiforme, débordant et recrouvrant la tête; mais leurs tarses, leurs antennes et leurs palpes les en distinguent considérablement. Selon *Olivier*, les mandibules de ces insectes sont bifides à leur pointe, qui est tronquée. On ne connaît de ce genre que deux ou trois espèces, qui sont même médiocrement distinctes.

ESPÈCES.

1. Cossyphe déprimé. *Cossyphus depressus.*

C. brunneus; elytrorum carinâ a basi ad apicem productâ.
Cossyphus depressus. Fab. Éleut. 2. p. 98.
Oliv. Col. 3. nº 44 *bis*. pl. 1. f. 1, *a*, *b*, *c*.
Latr. Gen. 2. p. 184.
Habite aux Indes orientales.

2. Cossyphe de Hoffmanseg. *Cossyphus Hoffmansegii.*

C. brunneus; elytrorum carinâ singulâ utrâque extremitate obliteratâ.
Cossyphus Hoffmansegii. Latr. Gen. 2. p. 185.
Ejusd. Hist. nat., etc. vol. 10. p. 325. pl. 90. f. 2.
Habite en Portugal et en Barbarie.
Voyez le *cossyphus planus* de Fabricius.

HELÉE. (Helea.)

Antennes presque de la longueur du corselet, grossissant un peu vers leur extrémité, les quatre derniers articles subglobuleux. Le menton à lobe du milieu avancé, cachant la base de la bouche.

Tête reçue dans l'échancrure du corselet. Corps ovale, à dos convexe. Corselet transverse, semi-circulaire, échancré antérieurement. Un limbe produit par le corselet et les élytres entourant tout le corps.

Antennœ thoracis sublongitudine, sensìm extrorsùm crassiores, articulis quatuor ultimis subglobosis. Mentum lobo mediano producto oris basim obtegens.

Caput in incisurâ thoracis insertum. Corpus ovatum, dorso convexo. Thorax transversus, semi-circularis, anticè profundè emarginatus. Limbus thorace elytrisque emissus, corpus totum obvallans.

Observations. Les *hélées*, dont Latreille a déjà fait mention dans son ouvrage intitulé, *Hist. nat. des Crust.*, etc. [vol. 10, p. 326], sont des insectes fort remarquables de la Nouvelle-Hollande, et qui avoisinent de très près les cossyphes par leurs rapports. Leur corselet et leurs élytres sont partout débordans, comme dans les cossyphes; mais leurs antennes ne sont point en massue, et la partie antérieure de leur corselet offre une échancrure profonde dans laquelle la tête est reçue et se trouve apparente. Cette échancrure ressemble quelquefois à un trou, parce que les deux angles de ses bords sont prolongés en pointe et s'avancent l'un sur l'autre. La partie que couvrent les élytres est convexe et non aplatie. Ces insectes sont noirs ou d'une couleur sombre. Ils indiquent, en quelque sorte, le voisinage des ténébrionites. Parmi les espèces de la collection du Muséum, je citerai seulement les suivantes.

ESPÈCES.

1. Hélée cornue. *Helea cornuta.*

H. nigra; thorace postice cornuto; thoracis elytrorumque limbo reflexo, ascendente; dorso lævi.

Helea cornuta. Latr. Catal.

Habite l'île des Kanguroos. *Péron* et *Lesueur.* Espèce grande.

2. Hélée hispide. *Helea hispida.*

H. nigra; thorace submutico; limbo generali reflexo; dorso setis nigris hispido.

Helea fenestrata. Latr. Catal.

Habite l'île des Kanguroos. Même taille et même aspect que la précédente.

3. Hélée tricostale. *Helea tricostalis.*

H. nigro; limbo marginali horisontali angusto; dorso costis tribus granulatis.

Helea perforata. Latr. Catal.

Habite la Nouvelle-Hollande. Elle est beaucoup plus petite que les précédentes.

4. Hélée à six côtes. *Helea sexcostata.*

H. nigra; limbo marginali perangusto; dorso costis sex simplicibus punctisque impressis.

Helea costata. Latr. Catal.

Habite la Nouvelle-Hollande.

5. Hélée à bordure. *Helea limbata.* Lat. Cat.

H. obscurè fulva, suborbicularis; limbo hyalino.
Habite l'Asie australe. Elle est plus petite que les autres et a presque l'aspect d'une casside.
Etc.

LES MÉLASOMES,
(ou *Ténébrionites*).

Mâchoires ayant une dent cornée au côté interne.

Cette quatrième famille de coléoptères hétéromères nous paraît très naturelle, et devoir suivre immédiatement celle des taxicornes. Elle comprend des insectes d'une couleur noire ou fort obscure, et la plupart dépourvus de la faculté de voler, parce qu'ils ont pris, depuis long-temps, l'habitude de se tenir cachés et de fuir la lumière. Dans le plus grand nombre, effectivement, les élytres sont soudées, ne peuvent plus s'ouvrir, et les ailes qu'elles devraient recouvrir sont avortées.

Ces insectes ont, en général, des mouvemens lents, rongent des substances végétales ou des matières animales, et vivent à terre ou dans le sable. On les a distingués en un assez grand nombre de genres, que l'on peut distribuer et diviser de la manière suivante :

(1) Élytres soudées : point d'ailes en-dessous par avortement.
(a) Palpes maxillaires filiformes, à dernier article presque cylindrique.
* Base des mâchoires recouverte par un menton large.

Erodie.
Pimélie.

** Base des mâchoires découverte et point cachée par le menton.

Scaure.

Tagénie.
Sépidie.
Moluris.
Eurichore.
Akis.

(b) Palpes maxillaires terminés par un article plus grand, triangulaire ou en forme de hache.

* Base des mâchoires recouverte par un menton large et grand.

Chiroscèle.
Aside.

** Base des mâchoires découverte.

Blaps.
Pédine.

(a) Élytres non soudées, recouvrant des ailes.

Opatre.
Cryptique.
Ténébrion.
Sarrotrie.
Toxique.

ERODIE. (Erodius.)

Antennes à peine plus longues que le corselet, filiformes, terminées par un bouton formé des deux derniers articles, ou du dernier seulement. Palpes filiformes. Menton grand.

Corps ovale, très convexe. Corselet transverse, échancré antérieurement. Point d'écusson. Elytres connées.

Antennæ thorace vix longiores, filiformes, apice capituliferæ; capitulo ex duobus ultimis articulis, aut ex ultimo distincto. Palpi filiformes. Mentum magnum.

Corpus breviter ovatum, valdè convexum. Thorax transversus : margine antico emarginato. Scutellum nullum. Elytra connata.

Observations. Les *érodies* sont des coléoptères noirâtres, glabres, dépourvus d'ailes, et voisins des pimélies. Leur corps est ovale, presque arrondi, convexe ou gibbeux. Leur corselet a antérieurement une large échancrure qui reçoit la partie postérieure de leur tête. Ceux dont le bouton des antennes est formé des deux derniers articles, et dont les jambes de la première paire des pattes sont dentées extérieurement, sont les érodies de Latreille. Il distingue, sous le nom de *zophosis* ceux dont les jambes antérieures sont non dentées, et dont le bouton des antennes est formé du onzième article.

ESPÈCES.

1. Erodie bossue. *Erodius gibbus.*

E. gibbus, ater; elytris lineis elevatis tribus.
Erodius gibbus. Fab. Éleut. 1. p. 121. Latr. Gen. 2. p. 145.
Oliv. Col. 3. n° 63. pl. 1. f. 3.
Habite le Levant, l'Arabie.

2. Erodie testudinaire. *Erodius testudinarius.*

E. gibbus, ater; elytris connatis scabris; lateribus pulverulento-albidis.
Erodius testudinarius. Fab. Éleut. 1. p. 121.
Oliv. Col. 3. n° 63. pl. 1. f. 1. *a. b.*
Zophosis testudinaria. Latr. Gen. 2. p. 146.
Habite en Arabie.
Etc.

PIMELIE. (Pimelia.)

Antennes filiformes, submoniliformes, le dixième article enveloppant le dernier. Palpes filiformes. Mandibules bifides. Menton grand, transverse.

Corps ovale, convexe. Corselet transverse, plus

étroit que l'abdomen. Ecusson souvent nul. Abdomen renflé. Elytres connées, réfléchies en dessous.

Antennœ filiformes, submoniliformes; articulo decimo ultimo involvente. Palpi filiformes. Mandibulœ bifidœ. Mentum magnum, transversum.

Corpus ovatum, convexum. Thorax transversus, abdomine angustior. Scutellum subnullum. Abdomen turgidum. Elytra connata, subtùs inflexa.

Observations. Les *pimélies* ont le corps glabre, ovale, rétréci antérieurement, et l'abdomen gros, très renflé. En général, ces insectes sont noirs, vivent dans les climats chauds, et se trouvent dans les terrains arides. Une seule espèce se trouve aux environs de Paris.

ESPÈCES.

1. Pimélie muriquée. *Pimelia muricata.*

P. atra; thorace globoso; punctis duobus impressis; elytris rugosis; striis tribus elevatis lœvibus. F.
Pimelia bipunctata. Fab. Éleut. 1. p. 130. Latr. Gen. 2. p. 147.
Pimelia muricata. Oliv. Col. 3. n° 59. pl. 1. f. 1. *a. b.* f. 4.
Pimelia muricata. Linn. et Oliv.
Ténébrion cannelé. Geoff. 1. p. 352.
Habite l'Europe australe, et même près de Paris.

2. Pimélie africaine. *Pimelia grossa.*

P. atra; elytris scabris; lineis elevatis tribus lævibus.
Pimelia grossa. Fab. Éleut. 1. p. 130.
Oliv. Col. 3. n° 59. tab. 1. f. 5.
Habite les sables de Barbarie.

3. Pimélie hispide. *Pimelia hispida.*

P. nigra; corpore muricato hispido.
Pimelia hispida. Fab. Éleut. 1. p. 129.
Oliv. Col. 3. n° 59. pl. 1. f. 10 et 12.
Habite en Orient et en Afrique.
Etc.

SCAURE. (Scaurus.)

Antennes filiformes, presque moniliformes ; à dernier article en cône alongé.

Corps ovale-oblong. Corselet orbiculaire, presque carré. Abdomen ovale. Elytres soudées. Pattes antérieures plus grosses.

Antennœ filiformes, submoniliformes : articulo terminali elongato-conico.

Corpus ovato-elongatum. Thorax orbiculato-quadratus. Abdomen ovatum. Elytra connata. Pedes antici femoribus crassioribus.

Observations. Les *scaures* ont les trois ou quatre avant-derniers articles des antennes presque globuleux, et le corselet séparé de l'abdomen par un étranglement. Ces insectes sont noirs, aptères, et c'est surtout dans les mâles que les cuisses des pattes antérieures sont plus grosses, dentées au sommet.

ESPÈCES.

1. Scaure strié. *Scaurus striatus.*

S. ater ; elytris lineis elevatis tribus ; femoribus anticis dentibus duobus.
Scaurus striatus. Fab. Éleut. 1. p. 122. Latr. Gen. 2. p. 159.
Oliv. Col. 3. nº 62. pl. 1. f. 2. et Pimélie, pl. 2. f. 15.
Latr. Hist. nat., etc. vol. 10. pl. 88. f. 2.
Habite l'Europe australe, le midi de la France, l'Afrique.

2. Scaure noir. *Scaurus atratus.*

S. ater ; elytris striato-punctatis.
Scaurus atratus. Fab. Éleut. 1. p. 122.
Oliv. Col. 3. nº 62. pl. 1. f. 3. *b*.
Habite en Égypte.
Etc.

TAGÉNIE. (Tagenia.)

Antennes submoniliformes, presque perfoliées. Palpes filiformes, à dernier article tronqué.

Corps alongé, étroit, déprimé.

Antennæ submoniliformes : articulis ferè perfoliatis. Palpi filiformes ; articulo ultimo truncato.

Corpus elongatum, angustum, depressum.

Observations. La *tagénie*, dans cette famille, est remarquable par la forme alongée et étroite de son corps. Son corselet est en carré-long.

ESPÈCE.

1. Tagénie filiforme. *Tagenia filiformis*. Latr.

Tagenia. Latr. Gen. vol. 1. pl. 10. f. 9.
Ejusd. gen. 2. p. 149.
Akis filiformis. Fab. Éleut. 1. p 137.
Habite la France australe, la Barbarie.

SEPIDIE. (Sepidium.)

Antennes filiformes, à troisième article plus long que les autres. Palpes subfiliformes.

Corps ovale-oblong, convexe, inégal. Corselet dilaté sur les côtés, cariné ou très inégal. Elytres soudées, embrassant l'abdomen.

Antennæ filiformes : articulo tertio aliis longiore. Palpi subfiliformes.

Corpus ovato-oblongum, convexum, inæquale. Thorax valdè inæqualis, sæpè carinatus, lateribus dilatatis. Elytra connata, subtùs inflexa.

Observations. Les *sépidies* ressemblent un peu aux pimélies par leur port; mais, outre les angles, les crêtes et les autres aspérités qui rendent leur corps très inégal, leur menton court les en distingue essentiellement. Ces insectes sont d'une couleur grisâtre ou obscure; ils vivent dans les pays chauds.

ESPÈCES.

1. Sépidie tricuspidée. *Sepidium tricuspidatum.*

S. cinereum; thoracis dorso carinâ triplici piloso-squamosâ.
Sepidium tricuspidatum. Fab. Éleut. 1. p. 126. Latr. Gen. 2. p. 158.
Oliv. Col. 3. n° 61. pl. 1. f. 1. *b.*
Habite les côtes d'Afrique, le Portugal.

2. Sépidie à crête. *Sepidium cristatum.*

S. thorace tricuspidato cristato; corpore variegato.
Sepidium cristatum. Fab. Éleut. 1. p. 127.
Oliv. Col. 3. n° 61. pl. 1. f. 3.
Habite l'Arabie, l'Égypte.
Etc.

MOLURIS. (Moluris.)

Antennes filiformes, à derniers articles globuleux ou turbinés. Palpes filiformes.

Corps alongé, ovale. Corselet orbiculaire, convexe. Abdomen grand, ovale.

Antennæ filiformes; articulis ultimis globosis aut turbinatis. Palpi filiformes.

Corpus elongato-ovatum. Thorax orbicularis, convexus. Abdomen magnum, ovatum.

Observations. Les *moluris* ont l'aspect des pimélies; mais leur menton est court, quoique large, et ne recouvre point la base des mâchoires. Je n'en sépare point les tentyries de Latreille.

ESPÈCES.

1. Moluris striée. *Moluris striata.* Latr.

M. atra, glabra; elytris striis quatuor sanguineis.
Pimelia striata. Fab. Éleut. 1. p. 128.

Oliv. Col. 3. n° 59. pl. 1. f. 11.
Moluris. Latr. Genr. 2. p. 148. et Hist. nat., etc. vol. 10. p. 266. pl. 87. f. 4.
Habite en Afrique.

2. Moluris brune. *Moluris brunnea.*

M. rufo-testacea, glabra, punctulata; thorace antice subtruncato.
Pimélie brune. Oliv. Col. 3. n° 59. pl. 1. f. 6.
Moluris brunnea. Latr. Catal.
Habite le Cap de Bonne-Espérance.

3. Moluris interrompue. *Moluris interrupta.*

M. elongata, atra, nitida; thorace ab elytrorum basi postice utrinque remoto.
Pimelia glabra. Oliv. Col. 3. n° 59. pl. 2. f. 13.
Tentyria interrupta. Latr. Gen. 2. p. 155.
Habite la France australe, etc.

EURICHORE. (Eurichora.)

Antennes filiformes, à troisième article fort long, les autres courts. Palpes filiformes. Menton court, très large.

Corps en ovale court. Corselet grand, transverse, échancré en devant.

Antennœ filiformes, articulo tertio valdè elongato; aliis brevibus. Palpi filiformes. Mentum breve, latissimum.

Corpus breviter ovatum. Thorax magnus, transversus; margine antico emarginato.

Observations. La forme raccourcie des *eurichores*, et surtout leur corselet large, transverse, et très échancré en devant pour recevoir la tête, les distinguent des moluris. On n'en connaît que l'espèce suivante.

ESPÈCE.

1. Eurichore ciliée. *Eurichora ciliata.*

Thunb. Nov. ins. sp. 6. p. 116.

Fab. Éleut. 1. 133. Latr. Gen. 2. p. 150.
Pimelia ciliata. Oliv. Col. 3. n° 59. pl. 2. f. 19. *a. b.*
Habite au Cap de Bonne-Espérance.

AKIS. (Akis.)

Antennes filiformes, de onze articles : le troisième plus long que les autres. Palpes filiformes.

Corps alongé-ovale, un peu aplati. Corselet aussi long que large, ou plus long, souvent aplati. Elytres connées.

Antennæ filiformes, undecim-articulatæ; articulo tertio aliis longiore. Palpi filiformes.

Corpus elongato-ovatum, subdepressum. Thorax longitudine latitudinem adæquans vel superans, sæpè planulatus. Elytra connata.

Observations. Les insectes que je réunis ici, sous le nom d'*akis*, tiennent de très près aux précédens par leurs antennes, leurs palpes, etc.; mais leur forme en général plus alongée, plus déprimée, et leur corselet aussi long que large ou plus long, m'ont paru permettre cette réunion, qui diminue avantageusement le nombre des genres. Ainsi, aux akis de Latreille, je réunis ses hégètres, quoique ces insectes puissent être facilement distingués.

ESPÈCES.

1. Akis hégètre. *Akis hegeter.*

A. ater, obscurus; thorace quadrato plano; elytris subsulcatis.
Hegeter striatus. Latr. Gen. vol. 1. tab. 9. f. 11.
Habite l'île de Téneriffe.

2. Akis réfléchi. *Akis reflexus.*

A. ater, nitidus; elytris dorso lævi, ad margines laterales suprà et infrà longistrorsùm tuberculatis. Latr.
Akis reflexa, Latr. Gen. 2. p. p. 152, et Hist. nat., etc. vol. 10. pl. 87. f. 6.

Akis reflexa. Fab. Éleut. 1. p. 135.
Habite la France australe, le Levant.
Etc.

CHIROSCÈLE. (Chiroscelis.)

Antennes moniliformes, de onze articles ; le dernier plus gros et en bouton. Lèvre supérieure saillante, arrondie, entière. Palpes maxillaires terminés par un article plus grand, sécuriforme. Menton très grand, cordiforme.

Corps alongé, aplati, bordé. Corselet séparé de l'abdomen par un étranglement. Jambes antérieures élargies, dentées et presque palmées au sommet.

Antennœ moniliformes, undecim-articulatœ; articulo ultimo majore, capituliformi. Labrum exsertum, rotundatum, integrum. Palpi maxillares articulo ultimo majore, securiformi. Mentum magnum, cordiforme.

Corpus elongatum, parallelipipedum, depressum, marginatum. Thorax ab abdomine postice intervallo disjunctus : margine antico truncato. Tibiœ anticœ apice dilatatœ, digitatœ, subpalmatœ.

Observations. Le *chiroscèle* forme un genre très remarquable parmi les ténébrionites. Le corps de l'insecte a presque l'aspect de celui d'une passale. Il offre une tête saillante ; un corselet presque en cœur, bordé ; des élytres aplaties, striées, soudées, et un écusson.

ESPÈCES.

1. Chiroscèle à deux lacunes. *Chiroscelis bifenestrata.*

Annales du Muséum. vol. 3. p. 260. pl. 22. f. 2.
Latr. Gen. 2. p. 144. Ejusd. Hist. nat, etc. vol. 10. p. 262. pl. 87. f. 1.
Habite la Nouvelle-Hollande, l'île Maria. *Péron* et *Le Sueur.*

ASIDE. (Asida.)

Antennes subfiliformes, plus grosses près du bout : le dixième article, plus grand et semi-globuleux, recevant le onzième. Labre saillant. Palpes maxillaires à dernier article plus grand, obtrigone. Menton grand.

Corps ovale, un peu aplati. Corselet subtransverse, un peu échancré antérieurement. Elytres connées, réfléchies en dessous.

Antennæ subfiliformes, propè apicem crassiores : articulo decimo majore, semi-globoso, undecimum excipiente. Labrum exsertum. Palpi maxillares articulo ultimo majore obtrigono. Mentum magnum.

Corpus breviter ovatum, rotundatum, planiusculum. Thorax subtransversus, margine antico paulò emarginatus. Elytra connata, subtùs inflexa.

Observations. Par leur menton recouvrant la base des mâchoires, les *asides* tiennent aux érodies, aux pimélies, etc.; mais elles s'en distinguent par leurs palpes non filiformes, par leur corps non bombé. Elles semblent se rapprocher davantage des opatres, dont elles ont l'aspect; mais elles ne volent point, et leur menton les en distingue.

ESPECES.

1. Aside grise. *Asida grisea.*

A. cinerea; thorace plano marginato, elytris striis tribus elevatis, posticè dentatis.

Asida grisea. Latr. Gen. 2. p. 154. Ejusd. Hist. nat. vol. 10. p. 270. pl. 87. f. 8. Tenebrio. n° 2. Geoff. 1. p. 347. pl. 6. f. 6.

Opatrum griseum. Fab. Éleut. 1. p. 115. *Pimelia.* Panz. fasc. 74. f. 1.

Oliv. Col. 3. n° 56. pl. 1. f. 1. *a. b. c. d.*

Habite en France, en Allemagne, aux lieux sablonneux.

2. Aside ridée. *Asida rugosa.*

A. nigra; thorace marginato; elytro singulo lineâ elevatâ subdentatâque instructo.
Opatrum rugosum. Oliv. Col. 3. n° 56. pl. 1. f. 4.
Asida fusca. Latr. Hist. nat., etc. vol. 10. p. 270.
Habite l'Italie, l'Espagne.
Etc.

BLAPS. (Blaps.)

Antennes filiformes, presque moniliformes vers leur sommet : les derniers articles étant presque globuleux. Labre saillant, transverse. Palpes maxillaires à dernier article plus large, comprimé. La base des mâchoires découverte.

Corps alongé-ovale, un peu rétréci antérieurement. Corselet presque carré. Elytres connées, infléchies en dessous, terminées souvent par une pointe.

Antennæ filiformes, versùs apicem submoniliformes: articulis ultimis globulosis. Labrum exsertum, transversum. Palpi maxillares articulo ultimo latiori, compresso. Maxillarum basis detecta.

Corpus elongato-ovatum, antice paulò angustius. Thorax subquadratus. Elytra connata, subtùs inflexa, sæpè mucrone apicali terminata.

Obesrvations. Les *blaps* n'ont plus, comme les insectes des deux genres précédens, les mâchoires recouvertes à leur base par le menton. Ils se rapprochent beaucoup des ténébrions; mais ils sont aptères, et se tiennent dans les lieux obscurs.

ESPÈCE.

1. Blaps géant. *Blaps gigas.*

B. nigra; thorace rotundato; elytris mucronatis lævissimis. F.
Tenebrio gigas. Linn.

Blaps gages. Fab. Éleut. p. 141.
Oliv. Col. n° 60. pl. 1. f. 1. Panz. fasc. 96. f. 1.
Habite le midi de la France, l'Espagne.

2. Blaps porte-malheur. *Blaps mortisaga.*

B. atra; thorace planulato; elytris mucronatis subpunctatis.
Tenebrio mortisagus. Linn. Geoff. 1. p. 346. n° 1.
Blaps mortisaga. Fab. El. 1. p. 141.
Panz. fasc. 3. f. 3.
Oliv. Col. 3. n° 60. pl. 1. f. 2.
Habite en Europe. Très commun; il sent mauvais.

3. Blaps semblable. *Blaps similis.* Latr.

B. atra, oblonga; elytris subtilissimè rugosulis, obtusis.
Blaps obtusa. Fab. El. 1. 141.
Blaps similis. Latr. Gen. 2. p. 162.
Habite en France.
Etc.

PÉDINE. (Pedinus.)

Antennes filiformes, insensiblement plus épaisses vers leur sommet, les derniers articles étant turbinés, presque globuleux. Chaperon échancré, recevant un labre très petit. Le dernier article des palpes maxillaires plus grand, subsécuriforme.

Corps en ovale court, déprimé. Elytres connées. Pattes antérieures à jambes souvent élargies, subtriangulaires.

Antennæ filiformes, versùs extremitatem sensìm crassiores : articulis ultimis turbinato-globosis. Clypeus emarginatus. Labrum minimum, in sinu excipiens. Palpi maxillares articulo ultimo majore subsecuriformi.

Corpus breviter ovale, depressum. Elytra connata. Pedes antici tibiis sæpè dilatatis, subtriangularibus.

Observations. Les *pédines* ressemblent beaucoup aux

opatres; mais elles sont aptères, ce qui a engagé Latreille à les en distinguer. Il paraît d'ailleurs que les derniers articles de leurs antennes ne sont point comprimés. Ces insectes vivent dans les lieux sablonneux, arides.

ESPECE.

1. Hédine fémorale. *Pedinus femoralis.*

P. ater; femoribus posticis subtùs canaliculatis, ferrugineo-villosis.

Blaps femoralis. Fab. El. 1. p. 143.

Panz. fasc. 39. t. 5.

Pedinus femoralis. Latr. Gen. 2. p. 165. Ejusd. Hist. nat., etc. vol. 10. p. 282. pl. 88. f. 4.

Habite en France, en Allemagne, aux lieux arides.

Etc. Voyez les *platynotus reticulatus, excavatus, crenatus, dilatatus, dentipes* de Fab.; ses *blaps buprestoïdes, calcarata, punctata, emarginata, tristis, tibialis* et *clathrata*, qui selon Latreille sont des pédines.

OPATRE. (Opatrum.)

Antennes moniliformes, grossissant un peu vers leur sommet. Labre petit, reçu dans une échancrure antérieure du chaperon. Palpes maxillaires en massue.

Corps en carré-ovale, déprimé. Corselet transverse, presque carré, ayant un sinus antérieur pour recevoir la tête.

Antennæ moniliformes, sensim extrorsùm subcrassiores. Labrum parvum, in sinu antico clypei receptum. Palpi maxillares clavati.

Corpus quadrato-ovale, depressum. Thorax transversus, subquadratus; margine antico concavo, pro capite excipiendo.

Observations. Les *opatres* ne sont point privés de la

faculté de voler, comme les ténébrionites précédens. Il ont de grands rapports avec les ténébrions; mais leur tête est moins proéminente, fort enfoncée dans le sinus antérieur du corselet, et leurs élytres sont moins luisantes, striées dans la plupart. Leur corselet est aplati, bordé. Ces insectes sont d'une couleur obscure, grisâtre, brune ou noirâtre. Ils vivent par terre, dans les lieux sabloneux.

ESPÈCES.

1. Opatre sabuleux. *Opatrum sabulosum.*

O. fuscum; elytris lineis elevatis tribus dentatis; thorace marginato. F.
Silpha sabulosa. Linn. Ténébrion. Geoff. 1. p. 350. n° 7.
Opatrum sabulosum. Fab. Éleut. 1. p. 116.
Oliv. Col. 3. n° 56. pl. 1. f. 4. Latr. Gen. 2. p. 166.
Panz. fasc. 3. t. 2.
Habite l'Europe, aux lieux sablonneux. Très commun.

2. Opatre bossu. *Opatrum gibbum.*

O nigrum; elytris lineis elevatis plurimis obsoletis; tibiis anticis triangularibus. F.
Opatrum gibbum. Oliv. Col. 3. n° 56. pl. 1. f. 6.
Fab. Éleut. 1. p. 116. Panz. fasc. 39. f. 4.
Habite en Europe.

3. Opatre arénaire. *Opatrum arenarium.*

O. griseum; elytris striatis. F.
Opatrum arenarium. Fab. Éleut. 1. p. 117.
Oliv. Col. 3. n° 56. t. 1. f. 7.
Habite au Cap de Bonne-Espérance.
Etc.

CRYPTIQUE. (Crypticus.)

Antennes filiformes, à articles la plupart en cône renversé : le dernier subgloboleux. Chaperon entier.

Labre transverse. Les palpes maxillaires terminées en hache.

Corps ovale-oblong.

Antennæ filiformes; articulis plerisque obversè conicis : ultimo subgloboso. Clypeus integer. Labrum transversum. Palpi maxillares apice securiformi.

Corpus ovato-oblongum.

Observations. Latreille a établi nouvellement ce genre avec la Pédine lisse de ses ouvrages. Il en connaît maintenant plusieurs espèces, les unes d'Espagne, les autres du Cap de Bonne-Espérance.

ESPÈCE.

1. Cryptique glabre. *Crypticus glaber.*

Blaps glabra. Fab. Éleut. 1. p. 143. Panz. fasc. 50. t. 1.
Helops glaber. Oliv. Col. 3. n° 58. pl. 2. f. 12.
Pedinus glaber. Latr. Gen. 2. p. 164.
Ténébrion. n° 8. Geoff. 1. p. 351.
Var. Panz. fasc. 36. t. 1.
Habite en France, aux lieux sablonneux.

TÉNÉBRION. (Tenebrio.)

Antennes moniliformes, grossissant insensiblement vers leur sommet. Labre saillant, transverse, entier. Palpes maxillaires un peu en massue.

Corps alongé, ou ovale-oblong, déprimé. Tête saillante en avant. Corselet bordé. Jambes grêles : les antérieures arquées.

Antennæ moniliformes, extrorsùm sensìm crassiores. Labrum exsertum, transversum, integrum. Palpi maxillares subclavati.

Corpus elongatum seu ovato-oblongum, depressum

Caput anticè prominulum. Thorax marginatus. Tibiœ graciles : anticis subarcuatis.

Observations. Du nom de ce genre, dont plusieurs espèces fréquentent nos habitations, on a fait celui de toute la famille. Les *ténébrions* sont, en effet, connus depuis long-temps, et l'on sait qu'ils sont, en général, d'une couleur noire ou noirâtre, qu'ils fuient la lumière, et ne volent que le soir. On reconnaît ces insectes à leur forme alongée, leur tête non enfoncée dans le corselet, leurs élytres non soudées. Leurs larves vivent, soit dans la farine, le son, soit dans le bois pourri, soit dans la terre, etc. On en connaît un assez grand nombre d'espèces.

ESPÈCES.

1. Ténébrion serré. *Tenebrio serratus.*

T. ater, glaber; elytris striatis; tibiis posticis serratis.
Tenebrio serratus. Fab. Éleut. 1. p. 145.
Oliv. Col. n° 57. pl. 1. f. 1.
Habite en Afrique.

2. Ténébrion obscur. *Tenebrio obscurus.*

T. oblongus, niger, obscurus: thorace quadrato; elytris substriatis.
Tenebrio obscurus. Fab. Éleut. 1. p. 146.
Panz. fasc. 43. t. 12. Latr. Gen. 2. p. 169.
Habite en Europe. Commun près de Paris.

3. Ténébrion de la farine. *Tenebrio molitor.*

T. oblongus, piceus; elytris striatis.
Tenebrio molitor. Linn. Fab. Éleut. 1. p. 145.
Latr. Gen. 2. p. 170. Panz. fasc. 43. t. 13.
Tenebrio. n° 6. Geoff. 1. p. 349.
Oliv. Col. 3. n° 57. pl. 1. f. 12. *a. b. c. d.*
Habite en Europe, dans les maisons; dans la farine, le pain, les cuisines.
Etc.

SARROTRIE. (Sarrotrium.)

Antennes droites, épaisses, formant une massue fusiforme, perfoliée, velue. Mandibules bidentées au sommet.

Corps alongé, un peu étroit, presque linéaire.

Antennæ rectæ, crassæ, clavam, fusiformem perfoliatam et hirsutam sistentes. Mandibulæ apice bidentatæ.

Corpus elongatum, angustiusculum, sublineare.

Observations. Le nom d'orthocère que Latreille a donné à l'insecte qui constitue ce genre, n'est point convenable, puisque ce nom est déjà employé pour un genre de coquilles multiloculaires; celui de *sarrotrium*, donné par Illiger et Fabricius, doit donc être conservé. Cet insecte, remarquable par ses antennes, est un véritable ténébrionite.

ESPÈCE.

1. Sarrotrie hirticorne. *Sarrotrium hirticorne.*

Orthocerus hirticornis. Latr. Gen. 2. p. 172.
Ejusd. Hist. nat., etc. vol. 10. p. 299. pl. 89. f. 1.
Sarrotrium muticum. Fab. Éleut. 1. p. 327.
Hispa mutica. Panz. fasc. 1. t. 8. Linn. Syst.
Habite en Europe, aux lieux sablonneux.

TOXIQUE. (Toxicum.)

Antennes courtes, de onze articles, les quatres derniers formant une massue ovale, comprimé.

Corps alongé, presque linéaire, un peu déprimé.

Antennæ breves, undecim-articulatæ; articulis quatuor ultimis clavam ovatam et compressam formantibus.

Corpus elongatum, sublineare, depressiusculum.

OBSERVATIONS. Le *toxique* est un genre encore peu connu, qui semble se rapprocher de la sarrotrie par son port, et qui tient d'assez près aux ténébrions. Son corselet est presque carré; l'insecte est muni d'ailes.

ESPECE.

1. Toxique de Riche. *Toxicum richesianum.* Latr.

Latr. Gen. 2. p. 167, et vol. 1. t. 9. f. 9.
Habite les Indes orientales. *Riche.* Couleur noire.

LES TRACHÉLITES.

Tête triangulaire ou en cœur, séparée du corselet par un rétrécissement brusque, en forme de cou. — Point de dent cornée au côté interne des mâchoires.

C'est ici la cinquième et dernière coupe des coléoptères hétéromères : elle comprend quelques genres qui semblent avoisiner les mélasomes ou ténébrionites par leurs rapports, et d'autres qui tiennent davantage aux *cantharidiens*. Ceux-ci terminent les trachélites, et forment une transition aux coléoptères pentamères, que les *téléphoriens* commencent. Nous croyons cette distribution fort rapprochée de l'ordre naturel.

La plupart de ces insectes ont des élytres minces, molles ou flexibles, et sont presque toujours munis d'ailes. Beaucoup d'entre eux ont la tête fort inclinée, quoique saillante; leurs antennes en général sont filiformes, rarement épaissies vers le bout, et plus rarement en massue. Dans l'état parfait, ils vivent sur différents végétaux et mangent leurs feuilles ou se nourrissent sur les fleurs. Nous les divisons de la manière suivante :

DIVISION DES TRACHÉLITES.

(1) Crochets des tarses simples, avec ou sans dentelures (*les Polytypiens.*)

(a) Tous les tarses à pénultième article bilobé.

(+) Antennes simples.

Notoxe.

Scraptie.

(++) Antennes en scie, ou pectinées, ou branchues.

Pyrochre.

Dendrocère.

(b) Tous les tarses à articles entiers, ou au moins ceux des pattes postérieures.

(+) Corps courbé; abdomen conique.

(*) Aucun tarse à pénultième article bilobé.

Rhipiphore.

Mordelle.

(**) Les quatre tarses antérieurs à pénultième article bilobé.

Anaspe.

(++) Corps droit, non déprimé sur les côtés.

Apale.

Horie.

(2) Crochets des tarses doubles ou profondément divisés et sans dentelures en dessous (*les Cantharidiens*).

(a) Pénultième article des tarses bilobé.

Cérocome.

Tétraonyx.

(b) Tous les articles des tarses entiers.

Mylabre.

Œnas.
Méloë.
Cantharide.
Zonite.

LES POLYTYPIENS.

Crochets des tarses simples, avec ou sans dentelures.

Cette première division des trachélites semble embrasser diverses petites familles, telles que les pyrochroïdes, les mordellones, etc.; ce que j'ai voulu exprimer en les nommant *polytypiens*. Ces insectes ont le corps alongé, les élytres plus ou moins flexibles, les yeux souvent échancrés, et des couleurs quelquefois sombres, quelquefois éclatantes. Ils avoisinent évidemment les cantharidiens; mais plusieurs d'entre eux paraissent tenir un peu des mélasomes ou ténébrionites.

NOTOXE (Notoxus.)

Antennes filiformes, submoniliformes, à peu près de la longueur du corselet. Mandibules fortes.

Tête séparée du corselet par un cou. Corselet rétréci postérieurement. Corps oblong, abdomen grand.

Antennæ filiformes, submoniliformes, thoracis longitudine aut circiter. Mandibulæ validæ.

Caput à thorace collo disjunctum. Thorax posticè angustior. Corpus oblongum. Abdomen magnum.

Observations. Les *notoxes* sont de petits coléoptères, dont une espèce singulière, par la corne de son corselet, a été désignée, comme genre, par Geoffroy, sous le nom de cuculle (*notoxus*). Ils sont agiles, paraissent tenir un peu aux ténébrionites et aux cantharidiens.

ESPÈCES.

1. Notoxe unicorne. *Notoxus monoceros.*

N. ferrugineus; elytris puncto fasciâque nigris; thorace cornu protenso.
Meloe monoceros. Linn.
Notoxus. Geoff. 1. p. 356. pl. 6. f. 8.
Oliv. Col. 3. n° 51. pl. 1. f. 2.
Anthicus monoceros. Fab. Eleut. 1. p. 288.
Habite en Europe, sur les plantes, et par terre.

2. Notoxe anthérin. *Notoxus antherinus.*

N. niger; elytris fasciis duabus ferrugineis.
Meloe antherinus. Linn.
Anthicus antherinus. Fab. El. 1. p. 291.
Panz. fasc. 11. t. 14.
Habite en Europe.
Etc. Ajoutez les *Anthicus cornutus, A. rhinoceros* de Fabricius.

SCRAPTIE. (Scraptia.)

Antennes filiformes, insérées dans l'échancrure des yeux. Lèvre supérieure saillante. Palpes à dernier article plus grand.

Tête penchée, séparée du corselet, qui est demi-circulaire. Corps ovale-oblong, un peu mou.

Antennæ filiformes, in oculorum sinu insertæ: articulis cylindricis. Labrum exsertum. Palpi articulo ultimo majore.

Caput nutans. Thorax semi-circularis. Corpus ovato-oblongum, molliusculum.

Observations. La *scraptie* se rapproche des notoxes par ses rapports; elle a aussi le pénultième article des tarses bilobé. C'est un insecte fort petit.

ESPÈCE.

1. Scraptie brune. *Scraptia fusca.*

Latr. Gen. Crust. et Ins. 2. p. 199.
Serropalpus fusculus. Illig. coléopt. Bor. 1. p. 32.
Habite en France, dans les prés.

PYROCHE. (Pyrochroa.)

Antennes filiformes, en scie ou pectinées. Lèvre supérieure saillante, entière. Mandibules fortes. Palpes inégaux.

Corps ovale-oblong, déprimé. Corselet suborbiculé.

Antennæ filiformes, serratæ aut pectinatæ. Labrum exsertum, integrum. Mandibulæ validæ. Palpi inæquales, subfiliformes.

Corpus ovato-oblongum, depressum. Thorax suborbiculatus.

Observations. Les *pyrochres* sont remarquables par leurs antennes pectinées dans les mâles, en scie dans les femelles, et par leur couleur rouge, ou noire avec des parties rouges. Geoffroy, a le premier, distingué ce genre, et n'en a connu qu'une espèce, qu'il a nommée la *cardinale.*

ESPÈCES.

1. Pyrochre cardinale. *Pyrochroa rubens.*

P. nigra; capite thorace elytrisque sanguineis, immaculatis.
Pyrochroa. Geoff. 1. p. 338. pl. 6. f. 4.
Pyrochroa. rubens. Fab. El. 2. p. 109.
Oliv. Col. 3. nº 52. pl. 1. f. 2. *a. b.* Lat. Gen. 2. p. 205.
Habite en Europe.

2. Pyrochre écarlate. *Pyrochroa coccinea.*

P. nigra; thorace elytrisque coccineis immaculatis.
Pyrochroa coccinea. Panz. fasc. 13. t. 11.

Oliv. Col. 3. n° 53. pl. 1. f. 1. a. b.
Cantharis coccinea. Linn.
Habite en Europe. Celle-ci a la tête noire.
Etc

DENDROCÈRE. (Dendrocera.)

Antennes subrameuses : les articles se prolongeant latéralement en de longs filets.

Corps linéaire, corselet conique, pattes longues.

Antennæ subramosæ ; articulis in fila longa lateralia productis.

Corpus lineare, thorax conicus, pedes longi.

Observations. Latreille a indiqué ce genre sous le nom de *dendroïde*, que je crois convenable de changer, et n'a encore donné d'autres détails à son sujet, que ceux que je viens d'exposer. Ce genre paraît très remarquable.

ESPECE.

1. Dendrocère du Canada. *Dendrocera Canadensis*.

Dendroïde. Lat. Considérations générales, etc. p. 212.
Habite au Canada. Collect. de M. Bosc.

RHIPIPHORE. (Rhipiphorus.)

Antennes courtes, en éventail ou en peigne, dans les mâles; en scie dans les femelles. Mandibules pointues, sans dents au sommet. Palpes filiformes.

Corps oblong, courbé, presque arqué, comprimé sur les côtés. Tête penchée. Abdomen conique, pointu.

Antennæ breves, masculorum flabellatæ aut pectinatæ, feminarum serratæ. Mandibulæ acutæ, edentulæ. Palpi filiformes.

Corpus oblongum, curvum, subarcuatum, ad latera compressum. Caput cernuum. Abdomen conico-acutum.

Observations. Les *rhipiphores* ont encore certains rapports avec les ténébrionites, et n'offrent que des couleurs sombres ou obscures. Leurs tarses sont à articles entiers, et les crochets qui les terminent, quoique simples, sont bifides ou unidentés. Leurs yeux sont entiers. Leur écusson est rarement apparent; mais l'angle postérieur de leur corselet en tient lieu ou le cache. Les uns ont des élytres courtes, les autres les ont assez longues, mais terminés en pointe. Ces insectes sont agiles et se trouvent sur les fleurs.

ESPÈCES.

1. Rhipiphore subdiptère. *Rhipiphorus subdipterus.*

R. elytris brevissimis, ovatis, fornicatis, pallescentibus. F.
Rhipiphorus subdipterus. Fab. Eleut. 2. p. 118.
Oliv. Col. 3. n° 65. pl. 1. f. 1. *b. c. d. e.*
Habite en Provence et aux environs de Montpellier.

2. Rhipiphore flabellé. *Rhipiphorus flabellatus.*

R. testaceus; ore, pectore abdominisque dorso atris, F.
Rhipiphorus flabellatus. Fab. El. 2. p. 119.
Oliv. Col. 3. n° 65. pl. 1. f. 2. *b. c.*
Habite en Italie.

3. Rhipiphore paradoxe. *Rhipiphorus paradoxus.*

R. niger; thoracis lateribus elytrisque testaceis.
Rhipiphorus paradoxus. Fab. El. 2. p. 119.
Oliv. Col. 3. n° 65. pl. 1. f. 7. Lat. Gen. 2. p. 207.
Mordella paradoxa. Linn.
Habite en Europe.
Etc.

MORDELLE. (Mordella.)

Antennes filiformes, un peu en scie d'un côté dans

les mâles. Quatre palpes inégaux, les maxillaires plus grands et en massue sécuriforme.

Corps oblong, courbé et comprimé à ses côtés. Tête très inclinée sur la poitrine. Abdomen des femelles terminé en pointe térébriforme.

Antennæ masculorum serratæ, feminarum simplices, filiformes. Palpi maxillares articulo ultimo majore, securiformi.

Corpus oblongum, subarcuatum, ab latera compressiusculum. Caput valdè nutans. Feminarum abdomen caudâ terebriformi terminatum.

Observations. Les *mordelles* se rapprochent extrêmement des rhipiphores par leurs rapports, quoiqu'elles en soient très distinguées par leurs antennes et par leurs palpes.

Ces insectes sont forts petits, ont la tête très inclinée vers la poitrine, le corps oblong, arqué, terminé en pointe dans les femelles. Les uns se trouvent sur les fleurs, les autres dans les bois, sur les arbres. Leur démarche est assez agile; ils volent très bien.

ESPECES.

1. Mordelle à pointe, *Mordella aculeatata*.

M. ano aculeato, corpore atro immaculato.
Mordella aculeata. Linn. Fab. El. 2. p. 121.
Geoff. 1. p. 353. pl. 6. f. 7.
Oliv. Col. 3. n° 64. pl. 1. f. 1. Lat. Gen. 3. p. 208.
Habite en Europe.

2. Mordelle fasciée. *Mordella fasciata*.

M. nigra; ano aculeato; elytris fasciis duabus cinereis.
Oliv. Col. 3. n° 64. pl. 1. f. 2. *a. b.*
Mordella fasciata. Fab. El. 2. p. 122.
Habite en Europe.
Etc.

ANASPE. (Anaspis.)

Antennes filiformes, grossissant un peu vers le bout. Les yeux un peu en croissant. Le dernier article des palpes maxillaires en hache.

Corps ovale-oblong. Ecusson peu distinct. Tête penchée.

Antennæ filiformes, extrorsùm subcrassiores, Oculi sublunati. Palpi maxillares articulo ultimo securiformi.

Corpus ovato-oblongum. Scutellum subnullum. Caput nutans.

Observations. Les *anaspes* seraient des mordelles, si les tarses des quatre pattes antérieures n'avaient le pénultième article bilobé. Ces insectes sont très petits.

ESPÈCES.

1. Anapse frontale. *Anaspis frontalis.* Latr.

A. atra, fronte pedibusque flavescentibus.
Mordella frontalis. Fab. El. 2. p. 125. Panz. fasc. 13. t. 13.
Oliv. Col. 3. nº 64. pl. 1. f. 6. *a. b. c.*
Habite en Europe, sur les fleurs.

2. Anapse humérale. *Anaspis humeralis.* Latr.

A. atra; elytris basi flavescentibus.
Anaspis. Geoff. 1. p. 316. nº 2.
Mordella humeralis. Fab. El. 2. p. 125.
Oliv. col. 3. nº 64. pl. 1. f. 7. *a. b.*
Habite en Europe, et se trouve aux environs de Paris.
Etc.

APALE. (Apalus).

Antennes filiformes, simples dans les deux sexes,

plus longues que le corselet. Palpes filiformes. Les yeux oblongs.

Corps oblong-ovale ; tête saillante, penchée ; corselet arrondi ; élytres un peu molles. Tous les tarses à articles entiers.

Antennæ filiformes, in utroque sexu simplices, thorace longiores. Palpi filiformes. Oculi oblongi.

Corpus ovato-oblongum; caput exsertum, inflexum. Tarsi omnes articulis integris. Elytra molliuscula.

Observations. Le genre *apale*, établi par Fabricius, paraît se rapprocher plus que les précédens des cantharidiens; mais comme il semble aussi tenir un peu aux pyrochres, on présume que l'insecte a les crochets des tarses simples. Frabricius dit qu'il a les mâchoires cornées, unidentées, et la languette membraneuse, tronquée, entière.

ESPECE.

1. Apale bimaculé. *Apalus bimaculatus.*

A. niger ; elytris testaceis ; puncto nigro. F.
Meloe bimaculatus. Linn.
Apalus bimaculatus. Fab. El. 2. p. 24.
Degeer, Ins. 5. tab. 1. f. 18.
Oliv. Col. 3. n° 52. f. 1. *a* ; et f. 2, *a. b*,
Habite le nord de l'Europe.

HORIE. (Horia.)

Antennes filiformes, un peu plus longues que le corselet. Mandibules fortes, avancées, pointues, unidentées. Palpes filiformes, à dernier article ovale.

Corps oblong ; corselet presque carré. Élytres grandes, flexibles ; crochets des tarses dentelés en dessous, avec un appendice sétiforme.

Antennæ filiformes, thorace sublongiores. Mandi-

bulæ validæ, porrectæ, acutæ, unidentatæ. Palpi filiformes : articulo ultimo ovato.

Corpus ovatum, thorax subquadratus; elytra magna, molliuscula. Tarsorum ungues subtùs denticulati, cum appendice setiformi.

Observations. Les *hories* ont, en général, le port et l'aspect des mylabres; mais les crochets qui terminent leurs tarses ne sont point doubles; ils sont seulement dentelés en dessous, avec un appendice en forme de soie. Ce sont des insectes exotiques, qui paraissent vivre dans les bois. Leurs tarses sont à articles entiers.

ESPÈCE.

.. Horie tachetée. *Horia maculata.*

H. flavescens, elytris maculis septem nigris.
Horia maculata. Fab. El. 2. p. 85.
Oliv. col. 3. n° 53. *bis.* pl. 1. f. 1. *a. b.*
Lat. Gen. 2. p. 211.
Habite à Cayenne, Saint-Domingue, etc.
Etc.

LES CANTHARIDIENS.

Crochets des tarses doubles ou profondément divisés et sans dentelures en dessous. Élytres molles.

Les *cantharidiens* ont, en général, des couleurs vives et variées, ne fuient point la lumière, et, parmi eux, il s'en trouve peu qui soient aptères. Ces insectes ont des antennes filiformes ou moniliformes, des élytres molles, et les crochets des tarses toujours doubles ou bifides. Ils vivent sur les herbes et sur les arbres, et paraissent avoisiner les téléphoriens par leurs rapports.

TÉTRAONYX (Tetraonyx.)

Antennes subfiliformes, s'épaississant un peu vers leur sommet, à articles oblongs, presque coniques.

Corps oblong. Corselet court, en carré transverse.

Pénultième article des tarses bilobé.

Antennæ filiformes, extrorsùm sensim subcrassiores; articulis oblongo-conicis.

Corpus oblongum. Thorax brevis, transverso-quadratus. Tarsorum articulus penultimus bilobus.

Observations. Les *tétraonyx* ont le port des mylabres, et, comme eux, ils ont des mandibules simples et les onglets des tarses bifides; mais le penultième article de leurs tarses est bilobé, ce qui les en distingue facilement. Ce sont des insectes exotiques.

ESPÈCES.

1. Tétraonyx à huit taches. *Tetraonyx octo-maculatum.*

T. nigrum; elytro singulo maculis quatuor rubris. Lat.
Lat. Gen. 4. p. 380.
Ejusd. zoolog. et anat. de M. de Humb. p. 237. pl. 16. f. 7.
Habite la Nouvelle-Espagne.

2. Tétraonyx à quatre taches. *Tetraonyx quadrimaculatum.*

T. rufum; capite elytrorumque maculis duabus nigris.
Apalus quadrimaculatus. Fab. Eleut. 2. p. 25. ex. D. Lat.
Habite l'Amérique boréale.

MYLABRE. (Mylabris.)

Antennes filiformes, grossissant insensiblement vers leur sommet, presque en massue. Mandibules arquées, pointues au sommet. Palpes filiformes. Mâchoires bifides.

Corps oblong. Tête saillante, très inclinée. Elytres grandes, en toît arrondi.

Antennæ filiformes, extrorsùm sensim crassiores, subclavatæ. Mandibulæ arcuato-acutæ. Palpi filiformes. Maxillæ bifidæ.

Corpus oblongum. Caput exsertum, valdè nutans. Elytra magna, rotundato-deflexa.

Observations. Les *mylabres* ont beaucoup de rapports avec les cantharides; mais ils en sont principalement distingués par leurs antennes, qui sont presque en massue, et à peine plus longues que le corselet. Elles ont onze articles. Les espèces que l'on rapporte à ce genre sont nombreuses, et se trouvent, en général, dans les pays chauds.

ESPÈCES.

1. Mylabre de la chicorée. *Mylabris cichorii.*

M. nigra; elytris flavis; fasciis tribus nigris. F.
Meloe cichorii. Linn.
Mylabris cichorii. Fab. El. 2. p. 81.
Oliv. Col. 3. n° 47. pl. 1. f. 1. et pl. 2. f. 13.
Habite en Orient. On croit que c'est cette espèce dont les anciens se servaient comme vésicatoire. On s'en sert encore aujourd'hui en Italie à et la Chine.

2. Mylabre trifascié. *Mylabris trifasciata.*

M. atra; antennis elytrisque flavis; elytris fasciis duabus apiceque nigris. F.
Mylabris trifasciata. Fab. El. 2. p. 82.
Oliv. Col. 3. n° 47. pl. 1. f. 8. Encycl. n° 6.
Habite au Sénégal, en Guinée.

3. Mylabre à dix points. *Mylabris decempunctata.*

M. atra; elytris testaceo-sanguineis; singulo punctis quatuor ma-

culâque ad apicem nigris.
Mylabris decempunctata. Fab. El. 2. p. 84.
Oliv. Col. 3. nº 47. pl. 1. f. 4. et pl. 2. f. 18.
Lat. Gen. 2. p. 216.
Habite en Italie.
Etc.

CÉROCOME. (Cerocoma.)

Antennes filiformes, à peine de la longueur du corselet, souvent irrégulières dans les mâles, de neuf articles, et terminées par un bouton ovoïde. Mandibules simples, pointues. Palpes filiformes. Mâchoires linéaires, entières.

Corps oblong, subcylindrique. Élytres un peu molles, recouvrant tout l'abdomen.

Antennæ monifiliformes, thoracis vix longitudine, in maribus sæpè irregulares, novem-articulatæ, capitulo obovato terminatæ. Mandibulæ simplices, acutæ. Palpi filiformes. Maxillæ lineares, indivisæ. Corpus oblongum, subcylindricum. Elytra molliuscula, abdomen penitùs obtegentia.

Observations. Les *cérocomes* sont remarquables en ce qu'ils paraissent n'avoir que neuf articles aux antennes, dont le dernier plus grand est en forme de bouton. Il paraît néanmoins que ce bouton est formé du dixième et du onzième articles de l'antenne.

On a nommé plus particulièrement *cérocomes* les espèces dont les antennes des mâles sont irrégulières, et Latreille donne le nom d'*hyclées* à celles dont les antennes sont régulières dans les deux sexes. Les unes et les autres sont terminées par un bouton.

ESPÈCE.

1. Cérocome de Schœffer. *Cerocoma Schœfferi.*

C. viridis; antennis pedibusque luteis.

Meloe Schœfferi. Linn.
Cerocoma Schœfferi, Fab. El. 2. p. 74. Lat. Gen. 2. p. 214.
Cerocoma. Geoff. 1. p. 358. pl. 6. f. 9.
Oliv. Col. 3. n° 48. pl. 1. f. 1. *a. b. c. d.*
Habite en Europe, surtout australe.
Etc. Pour les *hyclées*, voyez les *mylabris impunctata* d'Olivier, Encycl. n° 48, et *mylabris argentata* de Fab. El. 2. p. 85.

ŒNAS. (OEnas.)

Antennes filiformes, submoniliformes, coudées, plus courtes que le corselet; à seconde partie alongée en cylindre obconique de neuf articles. Palpes filiformes à dernier article cylindrique.

Corps alongé, étroit, subcylindrique.

Antennæ filiformes, submoniliformes, fractæ, thorace breviores : parte secundâ in caulem novem-articulatam, cylindraceo-conicam elongatâ. Palpi filiformes : articulo ultimo cylindrico.

Corpus elongatum, angustum, teretiusculum.

Observations. Il paraît que ce qui distingue principalement les *œnas* des cantharides, c'est que les premiers ont les antennes coudées après le second article. Ce genre, quoique fort peu remarquable, diffère beaucoup, par ses antennes, des mylabres et des cérocomes, et ne saurait être réuni aux cantharides.

ESPÈCES.

1. OEnas africain. *OEnas afer.*

OE. niger, punctatus; thorace rubro. Latr.
Meloe afer. Linn.
Litta afra. Fab. El. 2. p. 80.
OEnas afer. Latr. Gen. 1. tab. 10. f. 10. et vol. 2. p. 219.
Cantharis afra. Oliv. Col. 3. n° 46. pl. 1. f. 4. *a. b*
Habite la Barbarie.

2. OEnas crassicorne. *Œnas crassicornis.*

OE. niger; thorace elytrisque testaceis; antennis incrassatis.
Litta crassicornis. Fab. El. 2. p. 80.
Habite en Autriche.
Etc. Voyez l'*œnas luctuosus.* Latr. Gen. 2. p. 220.

MÉLOÉ. (Meloe.)

Antennes filiformes, droites ou sans coude, de la longueur du corselet, souvent irrégulières dans les mâles. Mandibules cornées. Mâchoires bifides. Palpes filiformes.

Corps oblong, mou. Point d'ailes. Élytres molles, plus courtes que l'abdomen, à bord intérieur arqué, l'un recouvrant l'autre près de sa base. Abdomen souvent très grand.

Antennæ moniliformes, rectæ aut non fractæ, thoracis longitudine, in masculis sæpè irregulares. Mandibulæ corneæ. Maxillæ bifidæ. Palpi filiformes.

Corpus oblongum, molle. Alæ nullæ. Elytra mollia, abdomine breviora: margine interno arcuato, uno ad basim alterius superposito. Abdomen sæpiùs maximum,

Observations. Les *méloës* constituent un genre particulier remarquable, qu'il ne faut point altérer en y associant d'autres insectes, quoique de la même famille. Ce sont des insectes sans ailes, à élytres qui ne couvrent point entièrement l'abdomen, et qui, par leur bord interne, ne forment point une suture droite. Ils se traînent à terre ou sur les plantes peu élevées, dont ils mangent les feuilles, et font sortir de leurs articulations une liqueur oléagineuse, roussâtre et fétide, dont on fait usage en médecine.

ESPÈCES.

1. Méloë proscarabé. *Meloe proscarabæus.*

M. nigro-cæruleus, punctatissimus; antennis masculorum irregularius; elytris rugosulis.

Meloe proscarabœus. Linn.
Meloe. n° 1. Geoff. 1. p. 377. pl. 7. f. 4.
Meloe proscarabœus. Fab. El. 2. p. 587.
Habite en Europe.

2. Méloë mélangé. *Meloe majalis*.

M. corpore rubro cupreoque vario, abdominis segmentis dorsalibus cupreis; antennis in utroque sexu regularibus.
Meloe majalis. Linn. Fab. El. 2. p. 588.
Oliv. Col. 3. n° 45. pl. 1. f. 4.
Panz. fasc. 10. f. 13.
Habite l'Europe tempérée et australe.
Etc.

CANTHARIDE. (Cantharis.)

Antennes filiformes, droites, de la longueur du corselet ou plus longues. Mâchoires bifides. Palpes maxillaires plus gros à leur extémité.

Corps alongé, subcylindrique. Élytres molles, de la longueur de l'abdomen, à dos convexe, un peu infléchies sur les côtés.

Antennæ filiformes, rectæ aut non fractæ, thoracis longitudine, vel thorace longiores. Maxillæ bifidæ. Palpi maxillares ad apicem crassiores.

Corpus elongatum, subcylindricum. Elytra mollia, abdominis longitudine, dorso convexa; lateribus subinflexis.

Observations. Le nom de ce genre, changé par Linné et Fabricius, a dû être rétabli, comme l'ont fait Latreille et Olivier. Les cantharides sont distinguées des méloës par la présence de leurs ailes et par leurs élytres aussi longues, que l'abdomen. Elles n'ont point les antennes coudées, comme les œnas, et les palpes tout-à-fait filiformes, comme les zonites. Je n'en sépare point les *sitaris* de Latreille, qui ont les antennes un peu plus longues, et les élytres rétrécies en pointe vers leur extrémité. On sait que la *cantharide vésicatoire* est très employée en médecine.

ESPÈCES.

1. Cantharide vésicatoire. *Cantharis vesicatoria.*

C. aurato-viridis, nitida; antennis nigris.
Meloe vesicatorius. Linn.
Cantharide. n° 1. Geoff. p. 341. pl. 6. f. 5.
Cantharide vésicatoire. Oliv. Col. 3. n° 46. pl. 1. f. 1. *a. b. c.*
Latr. Hist. nat., etc. 10. p. 401. pl. 90. f. 7.
Litta vesicatoria. Fab. El. 2. p. 76.
Pan. fasc. 41. t. 4.
Habite en Europe, sur le frêne, le lilas, etc., dans l'été.

2. Cantharide érytrocéphale. *Cantharis erytrocephala.*

C. atra; capite testaceo, thorace elytrisque cinereo-lineatis.
Litta erythrocephala. Fab. El. 2. p. 80.
Cantharis erythrocephala. Oliv. Col. 3. n° 46. pl. 2. f. 16.
Habite l'Autriche, le midi de l'Europe.

3. Cantharide humérale. *Cantharis humeralis.*

C. nigra; elytris basi flavescentibus, ab humeris attenuato-subulatis.
Cantharis. n° 2. Geoff. 1. p. 342.
Cantharis humeralis. Oliv. Col. 3. n° 46. p. 19.
Necydalis humeralis. Fab. El. 2. p. 371.
Sitaris humeralis. Latr. Gen. 2. p. 222.
Habite en Europe.
Etc.

ZONITE. (Zonitis.)

Antennes sétacées, longues, menues, insérées dans l'échancrure des yeux. Mandibules pointues. Palpes filiformes. Mâchoires alongées, presque linéaires, souvent saillantes.

Corps oblong, tête penchée. Élytres molles, de la longueur de l'abdomen.

Antennæ setaceæ, longæ, exiles, in oculorum sinu insertæ. Mandibulæ acutæ. Palpi filiformes. Maxillæ elongatæ, sublineares, sæpè exsertæ.

Corpus oblongum. Caput inflexum. Elytra molliuscula, abdominis longitudine.

OBSERVATIONS. Les *zonites* sont à peine distinctes des cantharides; néanmoins, des deux divisions de leurs mâchoires, l'interne est très peu saillante, tandis que l'autre se prolonge en une pièce longue, filiforme, qui fait paraître la mâchoire simple. D'ailleurs, leur palpes sont tout-à-fait filiformes.

ESPÈCES.

1. Zonite bout brûlé. *Zonitis præusta.*

Z. testacea; thorace mutico; antennis elytrorumque apicibus nigris.

Zonitis præusta. Fab. El. 2. p. 23.

Latr. Gen. 2. p. 223. et Hist. nat. vol. 10. p. 406. pl. 90. f. 8.

Panz. fasc. 36. t. 7.

Habite le midi de la France, l'Italie.

2. Zonite à six taches. *Zonitis sex maculata.*

Z. rufa; elytris flavescenti-rufis; singulo maculis tribus nigris. Latr.

Apale tachetée. Oliv. Col. 3. nº 52. pl. 1. f. 3.

Zonitis sex-maculata. Latr. Gen. 2. p. 224.

Habite en Provence et près de Montpellier.

CINQUIÈME SECTION.

[*Cinq articles à tous les tarses.*]

LES PENTAMÈRES.

Les *coléoptères pentamères* constituent la cinquième et dernière section de l'ordre qui les comprend, et terminent même la classe des insectes. En effet, dans les insectes de cet ordre, la nature étant parvenue à donner cinq articles à tous les tarses de ces animaux, ne dépasse point ce terme, et ne fait plus que diversifier les espèces, dans une étendue vraiment admirable. Aussi les coléoptères pentamères sont-ils bien plus nombreux en espèces que ceux des sections précédentes, et probablement ce sont ceux qui sont les plus avancés en organisation, car ce sont eux qui ont les tégumens les plus solides; et c'est parmi eux que M. *Cuvier* a observé des trachées vésiculeuses, ce qui semble les rapprocher plus que les autres des arachnides trachéales.

Les uns vivent de matières végétales; d'autres ne se nourrissent que de substances animales, au moins dans leur état de larve; enfin, il y en a qui vivent habituellement dans les fumiers, les ordures.

A raison des diverses habitudes que les circonstances ont, depuis long-temps, fait contracter aux différentes races, les unes craignent et fuient la lumière, tandis que les autres s'y exposent sans en paraître incommodées. Aussi en voit-on qui ne volent jamais, et d'autres qui volent très bien; et il se trouve ici, comme dans presque tous les autres ordres des insectes, des races constamment aptères, quoique ayant des élytres, et d'autres toujours ailées.

Comme on a établi un grand nombre de genres parmi ces coléoptères, il est nécessaire de les partager d'abord en coupes principales, et ces coupes doivent être simples, grandes, peu nombreuses. En conséquence, je conserverai celles dont j'ai déjà fait usage, ainsi que leur disposition entre elles, et je partagerai les coléoptères pentamères en trois grandes sections, de la manière suivante.

1re SECT. Pentamères *filicornes*.
Les antennes sont filiformes ou moniliformes ou sétacées, rarement épaissies vers le bout.

2e SECT. Pentamères *clavicornes*.
Les antennes sont terminées en massue le plus souvent perfoliée ou presque solide.

3e SECT. Pentamères *lamellicornes*.
Les antennes sont en massue lamellée ou feuilletée.

PREMIÈRE SECTION.

PENTAMÈRES FILICORNES.

Les antennes sont filiformes ou moniliformes ou sétacées, rarement épaissies vers le bout.

Les coléoptères de cette section sont des pentamères dont les antennes ne forment point à leur extrémité une massue bien distincte. C'est à-peu-près là tout ce qu'ils ont de commun entre eux.

On sait que ces coléoptères offrent cinq ou six familles très distinctes; mais l'on n'est point d'accord sur l'ordre de leur distribution. En effet, tant que l'on n'aura point de principes convenus pour la détermination des rapports généraux, l'arbitraire décidera toujours, et chacun aura son ordre particulier pour la disposition de ces familles.

Relativement au mien, j'ai cru qu'à la suite des *cantharidiens*, qui terminent les coléoptères hétéromères dans ma distribution, je devais commencer les coléoptères pentamères par les *téléphoriens*. Or, en suivant toujours les caractères indiqués par *Latreille*, il en est résulté la division suivante pour les pentamères filicornes.

DIVISION DES PENTAMÈRES FILICORNES.

§. *Quatre palpes seulement : deux maxillaires et deux labiaux.*

(1) Élytres recouvrant en totalité ou en majeure partie l'abdomen.

(a) Sternum antérieur de forme ordinaire, ne s'avançant point sous la tête.

(b) Mandibules entières à leur pointe et sans dentelure au-dessous. Le corps mou.

Les téléphoriens.

(bb) Mandibules fendues à leur pointe ou munies d'une dent au-dessous.

(+) Le corps mou.

Les mélyrides.

(++) Le corps dur.

Les ptiniens.

(aa) Sternum antérieur s'avançant sous la tête, presque sous la bouche, et sa partie postérieure se prolongeant en pointe ou en corne.

Les buprestiens.

(2) Élytres raccourcies, laissant la majeure partie de l'abdomen à découvert.

Les staphyliniens.

§§. *Six palpes : quatre maxillaires et deux labiaux.*

Les carabiens.

LES TÉLÉPHORIENS.

Mandibules entières à leur pointe et sans dentelure au-dessous. Le corps mou.

Sous cette dénomination, je rassemble les cébrions, les lampyres, les téléphores, ainsi que les coléoptères à mandibules simples qui y tiennent par leurs rapports. Ce que ces insectes ont de commun avec les mélyrides, qui viennent ensuite, c'est d'avoir des élytres molles, flexibles. Les uns et les autres nous paraissent donc devoir commencer la première section des coléoptères pentamères, afin de suivre immédiatement les *cantharidiens*, qui terminent les coléoptères hétéromères et qui ont aussi les élytres molles.

Ces insectes ont, en général, le corps alongé, mou; la tête plus ou moins enfoncée, abaissée, ou cachée sous le corselet; des élytres longues, flexibles, souvent ornées de couleurs assez brillantes. La plupart sont agiles, volent très bien, et se nourrissent de substances végétales, dans l'état parfait; mais on soupçonne que, dans l'état de larve, plusieurs sont carnassiers. Je les divise de la manière suivante.

DIVISION DES TÉLÉPHORIENS.

(1) Palpes filiformes : ils ne sont pas plus gros à leur extrémité.
(a) Tous les articles des tarses entiers.

Cébrion.

(b) Pénultième article des tarses bilobé.

Dascille.
Elode.
Scirte.
Rhipicère.

(2) Palpes plus gros à leur extrémité, au moins les maxillaires.
(a) Antennes très rapprochées à leur base. Les palpes maxillaires beaucoup plus longs que les labiaux.

(+) Tête en partie ou entièrement cachée sous le corselet.

Lampyre.
Lycus.

(++) Tête en grande partie saillante hors du corselet.

Omalyse.

(b) Antennes écartées à leur base. Les palpes maxillaires à peine plus longs que les labiaux.

Téléphore.
Malthine.

CÉBRION. (Cebrio.)

Antennes filiformes, un peu en scie, plus longues que le corselet. Mandibules saillantes, pointues, entières. Palpes filiformes.

Corps oblong, mou. Corselet transverse, plus large postérieurement, avec les angles saillants et pointus. Tous les articles des tarses entiers.

Antennæ filiformes, subserratæ, thorace longiores.

Mandibulæ porrectæ, acutæ, integræ. Palpi filiformes.

Corpus oblongum, molle. Thorax transversus, posticè latior, angulis prominulis acutis. Tarsi omnes articulis integris.

Observations. Les *cébrions*, par leurs antennes et leur corselet, semblent avoisiner les taupins; mais leur corps moins dur, et leurs mandibules entières, étroites et courbées, les en écartent. Ces insectes n'ont point de pelottes aux tarses; on dit qu'ils ne volent que le soir.

ESPÈCES.

1. Cébrion géant. *Cebrio gigas*.

C. villosus, fuscus; elytris abdomine femoribusque testaceis. F.
Cebrio longicornis. Oliv. Col. 2. n° 30 *bis*. pl. 1. f. 1. *a. b. c.* et Taupin. pl. 1. f. 1. *a. . c.*
Cebrio gigas. Fab. Él. 2. p. 14. Panz. fasc. 5. t. 10.
Latr. Gen. 1. p. 251.
Habite l'Europe australe, le midi de la France.

2. Cébrion bicolor. *Cebrio bicolor*.

C. suprà griseus, subtùs ferrugineus. F.
Cebrio bicolor. Fab. Él. 2. p. 14.
Habite la Caroline.
Etc. Voyez *Fabricius*.

DASCILLE. (Dascillus.)

Antennes filiformes, un peu plus longues que le corselet. Mandibules simples. Palpes filiformes.

Corps ovale, un peu convexe. Corselet plus large postérieurement. Le pénultième article des tarses bilobé.

Antennæ filiformes, thorace paulò longiores. Mandibulæ simplices. Palpi filiformes.

Corpus ovatum, convexiusculum. Thorax posticè latior. Tarsorum articulus penultimus bilobus.

Observations. Les *dascilles*, que l'on confondait avec les cistèles avant que Latreille les eût distingués, ont des rapports avec les cébrions; mais ils ont le corps un peu court, et n'ont pas les articles des tarses tous entiers. Leurs mandibules ne sont point cachées sous le labre.

ESPÈCES.

1. Dascille cerf. *Dascillus cervinus.*

D. niger, cinereo-pubescens; antennis pedibus elytrisque pallido-testaceis. Latr.

Chrysomela cervina. Linn.

Atopa cervina. Fab. Él. 2. p. 15.

Cistela cervina. Oliv. Col. 3. n° 54. pl. 1. f. 2. *a.*

Dascillus cervinus. Latr. Gen. 1. p. 252. pl. 8. f. 1.

Habite en Europe.

2. Dascille cendré. *Dascillus cinereus.*

D. lividus; elytris pedibusque fuscis.

Atopa cinerea. Fab. Él. 2. p. 15.

Habite l'Allemagne, l'Italie. Collect. du Muséum.

Etc.

ELODE. (Elodes.)

Antennes filiformes, un peu plus longues que le corselet. Mandibules en partie cachées sous le labre. Palpes labiaux fourchus.

Corps elliptique, mou. Corselet transverse. Le pénultième article des tarses bilobé.

Antennæ filiformes, thorace paulò longiores. Mandibulæ infrà labrum partìm occultatæ. Palpi labiales furcati.

Corpus ovato-ellipticum, molle. Thorax transversus. Tarsorum articulus penultimus bilobus.

Observations. Les *élodes* sont de petits coléoptères pentamères que l'on rangeait parmi les cistèles. Ils sont distingués des scirtes, parce qu'ils n'ont point de pattes propres à sauter. Leur tête est en grande partie cachée sous le corselet.

ESPÈCES.

1. Elode pâle. *Elodes pallida.*

E. pallida; capite elytrorumque apicibus fuscis.
Elodes pallida. Latr. Gen. 1. p. 253. pl. 7. f. 12.
Cyphon pallidus. Fab. Él. 1. p. 501.
Habite en France, en Angleterre.

2. Elode brunâtre. *Elodes fuscescens.*

E. nigricans vel castaneo-fusca; antennarum basi pedibusque rufescentibus.
Elodes fuscescens. Latr. Gen. 1. p. 253.
Cyphon griseus? Fab. Él. 1. p. 502.
Habite aux environs de Paris.
Etc.

SCIRTE. (Scirtes.)

Antennes filiformes, plus longues que le corselet. Palpes labiaux bifides.

Corps ovale-orbiculaire. Pattes postérieures à cuisses très grosses et propres à sauter.

Antennæ filiformes, thorace longiores. Palpi labiales apice bifidi.

Corpus ovato-orbiculatum. Elytra molliuscula. Pedes postici femoribus incrassatis, saltatoriis.

Observations. Les *scirtes* sont, en quelque sorte, aux élodes ce que les altises sont aux chrysomèles. Au reste, ce sont de très petits coléoptères pentamères qui ne sont guères différens des élodes que parce qu'ils ont des pattes propres à sauter. Fabricius en compose la deuxième division de ses *cyphons*.

ESPÈCE.

1. Scirte hémisphérique. *Scirtes hemisphœrica.*

Sc. suborbiculata, depressa, nigra.
Cyphon hemisphæricus. Fab. Él. 1. p. 502.
Chrysomela hemisphærica. Linn.
Habite en Europe, sur le noisetier. On le trouve aux environs de Paris.
Etc.

RHIPICÈRE. (Rhipicera.)

Antennes un peu courtes, en panache. Mandibules simples. Palpes filiformes.

Corps ovale-oblong. Pénultième article des tarses bilobé. Des pelottes membraneuses sous les articles intermédiaires des tarses.

Antennæ breviusculæ, flabellatæ. Mandibulæ simplices. Palpi filiformes.

Corpus ovato-oblongum. Tarsorum articulus penultimus bilobus, eorumdem articulis intermediis subtùs pulvillis membranaceis.

Observations. Le genre *rhipicère* est encore inédit, et n'est qu'indiqué par Latreille. Il comprend des insectes exotiques, dont on a dans les collections plusieurs espèces, les unes de la Nouvelle-Hollande, et les autres du Brésil. Je ne puis citer que la suivante.

ESPÈCE.

1. Rhipicère à moustaches. *Rhipicera mystacina.*

R. testacea albo-punctata.
Ptilinus mystacinus. Fab. Élent. 1. p. 328.

Drury. Ins. 3. tab. 48. f. 7.
Habite la Nouvelle-Hollande.

LAMPYRE. (Lampyris.)

Antennes filiformes, quelquefois dentées, subpectinées. Mâchoires bifides. Palpes à dernier article plus gros, terminé en pointe. Bouche très petite.

Corps alongé, mou. Corselet aplati, semi-circulaire, débordant, cachant la tête.

Antennæ filiformes, interdùm serrulatæ, subpectinatæ. Maxillæ bifidæ. Palpi articulo ultimo crassiore, apice acuto. Os parvum.

Corpus oblongum, molle. Thorax semicircularis, planus, marginatus, caput obtegens.

Observations. Les *lampyres*, qui tiennent de très près aux lycus par leurs rapports, n'ont pas, comme ces derniers, la partie antérieure de la tête avancée en museau, ni le dernier article des palpes tronqué. Les uns et les autres ont le corselet plat, débordant, recouvrant et cachant la tête. Ils ont peu d'agilité dans leurs mouvemens ambulatoires.

Ces insectes sont célèbres par la faculté singulière qu'offrent plusieurs de leurs espèces, surtout les individus femelles, de répandre, en certains temps, une lumière phosphorique, qui a beaucoup d'éclat dans l'obscurité. Parmi les deux espèces qui se trouvent en France, celle dont la femelle n'a point d'ailes est la plus connue et est singulièrement lumineuse. On lui a donné le nom de *ver-luisant*, parce qu'elle ne peut que ramper comme un ver, et que le soir la lumière qu'elle jette lui donne l'apparence d'un charbon ardent. Mais en Italie et dans le midi de la France, ainsi que dans les pays chauds de l'Amérique, plusieurs espèces connues sont lumineuses et ailées dans les deux sexes; et, comme c'est le soir qu'elles volent, elles offrent des espèces d'étincelles qui sillonnent de tous côtés dans les airs avec beaucoup d'éclat, ce qui forme un spectacle singulier et admirable. A l'égard des espèces lumineuses, ce ne sont pas seulement les femelles qui ont cette faculté : les mâles l'ontaussi, mais moins fortement. On a observé que la partie lumineuse de ces insectes est placée au-dessous des deux ou troisderniers anneaux del'abdomen, quisont d'une couleur plus pâle que les autres, et qu'elle y forme une tache jaunâtre ou blanchâtre.

ESPÈCES.

1. **Lampyre ver-luisant.** ***Lampyris noctiluca.***

L. oblonga, fusca; clypeo cinereo. F.
Lampyris noctiluca. Linn. Fab. Él. 2. p. 99.
Panz. fasc. 41. t. 7.
Oliv. Col. 2. nº 28. pl. 1. f. 2.
Habite le nord de la France et de l'Europe. Femelle aptère.

2. **Lampyre splendidule.** ***Lampyris splendidula.***

L. oblonga, fusca; clypeo apice hyalino. F.
Lampyris splendidula. Linn. Fab. El. 2. p. 99.
Panz. fasc. 41. t. 8.
Oliv. Col. 2. nº 28. pl. 1. f. 1. *a. b. c. d.*
Habite en Europe. La femelle est encoe aptèr e.

3. **Lampyre d'Italie.** ***Lampyris italica.***

L. nigra; thorace transverso pedibusque rufis; abdomine apice albissimo.
Lampyris italica. Linn Fab. Él. 2. p. 104.
Oliv. Col. 2. nº 28. pl. 2. f. 12. *a. b. c. d.*
Lat. Gen. 1. p. 259.
Habite l'Italie et le midi de la France. Les mâles et les femelles ailés.

4. **Lampyre hémiptère.** ***Lampyris hemiptera.***

L. nigra; elytris brevissimis. F.
Lampyris hemiptera. Fab. Él. 2. p. 106.
Oliv. Col. 2. nº 28. pl. 3. f. 25. *a. b.* Geoff. 1. p. 168. nº 2.
Habite en France. Rare aux environs de Paris.
Etc. Voyez les espèces exotiques, dans Fabricius et Olivier.

LYCUS. (Lycus.)

Antennes filiformes, comprimées, subdentées, plus longues que le corselet. Mandibules simples. Dernier article des palpes plus gros et tronqué. Bouche avancée en museau.

Tête cachée sous le corselet. Corps alongé. Corselet plat, débordant sur les côtés et antérieurement. Elytres molles, grandes, dilatées postérieurement.

Antennœ filiformes, compressœ, subserratœ, thorace longiores. Mandibulœ simplices. Palporum articulus ultimus crassior, truncatus. Os in rostrum anticè productum.

Caput sub thoracè occultatum. Corpus oblongum. Thorax planus, marginatus, caput obtegens. Elytra mollia, magna, posticè latiora.

Observations. Les *lycus* constituent un beau genre, dont les espèces sont nombreuses, et variées d'assez belles couleurs. Ce sont des insectes très voisins des lampyres par leurs rapports, ayant de même le corselet plane, débordant au-dessus de la tête; mais dont la partie antérieure de la tête se prolonge en un museau rostriforme, qui s'incline en dessous. Ces insectes ont des mouvemens lents; leur tête est petite; leurs antennes sont rapprochées à leur base; le pénultième article des tarses est bilobé; enfin, dans plusieurs espèces, les élytres sont en partie transparentes, maculées, et dilatées à leur extrémité, surtout dans les mâles.

ESPÈCES.

1. Lycus sanguin. *Lycus sanguineus.*

L. niger; thoracis lateribus elytrisque sanguineis.
Lampyris sanguinea. Linn.
Lampyris. Geoff. 1. p. 168. n° 3.
Lycus sanguineus. Fab. El. 2. p. 116.

Panz. fasc. 41. t. 9.
Oliv. Col. 2. n° 29. pl. 1. f. 1. *a. b. c.*
Latr. Gen. 1. p. 257.
Habite en Europe. Commun dans le midi de la France.

2. Lycus large. *Lycus latissimus.*

L. flavus: elytris maculâ marginali posticèque nigris; margine laterali maximo dilatato.
Lampyris latissima. Linn.
Lycus latissimus. Fab. El. 2. p. 10.
Oliv. Col. n° 29. pl. 1. f. 2.
Habite l'Afrique equinoxiale.

3. Lycus fascié. *Lycus fasciatus.*

L. ater; thoracis margine flavescente; elytris fasciâ latâ albâ.
Cantharis tropica. Linn.
Lycus fasciatus. Fab. El. 2. p. 111.
Oliv. Col. 2. n° 29. pl. 1. f. 8.
Habite à Cayenne.

OMALYSE. (Omalysus.)

Antennes filiformes, rapprochées à leur base, un peu plus longues que le corselet. Mandibules simples. Dernier article des palpes maxillaires tronqué.

Corps alongé, déprimé. Tête saillante. Corselet presque carré, à angles postérieurs saillants et pointus.

Antennæ filiformes, basi approximatæ, thorace paulò longiores. Mandibulæ simplices. Palpi maxillares articulo ultimo truncato.

Corpus oblongum, depressum. Caput exsertum. Thorax subquadratus, ad latera submarginatus : angulis posticis productis, acutis.

Observations. L'*omalyse*, distinguée comme genre par Geoffroy, est voisine des lycus par ses rapports; mais son corselet ne déborde pas antérieurement. Les élytres de cet insecte recouvrent tout l'abdomen et sont un peu fermes. Le pénultième article des tarses est bilobé.

ESPÈCE.

1. Omalyse sutural. *Omalysus suturalis.*

Omalyse. Geoff. 1. p. 180. tab. 2. f. 2.
Oliv. Col. 2. nº 24. pl. 1. f. 1.
Omalysus suturalis. Fab. El. 2. p. 108. Lat. Gen. 1. p. 257.
Panz. fasc. 35. t. 12.
Habite en Europe, dans les bois.

TÉLÉPHORE. (Telephorus.)

Antennes filiformes, longues, écartées à leur base. Mandibules simples. Palpes en hache à leur extrémité.

Corps alongé, un peu déprimé, mou. Elytres de la longueur de l'abdomen, très flexibles.

Antennæ filiformes, longæ, ad basim distantes. Mandibulæ simplices. Palpi articulo ultimo securiformi.

Corpus elongatum, subdepressum, molle. Elytra abdominis longitudine, mollia.

Observations. Le nom de *cantharis* que Linné et Fabricius ont donné aux insectes dont il est ici question, doit être réservé pour le genre qui comprend l'insecte connu depuis si long-temps en médecine, sous le nom de *cantharide*. Ainsi nous suivrons les entomologistes qui ont appelé *téléphores* les insectes dont il s'agit ici.

Les *téléphores* ont la tête saillante, large, courte; le corps alongé, ordinairement mou, ainsi que les élytres. Les palpes maxillaires ne sont pas beaucoup plus longs que les labiaux. Le pénultième article des tarses est bilobé. Ces insectes sont carnassiers et vivent de proie. Dans l'état parfait, on les trouve sur les plantes et sur les fleurs, dans les prairies, vers la fin du printemps. Il paraît que leur larve vit dans la terre humide.

ESPÈCES.

1. Téléphore ardoisé. *Telephorus fuscus.*

T. thorace marginato rubro; maculâ nigrâ; elytris fuscis.
Cantharis fusca. Linn. Fab. El. 1. p. 294.
Cicindela. Geoff. 1. p. 170 pl. 2. f. 8.
Telephorus fuscus. Oliv. Col. 2. n° 26. pl. 1. f. 1. *a. b. c.*
Lat. Gen. 1. p. 260.
Habite en Europe, dans les haies, les jardins, au printemps.

2 Téléphore livide. *Telephorus lividus.*

T. thorace marginato, rufo; elytris testaceis.
Cantharis livida. Linn. Fab. El. 1. p. 295.
Cicindela. Geoff. 1. p. 171. n° 2.
Telephorus lividus. Oliv. Col. 2. n° 26. pl. 1. f. 8.
Habite en Europe. Elytres d'un jaune d'ocre.
Etc.

MALTHINE. (Malthinus.)

Antennes filiformes, plus longues que le corselet. Palpes à dernier article ovale, pointu.

Corps alongé. Tête saillante, un peu rétrécie postérieurement. Elytres plus courtes que l'abdomen dans plusieurs.

Antennæ filiformes, thorace longiores. Palpi articuto ultimo ovato, subacuto.

Corpus oblongum. Caput exsertum, posticè subattenuatum. Elytra in pluribus abdomine breviora.

Observations. Les *malthines* avoisinent de très près les téléphores, par des rapports nombreux; néanmoins, ayant les palpes presque filiformes, la tête moins large postérieurement, et souvent les élytres plus courtes que l'abdomen, on peut les en distinguer.

ESPÈCE.

1. Malthine à points jaunes. *Malthinus biguttatus.*

M. thorace marginato, medio atro: elytris abbreviatis, apice flavis.

Cantharis biguttata. Linn. Fab. El. 1. p. 304.

Panz. fasc. 11. t. 15.

Necydalis. Geoff. 1. p. 372. pl. 7. f. 2.

Malthinus marginatus. Lat. Gen. 1. p. 261.

Habite en Europe.

Etc.

LES MÉLYRIDES.

Mandibules fendues à leur pointe, ou munies d'une dentelure au-dessous. Le corps mou et les élytres flexibles dans un grand nombre.

Sous le nom de *mélyrides*, je réunis différents coléoptères pentamères qui tiennent un peu aux téléphoriens, parce que, parmi eux, la plupart ont encore des élytres flexibles : ils doivent donc être placés à leur suite. Plusieurs néanmoins ont des élytres assez dures, et semblent annoncer le voisinage des ptines.

Dans les uns, la tête est dégagée et séparée du corselet par un étranglement ou un cou. Leurs mandibules sont courtes et épaisses. Ce sont les limes-bois de Latreille.

Dans les autres, la tête est enfoncée postérieurement dans le corselet, et souvent même se rétrécit en devant. Leurs mandibules sont étroites et alongées. Ceux-ci constituent les mélyrides de Latreille.

L'association des divers genres qu'embrassent nos mélyrides n'est pas probablement à l'abri de justes reproches ; mais elle a pour but de simplifier la méthode : ce qui, selon moi, n'est pas sans intérêt. Je divise cette coupe de la manière suivante :

DIVISION DES MÉLYRIDES.

(1) Tête dégagée et séparée du corselet par un étranglement ou un cou.

(a) Elytres n'embrassant point l'abdomen par les côtés.

(+) Elytres très courtes.

Atractocère.

(++) Elytres couvrant une grande partie de l'abdomen.

Lymexyle.
Cupès.

(b) Elytres embrassant l'abdomen. Palpes maxillaires plus longs que la tête.

Mastige.
Scydmène.

(2) Tête enfoncée postérieurement dans le corselet. Palpes maxillaires avancés au-delà de la bouche.

(a) Des vésicules rétractiles sur les côtés de corps.

Malachie.

(b) Point de vésicules sur les côtés du corps.

(×) Antennes, soit simples, soit en scie.

Mélyre.
Clairon.
Tille.

(× ×) Antennes pectinées.

Drile.

ATRACTOCÈRE. (Atractocerus.)

Antennes simples, subfusiformes, insérées devant les yeux. Palpes maxillaires longs, subpectinés.

Corps alongé, linéaire. Corselet oblong, convexe. Elytres très courtes.

Antennæ simplices, subfusiformes, antè oculos insertæ. Palpi maxillares longi, ad latera subpectinati.

Corpus elongato-lineare. Thorax oblongus, convexus. Elytra brevissima.

OBSERVATIONS. L'*atractocère* ne paraît différer des lymexyles que parce qu'il a des élytres très courtes, comme celles des staphylins. On ne connaît que l'espèce suivante.

ESPÈCE.

1. Atractocère nécydaloïde. *Atractocerus necydaloides*

A. rufescens; thorace lineâ longitudinali flavâ notato.
Necydalis brevicornis. Linn.
Lymexylon abbreviatum. Fab. El. 2. p. 87.
Atractocerus. Lat. Gen. 1. p. 268.
Habite en Guinée. Sa larve vit dans les bois.

LYMEXYLE. (Lymexylon.)

Antennes filiformes, écartées à leur base. Mandibules courtes. Palpes maxillaires longs, presque en massue.

Corps alongé, subcylindrique. Les élytres un peu molles, recouvrant presque entièrement l'abdomen.

Antennæ filiformes, basi distantes. Mandibulæ breves. Palpi maxillares longi, subclavati.

Corpus elongatum, subcylindricum. Elytra molliuscula, abdominis dorsum ferè omninò tegentia.

OBSERVATIONS. Les lymexyles, ou lime-bois, ont la tête

grosse, presque de la largeur du corselet, dont elle est séparée par un étranglement plus ou moins profond. Leur corps est alongé, presque comme celui des taupins; mais il en est distingué par la forme du corselet et par des élytres plus molles. Les larves de ces insectes vivent dans le bois, le rongent, le percent, et causent de grands dommages, surtout aux chênes.

ESPÈCES.

1. Lymexyle dermestoïde. *Lymexylon dermestoides.*

L. testaceum; oculis, alis pectoreque nigris. F.
Cantharis dermestoides. Linn.
Lymexylon dermestoides. Fab. El. 2. p. 87.
Oliv. Col 2. n° 25. pl. 1. f. 1. *a. b. c. d. femina*, et f. 2. *mas.*
Hylecœtus. Latr. Gen. 1. p. 266.
Habite le nord de l'Europe, dans le bois. Ses antennes sont un peu en scie.

2. Lymexyle naval. *Lymexylon navale.*

L. luteum; capite, item elytrorum margine apiceque nigris. F.
Cantharis navalis. Linn.
Lymexylon navale. Fab. El. 2. p. 88. Lat. Gen. 1. p. 267.
Oliv. Col. 2. n° 25. pl. 1. f. 4. *a. b.*
Habite en Europe, dans le bois de chêne, qu'il détruit.
Etc.

CUPÈS. (Cupes.)

Antennes cylindriques, un peu plus longues que le corselet. Palpes égaux, à dernier article tronqué.

Corps alongé, sublinéaire. Tête saillante. Elytres fermes, couvrant tout l'abdomen. Pattes courtes.

Antennæ cylindricæ, thorace paulò longiores. Palpi æquales, articulo ultimo truncato.

Corpus elongatum, sublineare. Caput exsertum. Elytra rigida, abdomen totum tegentia. Pedes breves.

Observations. Ce genre, encore peu connu, ne peut être placé près des lymexyles que provisoirement. L'insecte qui en est le type a des élytres d'une consistance assez solide, les antennes dirigées en avant et des pattes courtes. Ses habitudes ne sont pas connues.

ESPÈCE.

1. Cupès à tête jaune. *Cupes capitata.*

Cupes capitata. F. El. 2. p. 66.
Latr. Gen. 1. p. 255. pl. 8. f. 2.
Coqueb. Ill. ic. dec. 3. t. 30. f. 1.
Habite la Caroline. *Bosc.*

MASTIGE. (Mastigus.)

Antennes subfiliformes, brisées : les deux articles fort longs. Palpes maxillaires saillants, presque aussi longs que la tête ; le dernier article en massue.

Corps alongé. Tête et corselet plus étroits que l'abdomen. Abdomen ovale, convexe. Élytres cornées, embrassant l'abdomen.

Antennæ subfiliformes, fractæ. articulis duobus primis prælongis. Palpi maxillares exserti, capitis ferè longitudine : articulo ultimo clavato.

Corpus elongatum. Caput thoraxque abdomine angustiora. Abdomen ovatum, convexum. Elytra connata, abdomen obvolventia.

Observations. Les *mastiges* sont la plupart exotiques, et semblent avoisiner les ptines. Ils ont néanmoins un aspect différent, et sont remarquables par leurs palpes maxillaires. On les trouve à terre, soit sous les pierres, soit parmi des débris.

ESPÈCES.

1. Mastige palpeur. *Mastigus palpalis.*

M. niger ; antennis infernè glabris.

Mastigus palpalis. Latr. Gen. 1. p. 281, tab. 8, f. 5.
Et Hist. nat. vol. 9. p. 186.
Habite en Portugal.

2. Mastige spinicorne. *Mastigus spinicornis.*

M. fusco-castaneus ; antennis infernè spinuloso-hirtis.
Ptinus spinicornis. Fab. Él. 1. p. 327.
Oliv. Col. 2. n° 17. pl. 1. f. 5. *a. b.*
Habite les îles de Sandwich.

SCYDMÈNE. (Scydmænus.)

Antennes submoniliformes, droites, de la longueur du corselet. Palpes maxillaires saillants, presque aussi longs que la tête.

Corps oblong; corselet subovale, plus long que large. Abdomen ovale, embrassé par les élytres.

Antennœ submoniliformes, rectœ, thoracis longitudine. Palpi maxillares exserti, capitis ferè longitudine.

Corpus oblongum. Thorax longitudinalis, subovalis. Abdomen ovale, elytris obvolutum.

Observations. Les *scydmènes* n'ont pas les antennes coudées, comme celles des mastiges; ces antennes sont un peu grenues, et souvent grossissent vers leur sommet. Les palpes maxillaires ont leur dernier article très petit, terminé en pointe. On trouve ces insectes sur la terre.

ESPÈCES.

1. Scydmène d'Helwig. *Scydmœnus Helwigii.*

S. fusco-castaneus, pubescens ; thorace subgloboso ; elytris connatis.
Pselaphus Helwigii. Herbst. Col. 4. 111. 3. tab. 39. f. 12. *a.*
Antherinus Helwigii. Fab. Él. 1. p. 292.

Scydmœnus Helwigii. Lat. Gen. 1. p. 282.
Habite en Europe, au pied des arbres.

2. Scydmène de Godart. *Scydmœnus Godarti.*

S. castaneus, pubescens; thorace subelongato-quadrato.
Scydmœnus Godarti. Latr. Gen. 1. p. 282. tab. 8. f. 6.
Habite la France.
Ajoutez, comme troisième espèce, l'*antherinus minutus* de Fabricius.

MALACHIE. (Malachius.)

Antennes filiformes, un peu en scie, aussi longues que le corselet, ou plus longues. Palpes filiformes.

Corps ovale, un peu mou. Corselet large, déprimé. Elytres flexibles. Quatre papilles vésiculeuses, lobées et rétractiles, aux côtés de la poitrine et de l'abdomen.

Antennæ filiformes, subserratæ, thoracis longitudine aut thorace longiores. Palpi filiformes.

Corpus ovale, molliusculum. Thorax latus, rotundatus, depressus. Elytra flexilia. Papillæ quatuor vesiculares, lobatæ, retractiles, pectoris abdominisque lateribus erumpentes.

Observations. Les *malachies* ont des couleurs assez brillantes, et paraissent tenir aux téléphores par leurs rapports, quoiqu'elles aient des mandibules moins simples. Elles sont, en général, plus petites, et ont le corps moins alongé. Néanmoins leurs palpes ne sont point en hache, et le pénultième article de leurs tarses n'est point bilobé.

Ces insectes présentent une singularité remarquable; celle d'avoir, sur les côtés, des vésicules rouges, charnues, irrégulières, subtrilobées, qu'ils font sortir et rentrer à leur gré, et qu'ils enflent lorsqu'on les touche. On ignore l'usage de ces parties.

Les malachies se trouvent sur les fleurs, et la plupart sont indigènes de l'Europe.

ESPÈCES.

1. Malachie bronzée. *Malachius æneus.*

M. corpore viridi-æneo, elytris extrorsùm sanguineis.
Cantharis ænea. Linn. *Cicindela.* Geoff. 1. p. 174. n° 7.
Malachius æneus. Fab. Él. 1. p. 306. Latr. Gen. 1. p. 265.
Oliv. Col. 2. n° 27. pl. 2. f. 6.
Panz. fasc. 10. t. 2.
Habite en Europe, sur les fleurs.

2. Malachie bipustulée. *Malachius bipustulatus.*

M. æneo-viridis; elytris apice rubris.
Cantharis bipustulata. Linn. *Cicindela.* n° 8. Geoff.
Malachius bipustulatus. Fab. Él. 1. p. 306.
Oliv. Col. 2. n° 27. pl. f. 1.
Panz. fasc. 10. t. 3.
Habite en Europe.
Etc.

MÉLYRE. (Melyris.)

Antennes filiformes, un peu en scie, à peine de la longueur du corselet. Palpes filiformes.

Corps ovale, ou ovale-oblong. Corselet rétréci antérieurement. Tête inclinée, en partie cachée sous le corselet. Elytres grandes, recouvrant tout l'abdomen.

Antennæ filiformes, subserratæ, thoracis vix longitudine. Palpi filiformes.

Corpus ovatum, vel ovato-elongatum. Thorax anticè angustior. Caput inflexum, sub thorace partim absconditum. Elytra magna, abdomen penitùs obtegentia.

Observations. Les *mélyres*, auxquels nous croyons pouvoir réunir les zygies et même les dasytes, se rapprochent des malachies par leurs rapports; mais ils n'ont point de vésicules rétractiles. Ces insectes ont, les uns, d'assez belles couleurs, les autres, des couleurs sombres. Leurs mouvemens sont lents, mais il volent avec facilité. On les trouve sur les plantes et sur les fleurs.

ESPÈCES.

1. **Mélyre vert.** *Melyris viridis.*

M. viridis; elytris lineis elevatis tribus. F.
Melyris viridis. Fab. Él. 1. p. 311.
Oliv. Col. 2. nº 21. pl. 1. f. 1. et pl. 2. f. 1.
Latr. Gen. 1. p. 263.
Habite au Cap de Bonne-Espérance.

2. **Mélyre du Levant.** *Melyris oblongus.*

M. rufus; capite elytrisque cyaneo-viridibus.
Zygia oblonga. Fab. Él. 2. p. 22.
Lat. Gen. 1. p. 264. pl. 8. f. 3.
Habite dans le Levant.

3. **Mélyre noir.** *Melyris ater.*

M. oblongus, niger, hirtus, vagè punctatus.
Dermestes hirtus. Linn.
Dasytes ater. Fab. Él. 2. p. 72. Latr. Gen. 1. p. 264.
Mélyre atre. Oliv. Col. 2. nº 21. pl. 2. f. 8.
An lagria atra? Panz. fasc. 8. t. 9.
Habite l'Europe australe, sur les graminées.
Etc.

CLAIRON. (Clerus.)

Antennes de la longueur du corselet, grossissant insensiblement, formant presque une massue à leur extrémité. Palpes inégaux : les maxillaires subfiliformes; les labiaux terminés en hache.

Corps oblong, non bordé, velu : corselet oblong, rétréci postérieurement. Tête inclinée, en partie enfoncée dans le corselet. Tarses à quatre articles apparents.

Antennæ thoracis longitudinæ, sensìm extrorsum

crassiores, versùs extremitatem, subclavatæ. Palpi inæquales, maxillaribus subfiliformibus, labialibus apicè securiformi.

Corpus oblongum, immarginatum, subhirtum. Thorax oblongus, posticè angustior. Caput inflexum, clypeo partìm insertum. Tarsi articulis quatuor conspicuis, eorum articulo primo abscondito.

Observations. Les *clairons* tiennent encore aux coléoptères à élytres flexibles, et néanmoins, sous d'autres rapports, ils semblent se rapprocher des nécrophages. Leurs antennes grossissent insensiblement; et quoique leurs trois derniers articles soient les plus gros, ils vont eux-mêmes en grossissant, et ne forment point une massue séparée. On ne connaissait que quatre articles aux tarses de ces insectes; mais Latreille a observé que leur premier article était caché par le second, et qu'ils en ont réellement cinq.

Ces insectes sont alongés, ont des couleurs variées assez brillantes, et souvent des bandes colorées transverses. Leurs yeux sont un peu en croissant. On les trouve sur les fleurs; mais leurs larves sont carnassières, dévorent d'autres insectes vivants, ou rongent des matières animales. Selon ma méthode de simplification, j'y réunis les nécrobies.

ESPÈCES.

1. Clairon alvéolaire. *Clerus alvearius.*

C. violaceo-cœruleus, hirtus; elytris rubris; maculâ communi fasciisque tribus cœruleo-nigris.

Trichodes alvearius. Fab. Él. 1. p. 284.

Clerus. Geoff. 1. p. 304. pl. 5. f. 4.

Oliv. Col. 4. n° 76. pl. 1. f. 5. *a. b.*

Latr. Gen. 1. p. 273. Panz. fasc. 31. t. 14.

Habite en Europe.

2. Clairon apivore. *Clerus apiarius.*

C. cyaneus; elytris rubris; fasciis tribus cœrulescentibus; tertiâ terminali. F.

Trichodes apiarius. Fab. Él. 1. p. 284.
Clerus apiarius. Oliv. *ibid.* pl. 1. f. 4.
Latr. Gen. 1. p. 273. Panz. fasc. 31. t. 13.
Attelabus apiarius. Linn.
Habite en Europe, dans les ruches des abeilles.

3. Clairon violet. *Clerus violaceus.*

C. violaceo-cœruleus, subhirtus ; antennis nigris.
Dermestes violaceus. Linn.
Corynetes violaceus. Fab. Él. 1. p. 285.
Necrobia violacea. Lat. Gen. 1. p. 274.
Oliv. Col. 4. n° 76 *bis.* pl. 1. f. 1. *a. b. c.*
Panz. fasc. 5. t. 7.
Habite en Europe, dans les cadavres des animaux.
Etc.

TILLE. (Tillus.)

Antennes filiformes, de la longueur du corselet, plus ou moins en scie d'un côté. Mandibules subbidentées. Palpes filiformes : les labiaux quelquefois en hache.

Corps alongé, subcylindrique. Corselet plus étroit que les élytres.

Antennæ filiformes, thoracis longitudine, hinc plùs minusve serratæ. Mandibulæ subbidentatæ. Palpi filiformes : labiaribus interdùm securiformibus.

Corpus elongatum, subcylindricum. Thorax elytris angustior.

Observations. Les *tilles* ne sont pas des insectes carnassiers, et néanmoins semblent se rapprocher un peu des clairons. Ces insectes ont peu d'agilité, fréquentent les fleurs, et sont peu nombreux en espèces. Ceux parmi eux dont les quatre palpes sont filiformes, sont des énoplies pour Latreille; ils n'ont, comme les clairons, que quatre articles apparens aux tarses.

ESPÈCES.

1. Tille alongé. *Tillus elongatus*.

T. ater; thorace villoso rufo.
Chrysomela elongata. Linn.
Tillus elongatus. Oliv. Col. 2. n° 22. pl. 1. f. 1. *a. b. c. d. e.*
Tillus elongatus. Fab. Él. 1. p. 281. Panz. fasc. 43. t. 16.
Latr. Gen. 1. p. 269.
Habite en Europe.

2. Tille serraticorne. *Tillus serraticornis*.

T. ater; elytris testaceis.
Tillus serraticornis. Oliv. Col. 2. n° 22. pl. 1. f. 2 *a. b. c. d.*
Fab. Él. 1. p. 282. Panz. fasc. 26. t. 13.
Enoplium serraticorne. Latr. Gen. 1. p. 271.
Habite en Italie.

DRILE. (Drilus.)

Antennes filiformes, pectinées d'un côté, surtout dans les mâles, un peu plus longues que le corselet. Palpes maxillaires longs, avancés.

Corps oblong, un peu déprimé, mou. Corselet transverse. Elytres grandes, flexibles.

Antennæ filiformes, hinc pectinatæ, præsertim in masculis, thorace paulò longiores. Palpi maxillares longi, porrecti.

Corpus oblongum, subdepressum, molle. Thorax transversus. Elytra magna, molliuscula.

Observations. Les *driles* tiennent encore aux insectes précédens par leurs rapports; mais ils semblent offrir une transition des insectes *malacoptères*, ou à élytres molles, à ceux qui ont les élytres dures. Les driles ressemblent en effet au ptilin par leurs antennes, et néanmoins ils appartiennent encore aux mélyrides.

ESPÈCE.

1. Drile jaunâtre. *Drilus flavescens.*

Drilus flavescens. Oliv. Col. 2. n° 23. pl. 1. f. 1.
Ptilinus. Geoff. 1. pl. f. 2. Le panache jaune.
Ptilinus flavescens. Fab. Él. 1. p. 329.
Panz. fasc. 3. t. 8.
Drilus flavescens. Latr. Gen. 1. p. 255.
Habite en France, sur les plantes. Son corps est un peu velu.

LES PTINIENS.

Antennes filiformes, quelquefois en scie ou pectinées. Mandibules courtes, fortes, échancrées à leur extrémité ou offrant une dentelure au-dessous. Tête en grande partie enfoncée dans le corselet. Elytres dures, recouvrant entièrement l'abdomen.

Les *ptiniens* sont de petits coléoptères pentamères, à corps dur, destructeurs des bois et des collections d'histoire naturelle. Ils ont le corps ovale, subcylindrique, et, en général, le corselet renflé. Leurs palpes sont courts, avec le dernier article plus gros. Ces insectes habitent, la plupart, l'intérieur des maisons, contrefont le mort lorsqu'on les touche, et ont des couleurs sombres. Voici leurs divisions.

(1) Antennes beaucoup plus courtes que le corps.

(a) Antennes pectinées dans les mâles, en scie dans les femelles.

Ptilin.

(b) Antennes simples, non pectinées, ni en scie.

Vrillette.

(2) Antennes presque aussi longues que le corps, très peu en scie. Le corselet plus étroit que l'abdomen.

Ptine.
Gibbie.

PTILIN. (Ptilinus.)

Antennes pectinées dans les mâles, en scie dans les femelles, un peu plus longues que le corselet. Mandibules bidentées au sommet.

Corps oblong, subcylindrique. Corselet large, subglobuleux. Tête saillante, inclinée.

Antennæ in maribus pectinatæ, in feminis serratæ, thorace paulò longiores. Mandibulæ apice dentatæ.

Corpus oblongum, subcylindricum. Thorax latus, convexus, subglobosus. Caput prominulum, inflexum.

Observations. Le *ptilin* est un petit coléoptère très rapproché des vrillettes par ses habitudes, et qui ne ressemble au drile que par ses antennes. La larve de cet insecte vit dans les bois morts, y forme de petit trous ronds et profonds, et n'en sort que dans l'état parfait.

ESPÈCES.

1. Ptilin pectinicorne. *Ptilinus pectinicornis*.

Pt. corpore nigricante; elytris fuscis, subcastaneis; antennis pedibusque rufescentibus.

Ptinus pectinicornis. Linn. *Ejusd. dermestes pectinicornis*.

Le panache brun. Geoff. 1. p. 65. nº 1.

Ptilinus pectinicornis. Fab. Él. 1. p. 329.

Oliv. Col. 2. nº 17 *bis*. pl. 1. f. 1.

Latr. Gen. 1. p. 277.

Panz. fasc. 3. t. 7.

Habite en Europe, sur le bois mort.

2. Ptilin pectiné. *Ptilinus pectinatus*.

Pt. niger; antennis pedibusque flavis. E.

Ptilinus pectinatus. Fab. Él. 1. p. 329.

Panz. fasc. 6. t. 9.

Habite en Allemagne. Il a les élytres striées.

Etc.

Observ. Ici doit être placé le genre *dorcatoma* de Fabricius (Él. 1.

p. 330), dont les antennes très courtes n'ont, selon Latreille, que neuf articles. Voyez le *dermestes murinus*. Panz. fasc. 26. t. 10.

VRILLETTE. (Anobium.)

Antennes filiformes, simples, de la longueur du corselet, les trois derniers articles plus longs. Mandibules courtes, dentées au sommet.

Corps oblong, convexe, subcylindrique. Corselet large, transverse, un peu en capuchon. Tête inclinée sous le corselet.

Antennæ filiformes, simplices, thoracis longitudine : articulis tribus ultimis longioribus. Mandibulæ breves, apice dentatæ.

Corpus oblongum, convexum, subcylindricum. Thorax latus, transversus, subcucullatus. Caput infrà thoracem inflexum.

Observations. Les *vrillettes* tiennent aux ptilins par leurs habitudes et par plusieurs caractères; mais leurs antennes ne sont ni pectinées, ni en scie. Elles ont le corselet élevé, plus ou moins en capuchon, recevant et cachant en partie la tête. Leurs élytres sont dures, couvrant entièrement l'abdomen. Ces petits coléoptères sont très nuisibles. Plusieurs espèces vivent dans l'intérieur des maisons. Leurs larves vivent dans les boiseries, les meubles en bois, les poutres, les solives, etc. Elles percent le bois, s'en nourrissent, et y font une infinité de petits trous ronds comme ferait une vrille, qui le rendent vermoulu. C'est à une espèce de ce genre qu'on attribue ce petit bruit singulier qu'on entend souvent, le soir dans un appartement, et qui ressemble au bruit d'une montre qui serait de temps en temps interrompu.

ESPÈCES.

1. Vrillette marquetée. *Anobium tessellatum.*

A. fuscum; thorace æquali; elytris subtessellatis. F.
Anobium tessellatum. Fab. Éleut. 1. p. 321.
Oliv. Col. 2. n° 16. pl. 1. f. 1. Latr. Gen. 1. p. 275.
Panz. fasc. 65. t. 3. *Byrrhus*. Geoff. 1. p. 112. n° 4.
Habite en France, en Allemagne, dans les maisons.

2. Vrillette striée. *Anobium striatum.*

A. fuscum, immaculatum; thorace compresso; elytris striatis.
Anobium striatum. Oliv. Col. 2. n° 16. pl. 2. f. 7.
Latr. Gen. 1. p. 276.
La vrillette des tables. Geoff. 1. p. 111. n° 1. pl. 1. f. 6.
Anobium pertinax. Fab. Él. 1. p. 322.
Habite en Europe. Commune dans les maisons. C'est elle, probablement, qui fait ce bruit singulier qu'on entend le soir dans les appartements.
Etc.

PTINE. (Ptinus.)

Antennes filiformes, longues, simples, insérées entre les yeux. Palpes subfiliformes.

Corps ovale-oblong : corselet plus étroit que les élytres, renflé, en capuchon, souvent muni d'un étranglement. Un écusson. Abdomen presque ovale.

Antennæ filiformes, longæ, simplices, intrà oculos insertæ. Palpi subfiliformes.

Corpus ovato-oblongum. Thorax elytris angustior, turgidulus, cucullatus, sæpè coarctatus. Scutellum. abdomen subovale.

Observations. Les *ptines* ont les antennes beaucoup plus longues que celles des vrillettes; le corselet plus étroit que les élytres, et en capuchon. Ils ont la tête petite, le dos convexe, les élytres dures, aussi longues que l'abdomen. Ces insectes sont petits, ont la démarche lente, et vivent particulièrement dans les herbiers, les collections d'insectes, les feuilles sèches, la farine, etc. Ils sont une peste dans les cabinets d'histoire naturelle; ils n'épargnent même pas les papiers, les livres.

ESPÈCES.

1. Ptine impériale. *Ptinus imperialis.*

Pt. fuscus; thorace subcarinato; elytris maculâ lobatâ albâ.
Ptinus imperialis. Fab. Él. 1. p. 326. Panz. fasc. 5. t. 7.
Oliv. Col. 2. n° 17. pl. 1. f. 4.
Habite en Europe, sur le bois mort.

2. Ptine voleur. *Ptinus fur.*

Pt. testaceus; thorace quadridentato; elytris fasciis duabus albis.
Ptinus fur. Linn. Fab. Él. 1. 325.
Oliv. Col. 2. n° 17. pl. 1. f. 1. *a. b. c.*
Latr. Gen. 1. p. 279. *Bruchus.* Geoff. 1. p. 164. 1. pl. 2. f. 6.
Habite en Europe. Il dévaste les herbiers, les collections d'insectes, etc.

GIBBIE. (Gibbium.)

Antennes subsétacées, insérées devant les yeux; à articles cylindriques. Les yeux très petits, presque aplatis.

Corselet court; abdomen grand, renflé, presque globuleux. Elytres soudées. Point d'écusson distinct.

Antennæ subsetaceæ, antè oculos insertæ, articulis cylindricis. Oculi parvi, subdepressi.

Thorax brevis; abdomen magnum, turgidum, subglobosum. Elytra connata. Scutellum nullum distinctum.

Observations. La *gibbie* est très voisine des ptines par ses rapports et ses habitudes, mais elle a une forme particulière, n'a point d'ailes, et offre plusieurs caractères qui semblent autoriser sa distinction. Elle attaque aussi les collections d'histoire naturelle.

ESPÈCES.

1. Gibbie marron. *Gibbium scotias.*

G. castaneum, nitidum, læve; antennis pedibusque pubescentibus.

Gibbium. Scop. Latr. Gen. 1. p. 278. t. 8. f. 4.

Bruche sans ailes. Geoff. 1. p. 164. n° 2.

Ptinus scotias. Oliv. Col. 2. n° 17. pl. 1. f. 2. *a. b.*

Ptinus scotias. Fab. Él. 1. p. 327. Panz. fasc. 5. t. 8.

Habite l'Europe australe, dans les cabinets d'histoire naturelle.

2. Gibbie sillonnée. *Gibbium sulcatum.*

G. thorace quadrisulcato villoso; albidum; elytris fusco testaceis, nitidis.

Ptinus sulcatus. Fab. Él. 1. p. 327.

Habite aux Canaries. Trouvée dans un envoi de plantes sèches.

LES BUPRESTIENS.

Sternum antérieur s'avançant sous la tête, presque sous la bouche, et sa partie postérieure se prolongeant en une pointe, soit aiguë, soit émoussée.

Les *buprestiens* peuvent être aussi nommés *sternoxiens*, parce qu'ils sont distingués des autres pentamères filicornes par leur *sternum antérieur*, c'est-à-dire, par cette partie de la poitrine qui est située entre la première paire de pattes; cette partie, ici très remarquable, s'avançant jusque sous la bouche, et son extrémité opposée se prolongeant en arrière en une pointe bien découverte.

Ces insectes ont des antennes filiformes, le plus souvent en scie ou pectinées, jamais longues, dépassant à peine le corselet par leur longueur. Leur corps est ferme, alongé ou en ellipse oblongue, et leur tête est enfoncée jusqu'aux yeux dans le corselet. Ils ne vivent que de matières végétales, et offrent souvent des couleurs assez brillantes. On ne les divise qu'en très peu de genres, mais deux de ces genres embrassent chacun un grand nombre d'espèces : voici leurs divisions.

(1) Mandibules entières à leur pointe, sans échancrure ni dent particulière.

(a) Palpes filiformes. Le pénultième article des tarses bilobé.

Bupreste.

Cérophyte.

(b) Palpes à dernier article plus gros. Tous les articles des tarses entiers.

Mélasis.

(2) Mandibules échancrées ou bifides à leur extrémité. Tous les articles des tarses entiers.

Taupin.

BUPRESTE. (Buprestis.)

Antennes filiformes, le plus souvent en scie, à peine de la longueur du corselet. Mandibules simples; mâchoires à deux lobes. Palpes courts, filiformes, ou à peine plus gros au bout.

Corps elliptique-oblong. Corselet large, à angles postérieurs non prolongés.

Antennæ filiformes, sæpius serratæ, thorace breviores, aut thoracis vix longitudine. Mandibulæ simplices; maxillæ lobis duobus; palpi breves, filiformes, aut vix apice crassiores.

Corpus elliptico-oblongum. Thorax subtransversus, angulis posticis non extrorsùm prominulis.

Observations. Les *buprestes* constituent un très beau genre, nombreux en espèces, parmi lesquelles il s'en trouve qui sont ornées de couleurs si riches, si brillantes, qu'elles font partie des plus beaux coléoptères connus. Aussi Geoffroy les a-t-il nommées *richards* en français. C'est surtout parmi les buprestes exotiques que l'on voit les plus grandes et les plus belles espèces.

Ces insectes ont beaucoup de rapports, par leur forme générale, avec les taupins; mais il n'ont point la faculté de sauter, et ils ont le pénultième article des tarses bilobé. Ils marchent assez lentement; mais leur vol est facile, surtout lorsqu'il fait beau et que le temps est chaud. Leurs élytres sont fermes, et souvent dentées à leur extrémité postérieure. La larve des buprestes n'est point connue, mais on présume qu'elle vit dans le bois. L'insecte parfait se rencontre sur les fleurs, sur les feuilles, dans les chantiers, etc.

ESPÈCES.

1. Bupreste géant. *Buprestis gigas.*

B. viridi-œnea, nitida; thorace lœvi; elytris rugosis, bidentatis.

Buprestis. Linn. *Buprestis gigantea.* Fab. Él. 2. p. 187.

Oliv. Col. 2. n° 32. pl. 1. f. 1. *a. b.*

Habite à Cayenne.

2. Bupreste bande-dorée. *Buprestis vittata.*

B. viridi-cœrulea; elytris bidentatis punctatis; lineis quatuor elevatis viridi-æneis; vittâ latâ aureâ.

Buprestis vittata. Fab. Él. 2. p. 187.

Oliv. Col. 2. n° 32. pl. 3. f. 17. *a.*

Habite aux Indes orientales.

3. Bupreste à faisceaux. *Buprestis fascicularis.*

B. viridi-aurea, interdùm obscura, scabra; elytris integris; punctis fasciculato-pilosis.

Buprestis fascicularis. Linn. Fab. Él. 2. p. 201.

Oliv. Col. 2. n° 32. pl. 4. f. 38.

Habite le Cap de Bonne-Espérance.

4. Bupreste ocellé. *Buprestis ocellata.*

B. viridi-nitens; elytris tridentatis; maculis duabus aureis ocellarique flavâ.
Buprestis ocellata. Fab. Él. 2. p. 193.
Oliv. Col. 2. n° 32. pl. 1. f. 3.
Habite les Indes orientales.
Etc.

CÉROPHYTE. (Cerophytum.)

Antennes très pectinées ou branchues d'un côté dans les mâles, en scie dans les femelles. Mâchoires à deux lobes. Palpes en massue.

Corps ovale, déprimé. Pénultième article des tarses bifide.

Antennes valdè pectinatœ, vel hìnc ramosœ in maribus, in feminis serratœ. Maxillœ lobis duobus. Palpi clavati.

Corpus ovale, depressum. Tarsi articulo penultimo bifido.

Observations. Le type de ce genre est encore peu connu. C'est un insecte qui, quoique voisin du mélasis, en paraît très distingué.

ESPÈCE.

1. Cérophyte élatéroïde. *Cerophytum elateroides.*

Melasis elateroides. Latr. Hist. nat., etc. vol. 9. p. 76.
Cérophyte. Latr. Considérations gén., etc. p. 169.
Habite aux environs de Paris. Il est noir, strié.

MÉLASIS. (Melasis.)

Antennes pectinées dans les mâles, en scie dans les femelles, de la longueur du corselet. Mandibules entières. Mâchoires simples. Palpes en massue.

Corps cylindrique ; corselet un peu écarté de l'abdomen postérieurement : à angles postérieurs prolongés de chaque côté en une dent pointue. Tous les articles des tarses entiers.

Antennæ in maribus pectinatæ, in feminis serratæ, thoracis longitudine. Mandibulæ maxillæque integerrimæ. Palpi clavati.

Corpus cylindricum. Thorax posticè ab abdomine remotiusculus : angulis posticis utroque latere in dentem acutam productis. Tarsorum articuli omnes integri.

Observations. Les *melasis* tiennent aux taupins par les angles postérieurs de leur corselet et par leurs tarses à articles entiers ; mais il ne sautent point. On n'en connaît qu'une espèce. Elle vit dans le bois mort.

ESPÈCE.

1. Mélasis flabellicorne. *Melasis flabellicornis.*

Elater buprestoides. Linn.
Melasis flabellicornis. Fab. Él. 1. p. 331. Latr. Gen. 1. p. 247.
Oliv. Col. 2. n° 30. pl. 1. f. 1.
Panz. fasc. 3. t. 9.
Habite en Europe.

TAUPIN. (Elater.)

Antennes filiformes, en scie, à peine de la longueur du corselet, Mandibules bifides ou bidentées au sommet. Palpes maxillaires subsécuriformes.

Corps alongé, un peu déprimé. Angles postérieurs du corselet pointus, saillants. Pointe postérieure de l'avant-sternum s'avançant dans une cavité de la poitrine, et servant de ressort pour faire sauter le copps.

Antennæ filiformes, serratæ, thoracis vix longitu-

dine. Mandibulæ apice bifidæ aut bidentatæ. Palpi maxillares subsecuriformes.

Corpus elongatum, depressiusculum. Thoracis anguli posteriores acuti, prominuli. Sterni antici acumen posticale in cavitatem pectoris deprimens corporis saltum edit.

Observations. Les *taupins* ont beaucoup de rapports avec les buprestes, et leur ressemblent par la forme générale; mais ils s'en distinguent par leurs mandibules, par les angles postérieurs de leur corselet, par leur faculté de sauter lorsqu'on les met sur le dos, et parce que leurs tarses sont à articles entiers. On voit au-dessous de leur tête et sur la partie inférieure de leur corselet, deux rainures, une de chaque côté, dans lesquelles se logent les antennes, lorsqu'elles sont abaissées.

Ces insectes constituent un genre fort nombreux en espèces, parmi lesquelles on en connaît qui sont phosphoriques et lumineuses dans l'obscurité. Leurs larves vivent dans les troncs d'arbres pourris, dans les racines des plantes et dans les vieilles souches. D'après celle d'une espèce observée par Degeer, elles sont peut-être pourvues de petites antennes.

ESPÈCES.

[*Quelques-unes des exotiques.*]

1. Taupin flabellicorne. *Elater flabellicornis.*

E. fuscus; antennarum fasciculo flabelliformi. F.
Elater flabelliformis. Linn. Fab. Él. 2. p. 221.
Oliv. Col. 2. n° 31. pl. 3. f. 28.
Habite aux Indes orientales.

2. Taupin tacheté. *Elater speciosus.*

E. albidus, nigro-maculatus.
Elater speciosus. Fab. Él. 2. p. 222.
Oliv. Col. 2. n° 31. pl. 7. f. 70.
Habite aux Indes orientales.

3. Taupin lumineux. *Elater noctilucus.*

> *E. thoracis lateribus maculâ flavâ glabrâ.* F.
> *Elater noctilucus.* Linn. Fab. Él. 2. p. 223.
> Oliv. Col. 2. n° 31. pl. 2. f. 14.
> Habite l'Amérique méridionale, les Antilles.

4. Taupin phosphorique. *Elater phosphoreus.*

> *E. thorace posticè maculis duabus glabris flavis.* F.
> *Elater phosphoreus.* Linn. Fab. Él. 2. p. 223.
> Oliv. Col. 2. n° 31. pl. 2. f. 20. et f. 14. *b.*
> Habite à Cayenne, Surinam.
> Etc. Parmi les espèces indigènes de l'Europe, voyez dans Fabricius les *E. ferrugineus, ruficollis, castaneus, aterrimus, murinus, tessellatus, marginatus*, etc.

LES STAPHYLINIENS.

Antennes filiformes ou moniliformes, souvent subperfoliées, grossissant quelquefois vers le bout. Mandibules fortes, arquées, aiguës. Corps alongé, étroit. Élytres très courtes, laissant, en général, une grande partie du dos de l'abdomen à nu.

Les *staphyliniens* sont assurément très reconnaissables par les caractères que je viens de citer, et surtout par leur corps alongé et leurs élytres courtes, qui laissent à nu une grande partie du dos de l'abdomen. Les hanches des deux pattes antérieures de ces insectes sont grandes; et deux vésicules coniques pointues, que l'animal fait sortir et rentrer à son gré, sont situées près de l'anus à l'extrémité de l'abdomen, qui se termine en pointe.

Ces insectes courent avec agilité et volent facilement. Lorsqu'on les touche, ils relèvent leur queue ou la partie postérieure de leur abdomen, comme s'ils voulaient piquer ou se défendre. Ils fréquentent les lieux où se trouvent des matières en putréfaction, soit végétales ou animales. On les rencontre souvent par terre, dans les fumiers, autour des excréments, sous les pierres. On les trouve aussi dans les lieux humides, les plaies des arbres, et sous leurs écorces.

Linné en avait formé un seul genre, sous le nom de *staphylinus;* on le partagea ensuite en trois genres particuliers, et des-lors ces insectes furent considérés comme formant une famille.

Les entomologistes, reconnaissant, avec raison, que les staphyliniens constituaient une famille naturelle, qu'il fallait partager en plusieurs genres, portèrent peut-être trop loin leur art des distinctions; car ils formèrent, aux dépens du genre *staphylinus* de Linné, un grand nombre de genres particuliers auxquels il serait difficile de trouver l'importance qui convient à des distinctions génériques. C'est-là, toujours, que se trouve le danger de l'abus.

Quant au nombre des genres, m'efforçant de les réduire à celui qui me paraît indispensable, et employant toujours les observations intéressantes qu'on doit à Latreille, je divise les staphyliniens de la manière suivante.

Ceux qui voudront faire une étude particulière de cette famillle, pourront recourir à la Monographie des *microptères* qu'a publiée M. *Gravenhorst*, en deux vol. in-8o.

DIVISION DES STAPHYLINIENS.

(1) Tête découverte, entièrement séparée du corselet par un cou ou par un étranglement.

(a) Labre divisé profondément en deux lobes.

(+) Tous les palpes filiformes.

Staphylin.

(++) Les quatre palpes terminés par un article plus grand, ou seulement les labiaux.

Oxypore.

(b) Labre entier.

(+) Palpes maxillaires presque aussi longs que la tête.

Pédère.

(++) Palpes maxillaires beaucoup plus courts que la tête.

(*) Antennes insérées devant les yeux sous un rebord.

Oxytèle.

(**) Antennes insérées à nu entre les yeux ou près de leur bord interne.

Aléochare.

(2) Tête enfoncée postérieurement dans le corselet jusques auprès des yeux.

Loméchuse.
Tachine.

STAPHYLIN. (Staphylinus.)

Antennes filiformes, de la longueur du corselet, insérées entre les yeux ou devant les yeux. Labre bilobé. Palpes filiformes.

Tête entièrement saillante. Corps alongé, étroit. Élytres très courtes.

Antennæ filiformes, submoniliformes, thoracis longitudine, intrà oculos, vel antè oculos insertæ. Labrum bilobum. Palpi filiformes.

Caput penitùs exsertum. Corpus elongatum, angustum. Elytra abbreviata.

Observations. Les *staphylins* sont faciles à reconnaître,

ayant la tête tout-à-fait dégagée du corselet, le labre bilobé, et les quatre palpes filiformes. C'est par le caractère de leurs palpes qu'on les distingue de nos oxypores. Ces insectes sont carnassiers, se nourrissent des autres insectes qu'ils peuvent attraper, ou vivent autour des cadavres et des fumiers. Ils ne piquent point, mais ils mordent ou pincent avec leurs mandibules. Je réunis à ce genre les pinophiles et les lathrobies, quoique ceux-ci aient les antennes insérées devant les yeux.

ESPÈCES.

1. Staphylin bourdon. *Staphylinus hirtus.*

St. hirsutus, niger; thorace abdomineque postice flavis.
Staphylinus hirtus. Linn. Fab. Él. 2. p. 589.
Oliv. Col. 3. n° 42. pl. 1. f. 6.
Latr. Gen. 1. Panz. fasc. 4. t. 19.
Habite en Europe, autour des cadavres.

2. Staphylin odorant. *Staphylinus olens.*

St. niger, opacus; immaculatus, capite thorace latiore.
Staphylinus olens. Fab. Él. 2. p. 591.
Oliv. Col. 3. n° 42. pl. 1. f. 1. Panz. fasc. 27. t. 1.
Habite en Europe, autour des cadavres. Commun près de Paris.

3. Staphylin érythroptère. *Staphylinus erythropterus.*

St. ater; elytris antennarum basi pedibusque rubris.
Staphylinus erythropterus. Linn. Fab. Él. 2. p. 593.
Oliv. Col. 3. n° 42. pl. 2. f. 14. Panz. fasc. 27. t. 4.
Habite en Europe, dans les fumiers.
Etc. Ajoutez-y les *St. murinus, aureus, aeneus, haemorrhoidalis, oculatus, erythrocephalus, similis, cyaneus, pubescens, cupreus, stercorarius, brunnipes, fulgidus, elegans, pilosus, politus, amoenus*, d'Olivier; et pour la lathrobie, voyez *St. elongatus* de Fabricius (*paederus*, Panz. fasc. 9. t. 12.).

OXYPORE. (Oxyporus.)

Antennes courtes, épaisses, moniliformes, perfoliées. Labre bilobé. Palpes labiaux terminés par un article plus grand, sécuriforme.

Tête saillante, corps alongé. Elytres très courtes.

Antennæ breves, crassiusculæ, moniliformes, perfoliatæ. Labrum bilobum. Palpi labiales articulo ultimo majore, securiformi.

Caput exsertum. Corpus elongatum. Elytra abbreviata.

OBSERVATIONS. Les *oxypores*, dont il s'agit ici, sont ceux de Latreille, auxquels je réunis son astrapée, quoiqu'elle ait les quatre palpes terminés par un article plus grand, et les antennes plus grêles. Ainsi les staphylins ont les quatre palpes filiformes; et mes oxypores ont au moins deux palpes terminés par un article plus grand, ce qui peut suffire pour les séparer. En général, les mandibules sont grandes, avancées.

ESPÈCES.

[*Celles qui ont les palpes maxillaires filiformes.*]

1. Oxypore roux. *Oxyporus rufus.*

O. rufus, capite elytrorum abdominisque postico nigris.
Staphylinus rufus. Linn. *Oxyporus rufus.* Fab. Él. 2. p. 604
Oliv. Col. 3. n° 43. pl. 1. f. 1. Panz. fasc. 16. t. 19.
Latr. Gen. 1. p. 284.
Habite en Europe, dans les bolets, les agarics.

2. Oxypore grandes dents. *Oxyporus maxillosus.*

O. ater; elytris pallidis; angulo postico nigro; abdomine rufo; ano fusco.
Oxyporus maxillosus. Fab. Él. 2. p. 605.
Panz. fasc. 16. t. 20.
Habite en Allemagne.

[*Les quatre palpes à dernier article plus grand.*]

3. Oxypore de l'orme. *Oxiporus ulmi.*

O. ater, nitidus; antennarum articulo primo, elytris abdominis-

que segmento penultimo rufis.

Staphyllinus ulmi. Ross. f. etr. 1. t. 5. f. 6.

Oliv. Col. 3. n° 42. pl. 4. f. 37.

Staphylinus ulmineus. Fab. Él. 2. p. 595.

Panz. fasc. 88. t. 4.

Astrapœus ulmi. Latr. Gen. 1. p. 284.

Habite l'Italie, la France australe, sous l'écorce de l'orme.

PÉDÈRE. (Pæderus.)

Antennes moniliformes, grossissant insensiblement, ou se terminant en une massue de deux ou trois articles. Labre entier. Palpes maxillaires presque aussi longs que la tête.

Tête saillante. Corps alongé, étroit. Elytres très courtes.

Antennæ moniliformes, extrorsùm sensìm crassiores, vel in clavam bi seu triarticulatam terminatæ. Labrum integrum. Palpi maxillares longi, capitis ferè longitudine.

Caput exsertum. Corpus elongatum, angustum. Elytra abbreviata.

Observations. Les *pédères* sont bien distingués des staphylins et des oxypores par leur labre entier. Dans les pédères de Fabricius et de Latreille, les antennes sont insérées devant les yeux et vont seulement en grossissant; dans les stènes, les antennes s'insèrent près du bord interne des yeux et sont terminées en massue. L'insertion des antennes n'est point en accord avec la forme en massue de ces parties, puisque dans l'évœsthète de Gravenhorst, les antennes en massue sont insérées devant les yeux.

Nos *pédères*, distingués par la tête saillante entièrement, le labre entier, et les palpes maxillaires presque aussi longs que la tête, sont des insectes qui aiment les lieux humides, et qui vivent effectivement sur le bord des eaux.

ESPECES.

[*Celles dont les antennes sont insérées devant les yeux.*]

1. Pédère des rivages. *Pœderus riparius.*

P. rufus; elytris cœruleis; capite abdominisque apice nigris.
Staphylinus riparius. Linn. Geoff. 1. p. 369. n° 21.
Pœderus riparius. Fab. Él. 2. p. 608.
Oliv. Col. 3. n° 44. pl. 1. f. 2. Panz. fasc. 9. t. 11.
Habite en Europe, près des eaux.

2. Pédère ruficolle. *Pœderus ruficollis.*

P. niger; thorace rufo, elytris cyaneis.
Pœderus ruficollis. Fab. Él. 2. p. 608. Panz. fasc. 27. t. 22.
Oliv. Col. 3. n° 44. pl. 1. f. 1. *a. b. c.*
Staphylinus. Geoff. 1. p. 370. n° 23.
Habite en Europe, près des eaux.

[*Celles dont les antennes s'insèrent près du bord interne des yeux.*]

3. Pédère à deux points. *Pœderus biguttatus.*

P. niger; elytris puncto albido; oculis prominulis.
Staphylinus biguttatus. Linn. Geoff. 1. p. 371. n° 24. Panz. fasc. 11. t. 17.
Stenus biguttatus. Fab. Él. 2. p. 602. Latr. Gen. 1. p. 294.
Pœderus biguttatus. Oliv. 3. n° 44. pl. 1. f. 3. *a. b.*
Habite en Europe, sur le bord des eaux.
Etc. Voyez *stenus juno* de Fabricius.

OXYTÈLE. (Oxytelus.)

Antennes filiformes, insérées devant les yeux, sous un rebord, grossissant quelquefois vers leur extrémité. Labre entier. Palpes subulés ou filiformes : les maxillaires beaucoup plus courts que la tête.

Tête saillante. Corps alongé, déprimé. Elytres raccourcies. Pattes antérieures à jambes souvent épineuses.

Antennæ filiformes, antè oculos sub margine promi-

nulo insertæ, versùs extremitatem interdùm crassescentes. Labrum integrum. Palpi subulati aut filiformes : maxillaribus capite multò brevioribus.

Caput penitùs detectum. Corpus oblongum aut elongatum depressum. Elytra abbreviata. Pedes antici sæpè spinosi.

Observations. Sous le nom d'*oxytèle*, je réunis les oxytèles, les omalies, les protéines et les lestèves de Latreille; ces insectes ayant tous, selon ce savant, les antennes insérées sous un rebord devant les yeux. Leur tête est découverte, et leur labre est comme dans les pédères; mais leurs palpes maxillaires, beaucoup plus courts que la tête, les en distinguent.

ESPÈCES.

1. Oxytèle jayet. *Oxytelus piceus.*

O. niger; thorace trisulcato; pedibus pallidè testaceis. Oliv.
Staphylinus piceus. Linn. Fab. Él. 2. p. 601. Panz. fasc. 27. t. 12.
Oxytelus piceus. Oliv. Encycl. n° 1.
Habite en Europe, dans les fientes des animaux.

2. Oxytèle tricorne. *Oxytelus tricornis.*

O. niger; capite bicorni; thoracis cornu porrectò acuto; elytris rufis. Oliv.
Oxytelus tricornis. Oliv. Encycl. n° 13.
Staphylinus tricornis; ejusd. Col. 3. n° 42. pl. 6. f. 56.
Staphylinus armatus. Panz. fasc. 66. t. 17.
Habite en Europe, sous les pierres.

3. Oxytèle rivulaire. *Oxytelus rivularis.*

O. niger, nitidus; elytris fuscis; thorace sulcato.
Omalium rivulare. Grav. Latr. Gen. 1. p. 298. Oliv. Encycl.
Staphylinus rivularis. Oliv. Col. 3. n° 42. pl. 3. f. 27.
Panz. fasc. 27. t. 13.
Habite en Europe.
Etc. Voyez *proteinus*, Latr. Gen. 1. p. 298, et *lesteva*, Gen. 1. p. 297.

ALEOCHARE. (Aléochara.)

Antennes moniliformes, subperfoliées, insérées entre les yeux, à insertion découverte. Labre entier. Palpes terminés en alène : les maxillaires plus courts que la tête.

Tête saillante, corps alongé. Elytres très courtes. Point de jambes épineuses.

Antennæ moniliformes, subperfoliatæ, intrà oculos insertæ : insertione detectâ. Labrum integrum. Palpi apice subulati : maxillaribus capite brevioribus.

Caput exsertum. Corpus elongatum. Elytra perbrevia. Pedes tibiis spinosis nullis.

Observations. Les *aléochares* tiennent de très près à notre genre oxytèle; mais leurs antennes ne s'insèrent point sous un rebord; leur insertion se fait à nu, entre les yeux. Leur corselet est en carré arrondi aux angles. Ces insectes sont fort agiles; leurs espèces connues sont assez nombreuses.

ESPECES.

1 Aléochare cannelée. *Aleochara canaliculata.*

A. flava; capite abdominisque cingulo atris; thorace canaliculato.
Staphylinus canaliculatus. Fab. Él. 2. p. 599.
Panz. fasc. 27. t. 10. Oliv. Col. 3. n° 42. t. 3. f. 31.
Aleochara canaliculata. Grav. Latr. Gen. 1. p. 301.
Habite en Europe, sous les pierres.

2. Aléochare du bolet. *Aleochara boleti.*

A. fusco-nigra; elytris pedibusque pallidioribus.
Staphylinus boleti. Linn. f. suec. Gmel. 3. p. 2031.
An staphylinus socialis? Oliv. Col. 3. n° 42. pl. 3. f. 25. *a. b*
Habite en Europe, dans les bolets, les agarics.
Etc.

LOMÉCHUSE. (Lomechusa.)

Antennes à peine de la longueur du corselet, se terminant en massue perfoliée, oblongue, ou en fuseau. Mandibules simples, pointues, arquées à leur pointe. Palpes terminés en alène.

Tête étroite, enfoncée postérieurement dans le corselet. Corps oblong, subelliptique. Point de jambes épineuses.

Antennæ vix thoracis longitudine, in clavam perfoliatam oblongam subfusiformem terminatæ. Mandibulæ simplices, acutæ : acumine arcuato. Palpi apice subulati.

Caput angustum, in thoracem posticè intrusum. Corpus oblongum, subellipticum. Pedes tibiis non spinosis.

Observations. Les *loméchuses* seraient des aléochares si leur tête était entièrement découverte; mais elle est enfoncée jusque près des yeux dans le corselet. Ce corselet va ordinairement en se rétrécissant d'arrière en avant. Les élytres sont raccourcies.

ESPÈCES.

1. Loméchuse biponctuée. *Lomechusa bipunctata.*

L. nigra ; elytris maculâ posticâ rufo-sanguineâ; thorace convexo.

Aleochara bipunctata. Latr. Gen. 1. p. 301.

Staphylinus bipunctatus? Oliv. Col. 3. n° 42. pl. 5. f. 44. *a. b.*

Habite aux environs de Paris, dans les fientes des animaux.

2. Loméchuse paradoxale. *Lomechusa paradoxa.*

L. depressa, brunnea; elytris pallidioribus; thoracis margine reflexo.

Staphylinus emarginatus. Fab. El. 2. p. 600.

Oliv. Col. 3. n° 42. pl. 2. f. 12. *a. b. c. d.*

Habite aux environs de Paris, sous les pierres.

TACHINE. (Tachinus.)

Antennes submoniliformes, grossissant vers leur sommet, insérées devant les yeux. Mandibules simples. Palpes, soit filiformes, soit terminés en alène.

Tête enfoncée postérieurement dans le corselet. Corps oblong. Elytres raccourcies, mais un peu grandes. Jambes épineuses.

Antennæ submoniliformes, versùs apicem crassiores, antè oculos insertæ. Mandibulæ simplices. Palpi vel filiformes, vel apice subulati.

Caput in thoracem posticè intrusum. Corpus oblongum. Elytra abbreviata, majuscula. Pedes tibiis spinosis.

Observations. Les *tachines*, auxquelles nous réunissons les tachypores, ont les antennes plus écartées à leur insertion que les loméchuses, et moins en massue. Elles s'en distinguent d'ailleurs par leurs jambes épineuses, et par leurs élytres qui, quoique raccourcies, recouvrent souvent la moitié de l'abdomen, quelquefois un peu plus. Dans les tachines de Gravenhorst, les palpes sont filiformes; ils sont terminés en alène dans ses tachypores.

ESPÈCES.

1. Tachine rufipède. *Tachinus rufipes.*

T. ater, nitidus; pedibus rufis.
Oxyporus rufipes. Fab. Él. 2. p. 607.
Staphylinus rufipes. Oliv. Col. 3. n° 43. pl. 4. f. 35. *a. b. c. d.*
Staphylinus. Geoff. 1. p. 367. n° 15.
Tachinus rufipes. Grav. Latr. Gen. 1. p. 299. (*Nunc oxyporus.*)
Habite en Europe, dans les excréments des bœufs.

2. Tachine bipustulée. *Tachinus bipustulatus.*

T. ater, nitidus; elytris maculâ baseos anoque rufis.
Oxyporus bipustulatus. Fab. Él. 2. p. 606.

Panz. fasc. 16. t. 21.
Habite en France, en Allemagne, etc.

3. Tachine marginée. *Tachinus marginatus.*

T. ater, nitidus; thoracis margine pedibus elytrisque rufis; his suturâ maculâque marginali nigris.
Oxyporus marginatus. Fab. Él. 2. p. 605.
Panz. fasc. 27. t. 17.
Habite en Allemagne.
Etc.

LES CARABIENS.

Six palpes articulés : quatre maxillaires et deux labiaux.

Aucune famille, dans les coléoptères, n'est plus éminemment caractérisée que celle des *Carabiens*, puisque ces insectes ont tous six palpes, et qu'ils sont les seuls coléoptères qui soient dans ce cas.

Ils ont, en effet, deux palpes sur la lèvre inférieure, et quatre palpes maxillaires, c'est-à-dire, deux sur chaque mâchoire, l'un externe, plus grand, quadriarticulé, et l'autre interne, plus petit, n'ayant que deux articles. Tous les autres coléoptères n'ont à la bouche que quatre palpes. Tous les *Carabiens* sont carnassiers, soit dans l'état de larve, soit dans celui d'insecte parfait. Ils courent, en général, avec beaucoup de célérité ; parmi eux, les uns sont ailés et volent facilement, tandis que les autres sont aptères.

Les antennes de ces insectes sont filiformes et presque toujours simples. Leur lèvre inférieure est reçue dans une échancrure du menton. Les deux pattes antérieures sont rapprochées à leur origine, insérées sur les côtés d'un sternum comprimé, et portées sur une grande rotule. Les deux postérieurs ont un grand trochanter à leur naissance.

Comme cette famille est très diversifiée, très nombreuse en espèces, on a dû la diviser en plusieurs genres, pour en faciliter l'étude; et, probablement, ving-huit à trente genres pourront amplement suffire pour la faire connaître, lorsque l'on aura des moyens convenables de les établir. Mais les entomologistes, croyant devoir employer à des coupes génériques toutes les distinctions qu'ils ont pu saisir, en ont déjà présenté un nombre si considérable, que l'étude des carabiens n'est maintenant praticable qu'à très peu de personnes.

Tel est, comme je l'ai dit, en parlant des staphyliniens, le danger de l'abus, même des meilleurs choses. Et ici l'abus naît de ce qu'on oublie de considérer que, dans toute famille quelconque, la nature exécute toujours une diversité croissante parmi les races, qui n'a guère de terme qu'à l'espèce même. Jusqu'à elle, des distinctions peuvent donc être possibles, si l'on descend jusqu'aux plus petites particularités de détail qu'on peut apercevoir.

C'est une erreur de croire que toutes les espèces d'un genre doivent se ressembler dans toutes les particularités dont je viens de parler. Je réponds, d'après mon expérience dans l'étude des productions de la nature, que cela est impossible; et que toutes les fois que deux insectes ne seront pas deux individus de la même espèce, on trouvera presque toujours en eux des différences dans les objets de détail en question.

Obligé de suivre, à l'égard des carabiens, comme à celui des autres familles d'insectes, les principaux caractères indiqués par les entomologistes et surtout ceux de *Latreille*, je crois avoir donné une extension suffisante au nombre des genres à admettre, en divisant cette grande famille de la manière suivante.

DIVISION DES CARABIENS.

§. *Point de pattes en nageoires : toutes sont propres à la course.* [Carabiens coureurs.]

(1) Mâchoires ayant à leur sommet un onglet qui s'articule avec elles.

(a) Corselet presque aussi large que long. Tous les articles des tarses entiers.

Manticore.
Cicindèle.

(b) Corselet étroit, alongé. Le pénultième article des tarses bilobé.

Colliure.

(2) Mâchoires terminées en pointe ou en crochet, sans articulation à leur sommet.

(a) Palpes extérieurs (les maxillaires externes et les labiaux) non subulés ni aciculés à leur extrémité, mais terminés par un article de la grosseur du précédent ou plus gros, plus dilaté.

(o) Une forte échancrure au côté intérieur des deux premières jambes.

* Les élytres tronquées ou très obtuses au bout.

(+) Languette de la lèvre inférieure entière.

Anthie.
Graphiptère.
Brachine.
Lébie.

(++) Languette de la lèvre subtrilobée, ayant, de chaque côté, une division en forme d'oreillette.

▭ Corselet en forme de cœur. Un cou.

Zuphie.

▭▭ Corselet subcylindrique. Point de cou.

Drypte.

** Élytres non tronquées à leur extrémité. Point de suture à la base de la lèvre inférieure.

Siagone.

(+) Lèvre inférieure articulée à sa base, et sa languette presque toujours trilobée.

▭ Jambes antérieures dentées au côté externe ou terminées par deux longues épines.

Scarite.
Clivine.

▭▭ Jambes antérieures non dentées au côté externe, mais terminées par deux épines courtes ou moyennes.

(y) Point de cou.

(z) Mandibules se terminant en pointe.

Morion.
Harpale.

(zz) Mandibules tronquées ou très obtuses.

Licine.

(yy) Un cou distinct.

Panagée.
Loricère.

(oo) Point d'échancrure notable au côté interne des deux jambes antérieures.

* Labre divisé en deux ou trois lobes.

Cychre.
Carabe.

** Labre entier ou faiblement sinué.

(++) Antennes filiformes, à articles cylindriques longs et grêles. Les mâchoires ciliées ou barbues au côté extérieur.

Nébrie.
Pogonophore.
Omophron.

(++) Antennes grossissant un peu vers le bout, à articles courts, obconiques. Les mâchoires non ciliées au côté extérieur.

Elaphre.

(aa) Palpes extérieurs dont deux au moins sont terminés en alène, ou aciculés à leur extrémité.

Bembidion.

§§. *Pattes postérieures en nageoires : elles sont comprimées et ciliées.* [Carabiens nageurs.]

Dytique.
Notère.
Haliple.

MANTICORE. (Manticora.)

Antennes filiformes, à articles subcylindriques. Mandibules grandes, saillantes, dentées inférieurement au côté interne.

Tête grande, corps oblong, corselet divisé en deux segments inégaux. Abdomen presque en cœur. Elytres aptères, carénées sur les côtés, embrassant l'abdomen.

Antennæ filiformes; articulis subcylindricis. Mandibulæ magnæ, exsertæ, infernè latere interno dentatæ.

Caput magnum : corpus oblongum depressum; thorax segmentis duobus inæqualibus. Elytra aptera, lateribus carinata, abdomenque obvolventia. Abdomen subcordatum.

Observations. La *manticore* tient aux cicindèles par l'onglet qui s'articule à l'extrémité de ses mâchoires. Sa bouche est armée de deux grandes mandibules très saillantes, arquées et aiguës. Ses mâchoires sont ciliées au côté interne. Tous les articles de ses tarses sont entiers.

ESPÈCES.

1. Manticore maxillaire. *Manticora maxillosa.*

M. atra; elytris connatis scabris. F.
Manticora maxillosa. Fab. Él. 1. p. 167.
Oliv. Col. 3. nº 37. pl. 1. f. 1. Latr. Gen. 1. p. 173.
Habite au Cap de Bonne-Espérance. Grande, noire. Pattes très longues.

2. Manticore pâle. *Mannicora pallida.*

M. lævis, pallida; mandibulis basi bidentatis. F.
Manticora pallida. Fab. Él. 1. p. 167.
Habite au Cap de Bonne-Espérance. Elle est moins grande que celle qui précède.

CICINDÈLE. (Cicindela.)

Antennes filiformes, plus longues que le corselet. Mandibules saillantes, dentées, Palpes filiformes, velus.

Tête large, les yeux globuleux, saillants sur les côtés. Corselet court, subcylindrique, non bordé. Elytres recouvrant des ailes.

Antennæ filiformes, thorace longiores. Mandibulæ exsertæ, dentatæ. Palpi filiformes, pilosi.

Caput thorax latius; oculis globosis, ad latera prominulis. Thorax brevis, subcylindricus, non marginatus. Elytra alas obtegentia.

Observations. Les *cicindèles*, par l'onglet qui s'articule à l'extrémité de leurs mâchoires, sont très distinguées des élaphres et des autres carabiens, sauf les manticores et les colliures, qui s'en rapprochent par le même caractère. Ce sont des coléoptères carnassiers, voraces, très agiles. Ils sont pourvus d'ailes, et presque tous sont ornés de couleurs assez belles, variées selon les espèces. Les tarses sont à articles entiers.

Les larves des cicindèles vivent dans la terre ou dans le sable, se tenant dans les trous qu'elles se sont pratiqués. En embuscade, à l'embouchure de ces trous, elles saisissent les autres insectes qui passent auprès, les entraînent et les précipitent dans leur retraite, et les y dévorent. C'est dans les lieux secs, arides et sablonneux, principalement dans les temps chauds, que l'on trouve ces insectes.

ESPÈCES.

1. Cicindèle champêtre. *Cicindela campestris.*

C. viridis; elytris punctis quinque albis.
Cicindela campestris. Linn. Fab. Él. 1. p. 233. Panz. fasc. 85. t. 3.
Oliv. Col. 2. n° 33. pl. 1. f. *a. b.* c. Latr. Gen. 1. p. 176.
Buprestris. Geoff. 1. p. 153. n° 27.
Habite en Europe. Commune aux environs de Paris.

2. Cicindèle hybride. *Cicindela hybrida.*

C. subpurpurascens ; elytris fasciâ lunulisque duabus albis ; corpore aureo nitido.
Cicindela hybrida. Linn. Fab. Él. 1. p. 234.
Oliv. Col. 2. n° 33. pl. 1. f. 7. Panz. fasc. 85. t. 4.
Buprestris. Geoff. 1. p. 155. n° 28.
Habite en Europe, Commune près Paris.
Etc. *Obs.* Dans la *cicindela megalocephala*, les palpes labiaux sont plus longs que les maxillaires extérieurs.

COLLIURE. (Colliuris.)

Antennes filiformes, de la longueur du corselet. Chaperon avancé, voûté, arrondi au sommet.

Corps alongé, étroit. Corselet long, plus étroit que les élytres, colliforme, atténué en devant. Pénultième articles des tarses bilobé.

Antennæ filiformes, thoracis longitudine. Clypeus porrectus, fornicatus, apice rotundatus.

Corpus elongatum, angustum. Thorax longus, elytris angustior, colliformis, cylindricus, anticè attenuatus. Tarsi articulo penultimo bilobo.

OBSERVATIONS. Les *colliures* se distinguent aisément des cicindèles par leur corselet alongé en forme de cou et par leurs tarses. Ce sont des insectes exotiques, dont on ne connaît point les habitudes.

ESPÈCES.

1. Colliure longicolle. *Colliuris longicollis.*

C. cyanea; femoribus ferrugineis; elytris punctatis, apice emarginatis.

Colliuris longicollis. Latr. Gen. 1. p. 174.

Cicindela longicollis. Oliv. Col. 2. n° 33. pl. 2. f. 17.

Collyris longicollis. Fab. Él. 1. p. 226.

Habite aux Indes orientales.

2. Colliure aptère. *Colliuris aptera.*

C. atra; femoribus ferrugineis, connatis, in medio rugosis.

Collyris aptera. Fab. Él. 1. p. 226.

Habite dans l'Inde.

3. Colliure connée. *Colliuris connata.*

C. aptera, atra, immaculata.

Cicindela aptera. Oliv. Col. 2. n° 33. pl. 1. f. 1.

Habite aux Indes orientales.

ANTHIE. (Anthia.)

Antennes filiformes, plus courtes que le corps. Mandibules non dentées. Lèvre inférieure tout-à-fait cornée, entière, saillante en languette ovale.

Corps alongé; corselet presque en cœur, rétréci postérieurement. Abdomen ovale, convexe. Elytres aptères dans presque tous.

Antennæ filiformes, corpore breviores. Mandibulæ simplices. Labium penitùs corneum, integrum, in ligulam ovalem productum.

Corpus oblongum; thorax obcordatus, posticè attenuatus. Abdomen ovale, convexum. Elytra sœpiùs aptera.

Observations. Les *anthies* sont des carabiens exotiques, tous ou presque tous aptères, la plupart noirâtres et souvent parsemés de quelques taches blanchâtres, pubescentes. Elles tiennent de très près aux graphiptères, dont elles diffèrent principalement parce que la languette de leur lèvre inférieure est tout-à-fait cornée. Par cette languette, qui est entière et très avancée entre les palpes, elles diffèrent de la plupart des autres carabiens. Leurs jambes antérieures sont échancrées au côté interne.

ESPÈCES.

1. Anthie à six taches. *Anthia sexguttata.*

A. nigra; thorace bimaculato; elytris lævibus; maculis duabus villoso-albidis.

Carabus sexguttatus. Oliv. Col. 3. n° 35. pl. 1. f. 6.

Anthia sexguttata. Fab. Él. 1. p. 221.

Latr. Gen. 1. p. 185.

Habite aux Indes orientales. Grand et bel insecte.

2. Anthie à dix taches. *Anthia decemguttata.*

A. atra; elytris novem-sulcatis punctisque decem albis.

Carabus decemguttatus. Linn.

Oliv. Col. 3. n° 35. pl. 2. f. 15. *a*, et pl. 9. f. 15. *c*.

Anthia decemguttata. Fab. Él. 1. p. 221.

Habite au Cap de Bonne-Espérance.

3. Anthie maxillaire. *Anthia maxillosa.*

A. atra; mandibulis exsertis, longitudine capitis; thorace posticè producto bilobo.

Anthia maxillosa. Fab. Él. p. 220.

Caribus maxillosus. Oliv. Col. 3. n° 35. pl. 1. f. 10. et pl. 8. f. 90.

Habite au Cap de Bonne-Espérance. Grand insecte tout noir.
Etc. Ajoutez *a. thoracica*, *a. venator*, *a. sulcata*, *a. nimrod*, *a. 4-guttata*, *a. tabida* de Fabricius et d'Oliv.

GRAPHIPTÈRE. (Graphipterus.)

Antennes filiformes, plus longues que le corselet. Mandibules simples. Lèvre inférieure entière, à languette saillante, presque carrée, membraneuse sur les côtés.

Corps oblong; corselet presque en cœur. Abdomen presque orbiculaire, aplati.

Antennæ filiformes, thorace longiores. Mandibulæ simplices. Labium integrum, subquadratum, productum, medio coriaceum : lateribus membranaceis.

Corpus oblongum. Thorax obcordatus. Abdomen suborbiculare, depressum.

Observations. Les *graphiptères* sont très voisins des anthies par leurs rapports, et tous, ou presque tous, sont pareillement aptères. Mais, outre que ces insectes sont plus petits, plus aplatis et moins alongés que les anthies, la languette de leur lèvre inférieure n'est cornée ou coriace que dans sa partie moyenne.

ESPÈCES.

1. Graphiptère moucheté. *Graphipterus multiguttatus.*

G. ater, apterus; elytris planis; margine sinuato punctisque disci albis.
Graphipterus multiguttatus. Latr. Gen. 1. p. 186.
Carabus multiguttatus. Oliv. Col. 3. n° 35. pl. 6. f. 66.
Anthia variegata. Fab. Él. 1. p. 223. Var?
Habite en Égypte.

2. Graphiptère triliné. *Graphipterus trilineatus.*

G. ater, apterus; thoracis marginibus albis; elytris albidis: suturâ lineâque nigris.

Carabus trilineatus. Oliv. Col. 3. nº 35. pl. 9. f. 101.
Graphipterus trilineatus. Latr. Gen. 1. p. 187.
Anthia trilineata. Fab. El. 1. p. 223.
Habite au Cap de Bonne-Espérance.
Etc. Ajoutez *a. exclamationis* de Fab., et *a. obsoleta* du même. (*carabus obsoletus*. Oliv. pl. 5. f. 60.)

BRACHINE. (Brachinus.)

Antennes filiformes, plus longues que le corselet. Lèvre inférieure entière, avancée, presque carrée : les deux angles de son sommet un peu en pointe.

Corps oblong ; corselet presque en cœur. Abdomen épais, ovoïde ou en carré long. Des glandes à l'anus, lançant une vapeur détonnante et caustique lorsqu'on touche l'animal.

Antennæ filiformes, thorace longiores. Labium integrum, productum, subquadratum : angulis apicis subacutis.

Corpus oblongum ; thorax subcordatus. Abdomen crassum, obovatum, aut elongato quadratum. Glandulæ ad anum, tactu crepitantes, vaporem urentem emittentes.

Observations. Les *brachines*, ainsi que les lébies, ont la languette de la lèvre inférieure entière et avancée entre les palpes labiaux, comme dans les graphiptères. Cette languette est un peu anguleuse au sommet dans les brachines, et elle est à sommet plus arrondi dans les lébies. Au reste, les brachines sont très singulières par la faculté qu'elles ont de lancer une vapeur détonnante lorsqu'on les touche ou qu'elles se trouvent dans quelque danger, faculté que les lébies ne possèdent point.

ESPÈCES.

1. Brachine pétard. *Brachinus crepitans.*

B. capite, thorace pedibusque ferrugineis ; elytris nigris.

Carabus crepitans. Linn. Bupreste. Geoff. 1. p. 151. n° 19.
Brachinus crepitans. Fab. Él. 1. p. 221.
Panz. fasc. 30. t. 5.
Habite en Europe; se trouve aux environs de Paris.

2. Brachine pistolet. *Brachinus sclopeta.*

B. ferrugineus ; elytris cyaneis ; suturâ baseos ferrugineâ.
Brachinus scolpeta. Fab. Él. 1. p. 220.
Latr. Hist. nat., etc. 8. p. 244. pl. 72. f. 4. et Gen. 1. p. 188.
Habite aux environs de Paris, sous les pierres.

3. Brachine bimaculé. *Brachinus bimaculatus,*

B. niger ; capite elytrorumque puncto baseos, fasciâque mediâ ferrugineis.
Brachinus bimaculatus. Fab. Él. 1. p. 217.
Carabus bimaculatus. Linn.
Oliv. Col. 3. n° 35. pl. 2. f. 16. *a. b.* c.
Habite aux Indes orientales.
Etc.

LÉBIE. (Lebia.)

Antennes filiformes, plus longues que le corselet. Palpes filiformes, ayant souvent le dernier article plus grand. Languette sans angles au bout.

Corps ovale-oblong, très aplati. Corselet un peu en cœur. Pénultième article des tarses bifide dans la plupart.

Antennœ filiformes, thorace longiores. Palpi filiformes : articulo ultimo sœpiùs crassiore. Ligula labii margine supero integro, recto aut rotundato.

Corpus ovato-oblongum, valdè depressum. Thorax subcordatus. Tarsorum articulus penultimus bifidus in plurimis.

Observations. Les *lébies* sont des carabiens de petite taille, qui ont, comme ceux des trois genres précédens, la lèvre inferieure entière, et une forme approchant de celle des brachines. Mais on les en distingue facilement, parceque leur corps est très aplati, et qu'il ne fait point d'explosion vaporeuse. On les trouve sous les pierres, et sur les arbres, sous les écorces ou dans les fissures.

ESPÈCES.

1. Lébie tête bleue. *Lebia cyanocephala.*

L. alata ; thorace pedibusque ferrugineis ; capite elytrisque cyaneis.

Carabus cyanocephalus. Linn. Fab. Él. 1. p. 200.

Oliv. Col. 3. n° 35. pl. 3. f. 24. Panz. fasc. 75. t. 5.

Lebia cyanocephala. Latr. Hist. nat., etc., 8. p. 247. pl. 72. f. 5.

Buprestis. Geoff. p. p. 149. n° 16.

Habite en Europe, sous l'écorce des arbres.

2. Lébie petite-croix. *Lebia crux-minor.*

L. alata ; thorace orbiculato rufo ; elytris truncatis rufis ; cruce nigrâ.

Carabus crux-minor. Linn. Fab. Él. 1. p. 202.

Oliv. Col. 3. n° 35. pl. 4. f. 41. Panz. fasc. 16. t. 2.

Lebia crux-minor. Latr. Gen. 1. p. 192.

Buprestis. Geoff. 1. p. 150. n° 18.

Habite en Europe. Commune près Paris.

Etc.

ZUPHIE. (Zuphium.)

Antennes filiformes, à articles un peu longs. Palpes terminés par un article plus grand. Lèvre inférieure subtrilobée.

Corps oblong. Tête rétrécie postérieurement en forme de cou. Corselet presque en cœur.

Antennæ filiformes ; articulis longiusculis. Palpi articulo majore terminati. Labium subtrilobum : marginis superi lateribus articulatis.

Corpus oblongum. Caput in collum posticè angustatum. Thorax subcordatus.

Observations. Les *zuphies*, auxquelles je réunis les galérites de Latreille, ont une espèce de cou, et sont ditinguées des genres précédens parce que leur lèvre inférieure n'est plus simple et entière. Dans les zuphies de Latreille, tous les articles des tarses sont entiers, mais le pénultième article est bilobé dans ses galérites.

ESPÈCES.

1. Zuphie odorante. *Zuphium olens.*

Z. alatum; thorace rufo; elytris fuscis; maculis tribus rufis.
Carabus olens. Ross. fn. etr. tab. 5. f. 2.
Galerita olens. Fab. Él. 1. p. 215.
Oliv. Col 3. n° 35. pl. 11. f. 126. *Carabus.*
Zuphium olens. Latr. Gen. 1. p. 198.
Habite l'Italie, le midi de la France.

2. Zuphie fasciolée. *Zuphium fasciolatum.* Latr.

Z. nigrum; elytrorum vittâ abbreviatâ, abdomine pedibusque ferrugineis.
Carabus fasciolatus. Ross. fn. etr. 1. t. 2. f. 8.
Oliv. Col. 3. n° 35. pl. 13. f. 155. *a. b.*
Galerita fasciata. Fab. Él. 1. p. 216.
Habite en Italie et au midi de la France.

3. Zuphie américaine. *Zuphium americanum.*

Z. nigrum; thorace ferrugineo; elytris cyaneis.
Galerita americana. Fab. Él. 1. p. 214.
Latr. Gen. 1. p. 197.
Carabus. Oliv. Col. 3. n° 35. pl. 6. f. 72.
Habite l'Amérique septentrionale.

DRYPTE. (Drypta.)

Antennes filiformes. Palpes, soit filiformes, soit terminés par un article plus grand. Languette de la lèvre biauriculée au bout.

Corps alongé. Corselet subcylindrique, alongé en

forme de cou. Abdomen large, en carré long, tronqué au bout.

Antennæ filiformes. Palpi vel filiformes, vel articulo majore terminati. Labii ligula apice biauriculata.

Corpus oblongum. Thorax subcylindricus, angustus, in collum elongatus. Abdomen latiusculum, elongato-quadratum, apice subtruncatum.

Observations. Sous cette coupe, je réunis des carabiens remarquables par leur corselet alongé, subcylindrique, colliforme, et qui ont la languette biauriculée à son sommet. On les a distingués en plusieurs petits genres, savoir: les *dryptes* de Latreille, qui ont les mandibules avancées, très étroites, la languette linéaire, et les palpes terminés par un article plus grand; les *odacanthes* et les *agres* de Fabricius, qui ont les palpes filiformes, la tête rétrécie postérieurement, etc. Qu'on les réunisse ou qu'on les divise, ces carabiens doivent toujours s'avoisiner.

ESPECES.

1. Drypte échancrée. *Drypta emarginata.*

D. cærulea; ore, antennis pedibusque rufis; elytris apice emarginatis.

Drypta emarginata. Latr, Gen. 1. p. 197. tab. 7. f. 3.

Fab. El. 1. p. 230.

Cicindela. Oliv. Col. 2. n° 33. pl. 3. f. 38. *a. b.*

Habite en France, en Italie.

2. Drypte mélanure. *Drypta melanura.*

D. thorace cyaneo; elytris testaceis, apice nigris.

Odacantha melanura. Fab. Él. 1. p. 228.

Latr. Hist. nat., etc., 8. p. 255. pl. 72. f. 6. et Gen. 1. p. 194.

Attelabus melanurus. Linn.

Carabus angustatus. Oliv. Col. 3. n° 35. pl. 1. f. 7. *a. b.*

Habite en Europe.

3. Drypte cayennoise. *Drypta cayennensis.*

D. ænea, rugosa, alata; thorace lineari punctato.

Carabus cayennensis. Oliv. Col. 3. n° 35. pl. 12. f. 133.
Agra ænea. Fab. Él. 1. p. 22.
Agra cayennensis. Latr. Gen. 1. p. 195.
Habite l'Amérique méridionale.
Etc.

SIAGONE. (Siagona.)

Antennes presque sétacées, de la longueur du corselet. Mandibules pointues, dentées. Palpes extérieurs terminés par un article plus grand, sécuriforme dans les labiaux. Lèvre inférieure entière, continue avec le menton, sans articulation distincte.

Corps oblong, aplati. Corselet séparé de l'abdomen par un étranglement. Abdomen ovale.

Antennæ subsetaceæ, thoracis longitudine. Mandibulæ acutæ, dentatæ, Palpi exteriores articulo majore terminati, in labialibus securiformi. Labium integrum, cum mento continuum, absque articulatione distinctâ.

Corpus oblongum, depressum. Thorax ab abdomine strangulatione remotus. Abdomen ovale.

Observations. Ce qui distingue particulièrement les *siagones*, c'est que, dans ces carabiens, la lèvre inférieure n'a point d'articulation à sa base, et semble n'être qu'une continuité du menton. Ici l'abdomen n'est plus tronqué à son extrémité, comme dans les six genres précédens. Les siagones sont des carabiens exotiques, propres aux pays chauds.

ESPÈCES.

1. Siagone rufipède. *Siagona rufipes.*

S. brunneo-nigra, punctata; thorace subsulcato; antennis pedibusque rufis. Latr.
Siagona rufipes. Latr. Gen. 1. p. 209. tab. 7. f. 9.

Cucujus rufipes. Fab. Él. 2. p. 93.
Habite la côte de la Barbarie.

2. Siagone aplati. *Siagona depressa*.

S. alata, punctata, nigra; thorace sulcato.
Galerita depressa. Fab. Él. 1. p. 215.
Habite dans l'Inde.
Etc. Ajoutez *Galerita plana*, *Flesus*; et *Bufo* de Fabricius Latr.

SCARITE. (Scarites.)

Antennes submoniliformes, à peine de la longueur du corselet. Labre corné, denté. Mandibules très grandes, avancées, le plus souvent dentées au côté interne. Lèvre inférieure courte, large, évasée au bord supérieur, à oreillettes nulles.

Corps alongé, un peu aplati. Corselet séparé de l'abdomen par un étranglement. Jambes antérieures dentées, subdigitées ou palmées.

Antennæ submoniliformes, thoracis vix longitudine. Labrum corneum, dentatum. Mandibulæ maximæ, porrectæ, latere interno sæpiùs dentatæ. Labium breve, latum, margine supero dilatato obsoletè emarginato: auriculis nullis.

Corpus elongatum, depressiusculum. Thorax ab abdomine postice intervallo disjunctus. Pedes antici tibiis extùs dentatis, subdigitatis aut palmatis.

Observations. Les *scarites*, que Linné a confondus avec les ténébrions, sont des carabiens singuliers par leur grandes mandibules, leur corselet large, en croissant, séparé des élytres par un écartement remarquable. Ces insectes ont des couleurs sombres, noirâtres, sont carnassiers, courent avec célérité, vivent dans les terrains sablonneux, s'y creusent des retraites, et la plupart ont les élytres connées, et sont aptères.

ESPÈCES.

1. **Scarite géante.** *Scarites gigas.*

S. ater; pedibus anticis palmato digitatis; mandibulis sulcatis; thorace posticè dentato. F.

Scarites gigas. FabÉ. l. 1. p. 123.

Oliv. Col. 3. n° 36. pl. 1. f. 1. *a. b. c.*

Habite en Afrique et au midi de la France.

2. **Scarite des sables.** *Scarites sabulosus.*

S. niger, nitidus; thorace lunato, posticè utrinque subunidentato; elytris obsoletè striatis.

Scarites sabulosus. Oliv. Col. 3. n° 36. pl. 1. f. 8.

Latr. Gen. 1. p. 210.

Scarites lœvigatus. Fab. Él. 1. p. 124.

Panz. fasc. 66. t. 1.

Habite le midi de la France, l'Italie, l'Espagne.

3. **Scarite indienne.** *Scarites indus.*

S. ater; thorace cordato canaliculato; elytris striatis. Oliv.

Scarites indus. Oliv. Col. 3. n° 36. pl. 1. f. 2.

Habite au Bengale. *Massé.*

Etc.

CLIVINE. (Clivina.)

Antennes submoniliformes, à peine de la longueur du corselet. Labre sans dents. Mandibules simples, plus courtes que la tête. Lèvre inférieure saillante, ayant deux oreillettes à son sommet.

Corps oblong; corselet orbiculaire ou carré, séparé des élytres par un espace. Jambes antérieures, soit dentées, soit terminées par deux longues épines.

Antennœ submoniliformes, thoracis vix longitudine. Labrum indivisum. Mandibulœ capite breviores; dentibus internis nullis conspicuis. Labium exsertum, marginis superi utroque latere articulato.

Corpus oblongum; thorax orbicularis aut subquadratus, ab elytris intervallo remotus. Pedes antici tibiis vel extùs dentatis, vel spinis longis duabus terminatis.

Observations. Les *clivines* ressemblent aux scarites par leur aspect ou leur forme extérieure; mais elles en diffèrent par les caractères des parties de leur bouche. Ces insectes se plaisent plus dans les lieux humides que dans ceux qui sont secs et arides.

ESPÈCES.

1. Clivine arénaire. *Clivina arenaria.*

C. nigricans vel brunnea; thorace subquadrato; frontis medio impresso; elytrorum striis punctatis. Latr.
Tenebrio fossor. Linn.
Scarites arenarius. Fab. Él. 1. p. 125.
Oliv. Col. 3. n° 36. pl. 1. f. 6. *a. b.*
Clavina arenaria. Latr. Gen. 1. p. 211.
Habite en Europe, dans les lieux sablonneux et humides.

2. Clivine thoracique. *Clivina thoracica.*

C. nigro-œnea; thorace subgloboso; elytris punctato-striatis.
Scarites thoracicus. Ross. Fab. Él. 1. p. 125.
Oliv. Col. 3. n° 36. pl. 2. f. 14.
Panz. fasc. 83. t. 2.
Habite en Europe, aux lieux humides et sablonneux.
Etc.

MORION. (Morio.)

Antennes moniliformes, un peu plus longues que le corselet. Mandibules pointues. Palpes filiformes, à dernier article obtus ou tronqué. Languette de la lèvre en carré long, biauriculée au sommet.

Corps alongé. Corselet carré ou presque en cœur.

Antennæ moniliformes, thorace paulò longiores.

Mandibulæ acutæ. Palpi filiformes ; articulo ultimo truncato. Labii ligula elongato-quadrata, apice biauriculata.

Corpus elongatum. Thorax quadratus vel obcordatus.

Observations. Les *morions* sont des carabiens exotiques qui ont des rapports avec les scarites et les clivines, par leurs antennes grenues, et qui, par ce caractère des antennes, se distinguent des harpales. Dans le morion de Latreille, les antennes sont grenues et de même grosseur partout; dans l'ozène d'Olivier, les antennes, pareillement grenues, ont le dernier article plus gros.

ESPÈCES.

1. Morion monilicorne. *Morio monilicornis.*

M. planus, aterrimus, nitidus; thorace utrinque ad angulos posticos impresso; elytris striatis.
Harpalus monilicornis. Latr. Gen. 1. p. 206.
Habite l'île de Porto-Rico. *Maugé.*

2. Morion dentipède. *Morio dentipes.*

M. niger, nitidus; elytris striatis; tibiis anticis denticulo instructis.
Ozæna dentipes. Oliv. Encycl.
Habite à Cayenne.

HARPALE. (Harpalus.)

Antennes filiformes, un peu plus longues que le corselet; à articles subcylindriques. Mandibules pointues, sans dent notable au côté interne. Languette de la lèvre en carré long, biauriculée au sommet.

Corps alongé; corselet arrondi ou presque en cœur. Jambes antérieures non dentées au côté externe.

Antennæ filiformes, thorace paulò longiores; arti-

culis subcylindricis. Mandibulæ acutæ, interno latere dente notabili nullo. Labii ligula elongato-quadrata, apice biauriculata.

Corpus elongatum; thorax suborbiculatus, obcordatus aut subquadratus. Tibiæ anticæ extùs non dentatæ.

Observations. Le genre *harpale* est très nombreux en espèces, et embrasse quantité de carabiens que l'on distingue des carabes en ce qu'ils ont les jambes antérieures échancrées au côté interne. Leur tête n'a point de cou distinct; leurs palpes sont filiformes, sans être subulés au bout. Leurs élytres ne sont point tronquées à leur extrémité. Ces insectes ont, en général, des couleurs sombres, brunes ou noirâtres; plusieurs néanmoins sont bronzés ou cuivreux. Je n'en distingue point les aristes, les féronies et bien d'autres genres que l'on a établis avec ces insectes.

ESPÈCES.

1. Harpale leucophthalme. *Harpalus leucophthalmus.*

H. alatus, depressus, ater; elytris substriatis.
Carabus leucophthalmus. Linn.
Harpalus leucophthalmus. Latr. Gen. 1. p. 201.
Carabus planus. Fab. Él. 1. p. 179. Panz. fasc. 11. t. 4.
Carabus spinifer. Oliv. Col. 3. n° 35. pl. 5. f. 58. et pl. 12. f. 58. *b.*
Habite en France, en Allemagne, sous les pierres.

2. Harpale ruficorne. *Harpalus ruficornis.*

H. ater, alatus; elytris sulcatis subtomentosis; antennis pedibusque rufis.
Carabus ruficornis. Fab. Él. 1. p. 180. Panz. fasc. 30. t. 2.
Oliv. Col. 3. n° 35. pl. 8. f. 9.
Harpalus ruficornis. Lat. Gen. 1. p. 203.
Habite en Europe. Commun près de Paris.
Etc.

LICINE. (Licinus.)

Antennes filiformes, à articles cylindriques. Labre très court. Mandibules tronquées ou très obtuses. Palpes à dernier article, soit plus gros, soit en forme de hache.

Corps oblong, aplati. Corselet large, arrondi ou presque carré.

Antennæ filiformes; articulis cylindricis. Labrum brevissimum. Mandibulæ apice truncatæ vel retusæ, Palporum articulus ultimus major, vel securiformis.

Corpus oblongum, depressum. Thorax latiusculus, rotundatus aut subquadratus.

Observations. Les *licines*, dont je ne sépare point les badistes, se distinguent facilement par leurs mandibules très obtuses et comme tronquées à leur sommet. Ce sont des insectes aplatis, noirâtres, ayant les jambes antérieures échancrées, comme dans les précédens. La languette de leur lèvre inférieure est biauriculée à son sommet.

ESPÈCES.

1. Licine échancrée. *Licinus emarginatus.*

L. ater, apterus; thorace orbiculato; elytris lævibus.
Carabus cassidius. Fab. El. 1. p. 190.
Carabus emarginatus. Oliv. Col. 3. n° 35. pl. 13. 150.
Carabus depressus. Panz. fasc. 31. t 8.
Licinus emarginatus. Lat. Gen. 1. p. 199.
Habite en Allemagne, et se trouve plus rarement près de Paris.

2. Licine silphoïde. *Licinus silphoides.* Latr.

L. ater, depressus, apterus; thorace orbiculato; elytris striatis punctisque impressis majoribus.
Carabus silphoides. Fab. El. 1. p. 190.
Panz. fasc. 92. t. 2.
Habite l'Italie, le midi de la France.

3. Licine bipustulée. *Licinus bipustulatus.*

L. alatus, niger; thorace elytrisque rufis; elytrorum maculâ posticâ lunatâ nigrâ.
Carabus bipustulatus. Fab. El. 1. p. 203.
Oliv. Col. 3. n° 35. pl. 8. f. 96. *a. b.* Panz. fasc. 16. t. 3.
Habite en Europe. (Badiste, Latr.)

PANAGÉE. (Panagæus.)

Antennes filiformes, plus courtes que le corps. Mandibules petites, simples. Palpes extérieurs terminés par un article presque sécuriforme. Languette de la lèvre inférieure très courte.

Corps ovale-oblong; tête petite, portée sur un cou distinct. Corselet orbiculaire. Abdomen grand.

Antennæ filiformes, corpore breviores. Mandibulæ parvæ, simplices. Palpi exteriores articulo subsecuriformi terminati. Labii ligula brevissima.

Corpus ovato-oblongum; caput parvum, collo distincto elevatum. Thorax orbicularis. Abdomen magnum.

Observations. Les *panagées*, comme les loricères qui viennent ensuite, ayant un cou distinct, et les jambes antérieures échancrées, ont autorisé à les séparer des carabes. *Olivier* dit que ces insectes se tiennent dans les lieux humides [Encyclopédie]. Sous ce rapport, il se rapprocheraient encore des loricères et des élaphres.

ESPÈCES.

1. Panagée grande-croix. *Panagæus crux major.*

P. niger; elytris striatis, punctatis; maculis quatuor rufis; thorace orbiculato scabro.
Carabus crux major. Linn. Fab. El. 1. p. 202.
Panz. fasc. 16. t. 1. Oliv. Col. 3. n° 35. pl. 8. f. 95. *a. b.*

Panagæus crux major. Lat. Gen. 1. p. 220. Oliv. Encycl. n° 5
Habite en Europe.

2. Panagée recourbée. *Panagæus reflexus.*

P. ater; elytris sulcatis; maculis duabus flavis; thoracis margine reflexo.

Carabus reflexus. Fab. ent. *Cychrus reflexus*. ejusd. El. 1. p. 166.
Oliv. Col. 3. n° 35. pl. 7. f. 77.
Habite dans l'Inde, à la côte de Coromandel.
Etc.

LORICÈRE. (Loricera.)

Antennes filiformes, à peine de la longueur du corselet, hispides, à articles inégaux. Mandibules courtes.

Corps oblong. Tète portée par un cou distinct. Corselet suborbiculé. Jambes antérieures fortement échancrées au côté interne.

Antennæ filiformes, thoracis vix longitudine, hispidæ; articulis inæqualibus. Mandibulæ breves.

Corpus oblongum. Caput collo distincto elevatum. Thorax suborbiculatus. Tibiæ anticæ ad latus internum valdè emarginatæ.

Observations. La *loricère* est un carabien remarquable par ses antennes, par l'espèce de cou en forme de nœud qui soutient sa tête, et par la forte échancrure de ses jambes antérieures. Elle se plaît au bord des eaux.

ESPECE.

1. Loricère bronzée. *Loricera ænea.*

Carabus pilicornis. Fab. El. 1. p. 193. Panz. fasc. 11. t. 10.
Oliv. Col. 3. n° 35. pl. 11. f. 119.
Bupreste. Geoff. 1. p. 147. n° 10.
Loricera ænea. Lat. Gen. 1. p. 224. tab. 7. f. 5.
Habite en France, en Allemagne, sur les bords des mares.

CYCHRE. (Cychrus.)

Antennes filiformes, à peine plus longues que le corselet. Labre profondément échancré. Mandibules étroites, fort longues, bidentées sous leur sommet. Dernier article des palpes extérieurs dilaté en forme de cuiller. Lèvre inférieure courte.

Tête plus étroite que le corselet. Abdomen ovale. Elytres connées, embrassant l'abdomen sur les côtés.

Antennæ filiformes, thorace vix longiores. Labrum profundè emarginatum. Mandibulæ angustæ, prælongæ, sub apice bidentatæ. Palporum exteriorum articulo ultimo dilatato cochleariformi. Labium breve.

Caput thorace angustius. Abdomen ovale. Elytra connata, lateribus abdomen involventia.

Observations. Les *cychres* tiennent de très près aux carabes; mais ils s'en distinguent par leurs mandibules, qui sont étroites, fort longues et bidentées sous leur extrémité, par le dernier article de leurs palpes en cuilleron, et par leur tête étroite.

ESPECES.

1. Cychre muselier. *Cychrus rostratus.*

C. niger; elytris argutè punctato-rugosis. Lat.
Tenebrio rostratus. Linn. *Cychrus rostratus.* Fab. El. 1. p. 165.
Cychrus rostratus. Lat. Gen. 1. p. 212. Panz. fasc. 74. t. 6.
Carabus rostratus. Oliv. 3. n° 35. pl. 4. f. 37.
Habite en Europe, dans les bois, sous les pierres.

2. Cychre rétréci. *Cychrus attenuatus.*

C. niger; elytris subcupreis; punctis elevatis triplici serie; capite angustissimo. P.
Cychrus attenuatus. Fab. El. 1. p. 166. Panz. fasc. 2. t. 3.
Carabus proboscideus. Oliv. 3. n° 35. pl. 11. f. 128.
Habite en France, en Allemagne.
Etc. Ajoutez *C. elevatus*, *C. unicolor* de Fabricius.

CARABE. (Carabus.)

Antennes filiformes, un peu plus longues que le corselet. Mandibules grandes, fortes, entières dans leur moitié supérieure. Mâchoires arquées, soit insensiblement, soit brusquement. Lèvre inférieure courte.

Corps alongé-ovale. Tête un peu large. Corselet suborbiculaire ou presque carré. Abdomen grand, ovale.

Antennœ filiformes, thorace sœpiùs paulò longiores. Mandibulœ magnœ, validœ, parte dimidiâ superiore non dentatœ. Maxillœ sensìm aut abruptè arcuatœ. Labium breve.

Corpus elongato-ovatum. Caput latiusculum. Thorax suborbiculatus aut subquadratus. Abdomen magnum, ovale.

Observations. Les *carabes*, auxquels je réunis les calosomes, sont faciles à distinguer de tous les carabiens précédens, 1° parce qu'ils n'ont point d'échancrure au côté interne des deux jambes antérieures; 2° parce que leur labre ou lèvre supérieure a deux ou trois lobes, ce qui les distingue des genres suivans; 3° parce que leurs mandibules ne sont point bidentées sous leur extrémité, comme dans les cychres. Leurs palpes extérieurs ont le dernier article, soit à peine plus large que le précédent, soit un peu plus large et presqu'en hache. Leur lèvre inférieure est petite, et munie de deux petites dents aux angles latéraux de son extrémité.

Ces insectes sont agiles, carnassiers, et ordinairement ornés de couleurs métalliques, brillantes. Lorsqu'on les prend, ils répandent par la bouche et par l'anus, une liqueur caustique, d'une odeur fétide. Ceux qu'on a nommés *calosomes* grimpent sur les arbres pour y chercher des chenilles et d'autres insectes qui deviennent leur proie; les autres restent par terre. Ces derniers n'ont point d'ailes.

ESPÈCES.

[*Mâchoires brusquement courbées.* Calosomes.]

1. Carabe sycophante. *Carabus sycophanta.*

C. alatus, violaceus, nitens; elytris striatis aureis.
Carabus sycophanta. Linn. Bupreste. n° 5. Geoff. 1. p. 144.
Oliv. Col. 3. n° 35. pl. 3. f. 31. Panz. fasc. 81. t. 7.
Calosoma sycophanta. Fab. El. 1. p. 212.
Latr. Gen. 1. p. 213. et Hist. nat. 8. p. 301. pl. 73. f. 8.
Habite en Europe, dans les bois.

2. Carabe inquisiteur. *Carabus inquisitor.*

C. alatus; elytris viridi-æneis; punctis triplici ordine.
Carabus inquisitor. Linn. Bupreste. n° 6. Geoff. 1. p. 145.
Oliv. Col. 3. n° 35. pl. 1. f. 3. Panz. fasc. 81. t. 8.
Colosoma inquisitor. Fab. *ibid.* Latr. Gen. 1. p. 214.
Habite en Europe.

3. Carabe soyeux. *Carabus sericeus.*

C. alatus, ater, thorace puncto baseos utrinque impresso; elytris substriatis punctisque æneis triplici serie.
Calosoma sericeum. Fab. Lat. Gen. 1. p. 214.
Carabus indagator. Oliv. Col. 3. n° 35. pl. 8. pl. 88.
Habite en Europe, dans les bois.
Etc.

[*Mâchoires insensiblement arquées.* Carabes. Lat.]

4. Carabe chagriné. *Carabus coriaceus.*

C. apterus, ater, opacus; elytris connatis; punctis elevatis concatenatis.
Carabus coriaceus. Linn. Fab. él. 1. p. 168.
Oliv. Col. 3. n° 35. pl. 1. f. 1. Panz. fasc. 81. f. 1.
Lat. Gen. 1. p. 215. Bupreste. n° 1. Geoff. p. 141.
Habite en Europe, sous les pierres.

5. Carabe doré. *Carabus auratus.*

C. apterus; elytris auratis sulcatis; antennis pedibusque rufis.
C. auratus. Linn. Fab. El. 1. p. 175. Panz. fasc. 81. t. 4.
Oliv. Col. 3. n° 35. pl. 5. f. 51, et pl. 11. f. 51.
Bupreste. n° 2. Geoff. 1. p. 142. pl. 2. f. 5.
Habite en Europe. Très commun dans les jardins.

6. Carabe violet. *Carabus violaceus.*

C. apterus, niger; thoracis élytrorumque marginibus violaceis; elytris lœvibus. F.
Carabus violaceus. Fab. El. 1. p. 170. Latr. Gen. 1. p. 216.
Oliv. Col. 3. n° 35. pl. 4. f. 39. Panz. fasc. 4. t. 4.
Habite en Europe.
Etc.

NÉBRIE. (Nebria.)

Antennes filiformes, à peine plus longues que le corselet. Labre presque entier. Mâchoires barbues à leur base externe. Lèvre presque carrée, courte.

Corps alongé, aplati. Corselet en cœur, tronqué postérieurement.

Antennœ filiformes, thorace vix longiores, articulis cylindricis. Labrum subintegrum. Maxillœ ad basim externam barbatœ. Labium subquadratum, breve.

Corpus oblongum, depressum. Thorax brevis, cordatus, posticè truncatus.

Observations. Sous le nom de *nébrie*, Latreille réunit des carabiens qui appartiennent à la division de ceux dont les jambes antérieures n'ont point de profonde échancrure à leur bord interne. Ils diffèrent des carabes et des calosomes en ce que leur labre n'est pas profondément échancré ou lobé, et en ce que leurs mâchoires sont barbues ou ciliées à leur base externe. Ce genre est médiocrement remarquable.

ESPÈCES.

1. Nébrie arénaire. *Nebria arenaria.*

N. pallido-flavescens; elytris dilutioribus, striatis; fasciis duabus maculosis, transversis, nigris. Lat.
Carabus complanatus. Linn. *Carabus arenarius.* Fab. El. 1. p. 179.
Oliv. Col. 3. n° 35. pl. 5. f. 54. *a. b. c.*

Nebria arenaria. Lat. Hist. nat., 8. p. 275, pl. 73. f. 3.
Habite les lieux maritimes et sablonneux de la France, l'Angleterre, etc.

2. Nébrie brévicolle. *Nebria brevicollis.*

N. nigra, nitida; antennis palpis tibiis tarsisque brunneis. Lat.
Carabus brevicollis. Fab. El. 1. p. 191.
Panz. fasc. 11. t. 8. et *carabus depressus* ejusd. fasc. 31. t. 8.
Nebria brevicollis. Latr. Gen. 1. p. 222.
Habite en Europe, sous les pierres et sous l'écorce des arbres. Etc.

POGONOPHORE. (Pogonophorus.)

Antennes filiformes, un peu plus longues que le corselet. Labre presque entier. Mandibules très dilatées à leur base. Palpes maxillaires plus longs que la tête. Mâchoires barbues, pectinées, subépineuses. Languette de la lèvre alongée, triépineuse à son sommet.

Corps oblong, déprimé.

Antennæ filiformes, thorace paulò longiores. Labrum subintegrum. Mandibulæ basi valdè dilatatæ. Palpi maxillares capite longiores. Maxillæ barbatæ, pectinato-spinulosæ. Labii ligula elongata; apice trispinoso.

Corpus oblongum, depressum.

Observations. Les *pogonophores* ne diffèrent presque point des nébries par leur port; mais comme la languette de leur lèvre inférieure est étroite, alongée, et triépineuse à son sommet, que d'ailleurs ils ont les mâchoires comme pectinées et épineuses à leur côté extérieur, on peut les distinguer.

ESPÈCES.

1. Pogonophore bleu. *Pogonophorus cœruleus.*

P. suprà cyaneus; antennis, ore, tibiis tarsisque rufo-brunneis. Latr.

Carabus spinilabris, Fab. El. 1. p. 181.
Oliv. Col. 3. n° 35. pl. 3. f. 22. *a. b. c.*
Panz. fasc. 30. t. 6. *ejusd. manticora*, fasc. 89. t. 2.
Pogonophorus cœruleus. Latr. Gen. 1. p. 223. t. 7. f. 4.
Habite en Europe, sous l'écorce des arbres.

2. Pogonophore roussâtre. *Pogonophorus rufescens.* Latr.

P. rufescens; vertice anoque nigris. Lat.
Carabus rufescens. Fab. El. 1. p. 205.
Oliv. Col. 3. n° 35. pl. 12. f. 146.
(B) var. *Carabus spinilabris.* Fab. El. 1. p. 204.
Panz. fasc. 39. t. 11.
Habite en France, en Allemagne.

OMOPHRON. (Omophron.)

Antennes filiformes, un peu plus longues que le corselet. Labre presque entier, transverse, un peu cilié. Mandibules simples. Palpes labiaux rapprochés à leur base. Lèvre inférieure courte.

Corps elliptique ou en ovale court, un peu convexe. Corselet court, transverse. Tête postérieurement enfoncée dans le corselet.

Antennæ filiformes, thorace paulò longiores. Labrum subintegrum, transversum, subciliatum. Mandibulæ simplices. Palpi labiales ad basim approximati. Labium breve.

Corpus ellipticum seu abbreviato-ovatum, convexiusculum. Thorax brevis, transversus. Caput posticè thorace intrusum.

Observations. Les *omophrons*, que Latreille range avec les carabiens barbus, près de ses pogonophores et de ses nébries, en sont distingués par leur port ou leur forme externe. Ils sont moins aplatis, et ont leur corps en ovale court, presque hémisphérique. Ces insectes se plaisent dans le voisinage des eaux, sous les pierres ou dans le sable.

ESPÈCE.

1. Omophron brodé. *Omophron limbatum.*

O. suprà ferrugineum; thorace maculâ, elytris fasciis undatis viridi-æneis.

Scolytus limbatus. Fab. El. 1. p. 247. Panz. fasc. 2. t. 9.

Carabus limbatus. Oliv. Col. 3. n° 35. pl. 4. f. 43. *a. b.*

Omophron limbatum. Lat. Gen. 1. p. 225. tab. 7. f. 7.

Habite en Europe, près des eaux.

Etc. Voyez Olivier, Encycl., pour trois autres espèces.

ÉLAPHRE. (Elaphrus.)

Antennes filiformes, de la longueur du corselet : à articles courts, en cône renversé. Labre arrondi en avant. Mandibules simples, arquées. Palpes filiformes, à dernier article cylindrique. Lèvre inférieure acuminée au milieu, avec une oreillette de chaque côté.

Corps oblong. Tête et corselet plus étroits que les élytres. Les yeux globuleux, saillans sur les côtés.

Antennæ filiformes, thoracis longitudine : articulis brevibus, inverso-conicis. Labrum anticè rotundatum seu semi-circulare. Mandibulæ simplices, arcuatæ. Palpi filiformes : articulo ultimo cylindrico. Labium medio acuminatum; lateribus rotundatis, auriculatis.

Corpus oblongum. Caput thoraxque elytris angustiores. Oculi globosi, ad latera prominuli.

Observations. Les *élaphres* ressemblent aux cicindèles par leur forme extérieure; mais ils en sont très distingués par les caractères des parties de leur bouche, et parce qu'ils ne se tiennent que dans les lieux humides, le voisinage des eaux. En effet, leurs mandibules très simples et leurs mâchoires n'ayant point d'onglet qui s'articule à leur sommet, ne permettent point de les confondre avec les cicindèles. Ces insectes ont ordinairement une couleur bronzée, métallique, et sont très agiles.

ESPÈCES.

1. Elaphre des rivages. *Elaphrus riparius.*

E. viridi-œneus; elytris punctis latis excavatis.
Cicindela riparia. Linn.
Elaphrus riparius. Fab. El. 1. p. 245.
Oliv. Col. 2. n° 4. pl. 1. f. 4. *a. b.*
Latr. Gen. 1. p. 181. Panz. fasc. 20. t. 1.
Habite en Europe, près des mares, des étangs.

2. Elaphre uligineux. *Elaphrus uliginosus.*

E. viridi-œneus; elytris striatis; punctis impressis cœruleis.
Elaphrus uliginosus. Fab. El. 1. p. 245.
Oliv. Col. 2. n° 34. pl. 1. f. 1. *a. b. c. d. e.*
Elaphrus uliginosus. Latr. Gen. 1. p. 182.
Habite en Europe, aux lieux humides.
Etc. Ajoutez *elaphrus aquaticus*, et *elaph. semi-punctatus* de Fabricius; *carabus multipunctatus* et *car. borealis* du même (El. 1. p. 182.) Lat.

BEMBIDION. (Bembidion.)

Antennes filiformes, de la longueur du corselet; à articles cylindriques. Mandibules simples. Palpes extérieurs terminés par un article subulé, pointu.

Corps oblong; tête grosse; corselet presque en cœur tronqué. Jambes antérieures échancrées au côté interne.

Antennœ filiformes, thoracis longitudine; articulis cylindricis. Mandibulœ simplices. Palpi exteriores articulo acuto vel subulato terminati.

Corpus oblongum, capite magno. Thorax obcordato-truncatus. Pedes antici tibiis latere inter emarginatis.

Observations. Les *bembidions* ont le port et la manière de vivre ou les habitudes des élaphres; mais leur palpes extérieurs, soit labiaux, soit maxillaires, ont le dernier article pointu ou subulé. Cet article est plus court et moins renflé que le pénultième. Les jambes antérieures de ces insectes sont plus notablement échancrées au côté interne que dans les élaphres.

ESPÈCES.

1. Bembidion flavipède. *Bembidion flavipes.*

B. obscurè œneum; elytris subnebulosis; pedibus luteis.
Cicindela flavipes. Linn. *Elaphrus flavipes.* Fab. El. 1. p. 246.
Panz. fasc. 20. t. 2. Oliv. Col. 2. n° 34. pl. 1. f. 2. *a. b.*
Bembidion flavipes. Lat. Gen. 1. p. 183.
Habite en Europe, sur les rivages sablonneux.

2. Bembidion littoral. *Bembidion littorale.* Latr.

B. œneo-nigrum; elytris punctato-striatis; maculis duabus ferrugineis; pedibus rufis.
Cicindela rupestris. Linn. *Elaphrus rupestris.* Fab. El. 1. p. 246.
Carade littoral. Oliv. Col. 3. n° 35. pl. 9. f. 103. et pl. 14. f. 103.
Habite en France, en Allemagne, près des eaux.
Etc. Voyez, pour d'autres espèces, l'Hist. nat., etc., de Latreille, vol. 8. p. 222.

CARABIENS NAGEURS.

Les quatres pattes postérieures comprimées, ciliées et propres à nager.

Cette division des carabiens est fort petite, comparativement à la précédente, et n'embrasse que les races qui vivent dans le sein des eaux, soit dans l'état de larve, soit dans celui d'insecte parfait. Leur corps est toujours ovale-elliptique, leur corselet plus large que long, et leurs yeux sont peu saillans. Ils ont les pattes postérieures aplaties en forme de lames. Comme les autres, ces carabiens sont carnassiers et très voraces. On les a presque tous réunis dans le genre *dyticus*; mais, depuis, les entomologistes en ont distingué plusieurs comme genres particuliers. Je me bornerai à la citation des trois genres suivans.

(a) Antennes de onze articles distincts. Le dernier article des palpes non terminé en pointe.

(+) Dernier article des palpes labiaux obtus et sans échancrure à son extrémité.

Dytique.

(++) Dernier article des palpes labiaux échancré et comme fourchu à son extrémité.

Notère.

(b) Antennes de dix articles distincts. Le dernier article des palpes terminé en pointe.

Haliple.

DYTIQUE. (Dyticus.)

Antennes filiformes-sétacées, de la longueur du corselet. Mandibules un peu courtes, arquées, voûtées, échancrés et bidentées à leur sommet. Palpes extérieurs filiformes, à dernier article cylindracé.

Corps elliptique, plus ou moins déprimé. Corselet transverse. Elytres dures, couvrant tout l'abdomen. Pattes postérieures natatoires, à tarse comprimé, cilié.

Antennæ filiformi-setaceæ, thoracis longitudine. Mandibulæ breviusculæ arcuatæ, infrà apicem latere interno subexcavatæ, apice emarginatæ bidentatæ. Palpi exteriores filiformes, articulo ultimo cylindraceo.

Corpus ellipticum, plus minùsve depressum. Thorax transversus. Elytra rigida, abdomen totum obtegentia. Pedes postici natatorii; tarso compresso, ciliato.

Observations. Les *dytiques* constituent un genre très naturel, fort nombreux en espèces, et qu'on aurait tort de mutiler ou démembrer, pour former, à ses dépens, de petites coupes, dites génériques, peu tranchées, difficilement reconnaissables. Ces insectes ressemblent tout-à-fait, par la forme de leur corps, c'est-à-dire, par celle de leurs élytres, de leur corselet et de leur tête, aux hydrophiles; mais, quoiqu'ils y tiennent par plusieurs rapports, ils ne sont pas de la même famille. Ce sont, en effet, de véritables carabiens, ayant six palpes distincts et des antennes filiformes. Conjointement avec le notère et l'haliple, ces insectes terminent la famille des carabiens, et forment une transition aux *gyrins*, aux *hydrophiles* et autres coléoptères pentamères carnassiers qui ont des antennes en massue, et qui n'ont que quatre palpes.

Le corps des dytiques présente une ellipse, soit raccourcie, soit oblongue, déprimée ou légèrement convexe, tant en dessus qu'en dessous, quelquefois assez fortement bombée sur le dos. Leur tête est un peu enfoncée dans le corselet. Leurs pattes postérieures, surtout les deux dernières, sont plus longues, et ont le tarse élargi, aplati, cilié, à articles peu distincts. Souvent, dans ces insectes, les élytres sont lisses dans les mâles et striées ou sillonnées dans les femelles.

Les *dytiques* vivent dans les eaux douces des rivières, des lacs, des étangs et des marais; ils restent presque continuellement dans l'eau, venant de temps en temps respirer l'air à sa surface. Ils ont néanmoins la faculté d'aller sur la terre et de voler. Ces insectes sont carnassiers, très voraces, et dévorent tous ceux qu'ils peuvent attraper.

Les larves des dytiques ont le corps alongé, composé de onze ou douze anneaux, et sont munies de six pattes. Les derniers anneaux ont des rangées de poils sur les côtés, et l'abdomen se termine par deux panaches ou franges de poils qui imitent des branchies et qui ne sont que des trachées saillantes et capilliformes.

Ces particularités, qui distinguent les dytiques du notère, sont-elles communes à plusieurs races? on ne le sait pas encore; et, dans le cas où elle ne le seraient pas, le genre établi par M. Clairville ne ferait que séparer une espèce de son genre naturel.

ESPÈCES.

1. Dytique large. *Dytiscus latissimus.*

D. niger; elytrorum marginibus dilatatis; lineâ flavâ.

Dytiscus latissimus. Linn. Fab. El. 1. p. 257.

Oliv. Col. 2. n° 40. pl. 2. f. 8. *a. b.*

Lat. Gen. 1. p. 229. Panz. fasc. 14. t. 1. *mas.* et t. 2. *femina.*

Habite le nord de l'Europe, dans les eaux douces.

2. Dytique marginal. *Dytiscus marginalis.*

D. niger; thoracis marginibus omnibus elytrorumque exteriori flavis.

Dytiscus marginalis (mas.) Linn. et *D. semistriatus* (femina) *ejusdem.*

Dytiscus marginalis. Fab. El. 1. p. 258. Latr. Gen. 1. p. 230.

Panz. fasc. 14. t. 3. *mas*, et t. 4. *femina.*

Oliv. Col. 2. n° 40. pl. 1. f. 1. *a. b. c. d.* et f. 6. *a.*

Dytiscus. Geoff. 1. p. 186. n° 2. et p. 187. n° 3. pl. 3. f. 2.

Habite en Europe, dans les eaux. Il est commun.

3. Dytique costal. *Dytiscus costalis.*

D. niger; capitis fasciâ, thoracis margine, elytrorumque striâ costali posticè hamato-ferrugineis.

Dytiscus costalis. Oliv. Col. 2. n° 40. pl. 1. f. 7.

Dytiscus costalis. Fab. El. 1. p. 259.

Habite à Cayenne, à Surinam.

4. Dytique pointillé. *Dytiscus punctulatus.*

D. niger; clypeo thoracis elytrorumque margine albis; elytris striis tribus punctatis.

Dytiscus punctulatus. Fab. El. 1. p. 259. *Dytiscus* n° 1. Geoff.

Oliv. Col. 2. n° 40. pl. 1. f. 6. *b.* et f. 1. *e.*

Habite en Europe.

5. Dytique de Rœsel. *Dytiscus Rœselii.*

D. virescens; clypeo thoracis elytrorumque margine exteriori flavis; elytris obsoletè striatis.

Dytiscus Roeselii. Fab. El. 1. p. 259.

Roes. Ins. 2. aquat. 1. tab. 2. f. 1—5.

Habite en Allemagne et aux environs de Paris.

Etc.

NOTÈRE. (Noterus.)

Antennes un peu courtes, fusiformes-subulées, plus épaisses vers leur partie moyenne. Palpes labiaux à dernier article échancré et comme fourchu.

Port des dytiques. Corps elliptique, convexe. Point d'écusson.

Antennæ breviusculæ, fusiformi-subulatæ, versùs medium crassiores. Palpi labiales articulo ultimo emarginato subfurcato.

Habitus dytiscorum. Corpus ellipticum, convexum. Scutellum nullum.

Observations. La phrase qui termine les observations sur les dytiques, laquelle concernait le genre *notère*, doit être ici rapportée.

ESPECE.

1. Notère crassicorne. *Noterus crassicornis.*

Noterus. Latr. Considérations gén., etc. p. 168

Dytiscus crassicornis. Fab. El. 1. p. 273. Latr. Gen. 2. p. 132. Oliv. Col. 3. nº 40. pl. 4. f. 34. *a. b.*

Habite en France, en Allemagne, dans les eaux.

HALIPLE. (Haliplus.)

Antennes filiformes, de la longueur du corselet, à dix articles. Palpes extérieurs à dernier article subulé ou pointu.

Port des dytiques. Corps elliptique. Point d'écusson. Cuisses postérieures recouvertes par une lame pectorale clypéacée.

Antennæ filiformes, thoracis longitudine, decem-articulatæ. Palpi exteriores articulo subulato vel acuto terminati.

Habitus dytiscorum. Corpus ellipticum. Scutellum nullum. Femora postica laminâ pectorali clypeaceâ tecta.

Observations. Les *haliples* ressemblent encore tout-à-fait aux dytiques par leur port et par leurs habitudes; néanmoins les caractères particuliers qui les en distinguent sont communs à plusieurs races, et semblent autoriser leur distinction. Le dernier article des palpes, dans les dytiques, ne se termine pas en pointe; il est au moins obtus.

ESPECES

1. Haliple oblique. *Haliplus obliquus.*

H. ferrugineus; elytris maculis quinque obliquis fuscis.
Dytiscus obliquus. Fab. El. 1. p. 270. Panz. fasc. 86. t. 6.
Haliplus obliquus. Latr. Gen. 1. p. 234.
Habite en France, en Allemagne, dans les étangs.

2. Halipe enfoncé. *Haliplus impressus.*

H. ovalis, flavescens; elytris cinereis; punctis impressis striatis.
Haliplus impressus. Latr. Gen. 1. p. 234. tab. 6. f. 6. et 7.
Dytiscus impressus. Fab. El. 1. p. 271.
Oliv. Col. 3. n° 40. pl. 4. f. 40. *a. b.*
Dytiscus. Geoff. 1. p. 191. n° 12.
Habite en France, en Allemagne, dans les eaux.
Ajoutez le *dytiscus fulvus* de Fab.

DEUXIÈME SECTION.

PENTAMÈRES CLAVICORNES.

Leurs antennes sont en massue, soit perfoliée, soit presque solide.

Les insectes de cette section viennent naturellement

après les pentamères filicornes. Ils s'y lient aux carabiens aquatiques, par les hydrophiliens, qui sont aussi des insectes carnassiers, comme les dytiques, et qui offrent une transition aux dermestes, en un mot, aux nécrophages.

Les *pentamères clavicornes* ont effectivement les antennes en massue bien prononcée ; et cette massue qui les termine est régulière, c'est-à-dire, ne se compose point de lames beaucoup plus alongées d'un côté que de l'autre, comme dans les pentamères lamellicornes. Ici, la massue est formée d'articles, en général, courts et plus ou moins serrés : en sorte qu'elle est, soit perfoliée, soit brusque, dense ou presque solide. Ces insectes n'ont tous que quatre palpes articulés, deux maxillaires, et deux labiaux.

DIVISION DES PENTAMÈRES CLAVICORNES.

(1) Antennes s'insérant dans une cavité ou sous un avancement des bords de la tête. Elles ont rarement plus de neuf articles.

(a) Insectes aquatiques, vivant dans l'eau ou près de l'eau. Corps elliptique ou oblong.

Les hydrophiliens.

(b) Insectes non aquatiques. Corps hémisphérique.

Les sphéridies.

(2) Base des antennes entièrement ou presque entièrement à découvert.

(a) Sternum antérieur s'avançant en mentonnière vers la bouche.

Les byrrhiens.

(b) Point de sternum antérieur avancé en mentonnière vers la bouche.

Les nécrophages.

LES HYDROPHILIENS.

Insectes aquatiques, vivant, soit dans l'eau, soit dans le voisinage des eaux, ayant des antennes courtes, en massue, et qui n'ont pas plus de neuf articles distincts.

Les *hydrophiliens* sont sans doute très distincts des carabiens, puisque leur bouche n'offre point six palpes articulés, mais quatre seulement. Néanmoins, de quelque manière qu'on veuille les considérer, il nous paraît inconvenable de les en éloigner considérablement. Ce sont, comme les carabiens, des insectes carnassiers, zoophages, dévorant des insectes vivants, ou au moins se nourrissant de matières animales. Comme les carabiens aquatiques [les dytiques, etc.], ils vivent dans les eaux douces, ou dans le voisinage de ces eaux, et leur ressemblent beaucoup par leur forme générale. Mais n'étant point de la même famille, ils doivent en différer par des caractères particuliers, ce qui a effectivement lieu. Ces insectes forment donc une transition des coléoptères pentamères filicornes aux pentamères clavicornes.

Les uns sont nageurs et ont les pattes postérieures natatoires; les autres, quoique vivant dans l'eau ou près de l'eau, n'ont que des pattes ambulatoires. Dans le plus grand nombre, le premier article des tarses est beaucoup plus court que le second. Si les antennes des hydrophiliens paraissent n'avoir pas plus de neuf articles distincts, c'est que les articles qui forment la massue, étant très serrés, surtout les derniers, cessent d'être distincts. Je rapporte à cette famille les cinq genres suivants.

DIVISION DES HYDROPHILIENS.

(1) Mandibules bidentées à leur sommet.

(a) Antennes simples, terminées en massue.

Hydrophile.
Sperché.

(b) Antennes ayant un des articles inférieurs très dilaté, se prolongeant latéralement.

Gyrin.
Dryops.

(2) Mandibules entières à leur sommet.

Elophore.

HYDROPHILE. (Hydrophilus.)

Antennes courtes, insérées devant les yeux, sous les bords latéraux du chaperon, se terminant en massue perfoliée. Mandibules bidentées au sommet. Palpes filiformes : les maxillaires aussi longs ou plus longs que les antennes.

Corps elliptique. Corselet subtransverse, un peu plus large postérieurement. Jambes terminées par deux éperons. Pattes postérieures natatoires.

Antennæ breves, antè oculos sub clypei lateribus insertæ, clavâ perfoliatâ terminatæ. Mandibulæ apice bidentatæ. Palpi filiformes : maxillaribus antennarum longitudine vel antennis longioribus.

Corpus ellipticum. Thorax subtransversus, posticè paulò latior. Tibiæ ad apicem bicalcaratæ. Pedes postici natatorii.

Observations. Les *hydrophiles* ont l'aspect et les habitudes des dytiques, et ont été d'abord confondus dans le même genre. Néanmoins, leurs antennes à peine plus longues que la tête, et terminées en massue, les font facilement reconnaître. D'ailleurs, leurs palpes maxillaires aussi longs et quelquefois plus longs que les antennes, les rendent remarquables. Ces insectes ont le corps elliptique et convexe; le sternum postérieur en épine; des pattes comprimées, natatoires et dont les tarses semblent n'avoir que quatre articles, quoiqu'ils en aient réellement cinq. Enfin, ils n'offrent que des couleurs sombres. Leurs larves sont alongées-coniques, vermiformes, munies de six pattes, à tête grosse, à bouche armée de deux fortes mandibules. Elles sont carnassières, très voraces, et respirent par l'extrémité postérieure de leur corps.

Si les hydrophiles tiennent encore un peu des carabiens aquatiques par leur forme générale et leurs habitudes, on sent que leurs rapports les rapprochent davantage des insectes zoophages et des nécrophages qui viennent après eux.

ESPÈCES.

1. Hydrophile brun. *Hydrophilus piceus.*

H. niger; sterno canaliculato posticè spinoso; elytris substriatis.
Dytiscus piceus. Linn. Le gr. hydrophile. Geoff. 1. p. 182. pl. 3. f. 1.
Hydrophilus piceus. Fab. El. 1. p. 249.
Oliv. Col. 3. n° 39. pl. 1. f. 2. *a. b. c. d.*
Latr. Gen. 2. p. 65.
Habite en Europe, dans les eaux douces.

2. Hydrophile luride. *Hydrophilus luridus.*

H. fusco griseoque flavescens, nigro maculatus; elytris striis punctato-crenatis.
Dytiscus luridus. Linn. *Hydroph. luridus.* Fab. El. 1. p. 253.
Oliv. Col. 3. n° 39. pl. 1. f. 3. *a. b. c. f.*
Panz. fasc. 7. t. 3. Latr. Gen. 2. p. 66.
Habite en Europe, dans les eaux douces.
Etc.

SPERCHÈ. (Spherceus.)

Antennes courtes, de six articles, insérées sous les bords latéraux du chaperon; les cinq derniers articles formant une massue. Mandibules bidentées au sommet.

Corps ovale, sub-hémisphérique, très convexe. Corselet échancré antérieurement.

Antennæ breves, sex-articulatœ, sub clypei lateribus anticis insertœ : articulis quinque ultimis clavam formantibus. Mandibulæ apice bidentato.

Corpus ovale, sub-hemisphæricum, valdè convexum. Thorax anticè emarginatus.

Observations. Le *sperché* tient de très-près aux hydrophiles; mais cet insecte aquatique est moins nageur, ses pattes postérieures paraissent moins propres à la natation, et les cinq articles de ses tarses sont plus distincts. Il est remarquable par ses antennes à six articles, dont le premier est alongé, et les autres forment la massue.

ESPECE.

1. Sperché échancré. *Spercheus emarginatus.*

Spercheus emarginatus. Fab. El. 1. p. 248.
Lat. Gen. 2. p. 63, et vol. 1. tab. 9. f. 4.
Hydrophilus. Illig. Col. Cor. 1. p. 242.
Panz. fasc. 91. t. 4.
Habite en Allemagne, dans les eaux.

GYRIN. (Gyrinus.)

Antennes plus courtes que la tête, et étant insérées chacune dans une fossette latérale; ayant à leur base un appendice saillant latéralement; à articles serrées, constituant une massue fusiforme. Quatre palpes articulés. Deux yeux apparents tant en dessus qu'en dessous.

Corps ovale. Tête en partie enfoncée dans le corselet. Pattes postérieures natatoires : les deux antérieures plus longues.

Antennæ capite breviores, in foveâ laterali insertæ, appendice basilari hinc prominulo instructæ : articulis dense congestis clavam fusiformem formantibus. Palpi articulati quatuor. Oculi duo, supernè infernèque conspicui.

Corpus ovatum. Caput thorace partim insertum. Pedes postici natatorii : antici duo aliis longiores.

Observations. Les *gyrins* n'ont réellement que quatre palpes articulés et tiennent de très-près aux hydrophiles. Ils leur ressemblent par leur forme générale, et parce qu'ils ont aussi des antennes en massue; mais leurs palpes antérieurs sont plus courts. Leurs yeux étant apparens, tant en dessus qu'en dessous, paraissent au nombre de quatre. L'appendice latéral de la base de leurs antennes paraît être une expansion de l'un des deux articles inférieurs, et leur donne un rapport avec le dryops.

Ces insectes ont le corps elliptique, légèrement déprimé, à bords tranchans. Ils sont remarquables en ce que leurs pattes antérieures sont plus longues que les autres. Ils le sont aussi par leur manière de nager, car ils font dans l'eau, ou à sa surface, des tours et des détours, la plupart circulaires, avec une rapidité surprenante. Leurs larves ressemblent, en quelque sorte, à de petites scolopendres : elles n'ont néanmoins que six pattes attachées aux trois premiers anneaux du corps.

ESPÈCES.

1. Gyrin nageur. *Gyrinus natator.*

G. cœrulescenti-nitidus ; elytris punctato-striatis, pedibus ferrugineis.

Gyrinus natator. Linn. Fab. El. 1. p. 274.

Oliv. Col. 3. n° 41. pl. 1. f. 1.
Le tourniquet. Geoff. 1. p. 194. pl. 3. f. 3.
Gyrinus natator. Latr. Gen. 2. p. 60. Panz. fasc. 3. t. 15.
Habite en Europe, dans les eaux stagnantes.

2. Gyrin strié. *Gyrinus striatus.*

G. viridis, nitens, thoracis elytrorumque margine pallido; elytris striatis.
Gyrinus striatus. Fab. El. 1. p. 275.
Oliv. Col. 3. n° 41. pl. 1. f. 2. *a. b.*
Habite la côte de Barbarie, l'Espagne, dans les eaux douces.
Etc.

DRYOPS. (Dryops.)

Antennes très courtes, insérées dans une cavité sous les yeux, ayant le premier ou le second article de la base prolongé d'un côté en une palette auriforme: les autres articles serrés, formant une massue oblongue, subfusiforme. Mandibules non saillantes, bidentées au sommet. Quatre palpes courts.

Corps ovale, convexe. Tête enfoncée dans le corselet. Pattes ambulatoires.

Antennæ brevissimæ, infrà oculos in fossulâ insertæ; articulo baseos primo vel secundo in spatulam auriformem latere producto · articulis aliis congestis clavam subfusiformem componentibus. Mandibulæ non exsertæ, apice bidentatæ. Palpi quatuor breves.

Corpus ovatum, convexo cylindraceum. Caput partim thoraci intrusum. Pedes ambulatorii.

Observations. Le *dryops* est un petit coléoptère vivant dans l'eau ou parmi les plantes aquatiques, et que l'on soupçonne se nourrir de petits insectes aquatiques qu'il peut attraper. Ses antennes lui donnent des rapports avec les gyrins; et, par la forme de son corps, il semble en avoir avec les dermestes.

ESPÈCE.

1. Dryops auriculé. *Driops auriculatus.*

Dryops auriculé. Oliv. Col. 3. n° 41. *bis.* pl. 1. f. 1.
Dermeste à oreilles. Geoff. 1. p. 103. n° 11.
Dryops auriculatus. Latr. Gen. 2. p. 55.
Parnus prolifericornis. Fab. El. 1. p. 332.
Panz. fasc. 13. t. 1.
Habite en Europe, sur les plantes aquatiques.

ÉLOPHORE. (Elophorus.)

Antennes très courtes, terminées en massue solide, ovoïde, ou alongée. Mandibules simples à leur extrémité. Mâchoires bifides. Le dernier article des palpes, soit plus gros et ovale, soit cylindrique-subulé.

Corps ovale-oblong, aplati en dessous. Corselet subtransverse ou carré. Pattes ambulatoires.

Antennæ brevissimæ, clavâ solidâ terminatæ ; clavâ obovatâ, vel elongatâ. Mandibulæ apice simplices. Maxillæ bifidæ. Palporum articulus ultimus vel crassior, subovalis, vel cylindrico-subulatus.

Corpus ovato-elongatum, subtùs depressum. Thorax subtransversus aut quadratus. Pedes ambulatorii.

Observations. Les *élophores* sont de petits coléoptères que l'on rencontre dans l'eau, et plus souvent sur les plantes aquatiques, qui marchent plus qu'ils ne nagent, qui semblent avoir quelques rapports avec les hydrophiles, et néanmoins qui en ont aussi avec les nécrophages. Ceux qui ont le dernier article des palpes plus gros et ovale, sont les élophores de Latreille; et ceux dont le dernier article des palpes est cylindrique-subulé, constituent ses *hydrènes*. Ces derniers ont la massue des antennes plus alongée.

ESPÈCES.

1. Elophore aquatique. *Elophorus aquaticus.*

E. fuscus. thorace rugoso elytrisque fusco-æneis.
Silpha aquatica. Linn. Dermestes. Geoff. 1. p. 105. n° 15.
Elophorus aquaticus. Fab. El. 1. p. 277. Panz. fasc. 26. t. 6.
Oliv. Col. 3. n° 38. pl. 1. f. 1.
Elophorus aquaticus. Latr. Gen. 2. p. 68. Ejusd. Hist. nat., etc. 10. p. 74. pl. 81. f. 9.
Habite en Europe, dans les eaux stagantes.

2. Elophore alongé. *Elophorus elongatus.*

E. thorace punctato æneo; elytris porcatis fuscis.
Elophorus elongatus. Fab. El. 1. p. 277.
Oliv. Col. 3. n° 38. pl. 1. f. 4. Latr. Gen. 2. p. 69.
Panz. fasc. 26. t. 7.
Habite en France, en Allemagne, dans les eaux stagnantes.

3. Elophore des rivages. *Elophorus riparius.*

E. nigro-æneus, capite thoraceque impresso-punctatus; thorace subsemi-orbiculato.
Hydræna riparia. Illig. Col. Bor. 1. p. 279.
Lat. Gen. 2. p. 70.
Habite en Europe, dans les eaux douces.

SPHÉRIDIE. (Sphæridium.)

Antennes plus courtes que le corselet, de neuf articles : les trois derniers formant une massue perfoliée. Mandibules courtes, simples, pointues. Mâchoires à deux lobes. Palpes filiformes.

Corps hémisphérique, aplati en dessous. Corselet transverse, postérieurement de la largeur des élytres. Jambes épineuses.

Antennæ thorace breviores, novem-articulatæ : articulis tribus ultimis clavam perfoliatam formantibus. Mandibulæ breviusculæ, simplices, acutæ. Maxillæ bilobæ. Palpi filiformes.

Corpus hemisphæricum, subtus planum. Thorax transversus, posticè elytrorum latitudine. Tibiæ spinosæ.

Observations. Le genre des sphéridies est, quant à présent, le seul de sa famille. Il comprend de petits coléoptères terrestres, à corps hémisphérique, glabre, et à tête petite, inclinée, en partie enfoncée dans le corselet. Les cinq articles de leurs tarses sont distincts, et le premier est aussi long au moins que le second. Les palpes maxillaires sont fort alongées, et leur second article est très renflé. On trouve ces insectes dans les bouses et les fientes des animaux.

ESPÈCE.

1. Sphéridie à quatre taches. *Sphæridium scarabœoides.*

S. ovatum, atrum, elytris maculis duabus ferrugineis.
Sphœridium scarabœoides. Fab. El. 1. p. 92. Latr. Gen. 2. p. 71.
Dermestes scarabœoides. Linn. Geoff. 1. p. 106. n° 17.
Sph. scaraboœoides. Oliv. Col. 2. n° 15. pl. 1. f. 1.
Panz. fasc. 6. t. 2.
Habite en Europe. Latreille en cite plusieurs variétés.
Etc.

LES BYRRHIENS.

Sternum antérieur s'avançant en mentonnière vers la bouche.

Dans les byrrhiens, le sternum antérieur s'avance toujours d'une manière remarquable, quoique plus ou moins considérablement, selon les races, et semble former une mentonnière sous la bouche ou près de la bouche.

Outre ce caractère, reconnu par Latreille, les pattes et souvent les antennes en offrent un autre qui est fort remarquable. Lorsqu'on touche ou que l'on saisit l'animal, il fait le mort, et replie ses pattes et ses antennes de manière que ces parties, en quelque sorte, disparaissent. Les pattes se replient et les jambes, souvent même les tarses, s'appliquent dans des rainures, qui les cachent en partie. Il y en a dont les antennes se logent alors dans des rainures pectorales, et d'autres qui logent ces antennes dans des cavités aux angles antérieurs du corselet.

Le corps des byrrhiens est ovoïde, convexe, à abdomen bien recouvert par les élytres. Le corselet est transversal.

DIVISION DES BYRRHIENS.

(1) Antennes coudées ; mandibules saillantes, aussi longues ou presque aussi longues que la tête.

Escarbot.

(2) Antennes non coudées ; mandibules peu ou point saillantes.

(a) Antennes en massue alongée, perfoliée.

Byrrhe.

(b) Antennes en massue courte, brusque.

(+) Menton très grand, en forme de bouclier.

Nosodendre.

(++) Menton non en forme de bouclier.

* Massue des antennes dentés.

Throsque.

** Massue des antennes non dentée.

Anthrène.

Mégàtome.

ESCARBOT. (Hister.)

Antennes plus courtes que le corselet, coudées, terminées en massue solide. Mandibules cornées, avancées. Mâchoires presque membraneuses.

Corps ovale-arrondi, un peu convexe. Corselet large, échancré antérieurement. Tête petite, reçue dans l'échancrure du corselet. Pattes à jambes élargies, comprimées, dentées. Anus à découvert dans la plupart.

Antennæ thorace breviores, fractæ, clavâ solidâ terminatæ. Mandibulæ corneæ, porrectæ. Maxillæ submembranaceæ.

Corpus ovato-rotundatum, convexiusculum. Thorax latus, anticè emarginatus. Caput parvum, thorace partìm reconditum. Pedes tibiis dilatato-compressis, dentatis. Elytra sæpius abdomine breviora.

Observations. Les *escarbots* sont de petits coléoptères à corps dur, ovale, arrondi, médiocrement convexe; remarquables par leur tête petite, en partie cachée sous le corselet, et par leurs élytres qui laissent souvent l'anus à découvert. Leurs antennes sont coudées, le premier article étant fort long, et les trois derniers, qui sont très serrés, forment la massue, en bouton presque solide. On trouve ces insectes dans les fumiers, les fientes, les charognes, sous les écorces, etc. Ils contractent leur pattes et feignent d'être morts lorsqu'on les prend.

ESPÈCES.

1. Escarbot unicolor. *Hister unicolor.*

H. niger, nitens; elytris substriatis; tibiis anticis multi-dentatis. Oliv.

Hister unicolor. Linn. Latr. Gen. 2. p. 47.

Escarbot noir (*attelabus*). Geoff. 1. p. 94. p. 1. f. 4.

Hister unicolor. Fab. El. 1. p. 84. Panz. fasc. 4. t. 2,

Oliv. Col. 1. n° 8. pl. 1. f. 1.

Habite en Europe.

2. Escarbot quadrimaculé. *Hister quadrimaculatus.*

H. niger; elytris substriatis, maculis duabus rubris, in unam interdùm connatis.

Hister quadrimaculatus. Linn. Fab. El. 1. p. 88.

Oliv. Col. 1. n° 8. pl. 3. f. 18. *a. b.*

2. *Hister reniformis.* Oliv. pl. 1. f. 5. *a. b. c.*

3. *Hister bipustulatus.* Oliv. pl. 3. f. 19. *a. b.*

An hister sinuatus? Fab. El. 1. p. 87.

Habite en France, surtout dans les provinces méridionales, etc.

Etc.

BYRRHE. (Byrrhus.)

Antennes plus courtes que le corselet ; à massue oblongue, perfoliée. Mandibules courtes. Palpes inégaux, un peu en massue.

Corps ovale, convexe, presque gibbeux. Tête petite, très inclinée. Pattes contractiles.

Antennœ thorace paulò breviores ; clavâ oblongâ perfoliatâ. Mandibulœ breves. Palpi inequales, subclavati.

Corpus ovatum, convexum, subgibbum. Caput parvum, valdè deflexum. Pedes contractiles.

Observations. Les *byrrhes* sont de petits coléoptères noirâtres, qui ont beaucoup de rapports avec les anthrènes, les throsques, etc. Leurs antennes ne sont point coudées comme celles des escarbots ; leurs palpes maxillaires ne sont point terminés en hache comme ceux des throsques ; enfin, leurs pattes sont très contractiles, comme dans les anthrènes. On trouve les byrrhes à terre, sur le bord des chemins et souvent dans les bois.

ESPÈCES.

1. Byrrhe pilule. *Byrrhus pilula.*

B. subtùs niger, suprà fuliginosus ; vittis dorsalibus atris, interruptis.

Byrrhus pilula. Linn. Fab. El. 1. p. 103.
Oliv. Col. 2. nº 13. pl. 1. f. 1. *a. b.*
Latr. Gen. 2. p. 41 et Hist. nat. 9. p. 205. pl. 78. f. 1.
Panz. fasc. 4. t. 3.
Habite en Europe, dans les champs.

2. Byrrhe fascié. *Byrrhus fascitus.*

B. nigricans; elytris fasciâ undatâ mediâ rufâ. F.
Cistèle à bande. Geoff. 1. p. 116. nº 2.
Byrrhus fasciatus. Fab. El. 1. p. 103.
Oliv. Col. 2. nº 13. pl. 1. f. 2.
Habite en Europe.
Etc.

NOSODENDRE. (Nosodendre.)

Antennes un peu plus courtes que le corselet; à masse subovale, comprimée, triarticulée. Mâchoires bifides. Palpes courts, filiformes. Menton très grand, arondi, clypéacé.

Corps elliptique, subhémisphérique, convexe. Corselet transverse. Pattes courtes.

Antennœ thorace paulò breviores, clavâ subovatâ, compressâ, triarticulatâ. Maxillœ bifidœ. Palpi breves, filiformes. Mentum maximum, rotundatum, clypeaceum.

Corpus ellipticum, subhemisphericum, convexum. Thorax transversus. Pedes breves.

Observations. Les *nosodendres* sont voisins des byrrhes, et leur ressemblent par la forme du corps. Ils en sont néanmoins bien distingués par la massue brusque et triarculée de leurs antennes, et surtout par leur menton clypéacé, qui cache une partie de la lèvre inférieure. Leur sternum antérieur, quoique avancé et dilaté, ne s'appuie point contre la bouche.

ESPÈCE.

1. Nosodendre fasciculé. *Nosodendron fasciculare.*

N. nigrum; elytris fasciculis seriatis fusco-ferrugineis.

Sphæridium fasciculare. Fab. El. 1. p. 94.

Panz. fasc. 24. t. 2.

Byrrhus fascicularis. Oliv. Col. 2. nº 13. tab. 2. f. 7. *a. b.*

Nosodendron fasciculare. Latr. Gen. 2. p. 44. Oliv. Encycl.

Habite près de Paris, dans les ulcères des ormes, que ses larves produisent.

Voyez les *N. hirtum* et *striatum* d'Olivier, dans l'Encyclopédie.

THROSQUE. (Throscus.)

Antennes de la longueur du corselet, de onze articles : les trois derniers formant une massue dentée. Mandibules à sommet pointu, crochu, entier. Palpes maxillaires à dernier article en hache.

Corps ovale-oblong ou elliptique, déprimé ; corselet postérieurement de la largeur des élytres, à angles postérieurs pointus. Pattes contractiles.

Antennæ thoracis longitudine, undecim articulatæ : articulis tribus ultimis clavam serratam formantibus. Mandibulæ apice acuto, integro, uncinato. Palpi maxillares articulo ultimo securiformi.

Corpus ovato-oblongum, aut ellipticum, depressum. Thorax posticè elytrorum latitudine : angulis posticis acutis. Pedes contractiles.

Observations. Le *throsque* a été rapporté, tantôt au genre des taupins, tantôt à celui des dermestes. Il paraît, d'après les observations de Latreille, qu'il doit constituer un genre particulier, qu'il faut rapprocher des byrrhes et des anthrènes.

ESPÈCE.

1. Throsque dermestoïde. *Throscus dermestoides.*

Elater dermestoides. Linn. *Elater.* Geoff. 1. p. 137. nº 16.

Elater clavicornis. Oliv. Col. 2. nº 31. pl. 8. f. 85. *a. b.*
Dermestes adstrictor. Fab. El. 1. p. 316.
Throscus dermestoides. Latr. Gen. 2. p. 37. et vol. 1. t. 8. f. 1.
Habite en Europe.

ANTHRÈNE. (Anthrenus.)

Antennes un peu plus courtes que le corselet, terminées en massue solide. Mandibules courtes. Palpes filiformes.

Corps ovale, arrondi, écailleux. Corselet plus étroit antérieurement. Tête petite, inclinée, cachée sous le corselet. Pattes et antennes contractiles. Les jambes repliées sur les cuisses dans la contraction.

Antennæ thoracè paulo breviores : clavâ solidâ. Mandibulæ breves. Palpi filiformes.

Corpus ovatum, rotundatum, squamulosum. Thorax anticè angustior. Caput parvum, thoraci intrusum, deflexum. Pedes antennæque contractiles. In contractione, tibiæ ad femora replicatæ.

Observations. Les *anthrènes* sont de petits coléoptères, la plupart ornés de couleurs variées et agréables, qu'ils doivent à de petites écailles colorées et pulvériformes, qui couvrent leur corps et qui se détachent facilement. Leur corps est un peu convexe en dessous. Au moindre danger, ces insectes replient les antennes et les pattes, et les logent dans des cavités ou des rainures propres à les recevoir : leurs jambes se replient sur le côté postérieur des cuisses.

Ces insectes se trouvent, en général, sur les fleurs; mais leurs larves vivent sur les cadavres desséchés, les pelleteries, et dans les cabinets d'histoire naturelle, où elles font de grands dégâts. Ces larves sont petites et ont des rapports avec celles des dermestes, étant chargées de poils sur les côtés et au derrière, presque de la même manière.

ESPÈCES.

1. Anthrène de la scrophulaire. *Anthrenus scrophulariæ.*

A. niger; elytris albo-maculatis; suturâ sanguineâ.
Byrrhus scrophulariæ. Linn.
Anthrenus scrophulariæ. Fab. El. 1. p. 107.
Oliv. Col. 2. n° 14. pl. 1. f. 5. *a. b.*
Latr. Gen. 2. p. 38. et Hist. nat. vol. 9. p. 219. pl. 79. f. 1.
Panz. fasc. 3. t. 11.
Habite en Europe.

2. Anthrène fascié. *Anthrenus verbasci.*

A. niger; elytris fasciis tribus undatis, albis.
Byrrhus verbasci. Linn.
Anthrenus verbasci. Fab. Latr. Gen. 2. p. 39.
Oliv. Col. 2. n° 14. pl. 1. f. 2. *a. b. c. d.*
Geoff. 1. p. 115. n° 2. L'Amourette.
Habite en Europe. Sa larve est destructrice des collections d'insectes, etc.
L'*anthrenus musæorum* de Linnæus n'est peut-être qu'une variété plus petite encore que celle qui vient d'être citée.

MÉGATOME. (Megatoma.)

Antennes un peu plus courtes que le corselet; à massue brusque, perfoliée, triarticulée. Mandibules courtes. Palpes inégaux: le dernier article un peu plus épais. Le sternum antérieur avancé, dilaté à l'extrémité, et contigu à la bouche.

Corps ovale ou ovale-oblong. Corselet subtransverse, un peu convexe. Elytres dures. Pattes courtes.

Antennæ thorace paulo breviores; clavâ abruptâ, perfoliatâ, triarticulatâ. Mandibulæ breves. Palpi inequales: articulo ultimo paulò crassiore. Sternum anticum productum, apice dilatatum, ori contiguum.

Corpus ovale vel ovato-oblongum. Thorax subtransversus, convexiusculus. Elytra rigida. Pedes breves.

Observations. Les *mégatomes* ne diffèrent des dermestes que parce que leur sternum antérieur s'avance jusqu'à la bouche et lui sert d'appui, ce qui leur donne un rapport avec les byrrhiens. Ces insectes vivent sur les arbres.

ESPÈCES.

1. Mégatome ondé. *Megatoma undata.*

M. nigrum; thoracis lateribus elytrorumque fasciis duabus undulatis, villoso-albis.
Megatoma undulata. Herbst. Col. 4. t. 39. f. 4. *a. b. mas.*
Ejusd. dermestes undulatus. Ibid. t. 40. f. 9. *g. femina.*
Dermestes undatus. Linn. Fab. El. 1. p. 313. Panz. fasc. 75. t. 13. Oliv. Col. 2. n° 9. pl. 1. f. 2. *a. b.*
Megatoma undatum. Latr. Gen. 2. p. 34.
Habite en Europe, sur les arbres, et particulièrement sur l'orme.

2. Mégatome serricorne. *Megatoma serra.*

M. piceo-nigrum; antennis pedibusque dilutè brunneo-flavescentibus. Latr.
Attagenus serra. Lat. Gen. 1. tab. 8. f. 10.
Megatoma serra. Ejusd. Gen. 2. p. 35.
Dermestes serra. Fab. El. 1. p. 319.
Habite aux environs de Paris, sur l'orme.
Etc.

LES NÉCROPHAGES.

Point de sternum antérieur avancé en mentonnière vers la bouche. Pattes imparfaitement contractiles.

Les *nécrophages* tiennent de très près aux byrrhiens; mais leur sternum antérieur ne s'avance point vers la bouche pour lui servir d'appui, et les pattes, toujours saillantes, ne se contractent point, ou, dans leur contraction imparfaite, ne s'appliquent point entièrement dans des rainures, de manière à disparaître.

Ces insectes n'attaquent point les animaux vivans, mais ils mangent les morts ou les parties qui en proviennent. Quelques-uns parmi eux mangent des matières en putréfaction, soit animales, soit végétales. La massue de leurs antennes est plus souvent alongée que courte et brusque. Je divise cette famille de la manière suivante.

DIVISION DES NÉCROPHAGES.

(1) Mandibules courtes, épaisses, sans courbure à leur extrémité.

Dermeste.

(2) Mandibules alongées, comprimées, et arquées à leur extrémité.

(a) Extrémité des mandibules échancrée, bifide ou munie d'une dent.

(+) Massue des antennes brusque, courte, ovale ou orbiculaire.

Nitidule.
Dacné.

(++) Massue des antennes alongée.

* Palpes, soit filiformes, soit plus gros au bout, mais point terminés en pointe.

Ips.
Scaphidie.

** Palpes se terminant en alène.

Cholève.

(b) Extrémité des mandibules entière.

Bouclier.
Nécrophore.

DERMESTE. (Dermestes.)

Antennes plus courtes que le corselet; à massue ovale, perfoliée, de trois articles. Mandibules courtes, épaisses, presque droites, dentelées sous leur extrémité. Palpes courts, filiformes.

Tête petite, inclinée. Corps épais, ovale-oblong, convexe. Corselet subtransverse, plus large postérieurement.

Antennæ thorace breviores : clavâ ovatâ, perfoliatâ. triarticulatâ. Mandibulæ breves, crassæ, subrectæ, infrà apicem denticulatæ. Palpi breves, filiformes.

Caput parvum, sub thorace inflexum. Corpus ovato-oblongum, crassum, convexum. Thorax subtransversus, posticè latior.

Observations. Les *dermestes*, en général, se nourrissent, dans l'état de larve, de substances animales; et plusieurs de leurs espèces sont connues, depuis long-temps, par les dégâts que leurs larves causent dans nos habitations, en rongeant les pelleteries, les animaux préparés que l'on conserve dans les cabinets d'histoire naturelle; en un mot, tous les objets qui proviennent des animaux, et que nous employons à quelque usage. Ces insectes ont des rapports avec les anthrènes, avec les nitidules, etc. Leurs larves sont garnies de longs poils. Dans nos habitations, ces larves, celles des anthrènes, et celles des teignes, nous causent les plus grands dommages.

ESPÈCES.

1. Dermeste du lard. *Dermestres lardarius.*

D. niger; elytris anticè cinereis, nigro-punctatis.
Dermestes lardarius. Linn. Fab. El. 1. p. 321.
Oliv. Col. 2. n° 9. pl. 1. f. 1. *a. b.* Geoff. 1. p. 101. n° 5.
Latr. Gen. 2. p. 31.
Habite en Europe, dans les maisons.

2. Dermeste des pelleteries. *Dermestes pellio.*

Derm. niger; elytris punctis duobus albis.
Dermestes pellio. Linn. Fab. El. 1. p. 313.
Oliv. Col. 2. nº 9. pl. 2. f. 11. Geoff. 1. p. 105. nº 4.
Latr. Gen. 2. p. 32.
Habite en Europe. Attaque les pelleteries, les musées.

3. Dermeste souris. *Dermestes murinus.*

D. oblongus, tomentosus, nigro alboque nebulosus; abdomine niveo.
Dermestes murinus. Linn. Fab. El. 1. p. 314.
Oliv. Col. 2. nº 9. pl. 1. f. 3. Panz. fasc. 40. t. 10.
Habite en Europe, à la campagne, dans les cadavres.
Etc.

NITIDULE. (Nitudila.)

Antennes plus courtes que le corselet, terminées en massue brusque, ovale ou oblongue, comprimée, presque solide. Mandibules un peu saillantes, échancrées ou à deux dents. Palpes presque filiformes, un peu plus gros au bout.

Corps elliptique, ou ovale-oblong, un peu déprimé. Corselet bordé, aussi large que les élytres postérieurement.

Antennæ thorace breviores, clavâ abruptâ, ovatâ vel rotundatâ, compressâ, subsolidâ terminatæ. Mandibulæ partìm exsertæ, apice emarginatæ aut bidentatæ. Palpi subfiliformes; extremitate paulò crassiores.

Corpus ellipticum, vel ovato-oblongum, subdepressum. Thorax marginatus, posticè elytrorum latitudine.

Observations. Les *nitidules* ne tiennent aux dermestes que par la massue brusque et raccourcie de leurs antennes. Elles se rapprochent davantage des bouclier et genres avoisinans, par leurs mandibules alongées, et parce que la plupart rongent des substances animales desséchées ou l'écorce pourrie des vieux arbres.

Les unes ont les trois premiers articles des tarses courts, larges ou dilatés, et garnis de brosses en dessous : ce sont les nitidules, les bytures et les cerques de Latreille.

Les autres ont les quatre premiers articles des tarses presque cylindriques et peu différens des autres articles : elles constituent ses genres thymale, colobique et micropèple.

Dans les insectes de ces coupes diverses, le corselet est plus ou moins bordé, et souvent ses bords latéraux sont minces et tranchans. La tête est petite, en partie cachée dans l'échancrure antérieure du corselet. Ces insectes sont la plupart fort petits.

ESPECES.

[*Les trois premiers articles des tarses courts et dilatés.*]

1. Nitidule obscure. *Nitidula obscura.*

N. ovata, nigra, obscura; pedibus piceis. F.
Nitidula obscura. Fab. El. 1. p. 348.
Oliv. Col 2. n° 12. pl. 1. f. 3. *a. b.*
Dermestes. Geoff. 1. p. 108. n° 21.
Habite en Europe, dans les cadavres.

2. Nitidule bipustulée. *Nitidula bipustulata.*

N. ovata, nigra; elytris puncto rubro. F.
Silpha bipustulata. Linn.
Nitidula bipustulata. Fab. El. 1. p. 347. Latr. Gen. 2. p. 11.
Oliv. Col. 2. n° 12. pl. 1. f. 2. *a. b.*
Dermestes. Geoff. 1. p. 100. n° 3.
Habite en Europe, dans les cadavres.

3. Nitidule tomenteuse. *Nitidula tomentosa.*

N. ovato-oblonga, nigra, tomento rufo-flavescente vel olivaceo-murino tecta; antennis pedibusque flavo-rufis.
Byturus tomentosus. Latr. Gen. 2. p. 18.
Dermestes tomentosus. Fab. El. 1. p. 316 et *D. fumatus.* Ejusd.
Oliv. Col. 2. n° 9. Suppl. tab. 3. f. 17. *a. b. c. d.*
Dermestes. Geoff. 1. p. 102. n° 8. Panz. fasc. 97. t. 4.
Habite en Europe.

4. Nitidule puce. *Nitidula pulicaria.*

N. oblonga, nigra; elytris abbreviatis; abdomine acuto.
Dermestes pulicarius. Linn.
Sphæridium pulicarium. Fab. El. 1. p. 98.
Nitidula pulicaria. Oliv. Col. 2. n° 12. pl. 3. f. 27. *a. b.*
Cercus pulicarius. Latr. Gen. 2. p. 15.
Habite en Europe, sur les fleurs.

[*Les quatre premiers articles des tarses subcylindriques.*]

5. Nitidule colobique. *Nitidula colobicus.*

N. elongato-ovalis, obscurè nigricans, supernè hirta; elytris punctato-striatis.
Colobicus marginatus. Latr. Gen. 2. p. 10, et vol. 1. t. 16. f. 1.
Nitidula hirta. Ross. fn. etr. 1. p. 59. t. 3. f. 9.
Habite le midi de la France, sous l'écorce des arbres.

6. Nitidule ferrugineuse. *Nitidula ferruginea.*

N. ferruginea; elytris lineis elevatis senis nigricantibus.
Silpha ferruginea. Linn. *Peltis ferruginea.* Fab. El. 1. p. 344.
Silpha ferruginea. Oliv. Col. 2. n° 11. pl. 2. f. 13. *a. b.*
Thymalus ferrugineus. Latr. Gen. 2. p. 9.
Peltis. Panz. fasc. 75. t. 17.
Habite en Europe, sous l'écorce des arbres.
Etc.

DACNÉ. (Dacne.)

Antennes plus courtes que le corselet; à massue brusque, grande, subovale, perfoliée, comprimée. Mandibules à sommet bifide. Le dernier article des palpes plus épais.

Corps oblong, épais, convexe. Corselet presque carré. Tarses courts.

Antennæ thorace breviores; clavâ magnâ, abruptâ, subovatâ, perfoliatâ, compressâ. Mandibulæ apice bifidæ. Palporum articulus ultimus crassior.

Corpus oblongum, crassum, convexum. Thorax subquadratus. Tarsi breves.

Observations. Les *dacnés* tiennent aux nitidules par la massue de leurs antennes, et aux ips par leur corps alongé, leurs habitudes, la célérité de leurs mouvemens. Leur corps est plus convexe et à bords latéraux plus inclinés que celui des nitidules.

ESPÈCES.

1. Dacné huméral. *Dacne humeralis*

D. nigra; capite thorace elytrorum puncto baseos pedibusque rufis.

Dacne humeralis. Latr. Hist. nat., etc., 10. p. 13. pl. 81. f. 1. Ejusd. Gen. 2. p. 20. *Dermestes.* Panz. fasc. 4. t. 9.

Engis humeralis. Fab. El. 2. p. 583.

Habite en Europe, sous l'écorce des arbres.

2. Dacné à bandes. *Dacne fasciata.*

D. atra; elytris fasciis duabus rufis; anteriore nigro-maculatâ

Dacne fasciata. Latr. *Engis fasciata.* Fab. El. 2. p. 582.

Habite l'Amérique septentrionale.

3. Dacné cou-rouge. *Dacne sanguinicollis.*

D. atra; antennis thorace elytri singuli maculis duabus pedibusque rubro-sanguineis.

Dacne sanguinicollis. Latr.

Engis sanguinicollis. Fab. El. 2. p. 584.

Panz. fasc. 6. t. 6. *Dermestes.*

Habite en France, en Allemagne.

Etc. Ajoutez l'*engis rufifrons* de Fabricius.

IPS. (Ips).

Antennes de la longueur du corselet ou environ; à massue longue, étroite, de trois articles séparés. Mandibules bifides au sommet.

Corps oblong, convexe. Tous les articles des tarses alongés, grêles.

Antennæ circiter thoracis longitudine : clavâ oblongâ, angustâ ; articulis tribus valdè distinctis. Mandibulæ apice bifidæ.

Corpus oblongum, convexum. Tarsorum articuli omnes elongati, graciles.

Observations. Sous le nom d'*ips*, on avait réuni différens coléoptères très petits, à corps alongé et étroit ; mais il ne s'agit ici que de ceux qui appartiennent à la division des pentamères. Ils tiennent aux nitidules par leurs rapports, et s'en distinguent par la massue de leurs antennes.

ESPÈCE.

1. Ips cellerier. *Ips cellaris.*

I. testaceo-ferruginea, punctata; thorace crenulato.
Ips cellaris. Oliv. Col. 2. n° 18. pl. 1. f. 3 *a. b.*
Latr. Gen. 2. p. 21.
Dermestes cellaris. Fab. El. 1. p. 319
Dermestes. Panz. fasc. 39. t. 14.
Habite en Europe. Ses élytres sont un peu pubescentes.
Etc. Le *dermestes fimetarius* de Fabr. est de ce genre.

SCAPHIDIE. (Scaphidium.)

Antennes presque de la longueur du corselet ; à massue alongée, formée de cinq articles séparés, subglobuleux ou hémisphériques. Mandibules bifides au sommet. Palpes filiformes.

Corps ovale, épais, en pointe aux deux bouts. Elytres subtronquées au bout. Pattes grêles.

Antennæ thoracis sublongitudine ; clavâ elongata, quinque articulatâ : articulis globulosis aut hemisphæricis, distinctis. Mandibulæ apice bifidæ. Palpi filiformes.

Corpus ovale, crassum, utrâque extremitate acutum. Elytra apice truncata. Pedes graciles.

Observations. Les *scaphidies* avoisinent les cholèves par leurs rapports; mais leurs palpes, quoique filiformes, ne se terminent point en alène. Ces insectes vivent dans les champignons, les feuilles mortes, le bois pourri. Leur corps est un peu convexe; leur élytres, tronquées au bout, laissent la pointe de l'abdomen à découvert.

ESPÈCES.

1. Scaphidie quadrimaculée. *Scaphidium quadrimaculatum.*

S. nigrum, punctulatum; elytro singulo maculis duabus rubris.
Scaphidium quadrimaculatum. Oliv. Col. 2. n° 20. pl. 1. f. 1.
Latr. Hist. nat., etc., 9. p. 247. pl. 78. f. 5. et Gen. 2. p. 23.
Scaphidium 4 maculatum. Fab. El. 2. p. 575.
Panz. fasc. 12. t. 11.
Habite en Europe, sur les champignons, les vieux troncs d'arbres.

2. Scaphidie immaculée. *Scaphidium immaculatum.*

S. atrum, nitidum; elytris immaculatis, punctato-striatis. F.
Scaphidium immaculatum. Oliv. Col. 2. n° 20. pl. 1. f. 3. *a. b.*
Fab. El. 2. p. 576. Latr. Gen. 2. p. 24.
Habite en France, parmi les feuilles pourries et sur les champignons.

3. Scaphidie agaricine. *Scaphidium agaricinum.*

S. atrum, nitidum; antennis pedibusque rufis.
Silpha agaricina. Linn.
Scaphid. agaricinum. Oliv. Col. 2. n° 20. pl. 1. f. 4. *a. b.*
Fab. El. 2. p. 576. Latr. Gen. 2. p. 24.
Panz. fasc. 12. t. 16.
Habite en Europe, sur le *boletus versicolor.*
Etc.

CHOLÈVE. (Choleva.)

Antennes de la longueur du corselet, quelquefois un peu plus longues, grossissant insensiblement vers le bout : les cinq derniers articles formant une massue alongée, perfoliée. Mandibules échancrées au bout.

Le dernier article des palpes brusquement aigu, subulé.

Corps ovale, convexe, arqué en dessus : à tête penchée. Corselet transverse, plus large postérieurement.

Antennæ thoracis longitudine, interdùm thorace paulò longiores, sensim versus apicem crassiores : articulis quinque ultimis clavam elongatam perfoliatamque formantibus; mandibulæ apice emarginatæ. Palporum articulo ultimo abruptè acuto, subulato.

Corpus ovale, convexum, supernè arcuatum : capite cernuo. Thorax transversus, posticè latior.

Observations. Parmi les nécrophages, les *cholèves* sont à peu près les seuls qui aient les palpes terminés en alène ou en pointe aciculée, ce qui les distingue éminemment. Leurs antennes les rapprochent des boucliers; mais leurs mandibules ne sont point entières à leur extrémité. Ils ont des élytres aussi longues que l'abdomen et qui ne sont point tronquées au bout comme celles des scaphidies. Ces insectes sont agiles et se trouvent par terre, sous les pierres ou parmi les ordures.

ESPÈCES.

1. Cholève triste. *Choleva tristis.*

Ch. nigra, antennis pedibusque concoloribus.
Choleva morio. Latr. Hist. nat., etc., 9. p. 251.
Choleva tristis. Lat. Gen. 2. p. 28.
Helops tristis. Panz. fasc. 8. t. 1. *Catops morio?* Fab. El. 2. p. 564.
Dermestes. Degeer. Ins. 4. p. 216. pl. 8. f. 15. *a. b.*
Habite en Europe.

2. Cholève soyeux. *Choleva sericea.*

Ch. nigricans, holosericea; antennis elytris pedibusque obscurè fuscis.
Helops sericeus. Panz. fasc. 73. t. 10.

Choleva sericea. Latr. Hist. nat., etc., 9. p. 251.
Choleva villosa ejusd. Gen. 2. p. 29.
Habite aux environs de Paris.

Etc. Voyez, une monographie de ce genre, dans le volume des Actes de la société Linnéenne.

BOUCLIER. (Silpha.)

Antennes de la longueur du corselet ou environ, à massue oblongue, grossissant insensiblement, formée de cinq ou six articles. Mandibules à pointe simple et arquée. Palpes filiformes.

Corps ovale ou ovale-oblong, déprimé. Corselet aplati, clypéiforme, suborbiculaire. Elytres bordées.

Antennæ thoracis circiter longitudine, clavâ oblongâ, sensìm crassiore, articulis quinque vel sex formatâ. Mandibulæ acumine simplici arcuatoque terminatæ. Palpi filiformes.

Corpus ovatum vel ovato-oblongum, depressum. Thorax planulatus, clypeiformis, suborbicularis. Elytra marginata.

Observations. Quelques auteurs crurent trouver des rapports entre les *boucliers* et les cassides, et de là pouvoir les réunir dans le même genre. On sait maintenant que les boucliers appartiennent à une division fort différente de celle qui comprend les cassides, et par suite à une autre famille.

Ces insectes ont la tête petite, étroite postérieurement, inclinée, proéminente; la massue des antennes alongée, perfoliée; les bords latéraux du corselet un peu débordés, les élytres larges, débordant pareillement sur les côtés. Ils vivent dans les charognes, les fumiers, et ne se nourrissent que de matières animales.

ESPÈCES.

1. Bouclier à quatre points. *Silpha quadripunctata.*

S. nigra ; elytris pallidis ; puncto baseos medioque nigris; thorace emarginato,
Silpha quadripunctata. Linn. Fab. El. 1. p. 341.
Oliv. Col. 2. n° 11. pl. 1. f. 7. *a. b.*
Peltis. Geoff. 1. p. 122. n° 7. pl. 2. f. 1.
Panz. fasc. 40. t. 18.
Habite en Europe, sur les chênes, y dévorant les chenilles.

2. Bouclier lisse. *Silpha lævigata.*

S. atra ; elytris lævibus, subpunctatis.
Silpha lævigata. Oliv. Col. 2. n° 11. pl. 1. f. 1. *b.*
Fab. El. 1. p. 340. *Peltis.* Geoff. 1. p. 122. n° 8.
Habite en France, en Allemagne.

3. Bouclier obscur. *Silpha obscura.*

S. nigra ; elytris punctatis ; lineis elevatis tribus ; thorace anticè truncato.
Silpha obscura. Linn. Fab. El. 1. 340.
Oliv. Col. 2. n° 11. pl. 2. f. 18. Latr. Gen. 2. p. 7.
Peltis. n° 1. Var. B. Geoff. 1. p. 118.
Habite en France, dans les cadavres.
Etc.

NECROPHORE. (Necrophorus.)

Antennes plus courtes que le corselet : à massue brusque, courte, subglobuleuse, perfoliée, quadriarticulée. Mandibules à pointe simple et arquée.

Corps oblong. Tête inclinée. Corselet subdéprimé, débordant, souvent inégal. Elytres tronquées au bout, à bord latéraux abaissés.

Antennæ thorace breviores : clavâ abruptâ, brevi, subglobosâ, perfoliatâ, quadriarticulâ. Mandibulæ apice acuto simplici arcuato.

Corpus oblongum. Caput nutans. Thorax subdepres-

sus, marginatus, sæpè inæqualis. Elytra apice truncata, marginibus lateralibus inflexis.

Observations. Les *nécrophores*, très voisins des boucliers par leurs rapports et par leurs habitudes, les surpassent par la taille; mais, outre qu'ils ont le corps plus alongé, et que leurs élytres ne sont point bordées, ils en sont très distingués par les caractères de leurs antennes. Leurs tarses antérieurs sont larges et très garnis de houppes.

Ces insectes sont agiles, ont une odeur désagréable, et recherchent les corps morts des animaux, pour en faire leur curée. On les a nommés *enterreurs*, *porte-morts*, parce qu'ils ont l'instinct d'enfouir les cadavres de petits quadrupèdes, tels que ceux des taupes et des souris, dont il se repaissent ensuite à loisir. C'est aussi dans ces cadavres qu'ils déposent leurs œufs, et que leurs larves doivent vivre.

ESPÈCES.

1. Nécrophore fossoyeur. *Necrophorus vespillo.*

N. ater; elytris fasciâ duplici ferrugineâ; antennarum clavâ rubrâ.

Silpha vespillo. Linn. *Necrophorus vespillo* Fab. El. 1. p. 335
Necrophorus vespillo. Oliv. Col. 2. n° 10. pl. 1. f. 1.
Latr. Gen. 1. p. 4. Panz. fasc. 2. t. 21.
Dermestes. Geoff. 1. p. 98. n° 1. pl. 1. f. 5.
Habite en Europe, dans les cadavres des taupes, etc.

2. Nécrophore germanique. *Necrophorus germanicus.*

N. ater; fronte margineque elytrorum ferrugineis.

Silpha germanica. Linn. *Necroph. germanicus.* Fab. Eleut. 1. p. 333.
Necrophorus germanicus. Oliv. 2. n° 10. pl. 1. f. 2.
Panz. fasc. 41. t. 1. *Dermestes.* Geoff. 1. p. 99. n° 2.
Habite en Europe, dans les cadavres.
Etc.

TROISIÈME SECTION.

PENTAMÈRES LAMELLICORNES.

Leurs antennes sont terminées par une massue lamellée ou feuilletée.

Cette division de la cinquième section des coléoptères, les termine tous, ainsi que la classe des insectes. Elle est très distincte par le caractère des antennes de ceux qui en font partie; et effectivement la massue de ces antennes est formée de lames ou de feuillets alongés, soit disposés en éventail ou comme les feuillets d'un livre, s'ouvrant et se fermant de même, soit rangés d'un côté sur un axe, comme les dents d'un peigne.

Les insectes qui appartiennent à cette division ne sont plus des coléoptères de très petite taille, comme la plupart des pentamères clavicornes. Ils sont au moins d'une taille moyenne, et beaucoup parmi eux nous offrent les plus grands et les plus singuliers des coléoptères, par les particularités de forme de leurs parties. Tous ont les tégumens durs, les articles de leurs tarses toujours entiers, et les trachées de l'insecte parfait véculaires. Leurs larves ont toujours six pattes, et vivent long-temps, souvent plusieurs années, avant de se changer en nymphes.

Les *pentamères lamellicornes* sont fort nombreux, véritablement voisins les uns des autres par leurs rapports : en sorte qu'ils semblent ne constituer réellement qu'une seule et grande famille. On les a partagés néanmoins en deux coupes particulières, savoir : en *scarabéides*, et en *lucanides*.

Pour faciliter l'étude de leur rapports et la connaissance de leurs habitudes diverses, je les ai distribués et divisés de la manière suivante.

DIVISION DES PENTAMÈRES LAMELLICORNES.

§. *Massue des antennes feuilletée, plicatile. Ses feuillets, rapprochés à leur insertion, s'ouvrent et se ferment comme ceux d'un livre.*

[Les scarabéides.]

[*Ceux dont les larves et les insectes parfaits vivent dans les mêmes lieux.*]

* Partie terminale des mâchoires membraneuse, élargie, transversale. (Scarabéides coprophages.)

(1) Pattes intermédiaires plus écartées que les autres à leur insertion.

(a) Antennes de neuf articles.

Bousier.

Onite.

(b) Antennes de huit articles.

Sisyphe.

(2) Pattes intermédiaires non plus écartées que les autres à leur insertion.

Aphodie.

** Mâchoires longitudinales : leur sommet n'est point élargi transversalement.

(1) Antennes de onze articles. (Scarabéides géotrupiens).

Léthrus.

Géotrupe.

(2) Antennes ayant moins de onze articles.

(a) Labre découvert, saillant, et la lèvre inférieure cachée par le menton.

Trox.

47*

[Ceux dont les insectes parfaits vivent ailleurs que leurs larves.]

(b) Labre couvert, et les mandibules entièrement ou en partie membraneuses.

(+) Lèvre inférieure cachée par le menton. Mandibules membraneuses.

Goliath.

Cétoine.

Trichie.

(++) Lèvre inférieure saillante, bilobée.

Anisonyx.

(c) Labre découvert, saillant, et la lèvre inférieure saillante, bilobée.

Glaphyre.

(d) Labre couvert, apparent ou non apparent, et les mandibules tout-à-fait cornées.

(+) Labre couvert, mais apparent.

Hanneton.

Rutèle.

Héxodon.

(++) Labre non apparent et comme nul.

Scarabé.

§§. *Massue des antennes pectinée. Ses feuillets, un peu écartés à leur insertion, sont comme des dents de peigne, perpendiculaires à l'axe.*

[Les lucanides.]

(1) Antennes non coudées.

Passalle.

(2) Antennes coudées.

(a) Corps convexe.

Sinodendre.

Lamprime.

Œsale.

(b) Corps déprimé.

Lucane.

LES SCARABÉIDES.

Massue des antennes feuilletée, plicatile.

Ce n'est point par un ensemble de caractères que les *scarabéides* diffèrent des lucanides, mais seulement par une particularité de la massue de leurs antennes. Ainsi l'on peut regarder les pentamères lamellicornes comme constituant une grande famille véritablement naturelle. Néanmoins, dans cette grande famille, on en distingue quelques autres, d'un ordre secondaire, qui sont assez distinctes, ce qui montre que, dans ces insectes, les rapports ont été partout bien saisis.

En effet, commençant les scarabéides par ceux dont les insectes parfaits vivent à peu près dans les mêmes lieux que leurs larves, on rencontre d'abord les *coprophages,* que Latreille a fait connaître et si bien caractérisés. L'on trouve ensuite ses *géotrupiens*, desquels nous rapprochons les trox, comme il l'a fait lui même, leurs habitudes étant assez analogues à celles des précédens.

Viennent, après eux, les scarabéides dont les insectes parfaits vivent, en général, ailleurs que leurs larves. Or, les premiers de ceux-ci nous offrent, dans les goliaths, cétoines, trichies et anisonyx, des *anthophages,* les insectes parfaits de ces scarabéides se trouvant ordinairement sur les fleurs; on rencontre, après ces premiers, des scarabéides vraiment *phyllophages,* tels que les glaphyres, hannetons, rutèles et hexodons, les insectes parfaits de ces genres se trouvant sur les feuilles des plantes et surtout des arbres, dont souvent ils les dépouillent en les dévorant rapidement. Enfin les scarabéides se terminent par le beau genre des scarabés, qui, fort nombreux en espèces diverses, ressemble lui même à une petite famille, et paraît conduire aux *lucanides* par l'analogie des habitudes, les larves des uns et des autres vivant dans les troncs d'arbres, et se nourrissant de leur substance ligneuse plus ou moins décomposée; aussi en trouve-t-on dans le tan.

BOUSIER. (Copris.)

Antennes très courtes, de neuf articles; à massue trilamellée. Labre caché par le chaperon. Mandibules membraneuses. Palpes labiaux velus. Chaperon en demi-cercle.

Corps en ovale court, convexe, trèsobtus postérieurement. Corselet grand, large. Ecusson nul ou à peine distinct. Pattes intermédiaires plus écartées entre elles à leur insertion que les autres.

Antennæ brevissimæ, novem articulatæ; clavâ trilamellatâ. Labrum clypeo occultatum. Mandibulæ membranaceæ. Palpi labiales valdè hirsuti. Clypeus semicircularis.

Corpus ovato-abbreviatum, convexum, posticè obtusissimum. Thorax magnus, latus. Scutellum nullum aut vix distinctum. Pedes intermedii insertione magis inter se distantes quàm alii.

Observations. Les *bousiers* constituent un genre nombreux en espèces, et très remarquable par la forme particulière de ces insectes. Ils ont le corps court, très obtus au bout; le corselet grand, large, convexe ou gibbeux; l'abdomen large, court, presque carré; les jambes antérieures dentées en dehors; les pattes postérieures fort longues, à insertion écartée de celle des autres, et rapprochée de l'anus. L'écusson manque, ou paraît à peine. La massue de ces insectes est ovale.

C'est dans les bouses de vaches et dans les fientes des animaux que l'on trouve ces insectes; et c'est dans ces fientes qu'ils déposent leurs œufs et que leurs larves se nourrissent.

Ceux qui forment avec ces fientes, ou même avec des excrémens humains, des boules en forme de pillules, en les roulant avec leurs pattes postérieures, et y déposant leurs œufs, ont été distingués sous le nom d'*ateuchus*. Leurs pattes postérieures sont longues et peu dilatées à leur extrémité.

On a conservé le nom de *copris* à ceux dont les pattes antérieures sont un peu longues, et les postérieures un peu dilatées à leur extrémité; il ne forment point de boules. Néanmoins, on en a séparé, sous le nom d'*onthophages*, ceux qui ont le dernier article des palpes labiaux presque nul ou peu distinct.

Les bousiers sont très nombreux et constituent un genre si naturel qu'il est difficile de le diviser nettement.

ESPÈCES.

Bousiers rouleurs, à jambes postérieures plus longues.

1. Bousier sacré. *Copris sacer.*

C. clypeo sexdentato; thorace inermi crenulato; tibiis posticis ciliatis; elytris lævibus.
Scarabœus sacer. Linn. *Ateuchus sacer.* Fab. El. 1. p. 54.
Ateuchus sacer. Lat. Gen. 2. p. 77.
Scarabœus sacer. Oliv. Col. 1. n° 3. pl. 8. f. 59. *a. b.*
Habite l'Europe australe, l'Afrique.

2. Bousier flagellé. *Copris flagellatus.*

C. niger; clypeo emarginato; thorace elytrisque scabris.
Scarabé flagellé. Oliv. Col. 1. n° 3. pl. 7. f. 51.
Ateuchus flagellatus. Fab. El. 1. p. 59. Latr. Gen. 2. p. 78.
Habite l'Afrique, l'Europe australe. On en fait un *gymnopleurus*, parce qu'il a un sinus à la base externe de ses élytres.

3. Bousier rouleur. *Copris volvens.*

C. niger, opacus, lævis; clypeo emarginato; thorace posticè rotundato; elytris integris.
Ateuchus volvens. Fab. El. 1. p. 60. Latr. Gen. 2. p. 78.
Scarabœus volvens. Oliv. Col. 1. n° 3. pl. 10. f. 89.
Habite l'Amérique septentrionale.

Bousiers non rouleurs, à jambes antérieures un peu longues.

4. Bousier lunaire. *Copris lunaris.*

C. thorace tricorni: medio obtuso bifido; capitis cornu erecto; clypeo emarginato.
Scarabeus lunaris. Linn. Oliv. Col. 1. n° 3. pl. 5. f. 36. *a. b.*
Copris lunaris. Fab. El. 1. p. 36. Latr. Gen. 2. p. 75.
Bousier capucin. Geoff. 1. p. 88. n° 1.
Habite en Europe, dans les fientes.

5. Bousier taureau. *Copris taurus.*

C. thorace mutico; occipite cornubus duobus reclinatis arcuatis.
Scarabœus taurus. Linn.
Oliv. Col. 1. n° 3. pl. 8. f. 63. *a. b.* Geoff. 1. p. 92. n° 10.
Copris taurus. Fab. El. 1. p. 45. Panz. fasc. 12. t. 3.
Habite en Europe. *Onthophagus.* Lat.
Etc.

ONITE. (Onitis.)

Antennes très courtes, de neuf articles; à massue ovale, subtuniquée. Labre caché sous le chaperon. Mandibules petites, membraneuses.

Corps ovale-oblong; corselet grand, convexe. Insertion des pattes comme dans les bousiers. Jambes antérieures longues, étroites, et sans tarses dans les mâles.

Antennæ brevissimæ, novem-articulatæ; clavâ ovatâ, subtunicatâ. Labrum clypeo occultatum. Mandibulæ parvæ, membranaceæ.

Corpus ovato-oblongum; thorax magnus, convexus. Pedum insertio ut in copribus. Tibiæ anticæ longæ, angustæ; tarsis nullis in maribus.

Observations. Les *onites* sont médiocrement distingués des bousiers, et même leur ressemble entièrement par les habitudes. Cependant ils offrent un caractère assez singulier, celui d'avoir les pattes antérieures à jambes longues, grêles et sans tarses, au moins dans les mâles. Ces insectes ont la plupart un écusson très petit.

ESPÈCES.

1. Onite inuus. *Onitis inuus.*

O. nigro-æneus; capite quadrituberculato.
Scarabœus inuus. Oliv. Col. 1. n° 3. p. 138. pl. 14. f. 135.
Onitis inuus. Fab. El. 1. p. 26.
Habite en Afrique et au Bengale.

2. Onite aygule. *Onitis aygulus.*

O. scutellatus; capite tuberculato; elytris testaceis.
Scarabœus aygulus. Oliv. Col. 1. n° 3. p. 137. pl. 13. f. 120, et pl. 4. f. 28. *a. b.*
Onitis aygulus. Fab. El. 1. p. 27.
Habite en Afrique et dans l'Inde.

3. Onite mœris. *Onitis mœris.*

O. ater, scutellatus; capitis cornu brevissimo; elytris subcostatis.
Scarabœus mœris. Oliv. Col. 1. n° 3, p. 136. pl. 21. f. 193.
Onitis clinius. Fab. El. 1. p. 27.
Habite l'Europe australe.
Etc.

SISYPHE. (Sisyphe.)

Antennes très courtes, de huit articles. Bouche des bousiers.

Corps court, épais. Corselet grand, convexe. Pattes postérieures beaucoup plus longues que les autres.

Antennæ brevissimæ, octo-articulatæ. Os coprorum.

Corpus breve, crassum. Thorax magnus, convexus. Pedes postici aliis multò longiores.

OBSERVATIONS. Les *sisyphes* ont été distingués des bousiers à cause du nombre moindre des articles de leurs antennes, et de la longeur considérable de leurs pattes postérieures, cette longueur surpassant celle du corps.

ESPÈCES.

1. Sisyphe de Schœffer. *Sisyphe Schæfferi.*

S. clypeo emarginato, thorace rotundato, elytris triangulis; femoribus posticis elongatis dentatis.

Scarabœus Schæfferi. Linn. *Copris.* Geoff. 1. p. 92. n° 9. Oliv. Col. 1. n° 3. pl. 5. f. 41. *Ateuchus Schæfferi.* Fab. p. 59. *Sisyphe Schæfferi.* Latr. Gen. 2. p. 80.

Habite l'Europe australe.

2. Sisyphe d'Helwig. *Sisyphe Helwigii.*

S. gibbosum, lœve, atrum; clypeo emarginato, pedibus elongatis.

Ateuchus Helwigii. Fab. El. 1. p. 60.

Habite au Bengale.

APHODIE. (Aphodius.)

Antennes courtes, de neuf articles; à massue trilamellée, arrondie. Labre caché sous un chaperon demi-circulaire. Mandibules membraneuses.

Corps ovale, convexe. Corselet subtransverse. Un écusson. Toutes les pattes séparées à leur insertion par des intervalles égaux.

Antennœ breves, novem-articulatœ; clavâ trilamellatâ, rotundatâ. Labrum clypeo semi-circulari occultatum. Mandibulœ membranaceœ.

Corpus ovatum, convexum. Thorax subtransversus. Scutellum. Pedes omnes insertioni intervallis œqualibus inter se distantes.

OBSERVATIONS. Les *aphodies* sont de vrais coprophages, vivent, en effet, comme les bousiers, dans les fientes, les excrémens, et, comme eux aussi, ont la partie terminale des mâchoires membraneuse, élargie, transversale. Ces insectes en sont néanmoins bien distingués, 1° par leurs palpes labiaux peu velus, composés d'articles presque semblables ; 2° par leurs pattes toutes séparées à leur insertion par des intervalles égaux ; 3° et parce qu'ils ont un écusson bien distinct.

ESPÈCES.

1. Aphodie fimétaire. *Aphodius fimetarius.*

A. ater ; capite tuberculato ; elytris rufis.
Scarabæus fimetarius. Linn. Geoff. 1. p. 81. n° 18.
Oliv. Col. 1. n° 3. p. 78. pl. 17. f. 157.
Aphodius fimetarius. Fab. El. 1. p. 72. Lat. Gen. 2. p. 90.
Panz. fasc. 31. t. 2.
B. var. *Aphodius fœtens.* Fab. *ibid.* p. 69.
Habite en Europe dans les fientes.

2. Aphodie fossoyeur. *Aphodius fossor.*

A. thorace retuso ; capite tuberculis tribus ; medio subcornuto.
Scarabœus fossor. Linn. Geoff. 1. p. 82. n° 20.
Oliv. Col. 1. n° 3. p. 75. pl. 20. f. 184.
Aphodius fossor. Fab. El. 1. p. 67.
Habite en Europe, dans les bouses

3. Aphodie terrestre. *Aphodius terrestris.*

A. capite tuberculis tribus æqualibus ; elytris punctato-striatis, obscurioribus.
Scarabœus terrestris. Oliv. Col. 1. n° 3. pl. 24. f. 209. *a. b.*
Aphodius terrestris. Fab. El. 1. p. 71.
Habite en Europe, dans les bouses. Plus petit que le précédent
Etc.

LÉTHRUS. (Lethrus.)

Antennes de onze articles, le neuvième enveloppant les deux derniers, et formant avec eux une massue tuniquée, tronquée obliquement. Labre échancré. Mandibules cornées, fortes, saillantes, comme cornues, et dentelées au côté interne. Mâchoires à pièce terminale étroite, pectinée par des spinules.

Corps ovale. Corselet large. Elytres connées.

Antennæ undecim-articulatæ ; articulo nono duobusque sequentibus clavam tunicatam obliquè truncatam efficientibus. Labrum emarginatum. Mandibulæ corneæ, validæ, exsertæ, subcornutæ, intùs denticulatæ. Maxillæ processu terminali angusto, hinc spinulis pectinato.

Corpus ovatum. Thorax latissimus. Elytra connata.

Observations. Le *léthrus* semble presque se rapprocher des lucanes par le caractère de ses mandibules arquées et très proéminentes ; mais la forme de ses antennes à onze articles et dont la massue est tuniquée, et son labre, l'en distinguent fortement. La lèvre inférieure, cachée par le menton, n'est point bifide comme dans les géotrupes.

La tête du léthrus est grosse, munie d'antennes qui paraissent composées seulement de neuf articles. Le corselet est fort large, convexe, gibbeux. L'écusson est fort petit, presque nul. L'abdomen est tout-à-fait recouvert par les élytres. On ne connaît de ce genre que l'espèce suivante.

ESPÈCE.

1. **Léthrus céphalote.** *Lethrus cephalotes.* **Fab. El. 1. p. 1.**

Oliv. Coléopt. 1. n° 2. pl. 1. f. 1. Panz. fasc. 28. t. 1.

Latr. Gen. Crust. et Ins. 2. p. 95.

Habite dans l'Autriche, la Hongrie, les déserts de la Tartarie. Il est noir et aptère. Le *lethrus æneus* de Fabricius est une lamprime.

GEOTRUPE. (Geotrupes.)

Antennes courtes, de onze articles ; à massue ovale, trilamellée. Labre avancé. Mandibules cornées, arquées au sommet. Lèvre inférieure à deux divisions alongées.

Corps ovale, très obtus au bout. Corselet large, un plus plus court que l'abdomen. Un écusson.

Antennœ breves, undecim-articulatæ : clavâ ovatâ, trilamellatâ. Labrum porrectum. Mandibulæ corneæ, ad apicem arcuatæ. Labium laciniis duabus elongatis ultrà mentum exsertis.

Corpus ovale, posticè valdè obtusum. Thorax latus, abdomine paulò brevior. Scutellum.

Observations. Les *géotrupes*, reconnus et déterminés par Latreille, avaient été confondus parmi les scarabés, mais leur lèvre supérieure et leurs mandibules, avancées au-delà du chaperon, les en distinguent éminemment. Ces parties avancées de leur bouche ne permettent par qu'on les confonde avec les bousiers, dont il se rapprochent d'ailleurs par leur forme générale. Néanmoins, leur corselet est un peu plus court que l'abdomen.

Ces insectes vivent dans les fientes des animaux, et creusent la terre au-dessous pour y déposer leurs œufs.

ESPÈCES.

1. Géotrupe disparate. *Geotrupes dispar.*

G. thoracis cornu subulato protenso, capitis subulato subrecurvo ; scutello cordato.

Scarabœus dispar. Fab. El. 1. p. 22.

Oliv. Col. 1. n° 3. pl. 3. f. 20. *a. b. c.*

Habite la Russie méridionale, l'Espagne.

2. Géotrupe stercoraire. *Geotrupes stercorarius.*

G. muticus, ater ; clypeo rhombeo ; vertice prominulo ; elytris sulcatis.

Scarabœus stercorarius. Linn. Fab. El. 1. p. p. 24.
Oliv. Col. 1. n° 3. pl. 5. f. 39. *a. b. c. d.*
Geotrupes stercorarius. Latr. Gén. 2. p. 92.
Panz. fasc. 49. t. 1.
Habite en Europe. Très commun.

3. Géotrupe printanier. *Geotrupes vernalis.*

G. muticus; elytris glabris lœvissimis; clypeo rhombeo.
Scarabœus vernalis. Linn. Fab. El. 1. p. 25.
Scarabœus. Geoff. 1. p. 77. n° 18. Le petit pillulaire.
Oliv. Col. 1. n° 3. pl. 4. f. 23.
Geotrupes vernalis. Latr. Gén. 2. p. 94.
Habite en Europe.

4. Géotrupe phalangiste. *Geotrupes typhœus.*

G. thorace tricorni; intermedio minori, lateralibus porrectis magnitudine capitis mutici.
Scarabœus typhœus. Linn. Fab. El. 1. p. 23.
Scarabœus. Geoff. 1. p. 72. n° 4. pl. 1. f. 3.
Oliv. Col. 1. n° 3. pl. 7. f. 52.
Geotrupes typhœus. Latr.
Habite en Europe, dans les lieux sablonneux.
Etc.

TROX. (Trox.)

Antennes courtes, de dix articles, dont le premier est grand et velu, se terminant en massue lamellée. Labre court, mais saillant. Mandibules cornées, simples. Mâchoires bifides, à lobe externe pointu.

Tête retirée sous le corselet. Chaperon très court. Corselet débordant sur les côtés. Elytres convexes, recouvrant tout-à-fait l'abdomen.

Antennœ breves, decem articulatœ, clavâ lamellatâ terminatœ; articulo primo magno, valdè piloso. Labrum breve at prominulum. Mandibulœ corneœ, simplices. Maxillœ bifidœ, lobo exteriori acuto.

Caput in thorace penitùs ferè intrusum. Clypeus bre-

vissimus. Thorax lateribus productis depressis. Elytra convexa, posticè involuto-inflexa, abdomen omnino tegentia.

Observations. Les *trox*, que l'on confondait avec les scarabés, en furent séparés par Fabricius. Ils en diffèrent par leur lèvre supérieure bien apparente; par le premier article de leurs antennes qui est gros et velu; enfin par leurs mâchoires comme bifides, ayant un lobe externe pointu et en forme de corne. Ces insectes se rapprochent des boucliers par leur manière de vivre. Leur tête est, en grande partie, enfoncée dans le corselet, qui la cache. Ce corselet est large, mince, débordant et cilié sur les côtés. Les élytres sont grandes et chagrinées ou raboteuses.

On rencontre les trox par terre, dans les champs, les lieux un peu secs et sablonneux. On les voit sur les substances animales desséchées, occupés à en ronger les parties tendineuses.

ESPECES.

1. Trox sabuleux. *Trox sabulosus*. Fab.

T. niger; capite thoraceque rugosis, elytris tuberculis rotundatis.

Oliv. Coléopt. 1. n° 4. p. 8. pl. 1. f. 1.

Scarabœus sabulosus. Linn.

Panz. fasc. 7. f. 1.

Habite en Europe, aux lieux sablonneux.

2. Trox hispide. *Trox hispidus*. Fab.

T. niger; thorace rugoso, ciliato; elytris subpunctatis lineisque quatuor elevatis hispidis. Oliv. *ibid.* p. 9. pl. 2. f. 9.

Trox hispidus. Latr. Gen. Crust. et Ins. 2. p. 99.

Habite en France, etc., aux lieux sablonneux.

3. Trox perlé. *Trox gemmatus*.

T. cinereus; thorace scabro, elytris striato-punctatis tuberculisque nitidis. Oliv. *ibid.* p. 7. pl. 1. f. 3.

Mus. n°.

Habite au Sénégal.

Nota. L'*œgialia* de Latreille me paraît pouvoir être réuni aux trox quoique ses antennes n'aient que neuf articles.

GOLIATH. (Goliathus.)

Antennes courtes ; à massue ovale, trilamellée. Labre caché. Mandibules cornées. Menton large, transverse.

Tête droite, à chaperon très avancé, fourchu ou bifide. Corselet grand, arrondi, subtrigone. Elytres élargies vers leur base, un peu situées sur les côtés.

Antennæ breves ; clavâ ovatâ, trilamellatâ. Labrum occultatum. Mandibulæ corneæ. Mentum latum, transversum.

Caput rectum ; clypeo valdè porrecto, furcato aut bifido. Thorax magnus, rotundatus, subtrigonus. Elytra versùs basim latiora, lateribus subsinuata.

Observations. Les *goliaths* avaient été confondus avec les cétoines, et ont en effet beaucoup de rapports avec ces insectes. Néanmoins on les en distingue facilement au premier aspect, par leur chaperon très avancé et fourchu ou partagé en deux lobes, qui divergent souvent comme des cornes. La base des élytres est dilatée en dehors d'une manière remarquable. Elle offre souvent une pièce écailleuse voisine des angles postérieurs du corselet. La plupart des espèces sont d'une assez grande taille.

ESPÈCE.

1. Goliath géant. *Goliathus giganteus.*

G. niger; thorace albo lineato.
Scarabœus goliathus. Linn.
Cetonia goliathus. Oliv. Col. 1. pl. 5. f. 33. et pl. 9. f. 33.
Cetonia goliathus. Fab. El. 2. p. 135.
Habite en Afrique.

2 Goliath cacique. *Goliathus cacicus.*

G. thorace flavescente, nigro-lineato ; elytris albis, nigro-marginatis.
Cetonia cacicus. Oliv. Col. 1. n° 6. pl. 4. f. 22.

Cetonia cacicus. Fab. El. 2. p. 135.
Habite l'Amérique méridionale.

3. Goliath polyphême. *Goliathus polyphemus*.

G. viridis; thorace albo-lineato; elytris luteo-maculatis.
Cetonia polyphemus. Oliv. Col. 1. n° 6. pl. 7. f. 61.
Fab. El. 2. p. 136.
Habite en Afrique.

Etc. Ajoutez les *cetonia micans*, *c. ynca* de Fabricius, et le *cetonia bifida* d'Olivier, n° 43.

CETOINE. (Cetonia.)

Antennes courtes, terminées en massue trilamellée. Labre cachée. Mandibules petites, membraneuses, au moins à leur côté interne. Mâchoires membraneuses et velues à leur sommet. Palpes labiaux sur les côtés de la lèvre.

Tête inclinée, étroite; chaperon court, entier ou échancré; corselet trigone, tronqué et plus large postérieurement. Une pièce triangulaire à la base externe des élytres.

Antennæ breves, clavâ trilamellatâ terminatæ. Labrum absconditum. Mandibulæ perparvæ, latere interno saltem membranaceæ. Maxillæ apice membranaceæ, villosæ. Palpi labiales ad latera labii.

Caput nutans, subangustum. Clypeus brevis, integer aut emarginatus. Frustum triangulare ad basim externam elytrorum.

Observations. Les *cétoines* avaient été confondues avec les scarabés par Linné et presque tous les entomologistes; mais elles en ont été séparées par Fabricius, et, depuis, ce genre est généralement adopté. Degeer avait déjà distingué ces insectes, et en avait formé une division sous le nom de *scarabés des fleurs*. Les cétoines, en effet, fréquentent les fleurs, s'y reposent, et paraissent se nourrir de quelques parties de leur substance, soit de leur nectar, soit de la poussière de leurs étamines.

Le corps des cétoines est ordinairement plus large et plus aplati que celui des hannetons et des scarabés. La tête est penchée, assez étroite; le chaperon est médiocrement avancé, et échancré dans la plupart des espèces. Les élytres, dans le repos, présentent une forme carrée, et sont ordinairement un peu plus courtes que l'abdomen. Une pièce trigone et surnuméraire se trouve de chaque côté enchâssée entres les élytres et le corselet.

On trouve les cétoines sur les fleurs composées, sur celles des ombelles, sur les buissons fleuris, les saules, etc. Ces insectes ne sont point malfaisans, et ne causent aucun dommage. Leurs larves vivent dans la terre grasse et humide. On en connaît beaucoup d'espèces.

ESPÈCES.

1. Cétoine dorée. *Cetonia aurata.*

C. viridi-œnea; elytris albo-maculatis.
Cetonia aurata. Fab. Oliv. Col. 1. n° 6. p. 12. pl. 1. f. 1.
L'émeraudine. Geoff. 1. p. 73. n° 5.
Panz. fasc. 41. f. 15.
Habite en Europe, sur les fleurs. Commune.

2. Cétoine verte. *Cetonia viridis.*

C. viridis opaca subtùs nitidior; elytris albo-maculatis. Fab.
Panz. fasc. 41. f. 18.
Latr. Gén. Crust. et Ins. 2. p. 129.
Habite en Hongrie.

3. Cétoine fastueuse. *Cetonia fastuosa.* Fab.

C. viridi-œnea, nitidissima, immaculata.
Panz. fasc. 41. f. 16.
Latr. Hist. nat. des Crust. et des Ins. 10. p. 222.
Habite l'Allemagne, le midi de la France.

4. Cétoine marbrée. *Cetoria marmorata.* Fab.

C. œnea; thorace elytrisque atomis albis sparsis.
Panz. fasc. 41. f. 17.
Habite en France, en Allemagne.

5. Cétoine morio. *Cetonia morio.*

C. nigra obscura; corpore subtùs nitidiore. Fab.
Oliv. Coléopt. 1. n° 6. p. 27. pl. 2. f. 3.
Habite les provinces méridionales de la France.

6. Cétoine stictique. *Cetonia stictita.* Fab.

C. nigra albo-maculata; abdomine subtùs punctis quatuor albis.
Oliv. Coléopt. 1. n° 6. p. 53. pl. 7. f. 57.
Le drap mortuaire. Geoff. 1. p. 79. n° 14.
Panz. fasc. 1. f. 4.
Habite en Europe, sur les chardons.
Etc.

TRICHIE. (Trichius.)

Antennes courtes, en massue trilamellée. Labre caché sous le chaperon. Mandibules submembraneuses. Mâchoires alongées, membraneuses et frangées au bout.

Corps ovale, déprimé. Elytres simples à leur base.

Antennæ breves, clavâ trilamellatâ terminatæ. Labrum sub clypeo absconditum. Mandibulæ submembranaceæ; maxillæ elongatæ, ad apicem membranaceæ, pilis fimbriatæ.

Corpus ovale, depressum. Elytra basi simplicia.

Observations. Les *trichies* ressemblent aux cétoines à beaucoup d'égards, et je n'en avais d'abord formé qu'une section du même genre. Néanmoins leurs élytres n'offrant point à leur base latérale cette pièce subtriangulaire que l'on trouve dans les cétoines, et leur corselet étant, en général, moins large postérieurement que celui des cétoines, je suivrai les entomologistes qui les en séparent. On les trouve aussi la plupart sur les fleurs.

ESPÈCES.

1. Trichie ermite. *Trichius eremita.*

T. æneo-ater; thorace inæquali; scutello sulco longitudinali.

Trichius eremita. Fab. El. 2. p. 130. Latr. Gén. 2. p. 125.
Cétoine ermite. Oliv. Col. 1. n° 6. pl. 3. f. 17.
Panz. fasc. 41. t. 12.
Habite en Europe, sur les troncs pourris des arbres.

2. Trichie noble. *Trichius nobilis.*

T. aurato-viridis, nitens; abdomine posticè albo-punctato; elytris rugosis.
Scarabœus nobilis. Linn. Geoff. 1. p. 73. n° 6.
Trichius nobilis. Fab. El, 2. p. 130. Latr. Gén. 2. p. 124.
Panz. fasc. 41. t. 13.
Cétoine noble. Oliv. Col. 1. n° 6. pl. 3. f. 10. *a*, *b*, c.
Habite en Europe, sur les fleurs.

3. Trichie fascié. *Trichius fasciatus.*

T. niger, tomentoso-flavus; elytris fasciis tribus, abbreviatis, nigris.
Scarabœus fasciatus. Linn. Geoff. 1. p. 80. n° 16.
Trichius fasciatus. Fab. El. 2. p. 131. Latr. Gén. 2. p. 124.
Cétoine fasciée. Oliv. Col. 1. n° 6. pl. 9. f. 84
Habite en Europe, sur les fleurs.
Etc.

ANISONYX. (Anisonyx.)

Antennes très courtes, à massue ovale, lamellée. Labre non saillant. Mandibules non dentées, en partie membraneuses. Palpes filiformes. Chaperon étroit, avancé.

Corps ovale; corselet presque carré, plus étroit que l'abdomen.

Antennœ brevissimœ: clavâ ovatâ, lamellatâ. Labrum non exsertum. Mandibulœ simplices, partim membranaceœ. Palpi filiformes. Clypeus porrectus, anticè angustior.

Corpus ovatum; thorax subquadratus, abdomine angustior.

Observations. Les *anisonyx* avoisinent les hannetons, et n'en ont été distingués que par Latreille. Ils en diffèrent cependant par leurs mandibules très minces et en partie membraneuses; par leurs palpes grêles, longs, à dernier article cylindrique; enfin, parce que la languette de leur lèvre inférieure s'avance au-delà du menton, et est divisée en deux lobes.

ESPÈCES.

1. Anisonyx chevelu. *Anisonyx crinitum.*

A. hirtum, suprà viride, subtùs nigrum.

Scarabœus longipes. Linn. *Melolontha crinita.* Fab. El. 2. p. 184.

Oliv. Col. 1. n° 5. p. 57. pl. 2. f. 16.

Anisonyx crinitum. Latr. Gen. 2. p. 120.

Habite au Cap de Bonne-Espérance.

2. Anisonyx ours. *Anisonyx ursus.*

A. hirsutissimum, atrum; pedibus quatuor anticis testaceis.

Melolontha ursus. Fab. El. 2. p. 184.

Oliv. Col. 1. n° 5. p. 58. pl. 8. f. 88.

Anisonyx. Latr.

Habite au Cap de Bonne-Espérance.

Etc.

GLAPHYRE. (Glaphyrus.)

Antennes courtes, à massue ovale ou subglobuleuse Labre saillant. Mandibules cornées. Mâchoires membraneuses au sommet. Lèvre inférieure bilobée, s'avançant au-delà du menton.

Corps ovale-oblong. Elytres s'ouvrant ou s'écartant postérieurement dans plusieurs.

Antennæ breves, clavâ ovatâ aut subglobosâ. Labrum exsertum. Mandibulæ corneæ. Maxillæ ad apicem membranaceæ. Labium extrà mentum prominulum, bilobum.

Corpus ovato-oblongum. Elytra extremitate posticâ in pluribus dehiscentia.

Observations. Les *glaphyres*, auxquels je réunis les amphicomes de Latreille, avaient été confondus parmi les hannetons. Mais les insectes parfaits de ce genre vivent plus sur les fleurs que sur les feuilles des arbres, et n'ont pas leurs mâchoires entièrement cornées. Ils offrent une transition des *anthophages* aux *phyllophages*. Ces insectes sont d'ailleurs remarquables par leur labre saillant, ainsi que par la languette de leur lèvre inférieure, qui s'avance en deux lobes au-delà du menton. Dans les glaphyres de Latreille, les mandibules sont dentées; elles ne le sont pas dans ses amphicomes. Les uns et les autres ont dix articles aux antennes.

ESPECES.

1. Glaphyre maure. *Glaphyrus maurus.*

G. glabra, viridi-ænea; abdomine rufo, cinereo-villoso.
Scarabæus maurus. Linn.
Oliv. Col. 1. n° 5. pl. 8. f. 90. *a. b.*
Melolontha cardui. Fab. El. 2. p. 172.
Glaphyrus maurus. Latr. Gen. 2. p. 117.
Habite en Barbarie, sur le chardon pycnocéphale.

2. Glaphyre de la serratule. *Graphyrus serratulæ.*

G. sericeo-viridis, subtùs luteo-tomentosus; femoribus posticis incrassatis.
Glaphyrus serratulæ. Latr. Gén. 1. tab. 9. f. 6, et vol 2: p. 118.
An melolontha serratulæ? Fab. El. 2. p. 173.
Habite en Barbarie.

3. Graphyre putois. *Graphyrus melis.*

Gr. fulvus, hirtus; elytris abbreviatis atis; abdomine ferrugineo.
Amphicoma melis. Latr. Gén. 2. p. 111.
Melolontha melis. Fab. El. 2. p. 185.
Habite en Barbarie.
Etc. Les *melolontha abdominalis*, *m. bombylius*, *m. hirta* de Fabricius sont de ce genre.

HANNETON. (Melolontha.)

Antennes de neuf ou dix articles, à massue oblongue, plicatile, de trois à sept articles. Mandibules courtes, intérieures, recouvertes par les mâchoires, cornées. Mâchoires cornées, dentées au sommet.

Corps ovale-oblong, le plus souvent un peu convexe. Elytres de la longueur de l'abdomen, quelquefois un peu plus courtes.

Antennæ novem aut decem articulatæ; clavâ oblongâ, plicatili: lamellis tribus ad septem. Mandibulæ corneæ, breves, inclusæ, maxillis obtectæ. Maxillæ corneæ, apice dentatæ.

Corpus ovato-oblongum, sæpius convexiusculum. Elytra abdominis longitudine, interdùm abdomine paulo breviora.

Observations. Le genre des *hannetons* est fort nombreux en espèces, et avait été confondu d'abord avec celui des scarabés par Linnæus; mais Fabricius l'en a distingué. Dans les espèces de ce genre, le labre, quoique ne dépassant point le chaperon, est apparent, et il ne l'est pas dans les scarabés. Ici, les antennes varient beaucoup selon le sexe. Leur massue, dans les mâles, a souvent plus de lames que dans les femelles.

Je n'en distingue point les hoplies, quoiqu'elles aient le corps plus aplati et écailleux; mais on en pourra séparer les *anoplogonathes* de M. *Leach*, dont l'extrémité des mâchoires n'offre pas de dents.

Les hannetons sont fort nuisibles dans l'état de larve et dans l'état parfait, et font beaucoup de tort aux végétaux, surtout aux arbres. Dans leur premier état, ils vivent au moins deux années, et rongent les racines des plantes; ils dévorent les feuilles des arbres dans leur dernier état, et les en dépouillent en peu de temps.

Ces insectes ont la démarche lente, le corps mutique,

c'est-à-dire, sans cornes ni pointes sur leur corselet ou leur chaperon ; mais souvent leur corps est velu ou pubescent.

ESPÈCES.

1. Hanneton commun. *Melolontha vulgaris.*

M. testacea; thorace villoso; incisuris abdominis albis.
Scarabœus melolontha. Linn. Geoff. 1. p. 70. n° 3.
Melolontha vulgaris. Fab. El. 2. p. 161. Latr. Gen. 2. p. 107.
Oliv. Col. 1. n° 5. pl. 1. f. 1. *a. b. c. d.*
Habite en Europe, sur les arbres, au mois de mai.

2. Hanneton cotonneux. *Melolontha villosa.*

M. testacea; clypeo marginato reflexo; corpore subtùs lanato scutello albo.
Melolontha villosa. Fab. Latr. Gén. 2. p. 108.
Oliv. Col. 1. n° 5. pl. 1. f. 4. *a. b. c.*
Panz. fasc. 31. t. 19.
Habite l'Europe australe, la France.

3. Hanneton solsticial. *Melolontha solstitialis.*

M. testacea; thorace villoso; elytris luteo-pallidis; lineis tribus pallidioribus.
Scarabœus solstitialis. Linn. *Melolontha solstitialis* Fab. Ele. 1. p. 164.
Latr. Gén. 2. p. 109. Oliv. Col. 1. n° 5. pl. 2. f 8 et 11.
Scarabœus. Geoff. 1. p. 74. n° 7.
Habite en Europe, au mois d'août.

4. Hanneton horticole. *Melolontha horticola.*

M. nigro-œnea; capite thoraceque viridi-cœruleis; elytris testaceis immaculatis. Oliv.
Scarabœus horticola. Linn. Geoff. 1. p. 75. n° 8.
Melolontha horticola. Fab. El. 2. p. 175.
Oliv. Col. 1. n° 5. pl. 2. f. 17. Panz. fasc. 47. t. 15.
Habite en Europe.

5. Hanneton foulon. *Melolontha fullo.*

M. testacea, albo-maculata; scutello maculâ duplici; antennis heptaphyllis.
Scarabœus fullo. Linn. Geoff. 1. p. 69. n° 2.

Melolontha fullo. Fab. El. 2. p. 160.
Oliv. Col. 1. n° 5. pl. 3. f. 28.
Habite l'Europe australe, la France. Grande espèce, remarquable par ses antennes.
Etc.

RUTÈLE. (Rutela.)

Antennes un peu plus courtes que le corselet, à massue oblongue, trilamellée. Mandibules cornées, comprimées, à côté extérieur dentelé, ayant trois dents sous leur sommet interne. Mâchoires cornées, dentées, arquées à leur sommet.

Corps ovale, légèrement convexe. Elytres à bord externe non dilaté ni canaliculé. Palpes fortes.

Antennæ thorace pauló breviores, clavâ oblonga trilamellatâ. Mandibulæ corneæ, compressæ, latere externo subdentato; apice interno dentibus tribus. Maxillæ corneæ, dentatæ, apice arcuatæ.

Corpus ovatum, plano-subconvexum. Elytra margine externo nec dilatato nec canaliculato. Pedes robusti.

Observations. Cette coupe générique de Latreille me paraît peu tranchée, et comprend des insectes à peine distincts des hannetons. Néanmoins Latreille les regarde comme intermédiaires entre les hannetons et les hexodons. Ces insectes sont exotiques.

ESPÈCES.

1. Rutèle convexe. *Rutela convexa.*

R. viridis, glabra; clypeo rotundato; scutello magno triangulo.
Cetonia convexa. Oliv. Col. 1. n° 6. p. 72. pl. 6. f. 48.
Habite à Saint-Domingue, et dans l'Amérique septentrionale.

2. Rutèle émeraudine. *Rutela smaragdula.*

R. ferrugineo-flavescens, elytris virescentibus; sterno cornuto.

Cetonia smaragdula. Fab. El. 2. p. 143.
Oliv. Col. 1. n° 6. p. 73. pl. 10. f. 90.
Habite l'Amérique méridionale.

Etc. Ajoutez le *melolontha punctata* de Fabricius, ses *cetonia chrysis, c. splendida, c. gloriosa, c. lineola*, etc.

HEXODON. (Hexodon.)

Antennes de dix articles, terminées par une massue ovale, petite, lamellée. Mandibules cornées, avancées, tridentées et arquées au sommet. Mâchoires cornées, à dix dents.

Corps elliptique, suborbiculaire; corselet large, échancré antérieurement. Elytres à bord extérieur dilaté, canaliculé. Pattes grêles.

Antennæ decem articulatæ, clavâ ovatâ, parvâ, lamellatâ. Mandibulæ corneæ, porrectæ; apice arcuato tridentato. Maxillæ corneæ sexdentatæ.

Corpus ellipticum, suborbiculatum. Thorax transversus, anticè emarginatus. Elytra margine externo dilatato, canaliculato. Pedes graciles.

Observations. Les *hexodons* sont des insectes exotiques fort rares, qui semblent rapprochés des hannetons par leurs rapports. Mais ils s'en éloignent par la forme de leur corps, par leurs mandibules avancées et tridentées au sommet, et par leurs mâchoires à six dents. Leur corselet est échancré antérieurement pour recevoir la tête, qui est petite, et y est comme encadrée.

Ces insectes se trouvent dans l'Ile de Madagascar, sur les arbres et les arbrisseaux, dont ils mangent les feuilles.

ESPÈCE.

1. Hexodon réticulé. *Hexodon reticulatum.*

H. atrum; elytris reticulatis griseis.

Oliv. Col. 1. n° 7. pl. 1. f. 1. a. b. c. d. e.
Habite l'île de Madagascar.

2. Hexodon unicolor. *Hexodon unicolor.*

H. atrum; elytris immaculatis.
Oliv. Col. 1. n° 7. pl. 1. f. 2.
Habite à Madagascar. Il semble n'être qu'une variété du précédent.

SCARABÉ. (Scarabæus.)

Antennes courtes, de dix articles, à massue lamellée, plicatile, presque en forme de tête. Chaperon avancé; labre caché et comme nul. Mandibules cornées, souvent dentées au sommet. Mâchoires cornées, droites, velues, dentées ou lobées. Les palpes labiaux insérés au sommet de la lèvre.

Corps ovale, le plus souvent convexe. Un écusson. Couleurs sombres.

Antennæ breves, decem articulatæ; clavâ lamellatâ, plicatili, subcapitatâ. Clypeus productus: Labro inconspicuo, sub nullo. Mandibulæ corneæ, sæpè ad apicem dentatæ. Maxillæ corneæ, rectiusculæ, pilosæ, dentatæ vel lobatæ. Palpi labiales apice vel ad latera apicis labii inserti.

Corpus ovale, sæpius convexum. Scutellum. Colores obscuri.

Observations. La plupart des anciens naturalistes ont désigné presque tous les coléoptères sous le nom de *scarabés*. Les modernes ont conservé ce nom, mais ne l'ont plus assigné qu'à une partie des coléoptères, dont ils ont formé un seul genre. Depuis *Linnæus*, ce genre a subi d'assez nombreux démembremens et fut diversement institué.

Les *scarabés* ont la massue des antennes presque en forme de tête : elle est formée de trois lames que l'insecte peut ouvrir ou resserrer à peu près comme les feuillets d'un livre ou les plis d'un éventail. Leur corps est ovale, souvent gibbeux, presque toujours glabre en dessus; mais dans beaucoup d'espèces, surtout dans les mâles, le chaperon et même le corselet sont tuberculeux ou cornus, d'une manière fort remarquable. L'écusson est court; les élytres sont dures, de la longueur de l'abdomen; et les jambes antérieures sont dentées. Beaucoup de scarabés ayant le corselet ou le chaperon cornu, paraissent n'être pas sans rapports avec les coprophages; néanmoins ces scarabés s'en éloignent sous d'autres rapports, et nous les croyons ici convenablement placés.

C'est dans le genre des scarabés qu'on voit, en général, les plus gros coléoptères, et surtout les plus singuliers relativement aux particularités, souvent très curieuses, de leur forme.

On rencontre ces insectes courant sur la terre, ou volant lourdement, surtout le soir, d'un endroit à l'autre. On les trouve ordinairement dans les lieux gras et humides, dans les couches des jardins, dans les champs, près des racines des vieux arbres, dans les terreaux humides et les fumiers.

Le nombre des espèces connues étant considérable, je crois qu'il convient de les diviser de la manière suivante:

1° *Scarabés* cornus ou épineux, soit sur le chaperon, soit sur le corselet, au moins dans un sexe;

2° *Scarabés* dont le chaperon et le corselet sont mutiques dans les deux sexes.

ESPECE.

[*Scarabés cornus.*]

1. Scarabé hercule. *Scarabæus hercules.*

S. thoracis cornu incurvo, maximo, subtùs barbato, utrinque unidentato, capitis recurvato dentato.

Scarabæus hercules. Linn.

Oliv. Col. 1. n° 3. p. 6. pl. 1. f. 1. *a. b. mas.*, et pl. 23. f. 1 *femina.*

Geotrupes hercules. Fab. El. 1. p. 2.

Habite l'Amérique méridionale, les Antilles. Espèce très grande et fort singulière.

2. Scarabé alcide. *Scarabœus alcides.*

S. thoracis cornu incurvo, subtùs barbato, unidentato; capitis recurvato, mutico.

Scarabœus alcides. Oliv. Col. 1. n° 3. pl. 1. f. 2.

Geotrupes alcides. Fab. El. 1. p. 3.

Habite... aux Indes orientales. Fab. Il est moins grand que l'hercule. Le scarabé persée d'Olivier semble intermédiaire entre l'hercule et l'alcide.

3. Scarabé actéon, *Scarabœus actæon.*

S. glaber; thorace bicorni, capitis cornu unidentato, bifido; elytris lævibus.

Scarabœus actæon. Linn. Oliv. Col. 1. n° 3. pl. 5. f. 33, et pl. 6. f. 49.

Geotrupes actæon. Fab. El. 1. p. 8.

Habite l'Amérique méridionale. Espèce très grosse et grande.

4. Scarabé éléphant. *Scarabœus elephas.*

S. villosus; thorace gibbo bicorni, capitis cornu unidentato apiceque bifido.

Scarabœus elephas. Oliv. Col. 1. n° 3. pl. 15. f. 138. *a. b*

Geotrupes elephas. Fab. El. 1. p. 8.

Habite la Guinée.

5. Scarabé chorinée. *Scarabœus chorinœus.*

S. thoracis cornu incurvo crassissimo apice bifido, capitis longiore bifido.

Scarabœus chorinœus. Oliv. Col. 1. n° 3. pl. 2. f. 7. *a. b.*

Geotrupes chorinœus. Fab. El. 1. p. 5.

Habite l'Amérique méridionale.

6. Scarabé porte-clef. *Scarabœus claviger.*

S. rufus; thoracis cornu apice trilobo incurvo, capitis subulato recurvo.

Scarabœus claviger. Oliv. Col. 1. n° 3. pl. 5. f. 40. *a. b.*

Geotrupes claviger. Fab. El. 1. p. 6.

Habite à Cayenne, Oliv.; dans les Indes, Fab.

Etc.

[*Scarabés mutiques.*]

7. Scarabé longimane. *Scarabœus longimanus.*

S. muticus ; pedibus anticis arcuatis longissimis.
Scarabœus longimanus. Linn. Fab. El. 1. p. 24.
Oliv. Col. 1. n° 3. p. 48. pl. 4. f. 27 et pl. 27. f. 27. *b.*
Habite les Indes orientales. Très singulier par ses pattes antérieures.

8. Scarabé pointillé. *Scarabeus punctatus.*

S. thorace inermi punctato, clypeo integro ; dentibus duobus elevatis obtusis.
Scarabœus punctatus. Fab. El. 1. p. 18. Latr. Gen. 2. p. 104
Oliv. Col. 1. n° 3. pl. 8. f. 70.
Habite l'Europe australe.

9. Scarabé couronné. *Scarabœus coronatus.*

S. thorace inermi, capitis clypeo posticè emarginato.
Scarabœus coronatus. Oliv. Col. 1. n° 3. pl. 12. f. 119.
Geotrupes coronatus. Fab. El. 1. p. 17.
Habite l'île de Java.
Etc.

LES LUCANIDES.

Massue des antennes pectinée.

Les *lucanides* peuvent être encore regardés comme de véritables scarabéides, mais distingués des autres par la massue de leurs antennes. Ce sont effectivement des lamellicornes, et ils tiennent aux scarabéides par tous les rapports généraux. Ici, néanmoins, la massue des antennes est pectinée, c'est-à-dire, que ses feuillets, un peu écartés à leur insertion, semblent presque disposés comme les dents d'un peigne.

Ceux dont on connaît les habitudes, étant dans l'état de larve, vivent dans les troncs d'arbres, et, comme les scarabés, se nourrissent de leur tan. On les rencontre ordinairement dans les bois, et c'est toujours vers le soir qu'on les voit voler.

Plusieurs de ces insectes sont singulièrement remarquables par la saillie et l'énorme grandeur de leurs mandibules, surtout de celles des mâles.

Les antennes des lucanides n'ont que dix articles, les trois à cinq derniers forment la massue. Elles ne sont jamais plus longues que le corselet.

Ce sont ces insectes qui, dans notre méthode, terminent l'ordre des nombreux *coléoptères*, et par suite la classe même des insectes. Ils n'offrent point de transition aux animaux des classes suivantes. On y rapporte les genres passale, sinodendre, œsale, lamprime et lucane.

PASSALE. (Passalus.)

Antennes courtes, arquées; à massue trilamellée, pectinée. Labre saillant. Mandibules fortes, cornées, dentées. Mâchoires écailleuses, dentées.

Corps oblong, parallélipipède, déprimé. Corselet presque carré, séparé des élytres par un étranglement.

Antennæ breves, arcuatæ; clavâ trilamellatâ, pectinatâ. Labrum exsertum. Mandibulæ validæ, corneæ, dentatæ. Maxillæ coriaceæ, dentibus aut processibus corneis.

Corpus oblongum, parallelipipedum, depressum. Thorax subquadratus, ab abdomine intervallo posticè disjunctus.

Observations. Les *passales*, d'abord confondus parmi les lucanes, constituent un genre bien distingué par ses caractères et facile à reconnaître au premier aspect. Ils ont les antennes velues, simplement arquées, mais point coudées. Leur labre est saillant et très distinct. Leur corps parallélipipède et déprimé offre une interruption remarquable entre le corselet et les élytres; leur écusson, très petit et presque nul, se trouve enchâssé sur le pédicule qui réunit l'abdomen au corselet; enfin leurs élytres couvrent tout l'abdomen et embrassent ses côtés. Ces insectes sont exotiques.

ESPÈCES.

1. Passale interrompu. *Passalus interruptus.*

P. ater; vertice tuberculis tribus elevatis; intermedio majori compresso.
Passalus interruptus. Fab. El. 2. p. 255.
Latr. Gén. 2. p. 137, et Hist. nat., etc., 10. p. 254.
Lucanus interruptus. Linn.
Oliv. Col. 1. nº 1. pl. 3. f. 5. *d.*
Habite les Antilles.

2. Passale cornu. *Passalus cornutus.*

P. ater; verticis cornu elevato incurvo; elytrorum striis omnibus lævibus. F.
Passalus cornutus. Fab. él. 2. p. 256.
Habite la Caroline.

3. Passale échancré. *Passalus emarginatus.*

P. capite inæquali; mandibulis emarginatis; thorace lævissimo
Passalus emarginatus. Fab. El. 2. p. 255.
Habite aux Indes orientales.
Etc.

SINODENDRE. (Sinodendron.)

Antennes très courtes, de dix articles, dont le premier est fort alongé, les trois derniers formant une massue subpectinée. Labre caché par le chaperon. Mandibules non saillantes dans les deux sexes.

Corps ovale, convexe,

Antennæ brevissimæ, decem-articulatæ, articulo primo valdè elongato, tribus ultimis clavam dentato-

pectinatam formantibus. Labrum clypeo occultatum. Mandibulœ in utroque sexu non exsertœ.

Corpus ovato, convexum.

Observations. La massue des antennes étant comprimée, dentée en scie d'un côté, et par-là pectinée, a fait reporter le *sinodendre* parmi les lucanides, ce que les habitudes de l'insecte ne contrarient point. Effectivement, dans l'état de larve, il vit dans le tronc des arbres, et dans l'état parfait, il paraît se nourrir de la liqueur qui s'écoule des plaies de ces arbres.

ESPÈCE.

1. Sinodendre cylindrique. *Sinodendron cylindricum.*

S. atrum; thorace anticè truncato quinque dentato; capitis cornu erecto.

Sinodendron cylindricum. Fab. El. 2. p. 376.

Latr. Gén. 2. p. 101. et Hist. nat., etc. 10. p. 156. pl. 83. f. 4.

Scarabœus cylindricus. Linn.

Oliv. Col. 1. n° 3. pl. 9. f. 80. *a. b. c.*

Panz. fasc. 1. t. 1. *mas.* et fasc. 2. t. 9. *femina.*

Habite en Europe, sur les troncs des arbres.

ŒSALE (OEsalus.)

Antennes coudées, courtes; à massue petite, pectinée. Labre apparent. Mandibules arquées, pointues. Lèvre inférieure petite, entière. Mâchoires cachées.

Corps un peu court, très convexe. Corselet non bordé, concave antérieurement, recevant la tête.

Antennœ fractœ, breves; clavâ parvâ, pectinatâ. Labrum conspicuum. Mandibulœ arcuatœ, acutœ. Labium parvum, integrum. Maxillœ obtectœ.

Corpus breviusculum, valdè convexum. Thorax immarginatus; margine antico concavo, caput excipiente.

OBSERVATIONS. L'*œsale* avoisine plus le sinodendre, par ses rapports, que les lucanes; il est néanmoins distinct du sinodendre, ayant le labre apparent et extérieur; les mandibules avancées, quoique petites; les màchoires cachées derrière le menton. La tête de cet insecte est profondément enfoncée dans l'échancrure du bord antérieur du corselet.

ESPÈCE.

1. OEsale scarabéoïde. *OEsale scarabœoides.*

OEsalus scarabæoides. Fab. El. 2. p. 254. Latr. Gén. 2. p. 133.

Panz. fasc. 40. t. 15. *mas.* et 16. *femina.*

Habite en Allemagne. Il est brun, très pointillé, et a des lignes écailleuses sur les élytres.

LAMPRIME. (Lamprima.)

Antennes coudées, à massue de trois lames. Labre non apparent. Mandibules un peu grandes, dentées, saillantes et avancées, surtout dans les màles. Lèvre inférieure à deux lobes velus.

Corps ovale-oblong, convexe, brillant. Sternum avancé en pointe comme une corne.

Antennæ fractæ; clavâ trilamellatâ. Labrum occultatum. Mandibulæ majusculæ, dentatæ, exsertæ, porrectæ, præsertìm in masculis. Labium lobis duobus villosis.

Corpus ovato-oblongum, convexum, nitidum. Sternum in cornu productum.

OBSERVATIONS. Les *lamprimes* tiennent de très près aux lucanes, et ont néanmoins un aspect différent. Leurs mandibules, quoique saillantes et avancées, ne sont pas aussi grandes, offrent quelques tubercules dentiformes, et sont souvent barbues au côté interne. Leur corselet, convexe, est ordinairement pointillé. Enfin, leurs couleurs sont métalliques et brillantes. Ces insectes sont exotiques et vivent dans les régions australes. Ils ont un écusson. Leurs jambes antérieures sont dentées en dehors.

ESPÈCES.

1. **Lamprime bronzée.** *Lamprima œnea.*

   L. aureo-viridis; clypeo aurato; elytris lineolis minimis impressis rugulosis; mandibulis barbatis.

   Lethrus œneus. Fab. Éleut. 1. p. 2.

   Lamprima œnea. Latr. Gén. 2. p. 132.

   Habite l'île de Norfolk, dans la mer Pacifique, et la Nouvelle-Hollande.

2. Lamprime dorée. *Lamprima aurea.*

   L. aureo-viridis; clypeo rubicundo; elytris lœvibus; tibiis anticis laminâ triangulari apice instructis.

   Lamprima aurea. Latr. Mus.

   Habite la Nouvelle-Hollande. *Péron* et *Le Sueur.* Ainsi que dans la précédente, les mandibules sont barbues au côté interne.

3. Lamprime verte. *Lamprima viridis.*

   L. viridissima, vix aurata; clypeo squarroso aureo-rubente, thorace punctatissimo; mandibulis basi internâ sublanatis.

   Cabinet de M. Dufresne.

   Habite la Nouvelle-Hollande.

4. Lamprime cuivreuse. *Lamprima cuprea.*

   L. cupreo-fusca; thorace elytrisque punctulatis; mandibulis breviusculis latere interno nudis.

   Lamprima cuprea. Latr. Mus.

   Habite la Nouvelle-Hollande. *Péron* et *Le Sueur.* Elle est d'un rouge cuivreux très brun.

LUCANE. (Lucanus.)

Antennes coudées, de dix articles : le premier très long, à massue pectinée de trois ou quatre lames. Labre non apparent, Mandibules avancées, cornées, arquées, dentées, souvent extrêmement grandes dans les mâles, et corniformes. Lèvre inférieure à deux lobes saillans, alongés, velus.

Corps parallepipède, déprimé. Tête et corselet aplatis, subtransverses.

Antennœ fractœ, decem articulatœ : articulo primo longissimo; clavâ pectinatâ, tri seu quadrilamellatâ. Labrum inconspicuum. Mandibulœ porrectœ, corneœ, arcuatœ, dentatœ, in masculis sœpè maximœ, corniformes. Labium lobis duobus exsertis, elongatis, villosis.

Corpus parallelipipedum, depressum. Caput thoraxque planulata, subtransversa.

Observations. Les *lucanes* sont, en quelque sorte, des coléoptères extraordinaires, à cause de l'énorme grandeur des mandibules de certains mâles. Comme ces mandibules ressemblent à des bois de cerf, on a donné à ces insectes le nom de *cerf-volans*. Les femelles de ces espèces, ayant des mandibules beaucoup plus courtes, ont été appelées *biches*.

Les mâchoires des lucanes se terminent en pinceaux, ainsi que les lobes de leur lèvre inférieure, et il paraît que ces parties leur donnent la faculté de s'emparer de la liqueur mielleuse ou mucilagineuse qui découle des crevasses du tronc des arbres.

C'est effectivement dans les bois qu'on rencontre, le plus ordinairement les lucanes, soit accrochés aux arbres, soit volant le soir après le coucher du soleil. Leurs larves vivent dans l'intérieur des arbres, et y subsistent plusieurs années.

Ceux qui ont les yeux coupés par les bords latéraux de la tête, sont les *lucanes* de Latreille; il nomme *placytères* ceux qui ont les yeux entiers, c'est-à dire, non divisés par les bords de la tête.

ESPÈCES.

[*Les yeux divisés par les bords de la tête.*]

1. Lucane cerf-volant. *Lucanus cervus.*

L. mandibulis exsertis, unidentatis, apice bifurcatis.

Lucanus cervus. Linn. Fab. El. 2. p. 248. Latr. Gén. 2. p. 135.
Platycerus. Geoff. 1. p. 61. no 1. pl. 1. f. 1.
Lucanus cervus. Oliv. Col. 1. no 1. pl. 1. f. 1. *a. b. c. d.*
Habite en Europe.

2. Lucane élan. *Lucanus alces*.

L. mandibulis exsertis, apice quadridentatis.
Lucanus alces. Fab. El. 2. p. 248.
Oliv. Col. 1. no 1. pl. 2. f. 3. *a. b*.
Habite aux Indes orientales.

3. Lucane chevreuil. *Lucanus capreolus*.

L. mandibulis exsertis; dentibus mediis difformibus, apice bifurcatis.
Lucanus capreolus. Linn. Fab. El. 2. p. 249.
Lucanus capra. Oliv. Col. 1. no 1. pl. 2. f. 1. g., et pl. 1. f. 1. *c*.
Habite en France, en Allemagne.

4. Lucane serricorne. *Lucanus serricornis*.

L. lævis, fusco-niger; thorace abdominis longitudine; mandibulis gracilibus; parte superiore rectâ, interno latere serratâ.
Lucanus serricornis. Latr. Mus. Cuv. Règ. anim. 4. pl. 13. f. 3.
Habite l'île de Madagascar.

[*Les yeux non divisés par les bords de la tête.*]

5. Lucane ténébrioïde. *Lucanus tenebrioides*.

L. ater; mandibulis lunatis unidentatis; thorace marginato; elytris substriatis. F.
Lucanus tenebrioides. Fab. El. 2. p. 252.
Panz. fasc. 62. f. 1. *mas*. 2. *femina*.
Platycerus tenebrioides. Latr. Gén. 2. p. 133.
Habite l'Allemagne, l'Europe boréale.

6. Lucane caraboïde. *Lucanus caraboides*.

L. cœrulescens; mandibulis lunatis; thorace marginato. Fab.
Lucanus caraboides. Fab. El. 2. p. 253.
Oliv. Col. 1. no. 1. pl. 2. f. 2. *c. d*.
Platycerus. Geoff. 1. p. 63. no 4. Latr. Gén. 2. p. 134.
Panz. fasc. 58. t. 13.
Habite en Europe.
Etc. Ajoutez le *lucanus rufipes* de Fab.

FIN DU QUATRIÈME VOLUME.

TABLE

DES

MATIERES CONTENUES DANS CE VOLUME.

FIN DE LA TABLE DU QUATRIÈME VOLUME.

IMPRIMERIE D'HIPPOLYTE TILLIARD
Rue St.-Hyacinthe-St.-Michel, 30.

www.ingramcontent.com/pod-product-compliance
Ingram Content Group UK Ltd.
Pitfield, Milton Keynes, MK11 3LW, UK
UKHW021128260726
13994UKWH00001B/46